U0901311

中 国 国 家 标 准 汇 编

612

GB 30582～30644

（2014 年制定）

中国标准出版社　编

中国标准出版社

北　京

图书在版编目(CIP)数据

中国国家标准汇编:2014 年制定.612:
GB 30582～30644/中国标准出版社编.—北京:
中国标准出版社,2015.12
ISBN 978-7-5066-7981-7

Ⅰ.①中… Ⅱ.①中… Ⅲ.①国家标准-
汇编-中国-2014 Ⅳ.①T-652.1

中国版本图书馆 CIP 数据核字(2015)第 193245 号

中国标准出版社出版发行
北京市朝阳区和平里西街甲 2 号(100029)
北京市西城区三里河北街 16 号(100045)

网址 www.spc.net.cn
总编室:(010)68533533 发行中心:(010)51780238
读者服务部:(010)68523946

中国标准出版社秦皇岛印刷厂印刷
各地新华书店经销

*

开本 880×1230 1/16 印张 37.25 字数 1 154 千字
2015 年 12 月第一版 2015 年 12 月第一次印刷

*

定价 220.00 元

出 版 说 明

1.《中国国家标准汇编》是一部大型综合性国家标准全集。自1983年起，按国家标准顺序号以精装本、平装本两种装帧形式陆续分册汇编出版。它在一定程度上反映了我国建国以来标准化事业发展的基本情况和主要成就，是各级标准化管理机构，工矿企事业单位，农林牧副渔系统，科研、设计、教学等部门必不可少的工具书。

2.《中国国家标准汇编》收入我国每年正式发布的全部国家标准，分为"制定"卷和"修订"卷两种编辑版本。

"制定"卷收入上一年度我国发布的、新制定的国家标准，顺延前年度标准编号分成若干分册，封面和书脊上注明"20××年制定"字样及分册号，分册号一直连续。各分册中的标准是按照标准编号顺序连续排列的，如有标准顺序号缺号的，除特殊情况注明外，暂为空号。

"修订"卷收入上一年度我国发布的、被修订的国家标准，视篇幅分设若干分册，但与"制定"卷分册号无关联，仅在封面和书脊上注明"20××年修订-1，-2，-3，……"字样。"修订"卷各分册中的标准，仍按标准编号顺序排列（但不连续）；如有遗漏的，均在当年最后一分册中补齐。需提请读者注意的是，个别非顺延前年度标准编号的新制定的国家标准没有收入在"制定"卷中，而是收入在"修订"卷中。

读者配套购买《中国国家标准汇编》"制定"卷和"修订"卷则可收齐由我社出版的上一年度我国制定和修订的全部国家标准。

3. 由于读者需求的变化，自1996年起，《中国国家标准汇编》仅出版精装本。

4. 2014年我国制修订国家标准共1 611项。本分册为"2014年制定"卷第612分册，收入国家标准GB 30582～30644的最新版本。

中国标准出版社

2015年8月

目　　录

ICS 23.040.10
E 16

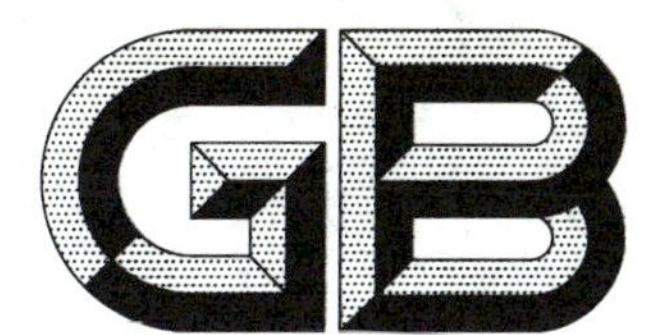

中华人民共和国国家标准

GB/T 30582—2014

基于风险的埋地钢质管道外损伤检验与评价

Risk-Based-Inspection and assessment methodology of external damage for buried steel pipelines

2014-05-06 发布　　2014-12-01 实施

中华人民共和国国家质量监督检验检疫总局
中国国家标准化管理委员会　发布

前言

本标准按照GB/T 1.1—2009给出的规则起草。

本标准由全国锅炉压力容器标准化技术委员会(SAC/TC 262)提出并归口。

本标准起草单位:中国特种设备检测研究院、国家质量监督检验检疫总局特种设备安全监察局、中国石油大学(北京)、北京科技大学、北京工业大学、中国石油化工股份有限公司镇海炼化分公司、上海质量技术监督局、中国石油西南油气田安全环保与技术监督研究院、深圳市燃气集团有限公司、中国石油天然气集团公司长庆油田分公司、中国石油天然气股份有限公司大庆油田特种设备检验中心、中国石油化工股份有限公司油品销售事业部、上海市特种设备监督检验技术研究院、中国石油化工股份有限公司上海高桥石化分公司。

本标准主要起草人:何仁洋、陶雪荣、杨永、黄辉、孟涛、杨绪运、周德敏、刘长征、修长征、孙亮、王笑梅、帅健、马彬、刘智勇、周方勤、秦林、高健、王新华、徐成裕、王善江、陈秋雄、安跃红、陈运文、李佩、臧国军、王兴龙、李曙华、吴亚滨、单洪翔、卜文平、顾雪东、蔡建平、杨惠谷。

基于风险的埋地钢质管道外损伤检验与评价

1 范围

本标准规定了基于风险的埋地钢质管道外损伤的检验与评价内容，给出了检验与评价方法。

本标准适用于长输管道、集输管道、公用管道、工业管道和动力管道中的埋地钢质管道外损伤的检验与评价，其他的埋地钢质管道可参照本标准执行。

2 规范性引用文件

下列文件对于本文件的应用是必不可少的。凡是注日期的引用文件，仅注日期的版本适用于本文件。凡是不注日期的引用文件，其最新版本(包括所有的修改单)适用于本文件。

GB/T 223(适用部分) 钢铁及合金化学分析方法

GB/T 228.1 金属材料 拉伸试验 第1部分：室温试验方法

GB/T 229 金属材料 夏比摆锤冲击试验方法

GB/T 655 化学试剂 过硫酸铵

GB/T 4334.1 金属和合金的腐蚀 不锈钢晶间腐蚀试验方法

GB/T 4340.1 金属材料 维氏硬度试验 第1部分：试验方法

GB/T 4157 金属在硫化氢环境中抗特殊形式环境开裂实验室试验

GB/T 8650 管线钢和压力容器钢抗氢致开裂评定方法

GB/T 9711 石油天然气工业 管线输送系统用钢管

GB/T 9854 化学试剂 二水合草酸(草酸)

GB/T 19285—2014 埋地钢质管道腐蚀防护工程检验

GB/T 26610.1 承压设备系统基于风险的检验实施导则 第1部分：基本要求和实施程序

GB/T 27512 埋地钢质管道风险评估方法

GB/T 50251 输气管道工程设计规范

JB/T 4730(适用部分) 承压设备无损检测

SY/T 4109 石油天然气钢质管道无损检测

SY/T 6476 输送钢管落锤撕裂试验方法

TSG D7003 压力管道定期检验规则——长输(油气)管道

TSG D7004 压力管道定期检验规则——公用管道

国质检锅(2003)108号 在用工业管道定期检验规程(试行)

3 术语和定义

下列术语和定义适用于本文件。

3.1

外损伤 external damage

由外腐蚀、外力破坏(包括机械破坏、不良地质条件和不良地面条件等)危害造成的埋地钢质管道结构不完整性。

3.2

合于使用评价　fitness for service assessment

对含有缺陷或损伤的管道进行的一种评价，以确定在预期的工作条件下是否可以继续安全运行。

3.3

剩余强度　remaining strength

含缺陷管道的剩余承载能力。

3.4

凹陷　dent

凹陷为管壁受外部挤压或碰撞产生径向位移而形成的局部塌陷，是由于管壁永久塑性变形而使管道横截面发生的形状改变。

3.5

划伤　scratches

外部物体接触导致管道表面金属损失。

3.6

不良条件　unfaverable condition

不良地质条件和不良地面条件。不良地质条件包括采空沉陷、冻土、滑坡和断层等；不良地面条件包括场地占压和洪水等。

3.7

剩余寿命　remaining life

在预期工作条件下，损伤缺陷尺寸扩展到临界尺寸所需的时间。

4　总则

4.1　本标准规定的检验与评价是按照 TSG D7003、TSG D7004 和国质检锅(2003)108 号规定开展的针对埋地钢质管道外损伤的全面检验、合于使用评价与综合评价。

4.2　本标准通过基于风险的检验，识别已经发生、正在发生或预测可能发生的外损伤，并进行合于使用评价及综合评价，对危及管道安全的缺陷与问题提出处理意见。

4.3　基于风险的埋地钢质管道外损伤检验与评价关键要素及流程见图 1。

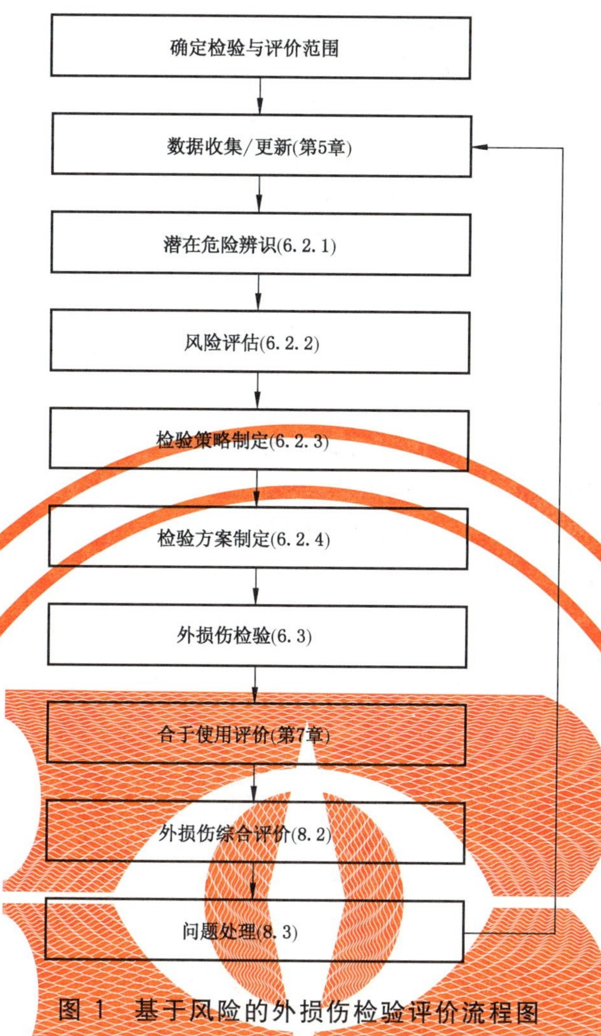

图 1　基于风险的外损伤检验评价流程图

4.4　开展检验与评价的单位和人员应在认可的资格范围内从事检验与评价工作,并对检验与评价结论的真实性、准确性和有效性负责。

注:真实性表示结论、报告以事实为基础,不作假证;准确性表示结论、报告所涉及的检测数据符合相关要求;有效性表示检验机构的资质、检验人员的资格符合要求,所使用的仪器设备在检定校准有效期内,检验依据合法,报告审批程序符合要求。

4.5　基于风险的埋地钢质管道外损伤检验与评价除执行本标准外,应符合现行有关国家标准的规定。

5　数据收集

5.1　检验与评价需要的数据

5.1.1　在进行检验与评价前应对各类相关数据进行全面收集、整合、对比及分析。

5.1.2　开展外损伤检验与评价应收集以下典型数据:

a)　管道类型;

b)　材质;

c)　检测、维修和更换记录;

d)　输送介质;

e)　运行条件;

f)　安全与监测系统;

g) 损伤模式、速率和严重程度；

h) 沿线人员密度；

i) 腐蚀防护系统；

j) 停产损失。

5.1.3 应采用一致的原则进行数据收集，收集的数据应真实有效。

5.1.4 在数据收集过程中，当现有数据不完整时，应根据缺少数据的重要程度，通过实施现场检测进行数据收集。

5.2 数据来源

5.2.1 设计、制造、安装与竣工资料，其中包括：

a) 设计文件(包括计算书、施工图、说明书等)、设计变更；

b) 管道元件制造质量证明文件、监督检验报告；

c) 管道安装竣工验收资料、管道安装监督检验报告、工程质量检验和评定报告；

d) 采用的法规和标准；

e) 腐蚀防护系统；

f) 水工保护；

g) 泄漏检测与监控系统；

h) 紧急泄压与泄放系统。

5.2.2 检测与评价报告，其中包括：

a) 时间与周期；

b) 类型和数量；

c) 维修与更新；

d) 结论。

5.2.3 工艺文件，其中包括：

a) 介质成分分析(含腐蚀成分)；

b) 数据采集系统；

c) 运行规范；

d) 应急预案；

e) 运行日志与工艺记录；

f) 管理变更记录。

5.2.4 失效数据文件，其中包括：

a) 泄漏数据；

b) 腐蚀数据；

c) 外力破坏数据；

d) 地质灾害数据。

5.2.5 管道事故调查资料。

5.2.6 现有的完整性管理系统或地理信息系统。

5.3 数据更新

管道经过检验与评价后，管道使用单位应对管道数据进行完善和更新，并补充到管道数据库中。

6 基于风险的外损伤检验

6.1 基于风险的外损伤检验流程

基于风险的埋地钢质管道外损伤检验流程如图 2 所示。

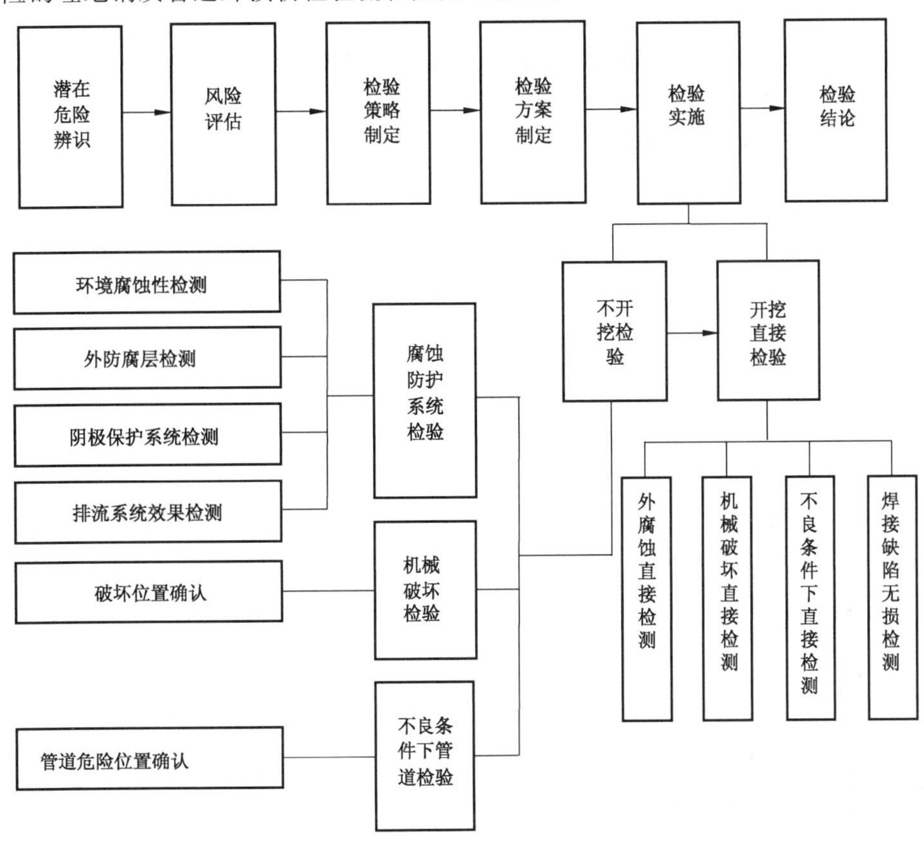

图 2　基于风险的外损伤检验流程图

6.2 基于风险的外损伤检验步骤

6.2.1 潜在危险辨识

检验人员应在数据收集分析基础上，辨识危害管道结构完整性的潜在危险。潜在危险可分为以下几种：

a) 固有危险，如制造与安装、改造、维修施工过程中产生的缺陷；

b) 运行过程中与时间有关的危险，如内腐蚀、外腐蚀、应力腐蚀；

c) 运行过程中与时间无关的危险，如第三方破坏、误操作、外力机械破坏及不良地质条件等；

d) 其他危害管道安全的潜在危险。

检验人员应通过辨识所有危害管道结构完整性的潜在危险以确认能否应用本标准，否则应采取其他检验与评价方法。

6.2.2 风险评估

6.2.2.1 风险评估包括风险预评估和风险再评估。风险预评估是检验机构对资料审查分析完成后，全面检验开展前，按照有关安全技术规范及其相应标准进行的风险评估。风险再评估是使用单位对管道采取相应的修复或采取降压措施，并且经评价机构确认后，评价机构重新对风险预评估结果进行的修正。

6.2.2.2 风险评估人员应充分了解每种管道风险评估方法的优缺点，并应在相应的资质范围内开展评估工作。

6.2.2.3 应遵守 GB/T 26610.1 的基本原则和要求，并按照 GB/T 27512 进行风险评估。

6.2.2.4 风险评估应按照 GB/T 27512 进行风险区段划分。

6.2.2.5 风险评估人员应根据管道实际情况，以修正模型开展外损伤为主要潜在危险的风险评估。在基本模型的架构下调整相关因素的评分权重，或增加所评估管道特有的风险因素，或在基本模型中剔除不影响所评管道各区段风险排序的风险因素。

6.2.3 检验策略制定

6.2.3.1 检验策略的制定应遵守国家相关法律、法规、规章和安全技术规范。

6.2.3.2 检验策略应由检验人员依据风险评估报告制定，并征询使用单位意见。

6.2.3.3 制定检验策略的人员应具有足够的材料、电化学腐蚀、外腐蚀检测及合于使用评价等知识背景和实践经验，单位应建立制定基于风险的检验策略质量控制程序。

6.2.3.4 基于风险的检验策略一般包括以下内容：

a） 管道的潜在失效模式；
b） 设定的风险可接受水平；
c） 管道检验前的风险水平；
d） 实施检验后预期可达到的风险水平；
e） 检验的时间；
f） 检验的管道区段；
g） 检验针对的潜在危险；
h） 检验的范围；
i） 检验的方法、仪器及比例。

6.2.3.5 管道风险可接受水平可使用失效可能性、失效后果或风险级别来表述，根据管道使用单位的实际情况，由用户与检验策略制定人员协商确定，但应满足法律、法规、规章和安全技术规范的有关规定。宜以风险级别来描述风险可接受水平。

6.2.3.6 检验区段划分时应综合考虑以下因素：

a） 风险评估的区段，检验区段长度不应小于风险评估区段长度；
b） 检验方法及检测工具的差异；
c） 检验实施的经济性。

6.2.4 检验方案制定

6.2.4.1 检验人员应依据风险预评估结果和基于风险的检验策略内容，按照相关法规标准制定检验方案。

6.2.4.2 检验方案应至少包括以下内容要求：

a） 安全注意事项；
b） 检验人员；
c） 检验设备；
d） 检验方法；
e） 检验项目；
f） 检验比例；

g) 检验记录格式；

h) 检验报告格式；

i) 管道使用单位配合项目。

6.2.4.3 检验人员应于检验前就检验方案征询管道使用单位意见。

6.2.5 检验实施与结论

检验机构与人员应根据外损伤检验方案开展检验工作，外损伤检验包括不开挖检验和开挖直接检验，并根据检验情况给出单项检验结论。

6.3 基于风险的外损伤检验过程

6.3.1 检验时间

6.3.1.1 新建管道投用后3年内一般应进行首次基于风险的检验。

6.3.1.2 其他管道检验时间的确定以管道风险是否达到风险可接受水平来调整原定检验周期。

6.3.1.3 属于下列情况之一的管道，当只能进行外损伤检验时，应当立即进行外损伤检验与评价：

a) 运行工况发生显著改变从而导致运行风险提高的；

b) 输送介质种类发生重大变化，改变为更危险介质的；

c) 停用超过1年后再启用的；

d) 年度检查结论要求进行外损伤检验的；

e) 所在地发生地震、滑坡、泥石流等重大地质灾害的。

6.3.2 外损伤不开挖检验

6.3.2.1 一般要求

6.3.2.1.1 埋地钢质管道外损伤不开挖检验包括腐蚀防护系统检验、机械破坏检验和不良条件下管道检验。

6.3.2.1.2 Ⅰ、Ⅱ级公路、高速公路、铁路和大中型水域穿越管段、检验人员认为重要的管段，可采用行业认可的其他方法进行检验。

6.3.2.2 腐蚀防护系统检验

6.3.2.2.1 腐蚀防护系统检验的内容包括环境腐蚀性检测、外防腐层检测、阴极保护系统检测和排流系统效果检测。

6.3.2.2.2 确定腐蚀防护系统检验比例时应考虑不同类别、不同风险等级管道的差异。

6.3.2.2.3 环境腐蚀性检测包括土壤腐蚀性检测和杂散电流检测：

a) 土壤腐蚀性检测采用抽样检测，必要时可根据腐蚀活性增加土壤腐蚀抽样检测点。检测方法见GB/T 19285—2014的附录A，检测比例见本标准附录A中A.1；

b) 杂散电流检测包括直流杂散电流检测和交流杂散电流检测。应对日常巡检、年度检查或外损伤检验过程中发现的杂散电流干扰区域进行检测。检测方法及评价准则见GB/T 19285。

6.3.2.2.4 外防腐层检测包括外防腐层整体状况和局部破损点的不开挖检测：

a) 外防腐层整体状况不开挖检测可采用直流电流衰减法和交流电流衰减法，并利用外防腐层电阻率、电流衰减率等指标进行评价，检测评价方法见GB/T 19285—2014的附录I；

b) 外防腐层破损点不开挖检测可采用交流电位梯度法和直流电位梯度法，并利用破损点密度指标进行评价，检测方法见GB/T 19285—2014的附录D；

c) 外防腐层不开挖检测项目及比例见A.1。

6.3.2.2.5 阴极保护系统检测应包括阴极保护效果检测和阴极保护设施状况检测。检测对象包括外加电流阴极保护系统和牺牲阳极阴极保护系统，检测评价方法见 GB/T 19285：

a) 针对外加电流阴极保护系统，当管道风险等级为高或较高等级时，应进行 100%密间隔断电电位检测；当管道风险等级为中或低风险等级时，应在电位测试桩处进行管地电位检测；发现异常时，应对该处前后管段进行 100%密间隔断电电位检测；
b) 针对牺牲阳极阴极保护系统、外加电流与牺牲阳极联合保护系统，当管道风险等级为高或较高等级时，应进行 100%密间隔电位检测；当管道风险等级为中或低风险等级时，应在电位测试桩处进行管地电位检测；发现异常时，应对该处前后管段进行密间隔电位检测；
c) 检测管道无阴极保护电位测试桩时，应开挖进行管地电位检测，开挖间隔不宜大于 1km；
d) 阴极保护设施检测时，针对外加电流阴极保护系统，可对恒电位仪、辅助阳极床、绝缘装置及电连接装置等设施性能状况进行检测；针对牺牲阳极阴极保护系统，可对电位测试桩、牺牲阳极等设施性能状况进行检测。

6.3.2.2.6 排流系统检测应包括排流效果检测和排流设施检测。检测对象包括直流排流和交流排流系统，检测内容测评价方法见 GB/T 19285：

a) 排流效果检测通过排流点电位检测、杂散电流干扰段阴极保护效果检测、交流接地体安全距离检测等方法检测排流效果。交流接地体安全距离的测量范围应包括已知交流接地体安全距离的复核和未知交流接地体的调查与测量；
b) 应对包括排流器、排流线、接地床、电绝缘装置等设施性能状况检测。

6.3.2.3 机械破坏检验

通过数据收集、日常巡查，并结合现场地物地貌分析、管道附属设施完好情况统计及第三方活动情况调查等，确定管段是否存在机械破坏；再对管道走向、埋深和防腐层状况进行不开挖检测，确定机械破坏的准确位置。

6.3.2.4 不良条件下管道检验

对管道走向、位置、埋深等进行不开挖检测，确定是否存在不良条件造成的管道本体凹陷、变形、漂管等潜在危险：

a) 采空沉陷区管道不开挖检验项目有：管道途经地区地下资源开采活动资料收集、地表沉降情况调查，管道的走向、位置、埋深检测和高程测量；
b) 冻土区管道不开挖检验项目有：历史冻土深度调查，管道的走向、位置和埋深检测；
c) 滑坡区管道不开挖检验项目有：管道途经地区地质资料调查，管道的走向、位置和埋深检测，坐标与高程测量。计算管道中心线位移量；
d) 断层区管道不开挖检验项目有：管道途经地区地质断层状况调查，管道的走向、位置和埋深检测；
e) 占压不开挖检验项目有：地面建构筑物情况调查，管道的走向、位置、埋深和防腐层状况、阴极保护效果检测；
f) 洪水区不开挖检验项目有：河床、河岸的稳定性和洪水季节性资料调查，管道的走向、位置和埋深检测。

6.3.3 外损伤开挖直接检验

6.3.3.1 一般要求

6.3.3.1.1 埋地钢质管道外损伤开挖直接检验包括外腐蚀直接检测、机械破坏直接检测、不良条件下直接检测及焊缝无损检测，所选择的检测项目应满足合于使用评价的需要。

6.3.3.1.2 开挖点的选取应当结合数据收集中的错边、咬边严重的焊接接头以及碰口与连头焊口，使用中发生过泄漏、第三方破坏的位置，并重点选择风险评估中属于较高风险及高风险等级管段。

6.3.3.2 外腐蚀直接检测

6.3.3.2.1 外腐蚀直接检测包括土壤腐蚀性检测、外防腐层直接检测、管地电位检测和管体腐蚀检测。

6.3.3.2.2 外腐蚀开挖点数量确定原则见表1。每条管道应至少开挖一处。

表1 埋地钢质管道外腐蚀开挖点数量确定原则

单位为处每千米

管道类别	腐蚀防护系统质量等级			
	1	2	3	4
长输气管道、GB1-Ⅰ级和GB1-Ⅱ级高压燃气管道、联合站至长输首站集输气管道	不开挖	0.1	1.0～1.2	1.8～2.0
长输油管道、联合站至长输首站集输油管道、集输站至联合站集输管管道	不开挖	0.1	0.6～0.8	1.2～1.5
GB1-Ⅲ级次高压燃气管道、GB1-Ⅳ级次高压燃气管道	0.05	0.1	0.6～0.8	1.2～1.5
GB1-Ⅴ级和GB1-Ⅵ级中压燃气管道、GB2级热力管道	不开挖	0.05	0.3	0.6～0.8
GC1级工业管道	0.1	0.5	1.0～1.2	1.8～2.0
GC2级工业管道、GD1级动、GD2级动力管道	0.05	0.1	0.6～0.8	1.2～1.5
GC3级工业管道	不开挖	0.05	0.3	0.6～0.8
单井站至集输站集输管道	0.05	0.1	0.6～0.8	1.2～1.5
注：当有机械破坏和不良条件管体检验需要的开挖点时，开挖数量可纳入本表所需比例。				

6.3.3.2.3 土壤腐蚀性检测

土壤腐蚀性检测包括土壤质地、土壤电阻率、氧化还原电位、管地电位、土壤pH值、土壤的含水率、土壤含盐量、土壤Cl^-含量等参数的测试，检测方法依据GB/T 19285—2014的附录A。

6.3.3.2.4 外防腐层直接检测

包括外观检查、漏点检测、防腐层厚度检测和粘结力检测，检测评价方法见GB/T 19285—2014的附录C，并应遵守以下要求：

a) 应对开挖探坑中露出的防腐层全部进行检测；

b) 进行防腐层厚度检测时，应检测管道截面12个时钟位置的厚度。

6.3.3.2.5 管地电位检测

应在开挖处使用饱和硫酸铜参比电极检测近参比管地电位。

6.3.3.2.6 管体外腐蚀检测

管体外腐蚀检测项目包括：

a) 外观检查：应检测外腐蚀的位置、腐蚀程度、形貌等；

b) 腐蚀产物分析：如存在腐蚀产物，应检测腐蚀产物分布(均匀、非均匀)、厚度、颜色、结构(分层状、粉状或多孔)、紧实度(松散、紧实、坚硬)。腐蚀产物分析可采用现场初步鉴定方法，现场初步鉴定方法见A.2；

c) 外腐蚀尺寸检测：包括腐蚀深度和腐蚀面积检测，并检测腐蚀缺陷在管道轴向与环向上的投影长度，对于腐蚀严重缺陷或位于风险等级为高或较高等级区段的腐蚀缺陷，应采用危险厚度截面法检测腐蚀缺陷尺寸，检测方法见A.3。管道风险等级为中或低风险等级的腐蚀缺陷，可采用危险厚度截面法检测腐蚀缺陷尺寸；

d) 内腐蚀尺寸检测：应采用外壁漏磁、超声扫描成像或超声测厚等技术判断管道是否存在内腐蚀，检测要求见外腐蚀尺寸检测；

e) 选取未腐蚀区域进行管道壁厚的检测，应检测管道截面 12 个时钟位置的厚度。

6.3.3.3 机械破坏直接检测

对存在机械破坏的管段进行开挖检测，包括外观检查、尺寸检测、管体损伤无损检测等项目：

a) 外观检查：应检测机械破坏的位置、损伤类型、损伤程度、形貌等；
b) 尺寸检测：应检测损伤的深度和面积，检测方法与外腐蚀检测相同。对于沟槽状缺陷应检测根部曲率半径；
c) 管体缺陷无损检测：应对凹陷的边缘和沟槽状缺陷进行磁粉检测，并对凹陷底部进行射线检测。具体检测方法见 A.4。

6.3.3.4 不良条件下直接检测

对不良条件下存在损伤的管段进行开挖检测，包括管道偏移量检测和损伤检测等项目：

a) 管道偏移量检测：采用坐标测量等方法检测管段最大偏移量；
b) 损伤检测：应对不良条件下管道表面损伤进行检测，检测方法同 6.3.3.3。

6.3.3.5 焊接缺陷无损检测

6.3.3.5.1 焊接缺陷无损检测按照 JB/T 4730 或 SY 4109 执行，一般采用射线或者超声方法，也可采用国家质检总局认可的其他无损检测方法。

6.3.3.5.2 焊接缺陷无损检测应与探坑检测、露管段检测相结合。开挖检测部位的焊接接头应 100%无损检测。必要时还应对以下焊接接头进行无损检测：

a) 制造、安装中返修过的焊接接头和安装时固定口的焊接接头；
b) 错边、咬边超标的焊接接头；
c) 泵、压缩机、调压站、分水器、阀室进出口第一道焊接接头或相近的焊接接头；
d) 穿跨越部位、出土与入土端附近的焊接接头；
e) 表面检测发现裂纹的焊接接头；
f) 硬度检验和厚度测试中发现异常的焊接接头；
g) 检验人员和使用单位认为需要抽查的其他焊接接头。

7 埋地钢质管道合于使用评价

7.1 一般要求

7.1.1 外损伤检验完成后，应及时开展埋地钢质管道合于使用评价(以下简称合于使用评价)工作。合于使用评价包括材料适用性评价、剩余强度评估、不良条件下管道安全评定和剩余寿命预测。

7.1.2 根据外损伤检验管道类别、检验结论确定需开展的合于使用评价项目。

7.1.3 评价机构必须制定合于使用评价方案(包括安全措施和应急预案)，征询使用单位的意见，并由评价机构授权的技术负责人审批。合于使用评价人员必须严格按照批准后的合于使用评价方案进行评价工作。评价过程中根据实际情况需作调整时，必须经过评价机构授权的技术负责人审查批准，并征求使用单位意见。

7.1.4 评价工作结束后，评价人员应出具合于使用评价报告。

7.2 材料适用性评价

7.2.1 一般要求

7.2.1.1 对材质不明，以及有可能发生 H_2S 等应力腐蚀，或者使用年限已经超过 15 年并且发生过与应力腐蚀、焊接缺陷有关的修理改造的管道，应当进行管道材料适用性评价。

7.2.1.2 材料适用性评价应在材料性能试验的基础上，开展化学成分、金相组织、力学性能、特殊服役条件评价等工作。

7.2.1.3 输送石油天然气介质的管道材料适用性评价见7.2.2与7.2.3，输送其他介质的管道材料适用性评价参照相关标准。

7.2.2 测试种类与数量

根据材料适用性评价项目开展材料测试，测试种类与数量见表2，测试方法见附录B。材料性能测试应由具有国家实验室相应资质的单位进行。

表2 测试种类与数量

测试种类	取样位置	钢管类型				试样数量
		无缝钢管	电阻焊管	埋弧焊管		
				直缝	螺旋缝	
化学成分分析	管体	√	√	√	√	2
金相分析	管体	√	√	√	√	2
	焊缝	√	√	√	√	2
拉伸测试	管体	√	√	√	√	3
	焊缝	—	√	√	√	3
	环焊缝	√	√	√	√	3
夏比V型缺口冲击韧性测试	管体	√	√	√	√	3
	焊缝[a]	—	√	√	√	3
	环焊缝[a]	—	√	√	√	3
	热影响区	—	√	√	√	3
落锤撕裂测试	管体	√	√	√	√	2
夏比V型缺口低温冲击韧性测试[b]	管体	√	√	√	√	3
	焊缝[a]	—	√	√	√	3
	环焊缝[a]	√	√	√	√	3
	热影响区	√	√	√	√	3
硬度测试	见图B.4	√	√	√	√	1
HIC测试[c]	管体	√	√	√	√	3
	焊缝	√	√	√	√	3
SCC测试[c]		√	√	√	√	3
晶间腐蚀测试[d]	管体	√	√	√	√	2
	焊缝[a]	—	√	√	√	2
	环焊缝[a]	√	√	√	√	2
	热影响区	√	√	√	√	2

注：对于不宜取样的管段可采用微损伤试样进行力学性能测试，测试方法可参考相关文献。

[a] 未经压平。

[b] 若管道壁温≥0 ℃，可不进行夏比V型缺口低温冲击韧性测试。

[c] 若管道运行环境中无硫化物存在，可不进行HIC和SCC测试。

[d] 本项测试仅针对奥氏体不锈钢。

7.2.3 材料适用性评价要求

7.2.3.1 化学成分要求

各钢级的化学成分应达到表3～表5对应要求，表3～表5中没有对应的钢级或者供货商原始标准高于表3～表5的，应达到供货商提供的原始标准要求；二者都不能满足的，应达到实际使用要求。表

中的碳当量 CE_{IIW} 或 CE_{Pcm} 应根据待测材料成分按式(1)或式(2)进行计算：

$$CE_{IIW}=C+\frac{Mn}{6}+\frac{Cr+Mo+V}{5}+\frac{Cu+Ni}{15} \qquad \cdots\cdots(1)$$

$$CE_{Pcm}=C+\frac{Si}{30}+\frac{Mn+Cu+Cr}{20}+\frac{Ni}{60}+\frac{Mo}{15}+\frac{V}{10}+5B \qquad \cdots\cdots(2)$$

表 3　化学成分要求(壁厚≤25.0mm 的 PSL 1 级钢管)

钢级		元素含量[a](质量分数)/%							
		C	Mn	P		S	V	Ni	Ti
		最大[b]	最大[b]	最小	最大	最大	最大	最大	最大
无缝钢管	L175(A25)	0.21	0.60	—	0.030	0.030	—	—	—
	L175(A25P)	0.21	0.80	0.045	0.080	0.030	—	—	—
	L210(A)	0.22	0.90	—	0.030	0.030	—	—	—
	L245(B)	0.28	1.20	—	0.030	0.030	[c,d]	[c,d]	[d]
	L290(X42)	0.28	1.30	—	0.030	0.030	[d]	[d]	[d]
	L320(X46)	0.28	1.40	—	0.030	0.030	[d]	[d]	[d]
	L360(X52)	0.28	1.40	—	0.030	0.030	[d]	[d]	[d]
	L390(X56)	0.28[e]	1.40[e]	—	0.030	0.030	[d]	[d]	[d]
	L415(X60)	0.28[c]	1.40[c]	—	0.030	0.030	[f]	[f]	[f]
	L450(X65)	0.28[e]	1.40[e]	—	0.030	0.030	[f]	[f]	[f]
	L485(X70)	0.28[e]	1.40[e]	—	0.030	0.030	[f]	[f]	[f]
	L555(X80)	0.09	1.85	—	0.022	0.005	0.06	0.11	0.025
焊接钢管	L175(A25)	0.21	0.60	—	0.030	0.030	—	—	—
	L175(A25P)	0.21	0.60	0.045	0.080	0.030	—	—	—
	L210(A)	0.22	0.90	—	0.030	0.030	—	—	—
	L245(B)	0.26	1.20	—	0.030	0.030	[c,d]	[c,d]	[d]
	L290(X42)	0.26	1.30	—	0.030	0.030	[d]	[d]	[d]
	L320(X46)	0.26	1.40	—	0.030	0.030	[d]	[d]	[d]
	L360(X52)	0.26	1.40	—	0.030	0.030	[d]	[d]	[d]
	L390(X56)	0.26[e]	1.40	—	0.030	0.030	[d]	[d]	[d]
	L415(X60)	0.26[e]	1.40	—	0.030	0.030	[f]	[f]	[f]
	L450(X65)	0.26[e]	1.45[e]	—	0.030	0.030	[f]	[f]	[f]
	L485(X70)	0.26[e]	1.65[e]	—	0.030	0.030	[f]	[f]	[f]
	L555(X80)	0.09	1.85	—	0.022	0.005	0.06	0.11	0.025

[a] 最大铜(Cu)含量为 0.50%；最大镍(Ni)含量为 0.50%，最大铬(Cr)含量为 0.50%，最大钼(Mo)含量为0.15%。对于 L360/X52 及以下钢级，不得随意加入 Cu、Cr、Ni。

[b] 碳(C)含量比规定最大碳含量减少 0.01%，则允许锰(Mn)含量比规定最大的锰(Mn)含量高 0.05%，但进行如下限制：对于 L245/B≤钢级≤L360/X52 最大的锰(Mn)含量不得超过 1.65%；对于 L360/X52<钢级<L485/X70 最大的锰(Mn)含量不得超过 1.75%，对于 L485/X70 钢级最大的锰(Mn)含量不得超过 2.00%。

[c] 除另有协议外，铌(Nb)含量和钒(V)含量之和应≤0.06%。

[d] 铌(Nb)含量、钒(V)含量和钛(Ti)含量之和应≤0.15%。

[e] 除另有协议外。

[f] 除另有协议外，铌(Nb)含量、钒(V)含量和钛(Ti)含量之和应≤0.15%。

表 4 化学成分要求(壁厚≤25.0mm 的 PSL 2 级钢管)

钢级		最大元素含量(质量分数)/%									碳当量[a]/%(最大)	
		C[b]	Si	Mn[b]	P	S	V	Nb	Ti	其他	CE_{IIW}	CE_{Pcm}
无缝和焊接钢管	L245R(BR)	0.24	0.40	1.20	0.025	0.015	c	c	0.04	e	0.43	0.25
	L290R(X42R)	0.24	0.40	1.20	0.025	0.015	0.06	0.05	0.04	e	0.43	0.25
	L245N(BN)	0.18	0.40	1.20	0.025	0.015	c	c	0.04	e	0.43	0.25
	L290N(X42N)	0.24	0.40	1.20	0.025	0.015	0.06	0.05	0.04	e	0.43	0.25
	L320N(X46N)	0.24	0.40	1.40	0.025	0.015	0.07	0.05	0.04	d,e	0.43	0.25
	L360(X52N)	0.24	0.45	1.40	0.025	0.015	0.10	0.05	0.04	d,e	0.43	0.25
	L390N(X56N)	0.24	0.45	1.40	0.025	0.015	0.10[f]	0.05	0.04	d,e	0.43	0.25
	L415N(X60N)	0.24[f]	0.45[f]	1.40[f]	0.025	0.015	0.10[f]	0.05[f]	0.04[f]	g,h	依照协议	
	L245Q(BQ)	0.18	0.45	1.40	0.025	0.015	0.05	0.05	0.04	e	0.43	0.25
	L290Q(X42Q)	0.18	0.45	1.40	0.025	0.015	0.05	0.05	0.04	e	0.43	0.25
	L290Q(X46Q)	0.18	0.45	1.40	0.025	0.015	0.05	0.05	0.04	e	0.43	0.25
	L320(X52Q)	0.18	0.45	1.50	0.025	0.015	0.05	0.05	0.04	e	0.43	0.25
	L360Q(X56Q)	0.18	0.45	1.50	0.025	0.015	0.07	0.05	0.04	d,e	0.43	0.25
	L415Q(X60Q)	0.18[f]	0.45[f]	1.70[f]	0.025	0.015	g	g	g	h	0.43	0.25
	L450Q(X65Q)	0.18[f]	0.45[f]	1.70[f]	0.025	0.015	g	g	g	h	0.43	0.25
	L485Q(X70Q)	0.18[f]	0.45[f]	1.80[f]	0.025	0.015	g	g	g	h	0.43	0.25
	L555Q(X80Q)	0.18[f]	0.45[f]	1.90[f]	0.025	0.015	g	g	g	i,j	依照协议	
焊接钢管	L245M(BM)	0.22	0.60	—	0.025	0.015	0.05	0.05	0.04	e	0.43	0.25
	L290M(X42M)	0.22	0.60	0.045	0.025	0.015	0.05	0.05	0.04	e	0.43	0.25
	L320M(X46M)	0.22	0.90	—	0.025	0.015	0.05	0.05	0.04	e	0.43	0.25
	L360M(X52M)	0.22	1.20	—	0.025	0.015	d	d	d	e	0.43	0.25
	L390(X56M)	0.22	1.30	—	0.025	0.015	d	d	d	e	0.43	0.25
	L415M(X60M)	0.12[f]	1.40	—	0.025	0.015	g	g	g	h	0.43	0.25
	L450M(X65M)	0.12[f]	1.40	—	0.025	0.015	g	g	g	h	0.43	0.25
	L485M(X70M)	0.12[f]	1.40	—	0.025	0.015	g	g	g	h	0.43	0.25
	L555M(X80M)	0.12[f]	1.40	—	0.025	0.015	g	g	g	i	0.43	0.25
	L625M(X90M)	0.12[f]	1.45[e]	—	0.020	0.010	g	g	g	j	—	0.25
	L690M(X100M)	0.10	1.65[e]	—	0.020	0.010	g	g	g	i,j		0.25
	L830M(X120M)	0.10	1.80	—	0.020	0.010	g	g	g	i,j		0.25

[a] 依据产品分析结果,壁厚>20.0mm 的无缝钢管,碳当量的极限值应协商确定。碳含量大于 0.12%使用 CE_{IIW},碳含量小于或等于 0.12%使用 CE_{Pcm}。

[b] 碳含量比规定的最大碳含量每减少 0.01%,允许锰含量比规定最大锰含量高 0.05%,对钢级≥L245(B)但≤L360(X52)的锰含量不得超过 1.65%;对于钢级>L360(X52)但<L485(X70)的不得超过 1.75%;对于钢级≥L485(X70)但≤L555(X80)的锰含量不得超过 2.00%;对于钢级>L555(X80)的锰含量不得超过 2.20%。

[c] 除另有协议外,铌(Nb)含量和钒(V)含量之和应≤0.06%。

[d] 除另有协议外,铌(Nb)含量、钒(V)含量和钛(Ti)含量之和应≤0.15%。

[e] 除另有协议外,最大铜(Cu)含量为 0.05%,最大镍(Ni)含量为 0.30%,最大铬(Cr)含量为 0.30%,最大钼(Mo)含量为 0.15%。

[f] 除另有协议外。

[g] 除另有协议外,铌(Nb)含量、钒(V)含量和钛(Ti)含量之和应≤0.15%。

[h] 除另有协议外,最大铜(Cu)含量为 0.05%,最大镍(Ni)含量为 0.50%,最大铬(Cr)含量为 0.50%,最大钼(Mo)含量为 0.50%。

[i] 除另有协议外,最大铜(Cu)含量为 0.05%,最大镍(Ni)含量为 1.00%,最大铬(Cr)含量为 0.50%,最大钼(Mo)含量为 0.50%。

[j] 最大硼(B)含量为 0.004%。

表 5　化学成分要求　壁厚≤25.0mm 的 PSL 2 级钢管(酸性服役条件)

钢级		最大元素含量（质量分数）/%								碳当量[a]/%(最大)	
		C[b]	Si	Mn[b]	P	S	V	Nb	Ti	其他[c,d]	CE_{IIW}	CE_{Pcm}
无缝和焊接钢管	L245NS(NS)	0.14	0.40	1.35	0.020	0.003[e]	[f]	[f]	0.04	[g]	0.36	0.19[h]
	L290NS(X42NS)	0.14	0.40	1.35	0.020	0.003[e]	0.05	0.05	0.04	—	0.36	0.19[h]
	L320NS(X46NS)	0.14	0.40	1.40	0.020	0.003[e]	0.07	0.05	0.04	[g]	0.38	0.20[h]
	L360NS(X52NS)	0.16	0.45	1.65	0.020	0.003[e]	0.10	0.05	0.04	[g]	0.43	0.22[h]
	L245QS(BQS)	0.14	0.40	1.35	0.020	0.003[e]	0.04	0.04	0.04	—	0.34	0.19[h]
	L290QS(X42QS)	0.14	0.40	1.35	0.020	0.003[e]	0.04	0.04	0.04	—	0.34	0.19[h]
	L320N(X46QS)	0.15	0.45	1.40	0.020	0.003[e]	0.05	0.05	0.04	—	0.36	0.20[h]
	L360QS(X52QS)	0.16	0.45	1.65	0.020	0.003[e]	0.07	0.05	0.04[f]	[g]	0.39	0.20[h]
	L390QS(X56QS)	0.16	0.45	1.65	0.020	0.003[e]	0.07	0.05	0.04	[g]	0.40	0.21[h]
	L415QS(X60QS)	0.16	0.45	1.65	0.020	0.003[e]	0.08	0.05	0.04	[g,i,k]	0.41	0.22[h]
	L450QS(X65QS)	0.16	0.45	1.65	0.020	0.003[e]	0.09	0.05	0.06	[g,i,k]	0.42	0.22[h]
	L485QS(X70QS)	0.16	0.45	1.65	0.020	0.003[e]	0.09	0.05	0.06	[g,i,k]	0.42	0.22[h]
焊接钢管	L245MS(BMS)	0.10	0.40	1.25	0.020	0.002[e]	0.04	0.04	0.04	—	—	0.19
	L290MS(X42MS)	0.10	0.40	1.25	0.020	0.002[e]	0.04	0.04	0.04	—	—	0.19
	L320MS(X46MS)	0.10	0.45	1.35	0.020	0.002[e]	0.05	0.05	0.04	—	—	0.20
	L360MS(X52MS)	0.10	0.45	1.45	0.020	0.002[e]	0.05	0.06	0.04	—	—	0.20
	L390MS(X56MS)	0.10	0.45	1.45	0.020	0.002[e]	0.06	0.08	0.04	[g]	—	0.21
	L415MS(X60MS)	0.10	0.45	1.45	0.020	0.002[e]	0.08	0.08	0.06	[g,i]	—	0.21
	L450MS(X65MS)	0.10	0.45	1.60	0.020	0.002[e]	0.10	0.08	0.06	[g,i,j]	—	0.22
	L485MS(X70MS)	0.10	0.45	1.60	0.020	0.002[e]	0.10	0.08	0.06	[g,i,j]	—	0.22

[a] 依据产品分析结果，碳含量大于 0.12%使用 CE_{IIW}，碳含量小于或等于 0.12%使用 CE_{Pcm}。

[b] 碳含量比规定的最大碳含量每减少 0.01%，允许锰含量比规定最大锰含量高 0.05%，最大增加 0.20%。

[c] Al_{total}≤0.060%；N≤0.012%；Al/N≥2(不适合钛镇静钢或钛处理钢)；Cu≤0.35%(如果协议，Cu≤0.10%)；Ni≤0.30%；Cr≤0.30%；Mo≤0.15%；B≤0.000 5%。

[d] 在焊管有意增加钙(Ca)含量的情况下，除另有协议外，如果 S>0.001 5%，则 Ca/S≥1.5。对于无缝钢管和焊接钢管钙(Ca)含量应≤0.006%。

[e] 无缝钢管的最大硫(S)含量可增加至 0.008%，而且如果协议焊管可增至 0.006%。对于硫(S)含量水平较高的焊管，可协议确定较低的 Ca/S。

[f] 除另有协议外，铌(Nb)含量和钒(V)含量之和应≤0.06%。

[g] 铌(Nb)含量、钒(V)含量和钛(Ti)含量之和应≤0.15%。

[h] 对于无缝钢管，表列值可增加 0.03%。

[i] 如果协议，钼(Mo)含量应≤0.35%。

[j] 如果协议，铬(Cr)含量应≤0.45%。

[k] 如果协议，铬(Cr)含量应≤0.45%且镍(Ni)含量应≤0.50%。

7.2.3.2 金相组织要求

应对管道的母材和焊缝进行显微组织和夹杂物金相分析，试样应未出现明显的由硫化氢等导致的环境开裂。

7.2.3.3 力学性能要求

7.2.3.3.1 抗拉强度和屈服强度要求

抗拉强度和屈服强度应符合表6对应的钢级代号要求，表6中没有对应钢级代号的或者供货商原始标准高于表6的，以原始标准为依据。达不到原始要求的，按照表6对应的抗拉强度和屈服强度标准钢级进行分析。其他钢质管道材料拉伸性能可参照相关标准。

表6 管道拉伸性能要求

钢级	最小屈服强度/MPa	最小抗拉强度/MPa	最小伸长率 A/%
Q235	235	375	—
Q345	345	490	—
L175	175	315	27
L210(A)	210	335	25
L245(B)	245	415	21
L290(X42)	290	415	21
L320(X46)	320	435	20
L360(X52)	360	460	19
L390(X56)	390	490	18
L415(X60)	415	520	17
L450(X65)	450	535	17
L485(X70)	485	570	16
L555(X80)	555	625	15

7.2.3.3.2 断裂韧性要求

断裂韧性性能应满足表7的要求。若管道所用钢材的钢级不在表7范围之内，则应按照实测的最低屈服强度和抗拉强度对应表6中钢级，当屈服强度和抗拉强度位于两个钢级之间时，应取较高的钢级以确定其冲击韧性的要求。应根据夏比V型缺口冲击性能断裂韧性测试结果制定相应的韧脆转变曲线。

表 7　埋地管道夏比 V 型缺口冲击性能与落锤撕裂性能要求

钢级	最小冲击功/J						落锤撕裂测试剪切面积/%
	钢管外径 D/mm						钢管外径 D/mm
	≤508	508～762	762～914	914～1 219	1 219～1 422	1 422～2 134	508～2 134
L175	27(20)	27(20)	40(30)	40(30)	40(30)	40(30)	≥85
L210(A)	27(20)	27(20)	40(30)	40(30)	40(30)	40(30)	
L245(B)	27(20)	27(20)	40(30)	40(30)	40(30)	40(30)	
L290(X42)	27(20)	27(20)	40(30)	40(30)	40(30)	40(30)	
L320(X46)	27(20)	27(20)	40(30)	40(30)	40(30)	40(30)	
L360(X52)	27(20)	27(20)	40(30)	40(30)	40(30)	40(30)	
L390(X56)	27(20)	27(20)	40(30)	40(30)	40(30)	40(30)	
L415(X60)	27(20)	27(20)	40(30)	40(30)	40(30)	40(30)	
L450(X65)	27(20)	27(20)	40(30)	40(30)	54(40)	54(40)	
L485(X70)	40(30)	40(30)	40(30)	40(30)	54(40)	68(50)	
L555(X80)	40(30)	40(30)	40(30)	40(30)	54(40)	68(50)	
注：括号内为单个试样要求的最小值。							

对于螺旋焊缝、环焊缝和热影响区等特殊区域试样，其夏比 V 型缺口冲击性能可降低要求。在与母材相同测试温度条件下，3 个试样的最小冲击功平均值为 40 J，单个试样的最小冲击功平均值为 30 J。

7.2.3.3.3　硬度要求

对于运行环境中含 H_2S 的管线钢，硬度不得超过 250HV10。

7.2.3.4　特殊服役条件性能要求

7.2.3.4.1　抗氢致开裂(HIC)性能要求

母材与焊缝的氢致开裂(HIC)测试结果应满足表 8 要求。

表 8　抗氢致开裂测试性能要求

钢级	裂纹敏感性比率/CSR	裂纹长度比率/CLR	裂纹厚度比率/CTR
Q235	—	—	—
Q345	—	—	—
L175	≤2	≤15	≤5
L210(A)	≤2	≤15	≤5
L245(B)	≤2	≤15	≤5
L290(X42)	≤2	≤15	≤5
L320(X46)	≤2	≤15	≤5
L360(X52)	≤2	≤15	≤5
L390(X56)	≤2	≤15	≤5
L415(X60)	≤2	≤15	≤5
L450(X65)	≤2	≤15	≤5
L485(X70)	≤2	≤15	≤5
L555(X80)	≤1	≤10	≤3

7.2.3.4.2 抗硫化氢应力腐蚀开裂(SSC)性能要求

硫化氢应力腐蚀开裂(SSC)测试应用10倍以上放大镜或长焦距显微镜观察,沿钢管壁厚方向的试样表面上没有深度超过0.1 mm的裂纹。

7.2.3.4.3 抗晶间腐蚀性能要求

不锈钢管道须取样进行10%的草酸浸泡测试,其腐蚀特征应满足表9的要求。

表9 不允许存在的晶间腐蚀形貌特征

名称	试样类别	组织特征
阶梯组织	压力加工试样	晶界无腐蚀沟,晶粒呈台阶状
混合组织	压力加工试样	晶界有腐蚀沟,但没有一个晶粒被腐蚀沟包围
沟状组织	压力加工试样	晶界有腐蚀沟,个别或全部晶粒被腐蚀沟包围
游离铁素体组织	铸造试样和焊缝区 (包括焊缝和热影响区)	晶界无腐蚀沟,铁素体被显现
连续沟状组织	铸造试样和焊缝区 (包括焊缝和热影响区)	焊缝晶界沟状组织很深,并形成连续沟状组织
凹坑组织Ⅰ	压力加工试样、铸造试样和焊缝区 (包括焊缝和热影响区)	浅凹坑多,深凹坑少的组织
凹坑组织Ⅱ	压力加工试样、铸造试样和焊缝区 (包括焊缝和热影响区)	浅凹坑少,深凹坑多的组织

7.3 剩余强度评估

7.3.1 适用范围

剩余强度评估适用于含体积型缺陷和凹陷的在役埋地钢质管道的评估。

7.3.2 数据收集

除按第5章的规定进行数据收集外,还应收集以下数据:

a) 缺陷的类型、尺寸和位置;
b) 结构和焊缝的几何形状和尺寸;
c) 材料的化学成分、力学和断裂韧度性能数据;
d) 承受载荷。

7.3.3 体积型缺陷剩余强度评估

7.3.3.1 一般要求

体积型缺陷剩余强度评估含单一体积型缺陷或含相互作用体积型缺陷的埋地钢质管道,应同时满足以下条件:

a) 体积型缺陷由腐蚀、缺陷打磨或机械损伤形成;
b) 材料韧性良好,并且未出现材料性能劣化及劣化趋向;
c) 缺陷深度在管道壁厚的20%~80%之间;

d) 缺陷处及其附近区域无其他表面缺陷或埋藏缺陷；

e) 无明显塑性变形与应力集中；

f) 不承受疲劳载荷、动态冲击载荷。

7.3.3.2 单一体积型缺陷管道剩余强度评估

7.3.3.2.1 当管段只含一个独立的缺陷时，采用单一体积型缺陷管道剩余强度评估方法。该方法分为彼此独立的3个等级，根据获得数据的完整性及管道使用单位的要求选择一级、二级或三级。

7.3.3.2.2 一级评估见C.1.1。

7.3.3.2.3 二级评估见C.1.2。

7.3.3.2.4 三级评价采用有限元分析方法，依据管道材料属性选用下列相应失效准则：

a) 弹性极限准则：缺陷处的Mises等效应力不超过管材的屈服强度；

b) 塑性极限状态失效准则：缺陷处的Mises等效应力不超过管材的抗拉强度；

c) 塑性失效准则：缺陷处的Mises等效应力不超过管材的后屈服点。

7.3.3.3 相互作用体积缺陷管道剩余强度评估

当管段分布有多个缺陷时(见图3)，如缺陷之间的相对位置满足下列任一条件，则作为单一体积缺陷处理，否则，应按相互作用体积缺陷评估，见C.2：

a) 相邻缺陷之间的环向角 ϕ 满足式(3)

$$\phi > 360\sqrt{\delta/D} \qquad \cdots\cdots(3)$$

b) 相邻缺陷之间的纵向间距 s 满足式(4)

$$s > 2.0\sqrt{D\delta} \qquad \cdots\cdots(4)$$

式中：

δ ——管道壁厚，单位为毫米(mm)；

D ——管道外径，单位为毫米(mm)。

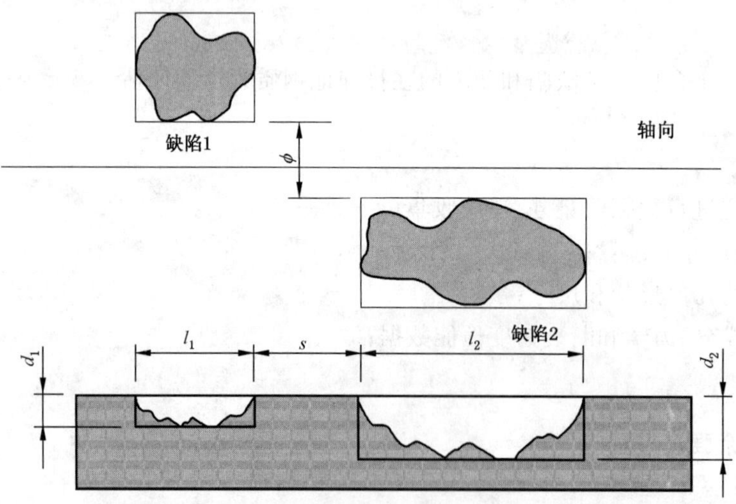

图3 管道上缺陷位置与尺寸

7.3.4 含凹陷管道的剩余强度评估

7.3.4.1 适用于受外部硬物挤压或碰撞而产生无划伤和含划伤凹陷的埋地钢质管道的剩余强度评估方法。

应同时满足以下条件：

a） 含径向变形不大于管道外径6%的凹陷；

b） 材料韧性良好，并且未出现材料性能劣化及劣化趋向；

c） 缺陷处及其附近区域无其他表面缺陷或埋藏缺陷；

d） 无明显塑性变形与应力集中；

e） 管道焊缝及热影响区影响范围之外的体积型缺陷；

f） 不承受疲劳载荷、动态冲击载荷。

当焊缝处存在凹陷时，应采取修复措施。

7.3.4.2 无划伤凹陷评估可采用基于应变准则和基于凹陷深度准则。宜优先采用基于凹陷深度准则；当管道凹陷尺寸数据充足时，宜采用基于应变准则：

a） 基于凹陷深度准则

管道凹陷深度不应超过管道外径的6%。当凹陷深度超过外径的6%时应采取修复措施，否则应采取定期监测措施。

b） 基于应变准则

管道凹陷处的应变不应超过0.06，见D.1。

7.3.4.3 含划伤凹陷管道的剩余强度评估见D.2。

7.4 不良条件下埋地钢质管道安全评定

不良条件下埋地钢质管道安全评定是对评定对象的状况调查(历史、工况、环境等)、缺陷检测、缺陷成因分析、失效模式判断、材料检验(性能、损伤与退化等)、应力分析、必要的实验与计算，并根据本标准的规定对评定对象的安全性进行综合分析和评价。

针对不良条件下埋地钢质管道极限状态的安全评定判据见附录E。

7.5 剩余寿命预测

7.5.1 一般要求

7.5.1.1 当应用本标准的规定确定管道的检验周期时，应遵守特种设备安全技术规范TSG D7003、TSG D7004的规定，并不超过预测的剩余寿命的一半。

7.5.1.2 腐蚀寿命预测可以选用TSG D7003、TSG D7004中的计算方法或本标准中的预测方法。使用本标准中的方法时，当检验区段开挖点数量小于16处时，宜选用均匀腐蚀剩余寿命预测方法或局部腐蚀剩余寿命预测方法，计算每处抽检管段的剩余寿命，其中的最小值确定为管道的腐蚀剩余寿命；当检验区段开挖点数量大于或等于16处时，宜选用极值统计法进行剩余寿命预测。

7.5.2 均匀腐蚀剩余寿命预测

7.5.2.1 直管段均匀腐蚀剩余寿命预测

直管段均匀腐蚀剩余寿命采用壁厚法进行预测，壁厚法是基于未来服役条件、实测壁厚、金属损失区域尺寸、预期腐蚀速率以及裂纹扩展速率估计计算需要的最小壁厚。预测过程见F.1。

7.5.2.2 弯头、三通均匀腐蚀剩余寿命预测

弯头、三通等管道元件均匀腐蚀剩余寿命采用最大允许工作压力(MAWP)方法进行预测，见F.2。

7.5.3 局部腐蚀剩余寿命预测

7.5.3.1 直管段局部腐蚀剩余寿命预测

直管段局部腐蚀剩余寿命采用壁厚法进行预测，直管段局部腐蚀与均匀腐蚀剩余寿命计算不同之处在于剩余壁厚比 R_t 的取值不同，详见 F.1。

7.5.3.2 弯头、三通局部腐蚀剩余寿命预测

弯头、三通等管道元件局部腐蚀剩余寿命采用 MAWP 方法进行预测，见 F.2。

7.5.4 极值统计腐蚀剩余寿命预测

检验区段开挖点数量大于或等于 16 处时宜使用本方法，如果管道壁厚减薄达到最小要求壁厚，即认为管道剩余寿命为 0，计算过程见 F.3。

8 外损伤综合评价

8.1 一般要求

8.1.1 外损伤检验与合于使用评价完成后，应对埋地钢质管道区段进行外损伤综合评价，为制定管道外损伤问题的处理提供依据。

8.1.2 在外损伤检验评价报告中应明确许用参数、下次检验日期。当有管道外损伤问题时应明确处理措施。

8.1.3 问题处理措施实施后，应对管道的数据资料进行更新，并由合于使用评价机构对管道进行风险再评估，其结果纳入管道使用登记工作中。

8.2 外损伤综合评价

8.2.1 外损伤综合评价结果分为以下 4 个等级：

a) 1 级：管道安全质量符合有关法规和标准要求，满足设计条件下在 6 年的检验周期内能安全使用；

b) 2 级：管道安全质量符合有关法规和标准要求，但腐蚀防护系统或管道本体存在某些不符合有关规范和标准的问题或缺陷，经合于使用评价，结论为满足设计条件下在 3 年～6 年的检验周期内能安全使用；

c) 3 级：管道安全质量符合有关法规和标准要求，但腐蚀防护系统或管道本体存在某些不符合有关规范和标准的问题或缺陷，经合于使用评价，结论为满足设计条件下在 1 年～3 年检验周期内在限定的条件下安全使用；

d) 4 级：管道系统外损伤缺陷严重，不能满足设计要求，管道不能安全运行，使用单位应立即采取重大维修措施。

8.2.2 腐蚀防护系统评价等级依据 GB/T 19285 划分。

8.2.3 管道本体评价等级依据管体本身的损伤情况评价，分级规则如下：

a) 经合于使用评价能安全使用 6 年以上(含 6 年)的，管道本体评价等级为 1 级；

b) 经合于使用评价 6 年内能安全使用的，管道本体评价等级为 2 级；

c) 经合于使用评价 3 年内能安全使用的，管道本体评价等级为 3 级；

d) 存在无法通过安全评定的外损伤缺陷，管道本体评价等级为 4 级。

8.2.4 管道外损伤综合评价等级依据腐蚀防护系统评价、管道本体评价等级进行评级，见表 10。

表 10 管道外损伤综合评价等级

管道外损伤综合评价等级				
腐蚀防护系统评价等级	管道本体评价等级			
	1	2	3	4
1	1	2	3	4
2	2	2	3	4
3	3	3	3	4
4	3	3	4	4

8.3 外损伤检验评价报告要求及问题处理措施

8.3.1 外损伤检验评价报告要求

8.3.1.1 报告内容应至少包括以下内容：

a) 项目概况；

b) 数据收集：应简要说明数据来源，并特别注明有怀疑或矛盾的数据；

c) 潜在危险辨识：说明辨识的依据，明确目标管道是否存在外损伤危险，辨识过程中确认的其他非外损伤危险也应在报告体现；

d) 风险评估：包括所依据的评价标准、主要的原始信息及详细评估结论；

e) 外损伤检验：包含检验的管道区段、检验的时间、检验时的环境条件、使用的技术方法与设备，相关单项检验的结论；

f) 合于使用评价：包括评价的初始条件、评价过程涉及的所有单项评价参数及单项评价结论；

g) 综合评价：包括评价的过程参数；

h) 结论建议：许用参数、下次检验日期；当有缺陷要求进行处理时，应明确缺陷进行修复或者采取降压运行的措施。

8.3.1.2 检验与评价工作结束后，检验机构一般应在30个工作日内出具报告，交付使用单位存入压力管道技术档案。

8.3.1.3 检验评价结论报告应当有编制、审核、批准三级人员签字，批准人员为检验机构的主要负责人或者授权的技术负责人。

8.3.1.4 风险再评估报告宜在问题处理措施完成后单独出具，并作为检验评价报告的附件。

8.3.2 问题处理措施

8.3.2.1 使用单位应对检验评价发现的问题进行处理。

8.3.2.2 问题处理措施包括对管道的维修维护及管理工作。

8.3.2.3 管道本体的维修，可使用传统的加套筒等方法、不动火的复合材料补强等技术。宜优先使用不动火的复合材料补强技术。

附　录　A
（规范性附录）
管道外损伤检验方法及检验比例

A.1　腐蚀防护系统检验项目和检验比例

A.1.1　土壤腐蚀性检测项目包括土壤质地、土壤电阻率、管地电位、氧化还原电位、土壤 pH 值、土壤含水率、土壤含盐量、土壤 Cl^- 含量等参数的测试，根据管段的风险等级，按表 A.1 选择检测项目及检测比例。

表 A.1　土壤腐蚀性检测项目和检测比例

管道类型	风险等级	土壤腐蚀性检测项目							
		土壤质地	土壤电阻率	管地电位	氧化还原电位	土壤 pH 值	土壤含水率	土壤含盐量	土壤 Cl^- 含量
输气管道	高风险	全部	全部	全部	全部	全部	全部	全部	全部
	较高风险	全部	全部	全部	50%	50%	50%	50%	50%
	中风险	全部	全部	全部	20%	20%	20%	20%	20%
	低风险	全部	全部	全部	—	—	—	—	—
GA1 级输油管道	高风险	全部	全部	全部	全部	全部	全部	全部	全部
	较高风险	全部	全部	全部	50%	50%	50%	50%	50%
	中风险	全部	全部	全部	—	—	—	—	—
	低风险	50%	50%	50%	—	—	—	—	—
GA2 级输油管道	高风险	全部	全部	全部	全部	全部	全部	全部	全部
	较高风险	全部	全部	全部	20%	20%	20%	20%	20%
	中风险	全部	全部	全部	—	—	—	—	—
	低风险	20%	20%	20%	—	—	—	—	—
联合站至长输首站集输油气管道	高风险	全部	全部	全部	全部	全部	全部	全部	全部
	较高风险	全部	全部	全部	20%	20%	20%	20%	20%
	中风险	全部	全部	全部	—	—	—	—	—
	低风险	全部	全部	全部	—	—	—	—	—
集输站至联合站集输油气管道	高风险	全部	全部	全部	全部	全部	全部	全部	全部
	较高风险	全部	全部	全部	20%	20%	20%	20%	20%
	中风险	全部	全部	全部	—	—	—	—	—
	低风险	50%	50%	50%	—	—	—	—	—
单井站至集输站集输油气管道	高风险	全部	全部	全部	全部	全部	全部	全部	全部
	较高风险	全部	全部	全部	—	—	—	—	—
	中风险	全部	全部	全部	—	—	—	—	—
	低风险	20%	20%	20%	—	—	—	—	—
GB1-Ⅰ级、GB1-Ⅱ级燃气管道	高风险	全部	全部	全部	全部	全部	全部	全部	全部
	较高风险	全部	全部	全部	50%	50%	50%	50%	50%
	中风险	全部	全部	全部	20%	20%	20%	20%	20%
	低风险	全部	全部	全部	—	—	—	—	—

表 A.1（续）

管道类型	风险等级	土壤腐蚀性检测项目							
		土壤质地	土壤电阻率	管地电位	氧化还原电位	土壤pH值	土壤含水率	土壤含盐量	土壤 Cl^- 含量
GB1-Ⅲ 级燃气管道	高风险	全部	全部	全部	全部	全部	全部	全部	全部
	较高风险	全部	全部	全部	50%	50%	50%	50%	50%
	中风险	全部	全部	全部	—	—	—	—	—
	低风险	50%	50%	50%	—	—	—	—	—
GB1-Ⅳ级、GB1-Ⅴ级、GB1-Ⅵ级燃气管道	高风险	全部	全部	全部	全部	全部	全部	全部	全部
	较高风险	全部	全部	全部	20%	20%	20%	20%	20%
	中风险	50%	50%	50%	—	—	—	—	—
	低风险	20%	20%	20%	—	—	—	—	—
GB2 级热力管道	高风险	全部	全部	全部	全部	全部	全部	全部	全部
	较高风险	全部	全部	全部	20%	20%	20%	20%	20%
	中风险	50%	50%	50%	—	—	—	—	—
	低风险	20%	20%	20%	—	—	—	—	—
GC1 级工业管道	高风险	全部	全部	全部	全部	全部	全部	全部	全部
	较高风险	全部	全部	全部	50%	50%	50%	50%	50%
	中风险	全部	全部	全部	20%	20%	20%	20%	20%
	低风险	全部	全部	全部	—	—	—	—	—
GC2 级工业管道	高风险	全部	全部	全部	全部	全部	全部	全部	全部
	较高风险	全部	全部	全部	20%	20%	20%	20%	20%
	中风险	全部	全部	全部	—	—	—	—	—
	低风险	50%	50%	50%	—	—	—	—	—
GC3 级工业管道	高风险	全部	全部	全部	50%	50%	50%	50%	50%
	较高风险	全部	全部	全部	—	—	—	—	—
	中风险	全部	全部	全部	—	—	—	—	—
	低风险	—	—	—	—	—	—	—	—
GD1 级动力管道	高风险	全部	全部	全部	全部	全部	全部	全部	全部
	较高风险	全部	全部	全部	20%	20%	20%	20%	20%
	中风险	全部	全部	全部	—	—	—	—	—
	低风险	50%	50%	50%	—	—	—	—	—
GD2 级动力管道	高风险	全部	全部	全部	50%	50%	50%	50%	50%
	较高风险	全部	全部	全部	20%	20%	20%	20%	20%
	中风险	全部	全部	全部	—	—	—	—	—
	低风险	—	—	—	—	—	—	—	—

注 1：全部指所有开挖检测点进行土壤腐蚀性检测，表中百分数是指应在开挖检测点进行土壤腐蚀性检测的百分数。

注 2：当存在腐蚀活性时，应增加土壤腐蚀性检测。

A.1.2 外防腐层不开挖检测包括整体状况和破损点不开挖检测，按表 A.2 选择检测项目及检测比例。

表 A.2 外防腐层检测项目和检测比例

管道类型	风险等级	整体状况不开挖检测	破损点不开挖检测	
		交流电流衰减法	交流电位梯度法	直流电位梯度法
输气管道	高风险	100%	100%	30%
	较高风险	100%	100%	—
	中风险	100%	100%	—
	低风险	50%	100%	—
GA1 级输油管道	高风险	100%	100%	30%
	较高风险	100%	100%	—
	中风险	50%	100%	—
	低风险	20%	100%	—
GA2 级输油管道	高风险	100%	100%	30%
	较高风险	100%	100%	—
	中风险	100%	100%	—
	低风险	20%	100%	—
联合站至长输首站集输油气管道	高风险	100%	100%	30%
	较高风险	100%	100%	—
	中风险	50%	100%	—
	低风险	20%	100%	—
集输站至联合站集输油气管道	高风险	100%	100%	30%
	较高风险	100%	100%	—
	中风险	50%	100%	—
	低风险	20%	100%	—
单井站至集输站集输油气管道	高风险	100%	100%	30%
	较高风险	100%	100%	—
	中风险	20%	100%	—
	低风险	—	100%	—
GB1-Ⅰ级、GB1-Ⅱ级燃气管道	高风险	100%	100%	30%
	较高风险	100%	100%	—
	中风险	100%	100%	—
	低风险	50%	100%	—
GB1-Ⅲ 级燃气管道	高风险	100%	100%	30%
	较高风险	100%	100%	—
	中风险	50%	100%	—
	低风险	50%	100%	—

表 A.2（续）

管道类型	风险等级	整体状况不开挖检测	破损点不开挖检测	
		交流电流衰减法	交流电位梯度法	直流电位梯度法
GB1-Ⅳ级、GB1-Ⅴ级、GB1-Ⅵ级燃气管道	高风险	100%	100%	30%
	较高风险	100%	100%	—
	中风险	50%	100%	—
	低风险	20%	100%	—
GB2 级热力管道	高风险	100%	100%	30%
	较高风险	100%	100%	—
	中风险	50%	100%	—
	低风险	20%	100%	—
GC1 级工业管道	高风险	100%	100%	30%
	较高风险	100%	100%	—
	中风险	100%	100%	—
	低风险	50%	100%	—
GC2 级工业管道	高风险	100%	100%	30%
	较高风险	100%	100%	—
	中风险	50%	100%	—
	低风险	20%	100%	—
GC3 级工业管道	高风险	100%	100%	30%
	较高风险	100%	100%	—
	中风险	20%	100%	—
	低风险	—	100%	—
GD1 级动力管道	高风险	100%	100%	30%
	较高风险	100%	100%	—
	中风险	50%	100%	—
	低风险	20%	100%	—
GD2 级动力管道	高风险	100%	100%	30%
	较高风险	100%	100%	—
	中风险	20%	100%	—
	低风险	—	100%	—
注：当两种检测方法结果存在差异时应开挖验证。				

A.2　腐蚀产物现场辨识

可根据产物颜色按表 A.3 的方法进行辨识。

表 A.3 现场腐蚀产物颜色与成分

产物颜色	主要成分
黑	FeO
红棕至黑	Fe_2O_3
红棕	Fe_3O_4
黑棕	FeS
绿或白	$Fe(OH)_2$
灰	$FeCO_3$

A.3 外腐蚀缺陷尺寸检测

A.3.1 外腐蚀形貌宏观检查

清除腐蚀产物后，应进行外腐蚀宏观检查。

A.3.2 外腐蚀深度和腐蚀面积的测量

A.3.2.1 探针法

采用带尾针游标卡尺、千分表或专用探针，清除腐蚀区域表面异物后，测量坑边缘到最深底部的深度。

A.3.2.2 超声波法

采用超声波测厚仪测量管壁厚度。当管壁厚度变化均匀时，可直接进行厚度测量；当管壁厚度变化不均匀时，应先用超声波测厚仪连续扫查，确定管壁最薄处的面积区域，然后再进行测量，或者采用超声波 C 扫技术，进行管道壁厚分布测量。

A.3.2.3 危险厚度截面法(TCP)

当管体存在大面积腐蚀坑时，除上述测量外，还需采用危险厚度截面法(TCP)确定腐蚀坑的尺寸，步骤如下：

a) 将腐蚀区域划分为管道轴向、环向交叉的若干个方格，见图 A.1，推荐的截面间距计算见式(A.1)；

$$L_S = \max\{0.18\sqrt{Dt}, 12.7\} \qquad \cdots\cdots(A.1)$$

式中：

L_S ——推荐的检测截面间距，单位为毫米(mm)；

D ——管道内径，单位为毫米(mm)；

t ——基于设计压力计算的最小要求壁厚，单位为毫米(mm)。

b) 测量每个交叉点的坑深或壁厚，作好记录。

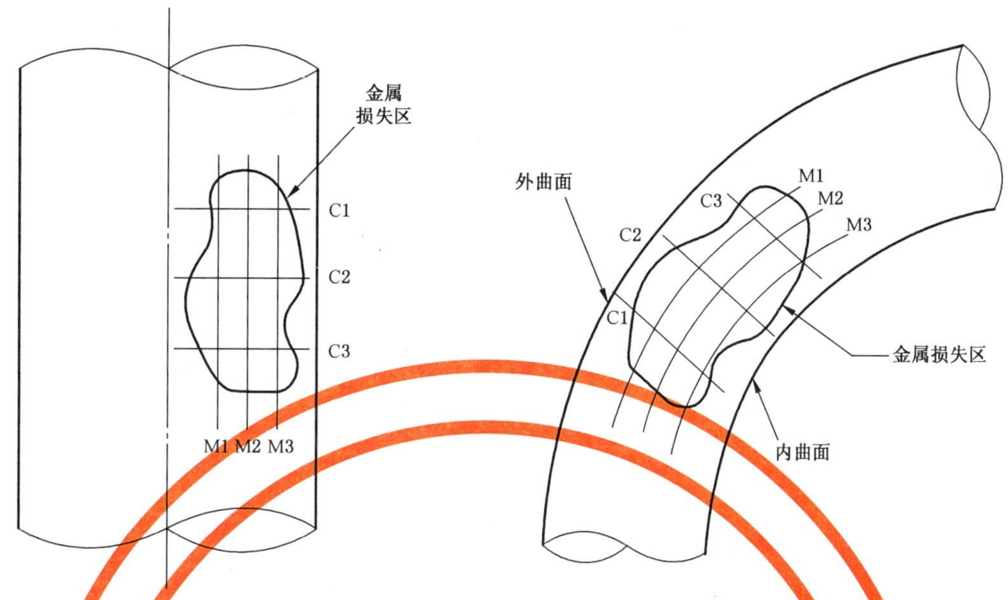

图 A.1 腐蚀区域危险厚度截面网格划分

A.3.3 相邻外腐蚀的尺寸确定

A.3.3.1 当两个相邻腐蚀之间未腐蚀区域最小尺寸小于 25 mm 时，应视为同一腐蚀，即轴向腐蚀长度为两个腐蚀长度与未腐蚀区域长度之和。

A.3.3.2 当两个相邻腐蚀之间未腐蚀区域最小尺寸小于 6 倍壁厚($6t$)时，应视为同一腐蚀计算其环向投影的长度。

A.3.3.3 在不考虑腐蚀的轴向、环向投影长度时，按图 A.2 的步骤确认相邻腐蚀的尺寸。

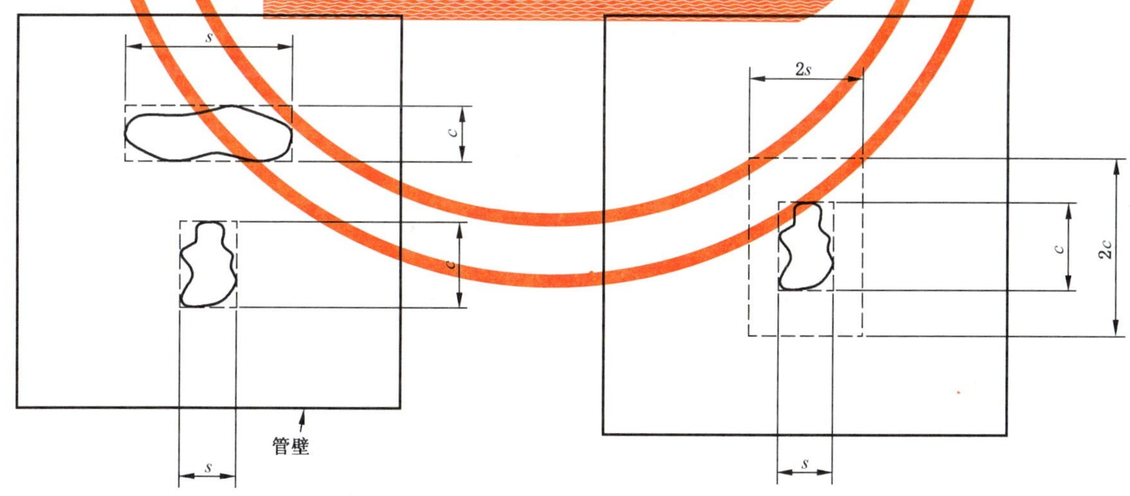

步骤 1：画出一个长方形，它完全包围了减薄区。测量在此长方形中的最大的轴向范围 s（英寸或毫米）及环向范围 c（英寸或毫米）。这两个尺寸在评价中将用于确定减薄区的面积。

步骤 2：围着减薄区画出第二个长方形，其尺寸为第一个长方形的 2 倍($2s \times 2c$)。

图 A.2 相邻腐蚀区域尺寸的确定方法

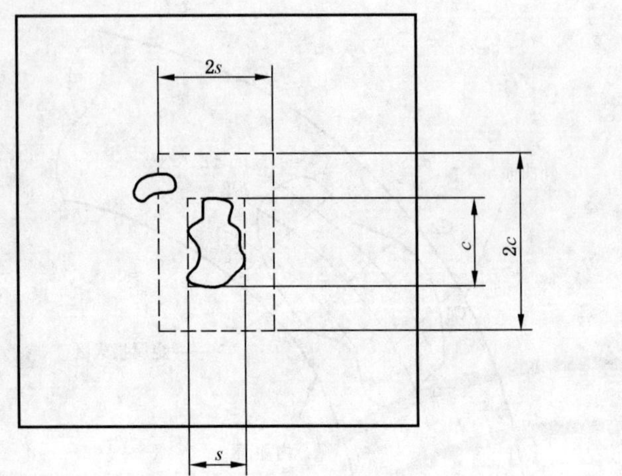

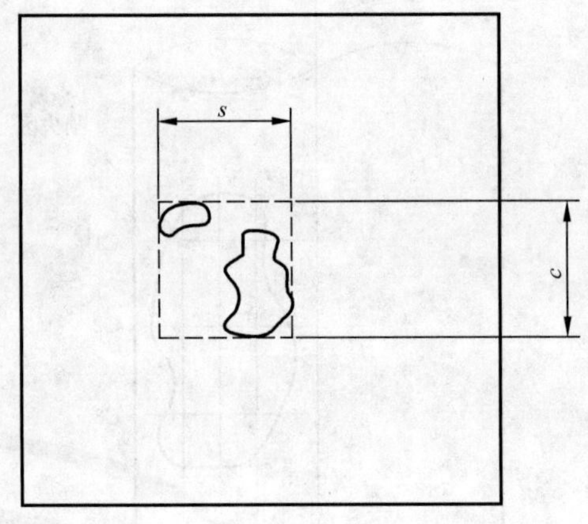

步骤 3：如果在大的长方形之内有另一个减薄区，尺寸 s 和 c 应当加以调整，以包括附加的这一个减薄区面积。再回到步骤 2。

图 A.2（续）

A.4 凹陷变形尺寸检测

A.4.1 凹陷长度 l 指 $d/2$ 凹陷深度对应的凹陷轴向长度，如图 A.3。

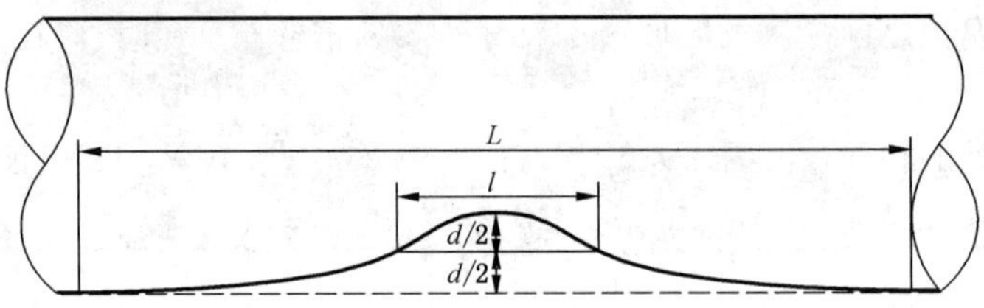

图 A.3 凹陷长度的定义

A.4.2 管道凹陷变形尺寸主要通过内检测的变径测径器获得。未进行内检测的管道的凹陷，可使用正圆轮廓进行参照，测量变形与正圆轮廓之间的距离，需至少测量凹陷变形的 12 个时钟位置，可加密测量，如图 A.4 所示。

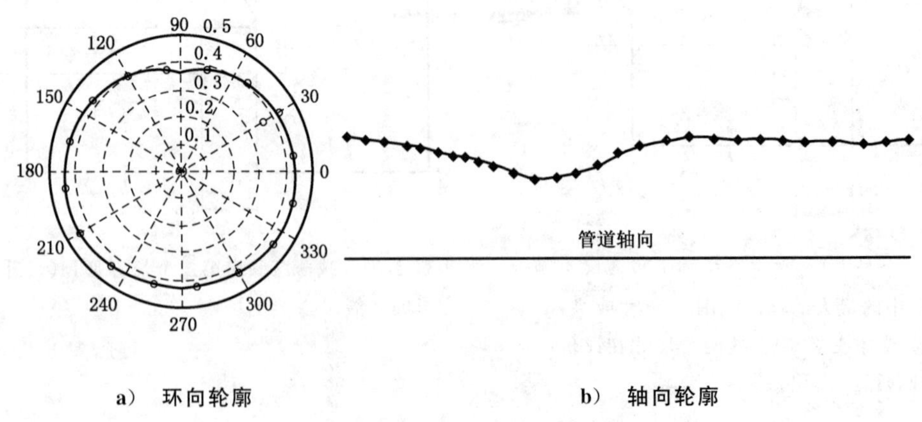

a） 环向轮廓　　b） 轴向轮廓

图 A.4 管道凹陷的环向和轴向轮廓示意图

附　录　B
（规范性附录）
材料性能测试方法

B.1　化学成分分析

B.1.1　化学成分分析方法

试样的化学成分分析方法应参照 GB/T 223 有关规定执行。

B.1.2　化学成分分析内容

化学成分分析内容每一次需要分析的元素至少包含以下内容：

a)　碳、硅、锰、硫、磷等 5 种元素；

b)　待测钢材炼制时加入的用于脱氧之外的其他合金元素。

B.1.3　化学成分分析取样

取样方法参照 GB/T 9711，取样可以从力学测试试样上截取，也可以从钢材样品上直接截取，存在焊缝的钢材必须远离焊缝至少半个钢管直径的距离。

B.2　金相组织分析

金相组织分析位置包括管道的母材和焊缝，母材的位置必须远离焊缝和热影响区。焊缝金相分析位置应包括焊缝和热影响区。

金相组织分析可采用金相显微镜、扫描电子显微镜等设备。

B.3　力学性能测试

B.3.1　抗拉强度和屈服强度测试

B.3.1.1　拉伸测试方法

拉伸测试方法应符合 GB/T 228.1 要求。

B.3.1.2　拉伸测试取样

拉伸试样取样应符合图 B.1 要求，即从管道的垂直和水平两向截取，要求所取的试样应压平，带焊缝的试样应使焊缝位于试样中心。

B.3.1.3　伸长率 A 计算

$$A=\frac{L_1-L_0}{L_0}\times 100\% \qquad \cdots\cdots\cdots(B.1)$$

式中：

A ——金属断裂后的伸长率，%；

L_1 ——金属断裂后的标距，单位为毫米(mm)；

L_0 ——金属的原始的标距，单位为毫米(mm)。

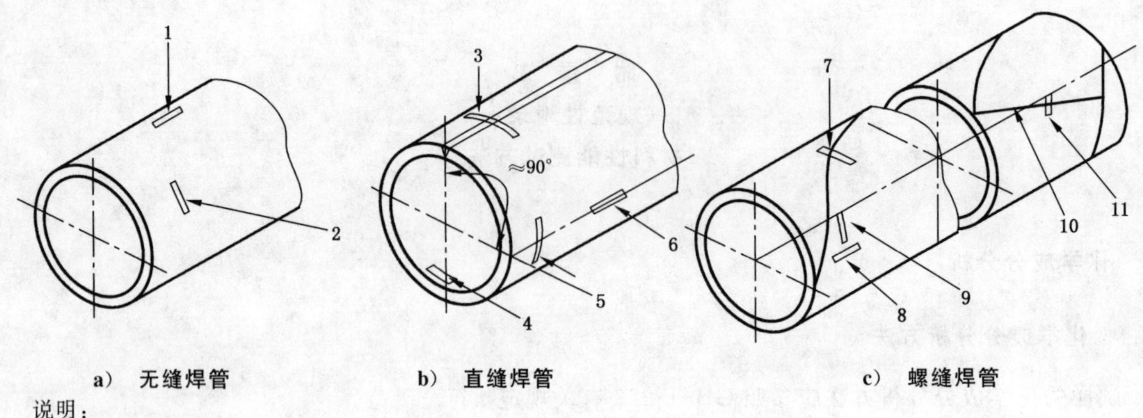

a） 无缝焊管　　b） 直缝焊管　　c） 螺缝焊管

说明：

1 ——纵向试块；
2 ——横向试块；
3 ——横向试块，中心在直焊缝上；
4 ——横向试块，中心距直焊缝约 180°；
5 ——横向试块，中心距直焊缝约 90°；
6 ——纵向试块，中心距直焊缝约 90°；
7 ——横向试块，中心在螺旋焊缝上；
8 ——纵向试块，中心沿钢管纵向距螺旋焊缝至少 $L/4$；
9 ——横向试块，中心沿钢管纵向距螺旋焊缝至少 $L/4$；
10——钢带/钢板对头焊缝，长度为 L；
11——横向试块，中心距螺旋焊缝和钢带/钢板对头焊缝至少 $L/4$。

图 B.1　拉伸试样的截取位置

B.3.2　断裂韧性测试方法

B.3.2.1　夏比 V 型缺口冲击测试方法

a） 夏比 V 型缺口冲击测试方法应符合 GB/T 229 要求。

b） 测试须采用全尺寸试样，允许端部带有弧面。具体取样应符合图 B.2 和图 B.3 要求。横向试样应压平后测试。试样缺口轴向应垂直于钢管表面。对于焊缝试样，应使焊缝中心沿试样缺口轴向，并使焊缝位于试样中心；对于热影响区试样，缺口轴向位置可以位于融合线（FL）+2 mm～5 mm 的最小冲击韧性值处。

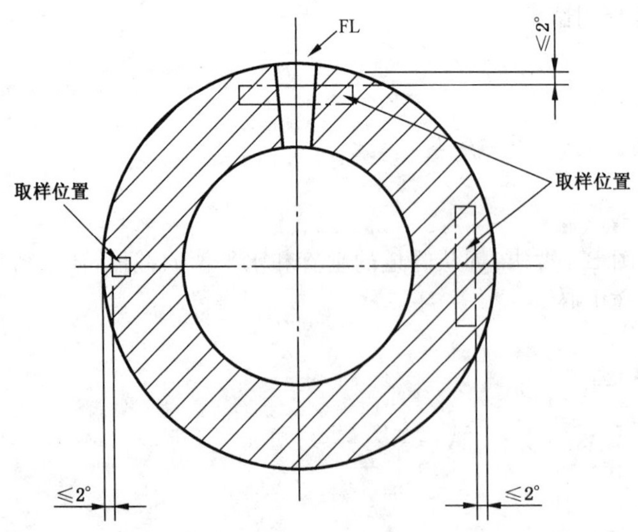

图 B.2　夏比 V 型缺口冲击试样取样位置

单位为毫米

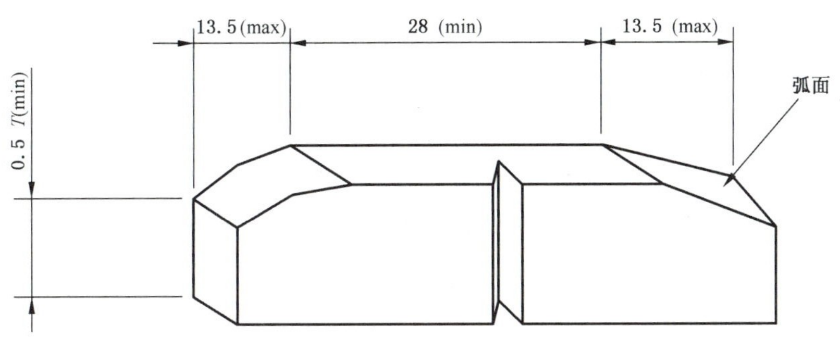

说明：
T——钢管壁厚。

图 B.3 夏比 V 型缺口冲击试样样品尺寸

c) 测试温度选择管道运行最低温度与−10 ℃中的较低值进行。韧脆转变曲线至少应包含以下温度的测试点(如果不能做出完整的韧脆转变曲线，应适当增加其他温度测试点)：20 ℃、0 ℃、−10 ℃、−20 ℃、−40 ℃、−60 ℃。

B.3.2.2 落锤撕裂测试方法

a) 落锤撕裂测试方法应符合 SY/T 6476 要求；
b) 取样方法应符合 SY/T 6476 要求，且试样沿管道圆周方向截取，试样缺口轴向通过管道壁厚；
c) 测试温度选择管道运行最低温度与−10 ℃中的较低值进行。

B.4 特殊服役条件性能测试

B.4.1 硬度测试

a) 硬度测试方法应符合 GB/T 4340.1 要求。
b) 测试试样应采用全壁厚试样。
c) 无缝钢管试样硬度点测试位置依据图 B.4 a)所示；焊接钢管试样硬度点位置依据图 B.4 b)、B.4 c)所示方法确定，包括试样的母材、焊接热影响区和焊缝位置。对于管壁厚度小于或等于 4 mm 的管材，仅测试其中心部分硬度；对于管壁厚度大于 4 mm 小于 6 mm 的管材，仅测试靠近内外管壁处的硬度；对于管壁厚度大于或等于 6 mm 的管材，须测试内外管壁处和中心部位的硬度。

单位为毫米

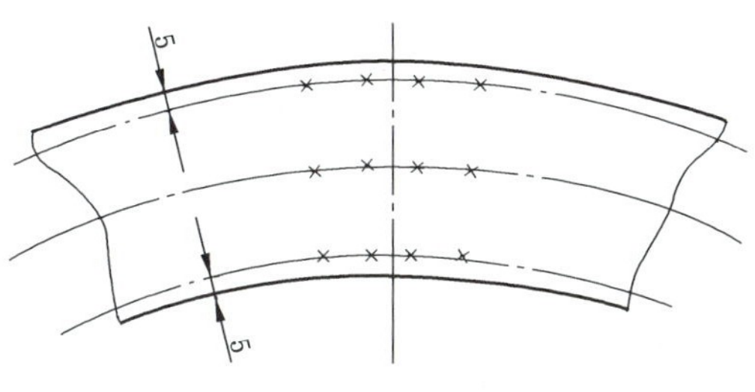

a) 无缝钢管

图 B.4 硬度测试点位置

单位为毫米

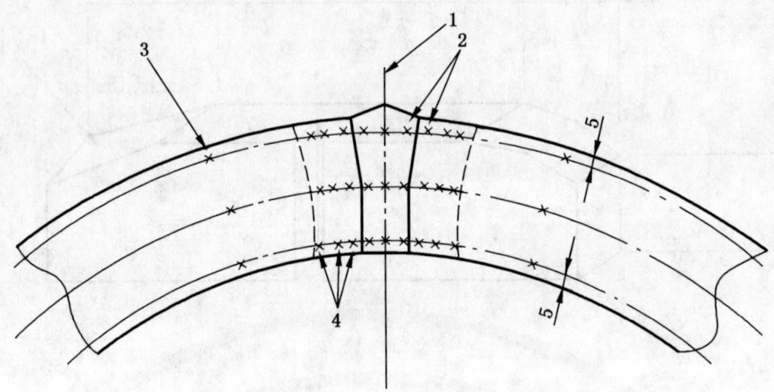

b) 埋弧焊管及环焊缝

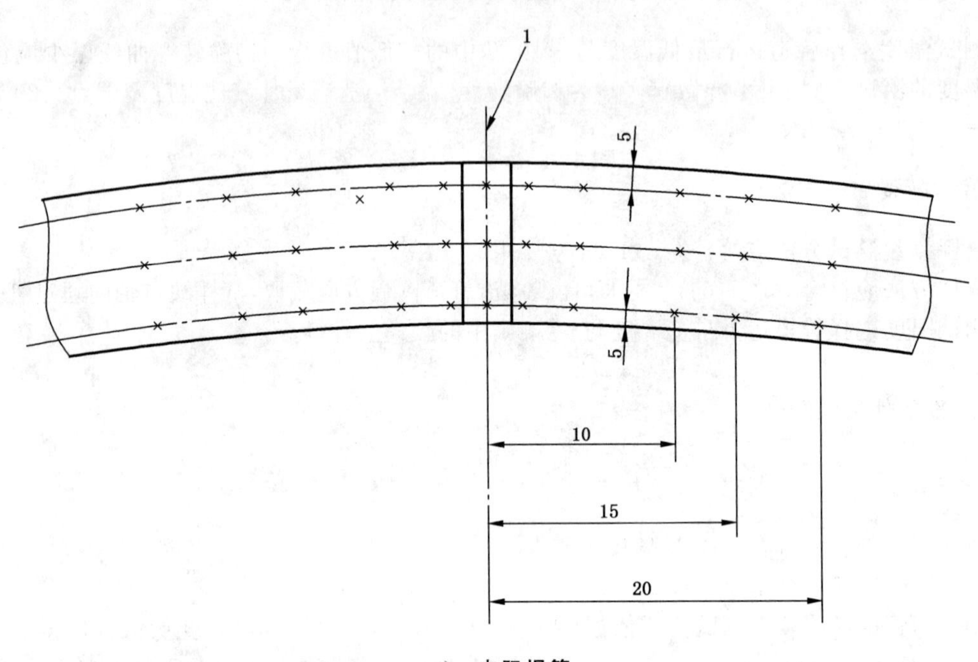

c) 电阻焊管

说明：

1——焊缝中心；

2——距离熔合线 0.75 mm；

3——距离熔合线 1T（T 为钢管壁厚）；

4——间距为 1.00 mm；

5——距离内外壁表面 1.50 mm±0.50 mm。

图 B.4（续）

B.4.2 氢致开裂（HIC）测试

a) 氢致开裂（HIC）测试应符合 GB/T 8650 要求；

b) 裂纹敏感性比率（CSR）、裂纹长度比率（CLR）、裂纹厚度比率（CTR）的计算方法如图 B.5 所示：

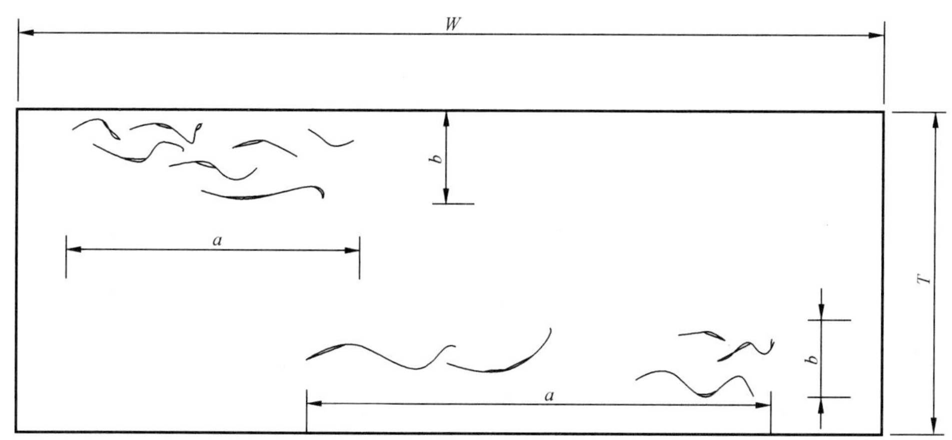

图 B.5 裂纹长度和宽度测量图

裂纹敏感性比率(CSR):

$$CSR = \frac{\sum(a \times b)}{(W \times T)} \times 100\% \qquad \text{(B.2)}$$

裂纹长度比率(CLR):

$$CLR = \frac{\sum a}{W} \times 100\% \qquad \text{(B.3)}$$

裂纹厚度比率(CTR):

$$CTR = \frac{\sum b}{T} \times 100\% \qquad \text{(B.4)}$$

式中:

a ——裂纹长度,单位为毫米(mm);

b ——裂纹厚度,单位为毫米(mm);

W——试样长度,单位为毫米(mm);

T——试样厚度,单位为毫米(mm)。

c) 氢致开裂(HIC)试样取样标准应符合图 B.6~图 B.10 所示。

单位为毫米

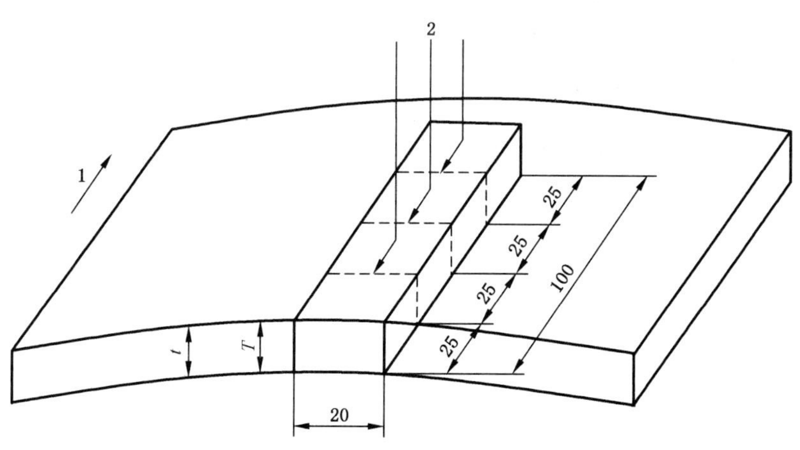

说明:

1 ——轧向;

2 ——测试表面;

T——试样厚度;

t ——板材厚度。

图 B.6 无缝钢管氢致开裂(HIC)试样取样

单位为毫米

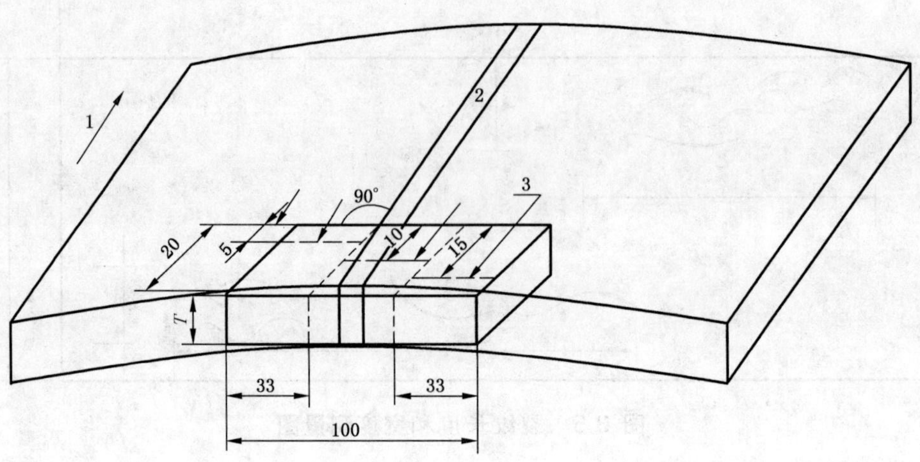

说明：

1——轧向；

2——焊缝；

3——测试表面。

图 B.7 直缝焊管焊缝区氢致开裂(HIC)试样取样

单位为毫米

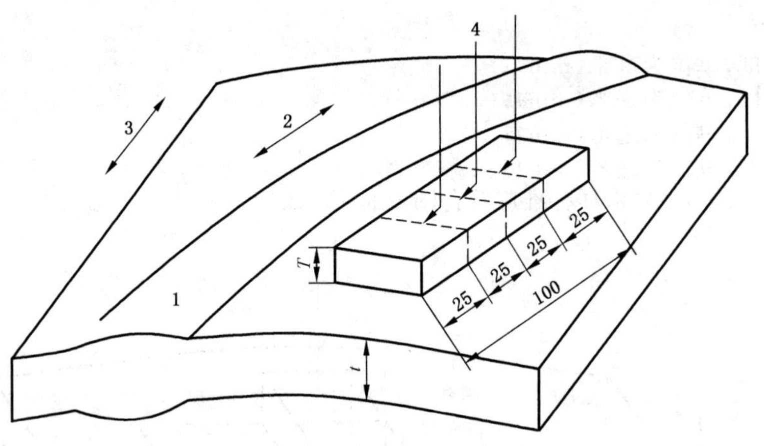

说明：

1 ——焊缝；

2 ——轧向；

3 ——管轴向；

4 ——测试表面；

T——试样厚度；

t ——板材厚度。

图 B.8 螺旋焊管母材区氢致开裂(HIC)试样取样

单位为毫米

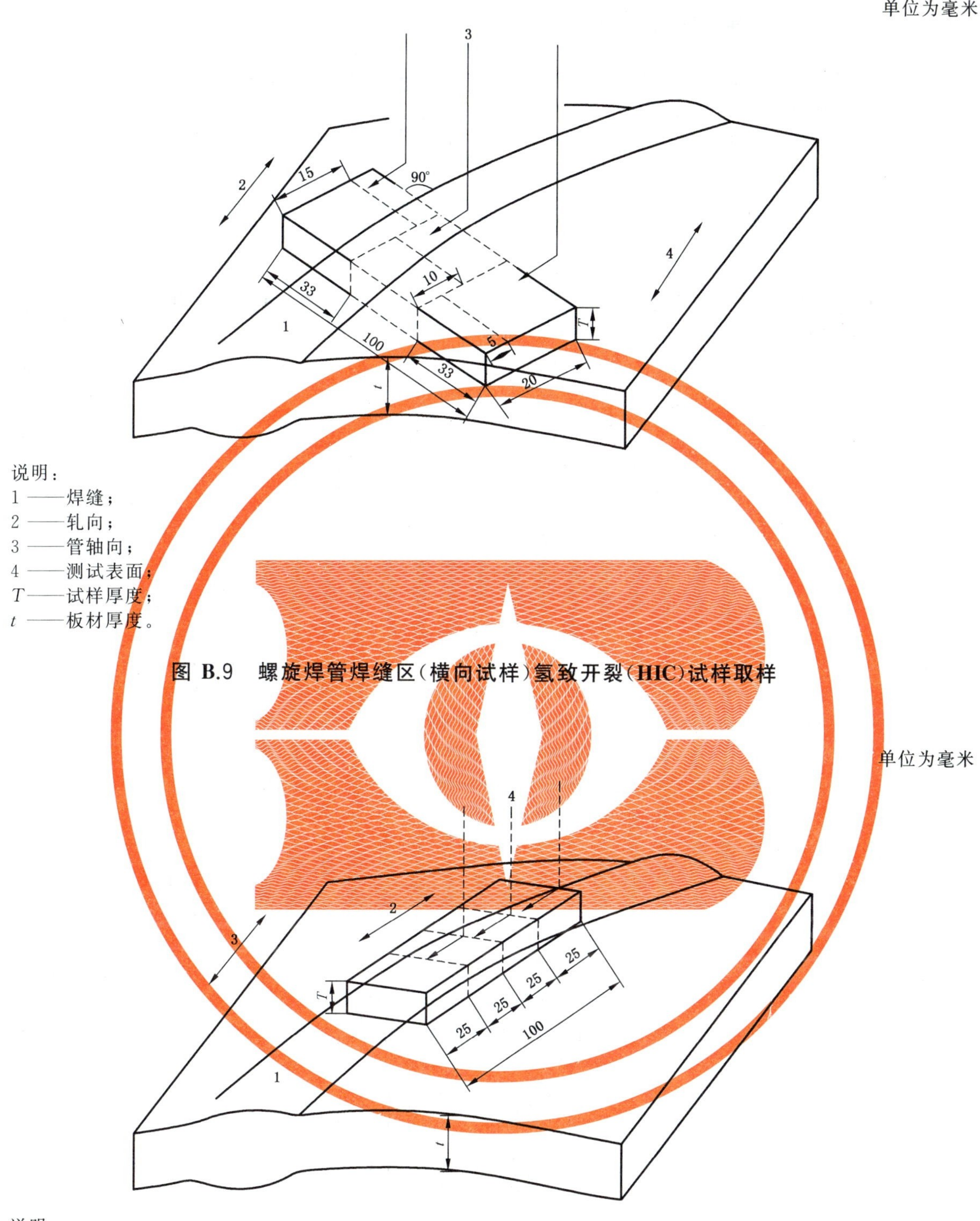

说明：
1 ——焊缝；
2 ——轧向；
3 ——管轴向；
4 ——测试表面；
T——试样厚度；
t ——板材厚度。

图 B.9　螺旋焊管焊缝区(横向试样)氢致开裂(HIC)试样取样

单位为毫米

说明：
1 ——焊缝；
2 ——轧向；
3 ——管轴向；
4 ——测试表面；
T——试样厚度；
t ——板材厚度。

图 B.10　螺旋焊管焊缝区(纵向试样)氢致开裂(HIC)试样取样

B.4.3 抗硫化氢应力腐蚀开裂(SSC)测试

a) 抗硫化氢应力腐蚀开裂(SSC)测试应符合 GB/T 4157 要求。测试应力应为 0.72 倍的最小规定屈服强度。测试方法可选用恒载荷拉伸法、三点弯法、四点弯法或 C 形试样法。

b) 测试介质为 5%(质量分数)NaCl+0.5%(质量分数)冰醋酸+饱和 H_2S。

c) 测试温度为 25 ℃。

B.4.4 晶间腐蚀性能测试

a) 测试选用符合 GB/T 9854 的优质草酸与蒸馏水或去离子水配置成质量百分比为 10%的溶液，对于难以出现阶梯组织的含钼钢种，可选择符合 GB/T 655 的过硫酸铵代替草酸配制成 10%的过硫酸铵溶液；

b) 浸蚀测试设备采用直流电源、可变电阻器，选用适当量程的电流表。阴极选用奥氏体不锈钢制成的钢杯或者表面积足够大的不锈钢片，阳极为测试试样，其连接电路如图 B.11 所示；

c) 浸蚀溶液温度以管道运行实际温度为准，电流密度控制在 1 A/cm²，当浸蚀溶液为 10%的草酸溶液时，浸蚀时间为 90 s；当浸蚀溶液为 10%的过硫酸铵溶液时，浸蚀时间为 10 min；

d) 浸蚀结束后，将试样以流水洗净并干燥后，置于金相显微镜下观察试样表面，放大倍数选择 200 倍～500 倍，金相组织可参照 GB/T 4334.1 所示。

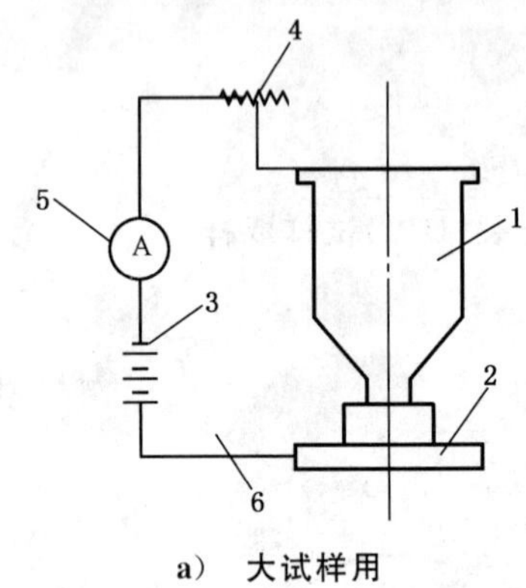

a) 大试样用

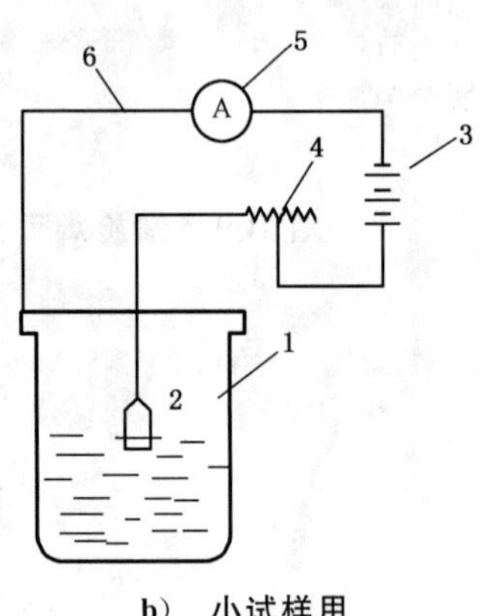

b) 小试样用

单位为毫米

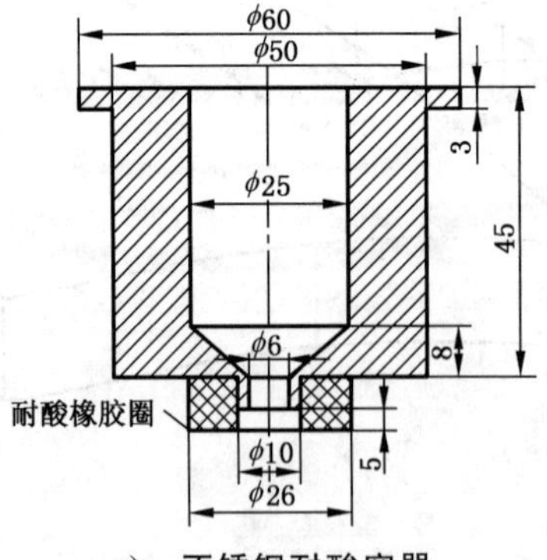

c) 不锈钢耐酸容器

说明：

1——不锈钢容器；

2——测试试样；

3——直流电源；

4——变阻器；

5——电流表；

6——开关。

图 B.11 电解浸蚀电路及其装置图

附 录 C
（规范性附录）
体积型缺陷管道剩余强度评价

C.1 含单一体积缺陷管道剩余强度评价

C.1.1 一级评价

一级评价中，含体积型缺陷管道的失效压力如下：

$$p_F=\frac{2\sigma_{flow}t}{D}\left[\frac{1-0.85\dfrac{d}{t}}{1-0.85\dfrac{d}{t}\cdot\dfrac{1}{M}}\right] \qquad (C.1)$$

式中：

p_F ——含缺陷管道的失效压，单位为兆帕（MPa）；

D ——管道直径，单位为毫米（mm）；

t ——管道壁厚，单位为毫米（mm）；

d ——腐蚀缺陷深度，单位为毫米（mm）；

σ_{flow}——流变应力，由式（C.2）确定：

$$\sigma_{flow}=1.1\sigma_{ys}^{min} \qquad (C.2)$$

σ_{ys}^{min}——材料最小屈服强度，单位为兆帕（MPa）；

M ——Folias 鼓胀系数，由式（C.3）确定：

$$\begin{cases}M=0.032\dfrac{L^2}{Dt}+3.3 & L^2/(Dt)>50\\ M=\sqrt{1+\dfrac{2.51(L/2)^2}{Dt}-\dfrac{0.054(L/2)^4}{(Dt)^2}} & L^2/(Dt)\leqslant 50\end{cases} \qquad (C.3)$$

L ——缺陷长度，单位为毫米（mm）。

管道的运行压力不得超过最大允许工作压力，最大允许工作压力为：

$$p=K\cdot p_F \qquad (C.4)$$

式中：

p ——管道最大允许工作压力，单位为兆帕（MPa）；

K ——设计系数，应根据管道内的介质类型、缺陷所在处的地区级别等，参照 GB 50251 取定。

C.1.2 二级评价

二级评价使用有效面积法，有效面积法失效应力表达式见式（C.5）：

$$\sigma_F=\sigma_{flow}\left[\frac{1-A/A_0}{1-(A/A_0)/M}\right] \qquad (C.5)$$

式中：

A ——体积型缺陷的轴向投影面积，单位为平方毫米（mm^2）；

A_0 ——原始面积，单位为平方毫米（mm^2）；

M ——Folias 鼓胀系数，见式（C.3）。

有效面积法是分别对一系列连续缺陷的每一个梯形截面计算出管段的失效压力，取其中的最小值，见图 C.1。

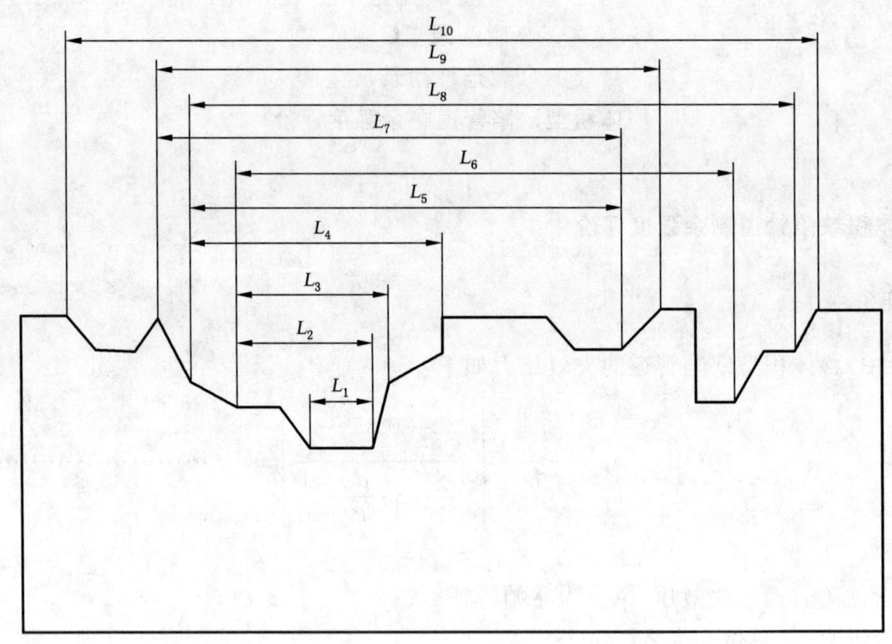

图 C.1 有效面积法示意

C.2 相互作用体积缺陷管道的剩余强度评估

多个缺陷之间的相互作用,含缺陷管道的剩余强度的评价步骤如下:

步骤 1:在管道上建立一系列纵向投影线,每条纵向投影线相隔的环向角由式(C.6)确定:

$$\phi = 360\sqrt{t/D} \qquad \text{(C.6)}$$

式中:

ϕ ——每条纵向投影线相隔的环向角;

t ——管道壁厚,单位为毫米(mm);

D——管道直径,单位为毫米(mm)。

步骤 2:依次对每一条投影线,将位于投影线$\pm\phi$ 范围内的所有缺陷向上投影。

步骤 3:缺陷投影重叠处,取缺陷组合的长度和最大深度。

步骤 4:将每个缺陷看作是独立缺陷,计算每个缺陷处的失效压力。

步骤 5~步骤 7 估算所有缺陷组合的失效压力。组合缺陷 nm(即定义为由单个缺陷 n 至单个缺陷 m,这里 $n=1,\cdots,N$ 和 $m=n,\cdots,N$)的失效压力。

步骤 5:计算所有缺陷组合的组合长度,由式(C.7)给出:

$$l_{nm} = l_m + \sum_{i=n}^{i=m-1}(l_i + s_i)\ (n, m = 1, \cdots, N) \qquad \text{(C.7)}$$

式中:

l_{nm}——所有缺陷的组合长度,单位为毫米(mm);

l_m ——缺陷 m 的长度,单位为毫米(mm);

l_i ——缺陷 i 的长度,单位为毫米(mm);

s_i ——缺陷的间距,单位为毫米(mm)。

步骤 6:计算所有组合缺陷的有效深度,见式(C.8):

$$d_{nm}=\frac{\sum_{i=n}^{i=m}d_i l_i}{l_{nm}} \quad \cdots\cdots(C.8)$$

式中：

d_{nm}——所有缺陷的有效深度，单位为毫米(mm)；

l_i ——缺陷 i 的长度，单位为毫米(mm)；

d_i ——缺陷 i 的深度，单位为毫米(mm)。

步骤 7：按单个缺陷的失效压力公式计算每一组合缺陷的失效压力(P_{nm})。

步骤 8：取所有单个缺陷的失效压力($p_1 \sim p_N$)和所有组合缺陷的失效压力的最小值作为相互作用缺陷在当前投影线的失效压力：

$$p_F=\min(p_1, p_2, \ldots p_N, p_{nm}) \quad \cdots\cdots(C.9)$$

式中：

p_F——含缺陷管道的失效压力，单位为兆帕(MPa)。

步骤 9：计算相互作用缺陷在当前投影线的最大允许工作压力：

$$p=K \cdot p_F \quad \cdots\cdots(C.10)$$

式中：

p ——管道最大允许工作压力，单位为兆帕(MPa)；

K ——设计系数，应根据管道内的介质类型、缺陷所在处的地区级别等，参照 GB 50251 取定。

步骤 10：对环绕圆周的每条纵向投影线计算相互作用缺陷的最大允许工作压力，取最小值作为该段管道的最大允许工作压力。

附　录　D
（规范性附录）
含凹陷管道的剩余强度评估

D.1　基于应变准则的含凹陷管道剩余强度评估

D.1.1　管道凹陷应变计算流程

基于应变准则的含凹陷管道计算流程见图 D.1。

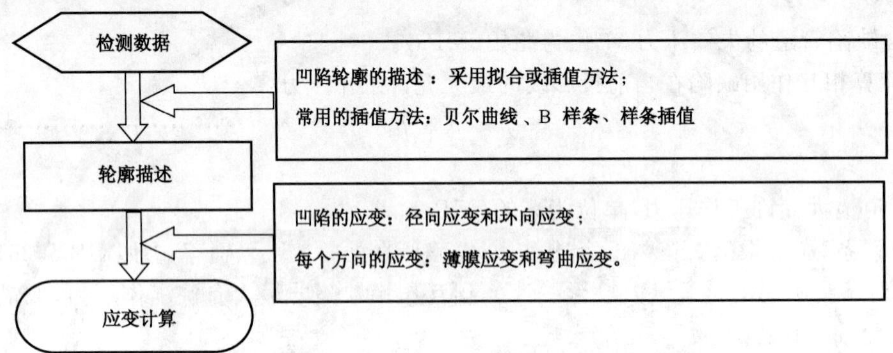

图 D.1　基于应变准则的含凹陷管道计算流程

D.1.2　管道凹陷应变计算

凹陷的应变分为环向应变和轴向应变，每个方向应变又由薄膜应变和弯曲应变组成，如图 D.2 所示。

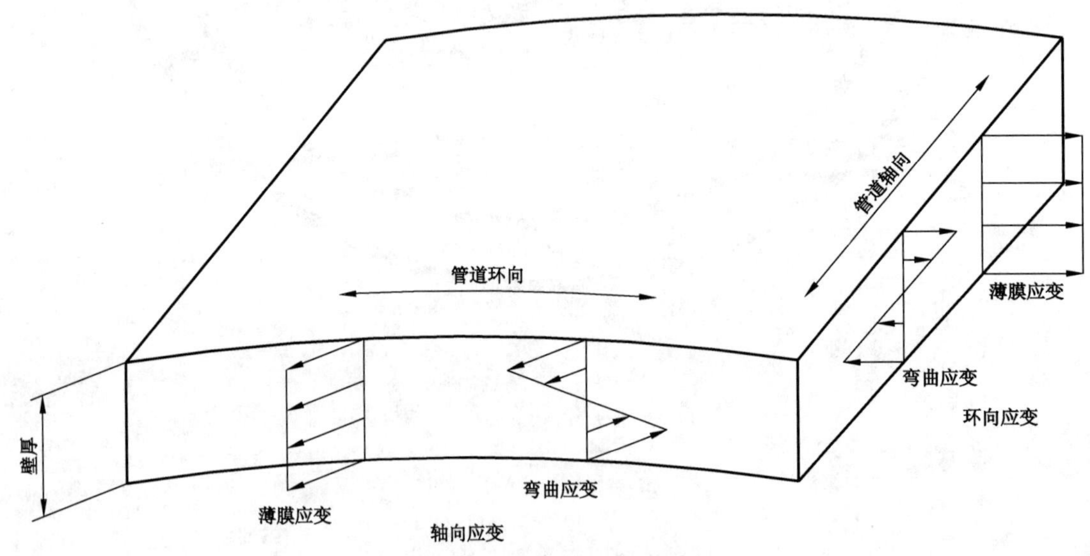

图 D.2　凹陷区域的应变组成

凹陷环向弯曲应变、轴向弯曲应变以及轴向薄膜应变计算见式(D.1)：

$$\varepsilon_1=\frac{t}{2}\left(\frac{1}{R_0}-\frac{1}{R_1}\right),\varepsilon_2=-\frac{t}{2}\frac{1}{R_2},\varepsilon_3=\frac{1}{2}\left(\frac{d}{L}\right)^2 \quad\cdots\cdots(\text{D.1})$$

式中：

ε_1 ——环向弯曲应变；

ε_2 ——轴向弯曲应变；

ε_3 ——轴向薄膜应变；

t ——管道壁厚，单位为毫米(mm)；

R_0——管道内半径，单位为毫米(mm)；

R_1——管道横截面曲率半径，单位为毫米(mm)；

R_2——管道轴向面曲率半径，单位为毫米(mm)；

L ——凹陷长度，单位为毫米(mm)；

d ——凹陷深度，单位为毫米(mm)。

两个曲率半径的定义如图 D.3 所示，对于环向曲率半径，当曲率圆圆心在管道轴线一侧时取正值，否则取负值；而对于轴向曲率半径，一般均为内凹，取为正值。

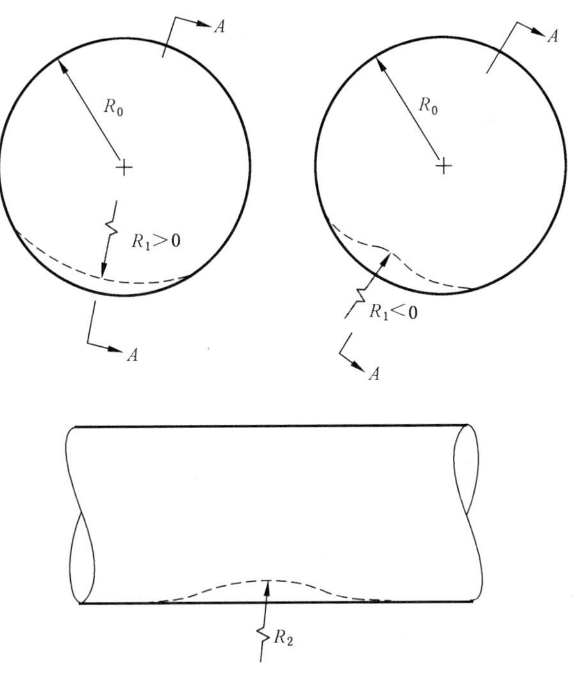

图 D.3 曲率半径的定义

凹陷处的总等效应变表达式为：

$$\varepsilon_{\text{eff}}=\sqrt{\varepsilon_x^2-\varepsilon_x\varepsilon_y+\varepsilon_y^2} \quad\cdots\cdots(\text{D.2})$$

式中：

ε_{eff}——凹陷处总等效应变；

ε_x ——管道轴向总应变，$\varepsilon_x=\pm\varepsilon_2+\varepsilon_3$；

ε_y ——管道环向总应变，$\varepsilon_y=\pm\varepsilon_1$，“±”分别表示所求轴向应变和环向应变为管道内表面或者外表面应变。

将式(D.1)中各应变值代入式(D.2)得到管道内、外表面的等效应变：

$$\varepsilon_{in}=[\varepsilon_1^2-\varepsilon_1(\varepsilon_2+\varepsilon_3)+(\varepsilon_2+\varepsilon_3)^2]^{\frac{1}{2}}$$
$$\varepsilon_{out}=[\varepsilon_1^2+\varepsilon_1(-\varepsilon_2+\varepsilon_3)+(-\varepsilon_2+\varepsilon_3)^2]^{\frac{1}{2}} \quad \cdots\cdots(D.3)$$

式中：

ε_{in}——管道内表面等效应变；

ε_{out}——管道外表面等效应变。

评价凹陷时，取内、外表面应变值中的较大值：

$$\varepsilon_{max}=\max\{\varepsilon_{in},\varepsilon_{out}\} \quad \cdots\cdots(D.4)$$

式中：

ε_{max}——管道内外表面最大应变值。

D.1.3 凹陷轮廓曲线的曲率

D.1.3.1 极坐标系下环向曲率半径 R_1：

$$R_1=\left.\frac{[\rho(\theta)^2+\rho'(\theta)^2]^{3/2}}{\rho(\theta)^2+2\rho'(\theta)^2-\rho(\theta)\rho''(\theta)}\right|_{\theta=\theta_0} \quad \cdots\cdots(D.5)$$

式中：

θ ——极坐标系中的极角，$\theta=3.14x/180$，x 为直角坐标系中的横轴；

$\rho(\theta)$——插值得到的二维轮廓曲线在极坐标系下的表达式；

θ_0 ——凹陷顶点处环向角度值，应根据环向检测数据点的定位方法确定取值。

D.1.3.2 直角坐标系下轴向曲率半径 R_2：

$$R_2=\left.\frac{[1+s(x)'^2]^{\frac{3}{2}}}{|s(x)''|}\right|_{x=x_0} \quad \cdots\cdots(D.6)$$

式中：

$s(x)$——插值得到的二维轮廓曲线表达式；

x_0 ——凹陷顶点处的轴向坐标，应根据轴向检测数据范围确定取值。

利用插值法计算轮廓曲线的方法可以参照下面方法进行。

D.1.4 凹陷轮廓的插值方法

基于应变的评价方法通常只需计算凹陷区域的最大应变值即可（一般位于凹陷的底部），为简化计算，可以只插值出凹陷区域的环向和轴向截面轮廓，依此求解应变。

可采用B样条曲线和三次样条曲线对凹陷的轮廓曲线进行插值。

D.1.4.1 B样条插值

B样条曲线以贝塞尔曲线为基础，贝塞尔曲线是采用伯恩斯坦多项式为基函数的参数曲线，对于 $0\leqslant t\leqslant 1$，伯恩斯坦基函数定义如下：

$$b_i^n(t)=\begin{cases}C_n^i t^i(1-t)^{n-i}, & i=0,1,\cdots,n\\ 0, & \text{其他}\end{cases} \quad \cdots\cdots(D.7)$$

根据定义可知，伯恩斯坦基函数具有函数递推性，即 n 次伯恩斯坦基函数可分别递推表示成两个 $n-1$次或 $n+1$ 次的伯恩斯坦基函数的线性组合，即：

$$b_i^n(t)=(1-t)B_i^{n-1}(t)+tB_{i-1}^{n-1}(t)$$
$$b_i^n(t)=\frac{i+1}{n+1}B_{i+1}^{n+1}(t)+\left(1-\frac{i}{n+1}\right)B_i^{n+1}(t) \quad \cdots\cdots(D.8)$$

由伯恩斯坦基函数的性质可知高阶贝塞尔曲线可由低阶贝塞尔曲线表示，如果凹陷轮廓采用三次贝塞尔曲线描述，则该曲线可由如下过程推出：

线性贝塞尔曲线表达式如下：

$$B(t)=P_0+(P_1-P_0)t=(1-t)P_0+tP_1,\ t\in[0,1] \quad\cdots\cdots\cdots\cdots\cdots(\text{D.9})$$

如图 D.4 a)所示，线性贝塞尔曲线只是两数据点之间的直线段，而两数据点之间的值则按线性分布，即如式(D.9)所示。

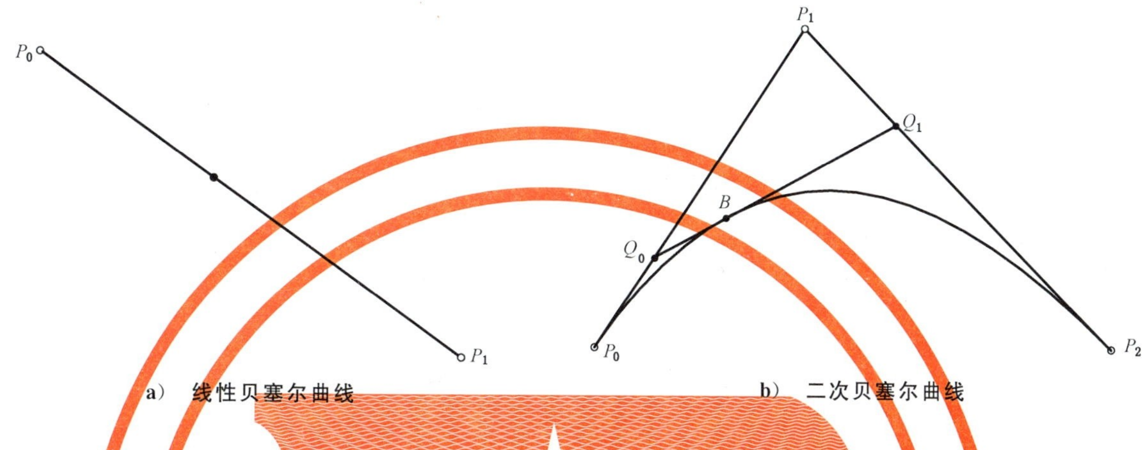

a) 线性贝塞尔曲线　　b) 二次贝塞尔曲线

图 D.4　贝塞尔曲线示意图

二次贝塞尔曲线由两条线性贝塞尔曲线的线性组合而成，如图 D.4 b)所示，对于点 P_0、P_1 和 P_2 定义的二次贝塞尔曲线数学定义如下：

$$B(t)=(1-t)^2P_0+2t(1-t)P_1+t^2P_2,\ t\in[0,1] \quad\cdots\cdots\cdots\cdots\cdots(\text{D.10})$$

同理，三次贝塞尔曲线由二条二次贝塞尔曲线组合，而每条二次贝塞尔曲线又可由线性贝塞尔曲线组合，如图 D.5 所示。

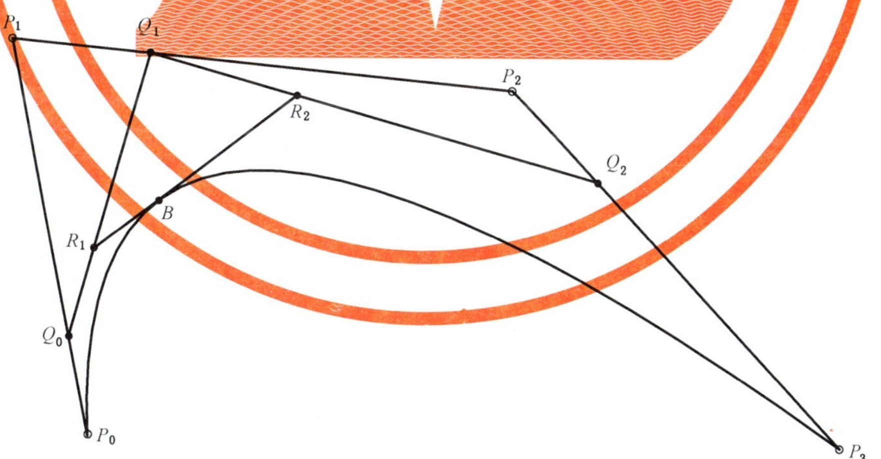

图 D.5　三次贝塞尔曲线示意图

三次贝塞尔曲线的数学定义如下：

$$B(t)=(1-t)^3P_0+3t(1-t)^2P_1+3t^2(1-t)P_2+t^3P_3,\ t\in[0,1] \quad\cdots\cdots(\text{D.11})$$

该式亦可表示为：

$$B(t)=\left[(1-t)^3 \quad 3t(1-t)^2 \quad 3t^2(1-t) \quad t^3\right]\begin{bmatrix}P_0\\P_1\\P_2\\P_3\end{bmatrix} \qquad \cdots\cdots\cdots\cdots(\text{D.12})$$

$$=\left[b_0^3 \quad b_1^3 \quad b_2^3 \quad b_3^3\right]\begin{bmatrix}P_0\\P_1\\P_2\\P_3\end{bmatrix}$$

$$=\sum_{i=0}^{3} b_i^3 P_i(t),t\in[0,1]$$

b_i^n 即伯恩斯坦基多项式，定义如式(D.7)所示。

为描述凹陷的轮廓，则需要根据变径检测数据点将其轮廓曲线分割为若干段贝塞尔曲线，各段曲线的定义如下所示，假设数据点为 $n+1$ 个。

$$S(x)=\begin{cases}S_0(x)=\sum_{i=0}^{n} b_i^3 P_i^0(x) & x\in[x_0,x_1) \\ S_1(x)=\sum_{i=0}^{n} b_i^3 P_i^1(x-x_1) & x\in[x_1,x_2) \\ \vdots & \vdots \\ S_n(x)=\sum_{i=0}^{n} b_i^3 P_i^k(x-x_n) & x\in[x_n,x_{n-1}]\end{cases} \qquad \cdots\cdots\cdots\cdots\cdots(\text{D.13})$$

B样条曲线的表示方法与贝塞尔曲线类似，即保留了贝塞尔方法的优点，又克服了其由于整体表示带来的不具有局部性质的缺点，本质上是由若干段贝塞尔曲线构成的，但又与普通的分段贝塞尔曲线简单拼接不同，可以保证在各曲线段拼接处的二阶导数连续。三次B样条曲线的数学表达式为：

$$P_i(t)=\sum_{j=0}^{3} B_{j,3}(t)P_{i+j}$$

$$=\frac{1}{6}\left[t^3 \quad t^2 \quad t \quad 1\right]\begin{bmatrix}-1 & 3 & -3 & 1\\3 & -6 & 3 & 0\\-3 & 0 & 3 & 0\\1 & 4 & 1 & 0\end{bmatrix}\begin{bmatrix}P_i\\P_{i+1}\\P_{i+2}\\P_{i+3}\end{bmatrix},i=0,1,\cdots,n-3 \qquad \cdots\cdots(\text{D.14})$$

其中的基函数亦可以表示为：

$$\begin{cases}B_{i,0}(t)=\begin{cases}1,t_i\leqslant t\leqslant t_{i+1}\\0,\text{其他}\end{cases} \\ B_{i,k}(t)=\dfrac{t-t_i}{t_{i+k}-t_i}B_{i,k-1}(t)+\dfrac{t_{i+k+1}-t}{t_{i+k+1}-t_{i+1}}B_{i+1,k-1},3\geqslant k\geqslant 1 \\ \text{假定}:\dfrac{0}{0}=1\end{cases} \qquad \cdots\cdots(\text{D.15})$$

以上三次B样条曲线并不能保证所得曲线经过每个检测数据点，还需要通过反求控制点的方法保证曲线的插值。

D.1.4.2 三次样条插值

三次样条具有连续的一、二阶导数，因此应用较为广泛，虽然三次样条的三阶导数和高阶导数可能是不连续的，但其在直观上并不能觉察到，影响较小，所以可以满足凹陷轮廓插值要求。

假设检测数据点沿轮廓曲线分布个数为 $n+1$ 个，曲线则被分为 n 段，每相邻两个数据点之间的曲线段可由三次样条插值函数 $s(x)=ax_i^3+bx_i^2+cx_i+d$ 表示，每个多项式含有 4 个待定系数，所以整个插值区间上有 $4n$ 个系数，则需要建立 $4n$ 个方程联立求解。

根据变径数据，每个曲线段的两个端点已知，即得到 $2n$ 个方程，另外由于凹陷轮廓的连续性，相邻 2 个曲线段在相邻端点处应该一阶和二阶导数连续，由此可根据 $n-1$ 个相邻端点确定 $2n-2$ 个方程，结合检测数据点，已得到 $4n-2$ 个方程，如公式所示。

$$\begin{cases} s(x_i-0)=s(x_i+0)=s(x_i) \\ s'(x_i-0)=s'(x_i+0) \\ s''(x_i-0)=s''(x_i+0) \qquad i=1,2,\cdots,n \\ s(x_0+0)=s(x_0) \\ s(x_{n+1}-0)=s(x_{n+1}) \end{cases} \qquad \cdots\cdots\cdots(\text{D.16})$$

另外 2 个约束方程可以由轮廓曲线两端的边界条件给出，当曲线两端的径向位移值给定之后，曲线两端的边界条件有如下 3 类：

a) 固支梁边界条件，即两端点的一阶导数为定值：

$$s'(x_0+0)=m_0, s'(x_{n+1}-0)=m_{n+1} \qquad \cdots\cdots(\text{D.17})$$

b) 弯矩边界条件，即两端点的二阶导数为定值：

$$s''(x_0+0)=M_0, s''(x_{n+1}-0)=M_{n+1} \qquad \cdots\cdots(\text{D.18})$$

特别地，当两端的二阶导数为零时，即 $s''(x_0+0)=0, s''(x_{n+1}-0)=0$，则称为自然边界条件。

c) 周期性边界条件，即两端点相互连接，具有共同的一阶和二阶导数：

$$\begin{cases} s'(x_0+0)=s'(x_{n+1}-0) \\ s''(x_0+0)=s''(x_{n+1}-0) \end{cases} \qquad \cdots\cdots(\text{D.19})$$

此时一般有 $s(x_0)=s(x_{n+1})$。

D.2 含划伤凹陷管道的剩余强度评价

D.2.1 评价准则

如果管道实际环向应力大于 D.2.2 中计算出的环向失效应力，则认为管道失效。该方法简化了几何模型，忽略了凹陷和划伤的长度，但考虑了凹陷底部的薄膜应变和弯曲应变，并作出以下假设：

a) 凹陷是连续的且宽度恒定；

b) 划伤位于凹陷的底部且沿管道轴向；

c) 划伤沿轴向方向深度恒定。

D.2.2 失效应力计算

含划伤凹陷管道的失效应力表达式如下：

$$\frac{\sigma_\theta}{\sigma_\mathrm{f}}=\frac{2}{\pi}\cos^{-1}\left(\exp\left\{\frac{-169.5\pi E}{\sigma_\mathrm{f}^2 Ad}(X+Y)^{-2}\exp\left[\frac{\ln(0.738C_\mathrm{V})-K_1}{K_2}\right]\right\}\right) \qquad \cdots\cdots(\text{D.20})$$

$$X=Y_1\left(1-\frac{1.8H_0}{2R}\right), Y=Y_2\left(10.2\frac{R}{t}\frac{H_0}{2R}\right), \sigma_\mathrm{f}=1.15\sigma_\mathrm{Y}\left(1-\frac{d}{t}\right) \qquad \cdots\cdots(\text{D.21})$$

$$Y_1=1.12-0.23\left(\frac{d}{t}\right)+10.6\left(\frac{d}{t}\right)^2-21.7\left(\frac{d}{t}\right)^3+30.4\left(\frac{d}{t}\right)^4 \qquad \cdots\cdots(\text{D.22})$$

$$Y_2=1.12-1.30\left(\frac{d}{t}\right)+7.32\left(\frac{d}{t}\right)^2-13.1\left(\frac{d}{t}\right)^3+14.0\left(\frac{d}{t}\right)^4 \qquad \cdots\cdots(\text{D.23})$$

式中：

σ_θ ——环向失效应力，单位为兆帕（MPa）；

σ_f ——流变应力，单位为兆帕（MPa）；

σ_Y ——屈服强度，单位为兆帕（MPa）；

E ——管材弹性模量，单位为兆帕（MPa）；

A ——3/2 夏比冲击试件的断裂面积，单位为平方毫米（mm^2）；

C_V——3/2 夏比冲击功，单位为焦（J）；

$K_1=1.9$，$K_2=0.57$，K_1 和 K_2 为非线性表达式参数；

H_0——无内压时的凹陷深度，一般为有内压时深度的 1.43 倍，单位为毫米（mm）；

R ——管道半径，单位为毫米（mm）；

t ——管道壁厚，单位为毫米（mm）；

d ——有内压时的凹陷深度，单位为毫米（mm）。

附 录 E
（规范性附录）
不良条件下埋地钢质管道安全评定

E.1 不良条件工况分类

E.1.1 地面沉降

包括地质沉降、采空沉降和施工沉降。

E.1.2 冻土

温度不高于零度并含有冰的土和岩石称为冻土。

E.1.3 滑坡

滑坡是坡体上大量土体或岩体的边界产生剪切破坏，并以一定的加速度沿软弱面整体下滑的现象。

E.1.4 断层

断层是指地壳岩层因受力达到一定强度而发生破裂，并沿破裂面有明显相对移动的构造现象。

E.1.5 场地占压

管道经过城市或工业区时，道路、建筑物及地面堆积物等对管道产生的占压会使管道截面受压变形、管道破裂。

E.1.6 洪水

埋地管道穿越河流、湖泊等水流活动区域时，由于河床变化较为剧烈或遇大型洪水导致的管道裸露、漂浮。

E.2 管道的极限状态

管道极限状态是指管道在载荷条件下出现的能够导致管道失效或不能满足继续工作的一种状态。极限状态分为最终极限状态（导致管道失效）和服役极限状态（管道不能继续安全工作），可归纳为断裂、屈曲和椭圆化变形3种。

表E.1列出6种不良条件下的埋地钢质管道最常见的载荷条件、变形情况和极限状态。

表 E.1 不良条件下埋地钢质管道的极限状态

类型	载荷条件	变形情况	极限状态
采空沉陷	①地表轴向、横向和下沉位移 ②内压、温度	拉伸、压缩、弯曲	屈曲、断裂
冻土	①地面差异性冻胀 ②内压、温度	拉伸、弯曲、弯曲导致的压缩	断裂、屈曲

表 E.1（续）

类型	载荷条件	变形情况	极限状态
横向滑坡	①滑坡拖曳力、摩擦力、管道重力 ②两侧场地土体抗力、摩擦力 ③内压、温度	拉伸、弯曲、弯曲导致的压缩	断裂、屈曲
断层	①断层错动位移 ②两侧场地土体抗力、摩擦力 ③内压、温度	拉伸、压缩、弯曲	断裂、屈曲
占压	①地面占压的附加载荷、覆土压力 ②管底地基反力 ③内压、温度	弯曲、凹陷、截面变形	椭圆化、屈曲
洪水	①动水拖曳力、浮力、重力 ②堤岸内部土抗力 ③内压、温度	拉伸、弯曲、弯曲导致的压缩	断裂

E.3 极限状态的安全评定判据

E.3.1 断裂

管道在载荷或位移作用下，管壁沿轴向或环向可能承受较大的拉伸变形和应变，当管壁存在(焊接)缺陷时，拉伸应变达到或超过极限值，可能导致管道断裂。拉伸应变应满足以下最小强度要求：

$$\varepsilon_{tf} \leqslant \phi_{\varepsilon t}\varepsilon_{t}^{crit} \qquad \cdots\cdots(E.1)$$

式中：

ε_{tf}——纵向或环向的单向拉伸应变；

$\phi_{\varepsilon t}$——拉伸应变阻力因子，可取 0.7；

ε_{t}^{crit}——管壁或焊接部件的拉伸极限应变，由材料试验确定。当缺乏具体信息时，拉伸极限应变取 0.75%，或按式(E.2)、式(E.3)计算：

a) 表面型缺陷：

$$\varepsilon_{t}^{crit}=\delta^{(2.36-1.58\lambda-0.101\xi\eta)}(1+\lambda^{-4.45})(-0.157+0.239\xi^{-0.241}\eta^{-0.315}) \qquad \cdots\cdots(E.2)$$

b) 埋藏型缺陷：

$$\begin{aligned}\varepsilon_{t}^{crit}=&\delta^{(1.08-0.612\eta-0.0735\xi+0.364\psi)}(12.3-4.65\sqrt{t}+0.495t)(11.8-10.6\lambda)\\&\left(-0.514+\frac{0.992}{\psi}+20.1\psi\right)(-3.63+11.0\sqrt{\eta}-8.44\eta)\\&\left(-0.836+0.733\eta+0.0483\xi+\frac{3.49-14.6\eta-12.9\psi}{1+\xi^{1.84}}\right)\end{aligned} \qquad \cdots\cdots(E.3)$$

式中：

δ——断裂韧度，单位为毫米(mm)；

λ——屈强比；

ξ——缺陷长度与管道壁厚之比；

η——缺陷高度与管道壁厚之比；

ψ——缺陷深度与管道壁厚之比；

t——管道壁厚，单位为毫米(mm)。

E.3.2 屈曲

当管道承受压缩载荷或严重弯曲时，管道截面会产生压应力和应变，纵向压缩应变应满足以下最小强度要求：

$$\varepsilon_{cf} \leqslant \phi_{\varepsilon c} \varepsilon_{c}^{crit} \quad \cdots\cdots (E.4)$$

式中：

ε_{cf}——纵向或环向的单向压缩应变；

$\phi_{\varepsilon c}$——压缩应变阻力因子，可取 0.8；

ε_{c}^{crit}——轴向或环向压缩极限应变，应由正确分析方法或物理实验确定，且应考虑内压、外压、管线降压的影响、初始缺陷、残余应力和材料应力-应变关系，缺乏具体信息时按式(E.5)取值：

$$\begin{aligned} \varepsilon_{c}^{crit} &= 0.5\frac{t}{D} - 0.002\,5 + 3\,000\left(\frac{(P_i - P_e)D}{2tE_s}\right)^2, \frac{(P_i - P_e)D}{2tF_y} < 0.4 \\ \varepsilon_{c}^{crit} &= 0.5\frac{t}{D} - 0.002\,5 + 3\,000\left(\frac{0.4F_y}{E_s}\right)^2, \frac{(P_i - P_e)D}{2tF_y} \geqslant 0.4 \end{aligned} \quad \cdots\cdots (E.5)$$

式中：

t ——管道壁厚，单位为毫米(mm)；

D ——管道外径，单位为毫米(mm)；

P_i——最大设计内压，单位为兆帕(MPa)；

P_e——最小外部静水压力，单位为兆帕(MPa)；

E_s=207 GPa；

F_y——最小屈服强度，单位为兆帕(MPa)。

E.3.3 椭圆化变形

在外部载荷作用下，管道横截面有可能出现椭圆化变形，截面形状的改变可能导致截面塌陷或内检测器等装置无法通过。弯曲引起的椭圆化极限为：

$$\Delta_{\theta} \leqslant \Delta_{\theta}^{crit} \quad \cdots\cdots (E.6)$$

式中：

Δ_{θ}——椭圆化变形率，其值为：

$$\Delta_{\theta} = 2(D_{max} - D_{min})/(D_{max} + D_{min}) \quad \cdots\cdots (E.7)$$

式中：

D_{max} ——最大管外径，单位为毫米(mm)；

D_{min} ——最小管外径，单位为毫米(mm)；

Δ_{θ}^{crit} ——临界椭圆化变形率，应通过分析或实验确定，缺少详细信息时取 0.03，若变形大但并未发生截面破坏取 0.06。

附 录 F
（规范性附录）
埋地钢质管道外腐蚀剩余寿命预测

F.1 壁厚法剩余寿命预测

壁厚法是基于未来服役条件、实测壁厚、金属局部损失区域尺寸、预期腐蚀速率以及裂纹扩展速率估计计算需要的最小壁厚。适用于直管段均匀腐蚀与局部腐蚀剩余寿命预测，方法见式(F.1)。

$$R_{L}=\frac{t_{mm}-R_{t}\cdot t_{min}}{C_{rate}} \qquad \text{(F.1)}$$

式中：

R_L ——剩余寿命，单位为年(a)；

C_{rate}——预期腐蚀速率，单位为毫米每年(mm/a)；

t_{mm} ——管道实测平均壁厚，单位为毫米(mm)；

t_{min} ——管道最小要求壁厚，单位为毫米(mm)；

R_t ——剩余壁厚比，由剩余强度评估可得。当直管段为均匀腐蚀时，R_t 由 RSF_a 代替，当直管段为局部腐蚀时，R_t 计算公式如式(F.2)：

$$R_{t}=\begin{cases} 0.2 & \lambda \leqslant 0.354 \\ \left(RSF_{a}-\dfrac{RSF_{a}}{M_{t}}\right)\left(1-\dfrac{RSF_{a}}{M_{t}}\right)^{-1} & 0.354 \leqslant \lambda \leqslant 20 \\ 0.9 & \lambda \geqslant 20 \end{cases} \qquad \text{(F.2)}$$

式中：

M_t ——傅里叶因子，$M_{t}=(1+0.48\lambda^{2})^{0.5}$；

λ ——壳体参数，$\lambda=1.285s/\sqrt{D_{i}\cdot t_{min}}$，如果评估环向缺陷，$c$ 代替 s；

RSF_a——许用的剩余强度因子；

D_i ——管道内径，单位为毫米(mm)；

s ——实测局部金属损失轴向长度，单位为毫米(mm)；

c ——实测局部金属损失环向长度，单位为毫米(mm)。

壁厚法通过单个壁厚计算腐蚀区剩余寿命。如果壁厚值采用断面轮廓图确定其尺寸，剩余寿命建议使用 MAWP 方法。

F.2 MAWP 法剩余寿命预测

弯头、三通等管道元件均匀腐蚀与局部腐蚀的剩余寿命预测均采用 MAWP 方法计算，步骤如下：

步骤 1：确定管道壁厚径向的损失量 t_{loss}，即管道的公称壁厚 t_{loss} 减去最近一次实测平均壁厚 t_{am} 得到的数值。

步骤 2：根据管道的腐蚀裕量 CA_e 和公称壁厚 t_{nom}，确定未来服役时间与 MAWP 的关系曲线。腐蚀裕量 CA_e 按式(F.3)计算：

$$CA_{e}=t_{loss}+C_{rate}\times t_{ime} \qquad \text{(F.3)}$$

式中：

CA_e ——管道的腐蚀裕量，单位为毫米(mm)；

t_{loss} ——管道壁厚径向的损失量，单位为毫米(mm)；

C_{rate} ——预期腐蚀速率，单位为毫米每年(mm/a)；

t_{ime} ——管道的未来服役时间，单位为年(a)。

步骤3：均匀腐蚀剩余寿命预测，即根据未来服役时间与MAWP的关系曲线，与设计的MAWP曲线的交点所对应的时间就是均匀腐蚀剩余寿命。

步骤4：按照上述步骤，对实测的不同管段分别计算，所有计算结果中最小值作为管道的剩余寿命。

F.3 极值统计腐蚀剩余寿命预测

极值统计腐蚀剩余寿命预测适用于检验区段开挖点数量大于等于16处。如果检验区段管道剩余壁厚达到最小要求壁厚，则认为管道剩余寿命为0。

管道最小要求壁厚 t_{min} 见式(F.4)：

$$t_{min}=\max(t^{C}_{min},t^{L}_{min})=\max\left(\frac{pD_o}{2SE},\frac{pD_o}{4SE}+\frac{F}{SE\pi D_m}+\frac{4M}{SE\pi D_m^2}\right) \quad \cdots\cdots\cdots\cdots(F.4)$$

式中：

p ——内压，单位为兆帕(MPa)；

D_o——管子外径，单位为毫米(mm)；

S ——许用应力，单位为兆帕(MPa)；

E ——焊缝系数；

F ——轴向作用力，单位为牛顿(N)；

M ——弯矩，单位为牛顿毫米(N·mm)；

D_m——管道内半径，单位为毫米(mm)。

极值统计剩余寿命预测方法和步骤如下：

步骤1：腐蚀剩余寿命预测见式(F.5)：

$$R_L=\frac{C_2}{v_x\{1-C_x[0.779\,7\ln(-\ln R_a)+0.450\,1]\}} \quad \cdots\cdots\cdots\cdots(F.5)$$

式中：

R_L ——剩余寿命，单位为年(a)；

C_2 ——管道的腐蚀裕量，单位为毫米(mm)；

v_x ——腐蚀速率，单位为毫米每年(mm/a)；

C_x ——腐蚀速率变异系数；

R_a ——可靠度。

步骤2：腐蚀速率 v_x、变异系数 C_x 求解公式分别见式(F.6)、式(F.7)：

$$v_x=(x^*+t_{0.90,N-1}\cdot S_x/\sqrt{N-1})/T_1 \quad \cdots\cdots\cdots\cdots(F.6)$$

$$C_x=S_x\sqrt{N/\chi^2_{0.90,N-1}}/\mu_x \quad \cdots\cdots\cdots\cdots(F.7)$$

式中：

x^* ——最大腐蚀深度的均值，单位为毫米(mm)，可由 $x^*=\frac{\sum_{i=1}^{N}x_i}{N}$ 求得；

S_x ——最大腐蚀深度的方差，单位为毫米(mm)，可由 $S_x=\sqrt{\frac{1}{N-1}\sum_{i=1}^{N}(x^*-x_i)^2}$ 求得；

T_1 ——管道已使用时间，单位为年(a)；

N ——开挖坑腐蚀检测的个数；

$t_{0.90,N-1}$——90%置信度下的 t 分布系数；

$\chi^2_{0.90,N-1}$——90%置信度下的 χ^2 分布系数。

步骤 3：腐蚀剩余寿命预测可根据式(F.5)建立可靠度 R_a 与剩余寿命 R_L 之间的关系曲线，如图F.1所示。

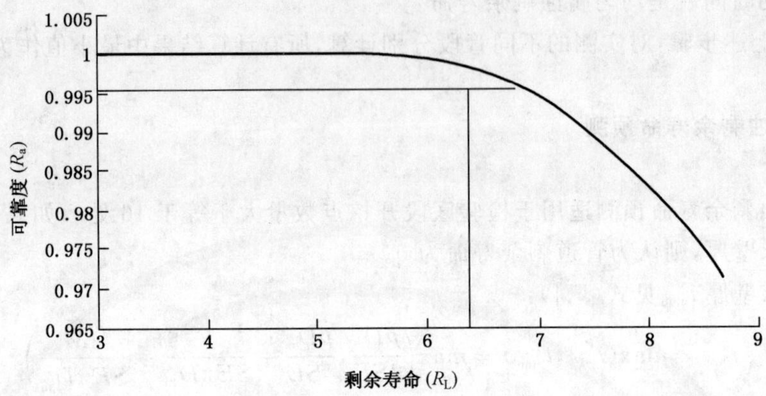

图 F.1 可靠度 R_a 与剩余寿命 R_L 的关系曲线

可靠度 R_a 与不同风险地段发生事故的可接受失效概率 p 关系为：$p=1-R_a$，低风险管段 p 可取 2.3×10^{-2}；中风险管段 p 可取 1.0×10^{-3}；高风险管段 p 可取 1.0×10^{-5}。根据图 F.1 可得不同风险管段对应的腐蚀剩余寿命。

ICS 25.200
J 36

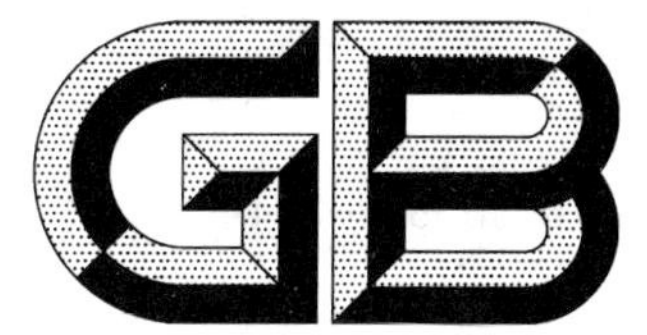

中华人民共和国国家标准

GB/T 30583—2014

承压设备焊后热处理规程

Specification for post weld heat treatment of pressure equipment

2014-05-06 发布 2014-12-01 实施

中华人民共和国国家质量监督检验检疫总局
中国国家标准化管理委员会 发布

前言

本标准按照GB/T 1.1—2009给出的规则起草。

本标准由全国锅炉压力容器标准化技术委员会(SAC/TC 262)提出并归口。

本标准起草单位:中国特种设备检测研究院、合肥通用机械研究院、中国联合工程公司、上海傅氏热处理工程有限公司、山东同新热处理工程有限公司、吉林亚新工程检测有限责任公司、上海交通大学、上海市特种设备监督检验技术研究院、南京市锅炉压力容器检验研究院、中国化学工程第十四建设公司、中石化南化公司化工机械厂、沈阳三洋球罐有限公司、中国电力科学研究院、中石化第十建设有限公司、安徽省特种设备检测院、大连市锅炉压力容器检验研究院、中石化宁波工程有限公司。

本标准起草人:戈兆文、寿比南、王笑梅、张显、方国爱、董元、傅家仁、曹新方、王学成、陆皓、顾福明、曹志明、吴永成、崔定龙、程磊、解永娟、郭军、张继军、许久胜、郭传江、陈筑。

承压设备焊后热处理规程

1 范围

本标准规定了钢制承压设备焊后热处理通用性基本技术要求。

本标准适用于锅炉、压力容器(不含气瓶)的焊后热处理。

2 规范性引用文件

下列文件对于本文件的应用是必不可少的。凡是注日期的引用文件,仅注日期的版本适用于本文件。凡是不注日期的引用文件,其最新版本(包括所有的修改单)适用于本文件。

GB/T 3375 焊接术语

GB/T 9452 热处理炉有效加热区测定方法

NB/T 47014 承压设备焊接工艺评定

3 术语和定义

GB/T 3375、GB/T 9452 界定的以及下列术语和定义适用于本文件。

3.1

焊件 weldment

焊制的承压设备或其零部件。

3.2

焊后热处理 post weld heat treatment

为消除焊接残余应力,改善焊接接头的组织和性能,将焊件均匀加热到金属的相变点以下足够高的温度,并保持一定时间,然后均匀冷却的过程。

3.3

均温带 soak band

局部焊后热处理时,焊件达到规定温度的体积范围在其表面的区域。均温带包括焊缝区、熔合区、热影响区及其相邻母材。

3.4

加热带 heated band

局部焊后热处理时,为保证焊件获得规定的均温体积范围而实施加热的区域。

3.5

隔热带 gradient control band

局部焊后热处理时,为防止焊件均温范围和加热范围散热而在其表面铺设绝热材料的区域。

3.6

保温温度 holding temperature

为了达到焊后热处理的目的,焊件或其局部的均温带所示体积范围在必要时间内,保持所规定的温度区间。

3.7

保温时间 holding time

焊件或其局部的均温带所示体积范围在保温温度下保持的时间。保温时间是从所有测温点温度都达到最低保温温度时开始计算,当其中任一测温点的温度低于最低保温温度后结束。

4 基本工艺

4.1 通用规定

4.1.1 承压设备焊后热处理除应遵守本标准外,还应符合产品标准、设计文件与合同的要求。

4.1.2 除本标准外,凡通过试验研究和(或)实践证明有效成果,经相关各方认可并列入企业标准,也可用于本单位的承压设备焊后热处理。

4.1.3 碳钢和低合金钢制焊件低于 490 ℃的热作用,高合金钢制焊件低于 315 ℃的热作用,均不作为焊后热处理对待。

4.1.4 承压设备建造单位应由具备一定专业知识和足够实践经验的技术人员,在掌握下列基本情况后,对每台(件)焊件编制"焊后热处理工艺规程":

a) 焊件用钢材、焊材的焊接性能和对焊后热处理的适应性;

b) 钢材的实际回火温度,焊材力学性能试件的焊后热处理条件;

c) 焊件设计文件规定、服役要求与建造工艺过程;

d) 焊后热处理环境,焊后热处理方法、设备、装置特点及程序。

4.1.5 用于焊件的焊接工艺评定项目中,应包括"焊后热处理工艺规程"实施过程中,可能出现的所有重要因素与补加因素。

4.1.6 焊后热处理操作人员应经培训与考核方能上岗,熟悉并掌握焊件"焊后热处理工艺规程"。

4.1.7 产品焊接试件应选择使力学性能较低的实际焊接工艺(含焊后热处理)制备。

4.2 焊后热处理厚度 $\boldsymbol{\delta}_{\mathrm{PWHT}}$

4.2.1 等厚度全焊透对接接头的 δ_{PWHT} 为其焊缝厚度(余高不计),此时 δ_{PWHT} 与母材厚度相同。

4.2.2 对接焊缝连接的焊接接头中,δ_{PWHT} 等于对接焊缝厚度;角焊缝连接的焊接接头中,δ_{PWHT} 等于角焊缝厚度;组合焊缝连接的焊接接头中,δ_{PWHT} 等于对接焊缝和角焊缝厚度中较大者。

4.2.3 螺柱焊时的 δ_{PWHT} 等于螺柱的公称直径。

4.2.4 不同厚度受压元件相焊时的 δ_{PWHT} 取值如下(参见附录 A):

a) 两相邻对接受压元件中取其较薄一侧母材厚度;

b) 筒体内封头结构,则取筒壁厚度和角焊缝厚度中较大者;

c) 在筒体上焊接管板、平封头、盖板、凸缘或法兰时,除附录 A 中图 A.3 所示 $\delta_f > \delta$。这一类情况取法兰厚度 δ_f 外,其余则取筒壁厚度;

d) 接管、人孔等连接件与筒体、封头相焊时,取连接件颈部焊缝厚度、筒体焊缝厚度、封头焊缝厚度,或补强板等连接件角焊缝厚度之中的较大者;

e) 接管与法兰相焊时,取接管颈在接头处的焊缝厚度;

f) 当非受压元件与受压件相焊,取焊接处的焊缝厚度;

g) 管子与管板焊接时,取其焊缝厚度;

h) 焊接返修时,取其所填充的焊缝金属厚度。

4.2.5 焊后热处理计算保温时间的厚度:

a) 整体焊后热处理时,应按未经焊后热处理部分的最大 δ_{PWHT};

b) 同炉内装入多台(件)承压设备或零部件时,应按未经焊后热处理焊件上最大 δ_{PWHT}。

4.3 焊后热处理方式

4.3.1 整体焊后热处理

整体焊后热处理有下列两种形式,条件许可时应采用炉内整体加热法:

a) 将焊件装入封闭炉内整体加热;

b) 在焊件内部或外部整体加热。

4.3.2 分段焊后热处理

焊件整体分段加热时,加热各段重叠部分长度至少为 1 500 mm。非加热部分的焊件(含其管接头)采取隔热措施,防止产生有害的温度梯度。

4.3.3 局部焊后热处理

4.3.3.1 局部焊后热处理时均温、加热和隔热范围如图 1 所示。必要时,在背面也要布置加热器和绝热材料。均温带的最小宽度为焊缝最大宽度两侧各加 δ_{PWHT} 或 50 mm,取两者较小值;在返修焊缝两端各加 δ_{PWHT} 或 50 mm,取两者较小值。

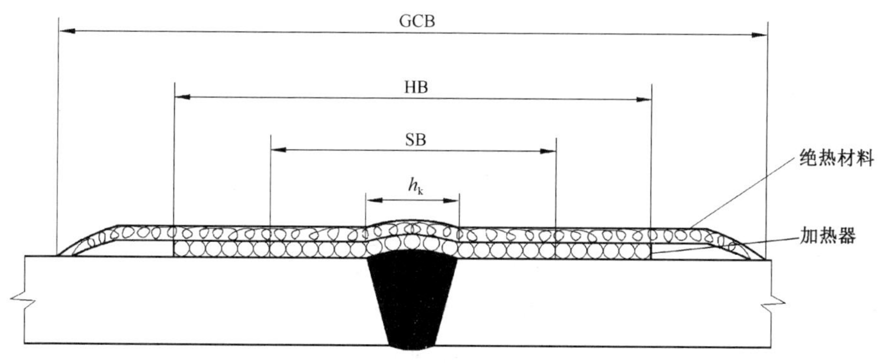

说明:

h_k ——焊缝最大宽度;

SB ——均温带宽度;

HB ——加热带宽度;

GCB——隔热带宽度。

图 1 局部焊后热处理各带示意图

4.3.3.2 筒体局部焊后热处理时,加热带应环绕包括均温带在内的筒体全圆周。如不产生有害的温度梯度,在离开均温带较远处,可减少加热带的宽度或降低其温度。

4.3.3.3 较大截面半径的椭圆形封头、半球形封头和球壳板局部焊后热处理时,均温带呈圆形覆盖返修焊缝及周围,均温带边缘离返修焊缝边界至少为 δ_{PWHT} 或 50 mm,取两者较小值。加热带尺寸需足够大。

4.3.3.4 均温带所示体积范围内任意一点温度都应符合焊后热处理的规定。加热带应保证均温带所示体积范围的温度值,隔热带则应保证热能效率,并防止产生有害的温度梯度。

4.3.3.5 加热带和隔热带的宽度可参照附录 B 确定。

4.4 焊后热处理规范参数

4.4.1 焊后热处理规范参数见表 1，当碳钢和某些低合金钢制焊件焊后热处理温度低于表 1 中的最低保温温度时，最短保温时间按表 2 的确定。焊后热处理温度不得低于表 1 或表 2 中的最低保温温度。

4.4.1.1 Fe-1 类、Fe-3 类的钢制焊件，当低于表 1 中的最低保温温度进行焊后热处理时，可按表 2 的规定延长保温时间；Fe-9B 类的钢制焊件保温温度不得超过 635 ℃，当低于表 1 中的最低保温温度（最多允许降低 55 ℃）进行焊后热处理时，可按表 2 的规定延长保温时间。

4.4.1.2 Fe-5A 类、Fe-5B-1 组的钢制焊件，当不能按表 1 中的最低保温温度进行焊后热处理时，最低保温温度可降低 30 ℃，降低最低保温温度后的焊后热处理最短保温时间：

a) 当 $\delta_{PWHT} \leqslant 50$ mm 时，为 4 h 与 $\left(4 \times \frac{\delta_{PWHT}}{25}\right)$h 两者的较大值；

b) 当 $\delta_{PWHT} > 50$ mm 时，为表 1 中最短保温时间的 4 倍。

4.4.1.3 Fe-6 类、Fe-7 类中的 06Cr13，06Cr13Al 型不锈钢制焊件，当同时具备下列条件时，无需进行焊后热处理：

a) 钢材中碳含量不大于 0.08%；

b) 用能产生铬镍奥氏体熔敷金属或非空气淬硬的镍-铬-铁熔敷金属的焊材施焊；

c) 焊接接头母材厚度不大于 10 mm，或母材厚度为 10 mm～38 mm 且焊接时保持 230 ℃预热温度；

d) 焊接接头 100%射线检测。

4.4.1.4 Fe-7 类、Fe-10Ⅰ类焊件温度高于或等于 650 ℃时，冷却速度不应大于 55 ℃/h，低于 650 ℃后迅速冷却，冷却速度应足以防止脆化。

4.4.1.5 在下列条件下，Fe-5B-2 组别钢制焊件焊后热处理温度的限值：

a) 最低保温温度：

   1) 当焊件 $\delta_{PWHT} \leqslant 13$ mm 时，最低保温温度为 720 ℃；

   2) Fe-5B-2 组内钢材与低铬低合金钢或奥氏体钢或镍基材料焊接，如果采用了含铬量小于 3.0%钢质或奥氏体或镍基的填充金属，最低保温温度为 705 ℃。

b) 最高保温温度：

   1) 当不知道填充金属实际化学成分时，最高保温温度为 775 ℃；

   2) 已知填充金属中镍、锰成分为 $1.0\% \leqslant Ni + Mn < 1.50\%$ 时，最高保温温度为 790 ℃。

c) 焊件的部分温度高于上述允许焊后热处理温度时，应采取下列任一措施：

   1) 焊件应整体重新进行正火、回火；

   2) 如果超过 775 ℃或 4.4.1.5b) 2)规定的最高保温温度，但不超过 800 ℃，应去除焊缝金属重新焊接；

   3) 去除焊件上加热超过 800 ℃及相邻不小于 75 mm 的部分，重新正火、回火或更换。

4.4.2 焊后热处理的保温时间，可以在一次热处理过程中完成，也可以是在相同保温温度下，多次热处理过程的累计。

4.4.3 在保温时除另有规定外，各测温点的温度允许在热处理工艺规定温度的±20 ℃内，但不能超出规定的限值。

表 1 焊后热处理规范参数

钢材种类		碳钢、低合金钢						高合金钢			低合金钢	高合金钢	
钢质母材类别、组别[a]		Fe-1	Fe-2	Fe-3	Fe-4	Fe-5A Fe-5B-1 Fe-5C	Fe-5B-2	Fe-6	Fe-7	Fe-8[b]	Fe-9B	Fe-10H[b]	Fe-10I
最低保温温度/℃		600	—	600	650	680	730（最高保温温度 775）	760	730	—	600（最高保温温度 635）	—	730
在相应焊后热处理厚度下，最短保温时间/h	≤25 mm	$\frac{\delta_{PWHT}}{25}$，最少为 15 min	$\frac{\delta_{PWHT}}{25}$，最少为 15 min	$\frac{\delta_{PWHT}}{25}$，最少为 15 min	$\frac{\delta_{PWHT}}{25}$，最少为 15 min	$\frac{\delta_{PWHT}}{25}$，最少为 15 min	$\frac{\delta_{PWHT}}{25}$，最少为 30 min	$\frac{\delta_{PWHT}}{25}$，最少为 15 min	$\frac{\delta_{PWHT}}{25}$，最少为 15 min	—	$\frac{\delta_{PWHT}}{25}$，最少为 15 min	—	$\frac{\delta_{PWHT}}{25}$，最少为 15 min
	>25 mm～50 mm	$\frac{\delta_{PWHT}}{25}$，最少为 15 min	$\frac{\delta_{PWHT}}{25}$，最少为 15 min	$\frac{\delta_{PWHT}}{25}$，最少为 15 min	$\frac{\delta_{PWHT}}{25}$，最少为 15 min	$\frac{\delta_{PWHT}}{25}$，最少为 15 min	$\frac{\delta_{PWHT}}{25}$，最少为 30 min	$\frac{\delta_{PWHT}}{25}$，最少为 15 min	$\frac{\delta_{PWHT}}{25}$，最少为 15 min	—	$\frac{\delta_{PWHT}}{25}$，最少为 15 min	—	$\frac{\delta_{PWHT}}{25}$，最少为 15 min
	>50 mm～125 mm	$2+\frac{\delta_{PWHT}-50}{100}$	$2+\frac{\delta_{PWHT}-50}{100}$	$2+\frac{\delta_{PWHT}-50}{100}$	$\frac{\delta_{PWHT}}{25}$	$\frac{\delta_{PWHT}}{25}$	$\frac{\delta_{PWHT}}{25}$，最少为 30 min	$2+\frac{\delta_{PWHT}-50}{100}$	$2+\frac{\delta_{PWHT}-50}{100}$	—	$1+\frac{\delta_{PWHT}-25}{100}$	—	$\frac{\delta_{PWHT}}{25}$
	>125 mm	$2+\frac{\delta_{PWHT}-50}{100}$	$2+\frac{\delta_{PWHT}-50}{100}$	$2+\frac{\delta_{PWHT}-50}{100}$	$5+\frac{\delta_{PWHT}-125}{100}$	$5+\frac{\delta_{PWHT}-125}{100}$	$5+\frac{\delta_{PWHT}-125}{100}$	$2+\frac{\delta_{PWHT}-50}{100}$	$2+\frac{\delta_{PWHT}-50}{100}$	—	$1+\frac{\delta_{PWHT}-25}{100}$	—	$\frac{\delta_{PWHT}}{25}$

[a] 钢质母材类别按 NB/T 47014 的规定。

[b] Fe-8 、Fe-10H 类母材焊接接头既不要求，也不禁止采用焊后热处理。

表 2 焊后热处理温度低于规定最低保温温度时的保温时间

比表 1 规定的最低保温温度再降低温度数值/ ℃	降低温度后最短保温时间/h	备注
30	2	[a]
55	4	[a]
80	10	[a,b]
110	20	[a,b]

[a] 最短保温时间适用于焊后热处理厚度 δ_{PWHT} 不大于 25 mm 的焊件，当 δ_{PWHT} 大于 25 mm 时，厚度每增加 25 mm，最短保温时间则应增加 15 min。

[b] 适用于 Fe-1-1 组和 Fe-1-2 组。

4.4.4 调质钢、正火后回火的焊件焊后热处理温度应低于回火温度。

4.4.5 不同钢号钢材相焊时，焊后热处理温度应按焊后热处理温度较高的钢号执行，但温度不应超过两者中任一钢号的下相变点 A_{c1}。

4.4.6 Fe-5A 类别钢制管道与较低类别钢制管箱焊接时，当符合下列全部条件时，可按较低类别钢所规定的温度进行焊后热处理：

a) 标准规定的最高含铬量为 3.0%；

b) 最大管径为 DN100；

c) 最大管壁厚为 13 mm；

d) 标准规定最高含碳量为 0.15%。

4.4.7 非受压元件与受压元件相焊时，应按受压元件的焊后热处理规定执行。

4.4.8 对有再热裂纹倾向的钢材，在焊后热处理时应防止产生再热裂纹。

4.4.9 炉内焊后热处理工艺参数的通用限值：

a) 焊件入炉时，炉内温度不得高于 400 ℃；

b) 焊件升温至 400 ℃后，加热范围内升温速度不超过 $\frac{5\,500}{\delta}$ ℃/h（δ 为焊件壳体最大厚度，单位为 mm），且不应超过 220 ℃/h；

c) 焊件升温期间，加热范围内任意长度为 4 600 mm 范围内的温差不得大于 140 ℃；

d) 焊件保温期间，加热范围内最高与最低温度之差不得大于 80 ℃；

e) 升温和保温期间应控制加热范围内气氛，防止焊件表面过度氧化；

f) 焊件温度高于 400 ℃时，加热范围内降温速度不超过 $\frac{7\,000}{\delta}$ ℃/h（δ 为焊件壳体最大厚度，单位为 mm），且不应超过 280 ℃/h；

g) 焊件在高于 400 ℃的加热与冷却过程中，加热与冷却速度不小于 55 ℃/h，如不产生有害作用时，可以降低加热与冷却速度；

h) 焊件出炉时，焊件不得高于 400 ℃，出炉后应在静止的空气中冷却。

4.4.10 炉外焊后热处理工艺参数的通用限值：

a) 炉外焊后热处理工艺与炉内焊后热处理工艺相同；

b) 加热区域降温时，待均温带所示范围内温度低于 400 ℃后，才能在静止的空气中冷却。

5 设备、仪表、测温用品及绝热材料

5.1 焊后热处理炉应符合以下规定：

a) 不得使用煤或焦炭做燃料；

b) 采用程序控制器或计算机等自动化方式控制焊后热处理过程，炉内温度及升(降)温速度范围可以调控；

c) 炉内用于加热焊件的介质能够充分流动；

d) 在热处理过程中，炉内应适时保持正压；

e) 可以控制炉内加热区域气氛，防止焊件表面过度氧化；

f) 应配备温度测量、控温和报警系统，温度能够自动记录；

g) 至少应规定下列技术要求：

1) 额定装载量；

2) 炉内装载空间的尺寸；

3) 入炉装载规定；

4) 额定装载量时最大升温速度；

5) 额定装载量时最大降温速度；

6) 控温仪表准确度级别；

7) 测温仪表准确度级别；

h) 应有产品说明书和操作手册。

5.2 焊后热处理炉应按附录C的规定测定有效加热区，有效加热区示意图要置于热处理炉明显位置。焊后热处理炉有效加热区的炉温均匀性一般为±10 ℃、±15 ℃、±20 ℃。

5.3 绝热材料、控温仪表和测温仪表应符合相应标准，产品应有质量证明书和使用说明书。

5.4 热电偶、补偿导线的制造厂应具有相应资质，所使用的热电偶、补偿导线应有质量证明书。

5.5 各种计量仪表应按标准规定经计量检验合格。使用前，按规定进行校准。

5.6 炉外焊后热处理加热、控温、测温装置及整套系统在每次投入使用前，均应进行检验、调试，使之处于正常状态，符合热处理要求。

5.7 绝热材料不得含有对焊件有害的元素与杂质。宜采用硅酸铝纤维及其制品、高硅氧布、无碱玻璃纤维布等。绝热材料应符合相应的标准和订货技术条件要求。

6 技术准备

6.1 炉内整体焊后热处理或局部焊后热处理时，焊后热处理工艺规程的主要内容包括：

a) 所依据标准、合同或技术文件规定的要求；

b) 焊件基本状况：名称、标记或编号、结构、尺寸、材料、厚度及质量；

c) 焊后热处理热工计算(当超出热处理炉规定时)；

d) 焊件热变形预防及控制措施；

e) 焊后热处理方式与方法；

f) 焊后热处理参数：焊后热处理厚度 δ_{PWHT}、入炉温度、升温速度、保温温度、保温时间、降温速度和出炉温度；

g) 隔热方法、绝热材料及其铺设方法；

h) 热处理炉或加热器的布置、名称、规格及数量；

i) 控温仪表及测温仪表(含热电偶、补偿导线)名称、型号及数量；

j） 测温点位置、数量，测温仪表与焊件连接方法；
k） 工艺程序及技术要求；
l） 冷却方式；
m） 实施焊后热处理单位及责任人。

6.2 炉外整体焊后热处理(含炉外整体分段焊后热处理)的焊后热处理工艺规程，必要时应组织专家审查。焊后热处理工艺规程的主要内容包括：

a） 所依据标准、合同及设计文件规定的要求；
b） 焊件基本状况：名称、编号、位号、结构、尺寸、材料、厚度及质量；
c） 焊件总体及各部分焊后热处理热工计算；
d） 焊件热变形预防及控制措施；
e） 焊后热处理加热方法、加热器名称、型号、规格、数量及放置位置；
f） 焊后热处理用辅助装置(如导流伞)及安装；
g） 焊后热处理参数：焊后热处理厚度 δ_{PWHT}、升温速度、保温温度、保温时间、冷却方法与降温速度；
h） 绝热材料品种、规格及铺设方法；
i） 控温装置、测温仪表名称、型号及数量；
j） 热电偶、补偿导线型号及数量；
k） 测温点布置、数量，测温仪表与焊件连接方法；
l） 焊后热处理工艺程序及技术要求，均温及控温要求、冷却方式；
m） 质量检验要求(如性能、尺寸、缺陷等)；
n） 环境条件，防风、防雨、防雪措施；
o） 质量保证体系实施；
p） 用于焊后热处理的各种机具、设备、设施、辅助装置、仪器、仪表、工具和耗材清单；
q） 实施焊后热处理的单位名称、人员、机构及组织；
r） 防火、防爆措施；
s） 人员、设备安全措施；
t） 应急预案。

6.3 拆除焊件上与焊后热处理无关的非永久连接件。

6.4 焊件的密封面、螺钉孔等精加工表面，应采取有效措施，防止高温氧化。

6.5 进行炉外焊后热处理时，加热设备应具有足够的功率储备。

6.6 焊件应按照制造(安装)工序的要求，完成各项检验、检测且都合格后，在耐压试验前进行焊后热处理。

6.7 掌握天气状况，做好防风、防雨、防雪准备。

7 加热、控温

7.1 技术要求

7.1.1 当进行炉内焊后热处理时，根据焊件的技术要求，按照 GB/T 9452 的规定选用相应类别的热处理炉。焊件应放置在有效加热区范围内。

7.1.2 采用内部加热法进行焊后热处理时，焊件内高温气需充分流动，焊后热处理过程中适时保持正压。焊件内压力不能超过热处理期间预期的最高金属壁温下设计压力的 50%。

7.1.3 加热介质应避免直接喷射焊件。

7.1.4 加热介质不应使焊件表面产生超过技术文件规定深度的氧化、脱碳、增碳和腐蚀。

7.2 焊后热处理炉及仪表的规定

7.2.1 焊后热处理炉有效加热区检测周期为6个月。经连续3个周期检测合格、使用正常的热处理炉，其检测周期可延长至1年。

7.2.2 与计算机连接的温度测量系统，宜有冷端温度自动补偿装置。

7.2.3 记录在焊后热处理报告中的温度数值或曲线，需采用热电偶测量提供，热电偶技术要求见表3。

表3 常用的热电偶技术要求

名称	分度号	等级	使用温度/℃	允许偏差/℃
铂铑 10-铂	S	Ⅰ	0～1 100	±1
		Ⅱ	600～1 600	±0.25%t
镍铬-镍硅	K	Ⅰ	375～1 000	±0.4%t
		Ⅱ	333～1 200	±0.75%t
镍铬-铜镍(康铜)	E	Ⅰ	375～800	±0.4%t
		Ⅱ	333～900	±0.75%t
注：t 为被测温度的绝对值。				

7.2.4 焊后热处理装置的温度测量系统在正常使用状态下，要定期做系统校验。校验时，检测热电偶、测温热电偶和控温热电偶的热端距离应靠近。校验应在热处理装置处于热稳定状态下进行，温度测量的系统校验允许温度偏差为±3 ℃。

8 测温

8.1 测温点及其布置

8.1.1 测温点应布置在焊件的温度容易变化部位、产品焊接试件和特定部位(如均温带边界、炉内每个加热区、炉门口、进风口、加热介质出口、烟道口、焊件壁厚突变处、分段加热的接合部以及加热介质流经途中的“死角”等)。

8.1.2 当热处理炉中有多于1台(件)焊件时，应在炉内顶部、中部和底部的焊件上设置测温点。

8.1.3 测温点应均布在焊件表面，相邻测温点的间距不超过4 600 mm，测温点布置参见图2成三角形排列，三角形顶点设置热电偶。

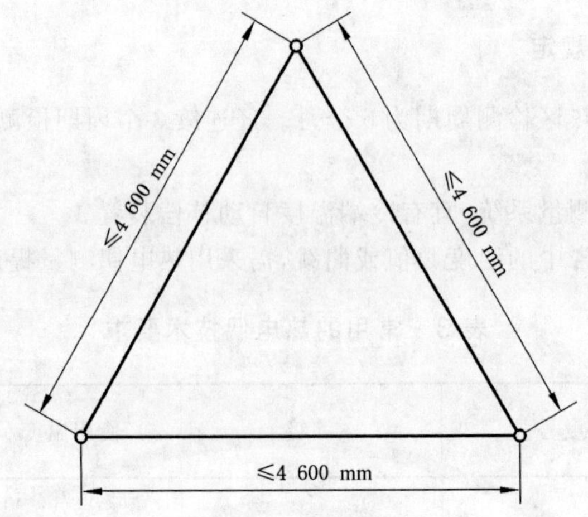

图 2 热电偶布置间距图

8.1.4 重要部位的测温点可增加备用热电偶。

8.1.5 测温点数量及其布置应在焊件设计图样或示意图中标示。

8.2 电容储能点焊要求

采用焊接方法(如电容储能点焊)连接热电偶与焊件,电容储能点焊要求如下:

a) 不要求进行焊接工艺评定,但需编制焊接工艺卡;

b) 热电偶两条线端点分开约 10 mm 后分别与焊件施焊;

c) 焊接输出能量应限制在 125 W·s 以内;

d) 点焊接头可不进行焊后热处理;

e) 热电偶拆除后,点焊接头部位需经打磨处理,必要时进行表面检测。

8.3 温度测量

8.3.1 在焊后热处理保温期间,整体焊后热处理的焊件上任一点温度、局部焊后热处理焊件均温带所示体积范围内任一点温度,都应在规定范围内。

8.3.2 焊后热处理温度以在焊件上直接测量为准。

8.3.3 在焊后热处理过程中,焊件温度在 400 ℃以上时,应连续自动显示、记录、储存、打印。记录图(表)上应能够区分每个测温点的温度与时间。

8.3.4 连续自动记录仪安装的记录纸,应与记录仪分度号标尺相匹配。

8.3.5 计算机温度控制系统的显示温度应以自动记录仪的温度显示为准进行调整,采用计算机系统记录、显示的热处理记录,系统误差应小于 0.5%。

9 隔热

9.1 绝热材料应能在焊后热处理温度和保温时间内保持原有性能,不降低保温效果。

9.2 绝热材料在整个焊后热处理过程中应贴紧焊件表面,防止松动脱落。绝热材料在焊件上铺设时,至少分为两层,每两层之间的接缝应错开,同层相邻两块绝热材料搭接宽度要大于 100 mm。

9.3 采用内部加热法进行焊后热处理时,焊件外侧按壁厚、附件、接管尺寸特点分别采取隔热措施。对于与焊件连接的支柱或裙座,其隔热范围自连接处延伸至少 1 000 mm。

9.4 隔热层外表面温度不宜高于 60 ℃。

10 焊后热处理报告

10.1 焊后热处理报告主要内容如下：

a) 焊后热处理炉次顺序号；

b) 焊件名称、图号、编号、零件代号及位号，焊后热处理工艺规程编号；

c) 焊后热处理合同号或委托书编号；

d) 焊后热处理类型，加热方式，加热方法及辅助装置；

e) 焊件结构图、尺寸、钢材牌号、厚度；

f) 焊后热处理炉名称，编号及所在位置；

g) 加热器名称、型号及编号；控温仪表和测温仪表(含热电偶及补偿导线)名称、型号及编号；绝热材料名称、厚度；

h) 测温点数量和布置图；

i) 焊后热处理工艺：焊后热处理厚度 δ_{PWHT}、入炉温度、升温速度、保温时间(按各测温点分别统计)、出炉温度、冷却方法与降温速度；

j) 焊后热处理时间-温度连续自动记录，当记录图(表)不能区分每个测温点的数值时，还要提供各测温点的巡检时间-温度记录；

k) 焊后热处理时间、地点及气象条件；

l) 焊后热处理操作人员及责任人员签字。

10.2 炉外整体焊后热处理(含炉外整体分段焊后热处理)记录示例见附录 D。

附 录 A
（资料性附录）
焊后热处理厚度（δ_{PWHT}）示图

A.1 本附录对不同厚度受压元件相焊时，焊后热处理厚度（δ_{PWHT}）取值举例图示。

A.2 两相邻对接受压元件中，δ_{PWHT}取其较薄一侧母材厚度，即图 A.1 中 δ_h。

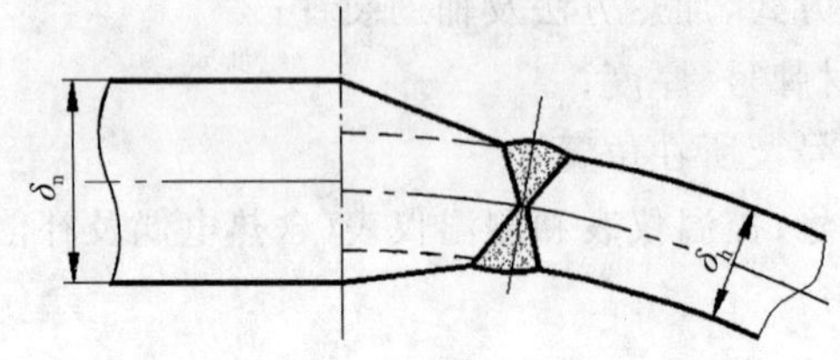

图 A.1 不等厚受压元件对接

A.3 筒体内封头结构，δ_{PWHT}则取筒壁厚度和角焊缝厚度中较大值，即图 A.2 中 δ_{n1}和 f 中较大值。

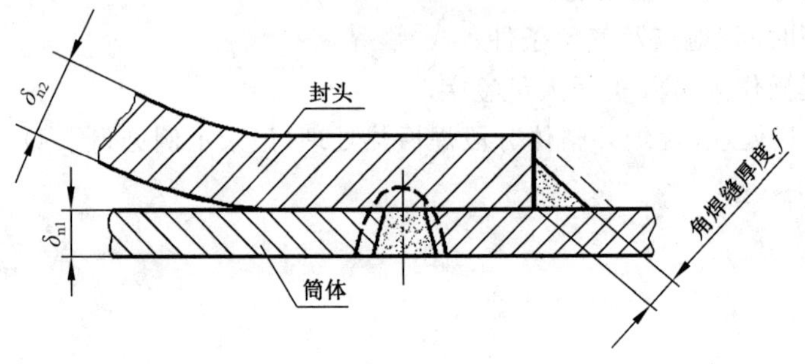

图 A.2 筒体内封头

A.4 在筒体上焊接管板、平封头、盖板、凸缘或法兰时，δ_{PWHT}取值举例如下：

a） 当管板、平封头、盖板、凸缘或法兰的厚度大于筒壁厚度时，如图 A.3 所示，δ_{PWHT}取 δ_f。

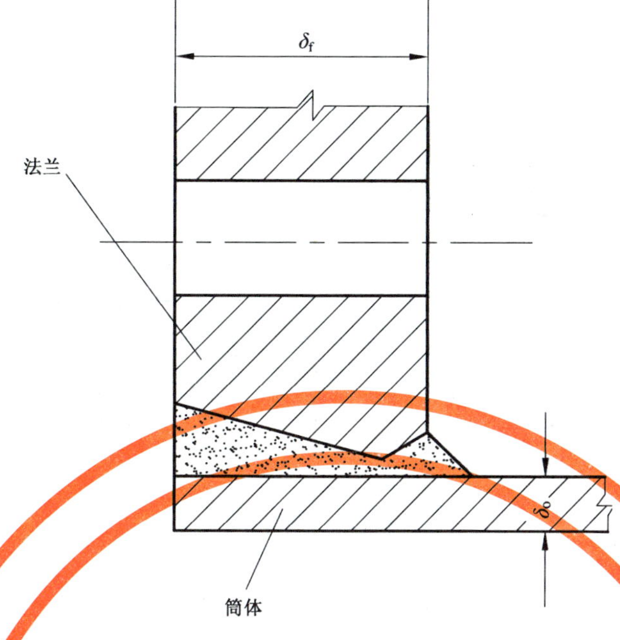

图 A.3 筒体焊接法兰($\delta_f > \delta_o$)

b) 在筒体上焊接管板时,δ_{PWHT} 取筒壁厚度,即图 A.4 中 δ_n。

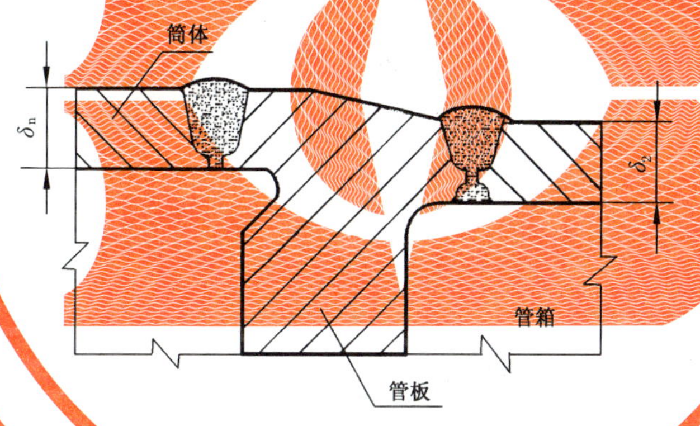

图 A.4 筒体上焊接带管箱的管板

c) 在筒体上焊接平封头时,δ_{PWHT} 取筒壁厚度,即图 A.5 中 δ_n。

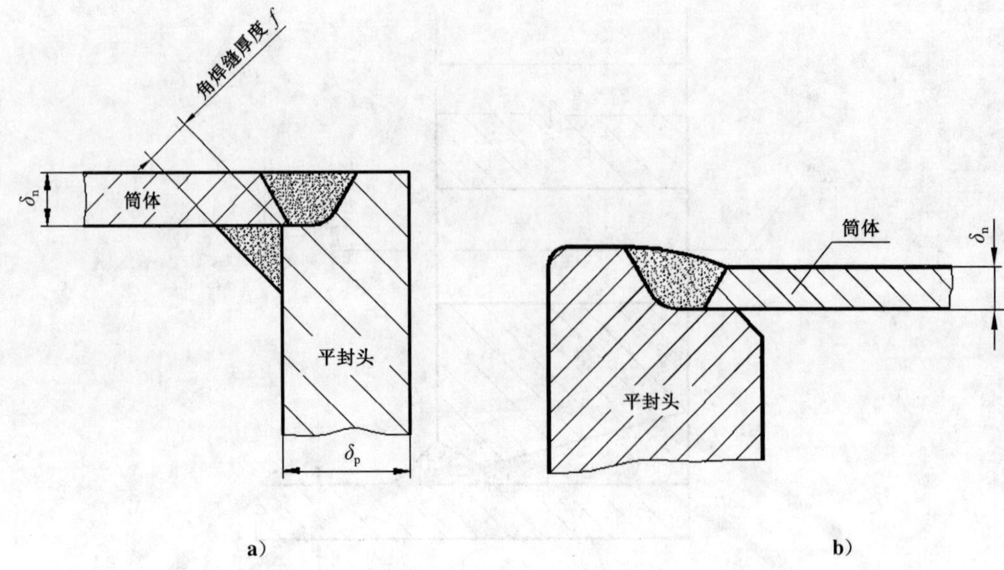

图 A.5　筒体上焊接平封头

d)　在筒体上焊接盖板时，δ_{PWHT}取筒壁厚度，即图 A.6 中 δ_n。

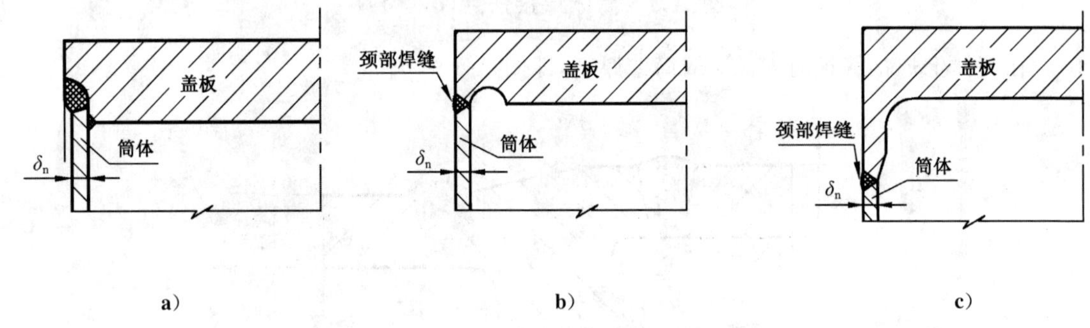

图 A.6　筒体上焊接盖板

e)　在筒体上焊接凸缘时，δ_{PWHT}取筒壁厚度，即图 A.7 中 δ_n。

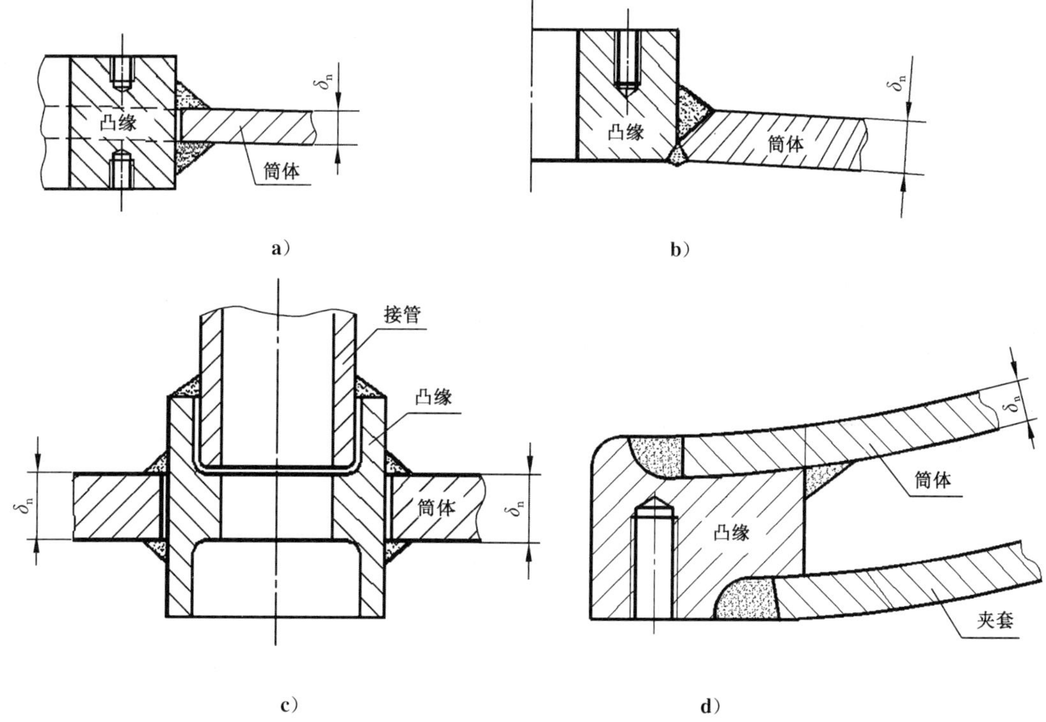

图 A.7 筒体上焊接凸缘

f) 在筒体上焊接法兰时，δ_{PWHT} 取筒壁厚度，即图 A.8 中 δ_n。

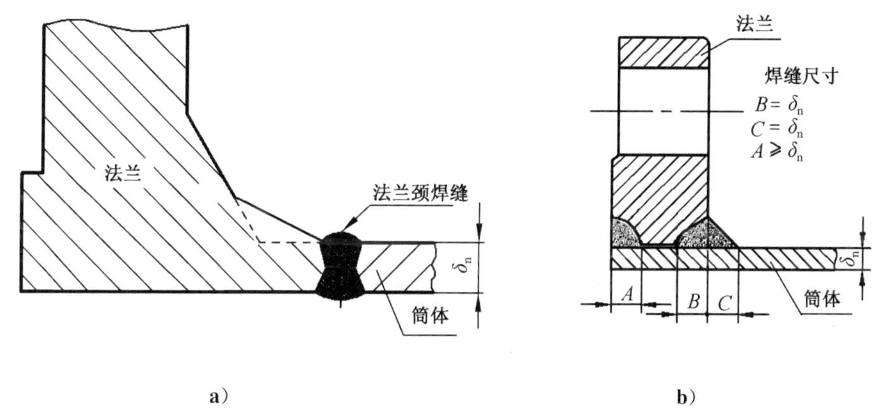

图 A.8 筒体上焊接法兰

A.5 接管、人孔等连接件与筒体、封头相焊时，δ_{PWHT} 取连接件颈部焊缝厚度、筒体焊缝厚度、封头焊缝厚度或补强板等连接件角焊缝厚度之中的较大者，即图 A.9 内 δ_{nt}、δ_n、f 中较大者。

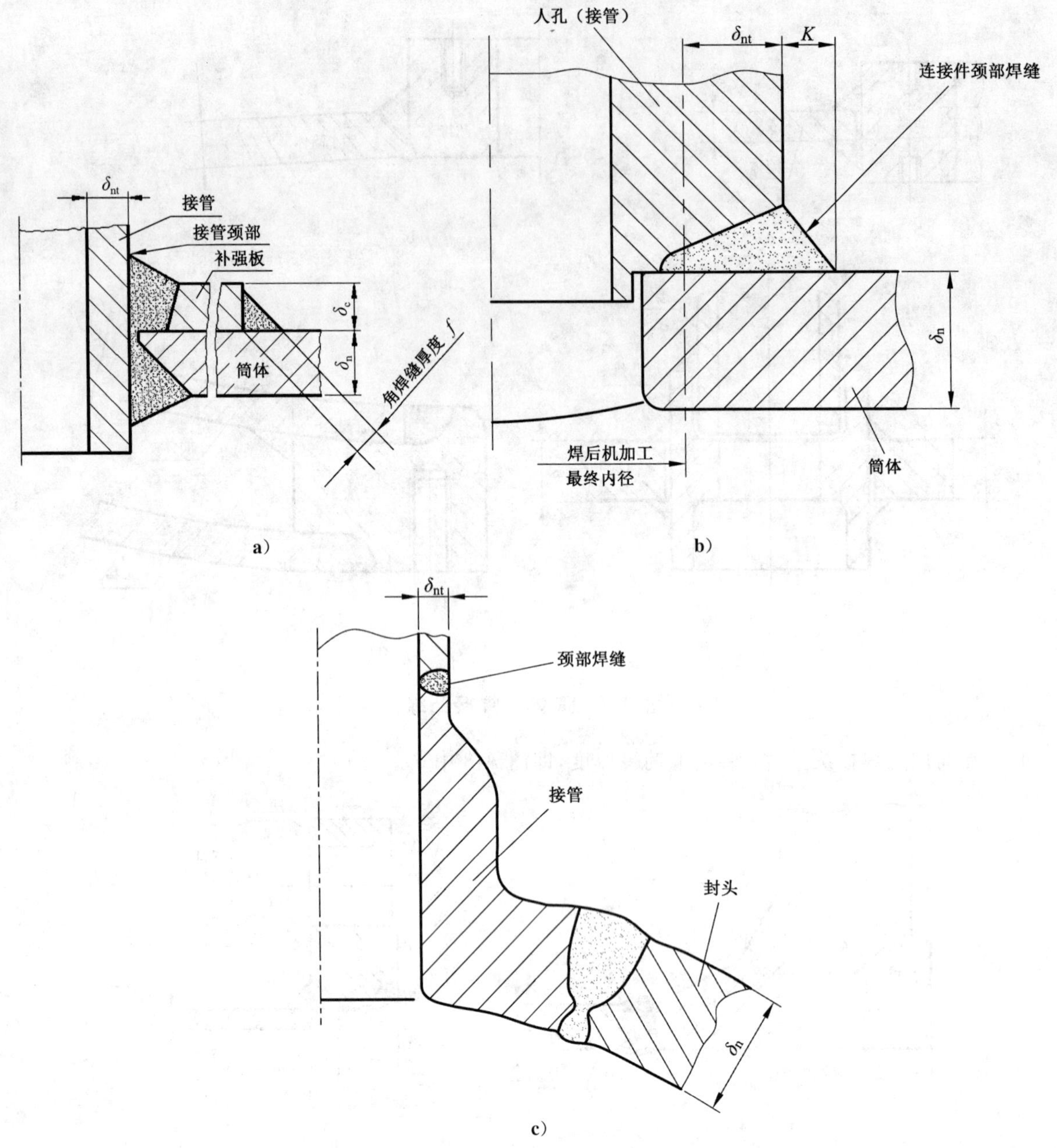

图 A.9　接管、人孔等连接件与筒体、封头相焊

A.6　接管与法兰相焊时，δ_{PWHT} 取接管颈在接头处的焊缝厚度，即图 A.10 中 δ_{nt}。

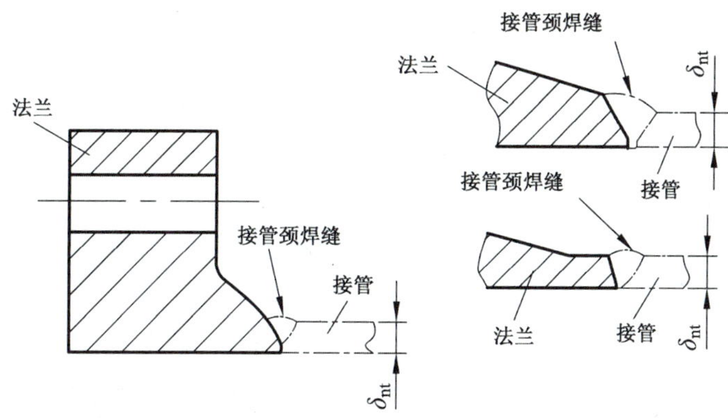

图 A.10 接管与法兰相焊时

A.7 当非受压元件与受压件相焊，δ_{PWHT}取焊接处的焊缝厚度，即图 A.11 a)、图 A.11 b)、图 A.11 c)内 b 与 f 中较大值；图 A.11 d)、图 A.11 e)中 f。

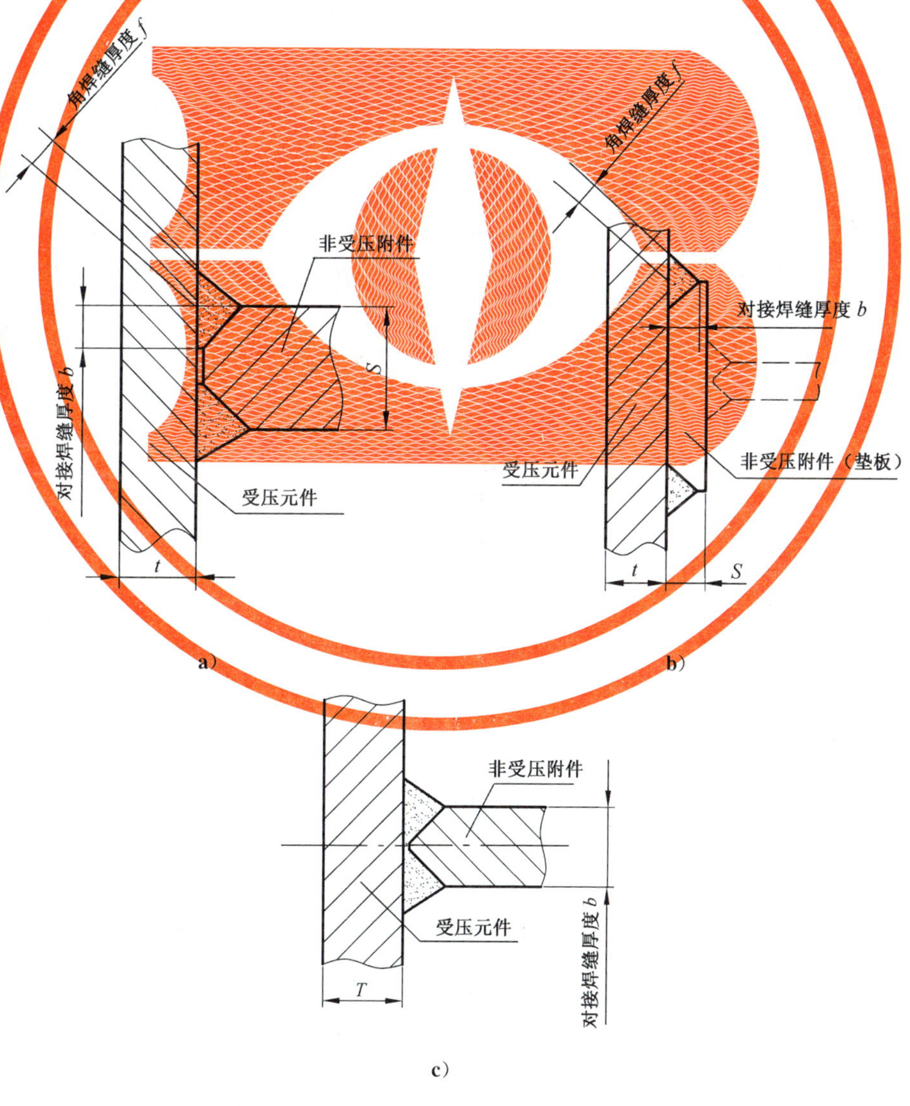

图 A.11 非受压元件与受压元件相焊

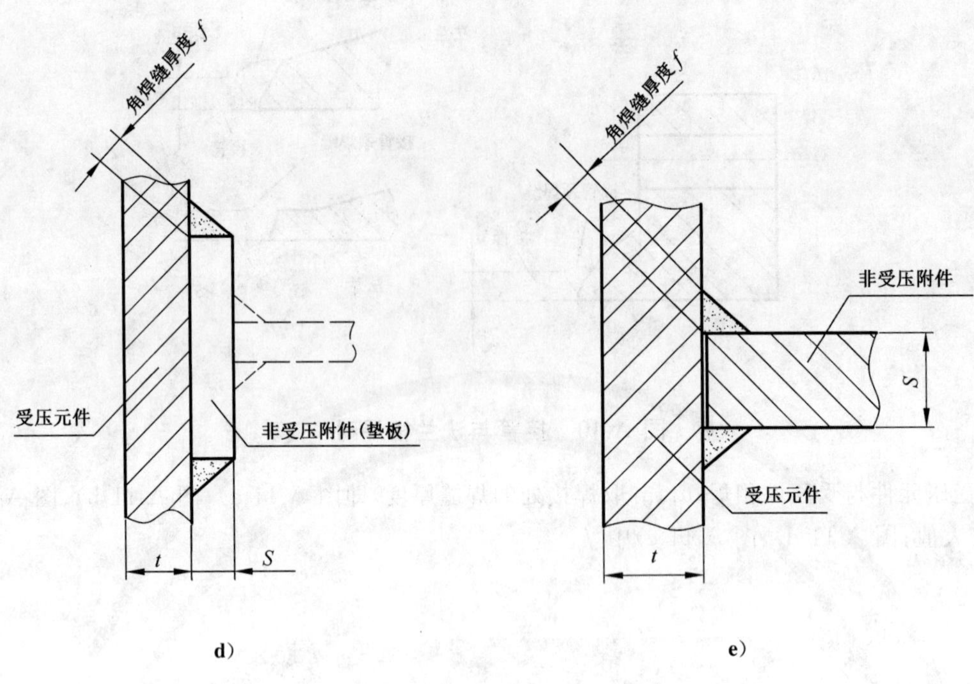

图 A.11(续)

A.8 管子与管板焊接时,δ_{PWHT}取其焊缝厚度。见图 A.12,当其仅是角焊缝时,$\delta_{PWHT}=f$;当其仅是对接焊缝时,$\delta_{PWHT}=b$;当其是角焊缝与对接焊缝的组合焊缝时,δ_{PWHT}取 b 与 f 中的较大值。

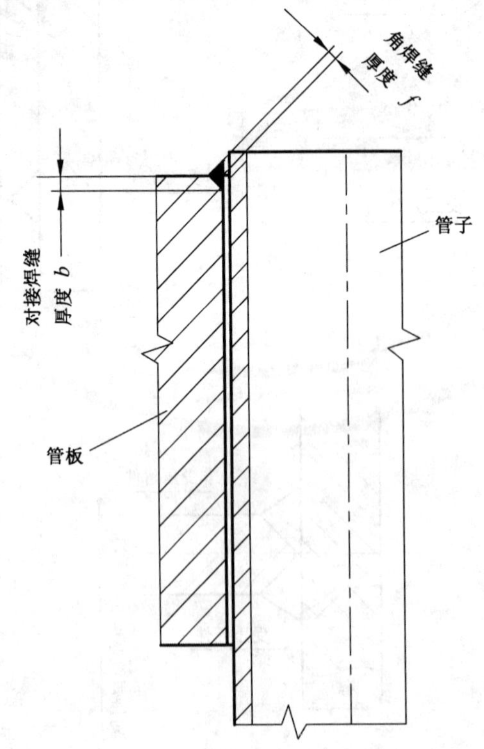

图 A.12 管子与管板焊接

A.9 焊接返修时，δ_{PWHT}取其所填充的焊缝金属厚度(余高不计)，即图 A.13 中 t。

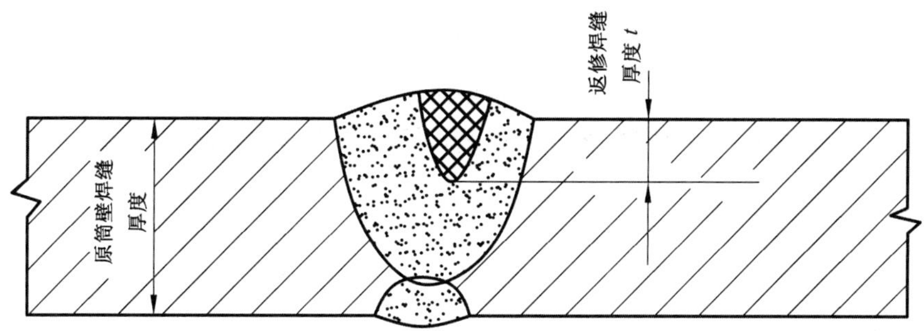

图 A.13 焊接返修图

附 录 B
（资料性附录）
筒体局部焊后热处理加热带和隔热带的推荐宽度

B.1 符号

HB ——加热带宽度，mm；
GCB ——隔热带宽度，mm；
n ——条件系数；
h_k ——焊缝最大宽度，mm；
a ——隔热附加值，200 mm～350 mm；
δ_n ——壳体的名义厚度，mm。

B.2 使用条件

B.2.1 绝热材料采用硅酸铝纤维制品，在焊缝正面及其背面铺设。每面厚度不宜小于 60 mm。

B.2.2 加热装置沿焊缝方向布置。对于平焊缝、仰焊缝，加热装置中心应正对焊缝中心；对于横焊缝和立焊缝，放置加热装置时要考虑焊缝中心以下部分温度较低的影响。

B.2.3 焊后热处理前，应制定防止焊件变形的措施。

B.3 加热带和隔热带的推荐宽度

a) $\delta_n \leqslant 50$ mm 时，$HB=7nh_k(1<n<3)$；$GCB=HB+2a$。
b) $\delta_n>50$ mm 时，焊后热处理前应进行验证性试验。

附 录 C
（规范性附录）
焊后热处理炉有效加热区测定方法

C.1 焊后热处理炉有效加热区测定方法，参照 GB/T 9452 执行，检测点数量及位置按本附录的规定。

C.2 焊后热处理炉有效加热区检测点数量和布置见表 C.1、图 C.1 和图 C.2。

表 C.1 周期炉有效加热区容积及检测点数量

名称	公称容积/m^3	检测点数/个	示图
小型炉	≤125	≥9	图 C.1 a)，图 C.2 a)
中型炉	>125～300	≥13	图 C.1 b)，图 C.2 b)
大型炉	>300	≥16	图 C.1 c)，图 C.2 c)

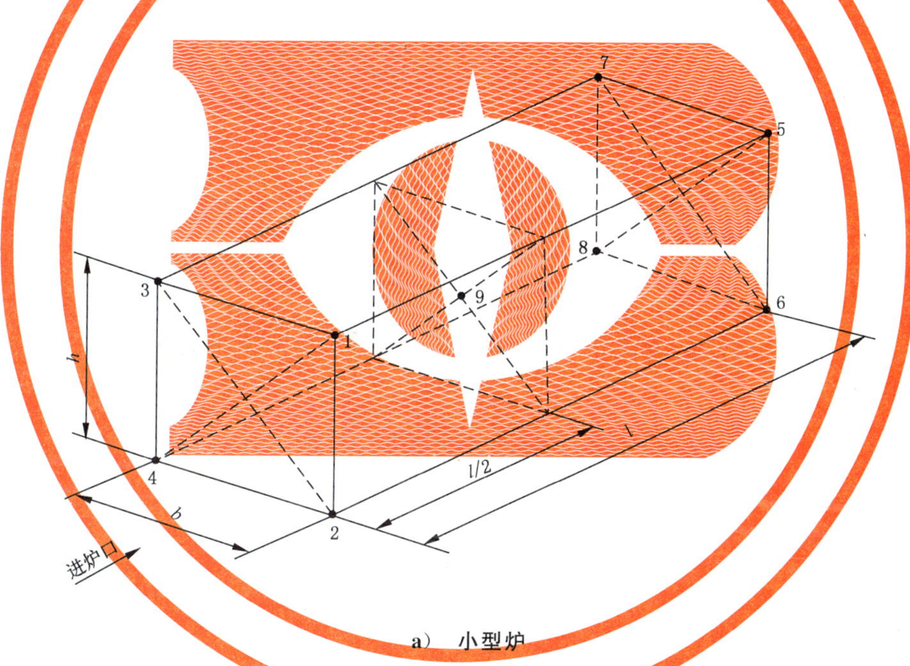

a) 小型炉

图 C.1 箱式周期炉有效加热区检测点位置图

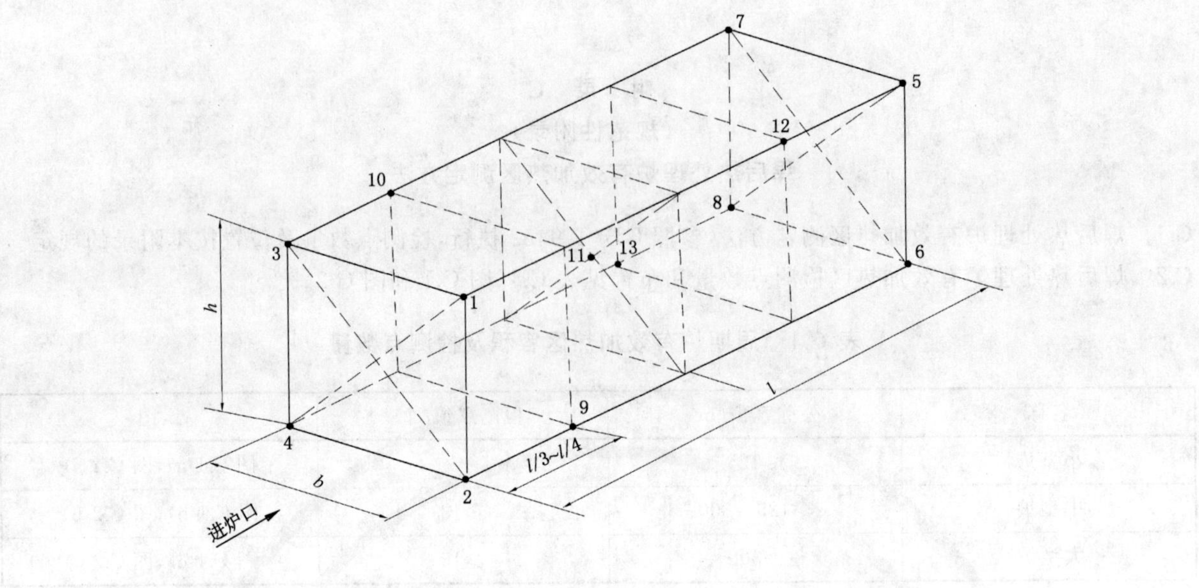

b） 中型炉

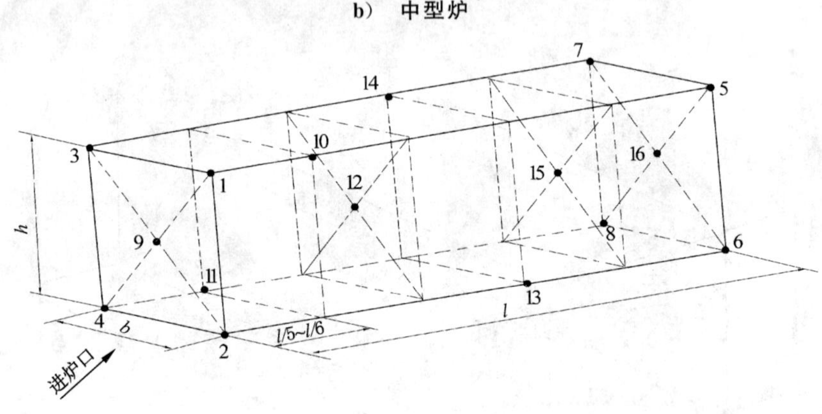

c） 大型炉

说明：

• ——检测点。

图 C.1（续）

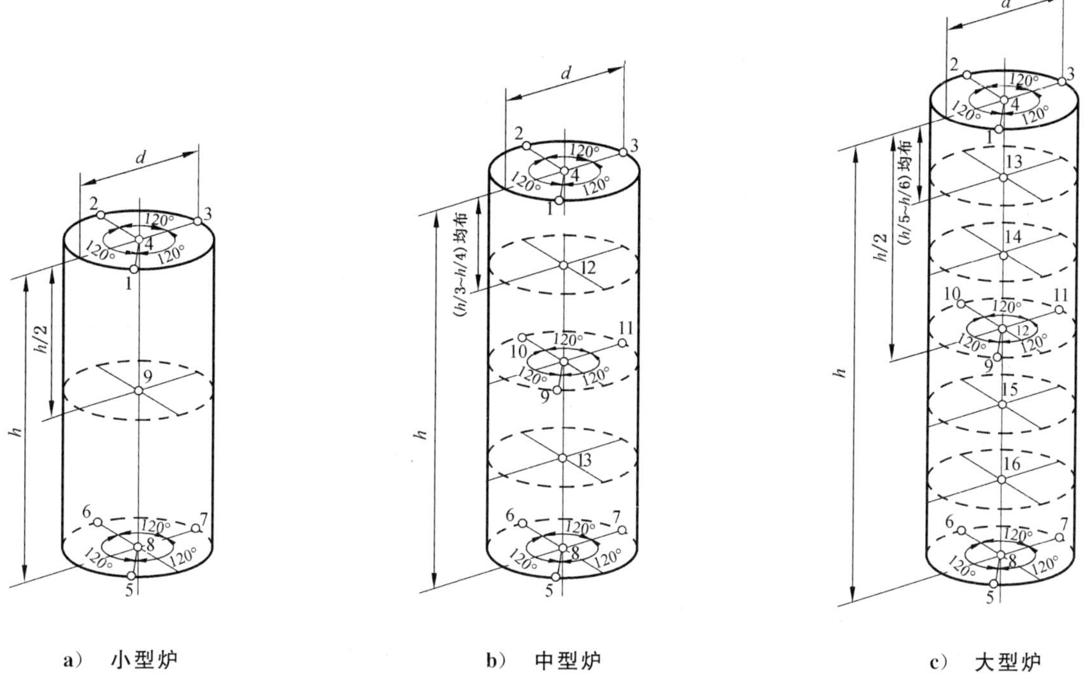

a） 小型炉　　b） 中型炉　　c） 大型炉

图 C.2　井式周期炉有效加热区检测点位置图

附 录 D
（资料性附录）
承压设备炉外整体焊后热处理记录表（示例）

承压设备炉外整体焊后热处理记录表（示例）见表 D.1。

表 D.1 承压设备炉外整体焊后热处理记录表

<table>
<tr><td>项目名称</td><td colspan="2"></td><td>委托书编号（或合同编号、热处理任务单编号）</td><td></td></tr>
<tr><td>承压设备名称及编号</td><td colspan="2"></td><td>位号或零部件代号</td><td></td></tr>
<tr><td rowspan="4">承压设备原始条件</td><td colspan="4">承压设备结构图（见附件 1）</td></tr>
<tr><td>钢材标准</td><td></td><td>钢号</td><td></td></tr>
<tr><td>最大 δ_{PWHT}</td><td></td><td>受热处理部分总质量</td><td></td></tr>
<tr><td>外形尺寸</td><td colspan="3"></td></tr>
<tr><td>焊后热处理方案名称</td><td colspan="4"></td></tr>
<tr><td rowspan="12">热处理条件</td><td rowspan="4">加热设施</td><td>热源</td><td colspan="2">□电阻丝□远红外□燃烧气□火焰</td></tr>
<tr><td>加热设备名称编号</td><td colspan="2"></td></tr>
<tr><td>加热设备规格型号</td><td colspan="2"></td></tr>
<tr><td>辅助装置</td><td colspan="2"></td></tr>
<tr><td rowspan="6">测温设施</td><td>热电偶名称、型号</td><td colspan="2"></td></tr>
<tr><td>热电偶编号</td><td colspan="2"></td></tr>
<tr><td>热电偶检验时间</td><td colspan="2"></td></tr>
<tr><td>热电偶与焊件连接方式</td><td colspan="2"></td></tr>
<tr><td>连续自动记录仪名称及编号</td><td colspan="2"></td></tr>
<tr><td>便携式测温计型号及编号</td><td colspan="2"></td></tr>
<tr><td rowspan="2">温控设施</td><td>温度巡检记录仪名称、编号</td><td colspan="2"></td></tr>
<tr><td>温度控制仪名称</td><td colspan="2"></td></tr>
</table>

表 D.1(续)

热处理条件	隔热	绝热材料名称		现场记录	升温速度 ℃/h	
		绝热材料规格			保温温度 ℃	
		绝热材料生产厂及批号			保温时间 h	
		隔热层厚度			冷却方法	
	天气记录	环境温度			降温速度 ℃/h	
		风力及防护				
		雨、雪等级及防护			填表人	
特定时间记录	加热起始时间			月　日　时　分		
	(　)点温度高于 490 ℃的时间(升温阶段)			月　日　时　分		
	最先一点(　)温度达到保温温度时间(升温阶段)			月　日　时　分		
	最后一点(　)温度达到保温温度时间(升温阶段)			月　日　时　分		
	最先一点(　)温度低于保温温度时间(降温阶段)			月　日　时　分		
	最后一点(　)温度低于保温温度时间(降温阶段)			月　日　时　分		
	最后一点(　)温度低于 490 ℃的时间(降温阶段)			月　日　时　分		
保温时间记录	各测温点在≥490 ℃时的停留时间			见附件 2		
	各测温点在保温温度的停留时间			见附件 3		
产品焊接试件	产品焊接试件加热和辅助加热方式					
实施热处理各责任人签字	测温系统责任人			时间		
	隔热系统责任人			时间		
	控温责任人			时间		
	热处理责任人			时间		
	实施焊后热处理单位名称			时间		
	建造单位焊后热处理责任工程师			时间		
	第三方			时间		

附件 1:承压设备结构图(略)

附件 2:

承压设备焊后热处理时各测温点在≥490 ℃范围内停留时间

测温点编号															
升温时,到达 490 ℃时刻															
降温时,低于 490 ℃时刻															
在≥490 ℃范围内停留时间/h															

记录人:　　　　　　　　　　　　　　　　　　　　　　　　日期:

附件 3：

承压设备焊后热处理时各测温点在保温时间的停留时间

测温点编号														
升温时，到达保温温度时刻														
降温时，低于保温温度时刻														
在保温温度内停留时间														

记录人：　　　　　　　　　　　　　　　　　　　　　　　　　　　日期：

ICS 77.140.75
H 48

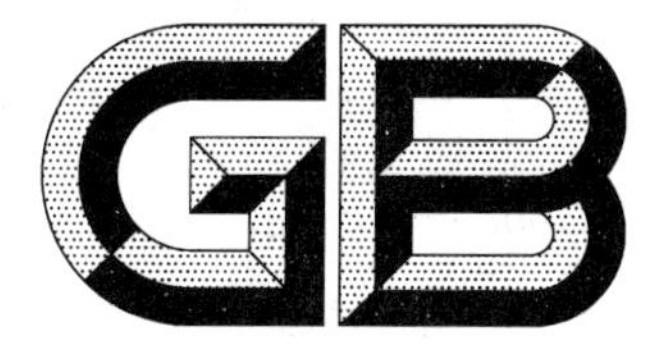

中华人民共和国国家标准

GB 30584—2014

起重机臂架用无缝钢管

Seamless steel pipes for crane jib

2014-05-06 发布 2015-04-01 实施

中华人民共和国国家质量监督检验检疫总局
中国国家标准化管理委员会 发布

前　言

本标准中的5.6、第6章、第7章、第8章、第9章为强制性的，其余为推荐性的。

本标准按GB/T 1.1—2009给出的规则起草。

本标准参照JIS G 3441:2004《机械结构用合金钢钢管（英文版）、EN 10210-1:2006《非合金结构钢、细晶粒结构钢热轧钢管　第1部分:技术交货条件》(英文版)和EN 10297-1:2003《用于机械和一般工程用途的无缝钢管交货技术条件　第1部分:非合金和合金钢管》(英文版)制定。

本标准由中国钢铁工业协会提出。

本标准由全国钢标准化技术委员会(SAC/TC 183)归口。

本标准起草单位:衡阳华菱钢管有限公司、江苏界达特异新材料股份有限公司、攀钢集团成都钢钒有限公司。

本标准主要起草人:李阳华、赵斌、王炜、李奇、龙功名、易良刚、肖松良、赵海英、彭朝辉、吴红。

起重机臂架用无缝钢管

1 范围

本标准规定了起重机臂架用无缝钢管的尺寸、外形、重量、技术要求、试验方法、检验规则、包装、标志和质量证明书。

本标准适用于起重机臂架用无缝钢管。

2 规范性引用文件

下列文件对于本文件的应用是必不可少的。凡是注日期的引用文件,仅注日期的版本适用于本文件。凡是不注日期的引用文件,其最新版本(包括所有的修改单)适用于本文件。

GB/T 222 钢的成品化学成分允许偏差

GB/T 223.3 钢铁及合金化学分析方法 二安替比林甲烷磷钼酸重量法测定磷量

GB/T 223.5 钢铁 酸溶硅和全硅含量的测定 还原型硅钼酸盐分光光度法

GB/T 223.11 钢铁及合金 铬含量的测定 可视滴定或电位滴定法

GB/T 223.12 钢铁及合金化学分析方法 碳酸钠分离-二苯碳酰二肼光度法测定铬量

GB/T 223.13 钢铁及合金化学分析方法 硫酸亚铁铵滴定法测定钒含量

GB/T 223.14 钢铁及合金化学分析方法 钽试剂萃取光度法测定钒含量

GB/T 223.18 钢铁及合金化学分析方法 硫代硫酸钠分离-碘量法测定铜量

GB/T 223.19 钢铁及合金化学分析方法 新亚铜灵-三氯甲烷萃取光度法测定铜量

GB/T 223.23 钢铁及合金 镍含量的测定 丁二酮肟分光光度法

GB/T 223.25 钢铁及合金化学分析方法 丁二酮肟重量法测定镍量

GB/T 223.26 钢铁及合金 钼含量的测定 硫氰酸盐分光光度法

GB/T 223.37 钢铁及合金化学分析方法 蒸馏分离-靛酚蓝光度法测定氮量

GB/T 223.40 钢铁及合金 铌含量的测定 氯磺酚S分光光度法

GB/T 223.53 钢铁及合金化学分析方法 火焰原子吸收分光光度法测定铜量

GB/T 223.54 钢铁及合金化学分析方法 火焰原子吸收分光光度法测定镍量

GB/T 223.58 钢铁及合金化学分析方法 亚砷酸钠-亚硝酸钠滴定法测定锰量

GB/T 223.59 钢铁及合金 磷含量的测定 铋磷钼蓝分光光度法和锑磷钼蓝分光光度法

GB/T 223.60 钢铁及合金化学分析方法 高氯酸脱水重量法测定硅含量

GB/T 223.61 钢铁及合金化学分析方法 磷钼酸铵容量法测定磷量

GB/T 223.62 钢铁及合金化学分析方法 乙酸丁酯萃取光度法测定磷量

GB/T 223.63 钢铁及合金化学分析方法 高碘酸钠(钾)光度法测定锰量

GB/T 223.64 钢铁及合金 锰含量的测定 火焰原子吸收光谱法

GB/T 223.67 钢铁及合金 硫含量的测定 次甲基蓝分光光度法

GB/T 223.68 钢铁及合金化学分析方法 管式炉内燃烧后碘酸钾滴定法测定硫含量

GB/T 223.69 钢铁及合金 碳含量的测定 管式炉内燃烧后气体容量法

GB/T 223.71 钢铁及合金化学分析方法 管式炉内燃烧后重量法测定碳含量

GB/T 223.72 钢铁及合金 硫含量的测定 重量法

GB/T 223.74 钢铁及合金化学分析方法 非化合碳含量的测定

GB/T 228.1 金属材料 拉伸试验 第1部分:室温试验方法

GB/T 229 金属材料 夏比摆锤冲击试验方法

GB/T 2102 钢管的验收、包装、标志和质量证明书

GB/T 2975 钢及钢产品 力学性能试验取样位置及试样制备

GB/T 4336 碳素钢和中低合金钢 火花源原子发射光谱分析方法(常规法)

GB/T 5777—2008 无缝钢管超声波探伤检验方法

GB/T 7735—2004 钢管涡流探伤检验方法

GB/T 12606—1999 钢管漏磁探伤方法

GB/T 17395 无缝钢管尺寸、外形、重量及允许偏差

GB/T 20066 钢和铁 化学成分测定用试样的取样和制样方法

GB/T 20123 钢铁 总碳硫含量的测定 高频感应炉燃烧后红外吸收法(常规方法)

YB/T 4149 连铸圆管坯

YB/T 5221 合金结构钢圆管坯

3 分类、代号

3.1 无缝钢管按产品制造方式分为两类,类别和代号为:

a) 热轧(挤压、扩)钢管 W-H;

b) 冷拔(轧)钢管 W-C。

3.2 钢的牌号由代表起重机臂架的“臂”“架”汉语拼音首位大写字母和规定最小下屈服强度或规定塑性延伸强度数值两部分组成。

例如:BJ450

其中:

BJ ——起重机臂架的“臂”“架”汉语拼音首位大写字母;

450——规定最小下屈服强度或规定塑性延伸强度的数值,单位为兆帕(MPa)。

4 订货内容

按本标准订购钢管的合同或订单应包括下列内容:

a) 标准编号;

b) 产品名称;

c) 钢的牌号;

d) 订购的数量(总重量或总长度);

e) 尺寸规格(外径×壁厚);

f) 特殊要求。

5 尺寸、外形及重量

5.1 外径和壁厚

5.1.1 钢管的公称外径(D)和公称壁厚(S)应符合 GB/T 17395 的规定。

5.1.2 根据需方要求,经供需双方协商,可供应其他外径和壁厚的钢管。

5.2 外径和壁厚的允许偏差

5.2.1 钢管外径和壁厚的允许偏差应符合表 1 的规定。

表 1 钢管外径和壁厚的允许偏差

单位为毫米

分类代号	钢管种类	钢管尺寸	允许偏差
W-H	热轧(挤压、扩)钢管	外径(*D*)	±1%*D* 或±0.40,取其中较大值
		壁厚(*S*)	+12.5%*S* −10%*S*
W-C	冷拔(轧)钢管	外径(*D*)	±1%*D* 或±0.30,取其中较大值
		壁厚(*S*)	±10%*S*

5.2.2 根据需方要求,经供需双方协商,并在合同中注明,可供应表 1 规定以外尺寸允许偏差的钢管。

5.3 长度

5.3.1 通常长度

热轧(挤压、扩)钢管的通常长度为 3 000 mm~12 000 mm;冷拔(轧)钢管的通常长度为 2 000 mm~12 000 mm。

5.3.2 定尺长度和倍尺长度

根据需方要求,并在合同中注明,钢管可按定尺或倍尺长度交货。钢管的定尺长度和倍尺总长度应在通常长度范围内,钢管定尺长度允许偏差应符合如下规定:

a) 长度≤6 000 mm,$^{10}_{0}$ mm;

b) 长度>6 000 mm,$^{15}_{0}$ mm。

钢管倍尺总长度允许偏差为$^{20}_{0}$ mm,每个倍尺长度应按如下规定留出切口余量:

a) *D*≤159 mm 时,切口余量为 5 mm~10 mm;

b) *D*>159 mm 时,切口余量为 10 mm~15 mm。

5.3.3 范围长度

钢管的范围长度应在通常长度范围内。

5.4 弯曲度

钢管每米弯曲度应不大于 1.5 mm;钢管全长弯曲度应不大于钢管长度的 0.10% ,且应不超过 10 mm。

根据需方要求,经供需双方协商,并在合同中注明,可供应其他弯曲度要求的钢管。

5.5 不圆度和壁厚不均

根据需方要求,经供需双方协商,并在合同中注明,钢管的不圆度和壁厚不均应分别不超过外径和壁厚公差的 80% 。

5.6 端头外形

5.6.1 公称外径不大于 60 mm 的钢管,管端切斜应不超过 1.5 mm;公称外径大于 60 mm 的钢管,管端切斜应不超过钢管公称外径的 2.5%,且最大应不超过 6 mm。

5.6.2 钢管两端切口毛刺应予清除。

5.7 重量

5.7.1 钢管按实际重量交货,亦可按理论重量交货。钢管理论重量的计算按 GB/T 17395 的规定,钢的密度取 7.85 kg/dm^3。

5.7.2 根据需方要求,经供需双方协商,并在合同中注明,交货钢管的实际重量与理论重量的偏差应符合如下规定:

a) 单支钢管:±10%;

b) 每批最小为 10 t 的钢管:±7.5% 。

6 技术要求

6.1 钢的牌号和化学成分

6.1.1 钢的牌号和化学成分(熔炼分析)应符合表 2 的规定。

6.1.2 当需方要求做成品分析时,应在合同中注明,成品钢管的化学成分允许偏差应符合 GB/T 222 的规定。

6.1.3 根据需方要求,经供需双方协商,可生产其他牌号的钢管。

表 2 钢的牌号和化学成分

序号	牌号	化学成分(质量分数)/%													
		C	Si	Mn	P	S	W	V	Al_t	Cr	Mo	Ni	Nb	Cu	Ti
1	BJ450	≤ 0.22	≤ 0.50	≤ 1.80	≤ 0.025	≤ 0.015	—	0.08 ~0.20	0.015 ~0.060	≤ 0.30	≤ 0.20	≤ 0.80	≤ 0.11	≤ 0.35	≤ 0.20
2	BJ770	≤ 0.18	≤ 0.50	≤ 1.80	≤ 0.025	≤ 0.015	≤ 0.80	0.03 ~0.15	0.015 ~0.060	≤ 0.80	≤ 0.50	≤ 0.80	≤ 0.11	≤ 0.35	≤ 0.20
3	BJ890	≤ 0.19	≤ 0.50	≤ 1.80	≤ 0.025	≤ 0.015	≤ 0.90	0.03 ~0.15	0.015 ~0.060	≤ 1.00	≤ 0.80	≤ 1.50	≤ 0.11	≤ 0.35	≤ 0.20

6.2 制造方法

6.2.1 钢的冶炼方法

钢应采用电弧炉加炉外精炼并经真空精炼,或氧气转炉加炉外精炼并经真空精炼。经供需双方协商,并在合同中注明,可采用其他较高要求的冶炼方法。需方指定某一种冶炼方法时,应在合同中注明。

6.2.2 管坯的制造方法

管坯应采用连铸、模铸或热轧(锻)方法制造。

连铸管坯应符合 YB/T 4149 的规定,也可采用经相关各方认可的其他更高质量要求。热轧(锻)管坯应符合 YB/T 5221 的规定。

6.2.3 钢管的制造方法

钢管应采用热轧(挤压、扩)或冷拔(轧)无缝方法制造。需方指定某种制造方法时,应在合同中注明。

6.3 交货状态

6.3.1 BJ450 牌号的钢管应以正火状态或调质状态交货,当钢管终轧温度在相变临界温度 Ar_3 以上,且钢管是经过空冷时,则应认为钢管是经过正火的。
6.3.2 BJ770、BJ890 牌号的钢管应以调质状态交货。

6.4 力学性能

6.4.1 拉伸性能

6.4.1.1 交货状态钢管的室温拉伸性能应符合表 3 的规定。
6.4.1.2 外径小于 219 mm 的钢管,拉伸试验应沿钢管纵向取样。

外径不小于 219 mm 的钢管,当钢管尺寸允许时,拉伸试验应沿钢管横向截取直径为 10 mm 的圆形横截面试样;当钢管尺寸不足以截取 10 mm 试样时,则应采用直径为 8 mm 或 5 mm 中可能的较大尺寸圆形横截面试样;当钢管尺寸不足以截取 5 mm 试样时,拉伸试验应沿钢管纵向取样。横向圆形横截面试样应取自未经压扁的试料。

表 3 钢管的力学性能

序号	牌号	拉伸性能[a]						−20 ℃冲击吸收能量 KV_2/J			
		下屈服强度或规定塑性延伸强度 $R_{eL}/R_{p0.2}$/MPa		抗拉强度 R_m/MPa		断后伸长率 A/%		纵向		横向	
		壁厚/mm		壁厚/mm				壁厚/mm			
		≤20	>20~40	≤20	>20~40	纵向	横向	≤20	>20~40	≤20	>20~40
		不小于				不小于		不小于			
1	BJ450	450	430	600~750	560~710	19	17	27	27	—	—
2	BJ770	770	700	820~1 000	770~950	15	13	55	45	35	30
3	BJ890	890	850	960~1 110	920~1 070	14	12	55	45	35	30

[a] 当壁厚不小于 40 mm 时,钢管的拉伸性能由供需双方协商确定。

6.4.2 冲击性能

6.4.2.1 外径不小于 76 mm 且壁厚不小于 6.5 mm 的钢管应做−20 ℃夏比 V 型缺口冲击试验,全尺寸试样冲击吸收能量应符合表 3 的规定。
6.4.2.2 外径小于 219 mm 的钢管,冲击试验沿钢管纵向或横向取样;如合同中无特殊规定,仲裁试样应沿钢管纵向截取。

外径不小于 219 mm 的钢管，冲击试验应沿钢管横向取样。

无论沿钢管纵向截取还是沿钢管横向截取，冲击试样宽度应为 10 mm、7.5 mm 或 5 mm 中尽可能的较大尺寸。当钢管尺寸不足以截取 10 mm×5 mm 试样时，冲击试验不作要求。

6.4.2.3 当采用小尺寸纵向冲击试样时，小尺寸试样的最小冲击吸收能量要求值应为全尺寸试样要求值乘以表 4 中的递减系数。

表 4 小尺寸试样冲击吸收能量递减系数

试样规格	试样尺寸(高度×宽度)/(mm×mm)	递减系数
标准试样	10×10	1.00
小试样	10×7.5	0.75
小试样	10×5	0.50

6.4.2.4 根据需方要求，经供需双方协商，并在合同中注明，可做其他温度下的夏比 V 型缺口冲击试验，试验温度及冲击吸收能量由供需双方协商确定。

6.5 表面质量

钢管的内外表面不允许有裂纹、折叠、轧折、离层和结疤。这些缺陷应完全清除，清理处的实际壁厚应不小于壁厚所允许的最小值。

深度不超过壁厚负偏差的其他局部缺陷允许存在。

6.6 无损检验

6.6.1 钢管应逐根全长进行超声波探伤或涡流探伤或漏磁探伤检验。

6.6.2 当钢管进行超声波探伤时，对比样管纵向刻槽深度应符合 GB/T 5777—2008 中验收等级 L3 的规定。

当钢管 $S/D>0.2$ 时，除非合同中另有规定，钢管内壁人工缺陷深度按 GB/T 5777—2008 中附录 C 的 C.1 规定执行。

6.6.3 当钢管进行涡流探伤时，对比样管人工缺陷应符合 GB/T 7735—2004 中验收等级 B 的规定。

6.6.4 当钢管进行漏磁探伤时，对比样管外表面纵向人工缺陷应符合 GB/T 12606—1999 中验收等级 L3 的规定。

6.6.5 根据需方要求，经供需双方协商，并在合同中注明，钢管可进行上述探伤检验中的两种或两种以上的探伤检验；也可协商确定其他更加严格的验收等级。

6.6.6 当钢管采用涡流或漏磁探伤时，钢管每端剩磁应不大于 20 Gs。

7 试验方法

7.1 钢管的尺寸和外形应采用符合精度要求的量具逐根测量。

7.2 钢管的内外表面应在充分照明条件下逐根目视检查。

7.3 每个工作班的每 4 h 至少选一根钢管，用高斯计或校准过的其他类型仪器对其两端进行剩磁检验。

7.4 钢管其他检验项目的取样数量、取样方法和试验方法应符合表 5 的规定。

表 5 钢管的取样数量、取样方法和试验方法

序号	检验项目	取样数量	取样方法	试验方法
1	化学成分	每炉取 1 个试样	GB/T 20066	GB/T 223、GB/T 4336、GB/T 20123
2	拉伸试验	每批在两根钢管上各取 1 个试样	GB/T 2975、6.4.1.2	GB/T 228.1
3	冲击试验	每批在两根钢管上各取一组 3 个试样	GB/T 2975、6.4.2.2	GB/T 229
4	涡流探伤	逐根	—	GB/T 7735
5	漏磁探伤	逐根	—	GB/T 12606
6	超声波探伤	逐根	—	GB/T 5777—2008
7	剩磁检验	7.3	7.3	7.3

8 检验规则

8.1 检查和验收

钢管的检查和验收由供方质量技术监督部门进行。

8.2 组批规则

钢管的化学成分按熔炼炉检查和验收，钢管的其余检验项目按批检查和验收。每批应由同一牌号、同一炉号、同一规格和同一热处理制度(炉次)的钢管组成。若钢管在切成单根后不再进行热处理，则一根管坯轧制钢管截取的所有管段都应视为一根。每批钢管的数量应不超过如下规定：

a) $D\leqslant 76$ mm，且 $S\leqslant 3.0$ mm：400 根；

b) $D>351$ mm：50 根；

c) 其他尺寸：200 根。

8.3 取样数量和取样部位

每批钢管各项检验的取样数量和取样部位应符合表 5 的规定。

8.4 复验与判定规则

钢管的复验与判定规则应符合 GB/T 2102 的规定。

9 包装、标志和质量证明书

钢管的包装、标志和质量证明书应符合 GB/T 2102 的规定。

ICS 61.060
Y 78

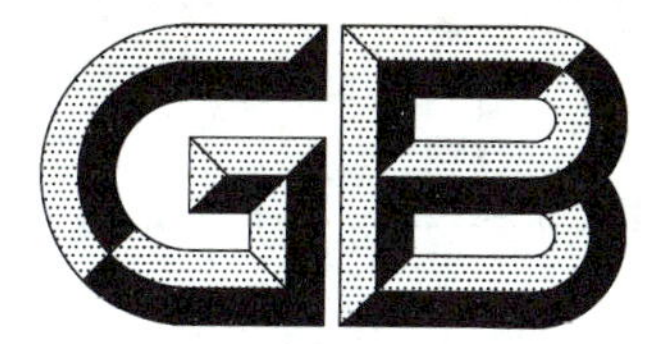

中华人民共和国国家标准

GB 30585—2014

儿童鞋安全技术规范

Safety technical specifications for children's footwear

2014-06-09 发布　　　　2016-01-01 实施

中华人民共和国国家质量监督检验检疫总局
中国国家标准化管理委员会　发布

前　言

本标准的全部技术内容为强制性。

本标准按照GB/T 1.1—2009给出的规则起草。

请注意本文件的某些内容可能涉及专利。本文件的发布机构不承担识别这些专利的责任。

本标准由中国轻工业联合会提出。

本标准由全国制鞋标准化技术委员会(SAC/TC 305)归口。

本标准起草单位:中国皮革和制鞋工业研究院、福建省南安市帮登鞋业有限公司、卡丁(福建)儿童用品有限公司、台州飞鹰鞋业有限公司、新百丽鞋业(深圳)有限公司、康博儿童鞋业(北京)有限公司、北京远东正大商品检验有限公司。

本标准主要起草人:张伟娟、戚晓霞、侯景国、黄秀霞、李定海、宋晓武、陈余、余存军、于淑贤、吴辉群。

儿童鞋安全技术规范

1 范围

本标准规定了儿童鞋安全技术的术语和定义、产品分类、技术要求、试验方法、判定。

本标准适用于用各种材料制作的、供14周岁及以下儿童(鞋号不大于250)日常穿用的鞋类。

本标准不适用于童胶鞋。

2 规范性引用文件

下列文件对于本文件的应用是必不可少的。凡是注日期的引用文件,仅注日期的版本适用于本文件。凡是不注日期的引用文件,其最新版本(包括所有的修改单)适用于本文件。

GB/T 2703 鞋类 术语

GB/T 2912.1 纺织品 甲醛的测定 第1部分:游离和水解的甲醛(水萃取法)

GB 6675.2—2014 玩具安全 第2部分:机械与物理性能

GB/T 17592 纺织品 禁用偶氮染料的测定

GB/T 19941 皮革和毛皮 化学试验 甲醛含量的测定

GB/T 19942 皮革和毛皮 化学试验 禁用偶氮染料的测定

GB/T 22807 皮革和毛皮 化学试验 六价铬含量的测定

GB/T 24153 橡胶及弹性体材料 *N*-亚硝基胺的测定

GB/T 26713 鞋类 化学试验方法 富马酸二甲酯(DMF)的测定

GB 28011 鞋类钢勾心

GB/T 29292 鞋类 鞋类和鞋类部件中存在的限量物质

QB/T 4340 鞋类 化学试验方法 重金属总含量的测定 电感耦合等离子体发射光谱法

ISO/TS 16181 鞋类 鞋类及鞋类部件中的限量物质 邻苯二甲酸酯的测定[1](Footwear—Critical substances potentially present in footwear and footwear components—Determination of phthalates in footwear materials)

3 术语和定义

GB/T 2703 界定的以及下列术语和定义适用于本文件。

3.1

附件 accessories

附着在儿童鞋上起联结、装饰或说明作用的部件。

3.2

可触及锐利边缘 accessible sharp edge

儿童鞋上任意部件或附件的两表面连接处形成的长度超过2.0 mm的可能对儿童接触产生伤害的边缘。

---

1) 已列为国家标准制定项目。

3.3

可触及锐利尖端 accessible sharp point

儿童鞋任意部件或附件上的可能对儿童产生伤害的突出尖端。

3.4

儿童鞋 children's footwear

鞋号大于 170 但不大于 250,供 3 周岁以上至 14 周岁儿童穿用的鞋。

3.5

婴幼儿鞋 infant's shoe

鞋号不大于 170,供 3 周岁及以下婴幼儿穿用的鞋。

3.6

有效跟高 technical heel height

后跟高度减去前掌着地部位厚度的值。

4 产品分类

按穿用对象分为以下两类:

a) 婴幼儿鞋;

b) 儿童鞋。

5 技术要求

5.1 物理机械安全性能

5.1.1 鞋内外应无露出的钉尖。

5.1.2 全鞋(包括鞋上附件、鞋跟等部件)不允许有可触及的锐利边缘和锐利尖端。

5.1.3 鞋内应无断针。

5.1.4 对婴幼儿鞋上可拆卸的附件,不应完全容入按 GB 6675.2—2014 中 5.2 要求的小零件试验器。附件的部分种类参见附录 A。

5.1.5 附件应安装牢固。婴幼儿鞋上小附件抗拉强力应≥70 N。

5.1.6 钢勾心应符合 GB 28011 的规定。

5.1.7 有效跟高应不大于 25 mm。

5.2 异味

异味等级≤2 级。

5.3 限量物质

限量物质要求见表 1,检测部件按 GB/T 29292 分类后进行相应的试验。

表 1 限量物质

序号	项 目	指 标
1	皮革和毛皮中的六价铬	≤10 mg/kg
2	可分解有害芳香胺染料(纺织品)	≤20 mg/kg

表 1（续）

序号	项　　目			指　标
3	可分解有害芳香胺染料(皮革和毛皮)			≤30 mg/kg
4	甲醛	婴幼儿鞋		≤20 mg/kg
		直接接触皮肤的材料		≤75 mg/kg
		非直接接触皮肤的材料		≤300 mg/kg
5	重金属总量	砷		≤100 mg/kg
		铅		≤100 mg/kg
		镉		≤100 mg/kg
6	富马酸二甲酯			≤0.1 mg/kg
7	橡胶部件中的 *N*-亚硝基胺[a](婴幼儿鞋)			不应检出
8	邻苯二甲酸酯[b]	婴幼儿鞋	DINP,DIDP,DNOP	≤0.1%
			DEHP,DBP,BBP	≤0.1%
		儿童鞋	DEHP,DBP,BBP	≤0.1%

[a] 橡胶部件中禁用 *N*-亚硝胺类物质种类见附录 B。

[b] 限用邻苯二甲酸酯类增塑剂种类见附录 C。

6 试验方法

6.1 可触及的锐利边缘和锐利尖端的测试

分别按 GB 6675.2—2014 中的 5.8 和 5.9 规定进行检验。

6.2 断针检测

用金属检测仪进行检测。

6.3 钢勾心

按 GB 28011 进行检验。

6.4 小附件抗拉强力

鞋上任何可能被儿童抓起或牙齿咬住的附件应进行本测试，按附录 D 进行检验。

6.5 异味

6.5.1 试验设备

干燥器，直径 240 mm(鞋号 200 及以下)或直径 300 mm(鞋号>200)。

6.5.2 试验环境

试验应在气体可自由散发的、洁净无异常气味的环境中操作。

6.5.3 评判人员

至少3名。评判人员应是经过一定训练和考核的专业人员，应无嗅觉缺陷；吸烟爱好者、用重香味化妆品者及酒后人员等不适合作为评判人员。

6.5.4 试样数量

试样数量为两双。

6.5.5 试验步骤

6.5.5.1 清洗干燥器并使其干燥、无味。在干燥器盖的边缘均匀涂抹凡士林。

6.5.5.2 分别将每只鞋放入干燥器中，盖上盖子轻微转动使凡士林均匀成膜，在室温下放置(24±0.5)h。

6.5.5.3 在进行异味判别时，将盖子移开20 mm距离的开口，试验人员应把头贴近测试容器(距离约15 cm)，然后用手扇动，慢慢嗅闻干燥器中的气体，时间不应超过5 s。

6.5.5.4 其余3只鞋重复6.5.5.3的步骤。两次试验间隔为5 min。

6.5.6 试验结果判定

每只鞋的异味等级判定应符合表2的规定。按评判人员半数以上一致的结果为该只鞋的评定等级，取最大等级作为该组试样的试验结果。

表2 鞋类异味等级

等　级	描　述
1	没有气味
2	稍有气味，但不引人注意
3	明显气味，但不令人讨厌
4	强烈的、讨厌的气味
5	非常强烈的讨厌气味

6.6 皮革和毛皮中的六价铬Cr(Ⅵ)含量

按GB/T 22807进行检验。

6.7 可分解有害芳香胺染料含量

6.7.1 衬里和帮面分开检测。如果衬里和帮面不能分开时，衬里和帮面一起检测，检测时按衬里材料检测方法进行试验。

6.7.2 纺织品按GB/T 17592进行检验，皮革和毛皮按GB/T 19942进行检验。

6.8 甲醛含量

6.8.1 试样制备同6.7.1。

6.8.2 纺织品按GB/T 2912.1进行检验；皮革和毛皮按GB/T 19941进行检验。

6.9 重金属总含量

按QB/T 4340进行检验。

6.10 富马酸二甲酯含量

按 GB/T 26713 进行检验。

6.11 橡胶部件中亚硝胺含量

按 GB/T 24153 进行检验。

6.12 邻苯二甲酸酯含量

在可触及的部件进行取样,按 ISO/TS 16181 进行检验。

7 判定

根据儿童鞋的分类和技术要求,按第 5 章进行评定。如果检测结果全部符合第 5 章要求,判定该样品为合格,否则为不合格。

附 录 A
（资料性附录）
部分附件分类举例

A.1 纽扣

包括合成材料、天然材料制作的各种纽扣和组合纽扣，例如，明眼纽扣、暗眼带柄纽扣、编结纽扣、尼龙搭扣、扣环、工艺纽扣、刻字纽扣及装饰用扣等。

A.2 金属饰扣件

包括锁扣类金属扣件（如四件扣、大白扣等）；装饰类金属扣件（如金属牌、装饰扣等）；紧固类金属扣件（如钢钉、标牌、商标、装饰件等）。

A.3 拉链

包括拉链牙为金属、树脂和尼龙材料制作的各种拉链，例如，闭尾拉链、开尾拉链、双拉头拉链等。拉链布带的材料有纯棉、棉与涤纶混纺或纯涤纶等。

A.4 绳带

由各种纺织材料制成的绳状物，除了起固结作用之外，兼具装饰作用。

A.5 商标和标志

包括纺织品、纸、编织、草制和金属制的各种商标和标志，标志涉及的内容有材质、使用、规格、原产地等。

A.6 其他附着物

各种材料制作的其他附着物，如花边、珠子、缀片等。

附 录 B
（规范性附录）
橡胶中禁用 *N*-亚硝基胺类物质

橡胶中禁用的 *N*-亚硝基胺种类见表 B.1。

表 B.1 橡胶中禁用的 *N*-亚硝基胺种类

序号	名 称	化学文摘号
1	*N*-亚硝基二甲胺，*N*-nitrosodimethylamine(NDMA)	62-75-9
2	*N*-亚硝基二乙胺，*N*-nitrosodiethylamine(NDEA)	55-18-5
3	*N*-亚硝基二丙胺，*N*-nitrosodipropylamine(NDPA)	621-64-7
4	*N*-亚硝基二丁胺，*N*-nitrosodibutylamine(NDBA)	924-16-3
5	*N*-亚硝基哌啶，*N*-nitrosopiperidine(NPIP)	100-75-4
6	*N*-亚硝基吡咯烷，*N*-nitrosopyrrolidine(NPYR)	930-55-2
7	*N*-亚硝基吗啉，*N*-nitrosomorpholine(NMOR)	59-89-2
8	*N*-亚硝基-*N*-甲基-*N*-苯胺，*N*-nitroso *N*-methyl *N*-phenylamine(NMPhA)	614-00-6
9	*N*-亚硝基-*N*-乙基-*N*-苯胺，*N*-nitroso *N*-ethyl *N*-phenylamine(NEPhA)	612-64-6

附 录 C
（规范性附录）
限用邻苯二甲酸酯类增塑剂种类

鞋类材料中限用的邻苯二甲酸酯类增塑剂种类见表 C.1。

表 C.1 限用的邻苯二甲酸酯类增塑剂种类

序号	名 称	化学文摘号
1	邻苯二甲酸二丁酯，dibutyl phthalate(DBP)	84-74-2
2	邻苯二甲酸丁基苄基酯，benzylbutyl phthalate(BBP)	85-68-7
3	邻苯二甲酸二(2-乙基)已酯，di(2-ethylhexyl)phthalate(DEHP)	117-81-7
4	邻苯二甲酸二异壬酯，diisononyl phthalate(DINP)	28553-12-0
5	邻苯二甲酸二辛酯，dioctyl phthalate(DNOP)	117-84-0
6	邻苯二甲酸二异癸酯，diisodecyl phthalate(DIDP)	26761-40-0

附　录　D
（规范性附录）
小附件抗拉强力试验方法

D.1　总则

婴幼儿鞋上任何可能被儿童抓起或牙齿咬住的突出物部分或组件应进行本测试。

D.2　检验器具

D.2.1　测力计(机)，负荷至少 100 N，准确度±2 N。

D.2.2　三爪拉力夹具或相适应的夹具，夹具的使用不应影响部件和鞋之间的完整结构。

D.2.3　秒表(计时器)。

D.2.4　游标卡尺，精度 0.1 mm。

D.3　检验方法

D.3.1　在 5 s 内，平行于测试部件的主轴，均匀施加(70±2)N 的力并保持 10 s 后卸荷，检查被测部件是否脱落。

D.3.2　移去拉力夹具，装上另一个适合于垂直主轴测试施加拉力负载的夹具。

D.3.3　在 5 s 内，垂直于测试部件的主轴，均匀施加(70±2)N 的力并保持 10 s 后卸荷，检查被测部件是否脱落。

ICS 77.150.10
H 61

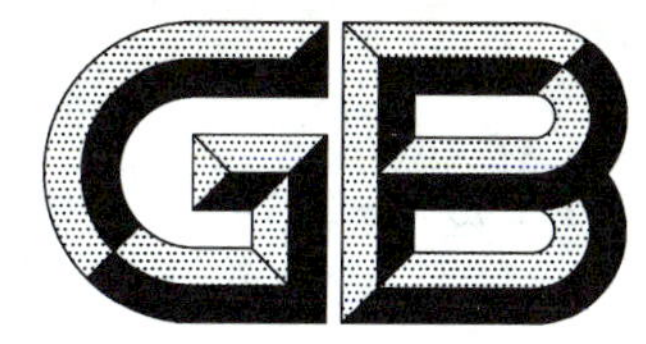

中华人民共和国国家标准

GB/T 30586—2014

连铸轧制铜包铝扁棒、扁线

Copper clad aluminum flat bars and wires manufactured by continuous-casting and rolling

2014-06-09 发布　　2014-12-01 实施

中华人民共和国国家质量监督检验检疫总局
中国国家标准化管理委员会　发布

前　言

本标准按照 GB/T 1.1—2009 给出的规则起草。

本标准由全国有色金属标准化技术委员会(SAC/TC 243)归口。

本标准负责起草单位:北京科技大学、烟台孚信达双金属股份有限公司。

本标准参加起草单位:北京有色金属研究总院、华鹏集团有限公司、有色金属技术经济研究院。

本标准主要起草人:谢建新、刘强、刘新华、王连忠、沈健、郭道鹏、董晓文、熊慧、莫欣达、祝福泉。

连铸轧制铜包铝扁棒、扁线

1 范围

本标准规定了连铸轧制生产的铜包铝扁棒、扁线的术语和定义、要求、试验方法、检验规则和标志、包装、运输、贮存及质量证明书与订货单(或合同)内容。

本标准适用于输电、变电、配电等领域用的连续铸造、轧制成形的铜包铝扁棒、扁线(以下简称"扁棒、扁线")。

在较强腐蚀环境(如海洋环境、化学电解液环境)、脏污环境、高海拔地区、高寒地区使用本标准产品时,应对裸露表面进行防腐蚀、保护等特殊处理。

2 规范性引用文件

下列文件对于本文件的应用是必不可少的。凡是注日期的引用文件,仅注日期的版本适用于本文件。凡是不注日期的引用文件,其最新版本(包括所有的修改单)适用于本文件。

GB/T 231.1 金属材料 布氏硬度试验 第1部分:试验方法

GB/T 1423 贵金属及其合金密度的测试方法

GB/T 2317.3 电力金具试验方法 第3部分:热循环试验

GB/T 2900.10 电工术语 电缆

GB/T 3048.2 电线电缆电性能试验方法 第2部分:金属材料电阻率试验

GB/T 3190—2008 变形铝及铝合金化学成分

GB/T 3199 铝及铝合金加工产品 包装、标志、运输、贮存

GB/T 3246.2 变形铝及铝合金制品组织检验方法 第2部分:低倍组织检验方法

GB/T 4909.6 裸电线试验方法 第6部分:弯曲试验——单向弯曲

GB/T 5231—2012 加工铜及铜合金牌号和化学成分

GB/T 7999 铝及铝合金光电直读发射光谱分析方法

GB/T 8170 数值修约规则与极限数值的表示和判定

GB/T 9327 额定电压35 kV(U_m=40.5 kV)及以下电力电缆导体用压接式和机械式连接金具 试验方法和要求

GB/T 16743 冲裁间隙

GB/T 16865 变形铝、镁及其合金加工制品拉伸试验用试样及方法

GB/T 17432 变形铝及铝合金化学成分分析取样方法

GB/T 22638.1 铝箔试验方法 第1部分:厚度的测定 重量法

YS/T 482 铜及铜合金分析方法 光电发射光谱法

3 术语和定义

GB/T 2900.10 界定的以及下列术语和定义适用于本文件。

3.1

连铸轧制铜包铝扁棒、扁线　copper clad aluminum flat bars and wires manufactured by continuous-casting and rolling

连铸轧制铜包铝扁棒、扁线为采用两种金属同时连铸生产复合坯料，经轧制成形的具有冶金结合（指铜铝两种金属界面之间产生了原子相互扩散，形成一定厚度过渡层的结合）界面、较高结合强度的直条状棒材或盘卷状线材产品。

3.2

包覆层体积比　volume ratio of clad

包覆层体积占产品体积的百分数。

4　要求

4.1　产品分类

4.1.1　扁棒、扁线按横截面形状分为圆角边、圆边、全圆边三类，见图1。

4.1.2　扁棒、扁线的牌号、状态、规格应符合表1的规定，密度参见表2，每米重量参见附录A。需方需要其他牌号、状态、规格时，由供需双方协商确定后在订货单(或合同)中具体注明。

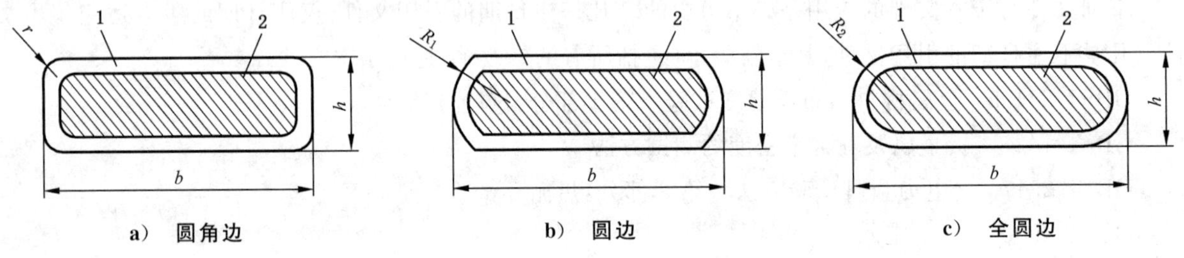

a）　圆角边　　　b）　圆边　　　c）　全圆边

说明：

1 ——铜包覆层；

2 ——铝芯；

h ——产品厚度；

b ——产品宽度；

r ——圆角半径，$r=1.0$ mm～2.0 mm；

R_1——圆边半径，$R_1=1.25h$；

R_2——全圆边半径，$R_2=h/2$。

图1　铜包铝扁棒、扁线截面形状

表1　牌号、状态、规格

牌号	状态	规格		
		包覆层体积比 VP_{Cu}/%	宽度 b/mm	厚度 h/mm
T2/1050、T2/1070、T2/1100	O、H24、H26、H28[a]	20、25、30、35	15.00	4.00、5.00、10.00
			20.00	4.00、5.00、10.00
			25.00	4.00、5.00、10.00
			30.00	4.00、5.00、6.00、8.00、10.00
			40.00	4.00、5.00、6.00、8.00、10.00

表 1（续）

牌号	状态	规格		
		包覆层体积比 VP_{Cu}/%	宽度 b/mm	厚度 h/mm
T2/1050、T2/1070、T2/1100	O、H24、H26、H28[a]	20、25、30、35	50.00	5.00、6.00、8.00、10.00
			60.00	5.00、6.00、8.00、10.00
			80.00	6.00、8.00、10.00
			100.00	6.00、8.00、10.00
			120.00	8.00、10.00
			140.00	8.00、10.00
			160.00	8.00、10.00
			180.00	8.00、10.00、12.00
			200.00	8.00、10.00、12.00

[a] 本标准的 H28 状态是指冷加工后经 120 ℃～150 ℃稳定化处理的状态。

表 2　密度

包覆层体积比/%	密度[a]/(g/cm³)
20	3.94
25	4.25
30	4.56
35	4.87

[a] 为牌号 T2/1070 的公称密度，按式(1)计算获得。

4.1.3　标记

产品标记按产品名称、标准编号、铜包铝产品类型代号(CCA)、包覆层体积比、牌号、状态、产品宽度、厚度、横截面形状的顺序表示。标记示例如下：

示例 1：

包覆层体积比为 30%、牌号为 T2/1070、状态为 H28、宽度为 100.00 mm、厚度为 10.00 mm 的圆边铜包铝扁棒标记为：

扁棒　GB/T 30586 CCA30-T2/1070H28-100×10B

示例 2：

包覆层体积比为 25%、牌号为 T2/1070、状态为 O、宽度为 20.00 mm、厚度为 4.00 mm 的圆角边铜包铝扁线标记为：

扁线　GB/T 30586 CCA25-T2/1070O-20×4

示例 3：

包覆层体积比为 35%、牌号为 T2/1050、状态为 H26、宽度为 60.00 mm、厚度为 8.00 mm 的全圆边铜包铝扁棒标记为：

扁棒　GB/T 30586 CCA35-T2/1050H26-60×8Q

4.2　化学成分

坯料铜包覆层的化学成分应符合 GB/T 5231—2012 中 T2 牌号的要求。T2/1050、T2/1070、T2/1100 坯料铝芯的化学成分应分别符合 GB/T 3190—2008 中 1050、1070、1100 牌号的要求，需方需要其他牌号的铝芯时，由供需双方协商确定后在订货单（或合同）中具体注明。

4.3 尺寸偏差

4.3.1 宽度、厚度

产品宽度、厚度偏差应符合表 3 的规定。

表 3 产品宽度、厚度允许偏差

单位为毫米

宽度 b	宽度允许偏差	厚度 h	厚度允许偏差
≤30.00	±0.50	>3.00～6.00	±0.10
>30.00～100.00	±0.80	>6.00～10.00	±0.15
>100.00	±1.20	>10.00	±0.20

4.3.2 圆角半径、圆边半径和全圆边半径

产品圆角半径允许偏差：±0.50 mm；产品圆边半径允许偏差：±25%h；产品全圆边半径允许偏差：+12.5%h。

4.3.3 包覆层体积比

产品包覆层体积比允许偏差：±2%。

4.3.4 包覆层厚度

允许产品横断面宽边和窄边包覆层厚度存在不均匀分布，但宽度在 50.00 mm 以上的扁棒、扁线任意位置的最小包覆层厚度不小于 0.4 mm；宽度不大于 50.00 mm 的扁棒、扁线任意位置的最小包覆层厚度不小于 0.2 mm。

4.3.5 弯曲度

产品任意 1 m 长度内的窄边弯曲度应不大于 2 mm；产品任意 1 m 长度内的宽边弯曲度应不大于 5 mm。

4.4 室温力学性能

产品室温拉伸力学性能应符合表 4 的规定，表面布氏硬度参见表 4。

表 4 室温拉伸力学性能

包覆层体积比/%	产品状态	室温拉伸力学性能		布氏硬度 HB
		抗拉强度 R_m/MPa	伸长率 A/%	
20	H28	≥220	≥3	≥80
	H26	≥190	≥7	65～75
	H24	≥160	≥12	50～60
	O	≥110	≥25	20～30

表 4（续）

包覆层体积比/%	产品状态	室温拉伸力学性能		布氏硬度 HB
		抗拉强度 R_m/MPa	伸长率 A/%	
25	H28	≥230	≥3	≥80
	H26	≥200	≥8	65～75
	H24	≥170	≥16	50～60
	O	≥115	≥30	20～30
30	H28	≥240	≥3	≥80
	H26	≥210	≥9	65～75
	H24	≥180	≥20	50～60
	O	≥120	≥35	20～30
35	H28	≥250	≥3	≥80
	H26	≥215	≥10	65～75
	H24	≥185	≥23	50～60
	O	≥125	≥40	20～30

4.5 弯曲性能

4.5.1 产品宽面经 90°弯曲试验(弯曲圆柱的直径应符合表 5 的规定)后，包覆层不应出现裂纹(参见附录 B)或明显橘皮(参见附录 B)，弯曲宽面内侧无起泡(参见附录 B)现象。弯曲部位界面附近的低倍组织无孔洞或裂纹，无包覆层与铝芯分离现象出现。

表 5 弯曲圆柱的直径

单位为毫米

厚度 h	弯曲直径 d
≤10.00	16
>10.00	32

4.5.2 对产品侧面弯曲性能有要求时，应供需双方协商，并在订货单(或合同)中注明弯曲角度和弯曲直径。

4.6 冲孔、裁切性能

产品经液压冲孔、钻孔、铣孔或裁切试验后，包覆层与铝芯不应分离，即不应出现分层现象。

4.7 界面结合强度

产品界面剪切强度应不小于 40 MPa。

4.8 冷热循环试验

产品经冷热循环试验后，界面剪切强度仍符合 4.7 的要求，直流电阻率仍符合 4.11 的要求。

4.9 热稳定性能

4.9.1 静态热稳定性：产品 1 000 次热循环试验的结果符合 GB/T 9327 规定的合格要求。

4.9.2 动态热稳定性：产品6次短路试验的结果符合GB/T 9327规定的合格要求。

4.10 密度

产品公称密度参见表2，按式(1)计算。产品实测密度(按5.9规定的方法测得的密度值)可在一定范围内波动，允许偏差为：±3%的公称密度。

$$\rho = 8.890 \times VP_{Cu} + \rho_{Al} \times (1 - VP_{Cu}) \quad \cdots\cdots(1)$$

式中：

ρ ——产品的公称密度，取小数点后两位，单位为克每立方厘米(g/cm^3)；

VP_{Cu} ——包覆层体积比公称值(%)；

ρ_{Al} ——铝芯的理论密度，按GB/T 22638.1计算，单位为克每立方厘米(g/cm^3)；

8.890 ——铜包覆层(T2)的理论密度，单位为克每立方厘米(g/cm^3)。

4.11 直流电阻率、体积电导率

产品在20 ℃时的直流电阻率应符合表6的规定，体积电导率参见表6。H24、H26状态的直流电阻率和体积电导率应在其O状态和H28状态对应表中规定值之间。需方订购1050、1070、1100以外的铝芯材料时，直流电阻率、体积电导率应在订货单(合同)中注明。

表6 直流电阻率、体积电导率

包覆层体积比/%	状态	最大直流电阻率/($\Omega \cdot mm^2/m$)	体积电导率 不小于
20	O	0.025 50	67.6%IACS
	H28	0.025 96	66.4%IACS
25	O	0.024 98	69.0%IACS
	H28	0.025 48	67.7%IACS
30	O	0.024 24	71.1%IACS
	H28	0.024 77	69.6%IACS
35	O	0.023 26	74.1%IACS
	H28	0.023 81	72.4%IACS

4.12 载流量

单根产品的交流载流量参见附录C。

4.13 外观质量

产品表面应光滑平整，不得有划痕、凹凸、裂纹、露铝及明显锈斑等缺陷。窄边不应有飞边、毛刺。

5 试验方法

5.1 化学成分

5.1.1 坯料包覆层化学成分按YS/T 482规定的方法进行分析测定，坯料铝芯的化学成分按GB/T 7999规定的方法进行分析测定。

5.1.2 坯料包覆层“Cu”含量按 GB/T 5231—2012 规定的方法计算，坯料铝芯“Al”含量按 GB/T 3190—2008 规定的方法计算。

5.1.3 分析数值的判定采用修约比较法，数值修约规则按 GB/T 8170 的有关规定进行。

5.2 尺寸偏差

5.2.1 尺寸修约

尺寸测量值不允许修约。

5.2.2 宽度、厚度

产品的宽度及厚度应使用精度不低于 0.02 mm 的量具进行测量。

5.2.3 圆角半径、圆边半径、全圆边半径

采用相应精度的圆角规进行测量。

5.2.4 包覆层体积比

按 5.9 规定的方法测定产品的密度，按式(2)计算包覆层体积比($VP_{Cu实}$)：

$$VP_{Cu实}=\frac{\rho_{实}-\rho_{Al}}{8.890-\rho_{Al}}\times 100\% \qquad \cdots\cdots(2)$$

式中：

$VP_{Cu实}$——包覆层体积比实测值(%)，取小数点后一位小数；

$\rho_{实}$——产品的实测密度，取小数点后三位小数，单位为克每立方厘米(g/cm^3)；

ρ_{Al}——铝芯的理论密度，按 GB/T 22638.1 计算，取小数点后三位小数，单位为克每立方厘米(g/cm^3)；

8.890——铜包覆层(T2)的理论密度，单位为克每立方厘米(g/cm^3)。

5.2.5 包覆层厚度

应按 GB/T 3246.2 的规定，在图 2 所示的相互垂直的四个位置上，采用金相测厚法测量包覆层的厚度。

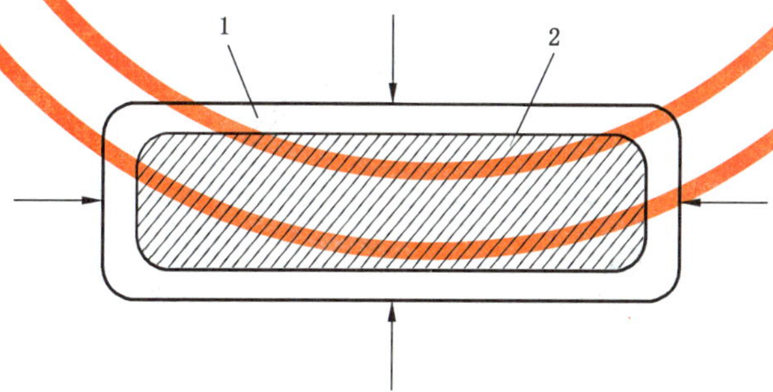

说明：

1——铜包覆层；

2——铝芯。

图 2 包覆层厚度的测定位置

5.2.6 弯曲度

将任意长度为 1 000 mm 的产品置于平台上，产品借自重达到稳定时，沿长度方向测量宽边和窄边底面与平台间的最大间隙值 h_t，如图 3 所示，h_t 即为产品 1 m 长度上的弯曲度。

单位为毫米

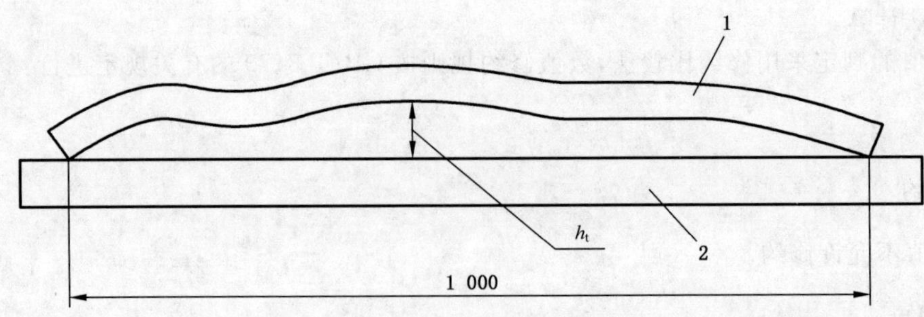

说明：
1——试样；
2——平台。

图 3　弯曲度测量示意图

5.3　室温力学性能

5.3.1　抗拉强度与伸长率

拉伸试验按 GB/T 16865 的规定进行。拉伸试验中，当铜包覆层发生断裂时，即判断为整个试样断裂。

5.3.2　布氏硬度

布氏硬度测试方法按 GB/T 231.1 的规定进行。

5.4　弯曲性能

5.4.1　表面缺陷检查

按照 GB/T 4909.6 的规定进行弯曲试验，目视检查试验后试样包覆层表面缺陷情况。

5.4.2　低倍组织检查

5.4.2.1　将弯曲试验后的试样两端各切除平直段的 1/2，保留包含弯曲部位的 1/2 部分，如图 4 所示。

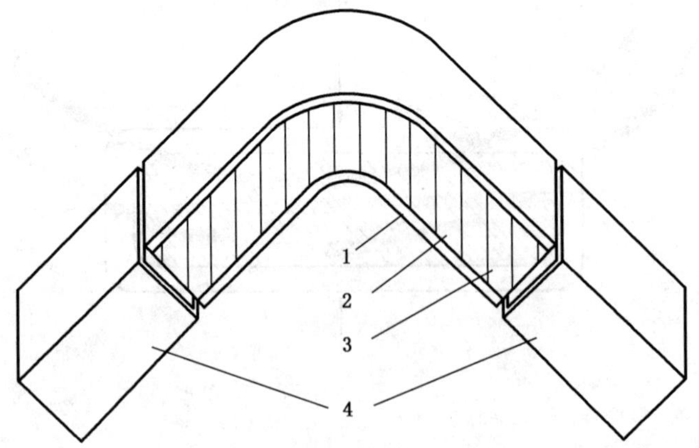

说明：
1——包覆层；
2——铝芯；
3——观察的剖面；
4——切掉的平直段。

图 4　弯曲部位界面附近的低倍组织试样制备示意图

5.4.2.2 将包含弯曲部位的试样一侧窄边包覆层去掉，以刚见到铝芯为准，然后将去掉包覆层的剖面按 GB/T 3246.2 的规定进行磨平、抛光。

5.4.2.3 在该剖面上检查界面附近的低倍组织。

5.5 冲孔、裁切性能

5.5.1 冲孔性能

采用液压冲孔、钻孔或铣孔评价产品的冲孔性能，液压冲孔时冲孔间隙应符合 GB/T 16743 的规定，用 5 倍放大镜观察孔内界面。产品宽度大于 50.00 mm 时，孔的直径为 17 mm；产品宽度小于或等于 50.00 mm 时，孔的直径不大于试样宽度的 1/3；孔边到试样侧边的距离应不小于孔的直径。

5.5.2 裁切性能

采用液压裁切机将产品裁断后，用 5 倍放大镜观察断口界面。裁切间隙应符合 GB/T 16743 的规定。

5.6 界面结合强度

按附录 D 的规定进行产品界面剪切强度测试试验，依据测得的铝芯和包覆层界面单位面积的剪切力大小评价产品的界面结合强度。

5.7 冷热循环试验

产品冷热循环试验应按附录 E 的规定进行。

5.8 热稳定性能

静态热稳定性试验和动态热稳定性试验应按 GB/T 9327 的规定进行。

5.9 密度

取长度为 50.0 mm 的试样，精确到 0.1 mm，按 GB/T 1423 的规定测量试样的实际密度。

5.10 直流电阻率、体积电导率

按 GB/T 3048.2 的规定测试产品直流电阻率。推荐 20 ℃时的线膨胀系数为 2.25×10^{-3}/℃，电阻温度系数为 4.0×10^{-3}/℃。

5.11 载流量

应按 GB/T 2317.3 的规定测试产品载流量。

5.12 外观质量

目视检查产品外观质量。

6 检验规则

6.1 检查和验收

6.1.1 产品应由供方进行检验，保证产品质量符合本标准及订货单(或合同)的规定，并填写质量证明书。

6.1.2 需方应对收到的产品按本标准的规定进行检验。检验结果与本标准及订货单(或合同)的规定不符时,应以书面形式向供方提出,由供需双方协商解决。属于表面质量及尺寸偏差的异议,应在收到产品之日起一个月内提出,属于其他性能的异议,应在收到产品之日起三个月内提出。如需仲裁,可委托供需双方认可的单位进行,并在需方共同取样。

6.2 组批

产品应成批提交验收,每批应由同一牌号、状态、规格的产品组成。每批重量不限,有特殊要求时,可供需双方协商,并在订货单(或合同)中注明。

6.3 计重

产品应检斤计重。

6.4 检验项目及取样

产品的检验项目及取样应符合表7的规定。检验项目分为出厂检验项目和型式检验项目,出现下列任一情况时,应进行型式检验:

a) 新产品试制鉴定时;

b) 正式生产后,如材料、工艺有较大改变,可能影响产品性能时;

c) 连续3年未进行型式检验时。

表7 检验项目及取样规定

检验项目	取样规定	要求的章条号	检验的章条号	出厂检验项目	型式检验项目
化学成分	每炉次取1个试样,铝芯按GB/T 17432、铜包覆层按YS/T 482的规定取样	4.2	5.1	—	√
尺寸偏差	扁棒每批按根数的2%取样(不少于3根),扁线按每批卷数的10%取样(不少于1卷);每根(卷)取1个试样	4.3	5.2	√	√
室温力学性能	扁棒每批按根数的2%取样(不少于3根),每根切取1个试样;扁线按每批卷数的10%取样(不少于1卷),每卷至少切取1个试样,试样总数不少于3个。采用比例系数 k 为5.65的全截面比例试样,其他要求应符合GB/T 16865的规定	4.4	5.3	—	√
弯曲性能	扁棒每批按根数的2%取样(不少于3根),每根切取1个试样;扁线按每批卷数的10%取样(不少于1卷),每卷至少切取1个试样,总试样数不少于3个	4.5	5.4	√	√
冲孔、裁切性能	扁棒每批按根数的2%取样(不少于3根),每根切取1个试样;扁线按每批卷数的10%取样(不少于1卷),每卷至少切取1个试样,试样总数不少于3个	4.6	5.5	√	√
界面结合强度	扁棒每批按根数的2%取样(不少于3根),每根切取1个试样;扁线按每批卷数的10%取样(不少于1卷),每卷至少切取1个试样,试样总数不少于3个。取样方向为产品长度方向	4.7	5.6	—	√

表 7（续）

检验项目	取样规定	要求的章条号	检验的章条号	出厂检验项目	型式检验项目
冷热循环试验	扁棒每批取 3 根，每根切取 1 个试样；扁线每批取 3 卷（总数少于 3 卷时，按实际数），每卷切取 1 个或 1 个以上的试样，试样总数 3 个	4.8	5.7	—	√
热稳定性能	扁棒每批取 6 根，每根切取 1 个试样；扁线按每批卷数多于 6 卷时，取 6 卷，少于 6 卷时，逐卷取样，每卷至少切取 1 个试样，试样总数 6 个	4.9	5.8	—	√
密度	扁棒每批按根数的 2% 取样（不少于 3 根），扁线逐卷进行检验；每根（卷）切取 1 个试样	4.10	5.9	√	√
直流电阻率、体积电导率	扁棒每批按根数的 2% 取样（不少于 3 根），每根切取 1 个试样；扁线按每批卷数的 10% 取样（不少于 1 卷），每卷至少切取 1 个试样，试样总数不少于 3 个	4.11	5.10	√	√
载流量	扁棒每批不少于 3 根，每根切取 1 个试样；扁线每批不少于 3 卷（总数少于 3 卷时，按实际数），每卷至少切取 1 个试样，试样总数不少于 3 个	4.12	5.11	—	√
外观质量	逐根（卷）检验	4.13	5.12	√	√

6.5 检验结果的判定

6.5.1 任一试样的化学成分不合格时，判该根坯料不合格。其他坯料依次检验，合格者交货。

6.5.2 任一扁棒试样的尺寸偏差不合格时，判该批产品不合格。经供需双方商定允许逐根检验时，合格者交货；任一扁线试样尺寸偏差不合格时，判该卷不合格。

6.5.3 任一试样的室温力学性能不合格时，应从该批产品中另取双倍数量的试样进行重复试验，重复试验结果全部合格，则判该批产品合格。若重复试验结果中仍有试样性能不合格时，则判该批产品不合格。经供需双方商定允许供方逐根（卷）检验时，合格者交货。

6.5.4 任一试样的弯曲性能不合格时，应从该批产品中另取双倍数量的试样进行重复试验，重复试验结果全部合格，则判该批产品合格。若重复试验结果中仍有试样性能不合格时，则判该批产品不合格。经供需双方商定允许供方逐根（卷）检验时，合格者交货。

6.5.5 任一试样的冲孔裁切性能不合格时，应从该批产品中另取双倍数量的试样进行重复试验，重复试验结果全部合格，则判该批产品合格。若重复试验结果中仍有试样性能不合格时，则判该批产品不合格。经供需双方商定允许供方逐根（卷）检验时，合格者交货。

6.5.6 任一试样的界面结合强度不合格时，应从该批产品中另取双倍数量的试样进行重复试验，重复试验结果全部合格，则判该批产品合格。若重复试验结果中仍有试样性能不合格时，则判该批产品不合格。经供需双方商定允许供方逐根（卷）检验时，合格者交货。

6.5.7 任一试样的冷热循环试验不合格时，应从该批产品中另取双倍数量的试样进行重复试验，重复试验结果全部合格，则判该批产品合格。若重复试验结果中仍有试样性能不合格时，则判该批产品不合格。经供需双方商定允许供方逐根（卷）检验时，合格者交货。

6.5.8 任一试样的热稳定性能不合格时，应从该批产品中另取双倍数量的试样进行重复试验，重复试验结果全部合格，则判该批产品合格。若重复试验结果中仍有试样性能不合格时，则判该批产品不合格。经供需双方商定允许供方逐根(卷)检验时,合格者交货。

6.5.9 任一扁棒试样的密度不合格时,判该批产品不合格;经供需双方商定允许逐根检验时,合格者交货。任一扁线试样密度不合格时,判该卷不合格。

6.5.10 任一试样的直流电阻率或体积电导率不合格时,应从该批产品中另取双倍数量的试样进行重复试验,重复试验结果全部合格,则判该批产品合格。若重复试验结果中仍有试样性能不合格时,则判该批产品不合格。经供需双方商定允许供方逐根(卷)检验时,合格者交货。

6.5.11 任一试样的载流量不合格时,应从该批产品中另取双倍数量的试样进行重复试验,重复试验结果全部合格,则判该批产品合格。若重复试验结果中仍有试样性能不合格时,则判该批产品不合格。经供需双方商定允许供方逐根(卷)检验时,合格者交货。

6.5.12 任一根(卷)产品的外观质量不合格时,判该根(卷)产品不合格。

7 标志、包装、运输、贮存及质量证明书

7.1 标志

7.1.1 产品标志

在检验合格的产品上应附有如下内容的标签(或合格证):

a) 供方名称和地址;
b) 产品名称和牌号;
c) 规格和状态;
d) 批号或生产日期;
e) 重量或件数;
f) 本标准编号;
g) 供方质检部门的检印。

7.1.2 包装箱标志

产品的包装箱标志应符合 GB/T 3199 的规定。

7.2 包装、运输和贮存

包装方式在订货单(或合同)中注明。其他包装、运输、贮存的要求按 GB/T 3199 的规定。

7.3 质量证明书

每批产品应附有产品质量证明书,其上注明:

a) 供方名称;
b) 产品名称和牌号;
c) 规格和状态;
d) 批号或生产日期;
e) 重量或件数;
f) 本标准编号;
g) 各项分析检验结果和供方质检部门检印;
h) 出厂日期(或包装日期)。

8 订货单(或合同)内容

订购本标准所列材料的订货单(或合同)内应包括下列内容:

a) 产品名称;

b) 牌号;

c) 状态;

d) 规格;

e) 重量(或件数);

f) 需方需要表1规定以外的其他牌号、状态、规格时,由供需双方协商确定后在订货单(或合同)中规定;

g) 对产品侧面弯曲性能有要求时,应供需双方协商,并在订货单(或合同)中注明弯曲角度和弯曲直径;

h) 供需双方协议铝芯材料采用1050、1070、1100以外的其他铝合金牌号时,直流电阻率或体积电导率应在订货单(或合同)中协议规定;

i) 产品应注明包装方式,未注明时由供方自定;

j) 其他特殊要求;

k) 本标准编号。

附 录 A
（资料性附录）
产品横截面面积和每米重量

A.1 圆角边铜包铝扁棒、扁线的横截面面积 S 按式(A.1)计算：

$$S = b \times h - 0.858r^2 \qquad \cdots\cdots(A.1)$$

式中：

S ——扁棒、扁线的横截面面积，取小数点后两位小数，单位为平方毫米(mm^2)；

b ——产品的宽度，取小数点后两位小数，单位为毫米(mm)；

h ——产品的厚度，取小数点后两位小数，单位为毫米(mm)；

r ——产品的圆角半径，取小数点后两位小数，单位为毫米(mm)。

A.2 圆边铜包铝扁棒、扁线的横截面面积 S 按式(A.2)计算：

$$S = b \times h - 0.068\,4h^2 \qquad \cdots\cdots(A.2)$$

式中：

S ——扁棒、扁线的横截面面积，取小数点后两位小数，单位为平方毫米(mm^2)；

b ——产品的宽度，取小数点后两位小数，单位为毫米(mm)；

h ——产品的厚度，取小数点后两位小数，单位为毫米(mm)。

A.3 全圆边铜包铝扁棒、扁线的横截面面积 S 按式(A.3)计算：

$$S = b \times h - 0.214h^2 \qquad \cdots\cdots(A.3)$$

式中：

S ——扁棒、扁线的横截面面积，取小数点后两位小数，单位为平方毫米(mm^2)；

b ——产品的宽度，取小数点后两位小数，单位为毫米(mm)；

h ——产品的厚度，取小数点后两位小数，单位为毫米(mm)。

A.4 产品横截面面积和每米重量见表 A.1。

表 A.1 产品横截面面积和每米重量

包覆层体积比 %	规格($b \times h$) mm×mm	圆角边		圆边		全圆边	
		截面积 S mm^2	每米重量 kg/m	截面积 S mm^2	每米重量 kg/m	截面积 S mm^2	每米重量 kg/m
20	15.00×4.00	58.07	0.23	58.91	0.23	56.58	0.22
	20.00×4.00	78.07	0.31	78.91	0.31	76.58	0.30
	25.00×4.00	98.07	0.39	98.91	0.39	96.58	0.38
	30.00×4.00	118.07	0.47	118.91	0.47	116.58	0.46
	30.00×5.00	148.07	0.58	148.29	0.58	144.65	0.57
	30.00×6.00	178.07	0.70	177.54	0.70	172.30	0.68
	30.00×8.00	238.07	0.94	235.62	0.93	226.30	0.89
	30.00×10.00	298.07	1.17	293.16	1.16	278.60	1.10
	40.00×4.00	156.57	0.62	158.91	0.63	156.58	0.62

表 A.1（续）

包覆层体积比 %	规格（$b \times h$）mm×mm	圆角边		圆边		全圆边	
		截面积 S mm²	每米重量 kg/m	截面积 S mm²	每米重量 kg/m	截面积 S mm²	每米重量 kg/m
20	40.00×5.00	196.57	0.77	198.29	0.78	194.65	0.77
	40.00×6.00	236.57	0.93	237.54	0.94	232.30	0.92
	40.00×8.00	316.57	1.25	315.62	1.24	306.30	1.21
	40.00×10.00	396.57	1.56	393.16	1.55	378.60	1.49
	50.00×5.00	246.57	0.97	248.29	0.98	244.65	0.96
	50.00×6.00	296.57	1.17	297.54	1.17	292.30	1.15
	50.00×8.00	396.57	1.56	395.62	1.56	386.30	1.52
	50.00×10.00	496.57	1.96	493.16	1.94	478.60	1.89
	60.00×5.00	296.57	1.17	298.29	1.18	294.65	1.16
	60.00×6.00	356.57	1.40	357.54	1.41	352.30	1.39
	60.00×8.00	476.57	1.88	475.62	1.87	466.30	1.84
	60.00×10.00	596.57	2.35	593.16	2.34	578.60	2.28
	80.00×6.00	476.57	1.88	477.54	1.88	472.30	1.86
	80.00×8.00	636.57	2.51	635.62	2.50	626.30	2.47
	80.00×10.00	796.57	3.14	793.16	3.13	778.60	3.07
	100.00×6.00	596.57	2.35	597.54	2.35	592.30	2.33
	100.00×8.00	796.57	3.14	795.62	3.13	786.30	3.10
	100.00×10.00	996.57	3.93	993.16	3.91	978.60	3.86
	120.00×8.00	956.57	3.77	955.62	3.77	946.30	3.73
	120.00×10.00	1 196.57	4.71	1 193.16	4.70	1 178.60	4.64
	140.00×8.00	1 116.57	4.40	1 115.62	4.40	1 106.30	4.36
	140.00×10.00	1 396.57	5.50	1 393.16	5.49	1 378.60	5.43
	160.00×8.00	1 276.57	5.03	1 275.62	5.03	1 266.30	4.99
	160.00×10.00	1 596.57	6.29	1 593.16	6.28	1 578.60	6.22
	180.00×8.00	1 436.57	5.66	1 435.62	5.66	1 426.30	5.62
	180.00×10.00	1 796.57	7.08	1 793.16	7.07	1 778.60	7.01
	180.00×12.00	2 156.57	8.50	2 150.15	8.47	2 129.18	8.39
	200.00×8.00	1 596.57	6.29	1 595.62	6.29	1 586.30	6.25
	200.00×10.00	1 996.57	7.87	1 993.16	7.85	1 978.60	7.80
	200.00×12.00	2 396.57	9.44	2 390.15	9.42	2 369.18	9.33

表 A.1(续)

包覆层体积比 %	规格($b \times h$) mm×mm	圆角边		圆边		全圆边	
		截面积 S mm^2	每米重量 kg/m	截面积 S mm^2	每米重量 kg/m	截面积 S mm^2	每米重量 kg/m
25	15.00×4.00	58.07	0.25	58.91	0.25	56.58	0.24
	20.00×4.00	78.07	0.33	78.91	0.34	76.58	0.33
	25.00×4.00	98.07	0.42	98.91	0.42	96.58	0.41
	30.00×4.00	118.07	0.50	118.91	0.51	116.58	0.50
	30.00×5.00	148.07	0.63	148.29	0.63	144.65	0.61
	30.00×6.00	178.07	0.76	177.54	0.75	172.30	0.73
	30.00×8.00	238.07	1.01	235.62	1.00	226.30	0.96
	30.00×10.00	298.07	1.27	293.16	1.25	278.60	1.18
	40.00×4.00	156.57	0.67	158.91	0.68	156.58	0.67
	40.00×5.00	196.57	0.84	198.29	0.84	194.65	0.83
	40.00×6.00	236.57	1.01	237.54	1.01	232.30	0.99
	40.00×8.00	316.57	1.35	315.62	1.34	306.30	1.30
	40.00×10.00	396.57	1.69	393.16	1.67	378.60	1.61
	50.00×5.00	246.57	1.05	248.29	1.06	244.65	1.04
	50.00×6.00	296.57	1.26	297.54	1.26	292.30	1.24
	50.00×8.00	396.57	1.69	395.62	1.68	386.30	1.64
	50.00×10.00	496.57	2.11	493.16	2.10	478.60	2.03
	60.00×5.00	296.57	1.26	298.29	1.27	294.65	1.25
	60.00×6.00	356.57	1.52	357.54	1.52	352.30	1.50
	60.00×8.00	476.57	2.03	475.62	2.02	466.30	1.98
	60.00×10.00	596.57	2.54	593.16	2.52	578.60	2.46
	80.00×6.00	476.57	2.03	477.54	2.03	472.30	2.01
	80.00×8.00	636.57	2.71	635.62	2.70	626.30	2.66
	80.00×10.00	796.57	3.39	793.16	3.37	778.60	3.31
	100.00×6.00	596.57	2.54	597.54	2.54	592.30	2.52
	100.00×8.00	796.57	3.39	795.62	3.38	786.30	3.34
	100.00×10.00	996.57	4.24	993.16	4.22	978.60	4.16
	120.00×8.00	956.57	4.07	955.62	4.06	946.30	4.02
	120.00×10.00	1 196.57	5.09	1 193.16	5.07	1 178.60	5.01
	140.00×8.00	1 116.57	4.75	1 115.62	4.74	1 106.30	4.70
	140.00×10.00	1 396.57	5.94	1 393.16	5.92	1 378.60	5.86
	160.00×8.00	1 276.57	5.43	1 275.62	5.42	1 266.30	5.38

表 A.1（续）

包覆层体积比 %	规格（$b \times h$） mm×mm	圆角边		圆边		全圆边	
		截面积 S mm²	每米重量 kg/m	截面积 S mm²	每米重量 kg/m	截面积 S mm²	每米重量 kg/m
25	160.00×10.00	1 596.57	6.79	1 593.16	6.77	1 578.60	6.71
	180.00×8.00	1 436.57	6.11	1 435.62	6.10	1 426.30	6.06
	180.00×10.00	1 796.57	7.64	1 793.16	7.62	1 778.60	7.56
	180.00×12.00	2 156.57	9.17	2 150.15	9.14	2 129.18	9.05
	200.00×8.00	1 596.57	6.79	1 595.62	6.78	1 586.30	6.74
	200.00×10.00	1 996.57	8.49	1 993.16	8.47	1 978.60	8.41
	200.00×12.00	2 396.57	10.19	2 390.15	10.16	2 369.18	10.07
30	15.00×4.00	58.07	0.26	58.91	0.27	56.58	0.26
	20.00×4.00	78.07	0.36	78.91	0.36	76.58	0.35
	25.00×4.00	98.07	0.45	98.91	0.45	96.58	0.44
	30.00×4.00	118.07	0.54	118.91	0.54	116.58	0.53
	30.00×5.00	148.07	0.68	148.29	0.68	144.65	0.66
	30.00×6.00	178.07	0.81	177.54	0.81	172.30	0.79
	30.00×8.00	238.07	1.09	235.62	1.07	226.30	1.03
	30.00×10.00	298.07	1.36	293.16	1.34	278.60	1.27
	40.00×4.00	156.57	0.71	158.91	0.72	156.58	0.71
	40.00×5.00	196.57	0.90	198.29	0.90	194.65	0.89
	40.00×6.00	236.57	1.08	237.54	1.08	232.30	1.06
	40.00×8.00	316.57	1.44	315.62	1.44	306.30	1.40
	40.00×10.00	396.57	1.81	393.16	1.79	378.60	1.73
	50.00×5.00	246.57	1.12	248.29	1.13	244.65	1.12
	50.00×6.00	296.57	1.35	297.54	1.36	292.30	1.33
	50.00×8.00	396.57	1.81	395.62	1.80	386.30	1.76
	50.00×10.00	496.57	2.26	493.16	2.25	478.60	2.18
	60.00×5.00	296.57	1.35	298.29	1.36	294.65	1.34
	60.00×6.00	356.57	1.63	357.54	1.63	352.30	1.61
	60.00×8.00	476.57	2.17	475.62	2.17	466.30	2.13
	60.00×10.00	596.57	2.72	593.16	2.70	578.60	2.64
	80.00×6.00	476.57	2.17	477.54	2.18	472.30	2.15
	80.00×8.00	636.57	2.90	635.62	2.90	626.30	2.86
	80.00×10.00	796.57	3.63	793.16	3.62	778.60	3.55
	100.00×6.00	596.57	2.72	597.54	2.72	592.30	2.70

表 A.1（续）

包覆层体积比 %	规格（$b\times h$） mm×mm	圆角边		圆边		全圆边	
		截面积 S mm²	每米重量 kg/m	截面积 S mm²	每米重量 kg/m	截面积 S mm²	每米重量 kg/m
30	100.00×8.00	796.57	3.63	795.62	3.63	786.30	3.59
	100.00×10.00	996.57	4.54	993.16	4.53	978.60	4.46
	120.00×8.00	956.57	4.36	955.62	4.36	946.30	4.32
	120.00×10.00	1 196.57	5.46	1 193.16	5.44	1 178.60	5.37
	140.00×8.00	1 116.57	5.09	1 115.62	5.09	1 106.30	5.04
	140.00×10.00	1 396.57	6.37	1 393.16	6.35	1 378.60	6.29
	160.00×8.00	1 276.57	5.82	1 275.62	5.82	1 266.30	5.77
	160.00×10.00	1 596.57	7.28	1 593.16	7.26	1 578.60	7.20
	180.00×8.00	1 436.57	6.55	1 435.62	6.55	1 426.30	6.50
	180.00×10.00	1 796.57	8.19	1 793.16	8.18	1 778.60	8.11
	180.00×12.00	2 156.57	9.83	2 150.15	9.80	2 129.18	9.71
	200.00×8.00	1 596.57	7.28	1 595.62	7.28	1 586.30	7.23
	200.00×10.00	1 996.57	9.10	1 993.16	9.09	1 978.60	9.02
	200.00×12.00	2 396.57	10.93	2 390.15	10.90	2 369.18	10.80
35	15.00×4.00	58.07	0.28	58.91	0.29	56.58	0.28
	20.00×4.00	78.07	0.38	78.91	0.38	76.58	0.37
	25.00×4.00	98.07	0.48	98.91	0.48	96.58	0.47
	30.00×4.00	118.07	0.57	118.91	0.58	116.58	0.57
	30.00×5.00	148.07	0.72	148.29	0.72	144.65	0.70
	30.00×6.00	178.07	0.87	177.54	0.86	172.30	0.84
	30.00×8.00	238.07	1.16	235.62	1.15	226.30	1.10
	30.00×10.00	298.07	1.45	293.16	1.43	278.60	1.36
	40.00×4.00	156.57	0.76	158.91	0.77	156.58	0.76
	40.00×5.00	196.57	0.96	198.29	0.97	194.65	0.95
	40.00×6.00	236.57	1.15	237.54	1.16	232.30	1.13
	40.00×8.00	316.57	1.54	315.62	1.54	306.30	1.49
	40.00×10.00	396.57	1.93	393.16	1.91	378.60	1.84
	50.00×5.00	246.57	1.20	248.29	1.21	244.65	1.19
	50.00×6.00	296.57	1.44	297.54	1.45	292.30	1.42
	50.00×8.00	396.57	1.93	395.62	1.93	386.30	1.88
	50.00×10.00	496.57	2.42	493.16	2.40	478.60	2.33
	60.00×5.00	296.57	1.44	298.29	1.45	294.65	1.43

表 A.1（续）

包覆层体积比 %	规格($b \times h$) mm×mm	圆角边		圆边		全圆边	
		截面积 S mm^2	每米重量 kg/m	截面积 S mm^2	每米重量 kg/m	截面积 S mm^2	每米重量 kg/m
35	60.00×6.00	356.57	1.74	357.54	1.74	352.30	1.72
	60.00×8.00	476.57	2.32	475.62	2.32	466.30	2.27
	60.00×10.00	596.57	2.91	593.16	2.89	578.60	2.82
	80.00×6.00	476.57	2.32	477.54	2.33	472.30	2.30
	80.00×8.00	636.57	3.10	635.62	3.10	626.30	3.05
	80.00×10.00	796.57	3.88	793.16	3.86	778.60	3.79
	100.00×6.00	596.57	2.91	597.54	2.91	592.30	2.88
	100.00×8.00	796.57	3.88	795.62	3.87	786.30	3.83
	100.00×10.00	996.57	4.85	993.16	4.84	978.60	4.77
	120.00×8.00	956.57	4.66	955.62	4.65	946.30	4.61
	120.00×10.00	1 196.57	5.83	1 193.16	5.81	1 178.60	5.74
	140.00×8.00	1 116.57	5.44	1 115.62	5.43	1 106.30	5.39
	140.00×10.00	1 396.57	6.80	1 393.16	6.78	1 378.60	6.71
	160.00×8.00	1 276.57	6.22	1 275.62	6.21	1 266.30	6.17
	160.00×10.00	1 596.57	7.78	1 593.16	7.76	1 578.60	7.69
	180.00×8.00	1 436.57	7.00	1 435.62	6.99	1 426.30	6.95
	180.00×10.00	1 796.57	8.75	1 793.16	8.73	1 778.60	8.66
	180.00×12.00	2 156.57	10.50	2 150.15	10.47	2 129.18	10.37
	200.00×8.00	1 596.57	7.78	1 595.62	7.77	1 586.30	7.73
	200.00×10.00	1 996.57	9.72	1 993.16	9.71	1 978.60	9.64
	200.00×12.00	2 396.57	11.67	2 390.15	11.64	2 369.18	11.54

附 录 B
（资料性附录）
弯曲试验结果中可能出现的缺陷

B.1 裂纹(crack)

产品弯曲部位出现的表面开裂缝隙，开裂方向与产品长度方向垂直的为横向裂纹，如图 B.1a）所示；开裂方向与产品长度方向平行的为纵向裂纹，如图 B.1b）所示。

主要产生原因：

a） 产品伸长率太小；

b） 粗大、不均匀等不利的组织状态；

c） 复合界面结合强度低或结合状态不均匀；

d） 弯曲部位存在残余应力。

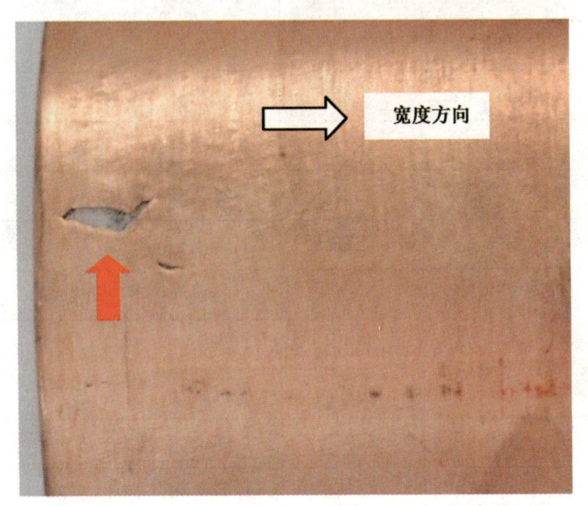

a） 横向裂纹

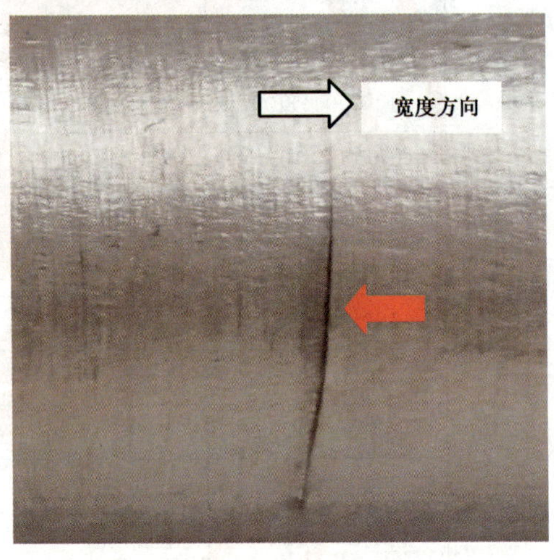

b） 纵向裂纹

图 B.1 裂纹

B.2 橘皮(orange peel)

产品弯曲部位表面凸凹不平的缺陷，如图 B.2 所示。

主要产生原因：

a） 局部结合强度低或结合状态不均匀；

b） 产品组织不均匀；

c） 产品局部硬度、伸长率等力学性能不均。

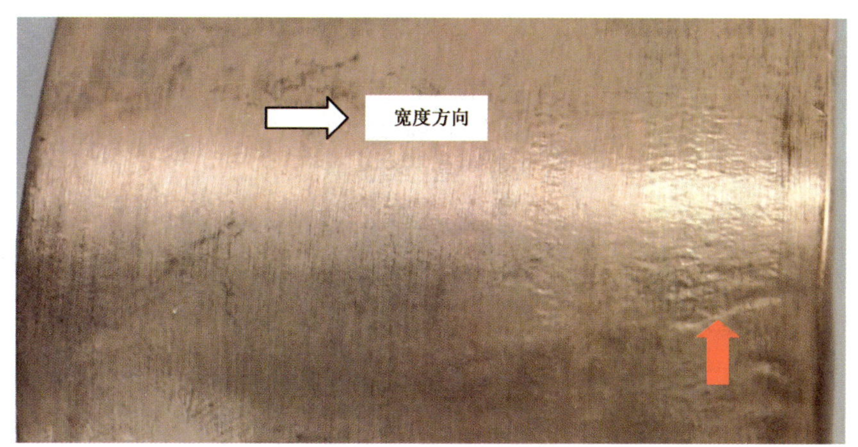

图 B.2　橘皮

B.3　起泡(blister)

产品弯曲部位内侧表面包覆层鼓出的缺陷,如图 B.3 所示。

主要产生原因:界面结合强度较低或结合状态不均匀。

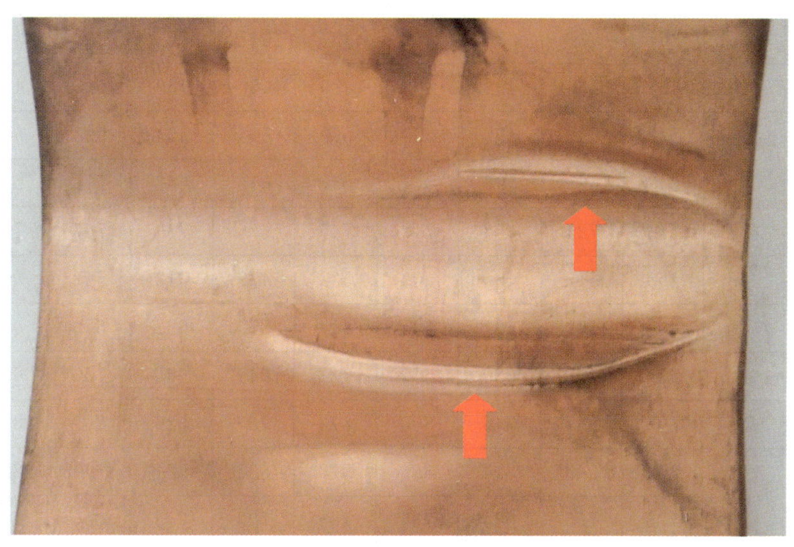

图 B.3　起泡

附 录 C
（资料性附录）
单根产品的载流量

C.1 单根产品的交流载流量见表 C.1，直流载流量应参考表 C.1 适当降低。

C.2 表 C.1 中数据为室内测试数据，没有考虑风速等室外因素的影响。

C.3 表 C.1 中数据为试样立放、无涂层时的交流载流量。试样平放时，宽度≤60.00 mm 时，表中数据应乘以 0.95；宽度＞60.00 mm 时，表中数据应乘以 0.92。

表 C.1 产品在 25 ℃环境中稳定工作，温升为 50 K、65 K 和 75 K 时的交流载流量

规格（$b \times h$）mm×mm	载流量/A											
	VP_{Cu}＝20％			VP_{Cu}＝25％			VP_{Cu}＝30％			VP_{Cu}＝35％		
	50 K	65 K	75 K	50 K	65 K	75 K	50 K	65 K	75 K	50 K	65 K	75 K
15.00×4.00	193	213	222	196	210	225	200	213	229	208	220	234
20.00×4.00	250	276	288	254	273	293	259	277	298	268	287	304
25.00×4.00	310	341	355	314	339	363	321	345	370	328	355	375
30.00×4.00	326	361	375	336	362	387	347	372	399	368	395	416
30.00×5.00	425	453	476	438	453	489	450	466	503	476	492	523
30.00×6.00	486	538	562	499	539	579	514	554	595	544	586	618
30.00×8.00	579	643	678	596	644	697	613	662	717	649	700	746
30.00×10.00	638	711	724	658	712	745	676	733	767	715	776	798
40.00×4.00	453	498	517	465	500	532	479	513	547	506	542	567
40.00×5.00	538	604	633	554	605	652	570	622	670	603	658	697
40.00×6.00	612	677	708	630	679	728	649	698	750	687	739	780
40.00×8.00	725	805	847	746	806	873	767	829	897	811	876	932
40.00×10.00	790	894	949	814	896	977	837	921	1 005	886	976	1 046
50.00×5.00	665	735	765	684	736	788	703	758	810	744	802	842
50.00×6.00	755	836	872	777	836	898	799	861	923	846	912	961
50.00×8.00	891	989	1 042	918	990	1 072	944	1 019	1 103	999	1 078	1 148
50.00×10.00	969	1 061	1 107	998	1 061	1 139	1 026	1 092	1 172	1 086	1 156	1 219
60.00×5.00	759	856	892	781	858	918	804	882	945	850	932	982
60.00×6.00	861	952	995	886	953	1 025	911	980	1 053	963	1 038	1 094
60.00×8.00	1 011	1 123	1 182	1 041	1 124	1 216	1 070	1 156	1 252	1 132	1 222	1 302
60.00×10.00	1 093	1 215	1 279	1 125	1 218	1 318	1 157	1 253	1 355	1 224	1 325	1 409
80.00×6.00	1 081	1 197	1 250	1 113	1 198	1 287	1 145	1 232	1 323	1 211	1 303	1 375
80.00×8.00	1 265	1 405	1 479	1 302	1 407	1 523	1 340	1 448	1 566	1 417	1 531	1 628
80.00×10.00	1 362	1 505	1 583	1 402	1 507	1 629	1 442	1 550	1 676	1 525	1 640	1 742

表 C.1（续）

规格（$b \times h$）mm×mm	载流量/A											
	$VP_{Cu}=20\%$			$VP_{Cu}=25\%$			$VP_{Cu}=30\%$			$VP_{Cu}=35\%$		
	50 K	65 K	75 K	50 K	65 K	75 K	50 K	65 K	75 K	50 K	65 K	75 K
100.00×6.00	1 283	1 419	1 483	1 320	1 422	1 527	1 358	1 462	1 571	1 436	1 547	1 633
100.00×8.00	1 504	1 669	1 758	1 548	1 672	1 811	1 593	1 719	1 862	1 685	1 819	1 936
100.00×10.00	1 620	1 790	1 883	1 668	1 793	1 938	1 716	1 844	1 993	1 816	1 951	2 073
120.00×8.00	1 740	1 932	2 035	1 791	1 935	2 095	1 842	1 990	2 154	1 949	2 106	2 240
120.00×10.00	1 890	2 090	2 197	1 946	2 094	2 261	2 002	2 153	2 326	2 119	2 278	2 420
140.00×8.00	1 996	2 216	2 333	2 054	2 218	2 402	2 114	2 282	2 471	2 235	2 414	2 569
140.00×10.00	2 199	2 447	2 556	2 264	2 452	2 631	2 329	2 522	2 706	2 464	2 661	2 813
160.00×8.00	2 223	2 468	2 599	2 289	2 472	2 660	2 354	2 543	2 753	2 492	2 692	2 846
160.00×10.00	2 449	2 718	2 846	2 521	2 730	2 929	2 594	2 809	3 014	2 820	3 046	3 220
180.00×8.00	2 465	2 736	2 882	2 538	2 740	2 967	2 611	2 819	3 053	2 763	2 983	3 176
180.00×10.00	2 717	3 023	3 157	2 796	3 029	3 250	2 877	3 116	3 343	3 044	3 297	3 477
180.00×12.00	2 816	3 156	3 297	2 902	3 165	3 398	2 989	3 258	3 498	3 161	3 456	3 646
200.00×8.00	2 701	2 998	3 157	2 784	3 007	3 255	2 866	3 095	3 330	3 040	3 283	3 494
200.00×10.00	2 980	3 317	3 463	3 069	3 324	3 566	3 159	3 422	3 671	3 345	3 622	3 819
200.00×12.00	3 093	3 464	3 627	3 187	3 474	3 734	3 282	3 577	3 840	3 480	3 793	3 998

附 录 D
（规范性附录）
界面剪切强度测试试验方法

D.1 试样

试样长度为 100 mm，试样宽度(b_1)为(20.00±0.10)mm，试样剪切面宽度(L_1)为(5.00±0.10)mm，切槽宽度不超过 2 mm。试样可采用机械加工或者电火花线切割，应保证剪切面不受损伤。试样形状及尺寸如图 D.1 所示。

单位为毫米

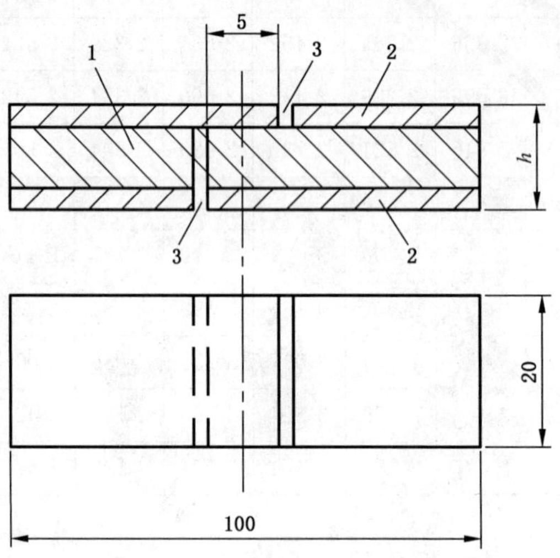

说明：
1——铝芯；
2——包覆层；
3——切槽。

图 D.1 试样形状和尺寸

D.2 试验操作

如图 D.2 所示，将试样夹持在万能材料试验机上，试样夹持长度为 20 mm。启动试验机，对试样施以轴向拉力，并保持夹头移动速度不大于 50 mm/min，直至芯材与包覆层产生剪切变形，并完全分离。从记录的力-位移曲线图，或从测力记录仪(如计算机)上，读取测试过程中加在试样上的最大力(F_{max})。

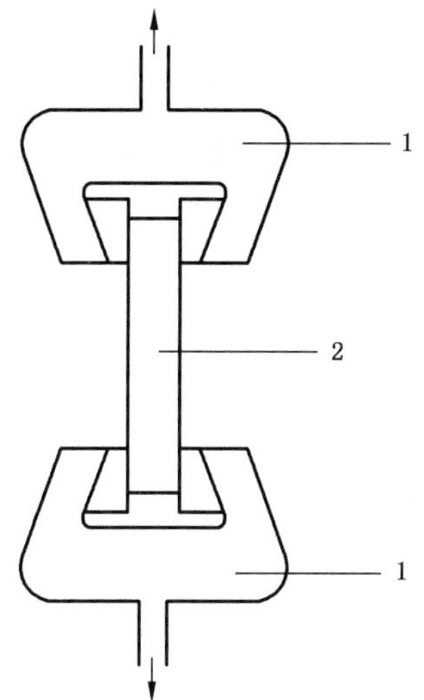

说明：

1——夹具；

2——试样。

图 D.2 界面剪切强度测试方法示意图

D.3 试验结果评定

按式(D.1)计算界面剪切强度，该值应不小于 40 MPa。

$$\tau = \frac{F_{max}}{S_1} \quad \cdots\cdots (D.1)$$

式中：

τ ——界面剪切强度，取小数点后一位数字，单位为牛顿每平方毫米(N/mm^2)；

F_{max} ——最大拉剪力，取小数点后一位数字，单位为牛顿(N)；

S_1 ——试样的剪切面面积，按式(D.2)计算，取小数点后两位数字，单位为平方毫米(mm^2)。

$$S_1 = L_1 \times b_1 \quad \cdots\cdots (D.2)$$

式中：

L_1——剪切面宽度，取小数点后两位数字，单位为毫米(mm)；

b_1——试样宽度，取小数点后两位数字，单位为毫米(mm)。

附　录　E
（规范性附录）
铜包铝扁棒、扁线冷热循环试验方法

E.1　试验设备

冷热循环试验箱应符合下列条件：

——采用热风循环加热方式，制冷方式采用压缩机制冷；

——具有控制升温速度功能，具有设定温度变化曲线进行控制的功能；

——温度可控范围：[(－40～110)±2]℃；

——具有重复已设定温度变化程序的循环控制及记数功能；

——试样摆放架能有效避免试样之间叠压、碰撞。

E.2　试样

E.2.1　试样应保留其原始表面，清除加工后试样上的毛刺。

E.2.2　切取试样时应预防因加工受热而影响试样性能的测试结果。

E.2.3　试样长度应足以满足随后界面剪切强度测试和直流电阻率测试试验对试样的尺寸需求。

E.3　状态调节

产品性能试验前，试样应进行状态调节。试样应在温度为(23±2)℃、相对湿度为(50±10)%的环境条件下放置48 h以上。

E.4　试验温度及时间

E.4.1　冷热循环试验温度变化曲线如图E.1所示。

E.4.2　试验温度为[(－40～110)±2]℃。

E.4.3　进行100次冷热循环。

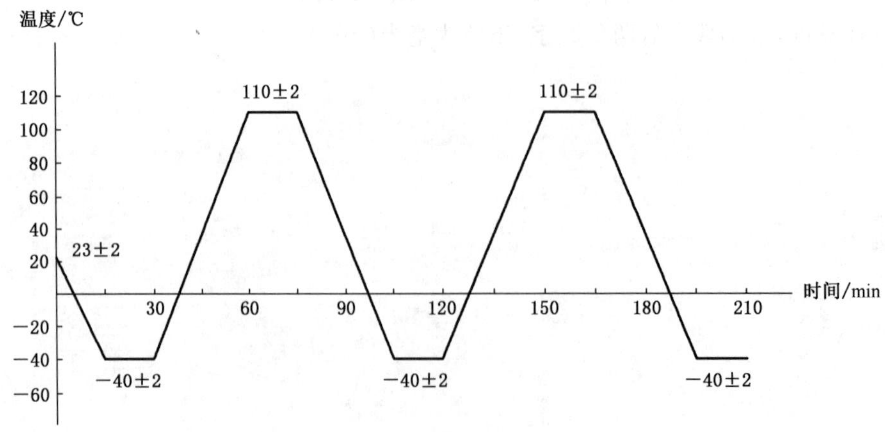

图 E.1　铜包铝复合扁棒、扁线冷热循环温度曲线

E.5 试验操作

E.5.1 将试样平放在冷热循环试验箱的样品架上，试样之间不允许相互叠压，避免因隔热材料受外力作用影响性能测试结果。

E.5.2 按图 E.1 温度曲线进行 100 次冷热循环试验。

E.5.3 冷热循环试验后，试样在温度为(23±2)℃、相对湿度为(50±10)%的环境条件下放置 24 h 以上，随后按附录 D 的规定测定界面剪切强度，按 5.10 测定直流电阻率。

E.6 试验结果评定

试验结果应符合 4.8 的要求。

ICS 77.140.65
H 49

中华人民共和国国家标准

GB/T 30587—2014

钢丝绳吊索　环索

Steel wire rope sling—Gromments

2014-06-09 发布　　2015-01-01 实施

中华人民共和国国家质量监督检验检疫总局
中国国家标准化管理委员会　发布

前　言

本标准按照 GB/T 1.1—2009 给出的规则起草。

本标准使用重新起草法修改采用 EN 13414-3:2003+A1:2008《钢丝绳吊索　安全　第 3 部分:环索和缆式吊索》(英文版)。

为方便比较,在附录 D 中列出了本标准与 EN 13414-3:2003+A1:2008 章、条编号的对照一览表。

本标准在采用 EN 13414-3:2003+A1:2008 时进行了修改,附录 E 中给出了技术性差异及其原因一览表以供参考。

为便于使用,本标准还做了下列编辑性修改:

——“本欧洲标准”一词改为“本标准”;

——删除了 EN 13414-3:2003+A1:2008 的前言,按照国家标准要求增加了新的前言;

——删除了 EN 13414-3:2003+A1:2008 附录 G、附录 ZA 和附录 ZB;

——修改了 EN 13414-3:2003+A1:2008 的引言。

本标准由中国钢铁工业协会提出。

本标准由全国钢标准化技术委员会(SAC/TC 183)归口。

本标准起草单位:巨力索具股份有限公司、建峰索具有限公司、昆山东岸海洋工程有限公司、冶金工业信息标准研究院。

本标准主要起草人:杨建国、王瑛、李廷树、朱立平、崔志强、李勇、董驾龙、王思珺、王玲君、朱红斌、任翠英。

引　言

本标准对直径大于 60 mm 环索规定的安全系数(Z_p)低于一般用途的环索，主要考虑以下主要因素：

a) 直径大于 60 mm 的环索不用于一般提升作业，而使用在根据设计、结构、使用频率等而确定的特殊作业；

b) 通常计算或测定的负载质量具有较高的精确度，用于一次或有限次吊装；

c) 吊装操作在指挥者的指挥下慢速起吊。

钢丝绳吊索　环索

1　范围

本标准规定了钢丝绳吊索用环索的术语和定义、订货内容、产品型号、要求、检验方法、检验规则、标志、质量证明书、包装、运输和贮存。

本标准适用于钢丝绳索体直径不大于 696 mm 吊装用环索(以下简称环索)。

2　规范性引用文件

下列文件对于本文件的应用是必不可少的。凡是注日期的引用文件,仅注日期的版本适用于本文件。凡是不注日期的引用文件,其最新版本(包括所有的修改单)适用于本文件。

GB/T 5972　起重机　钢丝绳　保养、维护、安装、检验和报废(GB/T 5972—2009,ISO 4309:2004,IDT)

GB 8918　重要用途钢丝绳(GB 8918—2006,ISO 3154:1988,MOD)

GB/T 16825.1　静力单轴试验机的检验　第1部分:拉力和(或)压力试验机测力系统的检验与校准(GB/T 16825.1—2008,ISO 7500-1:2004,IDT)

GB/T 20067　粗直径钢丝绳

GB/T 20118　一般用途钢丝绳(GB/T 20118—2006,ISO/DIS 2408:2002, MOD)

3　术语和定义

下列术语和定义适用于本文件。

3.1

钢丝绳环索　wire rope grommet

一根连续长度的钢丝绳股围绕特定的环形芯,按照规定的捻距循环缠绕 6 圈而成的环形绳索,索体结构见图 1。

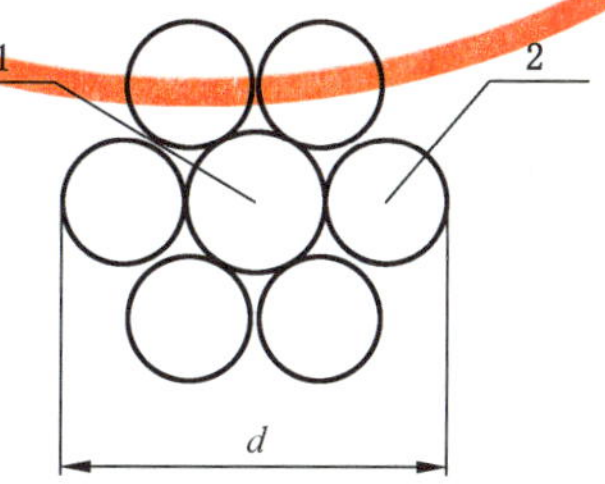

说明:

1——绳芯就是芯绳;

2——钢丝绳股或钢丝绳。

图 1　索体结构

3.2

缆式环索　cable-laid grommet

一根连续长度的钢丝绳围绕特定的环形芯,按照规定的捻距循环缠绕6圈而成的环形缆索,索体结构见图1。

3.3

额定工作载荷　working load limit

WLL

在竖直状态下,环索所能承受的最大设计载荷。

3.4

环索公称直径　nominal diameter of grommet

d

索体横截面的名义尺寸。

3.5

安全工作载荷　safe working load

SWL

一般工况下,考虑了安全系数和吊装方式系数后,环索允许承受的最大载荷。

4　订货内容

按照本标准订货的协议至少应包含以下内容:

a）产品名称;

b）索体直径;

c）本标准编号;

d）环索圆周长度;

e）吊装方式;

f）额定工作载荷和安全工作载荷;

g）其他特殊要求。

5　产品型号

5.1　分类与代号

5.1.1　环索按结构型式可分为钢丝绳环索和缆式环索。

5.1.2　环索代号用“绳环”或“缆环”汉语拼音的大写字头“SH”或“LH”表示。

5.2　型号

环索型号表示方法如下:

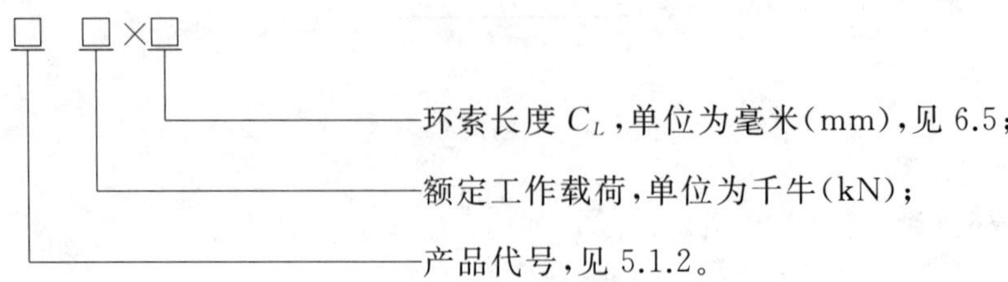

5.3 标记示例

环索的标记示例如下：

示例1：额定工作载荷为20 kN，长度6 300 mm的钢丝绳环索标记为：SH 20×6 300。

示例2：额定工作载荷为6 300 kN，长度25 000 mm的缆式环索标记为：LH 6300×25 000。

6 要求

6.1 钢丝绳(股)

环索应使用纤维芯或钢芯、公称抗拉强度不小于1 670 MPa的交互捻钢丝绳(不包括单股钢丝绳、多层股钢丝绳和异形股钢丝绳)或钢丝绳的拆成股制造，并应符合GB 8918、GB/T 20067或GB/T 20118的规定。

6.2 外观

索体的钢丝绳股或钢丝绳不应出现钢丝挤出、外部磨损、表面断丝和锈蚀等缺陷(缺陷定义见GB/T 5972)。

6.3 钢丝绳环索结构

一根连续长度的钢丝绳拆成股应围绕钢芯缠绕6圈，环索周长 C_L 至少为其捻距的7倍，索芯的对接位置涂红色油漆。捻距见附录A。

6.4 缆式环索结构

一根连续长度的钢丝绳应围绕临时刚性芯缠绕6圈，环索的周长 C_L 至少为其捻距的7倍。索芯的对接位置涂红色油漆。捻距见附录A。

6.5 长度及允许偏差

6.5.1 环索长度应为环索中心线的周长，见图2中 C_L。钢丝绳环索长度偏差应为 $\pm 1d$ 或公称长度的 $\pm 1\%$，取两者中较大值。

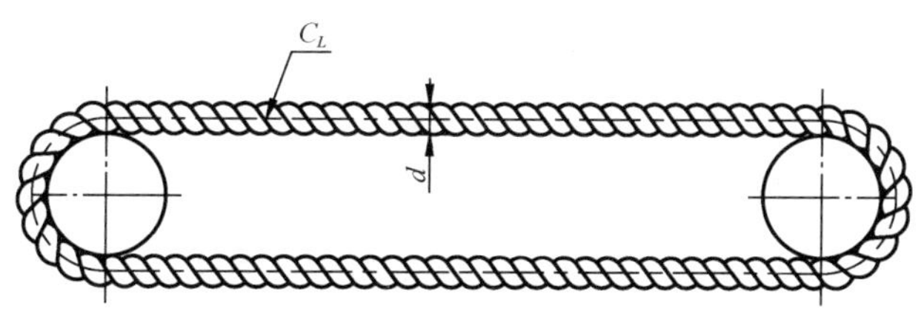

图2 环索

6.5.2 由纤维芯或钢芯钢丝绳制作的索体直径 d 为24 mm～60 mm的缆式环索，长度偏差应为 $\pm 1d$ 或公称长度的 $\pm 1\%$，取两者中较大值。

6.5.3 由钢芯钢丝绳制作的索体直径 d 为66 mm～696 mm的缆式环索，长度偏差应为 $\pm 0.5d$ 或公称长度的 $\pm 0.25\%$，取两者中较大值。

6.5.4 由两根或两根以上配套使用的环索长度差为 $0.5d$ 或公称长度的0.5%，取两者中较大值。

6.5.5 当用户对环索长度差有特殊要求时，应在协议中注明。

6.6 额定工作载荷

钢丝绳环索的额定工作载荷按式(1)计算。

$$WLL=\frac{2\times F_{\min1}\times k_1}{Z_m\times Z_p} \qquad \cdots\cdots(1)$$

缆式环索的额定工作载荷按式(2)计算。

$$WLL=\frac{12\times F_{\min2}\times k_2}{Z_m\times Z_p} \qquad \cdots\cdots(2)$$

式中：

WLL ——额定工作载荷，单位为吨(t)；

$F_{\min1}$ ——纤维芯钢丝绳的最小破断拉力(计算方法见 GB 8918、GB/T 20118 或 GB/T 20067)，单位为千牛(kN)；

$F_{\min2}$ ——钢丝绳的最小破断拉力(计算方法见 GB 8918、GB/T 20118 或 GB/T 20067)，单位为千牛(kN)；

k_1 ——钢丝绳环索的捻制损失系数，取 0.9；

k_2 ——缆式环索的捻制损失系数，取 0.85；

Z_m ——质量与力的转换系数，取值为 9.806 65；

Z_p ——安全系数，按以下情况选取：

$d<60$ mm 时，Z_p 应不小于 5；

60 mm $\leqslant d \leqslant$ 150 mm 时，$Z_p=6.31-0.022d$；

$d>150$ mm 时，Z_p 应不小于 3。

6.7 安全工作载荷

环索的安全工作载荷按式(3)计算。

$$SWL=\frac{CGBL\times M}{Z_m\times Z_p} \qquad \cdots\cdots(3)$$

式中：

SWL ——环索安全工作载荷，单位为吨(t)；

$CGBL$ ——环索最小破断拉力[计算方法见式(4)、式(5)]，单位为千牛(kN)；

M ——方式系数，见表 1；

Z_m ——质量与力的转换系数，取值为 9.806 65；

Z_p ——安全系数，选取方法同上。

表 1 环索吊挂方式及方式系数

垂直提升	扼圈式提升	吊篮式提升			两肢吊索		四肢吊索	
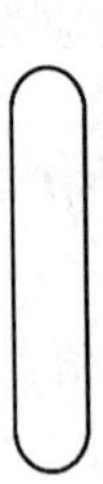			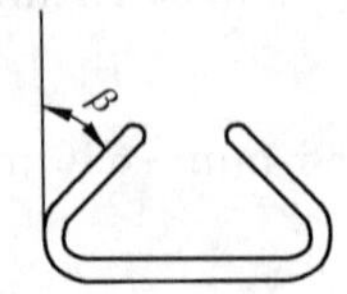 β		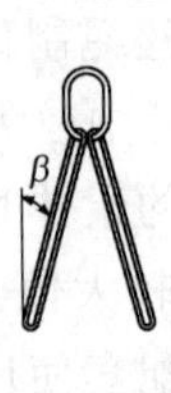 β		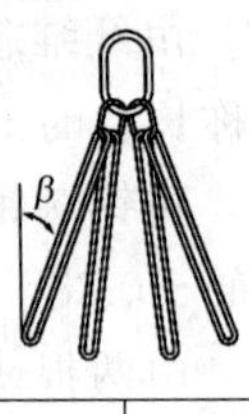 β	
		平行	β=0°～45°	β=45°～60°	β=0°～45°	β=45°～60°	β=0°～45°	β=45°～60°
$M=1$	$M=0.8$	$M=2$	$M=1.4$	$M=1$	$M=1.4$	$M=1$	$M=2.1$	$M=1.5$

6.8 环索最小破断力

6.8.1 钢丝绳环索的最小破断力按式(4)计算。

$$CGBL_1 = 2 \times F_{min1} \times k_1 \quad \cdots\cdots(4)$$

式中：

$CGBL_1$——钢丝绳环索最小破断拉力，单位为千牛(kN)；

F_{min1} ——纤维芯钢丝绳的最小破断拉力(计算方法见 GB 8918、GB/T 20118 或 GB/T 20067)，单位为千牛(kN)；

k_1 ——钢丝绳环索的捻制损失系数，取 0.9。

6.8.2 缆式环索的最小破断力按式(5)计算。

$$CGBL_2 = 12 \times F_{min2} \times k_2 \quad \cdots\cdots(5)$$

式中：

$CGBL_2$——缆式环索最小破断拉力，单位为千牛(kN)；

F_{min2} ——钢丝绳的最小破断拉力(计算方法见 GB 8918、GB/T 20118 或 GB/T 20067)，单位为千牛(kN)；

k_2 ——缆式环索捻制损失系数，取 0.85。

6.9 验证力

6.9.1 验证试验状态下，$d \leqslant 60$ mm 的环索应承受 2 倍额定工作载荷的拉力，60 mm$< d \leqslant 150$ mm 的环索应承受 1.5 倍额定工作载荷的拉力，$d > 150$ mm 的环索应承受 1.33 倍额定工作载荷的拉力，且不得出现抽脱和断丝现象。

6.9.2 当用户对验证力有特殊要求时，应在合同中注明。

7 检验方法

7.1 外观

目视外观，应符合 6.2 的要求。

7.2 长度

测量环索长度有两种方法，见附录 B。方法 1 用于普通精度的测量；方法 2 用于精确测量。采用方法 2 时，应在合同中注明。

7.3 验证力检验

7.3.1 试验设备为拉力试验机，并符合 GB/T 16825.1 的要求。

7.3.2 连接环索试样的销轴直径应符合附录 C 的要求。

7.3.3 试样与拉力试验机连接，使索芯的对接位置处于两承力点的中间位置，匀速加载到试验载荷并保载 5min。卸载后，目视试样外观，不得出现抽脱和断丝现象。

7.4 破断力检验

7.4.1 试验设备、销轴应分别符合 7.3.1 和 7.3.2 的要求。

7.4.2 试样与拉力试验机连接，使索芯的对接位置处于两承力点的中间位置，匀速加载直至环索破断。索体直径大于 100 mm 的环索，允许加载到环索的最小破断力后停止加载。

8 检验规则

8.1 出厂检验

环索出厂前应进行出厂检验，检验项目见表 2。

8.2 型式检验

8.2.1 有下列情况之一时，应进行型式检验：

a) 新产品鉴定；

b) 正式生产后，结构或工艺有较大改变，可能影响产品性能；

c) 用户提出要求。

8.2.2 型式检验项目见表 2。

表 2 出厂和型式检验项目

序号	检测项目	出厂检验	型式检验	检验方法	要求
1	外观	√	√	7.1	6.2
2	长度	√	√	7.2	6.5
3	验证力检验	√	√	7.3	6.9
4	破断力检验	—	√	7.4	6.8

8.3 抽样

8.3.1 环索出厂前应按照出厂检验项目百分之百进行检验。

8.3.2 进行型式检验时，应从按照出厂检验项目合格的试样中随机抽取 2 套作为试样。

8.3.3 用户有其他要求时，由供需双方协商，并在合同中注明。

8.4 合格判定

8.4.1 出厂检验项目经检验合格，判定该产品合格；若有不合格项目，经一次修整后仍有不合格项目，判定该产品不合格。

8.4.2 型式检验项目经检验合格，判定该型式检验合格；若有不合格项目，判定该批型式检验不合格。

9 标志、质量证明书和包装

9.1 标志

产品应有以下标志：

a) 制造厂名称或代号；

b) 产品名称；

c) 产品型号；

d) 额定工作载荷；

e) 产品编号。

9.2 质量证明书

每个环索应附有相应的质量证明书，证明书应至少包括以下信息：

a) 制造厂名称和地址；

b) 产品名称；

c) 产品型号；

d) 额定工作载荷，单位为吨(t)；

e) 索体公称直径，单位为毫米(mm)；

f) 环索公称质量，单位为千克(kg)(需要时)；

g) 公称长度，单位为毫米(mm)；

h) 实测长度，单位为毫米(mm)；

i) 销轴直径，单位为毫米(mm)(需要时)；

j) 验证力，单位为千牛(kN)；

k) 质量证明书编号。

9.3 包装

9.3.1 环索可不包装。

9.3.2 需方对包装有特殊要求时，由供需双方协商，并在合同中注明。

9.3.3 出厂文件应包括：

a) 产品质量证明书；

b) 产品使用说明书；

c) 产品检测报告(需要时)。

附 录 A
（规范性附录）
钢丝绳环索和缆式环索捻距的确定

A.1 钢丝绳环索

制备钢丝绳环索的钢丝绳及钢丝绳环索的捻距应符合相关标准的要求。

A.2 缆式环索

A.2.1 总则

缆式环索应根据下列钢丝绳和捻制方向及捻距制造。

A.2.2 捻制方向和类型

绳芯钢丝绳应为右交互捻、左交互捻、右左同向捻或左同向捻。

外层钢丝绳为左交互捻或左同向捻时，缆式环索应为右向捻；外层钢丝绳为右交互捻或右同向捻时，缆式环索应为左向捻。

A.2.3 捻距

缆式环索的捻距应是缆式环索公称直径的6倍～7.5倍。

附 录 B
（规范性附录）
环索长度测量

B.1 方法 1

环索按图 B.1a) 放置，并在中心线上标出 4 个点(如 p、q、r、s)，用分度值为 1 mm 的钢板尺或钢卷尺测量 A 和 C 的长度；重新放置环索如图 B.1b)，测量 B 和 D 的长度。A、B、C、D 的长度之和即为环索长度。

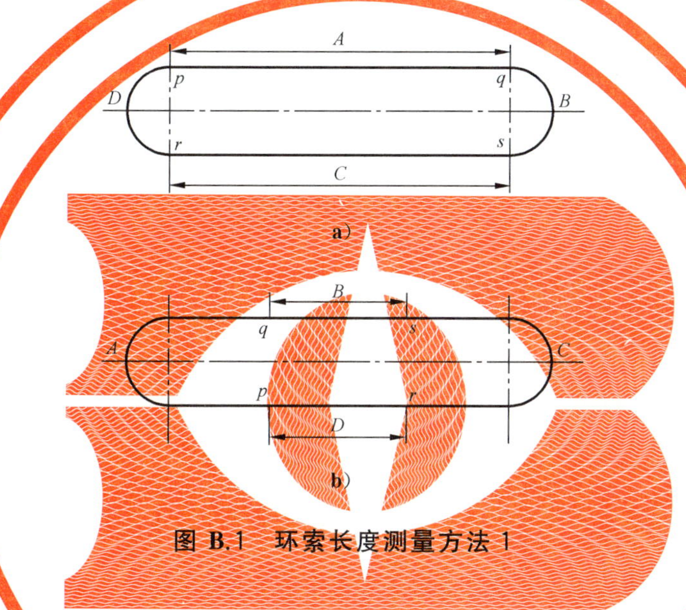

图 B.1 环索长度测量方法 1

B.2 方法 2

环索与拉力试验机或其他测量装置的销轴连接可靠，在 10% 环索最小破断拉力作用下，用分度值为 1 mm 的钢卷尺测量 L_1，按式(B.1)计算 C_L，按式(B.2)计算 L_2。销轴直径见附录 C。

$$C_L = \pi\left(\frac{D_1}{2} + \frac{D_2}{2} + d\right) + 2L_1 \quad \cdots\cdots\cdots\cdots(B.1)$$

$$L_2 = \frac{D_1}{2} + \frac{D_2}{2} + L_1 \quad \cdots\cdots\cdots\cdots(B.2)$$

式中：

C_L ——环索长度(见图 B.2)，单位为毫米(mm)；

π ——圆周率；

D_1，D_2 ——销轴实测直径(见图 B.2)，单位为毫米(mm)；

L_1 ——两销轴中心距离(见图 B.2)，单位为毫米(mm)；

L_2 ——环索承力点中心距(见图 B.2)，单位为毫米(mm)。

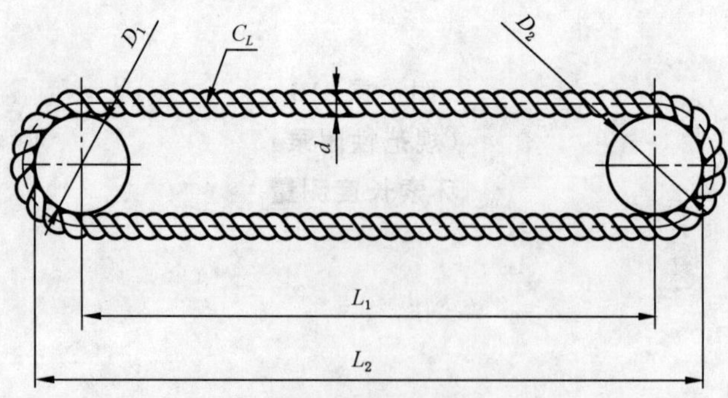

图 B.2 环索长度测量方法 2

附 录 C
（规范性附录）
销 轴 直 径

环索测量长度时使用的销轴直径应符合表 C.1 规定或由供需双方协议确定。

表 C.1 销轴直径

单位为毫米

索体直径	销轴直径
60～150	300
＞150～250	500
＞250～375	750
＞375～500	1 000
＞500	1 400

附 录 D
（资料性附录）
本标准与 EN 13414-3:2003＋A1:2008 相比结构变化情况

本标准与 EN 13414-3:2003＋A1:2008 相比在结构上有较多调整，具体章条编号对照情况见表 D.1。

表 D.1 本标准与 EN 13414-3:2003＋A1:2008 章条号对照表

本标准章条编号	对应的 EN 13414-3:2003＋A1:2008 章条编号
1	1
2	2
3	3
4	—
5	—
6	5
6.1	5.1.2 部分内容
6.2	5.1.1 部分内容
6.3	5.1.2 部分内容
6.4	5.1.3 部分内容
6.5	5.1.4
6.6	5.3.1
6.7	—
6.8	—
6.9	—
7.1	6.1
7.2	6.2
7.3	6.3
7.4	—
8	—
9.1	7.1 部分内容
9.2	7.2、附录 E
9.3	—
10	—
附录 A	附录 A
附录 B	附录 B
附录 C	附录 C
附录 D	—
附录 E	—
附录 F	—

附 录 E
（资料性附录）
本标准与 EN 13414-3:2003+A1:2008 的技术性差异及其原因

表 E.1 给出了本标准与 EN 13414-3:2003+A1:2008 的技术性差异及其原因一览表。

表 E.1 本标准与 EN 13414-3:2003+A1:2008 技术性差异及其一览表

本标准章条编号	技术性差异	原 因
	将标准名称改为:《钢丝绳吊索 环索》	符合国情
1	删除了 EN 13414-3 第 1 章中的"本标准规定了直径≤60 mm 的固结套压制缆式吊索"	本标准不作规定
1	增加了"本标准适用于钢丝绳索体直径不大于 696 mm 吊装用环索"	明确标准的适用范围
2	"规范性引用文件"中,具体调整如下: ——用修改采用国际标准的 GB 8918、GB/T 20118 和 GB/T 20067,代替了 EN 12385-4:2002(见第 6 章); ——删除了 prEN13411-3	便于标准可操作; 固结套压制缆式吊索本标准不作规定
3	删除了 EN 13414-3 术语和定义中的 3.5	符合修改内容
—	删除了 EN 13414-3 中的第 4 章"失效"	属于说明性语言,不宜编入
4	增加了第 4 章"订货内容"	便于供需双方沟通信息
5	增加了第 5 章"产品型号"	便于使用,简化文字内容
6	删除了 EN 13414-3 中有关"缆式吊索"方面的内容	本标准不作规定
6.1	修改了"钢丝绳、股"的要求	提高标准的操作性
6.1	删除了"绳或股受力均匀""成品没有明显波浪形"	无法操作
6.2	增加了"索体缺陷"方面的要求	符合国情
6.5	增加了"当用户对环索长度差有特殊要求时,应在协议中注明"	满足产品使用要求
6.7	增加了"安全工作载荷"的计算公式	符合国情
6.8	增加了"环索最小破断力"的计算公式	符合国情
6.9	增加了"验证力"要求	符合国情
7.2	增加了"采用方法 2 时,应在协议中注明"	提高标准的适用性
7.3	增加了"验证力检验"	符合 GB/T 1.1 规定
7.4	增加了"破断力检验"	符合 GB/T 1.1 规定
8	增加了"检验规则"	符合 GB/T 1.1 规定
9.3	增加了"包装"	符合 GB/T 1.1 规定
附录 A	删除了 EN 13414-3 中附录 A 中"缆式吊索"方面的内容	本标准不作规定

表 E.1（续）

本标准章条编号	技术性差异	原　因
附录 D	本标准给出了与 EN 13414-3:2003 的章条编号对照	符合 GB/T 20000.2 规定
附录 E	本标准给出了与 EN 13414-3:2003 的技术性差异及其原因	符合 GB/T 20000.2 规定
—	删除了 EN 13414-3 中的附录 D 中“缆式吊索”方面的内容	本标准不作规定
—	删除了 EN 13414-3 中的附录 G	使标准内容相互协调，提高可操作性
附录 F	增加了“环索使用状况评价和报废指南”	符合国情

附　录　F
（资料性附录）
环索使用状况评价和报废指南

F.1　随机分布断丝

环索上，如果断丝总数超过钢丝绳钢丝总数的5%时，环索应停止使用，并由专业人员进行全面检验。

F.2　局部断丝

如果有3根或3根以上集中断丝，应由专业人员对环索强度的影响进行评估。

F.3　腐蚀

因腐蚀应停止使用，并由专业人员进行全面检验和判定。

F.4　严重变形

出现因扭结、压扁、绳芯溃散或打结造成的变形时应报废。如果不能区分有害变形和可以接受的变形应停止使用，并由专业人员进行判别或进行全面检验和判定。

F.5　焊接电弧或其他原因造成的损伤

如发现电弧或由过热引起的明显变色应停止使用，并由专业人员进行全面检验和判定。

ICS 77.140.65
H 49

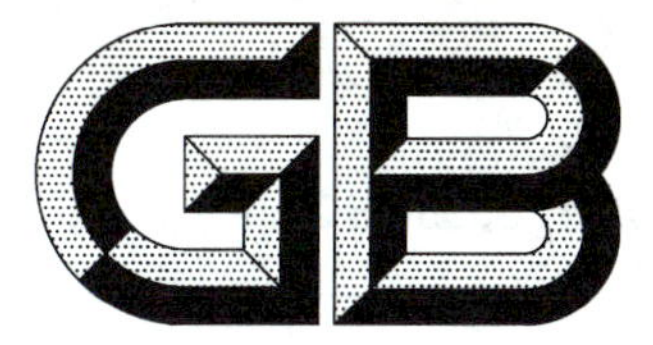

中华人民共和国国家标准

GB/T 30588—2014

钢丝绳绳端　合金熔铸套接

Terminations for steel wire ropes—Molten metal socketing

2014-06-09 发布　　　　2015-01-01 实施

中华人民共和国国家质量监督检验检疫总局
中国国家标准化管理委员会　发布

前　言

本标准按照 GB/T 1.1—2009 给出的规则起草。

本标准使用重新起草法修改采用 EN 13411-4:2002+A1:2008《钢丝绳绳端固接法—安全—第 4 部分:合金和树脂熔铸套接》(英文版)。

本标准在附录 C 中给出了技术性差异及其原因一览表以供参考。

本标准做了以下编辑性修改:

——“本欧洲标准”一词改为“本标准”;

——删除 EN 13411-4:2002+A1:2008 的“目录”、“前言”、树脂熔铸内容和附录 A、附录 B、附录 C、附录 D、附录 E、附录 ZA;

——将规范性引用文件更改为符合我国国情的国家标准和行业标准。

本标准由中国钢铁工业协会提出。

本标准由全国钢标准化委员会(SAC/TC 183)归口。

本标准起草单位:巨力索具股份有限公司、建峰索具有限公司、昆山东岸海洋工程有限公司、冶金工业信息标准研究院、贵州钢绳(集团)有限责任公司、东莞市坚宜佳五金制品有限公司。

本标准主要起草人:杨建国、王瑛、李廷树、朱立平、崔志强、李勇、董驾龙、王思珺、周中东、尚景朕、厉敏、王玲君、朱红斌、任翠英。

钢丝绳绳端　合金熔铸套接

1　范围

本标准规定了钢丝绳绳端合金熔铸套接(以下简称浇铸吊索)的产品分类、要求、试验方法、标志、包装、运输和贮存。

本标准适用于钢丝绳直径不小于 6 mm 的吊装或牵引用合金熔铸吊索。

2　规范性引用文件

下列文件对于本文件的应用是必不可少的。凡是注日期的引用文件,仅注日期的版本适用于本文件。凡是不注日期的引用文件,其最新版本(包括所有的修改单)适用于本文件。

GB 8918　重要用途钢丝绳

GB/T 16825.1　静力单轴试验机的检验　第 1 部分:拉力和(或)压力试验机测力系统的检验与校准

GB/T 20067　粗直径钢丝绳

GB/T 20118　一般用途钢丝绳

YB/T 5295　密封钢丝绳

YB/T 5359　压实股钢丝绳

HG/T 2542　工业三氯乙烯

JB/T 5000.13　重型机械通用技术条件　第 13 部分:包装

3　术语和定义

下列术语和定义适用于本文件。

3.1

索节　socket

具有锥形腔体的钢丝绳绳端连接件。

3.2

合金熔铸套接　molten metal socketing

用熔融合金固结钢丝绳绳端的过程。

3.3

弯钩　hooking

将钢丝绳端钢丝弯成需要的钩状。

4　产品分类

4.1　订货内容

按本标准订货的合同或订单应包括下列内容:

a)　本标准号;

b)　产品名称;

c) 结构(标记代号);

d) 公称直径、长度;

e) 钢丝绳抗拉强度级别;

f) 数量;

g) 其他要求。

4.2 分类及代号

4.2.1 分类

产品按索节结构型式可分为开式浇铸吊索和闭式浇铸吊索,分别见图1和图2。

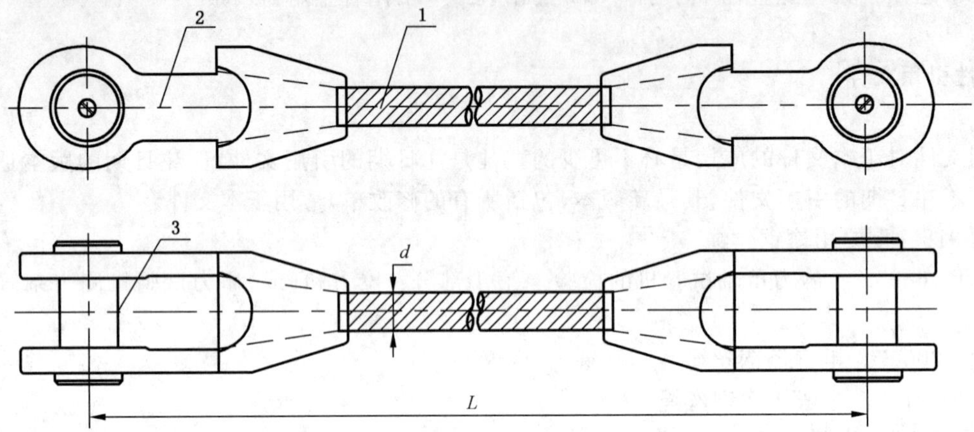

说明:

1——钢丝绳;

2——开式索节;

3——销轴。

图1 开式浇铸吊索

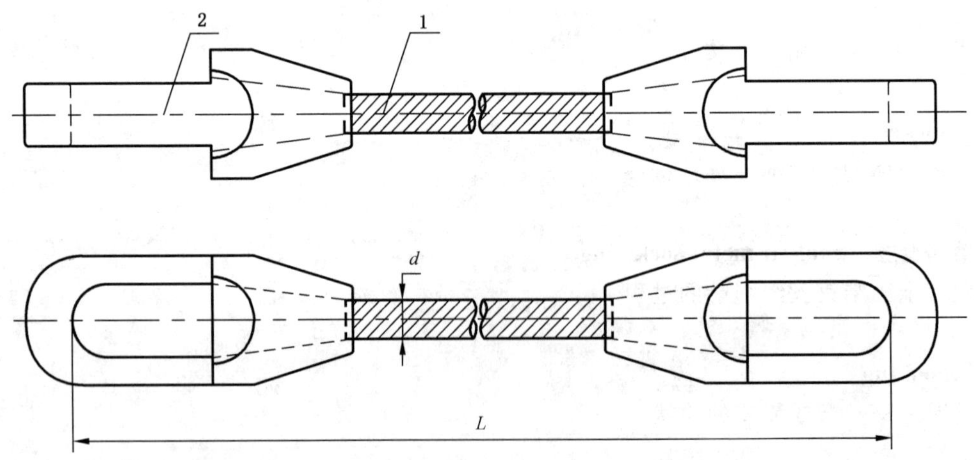

说明:

1——钢丝绳;

2——闭式索节。

图2 闭式浇铸吊索

4.2.2 产品代号

产品代号用“开” 、“闭”、“开闭”汉语拼音的大写字头“K”、“B”与“KB”表示。

4.3 型号

产品型号表示方法如下：

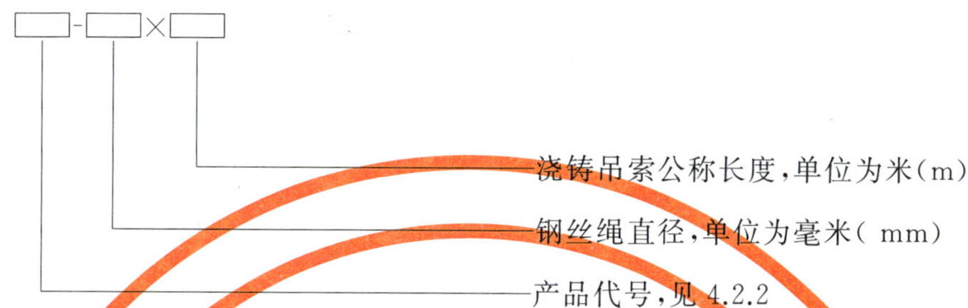

4.4 标记示例

浇铸吊索的标记示例如下：

示例 1:钢丝绳直径 40 mm、公称长度 12 m 的两端开式浇铸吊索标记为:K-40×12。

示例 2:钢丝绳直径 40 mm、公称长度 15 m 的一端开式、一端闭式浇铸吊索标记为:KB-40×15。

5 要求

5.1 部件与材料

5.1.1 索节

索节应能承受 100%的钢丝绳最小破断力。经钢丝绳最小破断力试验后不得再使用。

5.1.2 钢丝绳

钢丝绳强度级别应不小于 1670 MPa,并符合 GB 8918、GB/T 20118、GB/T 20067、YB/T 5295 和 YB/T 5359 的规定。

5.1.3 浇铸材料

合金浇铸材料见附录 A,当用户对浇铸材料有特殊要求时,经供需双方协商,并在合同中注明。

5.2 浇铸准备

5.2.1 钢丝绳清理

钢丝绳端部应清洗干净。

注：清洗溶液推荐采用符合 HG/T 2542 规定的三氯乙烯溶液，或选择同等类型和清洗效果的清洗溶液。

5.2.2 端部下料捆扎(临时性捆扎)

钢丝绳端头部分用镀锌低碳钢丝捆扎,捆扎时应留出钢丝绳所要去掉的余头。

5.2.3 切割钢丝绳

端部捆扎完毕后,沿捆扎钢丝外部进行切割,切割可采用砂轮片切割,不允许采用氧气乙炔切割,切割端面要整齐，不需将永久捆扎下的钢丝弄乱。

5.2.4 浇铸捆扎(永久性捆扎)

为保持钢丝绳钢丝和股的位置，用镀锌低碳钢丝捆扎，捆扎位置到绳端的距离至少比索节锥体高度长 6 mm，捆扎紧密，捆扎长度应不小于 3 倍钢丝绳直径，见图 3 和图 4。

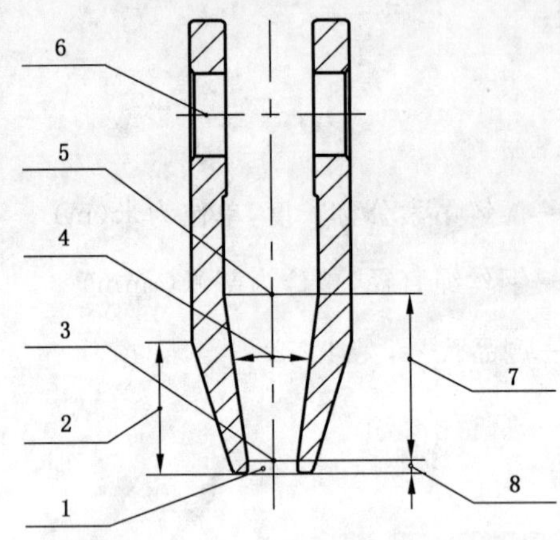

说明：

1——钢丝绳入口处；

2——外锥体高度；

3——内锥体小口端；

4——内锥体角度；

5——内锥体大口端；

6——销轴孔中心；

7——内锥体高度；

8——钢丝绳入口高度。

图 3 索节

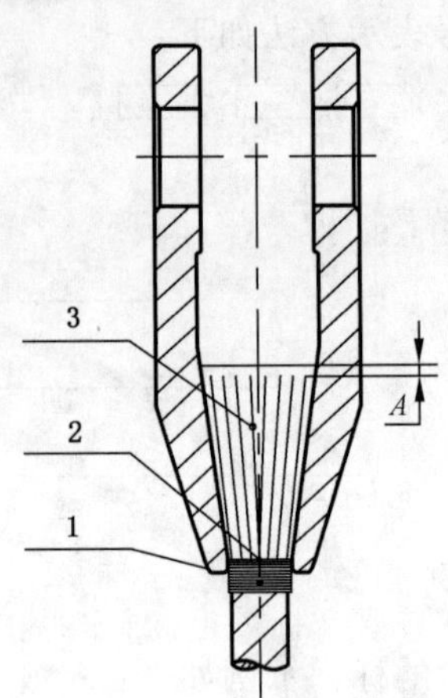

说明：

1——永久性捆扎；

2——帚头根部；

3——钢丝帚；

A——帚头上端端面与索节大端端面间的距离。

图 4 钢丝绳熔铸

5.2.5 钢丝绳穿入索节

去除索节腔体内部所有污物、油脂、氧化皮或残留物后，将捆扎好的钢丝绳绳端穿入索节。

5.2.6 散头

拆除钢丝绳端部的捆扎钢丝，将钢丝绳绳端各股的钢丝依次散开呈帚状，见图 4。

5.2.7 弯钩

5.2.7.1 对于 6×7 或类似结构的钢丝绳中的 30%～50%钢丝弯成钩形(即翻转钢丝端头成很小的半径，尤其用于承受冲击载荷的场合)，使钢丝弯成 70°～90°，弯成的最小圆角半径为钢丝直径的 3 倍～5 倍。

5.2.7.2 对于其他结构钢丝绳的钢丝一般不需要弯钩。

5.2.8 钢丝绳绳芯处理

5.2.8.1 当钢丝绳为钢芯时，应将钢芯散开(见 5.2.6)。

5.2.8.2 当钢丝绳为纤维芯时，应从捆扎处切断纤维芯并取出，为防止在切头端熔融合金损坏绳芯，应用一个合适的耐热材料的塞子保护绳芯。

5.2.9 检验

由专业人员进行目测检验。

5.3 清洗

帚头的清洗应选择同等类型无污染、清洗效果比较好的清洗溶液（清洗溶液见 5.2.1）。

5.3.1 粗洗

将散头的 3/4 帚头浸入到配制好的溶液中，浸渍时间不少于 1min，不允许溶液流入未被清洗的钢丝绳内部。

粗洗的第一遍如果由于帚头油垢过多，清洗效果差，应及时更换新的溶液再次进行清洗。

5.3.2 精洗

精洗是继粗洗后继续进行的工作，精洗时要重新更换新的溶液，不允许重复用粗洗的溶液清洗。

5.3.3 烘干

烘干是精洗后的工作，烘干后的钢丝帚头应干净、干燥且无污迹。

5.3.4 检验

粗洗和精洗都由专职检验人员检查清洗部位，确认无油垢。

5.3.5 浇铸定位

按以下步骤操作：

a) 将钢丝绳端帚头和索节固定在浇铸台上，使钢丝绳的中心与索节的中心处于同一垂直轴线上。用线锤方法检查，具有不小于 30 倍钢丝绳直径的垂直轴线距离。
b) 帚头的上端端面和索节锥体的大端端面之间的距离 A 不超过锥体高度的 5%（见图 4）。

5.3.6 密封

帚头定位对中后（见图 4），使用能防止熔融金属泄露的材料对钢丝绳和索节孔口之间的间隙进行密封。

用隔热材料密封时，应在开始浇铸熔融金属前，清除所有潮气，防止腐蚀和其他的浇铸缺陷。

5.3.7 浇铸前检验

浇铸准备工作完成后，由专职人员进行目测或用线锤检验，应符合 5.3.5 a）的规定。

5.4 熔铸固结

5.4.1 索节预热

索节预热温度应通过索节的外表面均匀加热至预热温度，预热温度应在倒入熔融合金之前检测，并保证钢丝不受温度的损伤。

注：推荐预热温度在 300 ℃±20 ℃。

5.4.2 浇铸

将熔融好的合金一次性倒入索节中，经浇铸工艺处理，使其中的气体夹渣排除，然后把浮于表面的杂质刮去，不同合金的熔点及浇铸温度按附录A规定。

5.4.3 冷却

浇铸好的吊索应在自然环境条件下冷却，使内部金属完全凝固后，才能触动索节及钢丝绳。

5.4.4 浇铸目测检验

浇铸完成后应进行目测检验：

a) 浇铸定位时，应确保钢丝绳和索节符合5.3.5的规定；

b) 索节的钢丝绳入口处，绳和索节之间的间隙，应是均匀并充满熔铸合金。

5.4.5 清理

冷却时，浇铸面呈凹形，再用气枪将合金块熔化并填补其中，把表面浮渣清除，保证浇铸表面整齐光滑，清除不必要的捆扎、清除表面积瘤、毛刺。

5.4.6 防锈处理

在索节入口处的钢丝绳应补充润滑剂做防锈处理。

5.5 吊索总成质量

5.5.1 长度允许偏差

5.5.1.1 开式吊索的公称长度 L 是指两个索节的销轴中心线之间在自然状态下测量的距离(见图1)。

5.5.1.2 闭式吊索的公称长度 L 是指两个索节的实际承载点在自然状态下测量的距离(见图2)。

5.5.1.3 浇铸索具实测长度与公称长度的差值应不大于钢丝绳公称直径的±1倍，或不大于规定长度的±0.5%，两者之中取大值。

5.5.1.4 成套吊索之间各单肢吊索长度间差值应不大于钢丝绳公称直径的1倍，或不大于规定长度的0.5%，两者之中取大值(有特殊要求时在合同中规定)。

注：吊索的公称长度应在无载荷下测量。

5.5.2 吊索总成拉力值

5.5.2.1 当每肢吊索承受钢丝绳最小破断拉力的40%后，内锥体大端端面下移量不得超过锥体高度的4%(见图4)。

5.5.2.2 吊索总成固结达到钢丝绳最小破断力的100%。当加载至钢丝绳最小破断力的80%之后，力增加的速度以每秒不超过钢丝绳最小破断拉力的0.5%，当达到钢丝绳最小破断拉力的要求时，允许索节变形，但不允许索节裂纹、断裂、钢丝从索节中抽脱。

5.5.3 吊索工作温度

吊索工作温度参见附录B。

6 试验方法

6.1 外观检验

6.1.1 钢丝绳应符合5.4.6防锈处理规定。

6.1.2 吊索浇铸后应符合5.4.5清理规定。

6.1.3 尺寸检验应符合5.5.1的规定。

6.2 拉力试验

6.2.1 验证试验

6.2.1.1 试验机应符合GB/T 16825.1的规定。

6.2.1.2 将试样连接到拉力试验机上，取表1中试样长度。以不大于10 MPa/s的速度平稳施加力达到钢丝绳最小破断拉力的40%时试验达到5.5.2.1的要求。

6.2.2 破断试验

试样加载按5.5.2.2规定进行，在试验达到钢丝绳最小破断拉力时，可以不拉断钢丝绳而结束试验。

注：若客户有要求时，按客户要求执行。

6.3 检验规则

6.3.1 组批

按相同材料、相同规格、相同批次、相同套接方法为一批，试样长度应符合表1。

表1 试样长度

单位为毫米

钢丝绳公称直径 d	最低有效长度	
	多股钢丝绳	单股钢丝绳
$6\leqslant d\leqslant 20$	600	1 000
$20<d\leqslant 60$	$30d$	$50d$
$d>60$	3 000	

6.3.2 抽样原则

6.3.2.1 出厂检验按以下原则抽样：$6\leqslant d\leqslant 20$ 抽样数量为5%，至少不少于3件；$20<d\leqslant 60$ 抽样数量为4%，至少不少于2件；$d>60$ 抽样数量为2%，至少不少于1件。

6.3.2.2 型式检验按相同材料、相同批次、相同套接方法对试样或产品进行不少于2件的试验。

6.3.3 检验项目

6.3.3.1 出厂检验项目应符合表2。

6.3.3.2 型式检验。凡有下列情况之一时应进行型式检验：

a) 新产品或老产品转厂生产；

b) 正式生产后，如结构、材料、工艺有较大改变，可能影响到产品性能；

c) 产品停产两年以上恢复生产；

d) 出厂检验结果和上次型式检验有较大差异；

e) 国家质量监督机构提出进行型式检验要求。

6.3.3.3 型式检验项目应符合表2。

表 2　出厂检验和型式检验项目

序号	项目	出厂检验	型式检验	要求条款
1	外观检验	√	√	5.4.4
2	尺寸检验	√	√	5.5
3	验证试验	√	—	5.6.1
4	破断试验	—	√	5.6.2

6.4　判定原则

6.4.1　出厂检验项目经检验合格后，则判定该产品为出厂检验项目合格；若有不合格项目，应重新抽取双倍试样进行试验，经试验后仍然不合格，则判定该批产品不合格。

6.4.2　型式检验项目经检验合格后，则认为该产品为型式检验合格；若有不合格项目，则判定该型式试验不合格。

6.5　标识

6.5.1　标识应包括以下内容：

a)　生产厂家；

b)　代号、规格尺寸(见 4.3)。

6.5.2　任何压印、压痕不允许损伤索节套接的固结机械性能。

7　标志、包装、运输和贮存

7.1　产品标牌或标签标记

产品标志至少应包括以下内容：

——制造厂名称和商标；

——产品标准；

——产品型号；

——产品编号；

——出厂日期(年、月)。

7.2　包装

包装应按 JB/T 5000.13 规定。可采用裸装或箱装，第一包装箱内应有总装清单。

7.3　运输

吊索在运输过程中严禁与活性化学物品和潮湿性材料混装。如用敞车运输时应有防雨、防潮措施。

7.4　贮存

吊索可在室内或露天存放。室内存放时，室内应清洁、干燥，不得同时贮存活性化学物品或潮湿性物品；露天存放时，并采取防雨、防潮措施。

附　录　A
（资料性附录）
索节浇铸合金

A.1　锌铝铜合金见表 A.1 。

表 A.1　锌铝铜合金化学成分

各成分的质量分数/%			杂质量总和(质量分数)/% (最大)
Al	Cu	Zn	Pb:0.003
5.6～6.0	1.2～1.6	剩余	
合金熔点为 380 ℃ ,浇铸温度为 400 ℃～450 ℃。			

A.2　锌铜合金见表 A.2。

表 A.2　锌铜合金化学成分

各成分的质量分数/%		杂质量总和(质量分数)/%
Cu	Zn	0.04
2	剩余	
合金熔点为 380 ℃ ，浇铸温度为 430 ℃±20 ℃。		

附 录 B
（资料性附录）
工作温度

B.1 合金浇铸吊索工作温度

B.1.1 锌铝铜浇铸合金或锌铜合金浇铸的纤维芯钢丝绳：−40 ℃～ 80 ℃。

B.1.2 锌铝铜浇铸合金或锌铜合金浇铸的钢芯钢丝绳：−40 ℃～ 120 ℃。

B.2 要求

B.2.1 索节

索节应考虑在−20 ℃以下使用时，所要求的材料、力学性能等综合因素的影响。

B.2.2 钢丝绳油脂

钢丝绳应考虑在−20 ℃以下使用时，所要求的油脂的抗寒性能的影响。

附　录　C
（资料性附录）
本标准与 EN 13411-4:2002+A1:2008 的技术性差异及其原因

本标准与 EN 13411-4:2002+A1:2008 的技术性差异及其原因一览表，见表 C.1。

表 C.1　本标准与 EN 13411-4:2002+A1:2008 的技术性差异及其原因

本标准章条编号	技术差异	原　因
1	增加了适用钢丝绳最小直径要求	明确标准的适用范围
2	修改了与标准技术内容相关的我国钢丝绳标准； 增加了清洗液、试验机及包装的标准	符合我国国情
3	删除了 EN 13411-4 术语和定义中的篮式索节、捆扎、初步捆扎、二次捆扎盖覆、胶凝、熔铸固结操作者、专家、树脂熔铸固结体系、熔铸固结体系的设计者的定义	标准内容不涉及
	增加了合金熔铸套接的定义	符合标准要求
—	删除了 EN 13411-4“4 危害”	属于说明性文字，不宜编入
4	增加了第 4 章“产品分类”	便于标准使用
5	删除了 EN 13411-4 关于树脂方面的内容	本标准不涉及
5.1	删除了 EN 13411-4“概要”部分	属于文字性输入，不宜编入
	增加了索节及钢丝绳的总体说明	符合标准要求，便于标准使用
5.2～5.4	修改了前后排列的顺序	符合浇铸顺序
—	删除了 EN 13411-4“5.5 保护”	标准内容不涉及
—	删除了 EN 13411-4“5.6 型式检验”	说明性文字，本标准有单独列入
5.5	增加了吊索总成质量要求	符合国情需要
—	删除了 EN 13411-4“6.1 人员的资格”、“6.2 钢绳的标记”	说明性文字，不宜编入
6.1	修改了 EN 13411-4 6.3～6.16 的相关目测检验，更改为“外观检验”	符合 GB/T 1.1 规定
6.2	增加了“拉力试验”要求	符合 GB/T 1.1 的规定
6.3	增加了“检验规则”要求	符合 GB/T 1.1 的规定
6.4	增加了“判定原则”要求	符合 GB/T 1.1 的规定
6.5	更改了 EN 13411-4“7 标识”要求	符合 GB/T 1.1 的规定
7	增加了“标志、包装、运输和贮存”要求	符合 GB/T 1.1 的规定
—	删除了 EN 13411-4 附录 A～附录 D 及附录 ZA	符合 GB/T 1.1 的规定
附录 A	给出了浇铸合金的化学成分要求	符合我国国情
附录 B	修改了 EN 13411-4 附录 E 工作温度的要求	符合本标准内容要求
附录 C	给出了与 EN 13411-4:2002+A1:2008 的技术性差异及其原因	符合 GB/T 20000.2 的规定
附录 D	给出了与 EN 13411-4:2002+A1:2008 的章条编号对照	符合 GB/T 20000.2 的规定

附 录 D
（资料性附录）
本标准与 EN 13411-4:2002＋A1:2008 的章条对照

本标准与 EN 13411-4:2002＋A1:2008 的章条编号对照一览表见表 D.1。

表 D.1 本标准与 EN 13411-4:2002＋A1:2008 章条编号对照表

本标准章条编号	对应的 EN 13411-4:2002＋A1:2008 章条编号
1	1
2	2
3	3
4	—
5	5
5.1	—
5.2	5.2 部分内容
5.3	5.2 部分内容
5.4	5.3
5.5	—
6	6
6.1	6.6 与 6.16 部分内容
6.2	—
6.3	—
6.4	—
6.5	6.2
7	7
附录 A	附录 A
附录 B	附录 E
附录 C	—
附录 D	—

ICS 77.140.65
H 49

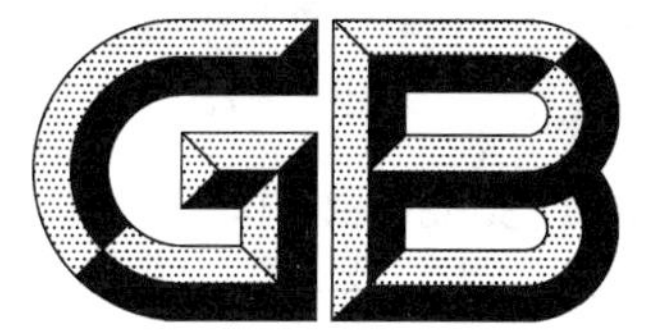

中华人民共和国国家标准

GB/T 30589—2014

钢丝绳绳端　套管压制索具

Steel wire rope terminations—Ferrule-securing sling

2014-06-09 发布　　　　2015-01-01 实施

中华人民共和国国家质量监督检验检疫总局
中国国家标准化管理委员会　发布

前言

本标准按照 GB/T 1.1—2009 给出的规则起草。

本标准使用重新起草法修改采用 EN 13411-3:2004+A1:2008(E)《钢丝绳端 安全 第3部分:套管和套管压制》(英文版)。

本标准附录C中给出了技术性差异及其原因一览表以供参考。

为方便比较,在附录C中列出了本标准与 EN 13411-3:2004+A1:2008(E)章、条编号的对照一览表。

为便于使用,本标准还做了下列编辑性修改:

——删除了 EN 13411-3:2004+A1:2008(E)的引言;

——删除了 EN 13411-3:2004+A1:2008(E)的前言,按照国家标准要求增加了新的前言;

——删除了 EN 13411-3:2004+A1:2008(E)附录 ZA 和附录 ZB。

本标准由中国钢铁工业协会提出。

本标准由全国钢标准化技术委员会(SAC/TC 183)归口。

本标准起草单位:昆山东岸海洋工程有限公司、巨力索具股份有限公司、建峰索具有限公司、冶金工业信息标准研究院、贵州钢绳(集团)有限责任公司、上海正申金属制品有限公司、广州市弘峰起重工具有限公司、麦记国际香港有限公司。

本标准主要起草人:董驾龙、王思珺、李彦英、李国英、崔志强、李勇、王玲君、林祥吉、李伦友、胡耀东、徐科、朱红斌、任翠英。

钢丝绳绳端　套管压制索具

1　范围

本标准规定了套管压制的钢丝绳索具的术语和定义、设计加工文件、原材料、套管压制、型式检验、产品出厂检验、标志和质量证明书等。

本标准适用于公称直径不大于 150 mm，钢丝绳强度级别不大于 1 960 MPa 的套管压制索具。

2　规范性引用文件

下列文件对于本文件的应用是必不可少的。凡是注日期的引用文件，仅注日期的版本适用于本文件。凡是不注日期的引用文件，其最新版本(包括所有的修改单)适用于本文件。

GB/T 246　金属管　压扁试验方法

GB/T 699　优质碳素结构钢

GB/T 3190—2008　变形铝及铝合金化学成分

GB/T 2828.1　计数抽样检验程序　第1部分：按接收质量限(AQL)检索的逐批检验抽样计划

GB/T 4437.1　铝及铝合金热挤压管　第1部分：无缝圆管

GB/T 8706　钢丝绳　术语、标记和分类

GB 8918　重要用途钢丝绳

GB/T 14436　工业产品保证文件　总则

GB/T 20067　粗直径钢丝绳

GB/T 20118　一般用途钢丝绳

YB/T 4398　压实钢丝绳

YB/T 5359　压实股钢丝绳

3　术语和定义

下列术语和定义适用于本文件。

3.1

套管压制索扣　ferrule-secured eye termination

通过压制套管的方法在钢丝绳末端形成索扣(本标准中套管压制索扣仅指 3.2、3.3 两种索扣)。

3.2

套管压制对缠式索扣　flemish eye ferrule-secured termination

通过在钢丝绳主体和对缠式绳股的尾端压制套管的方法形成的索扣(见图 2)。

3.3

套管压制折回式索扣　turn-back eye ferrule-secured termination

通过在钢丝绳主体和折回的绳端压制套管的方法形成的索扣(见图 3)。

3.4

套管压制环状索具　ferrule-secured endless loop

通过在钢丝绳末端搭接部位采用套管压制成型的环形钢丝绳索具(见图 4)。

3.5

套管压制柔性索扣　ferrule-secured soft eye termination

通过压制套管的方法在钢丝绳末端形成一个软环(见图 3)。

3.6

内衬套环的套管压制索扣　ferrule-secured eye termination with thimble

通过压制套管的方法在钢丝绳末端形成一个带金属套环的索扣(见图 A.1 a))。

4　设计加工订货文件

4.1　压制索具订货要求：

a)　产品名称、用途；

b)　套管：规格、材质、牌号、标准编号、热处理状态(未明确时，供方按用途要求提供)；

c)　钢丝绳：标准编号、结构、规格、强度级别、表面状态、捻向、其他要求；

d)　索具安全载荷、安全系数、长度、数量；

e)　索具形式及索扣编制方法：套管压制索扣或环状索具；折回式或对缠式索扣；索扣内衬套环或柔性索扣(未明确时，供方提供套管压制折回式柔性索扣)；

f)　包装方式及标识要求(未明确时，按供方提供的包装方式及标识)；

g)　特殊要求。

4.2　套管压制索具的设计、加工者的设计文件或作业指导书应包含下列内容：

a)　钢丝绳端部的准备；

b)　设计系统中钢丝绳的详细信息；

c)　套管材料的尺寸与钢丝绳直径和类型的匹配；

d)　钢丝绳端部的位置；

e)　套管压制的程序；

f)　模具的校正、修整和维护；

g)　毛刺飞边的消除方法；

h)　压制套管的尺寸要求；

i)　套管的局限性标识；

j)　套管压制索具系统的使用温度限制。

5　原材料

5.1　钢丝绳

5.1.1　本标准采用的钢丝绳应符合 GB/T 20118、GB 8918、GB/T 20067、YB/T 5359 和 YB/T 4398 的规定。也可采用其他满足本标准要求的钢丝绳。

5.1.2　本标准采用的钢丝绳其强度级别不高于 1 960 MPa。

5.1.3　本标准采用四种基本类型：单层股钢丝绳、阻旋转钢丝绳、平行捻密实钢丝绳和单股钢丝绳。

5.1.4　本标准适用于公称金属横截面积系数 C 为 0.283～0.613 的钢丝绳(即填充系数 f 为 0.36～0.78，换算方法见 GB/T 8706)。

5.1.5　本标准采用的钢丝绳公称直径不大于 150 mm。

5.2 套管

5.2.1 套管材料

5.2.1.1 套管的原料应当是碳素钢或铝合金，并与型式试验的技术要求一致。

5.2.1.2 碳素钢应当符合 GB/T 699 的规定，是完全镇静的非时效钢，并通过特殊处理达到足够的塑性。

5.2.1.3 铝合金管采用：5 系铝-镁合金。化学成分符合 GB/T 3190—2008 规定。力学性能要求：抗拉强度 $R_m \geqslant 145$ MPa，规定塑性延伸强度 $R_{p0.2} \geqslant 50$ MPa，断后伸长率 $A_5 \geqslant 20\%$。

5.2.1.4 铝合金管应当采用 GB/T 4437.1 规定的无缝热挤压工艺或锻造工艺。

5.2.1.5 变形铝合金管的最终热处理状态取决于其力学性能是否符合 5.2.1.3 的规定。

5.2.2 套管尺寸

5.2.2.1 套管的主要尺寸：有效长度、壁厚应通过型式试验。

5.2.2.2 铝套管规格、尺寸、公差参见附录 A。

5.2.2.3 钢套管规格、尺寸可参照附录 B。

5.2.3 套管的制造和质量控制

5.2.3.1 用作套管的管材表面应光滑、不得有裂纹、折叠、毛刺等影响使用的缺陷。

5.2.3.2 铝合金管采用无缝热挤压或锻造工艺制造；用作压制索扣的钢套管采用无缝空心管材制造。本标准所有套管不得焊接和焊补。

5.2.3.3 每一批次钢制套管，应根据 GB/T 246 进行闭合压扁试验。见图 1。

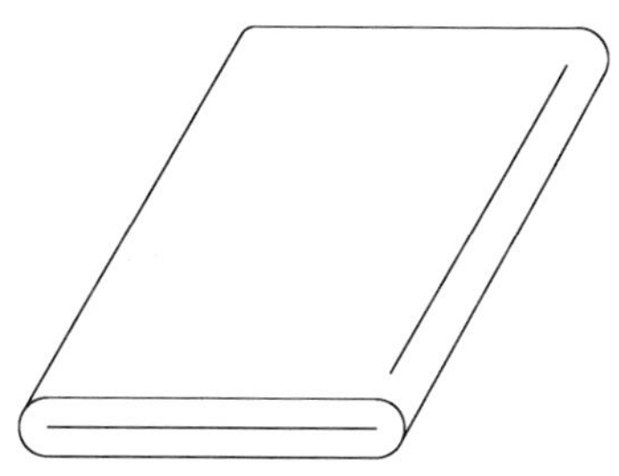

图 1 压扁试验后的套管

5.2.4 套管证书

5.2.4.1 套管制造商应提供合格证书以表明整批套管符合订货的技术要求。

5.2.4.2 质量证书应符合 GB/T 14436 的规定。

5.2.5 套管标识

5.2.5.1 每一个套管均应标上套管的尺寸和制造商名称代号。或当套管号小于 8 时，标识可以印在包装上或挂牌标识。

5.2.5.2 套管上文字代号的大小尺寸应符合表 1 的规定。

表1 标注印记尺寸

套管规格号	字母尺寸/mm	印痕深度/mm 不大于
<8	采用挂牌标识或包装处标识	
8～24	3	0.5
25～60	5	1
61～150	7	1.2

6 套管压制

6.1 总则

6.1.1 套管压制应形成设计文件或作业指导书,其包含4.2的内容。

6.1.2 套管压制应由受过培训的人员来完成。

6.1.3 压制设备应有足够压力确保最终合模。

6.2 套管与钢丝绳的匹配

6.2.1 与套管相匹配的钢丝绳应符合5.1的规定。

6.2.2 根据钢丝绳的公称直径及实测直径选择合适的套管尺寸,套管尺寸参见附录A或附录B。

6.3 索扣的成型加工

6.3.1 套管压制对缠式索扣

6.3.1.1 钢丝绳的外层股应平均分为两组,钢丝绳芯也应分配到相应的组,钢丝绳的分割长度应当根据成型加工索扣的尺寸确定。两组股最后应沿相反方向重新捻合到一起。捻制方法之一见图2。在索扣中不得有单独的股突出在绳外。

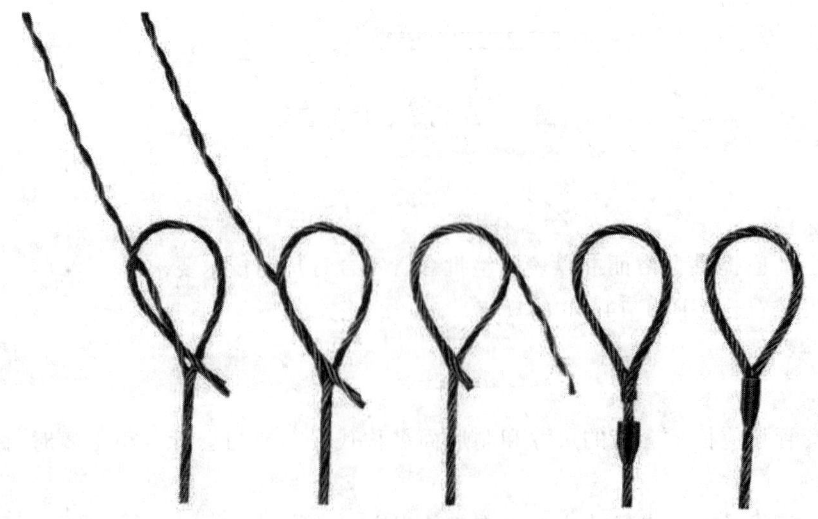

图2 对缠式索扣成型过程

6.3.1.2 股端部的位置和绳芯的舍弃以及放置位置等应按照作业指导书规定操作。

6.3.1.3 当套管滑动到位时，套管不应扰乱各股的位置。套管内，股的末端应均匀地分布到完整的钢丝绳周围。

6.3.1.4 压制前，根据如下要求将套管定位：压制后套环端部和套管之间的距离大约为钢丝绳公称直径的 1.5 倍。对于一端有尖头的套环，压制后套环端部和套管之间的距离大约为钢丝绳公称直径的 1 倍。

6.3.1.5 柔性索扣的圆周长度至少应为钢丝绳捻距的 6 倍。

6.3.2 套管压制折回式索扣

6.3.2.1 对于通过热加工方式切割钢丝绳，钢丝绳的退火长度不应大于 1 倍钢丝绳直径。压制后，退火段处在套管外部。

6.3.2.2 采用 C 型套管压制的索扣不应采用热加工方式切割钢丝绳[A、B、C 型套管，参见图 A.1 a)压制索扣型式图]。

6.3.2.3 如果钢丝绳的切割末端在套管内，则绳头绑扎物应仅由一个小股或一根丝组成。绑扎物材料应采用铝或者退火钢，拉伸强度应不大于 400 MPa，绑扎物直径应不大于钢丝绳公称直径的 5%。套管内部的绑扎物宽度应不大于钢丝绳公称直径的二分之一，绑扎总宽不应超过 1 倍钢丝绳的直径。

6.3.2.4 先将钢丝绳末端穿过与之相匹配的套管，再将钢丝绳末端折返穿过套管从而形成索扣。

6.3.2.5 在自然状态下，柔性索扣从套管到索扣顶端内侧的长度 h 至少应为钢丝绳公称直径的 15 倍。

注：无负载下钢丝绳柔性索扣的宽度应为其长度的一半左右，见图 3。

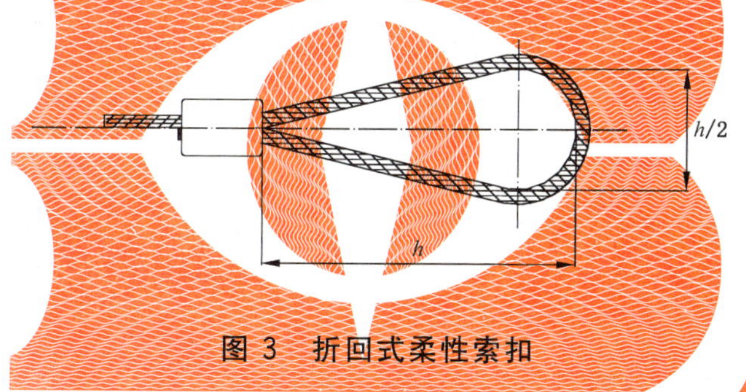

图 3 折回式柔性索扣

6.3.2.6 除 C 型套管外，套管压制后，钢丝绳末端伸出套管的长度应不超过钢丝绳直径的 0.5 倍～1 倍。如果钢丝绳采用热加工方式切割，套管压制后钢丝绳末端突出套管的长度应不超过 1 倍的钢丝绳直径。即仅退火部分突出套管。

6.3.2.7 压制前套管的位置应确保压制后满足：

a) 套环和套管之间的空隙；

b) 套环在索扣内固定，以确保套环在索扣内不旋转或不从索扣内脱出。

注：对于一端没有尖头的套环，压制后套环和套管的间隙应大约为钢丝绳公称直径的 1.5 倍。对于一端有尖头的套环，除非有特殊规定，应当是钢丝绳公称直径的 1 倍。参见图 A.1 a)尺寸 L_2。

6.3.3 套管压制环状索具

6.3.3.1 套管压制环状索具通过在钢丝绳末端搭接部位采用 2～3 个相同规格套管压制成型，见图 4。

6.3.3.2 两个套管之间的两段钢绳必须长度相等。

6.3.3.3 套管压制后钢丝绳末端突出套管的长度 e 约为钢丝绳直径的 0.5 倍～1 倍。

6.3.3.4 搭接部位 2 个套管之间的压制后距离 S 一般约为钢丝绳直径的 3 倍～5 倍。

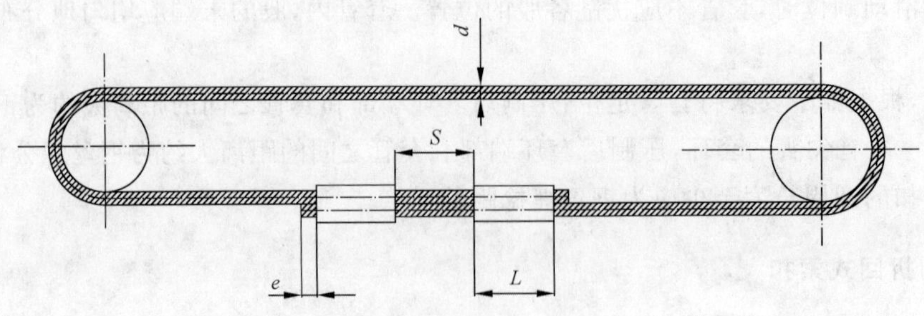

图 4　套管压制环状索具

6.4　套管压制程序

6.4.1　套管的压制应按照作业指导书进行。

6.4.2　压制模具的接触部位和内表面应清洁并涂润滑油。

6.4.3　对于扁椭圆型套管，套管的长轴应和压制方向一致。参见图 A.5。

6.4.4　在压制操作结束时，上、下模具的接触面贴合。

6.4.5　钢丝绳末端的位置应进行检查，并且符合套管压制作业指导书，同时还应考虑锥形端部椭圆套管的特殊要求。

6.4.6　压制操作产生的飞边均应清除，所有的飞边不得再压入套管内。如果压制模具过度磨损，模具需要更新。

6.5　套管压制后的质量控制

6.5.1　对于和压制的套管所对应的压制模具，应进行尺寸检查，以验证其压制直径和长度在规定极限值范围内。

6.5.2　每一个压制的套管应检查是否有裂纹和表面缺陷。

6.5.3　每一个压制的套管应进行直径、长度检查，以验证其尺寸符合规定。

6.5.4　对于折回式索扣应检查绳尾端的位置，确保符合作业指导书规定。

6.5.5　对于 3.3、3.4 两种索扣采用 C 型锥形椭圆套管时，要确保套管平直部分完全起到承载作用。

7　型式检验

7.1　套管压制索具的设计、制造者应按照 7.3 的规定进行型式检验。

7.2　凡有下列情况之一时也应进行型式检验：

a)　正式生产后，如结构、材料、工艺有较大改变，可能影响到产品性能；

b)　产品停产 2 年以上恢复生产；

c)　出厂检验结果和型式检验有较大差异；

d)　国家质量监督机构或船级社等第三方机构提出进行型式检验要求。

7.3　型式检验方法：

7.3.1　从事型式检验的第三方机构应有资质胜任该项工作，并按规定程序检验发证。

7.3.2　套管压制索具的设计、加工者向上述机构提交供验证的设计文件和作业指导书。

7.3.3　型式检验项目参见表 2。

表 2 型式检验和出厂检验项目表

序　　号	项　　目	压制索具出厂检验	型式检验	要求条款
1	设计加工文件	—	√	4.2
2	人员设备能力	—	√	6.1.2,6.1.3
3	外观检验	√	√	6.5.2
4	尺寸检验	√	√	6.5.3
5	索扣端部检验	√	√	6.5.4,6.5.5
6	破断拉伸试验	√(需要时)	√	7.3.5,8.6
7	疲劳试验	—	√	7.3.6
8	安全载荷验证试验	√	√(需要时)	8.5

7.3.4 型式检验取样:

7.3.4.1 根据型式检验项目表,每种规格抽取一组(4 个)试样进行型式检验项目的试验和检验,如果 4 个试样通过了型式检验项目要求,则认为该规格型式检验合格。

7.3.4.2 如果是按数学规律设计的多规格序列产品,可抽取大、小各一种规格的试样进行试验检验。如果通过了型式试验项目要求,则认为该序列各规格产品型式检验合格。

7.3.4.3 如果有一个项目不合格,应重新抽取一组(4 个)试样进行试验检验,如仍然不符合型式试验项目要求,则判产品型式检验不合格。

7.3.4.4 对于套管压制索扣成品,当试验涉及套管压制索具的两端时,试验的数量应当视为两个。

7.3.4.5 另外,取样应考虑套管压制成品的类型是折回式索扣,还是对缠式索扣或是压制环状索具。具体如下:

a) 折回式压制索扣:对于每一种基本类型的钢丝绳,取金属横截面积系数最低的和最高的进行试验。

b) 对缠式压制索扣:设计系统中金属横截面积系数最低的和最高的单层股钢丝绳进行试验。

c) 套管压制环状索扣:设计系统中金属横截面积系数最低的和最高的单层股钢丝绳进行试验。

7.3.5 破断拉伸试验:

7.3.5.1 破断试验时,套管压制索扣至少应能承受钢丝绳最小破断拉力的 90%。对于套管压制环状索具,至少应能承受钢丝绳最小破断拉力的 2×80%。

注:90%和 80%的绳端结合效率是用来计算索具的安全工作负荷的;使用中还要考虑销、钩、被吊物形状尺寸等影响。

7.3.5.2 所施加的力应通过圆柱销传递给试样,圆柱销的直径应进行选择,以保证套管柔性索扣的锥形夹角在 25°～35°之间,见图 5。对于套管压制环状索具用圆柱销的直径不小于钢丝绳公称直径的 4 倍。

7.3.5.3 对于套管压制环状索具,压制套管部分应在圆柱销的中间位置。见图 4。

7.3.5.4 在对试样施加 50%钢丝绳最小破断拉力后,剩下的力应以每秒不超过 0.5%的钢丝绳最小破断拉力的速率施加。或在对试样平稳施加 70%钢丝绳最小破断拉力后,剩下的力应以每秒 10 MPa 的速率施加。

7.3.5.5 两套管之间钢丝绳的长度 L 应不小于钢丝绳公称直径的 30 倍,见图 5。对试样尺寸有其他要求时,可由双方协议确定。

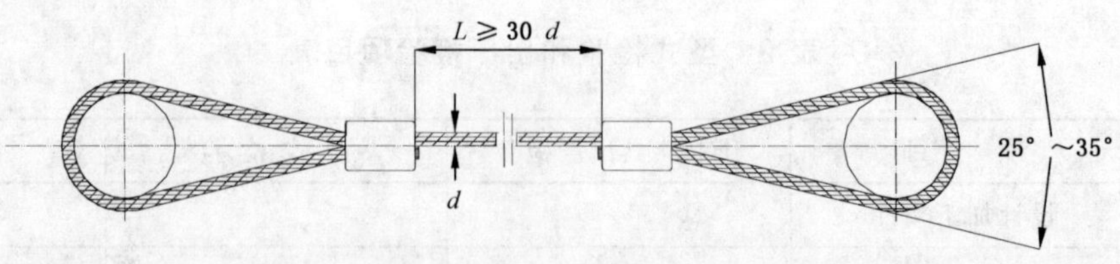

图 5 破断拉力试样

7.3.6 疲劳试验：

7.3.6.1 通过下列试验后套管压制索扣应保持钢丝绳最小破断拉力的 80%；压制环状索具应保持2×70%。

7.3.6.2 疲劳试验应在同轴拉伸试验机上进行。固定点不得旋转，试验应在沿试样轴线施加 15%～30% 钢丝绳最小破断力的试验力下进行 75 000 次循环。试验应在 10 ℃～40 ℃范围内，试验频率不应超过 5 Hz。

7.3.6.3 疲劳试验后的破断拉伸试验应按照 7.3.5 进行。

7.3.6.4 关于套管压制索具其他耐久性试验的方法和要求由供需双方协商解决。

8 产品出厂检验

8.1 出厂检验项目见表 1。

8.2 索具出厂检验应 100%通过外观检验、尺寸检验。

8.3 索具出厂外观、尺寸检验应满足 6.5.2～6.5.5 的规定。

8.4 索具出厂破断拉伸试验和安全载荷验证试验的组批抽样规则：

a) 每批由同一原材料(钢丝绳，套管)批号、同一结构规格、同一生产批次组成。

b) 出厂组批后抽样量由供需双方商定，或按 GB/T 2828.1 的规定进行。

c) 对取样数量及方法有其他要求，可由供需双方协议确定。

8.5 索具安全载荷验证试验：

a) 根据设计规定及用户要求，以安全载荷的一定倍数值对索具实施验证试验，但是不能超出钢丝绳最小破断拉力值的 50%。

b) 索具安全载荷验证试验时，不允许套管滑移、破断、裂纹；不允许钢丝绳断丝、断股。

c) 同一批次的索具，其安全载荷验证试验可抽取一个试样进行。如果试验项目不符合出厂试验要求，应重新抽取两个试样进行试验，或全数检验。经试验仍然不合格产品不允许出厂。

8.6 需要时，索具出厂应按 7.3.5 及 8.4 规定进行破断拉伸试验。

9 标志和质量证明书

9.1 索具标志

索具套管号大于 8 时，每一个索具的套管上均应标制造和使用信息，标识字符位置；大小及压痕深度参见图 A.1 a)、A.8、表 A.4。或当套管号小于 8 时，标识可以印在包装上或索具挂牌标识。

如果套管压制索扣不是吊索，而是钢丝绳组合装置的一部分：

a) 套管应清楚、永久地标明套管压制索扣制造商的名称、符号或标识；

b) 装置应清楚、永久地标明 9.2 合格证书中的可追溯的代码标识。

9.2 质量证明书

质量证明书应符合 GB/T 14436 的规定。

质量证明书应表明整批索具符合本标准技术要求。

如果套管压制索扣不是吊索，而是钢丝绳组合装置的一部分，则质量证明书至少应包括如下信息：

a) 套管压制索扣生产者或其代理的名称和地址，包括合格证书和鉴定证书的签发日期；

b) 本标准的编号和相关部分；

c) 钢丝绳加工组合装置的说明；

d) 每个标识的可追溯性代码；

e) 第三方检验信息。

附 录 A
（资料性附录）
铝套管压制折回式索扣设计规定

A.1 总则

本附录规定了满足相关钢丝绳要求的、钢丝绳直径为 150 mm 以下、钢丝绳强度级别不大于 1 960 MPa的椭圆型铝制套管压制折回式索扣设计的材料、尺寸和制造要求。

A.2 压制的型式

含套环的压制索扣型式见图 A.1 a)。

图 A.1 a)中 2 为内衬平头套环压制的索扣，3～5 为内衬尖头套环压制的索扣。

压制索扣横截面见图 A.1 b) 套管横截面图。截面取于套管直段 L_1 内。

表 A.3 尺寸 d_1 仅适用于图 A.1 b)中所指示区域(120°)范围。

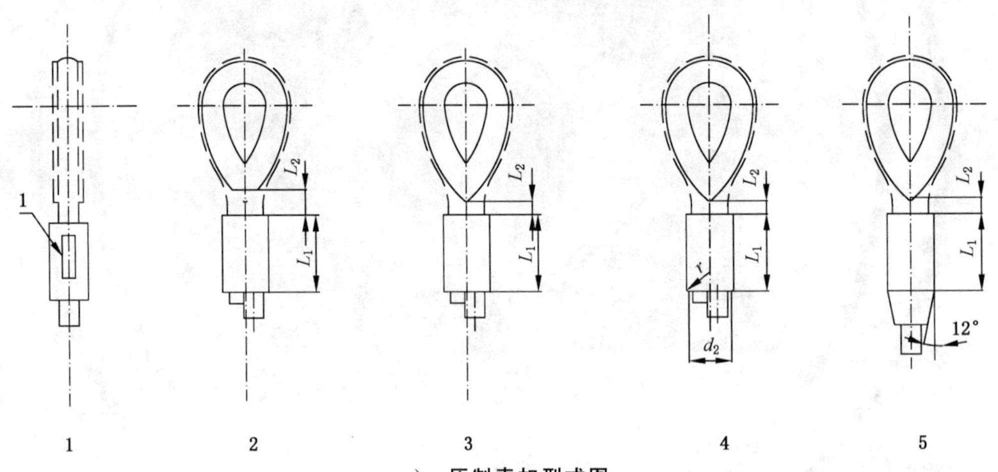

a） 压制索扣型式图

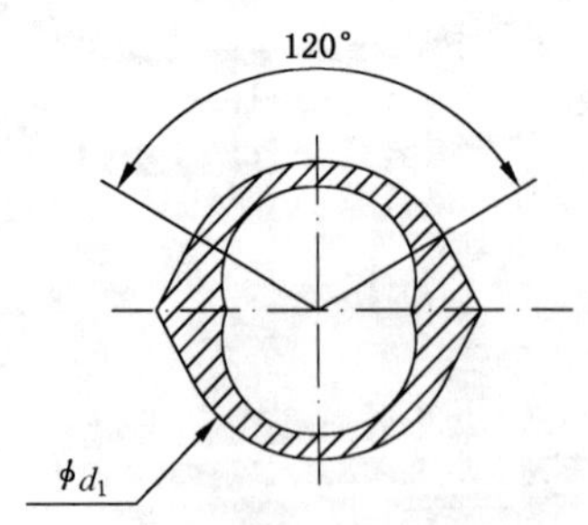

b） 套管横截面图

说明：

1 ——识别标识位置；

2 ——A 型：内衬平口套环压制的索扣；

3 ——A 型：内衬尖头套环压制的索扣；

4 ——B 型：套管端部具有倒角的索扣；

5 ——C 型：端部为锥形的索扣；

d_1——外部压制尺寸，直径 d_1 仅适用于 120°范围。

图 A.1 压制索扣类型图

A.3 本设计套管用钢丝绳

A.3.1 总则

符合本附录的套管适用于采用符合 A.3.2、A.3.3 和 A.3.4 的钢丝绳制造压制索扣。

A.3.2 钢丝绳类型

GB/T 20118、GB 8918、YB/T 5359、YB/T 4398 和 GB/T 20067 的单层股钢丝绳、阻旋转钢丝绳、平行捻密实多股钢丝绳、缆式钢丝绳和单股钢丝绳。

A.3.3 金属截面积系数

金属截面积系数 C 范围为 0.283～0.683。

A.3.4 钢丝绳级别

最大的钢丝绳强度级别为 1 960 MPa。

A.3.5 钢丝绳捻制类型

交互捻和同向捻。

A.4 套管

A.4.1 总则

60 mm 以下压制索扣用空心套管截面应为椭圆形且壁厚均匀，并符合 A.4.3、A.4.4、A.5 和 A.6 的要求。根据套管材质其长度亦可按表 A.4 的要求执行。

60 mm 以上大规格压制索扣用铝合金管应符合表 A.4 的要求，铝管规格的选择可以参照 A.6 中 4 种情况进行。

A.4.2 材料

原料的成分应符合 GB/T 3190—2008 中 5A02、5052、5051 铝合金材料。

参考硬度：HB38～HB45；

抗拉强度：$R_m \geqslant 145$ MPa；

规定塑性延伸强度：$R_{p0.2} \geqslant 50$ MPa；

断后延伸率：$A_5 \geqslant 20\%$。

A.4.3 平直度

管材的长度(l_1)超过 300 mm 时，偏离直线的距离(h_1)应不超过 4 mm/m(h_1/l_1)。在任何长度(l_1)内，长度(l_2)不超过 300 mm 时，偏离直线的距离(h_2)应不超过 2.5 mm，见图 A.2。

直径不小于 14 mm 的钢丝绳套管用管材，其扭曲程度应不超过 2.5 mm/m。

管材的全长的扭曲 V 应不超过 5 mm，见图 A.3。

A.4.4 壁厚

实测壁厚的平均值 S_{vag} 应按下列公式计算：

$$S_{vag} = (S_{max} + S_{min})/2$$

按照下列公式的壁厚偏差应符合表 A.1 的要求：

$$U = S_{max} - S_{vag} = S_{vag} - S_{min}$$

A.5 套管尺寸及确认(压制前)

套管通过规格序号进行鉴别，见表 A.1。

套管(A 型)和套管(B 型)如图 A.4a)所示，其尺寸应符合表 A.1。两者的区别在于：套管(B 型)在压制结束后，套管端部具有表 A.3 规定的倒角 r。

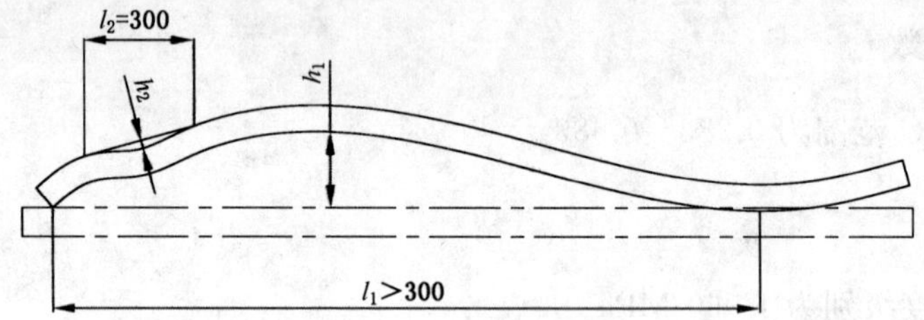

说明：

l_1——管材的长度；

l_2——套管与套管基础之间的间隙。

图 A.2 管材的平直度

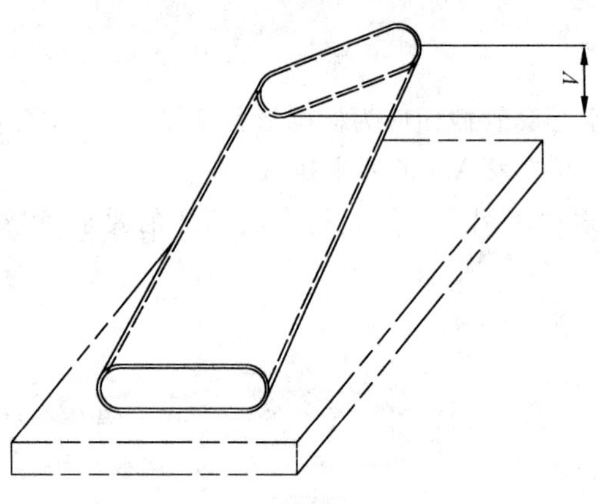

图 A.3 管材的扭曲

带锥形端部椭圆套管(C 型)如图 A.4 b)所示，其尺寸应符合表 A.1。

C 型套管的精确外形可以由制造商处理。

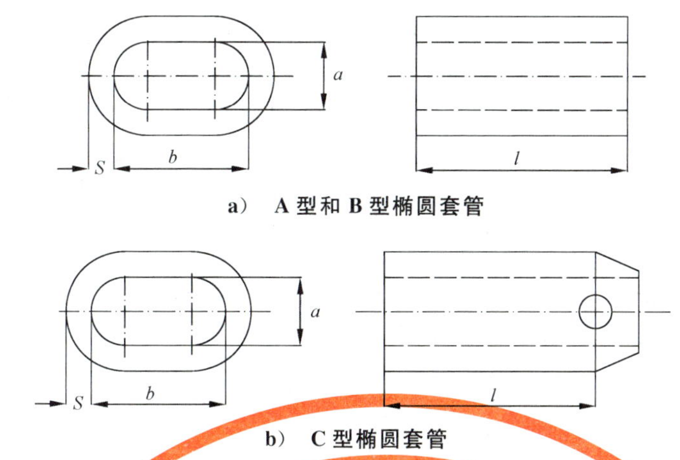

a） A型和B型椭圆套管

b） C型椭圆套管

图 A.4 套管尺寸示意(见表 A.1)

注：锥形端部套管的设计应保证在压制前和压制操作工程中不影响套管的稳定性并保持套管水平。套管管壁应有一个开孔，这样加工完的套管压制索扣露出钢丝绳末端。

表 A.1 套管压制前的尺寸(见图 A.4)

套管	内部尺寸/mm				壁厚/mm			长度/mm		重量[a]/kg(每 1 000 件)
规格号	a	a 的允许偏差	b	b 的允许偏差	公称壁厚 S	平均壁厚与公称壁厚的偏差 U	不同壁厚允许偏差 μ	l	允许偏差	
2.5	2.7	+0.2 0	5.4	+0.2 0	1.05	±0.04	0.09	9	+0.2 −0.5	0.499
3	3.3		6.6		1.25	±0.04	0.12	11		0.843
3.5	3.8		7.6		1.5	±0.05	0.13	13		1.32
4	4.4	+0.2 0	8.8	+0.2 0	1.7	±0.05	0.15	14	+0.2 −0.5	1.81
4.5	4.9		9.8		1.9	±0.06	0.17	16		2.61
5	5.5		11.0		2.1	±0.05	0.19	18		3.57
6	6.6	±0.15	13.2	±0.15	2.5	±0.08	0.22	21	+0.2 −0.5	5.86
6.5	7.2		14.4		2.7	±0.08	0.24	23		7.55
7	7.8		15.6		2.9	±0.09	0.26	25		9.53
8	8.8	±0.2	17.6	±0.2	3.3	±0.10	0.29	28	+0.5 −1	13.7
9	9.9		19.8		3.7	±0.11	0.33	32		19.8
10	10.9		21.8		4.1	±0.12	0.37	35		26.4
11	12.1	±0.3	24.2	±0.3	4.5	±0.13	0.41	39	+0.5 −1	35.8
12	13.2		26.4		4.9	±0.15	0.44	42		45.8
13	14.2		28.4		5.4	±0.16	0.48	46		59.7
14	15.3	±0.3	30.6	±0.3	5.8	±0.17	0.52	49	+0.5 −1	73.5
16	17.5		35		6.7	±0.20	0.57	56		111
18	19.6		39.2		7.6	±0.23	0.61	63		159

表 A.1（续）

<table>
<tr><th>套管</th><th colspan="4">内部尺寸/mm</th><th colspan="3">壁厚/mm</th><th colspan="2">长度/mm</th><th rowspan="2">重量[a]/kg
（每 1 000 件）</th></tr>
<tr><th>规格号</th><th>a</th><th>a 的允许偏差</th><th>b</th><th>b 的允许偏差</th><th>公称壁厚
S</th><th>平均壁厚与公称壁厚的偏差
U</th><th>不同壁厚允许偏差
μ</th><th>l</th><th>允许偏差</th></tr>
<tr><td>20</td><td>21.7</td><td>±0.3</td><td>43.4</td><td>±0.3</td><td>8.4</td><td>±0.25</td><td>0.64</td><td>70</td><td rowspan="3">+0.7
−1.5</td><td>217</td></tr>
<tr><td>22</td><td>24.3</td><td rowspan="2">±0.3</td><td>48.6</td><td rowspan="2">±0.4</td><td>9.2</td><td>±0.28</td><td>0.67</td><td>77</td><td>292</td></tr>
<tr><td>24</td><td>26.4</td><td>52.8</td><td>10</td><td>±0.30</td><td>0.70</td><td>84</td><td>376</td></tr>
<tr><td>26</td><td>28.5</td><td rowspan="3">±0.4</td><td>57</td><td rowspan="3">±0.4</td><td>10.9</td><td>±0.32</td><td>0.74</td><td>91</td><td rowspan="3">+0.7
−1.5</td><td>481</td></tr>
<tr><td>28</td><td>31</td><td>62</td><td>11.7</td><td>±0.33</td><td>0.77</td><td>98</td><td>603</td></tr>
<tr><td>30</td><td>33.1</td><td>66.2</td><td>12.5</td><td>±0.35</td><td>0.82</td><td>105</td><td>739</td></tr>
<tr><td>32</td><td>35.2</td><td rowspan="3">±0.4</td><td>70.4</td><td rowspan="3">±0.4</td><td>13.4</td><td>±0.37</td><td>0.87</td><td>112</td><td rowspan="3">+0.7
−1.5</td><td>897</td></tr>
<tr><td>34</td><td>37.8</td><td>75.6</td><td>14.2</td><td>±0.38</td><td>0.92</td><td>119</td><td>1 077</td></tr>
<tr><td>36</td><td>39.8</td><td>79.6</td><td>15</td><td>±0.40</td><td>0.98</td><td>126</td><td>1 275</td></tr>
<tr><td>38</td><td>41.9</td><td rowspan="3">±0.4</td><td>83.8</td><td>±0.4</td><td>15.8</td><td>±0.41</td><td>1.03</td><td>133</td><td rowspan="3">+0.7
−1.5</td><td>1 503</td></tr>
<tr><td>40</td><td>44</td><td>88</td><td rowspan="2">±0.5</td><td>16.6</td><td>±0.43</td><td>1.08</td><td>140</td><td>1 734</td></tr>
<tr><td>44</td><td>48.4</td><td>96.8</td><td>18.3</td><td>±0.46</td><td>1.19</td><td>154</td><td>2 314</td></tr>
<tr><td>48</td><td>52.8</td><td rowspan="2">±0.4</td><td>105.6</td><td rowspan="2">±0.5</td><td>20.0</td><td>±0.5</td><td>1.3</td><td>168</td><td rowspan="3">+0.7
−1.5</td><td>3 101</td></tr>
<tr><td>52</td><td>57.2</td><td>114.4</td><td>21.6</td><td>±0.54</td><td>1.4</td><td>182</td><td>3 813</td></tr>
<tr><td>56</td><td>61.6</td><td>±0.5</td><td>123.2</td><td>±0.6</td><td>23.3</td><td>±0.58</td><td>1.5</td><td>196</td><td>4 772</td></tr>
<tr><td>60</td><td>66</td><td>±0.5</td><td>132</td><td>±0.6</td><td>25</td><td>±0.63</td><td>1.6</td><td>210</td><td>+0.7
−1.5</td><td>5 880</td></tr>
<tr><td colspan="11">规格序号大于 60 时，管壁厚度 S 和管子长度 l 可以采用插入法设计。
管壁厚度 S 为规格号的 0.42 倍，管子长度 l 为规格号的 3.5 倍。
采用插入法设计的套管必须进行型式试验。</td></tr>
<tr><td colspan="11">[a] 圆柱形套管重量，仅供参考。</td></tr>
</table>

A.6 套管与钢丝绳的匹配

正确的选择套管应考虑下列要求：

a） 实测钢丝绳直径；

b） 钢丝绳（和芯）的类型；

c） 钢丝绳的横截面积系数。

情况 1：

对于横截面积系数 C 大于等于 0.283 的纤维芯单层圆股钢丝绳和缆式钢丝绳，应选择表 A.2 中钢丝绳公称直径相等的套管规格号。

情况 2：

对于横截面积系数 C 小于等于 0.487 的钢芯单层圆股钢丝绳和阻旋转圆股钢丝绳，应选择表 A.2 中钢丝绳公称直径相邻较大的套管规格号。

情况 3：

对于横截面积系数 C 大于 0.487 而小于等于 0.613 的钢芯单层圆股钢丝绳、阻旋转圆股钢丝绳和平行捻密实圆股钢丝绳，套管应根据表 A.2 进行选择。

情况 4：

对于横截面积系数 C 小于 0.613 单股钢丝绳，应选择表 A.2 中比钢丝绳公称直径大两个尺寸序号的套管。每个接头用两个套管压制，套管之间应保持一空间间隔。

表 A.2　不同情况下套管与钢丝绳的匹配表

<table>
<tr><th colspan="3">钢丝绳直径/mm</th><th colspan="4">套管规格号</th></tr>
<tr><th>公称</th><th colspan="2">实测</th><th>情况 1</th><th>情况 2</th><th>情况 3</th><th>情况 4</th></tr>
<tr><th>d</th><th>d_{min}</th><th>d_{max}</th><th>纤维芯单层圆股钢丝绳和缆式钢丝绳
$C \geqslant 0.283$</th><th>钢芯单层圆股和阻旋转圆股钢丝绳
$C \leqslant 0.487$</th><th>钢芯单层圆股、阻旋转和平行捻密实钢丝绳
$0.487 < C \leqslant 0.613$</th><th>单股钢丝绳
2 个套管
$C \leqslant 0.613$</th></tr>
<tr><td>2.5</td><td>2.5</td><td>2.7</td><td>2.5</td><td>3</td><td>—</td><td>—</td></tr>
<tr><td>3</td><td>2.8</td><td>3.2</td><td>3</td><td>3.5</td><td>—</td><td>—</td></tr>
<tr><td>3.5</td><td>3.3</td><td>3.7</td><td>3.5</td><td>4</td><td>—</td><td>—</td></tr>
<tr><td>4</td><td>3.8</td><td>4.3</td><td>4</td><td>4.5</td><td>—</td><td>5</td></tr>
<tr><td>4.5</td><td>4.4</td><td>4.8</td><td>4.5</td><td>5</td><td>—</td><td>6</td></tr>
<tr><td>5</td><td>4.9</td><td>5.4</td><td>5</td><td>6</td><td>—</td><td>6.5</td></tr>
<tr><td rowspan="2">6</td><td>5.5</td><td>5.9</td><td rowspan="2">6</td><td rowspan="2">6.5</td><td>—</td><td rowspan="2">7</td></tr>
<tr><td>6</td><td>6.4</td><td>7</td></tr>
<tr><td>6.5</td><td>6.5</td><td>6.9</td><td>6.5</td><td>7</td><td>8</td><td>8</td></tr>
<tr><td>7</td><td>7</td><td>7.4</td><td>7</td><td>8</td><td>9</td><td>9</td></tr>
<tr><td rowspan="2">8</td><td>7.5</td><td>7.9</td><td rowspan="2">8</td><td rowspan="2">9</td><td>9</td><td rowspan="2">10</td></tr>
<tr><td>8</td><td>8.4</td><td>10</td></tr>
<tr><td rowspan="2">9</td><td>8.5</td><td>8.9</td><td rowspan="2">9</td><td rowspan="2">10</td><td>10</td><td rowspan="2">11</td></tr>
<tr><td>9</td><td>9.5</td><td>11</td></tr>
<tr><td rowspan="2">10</td><td>9.6</td><td>9.9</td><td rowspan="2">10</td><td rowspan="2">11</td><td>11</td><td rowspan="2">12</td></tr>
<tr><td>10</td><td>10.5</td><td>12</td></tr>
<tr><td rowspan="2">11</td><td>10.6</td><td>10.9</td><td rowspan="2">11</td><td rowspan="2">12</td><td>12</td><td rowspan="2">13</td></tr>
<tr><td>11</td><td>11.6</td><td>13</td></tr>
<tr><td rowspan="2">12</td><td>11.7</td><td>11.9</td><td rowspan="2">12</td><td rowspan="2">13</td><td>13</td><td rowspan="2">14</td></tr>
<tr><td>12</td><td>12.6</td><td>14</td></tr>
<tr><td rowspan="2">13</td><td>12.7</td><td>12.9</td><td rowspan="2">13</td><td rowspan="2">14</td><td>14</td><td rowspan="2">6</td></tr>
<tr><td>13</td><td>13.7</td><td>16</td></tr>
<tr><td rowspan="2">14</td><td>13.8</td><td>13.9</td><td rowspan="2">14</td><td rowspan="2">16</td><td>16</td><td rowspan="2">18</td></tr>
<tr><td>14</td><td>14.7</td><td>18</td></tr>
</table>

表 A.2（续）

钢丝绳直径/mm			套管规格号			
公称	实测		情况 1	情况 2	情况 3	情况 4
d	d_{min}	d_{max}	纤维芯单层圆股钢丝绳和缆式钢丝绳 $C\geqslant0.283$	钢芯单层圆股和阻旋转圆股钢丝绳 $C\leqslant0.487$	钢芯单层圆股、阻旋转和平行捻密实钢丝绳 $0.487<C\leqslant0.613$	单股钢丝绳 2 个套管 $C\leqslant0.613$
16	14.8	15.9	16	18	18	20
	16	16.8			20	
18	16.9	17.9	18	20	20	22
	18	18.9			22	
20	19	19.9	20	22	22	24
	20	21			24	
22	21.1	21.9	22	24	24	26
	22	23.1			26	
24	23.2	23.9	24	26	26	8
	24	25.2			28	
26	25.3	25.9	26	28	28	30
	26	27.3			30	
28	27.4	27.9	28	30	30	32
	28	29.4			32	
30	29.5	29.9	30	32	32	34
	30	31.5			34	
32	31.6	31.9	32	34	34	36
	32	33.6			36	
34	33.7	33.9	34	36	36	36
	34	35.7			38	
36	35.8	35.9	36	38	38	38
	36	35.7			40	
38	37.8	37.9	38	40	40	40
	38	39.9			44	
40	40	42	40	44	48	48
44	42.1	43.9	44	48	48	48
	44	46.2			52	52
48	46.3	47.9	48	52	52	52
	48	50.4			56	56

表 A.2（续）

钢丝绳直径/mm			套管规格号			
公称	实测		情况 1	情况 2	情况 3	情况 4
d	d_{min}	d_{max}	纤维芯单层圆股钢丝绳和缆式钢丝绳 $C \geqslant 0.283$	钢芯单层圆股和阻旋转圆股钢丝绳 $C \leqslant 0.487$	钢芯单层圆股、阻旋转和平行捻密实钢丝绳 $0.487 < C \leqslant 0.613$	单股钢丝绳 2 个套管 $C \leqslant 0.613$
52	50.5	51.9	52	56	56	60
	52	54.6			60	
56	54.7	55.9	56	60	—	—
	56	58.8			—	—
60	58.9	59.9	60	—	—	—
	60	63			—	—

A.7 索扣终端的制造

A.7.1 套管的位置(A 型和 B 型)：

套管的放置应保证压制后钢丝绳末端应突出套管。对于以热方式切割的钢丝绳，其突出长度大约为 1 倍钢丝绳直径。对于所有其他情况尾端突出长度约为 0.5 倍的钢丝绳直径。

对于一端没有尖头的套环，压制后套环和套管的间距约为钢丝绳公称直径的 1.5 倍。对于一端有尖头的套环，除非有特殊规定，压制后其距离约是钢丝绳公称直径的 1 倍。

注：压制前，可以通过对套管轻微变形将套管固定在钢丝绳上。需要注意的是在套管变形时，例如压制或用虎钳压紧时，边缘不得凹陷；否则，在接下来的压制中套管可能塌陷(见图 A.5)。

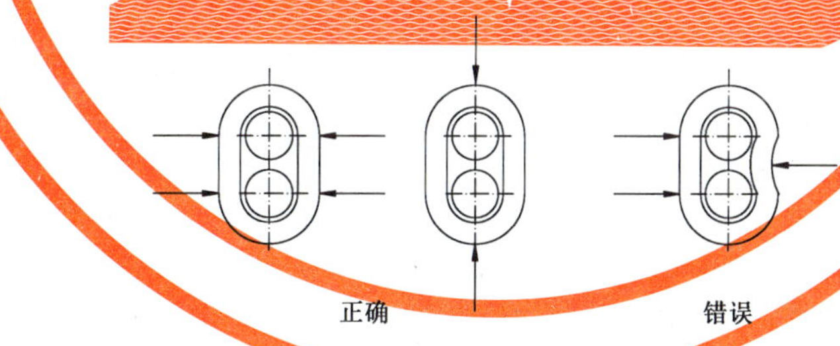

图 A.5 套管在钢丝绳上的固定

A.7.2 套管的压制：

a) 5 mm 以上的套管只能采用液压或气压冷加工的方法进行压制。

b) 铝合金套管参考压制力见表 A.4。

c) 套管在压制模具中应保持稳定、水平的位置。

d) 椭圆套管横截面主轴应于压制方向一致。在压制操作结束时，压制模具应合模。

e) 套管应沿一个方向压制，不得翻身、转动。套管成品上任何毛刺应清除并不得损伤套管和钢丝绳。

A.7.3 压制后的套管尺寸应符合表 A.3。

表 A.3 套管压制的尺寸(见图 A.1)

套管规格号	外部压制尺寸 d_1		d_2 mm	平行长度 L_1/mm	L_2/mm	r[a]/mm
	公称/mm	允许偏差/mm				
2.5	5	+0.2	—	12	3.75	—
3	6		—	14	4.5	—
3.5	7		—	16	5.25	—
4	8		—	18	6	—
4.5	9		8	20	6.75	4.5
5	10		9	23	7.5	5
6	12	+0.4	11	27	9	6
6.5	13		12	29	9.75	6.5
7	14		13	32	10.5	7
8	16		14.5	36	12	8
9	18		16.5	40	13.5	9
10	20	+0.5	18	45	15	10
11	22		20	50	16.5	11
12	24		22	54	18	12
13	26		24	59	19.5	13
14	28	+0.7	25	63	21	14
16	32		29	72	24	16
18	36	+0.9	32	81	27	18
20	40		36	80	30	20
22	44		39	99	33	22
24	48	+1.1	43	108	36	24
26	52		46	117	39	26
28	56		50	126	42	28
30	60	+1.4	53	135	45	30
32	64		56	144	48	32
34	68		59	153	51	34
36	72	+1.6	63	162	54	36
38	76		66	171	57	38
40	80		69	180	60	40
44	88	+1.9	75	198	66	44
48	96		81	216	72	48
52	104	+2.1	87	234	78	52
56	112	+2.3	93	252	84	56
60	120	+2.4	99	270	90	60

[a] 近似尺寸。

A.7.4 压制前后(套管规格:1～150)铝管尺寸和索扣参考压制力见表 A.4。

表 A.4　铝合金扁椭圆套管的尺寸、索扣压制力表

套管规格号	扁椭圆管尺寸/mm				压扁前圆管外径 ϕ/mm	接头压制后直径 d_1/mm	压制后直管长 L/mm	参考压制力/kN
	内高 a	内宽 b	壁厚 S	管长 l				
1	1.1	2.2	0.4	4.2	2.6	2	5	5
2	2.2	4.4	0.8	8.4	5.3	4	10	20
3	3.3	6.6	1.3	13	7.9	6	15	45
4	4.4	8.8	1.7	17	10.6	8	20	80
5	5.5	11	2.1	21	13.2	10	25	125
6	6.6	13	2.5	25	15.8	12	30	180
7	7.7	15	2.9	29	18.5	14	35	250
8	8.8	18	3.4	34	21.1	16	40	320
9	10	20	3.8	38	23.8	18	45	410
10	11	22	4.2	42	26.4	20	50	500
11	12	24	4.6	46	29.0	22	55	600
12	13	26	5.0	50	31.7	24	60	720
13	14	29	5.5	55	34.3	26	65	850
14	15	31	5.9	59	37.0	28	70	1 000
16	18	35	6.7	67	42.3	32	80	1 300
18	20	40	7.6	76	47.5	36	90	1 600
20	22	44	8.4	84	52.8	40	100	2 000
22	24	48	9.2	92	58	44	110	2 400
24	26	53	10.1	101	63	48	120	2 900
26	29	57	11	109	69	52	130	3 400
28	31	62	11.8	118	74	56	140	3 900
30	33	66	12.6	126	79	60	150	4 500
32	35	70	13.4	134	85	64	160	5 100
34	37	75	14	143	90	68	170	5 800
36	40	79	15	151	95	72	180	6 500
38	42	84	16	160	100	76	190	7 200
40	44	88	17	168	106	80	200	8 000
44	48	97	18	185	116	88	220	9 700
48	53	106	20	202	127	96	240	11 500
52	57	114	22	218	137	104	260	13 500
56	62	123	24	235	148	112	280	15 700
60	66	132	25	252	158	120	300	18 000

表 A.4（续）

套管规格号	扁椭圆管尺寸/mm				压扁前圆管外径 ϕ/mm	接头压制后直径 d_1/mm	压制后直管长 L/mm	参考压制力/kN
	内高 a	内宽 b	壁厚 S	管长 l				
65	72	143	27	273	172	130	325	21 000
70	77	154	29	294	185	140	350	24 500
75	83	165	32	315	198	150	375	27 500
80	88	176	34	336	211	160	400	32 000
85	94	187	36	357	224	170	425	36 000
90	99	198	38	378	238	180	450	40 000
95	105	209	40	399	251	190	475	45 000
100	110	220	42	420	264	200	500	50 000
105	116	231	44	441	277	210	525	55 000
110	121	242	46	462	290	220	550	60 000
120	132	264	50	504	317	240	600	71 000
130	143	286	54	546	343	260	650	84 000
140	154	308	59	588	369	280	700	97 000
150	165	330	63	630	396	300	750	111 000
套管号小于 60 的扁椭圆管的尺寸允许偏差参考表 A.1。 套管号 60～100 的扁椭圆管的长、宽、高尺寸允许偏差为＋2.0 mm，壁厚尺寸允许偏差为±1.0 mm。 套管号大于 100 的扁椭圆管的长、宽、高尺寸允许偏差为＋3.0 mm，壁厚尺寸允许偏差为±2.0 mm。 本表中管长按接头号的 4.2 倍设计。								

A.8 温度极限

当使用纤维芯钢丝绳时的温度极限为－40 ℃～＋100 ℃；当使用钢芯钢丝绳时的温度极限为－40 ℃～＋150 ℃。

注：供需双方和设计者必须注意：由于超常规温度环境下，钢丝绳油脂的耐受性、超高温下纤维芯性能变化及钢丝、管材受到回火引起的强度下降等使用限制。

附 录 B
（资料性附录）
钢套管压制对缠式索扣规定

B.1 套管与钢丝绳的匹配

正确的选择套管应考虑下列要求：

钢丝绳应是 6×37 或 6×19 类，强度级别不大于 1 960 MPa，钢芯或纤维芯的钢丝绳。

根据公称或实测钢丝绳直径选定钢套管规格。

B.2 套管

B.2.1 套管制造商选择的原料应当是低碳钢，并且应通过型式试验验证。

B.2.2 材料应当符合 GB/T 699 优质碳素结构钢规定，是完全镇静的，且具有足够的塑性。

B.2.3 套管的锥形端部和大小管口的倒角应确保钢丝绳不受损伤。

B.2.4 套管规格表见图 B.1 及表 B.1。

B.2.5 本标准套管规格尺寸和目前市场流行套管规格尺寸对照，见表 B.2。

B.3 套管与钢丝绳安装位置

B.3.1 只有套管平直部分起承载作用，套管的放置应保证压制后钢丝绳末端充分占据平直段。

B.3.2 钢丝绳末端应均匀地包裹在主绳周围，加工完的套管压制索扣无钢丝绳端露出锥形管口。

B.4 套管的压制

B.4.1 套管可采用液压或其他压力冷加工的方法来进行压制。

B.4.2 套管在压制模具中应保持稳定、水平的位置。

B.4.3 套管可沿不同方向多次压制，通过翻转保证结合均匀。

B.4.4 在压制操作结束时，压制模具的接触面应接触到一起。

B.4.5 合模时不得产生飞边。

B.4.6 压制后的套管直径应符合表 B.1。

B.5 识别标志

套管采用表 B.3 规定的印记尺寸进行标识

B.6 温度极限

当使用纤维芯钢丝绳时的温度极限为－40 ℃～＋100 ℃；

当使用钢芯钢丝绳时的温度极限为－40 ℃～＋150 ℃。

注：供需双方和设计者必须注意：由于超常规温度环境下，钢丝绳油脂的耐受性、超高温下纤维芯性能变化及钢丝、管材受到回火引起的强度下降等使用限制。

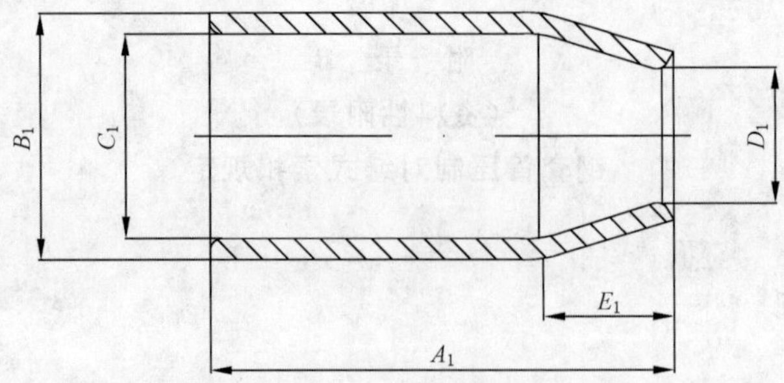

图 B.1 压制对缠式索扣钢套管

表 B.1 压制对缠式索扣钢套管规格表

套管规格号	绳径		总长/mm	外径/mm	小口直径/mm	锥段长/mm	大口内径/mm	直段长/mm	壁厚/mm	压后直径/mm
	d/mm	d/in	A_1	B_1	D_1	E_1	C_1	A_1-E_1	$(B_1-C_1)/2$	
6	6.4	$\frac{1}{4}$	25.2	20.1	8.8	7.1	12.5	18	3.79	11
8	7.9	$\frac{5}{16}$	31.5	23.1	10.6	8.9	15.2	23	3.97	15
10	9.5	$\frac{3}{8}$	37.8	26.2	12.3	10.7	17.9	27	4.14	19
11	11.1	$\frac{7}{16}$	44.0	29.2	14.0	12.4	20.6	31.6	4.32	21
13	12.7	$\frac{1}{2}$	50.3	32.3	15.7	14.2	23.3	36.1	4.50	25
14	14.3	$\frac{9}{16}$	56.6	35.3	17.4	16	25.9	40.6	4.68	27
16	15.9	$\frac{5}{8}$	62.9	38.4	19	18	28.6	45	4.86	31
19	19.1	$\frac{3}{4}$	76	44	22	21	34	54	5.23	37
22	22.2	$\frac{7}{8}$	88	51	26	25	39	63	5.61	43
26	25.4	1	101	57	29	28	45	72	6.00	49
28	28.6	$1\frac{1}{8}$	113	63	33	32	50	81	6.40	54
32	31.8	$1\frac{1}{4}$	126	69	36	36	55	90	6.80	59
35	34.9	$1\frac{3}{8}$	138	75	40	39	61	99	7.22	64
38	38.1	$1\frac{1}{2}$	151	82	43	43	66	108	7.64	69
45	44.5	$1\frac{3}{4}$	176	94	50	50	77	126	8.50	79
50	50.8	2	201	106	57	57	88	144	9.40	90
57	57.2	$2\frac{1}{4}$	227	119	64	64	98	162	10.3	105

表 B.1（续）

套管规格号	绳径		总长/mm	外径/mm	小口直径/mm	锥段长/mm	大口内径/mm	直段长/mm	壁厚/mm	压后直径/mm
	d/mm	d/in	A_1	B_1	D_1	E_1	C_1	A_1-E_1	$(B_1-C_1)/2$	
64	63.5	$2\frac{1}{2}$	252	132	70	71	109	180	11.3	114
70	69.9	$2\frac{3}{4}$	277	144	77	78	120	198	12.3	119
76	76.2	3	302	157	84	85	131	216	13.3	126
82	82.6	$3\frac{1}{4}$	327	170	91	92	141	234	14.4	135
89	88.9	$3\frac{1}{2}$	352	183	98	99	152	252	15.5	147
95	95.3	$3\frac{3}{4}$	378	196	104	106	163	270	16.6	158
100	101.6	4	403	209	111	113	174	289	17.7	170
115	114.3	$4\frac{1}{2}$	453	235	125	128	195	325	20.2	190
130	127.0	5	503	262	139	142	217	361	22.7	210
150	152.4	6	604	316	166	170	260	433	28.2	230

表 B.2 对缠式索扣钢套管尺寸对照表

套管规格号	绳径		总长/mm	外径/mm	锥段长/mm	大口内径/mm	直段长/mm	壁厚/mm	压后直径/mm
	d/mm	d/in	A_1	B_1	E_1	C_1	A_1-E_1	$(B_1-C_1)/2$	
			GBT/MLT	GBT/MLT	GBT/MLT	GBT/MLT	GBT/MLT	GBT/MLT	GBT/MLT
6	6.4	$\frac{1}{4}$	25.2/25.4	20.1/16.8	7.1/7.1	12.5/11.9	18.1/18.3	3.79/2.41	11/14
8	7.9	$\frac{5}{16}$	31.5/38.1	23.1/23.1	8.9/11.8	15.2/15.7	22.6/26.9	3.97/3.68	15/19
10	9.5	$\frac{3}{8}$	37.8/38.1	26.2/23.1	10.7/9.9	17.9/16.8	27.1/28.2	4.14/3.18	19/19
11	11.1	$\frac{7}{16}$	44.0/50.8	29.2/31.0	12.4/16.5	20.6/21.6	31.6/34.3	4.32/4.70	21/26
13	12.7	$\frac{1}{2}$	50.3/50.8	32.3/31.0	14.2/14.2	23.3/23.1	36.1/36.6	4.50/3.94	25/26
14	14.3	$\frac{9}{16}$	56.6/69.9	35.3/37.3	16.0/16.0	25.9/26.2	40.6/53.8	4.68/5.59	27/31
16	15.9	$\frac{5}{8}$	62.9/69.9	38.4/37.3	17.8/16.0	28.6/27.7	45.1/53.8	4.86/4.83	31/31
19	19.1	$\frac{3}{4}$	75.5/81.0	44.5/43.7	21.3/21.3	34/32.5	54.2/59.7	5.23/5.59	37/37

表 B.2（续）

套管规格号	绳径		总长/mm	外径/mm	锥段长/mm	大口内径/mm	直段长/mm	壁厚/mm	压后直径/mm
	d/mm	d/in	A_1	B_1	E_1	C_1	A_1-E_1	$(B_1-C_1)/2$	
			GBT/MLT	GBT/MLT	GBT/MLT	GBT/MLT	GBT/MLT	GBT/MLT	GBT/MLT
22	22.2	$\frac{7}{8}$	88.1/90.4	50.6/51.6	24.9/25.4	39.4/38.9	63.2/65.0	5.61/6.35	43/43
26	25.4	1	101/102	56.8/57.9	28.4/28.7	44.8/43.7	72.2/72.9	6.00/7.11	49/49
28	28.6	$1\frac{1}{8}$	113/122	62.9/63.5	32/32	50.1/49.3	81.3/90.4	6.40/7.11	54/54
32	31.8	$1\frac{1}{4}$	126/132	69/70.6	36/36	55/55	93/96	6.88/7.87	59/59
35	34.9	$1\frac{3}{8}$	138/148	75/76.2	39/39	61/60	99/108	7.22/7.87	64/64
38	38.1	$1\frac{1}{2}$	151/159	82/82.6	43/43	66/67	108/116	7.64/7.87	69/69
45	44.5	$1\frac{3}{4}$	176/184	94/97.5	50/50	77/80	126/134	8.50/9.02	79/79
50	50.8	2	201/216	106/111	57/57	88/92	144/159	9.40/9.53	90/90
57	57.2	$2\frac{1}{4}$	227/243	119/128	64/64	98/102	162/179	10.3/12.7	105/105
64	63.5	$2\frac{1}{2}$	252/267	132/140	71/71	109/114	180/195	11.3/12.7	114/114
70	69.9	$2\frac{3}{4}$	277/292	144/146	78/78	120/121	198/214	12.3/12.7	119/119
76	76.2	3	302/305	157/152	85/85	131/127	216/219	13.3/12.7	126/126
82	82.6	$3\frac{1}{4}$	327/330	170/165	92/90	141/138	234/240	14.4/13.6	135/136
89	88.9	$3\frac{1}{2}$	352/356	183/178	99/100	152/148	252/256	15.5/14.7	147/147
95	95.3	$3\frac{3}{4}$	378/381	196/191	106/108	163/160	270/273	16.6/15.1	158/158
100	101.6	4	403/406	209/207	113/114	174/172	289/292	17.7/16.8	170/170
115	114.3	$4\frac{1}{2}$	453/457	235/232	128/128	195/195	325/329	20.2/18.7	190/190
130	127.0	5	503/508	262/267	142/143	217/222	361/365	22.7/22.7	210/210
150	152.4	6	604/610	316/318	170/171	260/260	433/438	28.2/29.7	230/230

注：GBT 表示本标准对缠式索扣钢套管规格尺寸；MLT 表示目前市场流行钢套管商品规格尺寸。

表 B.3 标注印记尺寸

套管规格号	字母尺寸/m	印痕深度/mm 不大于
≤19	采用挂牌标识或包装处标识	
22～50	3	0.5
50～89	5	1.0
95～150	7	1.2

附　录　C
（资料性附录）
本标准与 EN 13411-3:2004＋A1:2008(E)技术性差异和章条编号对照表

表 C.1　本标准章与 EN 13411-3:2004＋A1:2008(E)技术性差异

<table>
<tr><th>本标准内容</th><th>技 术 差 异</th><th>原　　因</th></tr>
<tr><td>1　范围</td><td>EN 13411-3 钢丝绳直径为 60 mm；
本标准规定:直径最大为 150 mm</td><td>目前国内外能源、机械、海洋工程等已超过 150 mm 吊索</td></tr>
<tr><td>2　规范性引用文件</td><td>引用了与标准技术内容相关的基础性国家标准以及采用先进国际标准的我国国家标准</td><td>适应我国国情</td></tr>
<tr><td>3　术语和定义</td><td>EN 13411-3 规定了共 8 个。
本标准:采用 4 个,增加修改 2 个术语;删除 4 个</td><td>明确不同产品定义,符合修改内容</td></tr>
<tr><td>4　设计加工订货文件</td><td>修改了 EN 13411-3 中 5.1.3 的指导书内容</td><td>增加了订货条款,强化产品信息交流</td></tr>
<tr><td>5.1　钢丝绳</td><td>EN 13411-3 中第 1 章、附录 A.1 分散列出</td><td>集中明确列出钢丝绳标准号、强度级别、结构类型、截面系数等要件</td></tr>
<tr><td>5.2　套管
5.2.1　套管材料
5.2.2　套管尺寸
5.2.3　套管的制造和质量控制
5.2.4　套管证书
5.2.5　套管标识</td><td>EN 13411-3 的规定:5.2 套管。

本标准:对套管制造工艺进行修改</td><td rowspan="2">系统地进行修改性采用 EN 标准。
符合 GB/T 1.1 的规定</td></tr>
<tr><td>6　套管压制
6.1　总则
6.2　套管和钢丝绳的匹配
6.3　索扣的成形加工
6.4　套管压制程序
6.5　套管压制后的质量控制</td><td>EN 13411-3 的规定:5.3 套管压制。

本标准:增加 6.3.3 套管压制环状索具成型过程</td></tr>
<tr><td>7　型式检验</td><td>EN 13411-3 的规定:5.1.2,6.2～6.4。
本标准:增加型式检验表。安全载荷验证拉力试验。修改试样抽样的规定</td><td rowspan="2">型式检验和出厂检验规定更明确</td></tr>
<tr><td>8　产品出厂检验</td><td>EN 13411-3 的规定:6.5～ 6.11。
本标准:规定了出厂检验范围、组批规则、评价。列出检验表</td></tr>
<tr><td>9　标志和质量证明书</td><td>EN 13411-3 的规定:5.2.5,7.1,7.2,A.8.1。
本标准:修改了标识、证明书</td><td>采用我国基础标准</td></tr>
</table>

表 C.2　本标准与 EN 13411-3:2004+A1:2008(E)章条编号对照表

本标准章条编号	EN 13411-3:2004+A1:2008 章条编号
前言	前言
	简介
1　范围	1　范围
2　规范性引用文件	2　规范性引用文件
3　术语和定义	3　术语和定义
4　设计加工订货文件	5.1.1,5.1.3,5.3.1　总则,作业指导书
5.1　钢丝绳	5.3.2,6.8　套管和钢丝绳的匹配
5.2　套管 5.2.1　套管材料 5.2.2　套管尺寸 5.2.3　套管的制造和质量控制 5.2.4　套管证书 5.2.5　套管标识	5.2　套管 5.2.1　套管材料 5.2.2,6.5　套管尺寸 5.2.3,6.6　套管的制造和质量控制 5.2.4,6.7　套管证书 5.2.5　套管标识
6　套管压制 6.1　总则 6.2　套管与钢丝绳的匹配 6.3　索扣的成型加工 6.4　套管压制程序 6.5　套管压制后的质量控制	5.3　套管压制 5.3.1　总则 5.3.2,6.8　套管和钢丝绳的匹配 5.3.3,6.9　索扣的成型加工 5.3.4,6.10　套管压制程序 7.5,6.11　套管压制后的质量控制
7　型式检验	5.1.2,6.2,6.3,6.4　型式检验
8　产品出厂检验	6.5～6.11　套管和索扣的检验
9　标志和质量证明书	7.1,7.2　标志,合格证书
附录 A　铝套管压制折回式索扣设计规定	附录　套管压制折回式索扣设计说明
附录 B　钢套管压制对缠式索扣规定	—
附录 C　本标准与 EN 13411-3:2004+A1:2008(E)技术性差异和章条编号对照表	—
—	附录 ZA:EN 与 EU 导则关系

ICS 67.100.40
X 04

中华人民共和国国家标准

GB/T 30590—2014

冷冻饮品分类

Frozen drinks category

2014-09-30 发布 2015-02-01 实施

中华人民共和国国家质量监督检验检疫总局
中国国家标准化管理委员会 发布

前　言

本标准按照GB/T 1.1—2009给出的规则起草。

本标准由中国商业联合会提出。

本标准由全国冷冻饮品标准化技术委员会(SAC/TC 497)归口。

本标准起草单位:祐康食品(杭州)有限公司、深圳市海川实业股份有限公司、谱尼测试科技股份有限公司、内蒙古伊利实业集团股份有限公司、广东美怡乐食品有限公司、中国焙烤食品糖制品工业协会冷冻饮品专业委员会、中国商业联合会商业标准中心。

本标准主要起草人:王忠海、何唯平、赵建华、宋薇、马冰、欧阳淑珍、靳晓蕾、张曦。

冷冻饮品分类

1 范围

本标准规定了冷冻饮品的术语、定义和分类。

本标准适用于冷冻饮品的生产、检验和销售。

2 术语和定义

下列术语和定义适用于本文件。

2.1

冷冻饮品 frozen drinks

以饮用水、乳和(或)乳制品、蛋制品、果蔬制品、豆制品、食糖、可可制品、食用植物油等的一种或多种为主要原辅料,添加或不添加食品添加剂等,经混合、灭菌、凝冻或冻结等工艺制成的固态或半固态的制品。

2.2

冰淇淋 ice cream

以饮用水、乳和(或)乳制品、蛋制品、水果制品、豆制品、食糖、食用植物油等的一种或多种为原辅料,添加或不添加食品添加剂和(或)食品营养强化剂,经混合、灭菌、均质、冷却、老化、冻结、硬化等工艺制成的体积膨胀的冷冻饮品。

2.3

全乳脂冰淇淋 full-milk fat ice cream

主体部分乳脂质量分数为8%以上(不含非乳脂)的冰淇淋。

2.4

清型全乳脂冰淇淋 milk fat ice cream

不含颗粒或块状辅料的全乳脂冰淇淋,如奶油冰淇淋、可可冰淇淋等。

2.5

组合型全乳脂冰淇淋 combination of milk fat ice cream

以全乳脂冰淇淋为主体,与其他种类冷冻饮品和(或)巧克力、饼坯等食品组合而成的制品,其中全乳脂冰淇淋所占质量分数大于50%,如巧克力奶油冰淇淋、蛋卷奶油冰淇淋等。

2.6

半乳脂冰淇淋 half milk fat ice cream

主体部分乳脂质量分数大于等于2.2%的冰淇淋。

2.7

清型半乳脂冰淇淋 uniform half milk fat ice cream

不含颗粒或块状辅料的半乳脂冰淇淋,如香草半乳脂冰淇淋、桔味半乳脂冰淇淋、香芋半乳脂冰淇淋等。

2.8

组合型半乳脂冰淇淋 combination of half-milk fat ice cream

以半乳脂冰淇淋为主体,与其他种类冷冻饮品和(或)巧克力、饼坯等食品组合而成的制品,其中半乳脂冰淇淋所占质量分数大于50%,如脆皮半乳脂冰淇淋、蛋卷半乳脂冰淇淋、三明治半乳脂冰淇淋等。

2.9

植脂冰淇淋 vegetable fat ice cream

主体部分乳脂质量分数低于2.2%的冰淇淋。

2.10

清型植脂冰淇淋 uniform vegetable fat ice cream

不含颗粒或块状辅料的植脂冰淇淋,如豆奶冰淇淋、可可植脂冰淇淋等。

2.11

组合型植脂冰淇淋 combination vegetable fat ice cream

以植脂冰淇淋为主体,与其他种类冷冻饮品和(或)巧克力、饼坯等食品组合而成的食品,其中植脂冰淇淋所占质量分数大于50%,如巧克力脆皮植脂冰淇淋、华夫夹心植脂冰淇淋等。

2.12

雪糕 ice milk

以饮用水、乳和(或)乳制品、蛋制品、水果制品、豆制品、食糖、食用植物油等的一种或多种为原辅料,添加或不添加食品添加剂和(或)食品营养强化剂,经混合、灭菌、均质、冷却、成型、冻结等工艺制成的冷冻饮品。

2.13

清型雪糕 uniform ice milk

不含颗粒或块状辅料的雪糕,如桔味雪糕。

2.14

组合型雪糕 combination ice milk

以雪糕为主体,与相关辅料(如巧克力等)组合而成的制品,其中雪糕所占质量分数大于50%,如白巧克力雪糕、果汁冰雪糕等。

2.15

雪泥 ice frost

以饮用水、食糖、果汁等为主要原料,配以相关辅料,含或不含食品添加剂和食品营养强化剂,经混合、灭菌、凝冻或低温炒制等工艺制成的松软的冰雪状冷冻饮品。

2.16

清型雪泥 uniform ice frost

不含颗粒或块状辅料的雪泥,如桔子(桔味)雪泥、苹果(苹果味)雪泥、香蕉(香蕉味)雪泥等。

2.17

组合型雪泥 combination ice frost

以雪泥为主体,与相关辅料,如巧克力、饼坯等组合而成的制品,其中雪泥所占质量分数大于50%,如冰淇淋雪泥、蛋糕雪泥、巧克力雪泥等。

2.18

冰棍 ice lolly

棒冰

以饮用水、食糖和(或)甜味剂等为主要原料,配以豆类或果品等相关辅料(含或不含食品添加剂和食品营养强化剂),经混合、灭菌、冷却、注模、插或不插杆、冻结、脱模等工艺制成的带或不带棒的冷冻饮品。

2.19

清型冰棍 uniform ice lolly

不含颗粒或块状辅料的冰棍,如杨梅(杨梅味)冰棍、桔子(桔子味)冰棍、柠檬(柠檬味)冰棍等。

2.20

组合型冰棍　combination ice lolly

与相关辅料组合而成的冰棍，如草莓夹心冰棍、青苹果夹心冰棍、花生夹心冰棍等。

2.21

甜味冰　sweet ice

以饮用水、食糖等为主要原料，添加或不添加食品添加剂，经混合、灭菌、罐装、硬化等工艺制成的冷冻饮品，如橙味甜味冰、菠萝味甜味冰等。

2.22

食用冰　edible ice

以饮用水为原料，经灭菌、注模、冻结、脱模或不脱模等工艺制成的冷冻饮品。

3　分类

3.1　冰淇淋类

3.1.1　全乳脂冰淇淋

3.1.1.1　清型全乳脂冰淇淋。

3.1.1.2　组合型全乳脂冰淇淋。

3.1.2　半乳脂冰淇淋

3.1.2.1　清型半乳脂冰淇淋。

3.1.2.2　组合型半乳脂冰淇淋。

3.1.3　植脂冰淇淋

3.1.3.1　清型植脂冰淇淋。

3.1.3.2　组合型植脂冰淇淋。

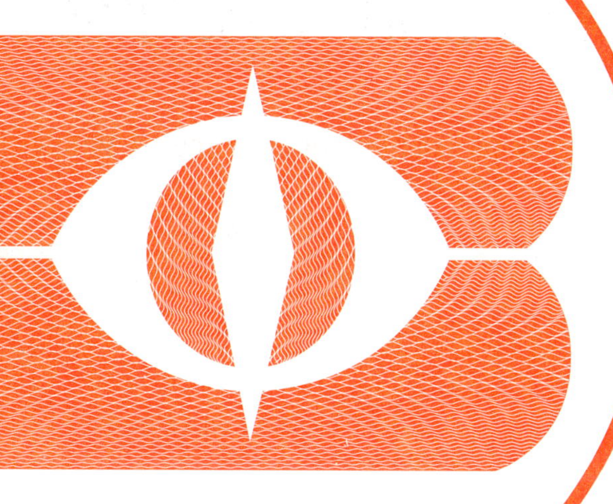

3.2　雪糕

3.2.1　清型雪糕。

3.2.2　组合型雪糕。

3.3　雪泥

3.3.1　清型雪泥。

3.3.2　组合型雪泥。

3.4　冰棍

3.4.1　清型冰棍。

3.4.2　组合型冰棍。

3.5　甜味冰

3.6　食用冰

3.7　其他冷冻饮品

ICS 91.060.50
P 32

中华人民共和国国家标准

GB/T 30591—2014

建筑门窗洞口尺寸协调要求

Requirements for size coordination for opening of windows and doors in building

2014-06-09 发布 2014-12-01 实施

中华人民共和国国家质量监督检验检疫总局
中国国家标准化管理委员会
发布

前　　言

本标准按照 GB/T 1.1—2009 给出的规则起草。

本标准由中华人民共和国住房和城乡建设部提出。

本标准由全国建筑幕墙门窗标准化技术委员会(SAC/TC 448)归口。

本标准起草单位:中国建筑科学研究院、中国建筑标准设计研究院、中国建筑金属结构协会、广东省建筑科学研究院、深圳市新山幕墙技术咨询有限公司、广东坚朗五金制品股份有限公司、中山盛兴股份有限公司、旭格幕墙门窗系统(北京)有限公司、大连实德集团有限公司、北京嘉寓门窗幕墙股份有限公司、河北奥润顺达窗业有限公司、四川省产品质量监督检验检测院、北京米兰之窗节能建材有限公司、深圳富诚幕墙装饰工程有限公司、北京日上工贸有限公司、重庆美心·麦森门业有限公司、重庆华厦门窗有限责任公司、浙江梦天木业有限公司、武汉鸿和岗科技有限公司、山东鑫泽装饰工程有限公司、中冶置业南京有限责任公司、北京和平铝业有限公司。

本标准主要起草人:王洪涛、顾泰昌、刘会涛、黄圻、谭宪顺、闫雷光、梁岳峰、石民祥、窦铁波、杜万明、姜清海、孙德岩、程先胜、张国峰、魏贺东、陈洪根、潘福、蔡贤慈、沈武勇、夏明宪、赖怒涛、姚雄伍、李井冈、许恒富、马源、王有青、邱铭、万成龙、刘彬。

引　　言

建筑门窗洞口土建施工尺寸误差远大于建筑门窗加工精度，导致建筑门窗的实际安装位置在洞口定位时存在较大偏差，造成安装后的建筑门窗性能下降，甚至影响到安全使用。对建筑门窗和洞口尺寸进行规范和协调，是实现建筑门窗标准化、工业化生产和确保安装质量的关键措施。

本标准将部分常用基本参数尺寸的门窗列为标准规格门窗，并与门窗标准洞口尺寸协调，有利于实现建筑门窗大批量工业化生产、保证加工质量和安装质量稳定。标准规格门窗应在工厂完成框、扇组装及五金安装后整体出厂，并在洞口装修阶段或装修完成后整体安装，可简化安装过程，为后续更换维修提供便利，推动建筑门窗的技术进步。

建筑门窗洞口尺寸协调要求

1 范围

本标准规定了建筑标准门窗洞口尺寸协调和应用要求。

本标准适用于民用建筑常用的标准规格外门窗和洞口的尺寸协调。

2 规范性引用文件

下列文件对于本文件的应用是必不可少的。凡是注日期的引用文件，仅注日期的版本适用于本文件。凡是不注日期的引用文件，其最新版本（包括所有的修改单）适用于本文件。

GB/T 5823 建筑门窗术语

GB/T 5824 建筑门窗洞口尺寸系列

3 术语和定义

GB/T 5823、GB/T 5824 界定的以及下列术语和定义适用于本文件。

3.1

附框 appendent-frame

预埋或预先安装在门窗洞口中，用于固定门窗的杆件系统。

[GB/T 5823—2008，定义 2.4]

3.2

洞口安装完成面宽、高构造尺寸 width and height of decorated opening

经保温、装饰后完成的门窗洞口宽度、高度的实际尺寸，包括内、外两种安装完成面构造尺寸。

4 尺寸协调

4.1 洞口尺寸系列

门窗洞口尺寸以门窗洞口标志尺寸表示，常用的标准门窗洞口应符合表 1 和表 2 的规定。

表 1 常用的标准规格门洞口的标志尺寸系列

单位为毫米

标志尺寸	洞口宽度	700	800	900	1 000	1 200	1 500	1 800
洞口高度	序号	1	2	3	4	5	6	7
2 100	1							
2 400	2							

表 2　常用的标准规格窗洞口的标志尺寸系列

单位为毫米

标志尺寸	洞口宽度	600	900	1 200	1 500	1 800
洞口高度	序号	1	2	3	4	5
600	1	□	□	□	□	□
900	2	□	□	□	□	□
1 200	3	□	□	□	□	□
1 500	4	□	□	□	□	□
1 800	5	□	□	□	□	□

4.2　附框要求

4.2.1　标准规格门窗的附框内口宽、高构造尺寸应与门窗标准洞口的标志尺寸相同。

4.2.2　附框构造尺寸对边差、对角线差应小于 3.0 mm。

4.3　标准门窗安装构造

建筑标准门窗与洞口的连接方式采用 GB/T 5824 规定的 B 小于 B_1 和 A 小于 A_1 时的平接构造，横向及竖向安装构造见图 1 和图 2。

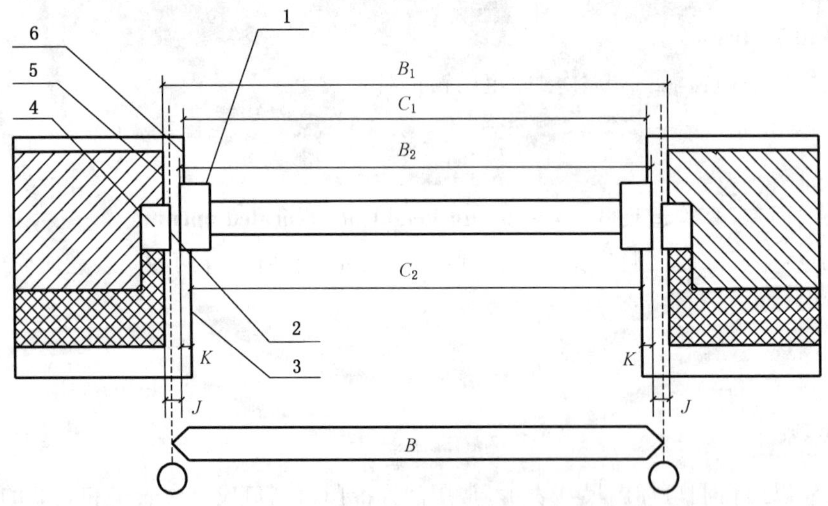

说明：

1 ——门窗；

2 ——安装基准面；

3 ——外装饰面；

4 ——附框；

5 ——墙体边缘线；

6 ——内装饰面；

B ——门窗洞口宽度标志尺寸；

B_1——门窗洞口宽度构造尺寸；

B_2——门窗宽度构造尺寸；

C_1——室内侧洞口安装完成面构造尺寸；

C_2——室外侧洞口安装完成面构造尺寸；

J ——门窗安装缝隙；

K ——掩口尺寸。

图 1　标准门窗安装横向构造示意图

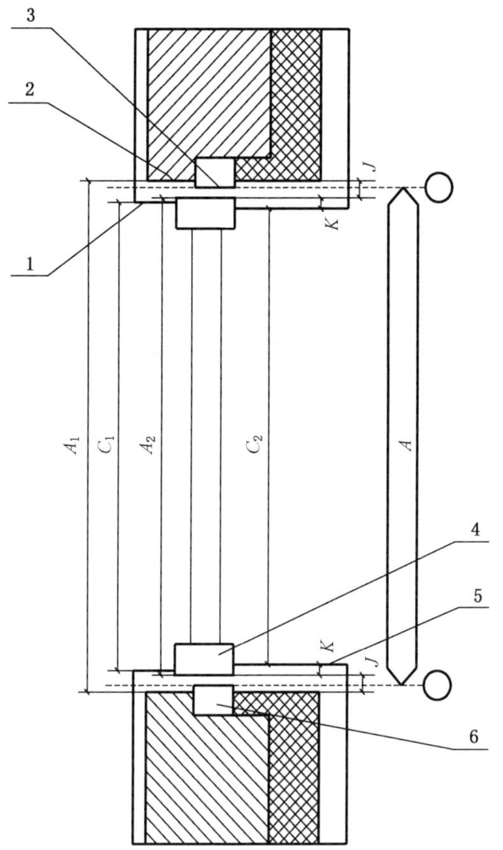

说明：

1 ——内装饰面；

2 ——墙体边缘线；

3 ——安装基准面；

4 ——门窗；

5 ——外装饰面；

6 ——附框；

A ——门窗洞口高度标志尺寸；

A_1——门窗洞口高度构造尺寸；

A_2——门窗高度构造尺寸；

C_1——室内侧洞口安装完成面构造尺寸；

C_2——室外侧洞口安装完成面构造尺寸；

J ——门窗安装缝隙；

K ——掩口尺寸。

图 2　标准门窗安装竖向构造示意图

4.4　门窗洞口安装完成面构造

4.4.1　室内侧洞口安装完成面构造

门窗室内侧洞口安装完成面宽、高构造尺寸 C_1 不应大于门窗宽、高构造尺寸 B_2 和 A_2。

4.4.2 室外侧洞口安装完成面构造

门窗室外侧洞口安装完成面宽、高构造尺寸为洞口构造尺寸与门窗外墙装饰面层(含保温、防水层)厚度之和,且应满足掩口尺寸 K 不大于 5 mm。

5 应用要求

5.1 建筑工程设计门窗洞口尺寸应优先选用本标准规定的门窗标准洞口。

5.2 门窗标准洞口宽、高标注尺寸应为本标准规定的洞口宽、高标志尺寸。

5.3 标准规格门窗的框、扇组装及五金安装应在工厂完成。

5.4 标准规格门窗的玻璃安装宜在工厂完成。

ICS 91.040.01
P 31

中华人民共和国国家标准

GB/T 30592—2014

透光围护结构太阳得热系数检测方法

Test method for solar heat gain coefficient of transparent envelope

2014-06-09 发布　　2014-12-01 实施

中华人民共和国国家质量监督检验检疫总局
中国国家标准化管理委员会　发布

前　言

本标准按照GB/T 1.1—2009给出的规则起草。

本标准由中华人民共和国住房和城乡建设部提出。

本标准由全国建筑构配件标准化技术委员会(SAC/TC 454)归口。

本标准主要起草单位:中国建筑科学研究院、宝业集团浙江建设产业研究院有限公司。

本标准参加起草单位:广东省建筑科学研究院、福建省建筑科学研究院、上海市建筑科学研究院(集团)有限公司、浙江省建设工程质量检验站有限公司、四川省建筑科学研究院、广州市建筑科学研究院有限公司、江苏省建筑工程质量检测中心有限公司、清华大学、新疆大学、沈阳合兴检测设备有限公司、北京国奥时代新能源技术发展有限公司、深圳市方大装饰工程有限公司、中国建筑材料科学研究院、北京市可持续发展促进会、北京中建建筑科学研究院有限公司、大连市建筑科学研究设计院股份有限公司、山东省建筑设计研究院、海南南光集团有限公司、浙江瑞明节能门窗股份有限公司、苏州市中信节能与环境检测研究发展中心有限公司、北京新立基真空玻璃技术有限公司。

本标准主要起草人:刘月莉、余亚超、赵士怀、王德福、曹毅然、马扬、杨燕萍、刘晖、林波荣、汤高举、任俊、张亚挺、赵勇、袁涛、赵岩、吕荣菊、闫文蕾、曾晓武、刘正权、段恺、董呈明、高汉民、解勇、张忠伟、蒋毅、肖伟、杨玉忠、潘振、孙立新、赵青、姜轶斌、张建军。

透光围护结构太阳得热系数检测方法

1 范围

本标准规定了透光围护结构太阳得热系数检测中的术语和定义、检测方法、数据处理以及检测报告。

本标准适用于采用人工模拟光源对透光围护结构太阳得热系数的检测。

注：如采用自然光源对透光围护结构太阳得热系数进行检测，其检测装置可参照附录A。

2 规范性引用文件

下列文件对于本文件的应用是必不可少的。凡是注日期的引用文件，仅注日期的版本适用于本文件。凡是不注日期的引用文件，其最新版本(包括所有的修改单)适用于本文件。

GB/T 2680 建筑玻璃 可见光透射比、太阳光直接透射比、太阳能总透射比、紫外线透射比及有关窗玻璃参数的测定

GB/T 4132 绝热材料及相关术语

GB/T 4271—2007 太阳能集热器热性能试验方法

GB/T 17683.1 太阳能 在地面不同接收条件下的太阳光谱辐照度标准 第1部分：大气质量1.5的法向直接日射辐照度和半球向日射辐照度

3 术语和定义

GB/T 4132确立的以及下列术语和定义适用于本文件。

3.1

透光围护结构 transparent envelope

太阳光可直接透入室内的建筑外围护结构件，如建筑外窗、透明幕墙、外门及玻璃砖砌体等结构。

3.2

太阳得热量 solar heat gain

经由透光围护结构进入室内的太阳能量，包括透过的太阳辐射得热和进入室内的传热两部分。

3.3

太阳得热系数 solar heat gain coefficient

SHGC

通过透光围护结构进入室内的太阳得热量与投射在其表面的太阳辐射能通量之比值。

3.4

热计量箱 thermal calorimeter

用于计量通过透光围护结构进入室内太阳得热量的装置，由绝热外壁、冷却水循环系统、自动控制系统和热计量系统构成。

3.5

太阳辐射照度 solar irradiance

投射到围护结构表面单位面积上的太阳辐射能通量。

3.6

人工模拟光源 artificial light source

模拟太阳光辐射能量的人工辐射光源，其光谱与AM1.5的太阳光谱300 nm～2 500 nm波段相似。

3.7

大气质量1.5 air mass 1.5;AM 1.5

表示实际观察者与太阳之间路径中的大气质量和该观察者位于海平面上、在标准大气压下太阳正位于头顶时的大气质量之比为1.5。其适用的条件为：物体表平面与太阳之间的AM等于1.5，视场角为5.8°。

注：地面反照率取0.2。

4 检测方法

4.1 原理

基于稳态传热原理，在一个热室内采用人工光源模拟太阳光辐射，计量通过透光围护结构进入热计量箱内的太阳得热量。该得热量与投射到试件表面的太阳辐射能通量之比，即为透光围护结构的太阳得热系数。

4.2 检测装置

4.2.1 构成

检测装置主要由控制室、热室和环境空间构成，主要包括人工模拟光源、热计量箱、集热器及冷却水循环系统等，见图1。

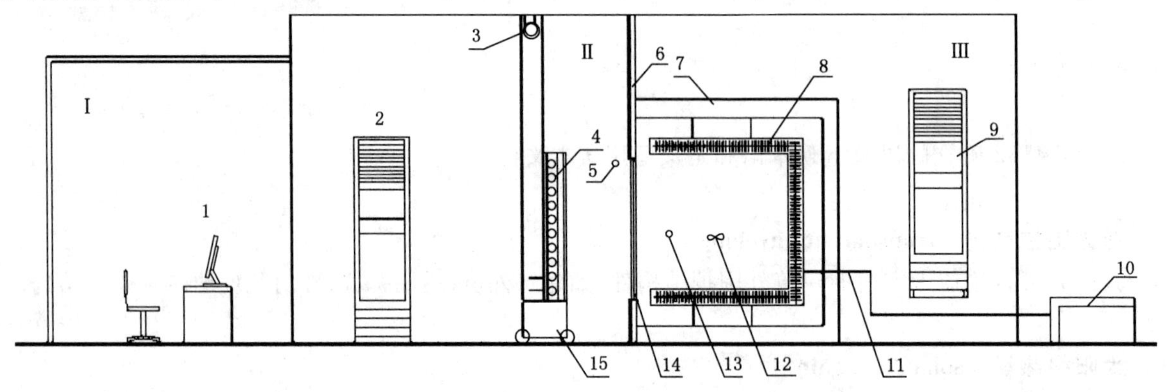

说明：

Ⅰ——控制室；

Ⅱ——热室；

Ⅲ——环境空间；

1——数据采集及控制系统；

2——热室空调系统；

3——排风系统；

4——人工模拟光源；

5——热室空气温度测点；

6——试件框；

7——热计量箱体；

8——集热器；

9——环境空间空调系统；

10——制冷机组；

11——冷却水循环系统；

12——风扇；

13——热计量箱内空气温度测点；

14——试件；

15——移动支架。

图1 太阳得热系数检测装置示意

4.2.2 热室

热室内设置人工模拟光源和空调系统，通过控制系统的调节作用，使室内空气温度稳定在 25 ℃±0.5 ℃。当无法满足时，可控制在 25 ℃～28.0 ℃，温度波动幅度不大于 0.5 K。

4.2.3 人工模拟光源

4.2.3.1 人工模拟光源由光源系统、排热系统及移动支架组成。人工模拟光源应能前后、左右方向移动，其有效照射范围应大于试件。

4.2.3.2 光源系统由短弧氙灯或镝灯与滤光镜等组成，模拟太阳光应满足 GB/T 17683.1 中规定的 AM 1.5的光谱分布要求。

4.2.3.3 光源应垂直试件表面，通过调节光源系统电流改变光源辐射照度。

4.2.3.4 试件表面接收到的辐射照度应均匀分布。辐射照度分布不均匀度应满足±5%以内的要求，当其不均匀度大于 5%时，应按照附录 B 的规定进行调整。

4.2.3.5 人工模拟光源背部设置排风系统。该系统应满足及时排除光源散热的需要。

4.2.4 环境空间

热计量箱设置在环境空间内。通过该空间内设置的空调系统，保证其空气温度与热计量箱内温度之差不大于 0.5 K。

4.2.5 热计量箱

4.2.5.1 热计量箱壁板由匀质材料组成，其热阻值不宜小于 10.0 $m^2 \cdot K/W$。

4.2.5.2 热计量箱体构造应进行绝热处理。

4.2.5.3 设置风扇保证热计量箱内空气温度分布均匀。风扇的设置，应满足热计量箱侧试件表面风速不大于 1 m/s。

4.2.5.4 热计量箱内设置空气冷却装置，通过控制冷却水参数(进水温度、流量)保证箱内的空气温度在设定范围内，且温度波动幅度不大于 0.5 K。

4.2.5.5 应按附录 C 的规定进行热计量箱热流系数标定。

4.2.6 集热器

4.2.6.1 集热器表面的太阳辐射吸收系数 ρ_s 应大于或等于 0.95。

4.2.6.2 集热器的面积应能保证进入热计量箱内的辐射热量被及时吸收并带走，其角系数 φ 不应低于 0.9。

4.2.7 冷却水循环系统

4.2.7.1 冷却水循环系统主要由温度传感器、集热器、流量计、循环水泵和制冷机组构成。通过控制冷却水温度和流量调节热计量箱内空气与冷却水的换热量，保证热计量箱内温度稳定。其原理见图 2。

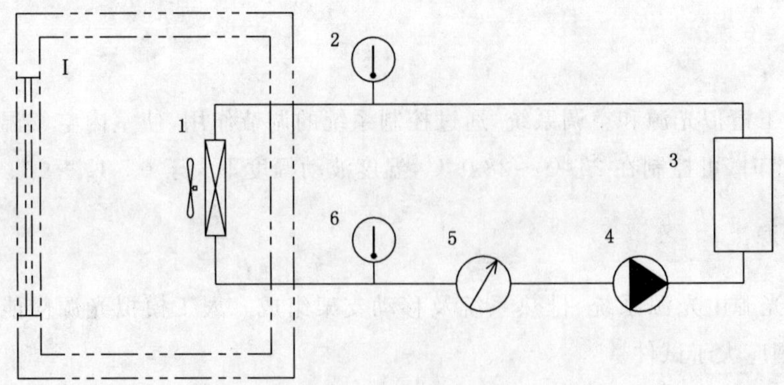

说明：

Ⅰ——热计量箱；

1 ——集热器；

2 ——进水温度测点；

3 ——制冷机组；

4 ——循环水泵；

5 ——流量计；

6 ——出水温度测点。

图 2 冷却水系统原理图

4.2.7.2 通过计量冷却循环水进、出水温度及流量，计算太阳得热量。流量计的精度不低于 0.5 级，温度传感器的精度为±0.1 ℃。

4.2.8 试件框

4.2.8.1 试件框构造应进行断热处理，其热阻值不宜小于 10.0 $m^2 \cdot K/W$。

4.2.8.2 试件框的洞口尺寸不宜小于 3 800 mm×2 200 mm，其厚度不应小于 200 mm。

4.3 检测程序

4.3.1 试件准备

4.3.1.1 被检试件为一件。试件的构造、尺寸和玻璃种类及型材颜色应符合产品设计和组装要求。

4.3.1.2 试件安装后，应采用聚苯乙烯泡沫塑料条等将试件与试件框间空隙进行填塞、密封，并采用胶带对试件开启缝进行双面密封。

4.3.2 试验条件

4.3.2.1 热室控制温度宜设定为 24.5 ℃～28.5 ℃范围内某一温度值，温度波动幅度不宜大于 0.5 K。

4.3.2.2 热计量箱内空气温度设定为 24.5 ℃～25.5 ℃范围内某一温度值，温度波动幅度不应大于0.3 K。

4.3.2.3 试件热室侧表面太阳辐射照度控制范围为 500 W/m^2～700 W/m^2，热室侧表面风速不宜大于 3 m/s。

4.3.3 试验步骤

4.3.3.1 按照附录 B 的规定，进行人工模拟光源辐射照度分布不均匀度调试。

4.3.3.2 检查试件安装符合规定后，调整人工模拟光源与试件的距离满足实验要求。

4.3.3.3 装置启动顺序如下：

a） 启动环境空间和热室空调设备及控制系统；

b） 打开人工模拟光源、排风系统和热计量箱内设备；

c） 启动热计量箱内的风扇、冷却水循环系统等相关设备。

4.3.3.4 调整试件热室侧表面风速不大于 3 m/s。

4.3.3.5 测量各控温点温度，检查判断是否稳定。

4.3.3.6 当热室和热计量箱内空气温度稳定后，调整人工模拟光源的电流，使其辐射照度满足实验条件要求。

4.3.3.7 当测试工况满足 4.3.3.1 和 4.3.3.2 的要求，且各测量参数不单向变化时，开始记录冷却水进水、出水温度、热计量箱内外表面温度、试件框内外表面温度、人工模拟光源辐射照度和冷却水流量等参数值。测量时间间隔为 2 min，测试时间不应少于 20 min。

4.3.3.8 结束测量。

5 数据处理

5.1 检测数据选取

采用温度、辐射照度和冷却水流量等参数的最后 6 次有效试验数据平均值，进行太阳得热系数计算。

5.2 太阳得热系数计算

将各参数测试数据代入式(1)，计算试件的太阳得热系数：

$$SHGC=\frac{Q_t}{I\times A} \qquad \cdots\cdots(1)$$

式中：

$SHGC$ ——试件太阳得热系数，其值取 2 位有效数字；

Q_t ——单位时间内通过试件进入热计量箱内的太阳得热量，单位为瓦(W)，按式(2)计算；

I ——试件热室侧表面入射的模拟太阳光辐射热量，单位为瓦每平方米(W/m^2)；

A ——试件的有效面积，单位为平方米(m^2)。

$$Q_t=G\times C\times \rho\times(t_{ew}-t_{iw})+Q_b-Q_f-A\times K_t\times \Delta T_t \qquad \cdots\cdots(2)$$

式中：

G ——冷却水流量，单位为立方米每秒(m^3/s)；

C ——冷却水比热，单位为焦耳每千克开尔文[J/(kg·K)]；

ρ ——冷却水密度，单位为千克每立方米(kg/m^3)；

t_{ew} ——冷却水出水温度，单位为开尔文(K)；

t_{iw} ——冷却水进水温度，单位为开尔文(K)；

Q_b ——单位时间内通过热计量箱外壁及试件框的传热量，单位为瓦(W)，按式(3)计算；

Q_f ——单位时间内热计量箱内风扇散热量，单位为瓦(W)；

K_t ——试件的传热系数，单位为瓦每平方米开尔文[$W/(m^2\cdot K)$]；

ΔT_t——试件两侧的空气温差，单位为开尔文(K)。

$$Q_b=(\overline{\tau}_{bi}-\overline{\tau}_{bo})\times M_1+(\overline{\tau}_{si}-\overline{\tau}_{so})\times M_2 \qquad \cdots\cdots(3)$$

式中：

$\overline{\tau}_{bi}$ ——热计量箱壁内表面平均温度，单位为开尔文(K)；

$\overline{\tau}_{bo}$ ——热计量箱壁外表面平均温度，单位为开尔文(K)；

M_1 ——热计量箱热流系数，单位为瓦每开尔文(W/K)；

$\overline{\tau}_{si}$ ——试件框内表面平均温度，单位为开尔文(K)；

$\overline{\tau}_{so}$ ——试件框外表面平均温度，单位为开尔文(K)；

M_2 ——试件框热流系数，单位为瓦每开尔文(W/K)。

6 检测报告

检测报告应包括下列内容：

a) 委托和生产单位；

b) 试件名称、规格尺寸、透光材料的品种及厚度、中空玻璃等空气间层厚度及间层中的气体种类、框面积与透光材料面积之比、型材型号及规格、试件的颜色、表面的状况；

c) 检测依据、检测设备、检测类别和检测时间以及报告日期；

d) 试件热室侧表面的太阳辐射照度、试件两侧空气平均温度和试件热室侧表面风速以及冷却水流量和温差等；

e) 检测结果；

f) 测试人、审核人及负责人签名；

g) 检测单位。

附 录 A
（资料性附录）
自然光检测装置

A.1 检测装置

A.1.1 构成

太阳得热系数检测装置主要由标定小室、试件框、热计量箱、集热器和冷却水循环系统等组成(见图A.1)。

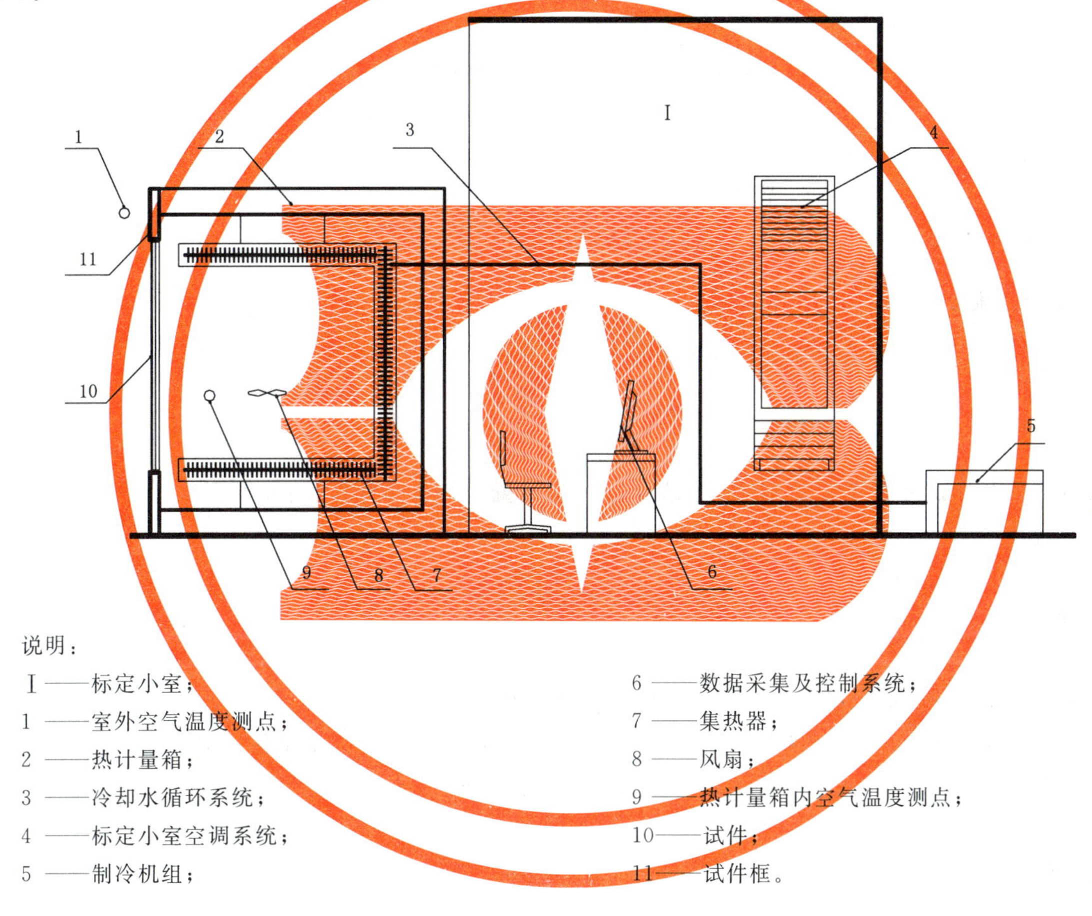

说明：

Ⅰ——标定小室；	6——数据采集及控制系统；
1——室外空气温度测点；	7——集热器；
2——热计量箱；	8——风扇；
3——冷却水循环系统；	9——热计量箱内空气温度测点；
4——标定小室空调系统；	10——试件；
5——制冷机组；	11——试件框。

图 A.1 自然光检测装置示意图

A.1.2 热计量箱

A.1.2.1 热计量箱为一个可控的、模拟建筑物内部热环境的装置。通过集热器、冷却水循环系统和控制系统，在计量进入透光围护结构的太阳辐射得热量的同时，保持设定的参数要求。

A.1.2.2 热计量箱应能够根据太阳高度角和方位角的变化，在水平方向和垂直方向调整角度跟踪太阳，保证太阳光从法线方向入射被测试件。

A.1.2.3 热计量箱壁板的热阻值不应小于 5.0 $m^2 \cdot K/W$，集热器表面的太阳吸收系数 ρ_s 应大于或等于 0.95。

A.1.2.4 热计量箱内应设置空气温度传感器。

A.1.3 冷却水循环系统

A.1.3.1 冷却水循环系统主要由水循环设备、制冷机组、集热器、温度传感器及流量计构成。

A.1.3.2 调节冷却水系统参数,保证热计量箱内空气温度稳定。其控制原理见图2。

A.1.3.3 冷却水测量温度传感器的精度为±0.1 K,流量计的精度不低于0.5级。

A.2 数据采集测点设置

A.2.1 温度

温度数据采集测点设置如下:

a) 冷却水循环系统设置进、出水温度测点各1个;

b) 热计量箱内部设置空气温度控温点1个,空气平均温度测点6个;

c) 距离热计量箱箱体外2 m以内设置室外空气温度测点1个;

d) 热计量箱各壁面内、外分别设置温度测点12个;

e) 试件框内、外表面分别设置温度测点不少于16个;

f) 标定板内、外表面分别设置温度测点不少于18个。

A.2.2 冷却水流量

冷却水循环系统出口(或进口)设置流量计1台。

A.2.3 太阳辐射照度

在面向光源的试件框表面设置总辐射表1台。并设置一细长杆件,观察其投影,以判定太阳光为法线方向入射。

A.3 数据处理

A.3.1 热计量箱壁板、标定板和传热标准试件的传热系数由具有资质的检验部门提供。

A.3.2 试验宜在太阳辐射照度不小于500 W/m^2、室外风速不大于2 m/s的条件下进行。将各参数测试数据分别代入式(1)、式(2)和式(3),计算试件的太阳得热系数*SHGC*。

A.4 标定

A.4.1 热计量箱壁面热流

在热计量箱上安装标定板,控制标定小室(由保温性能好的壁板围合而成,内设空调系统)和热计量箱内的温度均为22 ℃。调整设置于热计量箱壁板中电热膜的功率,改变电热膜的温度,绘制壁面热流相对热计量箱壁面温度输出图,拟合得出以下关系式[见式(A.1)]:

$$Q_{hb}=m(\Delta\tau)+a \qquad \text{(A.1)}$$

式中:

Q_{hb} ——通过壁面传递的热流量,单位为瓦(W);

$\Delta\tau$ ——箱壁内外表面的温差,单位为开尔文(K);

m、a ——待定系数。

A.4.2 试件框侧向热损失

在试件框上安装标定板(在室外进行),在太阳入射角5°以内跟踪太阳,每隔1 min采集一次实验数据。试件框侧向热损失按式(A.2)进行计算。

$$q_s = Q_c - Q_{hb} - Q_f - Q_s - Q_{ct} \tag{A.2}$$

式中:

q_s ——试件框侧向热损失,单位为瓦(W);

Q_c ——冷却水循环从热计量箱中带走的热量,单位为瓦(W);

Q_f ——风扇的发热量,单位为瓦(W);

Q_s ——通过试件框的热流量,单位为瓦(W)(按照传热基本方程式计算得到);

Q_{ct} ——通过标定板的热流量,单位为瓦(W)(按照传热基本方程式计算得到)。

附 录 B
（规范性附录）
光源辐射照度均匀度标定与调试

B.1 标定方法

采用标准试件被照射面等分区域中心点接收辐射照度一致的方法，进行人工模拟光源辐射照度均匀度标定。

B.2 测点设置及仪表

B.2.1 测点设置

标准试件热室侧表面的辐射照度测点应均匀布置，且不应少于 9 个测点（见图 B.1），相邻测点间距不应大于 500 mm。

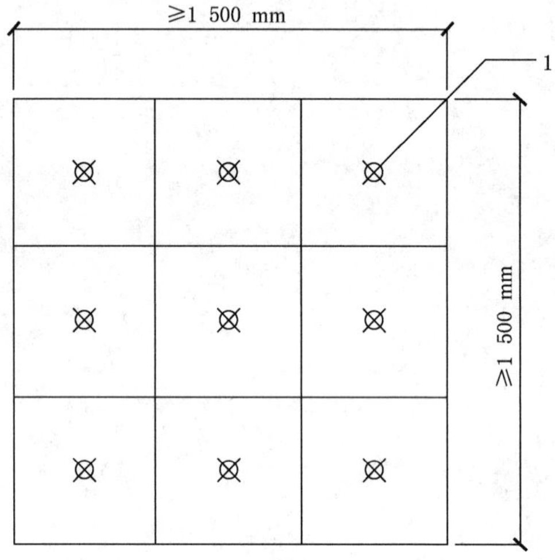

说明：
1——辐射照度测点。

图 B.1 辐射照度均匀度测试布点示意图

B.2.2 测试仪表

采用总辐射表测量人工模拟光源辐射照度，总辐射表的精度为±2.0％。

B.3 辐射照度均匀度计算

采用总辐射表测量各测点的辐射照度，将实测数据代入式(B.1)和式(B.2)，计算得到人工模拟光源辐射照度均匀度。

$$\overline{I}=\frac{1}{n}\sum_{i=1}^{n}I_i \qquad \cdots\cdots(B.1)$$

$$U=\frac{\overline{I}-\max|I_i-\overline{I}|}{\overline{I}}\times 100\% \qquad \cdots\cdots\cdots\cdots\cdots\cdots(\text{B.2})$$

式中：

$\overline{I}$ ——各测点的太阳辐射照度平均值，单位为瓦每平方米(W/m^2)；

I_i ——单一测点的太阳辐射照度，单位为瓦每平方米(W/m^2)；

U ——模拟的太阳辐射照度均匀度。

按照式(B.3)计算太阳辐射照度不均匀度：

$$NU=1-U \qquad \cdots\cdots\cdots\cdots\cdots\cdots(\text{B.3})$$

式中：

NU——太阳辐射照度不均匀度。

B.4 标定与调试程序

B.4.1 在热计量箱试件框上安装标准试件。

B.4.2 启动人工模拟光源照射系统，调整人工模拟光源与标准试件的距离。

B.4.3 10 min后，采用总辐射表测量各个测点的辐射照度。测量应符合GB/T 4271—2007中附录H的规定。

B.4.4 按照B.3中的规定，计算辐射照度均匀度。若均匀度不能满足要求，则在调整光源与试件的距离后，再次重复以上步骤，直至满足要求为止，并记录光源与试件的距离。

B.4.5 测试供电功率与辐射照度的关系，通过调整功率，将所需光源的稳定度控制在±2%以内。

B.4.6 根据模拟太阳辐射照度与功率的测试结果，绘制太阳辐射照度和功率的相关性曲线图。

附　录　C
（规范性附录）
热流系数标定

C.1　标定内容

热计量箱外壁热流系数 M_1 和试件框热流系数 M_2。

C.2　标准试件

C.2.1　材料及性能要求

C.2.1.1　标准试件应为经钢化处理后的中空玻璃系统。其玻璃厚度为 3 mm，系统的遮蔽系数宜为 0.40。

C.2.1.2　标准试件应进行传热系数和遮蔽系数测定。遮蔽系数测定应符合 GB/T 2680 的相关规定。

C.2.2　尺寸

标准试件的尺寸可略小于检测装置试件框的洞口尺寸。

C.3　标定方法

C.3.1　标定试验及数据处理

C.3.1.1　将标准试件安装在试件框洞口上，标准试件周边与洞口之间的缝隙采用聚苯乙烯泡沫塑料条塞紧、密封。

C.3.1.2　标定试验应在与太阳得热系数试验相同的条件下，设定不同的环境温度，采用标准试件分别进行两次稳定状态下的试验，并记录相关参数测试数据。

C.3.1.3　采用最后 6 次测试数据的平均值代入式(C.1)和式(C.2)联解求出热流系数 M_1 和 M_2。

$$\begin{cases}0.889 \cdot SC' \cdot I' \cdot A = G' \cdot c' \cdot \rho' \cdot (t'_{\mathrm{ew}} - t'_{\mathrm{iw}}) + (\tau'_{\mathrm{hbi}} - \tau'_{\mathrm{hbo}}) \cdot M_1 + (\tau'_{\mathrm{ki}} - \tau'_{\mathrm{ko}}) \cdot M_2 \quad \cdots\cdots (\mathrm{C.1}) \\ 0.889 \cdot SC'' \cdot I'' \cdot A = G'' \cdot c'' \cdot \rho'' \cdot (t''_{\mathrm{ew}} - t''_{\mathrm{iw}}) + (\tau''_{\mathrm{hbi}} - \tau''_{\mathrm{hbo}}) \cdot M_1 + (\tau''_{\mathrm{ki}} - \tau''_{\mathrm{ko}}) \cdot M_2 \quad \cdots\cdots (\mathrm{C.2})\end{cases}$$

式中：

SC'、SC''——分别为两次标定时试件遮蔽系数；

I'、I''　——分别为两次标定时试件表面入射人工模拟光源发生的辐射热量，单位为瓦每平方米($\mathrm{W/m^2}$)；

A　——标准试件的有效面积，单位为平方米($\mathrm{m^2}$)；

G'、G''　——分别为两次标定试验的循环水流量，单位为立方米每秒($\mathrm{m^3/s}$)；

c'、c''　——分别为两次标定试验的循环水比热容，单位为焦耳每千克开尔文[J/(kg·K)]；

ρ'、ρ''　——分别为两次标定试验的循环水密度，单位为千克每立方米($\mathrm{kg/m^3}$)；

t'_{ew}、t''_{ew}——分别为两次标定试验的热计量箱冷却水出水温度，单位为开尔文(K)；

t'_{iw}、t''_{iw}——分别为两次标定试验的热计量箱冷却水进水温度，单位为开尔文(K)；

τ'_{hbi}、τ''_{hbi}——分别为两次标定试验的热计量箱体内表面温度，单位为开尔文(K)；

τ'_{hbo}、τ''_{hbo}——分别为两次标定试验的热计量箱体外表面温度，单位为开尔文(K)；

τ'_{ki}、τ''_{ki} ——分别为两次标定试验的试件框内表面温度，单位为开尔文(K)；

τ'_{ko}、τ''_{ko} ——分别为两次标定试验的试件框外表面温度，单位为开尔文(K)；

M_1 ——热计量箱热流系数，单位为瓦每开尔文(W/K)；

M_2 ——试件框热流系数，单位为瓦每开尔文(W/K)。

右上角标有“′”的参数为第一次标定试验测量的参数，右上角标有“″”的参数为第二次标定试验测量的参数。

C.3.2 标定试验的规定

C.3.2.1 两次标定试验应在标准试件两侧空气温差相同或相近的条件下进行，热计量箱箱体内、外表面温差的绝对值$|\tau'_{hbi}-\tau'_{hbo}|$和$|\tau''_{hbi}-\tau''_{hbo}|$不应小于4.5 K，且$||\tau'_{hbi}-\tau'_{hbo}|-|\tau''_{hbi}-\tau''_{hbo}||$应大于9.0 K。

C.3.2.2 热流系数M_1和M_2应每年定期标定一次。如试验箱体构造、尺寸发生变化，应重新标定。

C.3.3 标定试验的误差分析

新建透光围护结构的太阳得热系数检测装置，应进行热流系数M_1和M_2标定误差和透光围护结构太阳得热系数($SHGC$)试验误差分析。

参 考 文 献

[1] IEC 60904-9 Photovoltaic devices—Part9:Solar simulator performance requirements

ICS 91.060
P 32

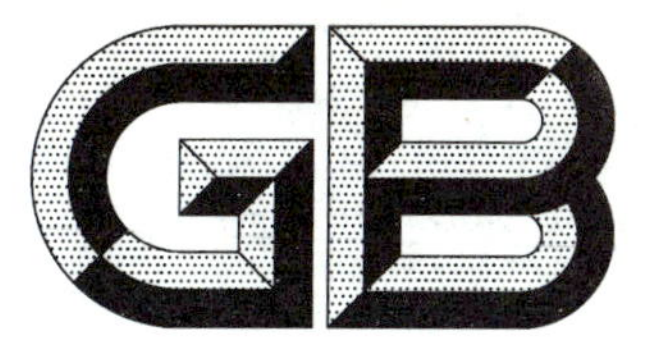

中华人民共和国国家标准

GB/T 30593—2014

外墙内保温复合板系统

External wall interior insulation composite panel system

2014-06-09 发布　　2014-12-01 实施

中华人民共和国国家质量监督检验检疫总局
中国国家标准化管理委员会　发布

前 言

本标准按照GB/T 1.1—2009给出的规则起草。

本标准由中华人民共和国住房和城乡建设部提出。

本标准由全国建筑构配件标准化技术委员会(SAC/TC 454)归口。

本标准负责起草单位:中国建筑标准设计研究院。

本标准参加起草单位:中国建筑科学研究院、国家防火建筑材料质量监督检验中心、圣戈班石膏建材(上海)有限公司、上海拉法基石膏建材有限公司、可耐福石膏板(天津)有限公司、四川科文建材科技有限公司、浙江鑫得建筑节能科技有限公司、宜春市金特建材实业有限公司、卡莱森泰(上海)商贸有限公司、山东联创节能新材料股份有限公司、江苏德一新型建筑材料科技有限公司。

本标准主要起草人:曹彬、陆兴、王新民、赵成刚、张佳岩、柳建峰、汤旻骅、沙拉斯、杜长青、孙强、刘建勇、吴敏、孙振国、谭建新。

外墙内保温复合板系统

1 范围

本标准规定了外墙内保温复合板系统的术语和定义，分类和基本构造，一般要求，要求，试验方法，检验规则，随行文件、包装、运输、贮存。

本标准适用于以混凝土或砌体为基层墙体的新建、扩建和改建居住建筑外墙内保温工程用内保温复合板系统。

2 规范性引用文件

下列文件对于本文件的应用是必不可少的。凡是注日期的引用文件，仅注日期的版本适用于本文件。凡是不注日期的引用文件，其最新版本(包括所有的修改单)适用于本文件。

GB/T 2406.2 塑料 用氧指数法测定燃烧行为 第2部分:室温试验

GB/T 6342 泡沫塑料与橡胶 线性尺寸的测定

GB/T 6343 泡沫塑料及橡胶 表观密度的测定

GB 6566—2010 建筑材料放射性核素限量

GB/T 7019 纤维水泥制品试验方法

GB/T 8170—2008 数值修约规则与极限数值的表示和判定

GB 8624—2012 建筑材料及制品燃烧性能分级

GB/T 8626 建筑材料可燃性试验方法

GB/T 8811 硬质泡沫塑料 尺寸稳定性试验方法

GB/T 9775 纸面石膏板

GB/T 10294 绝热材料稳态热阻及有关特性的测定 防护热板法

GB/T 10295 绝热材料稳态热阻及有关特性的测定 热流计法

GB 18583 室内装饰装修材料 胶粘剂中有害物质限量

GB/T 20284 建筑材料或制品的单体燃烧试验

GB/T 20285 材料产烟毒性危险分级

JC/T 412.1 纤维水泥平板 第1部分:无石棉纤维水泥平板

JC/T 517 粉刷石膏

JC/T 564.1 纤维增强硅酸钙板 第1部分:无石棉硅酸钙板

JC/T 1025 粘结石膏

JG 149 膨胀聚苯板薄抹灰外墙外保温系统

JGJ 144 外墙外保温工程技术规程

3 术语和定义

下列术语和定义适用于本文件。

3.1

外墙内保温复合板系统　external wall interior insulation composite panel system

由外墙内保温复合板、粘结材料、锚栓、嵌缝材料、接缝带和饰面层等组成，在建筑工程施工现场采用一定的组合方式进行安装施工，固定于外墙基层墙体内侧的非承重保温构造。

3.2

外墙内保温复合板　external wall interior insulation composite panel

在工厂预制成型，保温层材料单侧复合无机面板，用于外墙内侧具有保温、隔热和防护功能的板状制品。

3.3

胶粘剂　adhesive

由水泥基胶凝材料、高分子聚合物材料、填料及添加剂等辅助材料组成，专用于将复合板粘贴在基层墙体上的粘结材料。

3.4

粘结石膏　gypsum binders

由石膏基胶凝材料、高分子聚合物材料、细骨料等组成，专用于将复合板粘贴在基层墙体上的粘结材料。

3.5

防护层　protecting coat

复合板面板和饰面层的总称。

4　分类和基本构造

4.1　分类

4.1.1　按外墙内保温复合板(以下简称复合板)保温层材料分为：

a)　模塑聚苯乙烯泡沫塑料(EPS)；

b)　挤塑聚苯乙烯泡沫塑料(XPS)；

c)　硬泡聚氨酯(PU)。

4.1.2　按复合板面板材料分为：

a)　普通纸面石膏板；

b)　耐水纸面石膏板；

c)　无石棉硅酸钙板；

d)　无石棉纤维水泥平板。

4.2　外墙内保温复合板系统材料组成

外墙基层墙体及内保温复合板系统材料组成见表 1。当保温层材料为挤塑聚苯乙烯泡沫塑料(XPS)或硬泡聚氨酯(PU)时，其粘贴面应设界面层。

表 1　外墙基层墙体及内保温复合板系统材料组成

外墙基层墙体①	系统材料					组成示意
	粘结层②	复合板③		饰面层④		
		保温层	面板			
混凝土墙体或各种砌体墙体	胶粘剂或粘结石膏 + 锚栓	模塑聚苯乙烯泡沫塑料(EPS)或挤塑聚苯乙烯泡沫塑料(XPS)或硬泡聚氨酯(PU)	普通纸面石膏板或耐水纸面石膏板或无石棉硅酸钙板或无石棉纤维水泥平板	腻子层 + 涂料或墙纸(布)	面砖	① ② ③ ④

5　一般要求

5.1　普通纸面石膏板和耐水纸面石膏板应符合 GB/T 9775 的规定。

5.2　无石棉硅酸钙板应符合 JC/T 564.1 的规定。

5.3　无石棉纤维水泥平板应符合 JC/T 412.1 的规定。

5.4　纸面石膏板、无石棉硅酸钙板和无石棉纤维水泥平板的放射性核素限量，应符合 GB 6566—2010 中对建筑主体材料天然放射性的规定，$I_{Ra} \leq 1.0$ 和 $I_{\gamma} \leq 1.0$。

5.5　每块复合板应配置两个防锈金属钉锚栓，必要时宜增加锚栓数量。锚栓锚固于距顶部边缘80 mm 处，锚栓钉头不应凸出板面。

5.6　复合板外观应符合下列规定：

a)　复合板纸面石膏板面应板面平整，不应有影响使用的波纹、沟槽、亏料、漏料和划伤、破损、污痕等缺陷。无石棉硅酸钙板、无石棉纤维水泥平板应板面平整，且表面不应有裂纹、分层、脱皮。

b)　复合板保温材料板面应表面平整、无夹杂物、颜色均匀，不应有影响使用的可见缺陷，如起泡、裂口、变形等。

5.7　复合板规格尺寸如下：

a)　复合板公称宽度为 600 mm、900 mm、1 200 mm，其他宽度尺寸由供需双方商定。

b)　复合板公称长度与层高相适应，由供需双方商定。

c)　复合板公称厚度由供需双方商定。纸面石膏板面板最小公称厚度为 9.5 mm，无石棉硅酸钙板面板及无石棉纤维水泥平板面板最小公称厚度为 6 mm。

5.8　嵌缝材料、接缝带、饰面层材料性能指标，应符合相关国家现行标准要求。

5.9　粘结石膏不应用于厨房、卫生间等潮湿环境。粘结材料有害物质限量应符合 GB 18583 的规定。

6　要求

6.1　外墙内保温复合板系统

外墙内保温复合板系统性能应符合表 2 的规定。

表 2 外墙内保温复合板系统性能要求

项　目	指　标
耐久性	无可见裂缝、空鼓和剥离现象
系统拉伸粘结强度/MPa	≥0.035
吸水量[a]/(kg/m^2)	系统在水中浸泡 1 h 后的吸水量不应大于 1.0
热阻/[(m^2·K)/W]	应符合设计要求
不透水性[a]	面板内侧 2 h 不透水
防护层水蒸气渗透阻[a]	应符合设计要求
[a] 用于厨房、卫生间等潮湿环境时，要求此指标。	

6.2 复合板

6.2.1 尺寸允许偏差

复合板尺寸允许偏差应符合表 3 的规定。

表 3 复合板尺寸允许偏差

单位为毫米

项　目	允许偏差
长度	$^{0}_{-3.0}$
宽度	$^{0}_{-3.0}$
厚度	±2.0
对角线差	≤4.0
板面平整度	≤4.0

6.2.2 复合板性能

复合板性能应符合表 4 的规定。

表 4 复合板性能要求

项　目	指　标		
	纸面石膏板面层	无石棉硅酸钙板面层	无石棉纤维水泥平板面层
拉伸粘结强度/MPa	≥0.035，且纸面与保温板界面破坏	≥0.10，且保温板破坏	
抗冲击性/次	≥10		
面板收缩率/%	—	≤0.06	

6.2.3 复合板用保温材料性能

复合板用保温材料性能应符合表 5 的规定。

表 5 保温材料性能要求

项目		指标		
		EPS 板	XPS 板	PU 板
密度/(kg/m³)		18～22	22～35	35～45
导热系数/[W/(m·K)]		≤0.039	≤0.032	≤0.024
垂直于板面方向的抗拉强度/MPa		≥0.10		
尺寸稳定性/%		≤1.0	≤1.5	≤1.5
燃烧性能/级		不应低于 B_1 级		
燃烧性能附加分级/级	产烟量	不应低于 s2		
	燃烧滴落物/微粒	不应低于 d1		
	产烟毒性	不应低于 t1		
氧指数/%		≥30		

6.3 粘结材料

6.3.1 胶粘剂性能

胶粘剂性能应符合表 6 的规定。

表 6 胶粘剂性能要求

项目			指标
拉伸粘结强度/MPa（与水泥砂浆）	原强度		≥0.6
	耐水[a]	浸水 2 d，干燥 2 h	≥0.3
		浸水 2 d，干燥 7 d	≥0.6
拉伸粘结强度/MPa（与复合板）	原强度		≥0.10，破坏发生在保温板中
	耐水[a]	浸水 2 d，干燥 2 h	≥0.06
		浸水 2 d，干燥 7 d	≥0.10
可操作时间/h			1.5～4.0
[a] 用于厨房、卫生间等潮湿环境时，要求此指标。			

6.3.2 粘结石膏性能

粘结石膏性能应符合表 7 的规定。

表 7 粘结石膏性能要求

项目		指标
细度	1.18 mm 筛网筛余/%	0
	150 μm 筛网筛余/%	≤25

表 7（续）

项目		指标
凝结时间	初凝/min	≥25
	终凝/min	≤120
抗折强度/MPa		≥5.0
抗压强度/MPa		≥10.0
拉伸粘结强度/MPa(与复合板)	原强度	≥0.10
拉伸粘结强度/MPa(与水泥砂浆)	原强度	≥0.5

6.4 锚栓

锚栓主要性能应符合表 8 的规定。

表 8 锚栓主要性能要求

项目	指标
单个锚栓抗拉承载力标准值/kN	≥0.30

7 试验方法

7.1 试验环境及养护条件

标准试验环境条件为空气温度(23±5)℃，相对湿度(50±10)%。标准养护条件为空气温度(23±2)℃，相对湿度(50±5)%。

7.2 数值修约

在判定测定值或其计算值是否符合标准要求时，应将测试所得的测定值或其计算值与标准规定的极限数值作比较，比较的方法应采用 GB/T 8170—2008 中 4.3 规定的修约值比较法。

7.3 外墙内保温复合板系统

7.3.1 耐久性

7.3.1.1 试样制备应符合下列要求：

a) 按受检方提供的外墙内保温复合板系统构造和施工方法制作系统试样，试样由试验墙和受测保温系统组成，试样数量 1 个；

b) 试验墙为混凝土或砌体墙，试验墙应牢固；

c) 试样应满足：

1) 宽度不应小于 2.5 m；

2) 高度不应小于 2.0 m；

3) 复合板竖向拼缝不少于 2 条。

7.3.1.2 老化循环试验条件：

a) 在 2 h 内，房间空气温度升至(40±2)℃，空气相对湿度达到(90±5)%，再保持 10 h；

b) 在 2 h 内，房间空气温度降至(10±2)℃，空气相对湿度达到(30±5)%，再保持 10 h。

7.3.1.3 试样安装后，进行老化循环 28 次，每 7 次循环后，目测试样外观进行检查并做记录。

7.3.2 系统拉伸粘结强度

7.3.2.1 试样制备应符合下列要求：

a) 尺寸 50 mm×50 mm 或直径 50 mm，数量 6 个；

b) 使用粘结砂浆将复合板满粘在水泥砂浆板上，在标准养护条件下养护不应少于 14 d；

c) 将相应尺寸的金属块用高强度树脂胶粘剂粘合在试样上。

7.3.2.2 将试样安装到试验机上，进行拉伸粘结强度测定，拉伸速度为(5±1) mm/min。记录每个试样破坏时的拉力值和破坏状态，精确至 1 N。如金属块与试样脱开，测试值无效。

7.3.2.3 计算结果，拉伸粘结强度应按式(1)计算，去掉最大值和最小值，取 4 个中间值计算拉伸粘结强度算术平均值，精确至 0.001 MPa。

$$P=\frac{F}{A} \qquad \cdots\cdots\cdots\cdots(1)$$

式中：

P——试样拉伸粘结强度，单位为兆帕(MPa)；

F——试样破坏荷载值，单位为牛(N)；

A——粘结面积，单位为平方毫米(mm^2)。

7.3.3 吸水量

应按 JGJ 144 的规定进行，试样应带防护层。

7.3.4 热阻

从复合板上裁取保温材料试样，尺寸为 300 mm×300 mm，厚度不小于 25 mm。应按 GB/T 10294 或 GB/T 10295 规定的方法测定保温材料导热系数，按保温材料实际厚度计算保温材料热阻[见式(2)]，作为外墙内保温复合板系统热阻，精确至 0.01(m^2·K)/W。

$$R=\frac{H}{\lambda} \qquad \cdots\cdots\cdots\cdots(2)$$

式中：

R——热阻，单位为平方米开尔文每瓦特[(m^2·K)/W]；

H——保温材料厚度，单位为米(m)；

λ——导热系数，单位为瓦特每米开尔文[W/(m·K)]。

7.3.5 不透水性

应按 JGJ 144 的规定进行，试样应带防护层。

7.3.6 防护层水蒸气渗透阻

应按 JGJ 144 的规定进行。

7.4 复合板

7.4.1 尺寸允许偏差

应按 GB/T 6342 的规定进行。板面平整度使用长度为 2 m 的靠尺进行测量，尺寸小于 2 m 的板材按实际尺寸测量。

7.4.2 复合板性能

7.4.2.1 拉伸粘结强度

7.4.2.1.1 试样制备应符合下列要求：

a) 尺寸 50 mm×50 mm 或直径 50 mm，数量 6 个；

b) 将相应尺寸的金属块用高强度树脂胶粘剂粘合在试样两个表面上。

7.4.2.1.2 将试样安装到试验机上，进行拉伸粘结强度测定，拉伸速度为(5±1)mm/min。记录每个试样破坏时的拉力值和破坏状态，精确至 1N。如金属块与试样脱开，测试值无效。

7.4.2.1.3 计算结果，拉伸粘结强度按式(1)计算，去掉最大值和最小值，取 4 个中间值计算拉伸粘结强度算术平均值，精确至 0.001 MPa。保温板内部或表层破坏面积在 50%以上时，破坏状态为保温板破坏，否则破坏状态为界面破坏。

7.4.2.2 抗冲击性

7.4.2.2.1 试验器材应符合下列要求：

a) 砂袋用帆布制成，直径 150 mm，内装标准砂 5 kg；

b) 抗冲击仪由落袋装置和带有刻度尺的支架组成，分度值 0.01 m。

7.4.2.2.2 试验过程：

a) 试样尺寸宜在 600 mm×400 mm 以上，试样数量为 1 个；

b) 将试样饰面层向上，水平放置在抗冲击仪的基底上，试样紧贴基底；

c) 用砂袋从距试件 1 m 高度处自由落下冲击试样中心部位，共冲击 10 次，试样表面冲击点周围出现裂缝视为冲击破坏。

7.4.2.2.3 判定结果，当冲击点无破坏时，判定抗冲击性合格；当出现冲击点破坏时，判定抗冲击性不合格。

7.4.2.3 面板收缩率

应按 GB/T 7019 的规定进行。

7.4.3 复合板用保温材料性能

7.4.3.1 密度

应按 GB/T 6343 的规定进行。

7.4.3.2 导热系数

应按 GB/T 10294 或 GB/T 10295 的规定进行。

7.4.3.3 垂直于板面方向的抗拉强度

应按 JGJ 144 的规定进行。

7.4.3.4 尺寸稳定性

应按 GB/T 8811 的规定进行。

7.4.3.5 燃烧性能

应按 GB 8624—2012 的规定进行。

7.4.3.6 燃烧性能附加分级

7.4.3.6.1 产烟量应按 GB/T 20284 的规定进行。

7.4.3.6.2 燃烧滴落物/微粒应按 GB/T 8626 和 GB/T 20284 的规定进行。

7.4.3.6.3 产烟毒性应按 GB/T 20285 的规定进行。

7.4.3.7 氧指数

应按 GB/T 2406.2 的规定进行。

7.5 粘结材料

7.5.1 胶粘剂性能

7.5.1.1 拉伸粘结强度

7.5.1.1.1 试样制备应符合下列要求：

a) 尺寸 50 mm×50 mm 或直径 50 mm 的水泥砂浆板(厚度不应小于 20 mm)和复合板(厚度不应小于 40 mm)，数量各 6 个；
b) 按使用说明配制胶粘剂，放置 15 min 后，将胶粘剂浆分别涂抹于水泥砂浆板和复合板背面，涂抹厚度为 3 mm～5 mm。在可操作时间结束时用模塑板(EPS)覆盖，以防胶粘剂干燥过快；
c) 在标准养护条件下养护 28 d；
d) 将相应尺寸的金属块用高强度树脂胶粘剂粘合在试样上；
e) 树脂胶粘剂固化后将试样按下列条件进行处理：
    1) 原强度，无附加要求；
    2) 耐水，浸水 2 d，到期试样从水中取出并擦拭表面水分后，在标准试验环境下放置 2 h；
    3) 耐水，浸水 2 d，到期试样从水中取出并擦拭表面水分后，在标准试验环境下放置 7 d。

7.5.1.1.2 将试样安装到适宜的试验机上，进行拉伸粘结强度测定，拉伸速度为(5±1)mm/min。记录每个试样破坏时的力值和破坏状态，精确至 1N。如金属块与试样脱开，测试值无效。

7.5.1.1.3 计算结果，拉伸粘结强度按式(1)计算，去掉最大值和最小值，取 4 个中间值计算拉伸粘结强度算术平均值，精确至 0.01 MPa。保温板内部或表层破坏面积在 50%以上时，破坏状态为破坏发生在保温板中，否则破坏状态为界面破坏。

7.5.1.2 可操作时间

7.5.1.2.1 胶粘剂配制后，按使用说明提供的可操作时间放置；未提供可操作时间时，放置 1.5 h 后按 7.5.1.1的规定测定拉伸粘结强度原强度。

7.5.1.2.2 拉伸粘结强度原强度符合要求时，放置时间即为可操作时间。

7.5.2 粘结石膏性能

7.5.2.1 细度

应按 JC/T 1025 的规定进行。

7.5.2.2 凝结时间

应按 JC/T 517 的规定进行。

7.5.2.3 抗折强度

应按 JC/T 1025 的规定进行。

7.5.2.4 抗压强度

应按 JC/T 1025 的规定进行。

7.5.2.5 拉伸粘结强度

应按 7.5.1.1 的规定进行。

7.6 锚栓

单个锚栓抗拉承载力标准值应按 JG 149 的规定进行。

8 检验规则

8.1 检验分类

产品检验分出厂检验和型式检验。

8.2 检验项目

8.2.1 出厂检验应每批进行一次。检验项目包括：

a) 复合板:外观、尺寸允许偏差、拉伸粘结强度；

b) 胶粘剂:与复合板拉伸粘结强度的原强度；

c) 粘结石膏:与复合板拉伸粘结强度的原强度。

8.2.2 型式检验包括第 6 章的全部项目。正常生产时,外墙内保温复合板系统型式检验每两年进行一次,系统组成材料每年进行一次。有下列情况之一,应及时进行型式检验：

a) 新产品投产或产品定型鉴定时；

b) 出厂检验结果与上次型式检验结果有较大差异时；

c) 当系统组成材料、主要原材料或施工、生产工艺发生变化时；

d) 停产半年以上恢复生产时；

e) 国家质量监督机构提出型式检验要求时。

8.3 组批和抽样

8.3.1 组批

外墙内保温复合板系统组成材料按下列组批：

a) 复合板：同一材料、同一工艺每 4 000 m^2 为一批，不足 4 000 m^2 时也视为一批；

b) 胶粘剂、粘结石膏：同一材料、同一工艺每 50 t 为一批，不足 50 t 时也视为一批；

c) 锚栓：同一材料、同一工艺每 20 000 个为一批，不足 20 000 个时也视为一批。

8.3.2 抽样

出厂检验从每检验批的不同位置随机抽取，样品数量应符合表 9 的规定；型式检验样品应在出厂检验的合格批中抽取。型式检验样品数量应符合表 9 的规定。

表 9 样品数量

样品名称	样品数量	
	出厂检验	型式检验
外墙内保温复合板系统	—	不少于 10 m^2
复合板	不少于 3 m^2，且不少于 6 块	
胶粘剂、粘结石膏	不少于 5 kg	
锚栓		不少于 10 个

8.4 判定规则

8.4.1 出厂检验

全部检验项目合格，则判定该产品合格；若一项检验项目不符合要求时，应从同一批产品中加倍取样复验。复验符合要求，则判定该产品合格；复验仍有一项不符合要求，则判定该产品不合格。若有两项及两项以上检验项目或燃烧性能不符合要求时，则判定该产品不合格。

8.4.2 型式检验

全部检验项目符合本标准要求，则判定该批产品合格；若有项目不合格，则判定该批产品不合格。

9 随行文件、包装、运输、贮存

9.1 随行文件

系统及组成材料随行文件应主要包括下列内容：

a) 生产商的商标；

b) 合格证(包括产品名称、生产日期、使用有效期等)；

c) 出厂检验报告、型式检验报告；

d) 产品使用说明书；

e) 生产商的名称及地址。

9.2 包装

复合板包装宜采用软质材料以保护表面和边角，避免划伤、碰损或变形；粘结材料等宜根据情况采用袋装或桶装，并应注意密封，严防受潮或外泄。

9.3 运输

复合板宜侧立搬运,在运输过程中与运输设备固定好;严禁烟火;不应重压猛摔或与锋利物品碰撞,以避免破坏和变形。

粘结材料在运输过程中的摆放应根据其包装情况而定,运输中应避免材料的挤压、碰撞、雨淋、日晒等,不应影响使用。

9.4 贮存

复合板存放应避免重压,所有系统组成材料应防止与腐蚀性介质接触,远离火源,不宜露天长期暴晒;存放场地应干燥、通风、防冻。所有材料应按型号、规格分类贮存,贮存期限不应超过材料保质期。

ICS 91.060.10
P 32

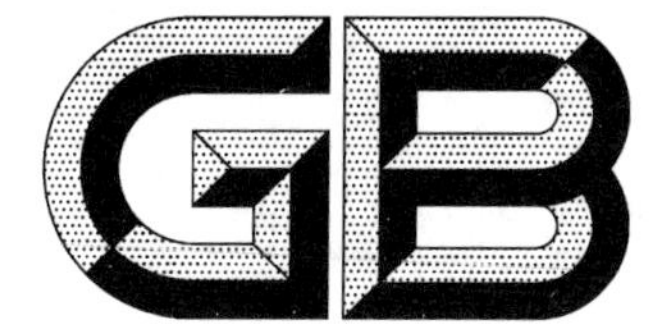

中华人民共和国国家标准

GB/T 30594—2014

双层玻璃幕墙热性能检测　示踪气体法

Thermal performance of double-skin glass facade—Tracer gas mehtod

2014-06-09 发布　　2014-12-01 实施

中华人民共和国国家质量监督检验检疫总局
中国国家标准化管理委员会
发布

前　言

本标准按照 GB/T 1.1—2009 给出的规则起草。

本标准由中华人民共和国住房和城乡建设部提出。

本标准由全国建筑幕墙门窗标准化技术委员会(SAC/TC 448)归口。

本标准主要起草单位:中国建筑科学研究院、深圳市方大装饰工程有限公司。

本标准参加起草单位:清华大学、广东省建筑科学研究院、福建省建筑科学研究院、上海市建筑科学研究院(集团)有限公司、浙江省建筑科学研究院、四川省建筑科学研究院、新疆大学、华南理工大学、北京国奥时代新能源技术发展有限公司、北京市可持续发展促进会、大连市建筑科学研究设计院股份有限公司、北京中建建筑科学研究院有限公司、深圳市建筑科学研究院有限公司、浙江瑞明节能门窗股份有限公司。

本标准主要起草人:刘月莉、曾晓武、杨仕超、李晓锋、黄夏冬、曹毅然、杨燕萍、刘晖、林波荣、赵勇、袁涛、赵岩、任俊、闫文蕾、汤高举、孟庆林、段恺、高汉民、叶建东、葛瑞海、杨玉忠、潘振、孙立新、刘雄、姜铁斌。

双层玻璃幕墙热性能检测　示踪气体法

1　范围

本标准规定了采用示踪气体法检测双层玻璃幕墙热性能的术语和定义、检测方法、数据处理和检测报告。

本标准适用于通风式双层玻璃幕墙热通道内部的空气温度分布和热压通风的通风量以及双层幕墙内、外层表面温度等热性能检测。

2　规范性引用文件

下列文件对于本文件的应用是必不可少的。凡是注日期的引用文件，仅注日期的版本适用于本文件。凡是不注日期的引用文件，其最新版本(包括所有的修改单)适用于本文件。

GB/T 8484—2008　建筑外门窗保温性能分级及检测方法

GB/T 21086　建筑幕墙

3　术语和定义

GB/T 21086 界定的以及下列术语和定义适用于本文件。

3.1

双层玻璃幕墙　double-skin glass facade

由外层为玻璃幕墙及内层为玻璃或其他面板材料幕墙所构成的双层幕墙。

3.2

双层玻璃幕墙热性能　thermal performance of double-skin glass facade

双层玻璃幕墙的保温性能、热通道内的空气温度分布和热压通风量以及双层幕墙内、外层表面温度的总称。

3.3

示踪气体　tracer gas

能与空气混合，本身不发生化学改变，并在较低的浓度时可被测出气体的统称。

3.4

示踪气体法　tracer gas method of ventilation quantity

向被测空间以恒定释放率注入稳定流量的示踪气体，根据测量入口示踪气体平均释放率及出口示踪气体平均浓度求得通风量，并依此评价双层玻璃幕墙热性能的一种测试方法。

3.5

恒定释放率　constant release rate

示踪气体释放进入被测空间的恒定质量流量。

3.6

阳光镜面反射系统　sun mirror reflex system

高度角和方位角可以全方位调整的百叶镜片设备系统。

4 检测方法

4.1 原理

4.1.1 太阳辐射热照射到双层玻璃幕墙热通道内，使其内部空气温度升高而产生流动，利用示踪气体测试空气流动状态，根据热通道内的通风量和温度分布评价双层幕墙热性能特征。

4.1.2 在双层玻璃幕墙热通道进口处以恒定释放率均匀释放示踪气体，出口处设置多个测点测量示踪气体浓度，然后根据测得的入口示踪气体释放率和出口示踪气体浓度分析计算得到热通道内的通风量。根据热通道内的通风量评价双层幕墙热性能特征。

4.2 试验装置

4.2.1 检测系统构成

4.2.1.1 检测系统由试件安装支撑系统、室内环境模拟箱、受检试件、示踪气体测试系统、阳光镜面反射系统、数据采集系统等组成。检测装置见图1。

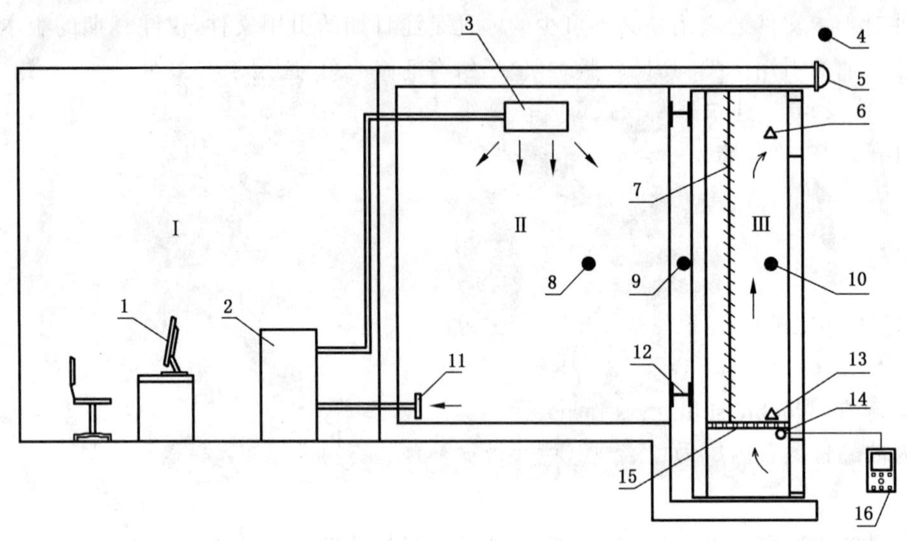

说明：

Ⅰ——控制室；
Ⅱ——室内环境模拟箱；
Ⅲ——受检试件。
1 ——数据采集系统；
2 ——空调主机；
3 ——空调末端；
4 ——室外温度测点；
5 ——辐照仪；
6 ——出风口气体浓度测点；
7 ——遮阳百叶；
8 ——室内环境温度测点；
9 ——内层幕墙内表面温度测点；
10——通道内温度测点；
11——回风口；
12——试件支撑；
13——进风口气体浓度测点；
14——示踪气体均匀释放管；
15——格栅；
16——气体质量流量控制器。

图1 双层幕墙热性能检测装置示意图

4.2.1.2 检测装置周围应设置挡风墙或采取其他挡风措施。

4.2.2 试件安装支撑系统

试件安装支撑系统采用钢结构框架，围护部分所用材料应符合 GB/T 8484—2008 中相应规定，且其围护构造不应遮挡太阳辐射和影响幕墙通风及幕墙通道内的温度场。

4.2.3 室内环境模拟箱

4.2.3.1 采用热阻值大于 2.0 $m^2 \cdot K/W$ 的保温材料制作封闭的室内环境模拟箱，通过空调系统和自动控制系统的运行调节，模拟室内物理环境。

4.2.3.2 室内环境模拟箱箱体尺寸(宽度×进深×高度)不宜小于 4 000 mm×2 200 mm×4 500 mm。

4.2.3.3 室内环境模拟箱内地面宜高出室外地面 500 mm。

4.2.3.4 空调系统末端出风口风速不应小于 0.5 m/s，必要时可加设循环风扇。

4.2.3.5 应避免空调末端出风口对气体质量流量控制器或示踪气体浓度测点产生直接影响。

4.2.3.6 室内环境模拟箱体内温度测点应设置在室内环境模拟箱的居中位置，距箱体内地面高度 1.5 m、距玻璃幕墙内表面 0.5 m 处。

4.2.3.7 自动控制系统应能满足实现室内环境模拟箱内温度设定的要求，并稳定控制在规定的精度范围内。

4.2.3.8 温度传感器处风速不应大于 1.0 m/s，或按工程设计要求。

4.2.4 受检试件

4.2.4.1 受检试件双层玻璃幕墙热通道内、热通道出口处和室外环境均应设置空气温度传感器，如图 1 和图 2 所示。热通道内设置的空气温度传感器不应少于 3 行 3 列。测量空气温度的传感器感应头，应进行热辐射屏蔽，并防止辐射热积聚。

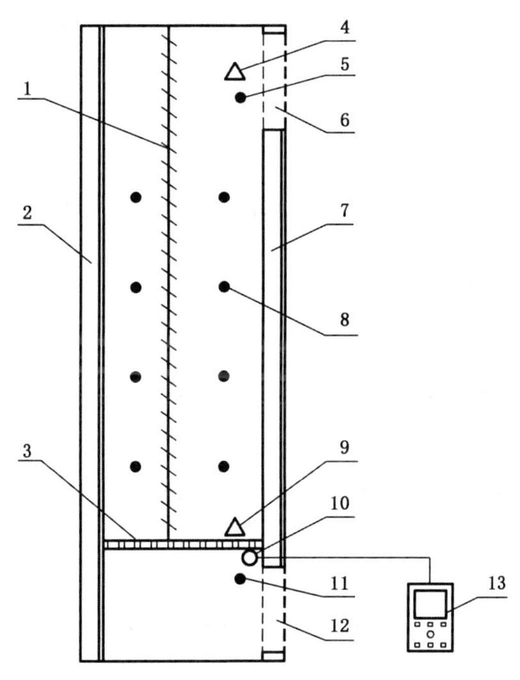

说明：

1 ——遮阳百叶；
2 ——内层幕墙；
3 ——格栅；
4 ——出风口气体浓度测点；
5 ——出风口温度测点；
6 ——出风口；
7 ——外层幕墙；
8 ——通道内温度测点；
9 ——进风口气体浓度测点；
10——示踪气体均匀释放管；
11——进风口温度测点；
12——进风口；
13——气体质量流量控制器。

图 2 热通道温度和通风量检测系统示意图

4.2.4.2 受检试件双层玻璃幕墙内层玻璃内侧表面及中间百叶装置表面均应设置表面温度传感器,且不应少于3处。

4.2.5 示踪气体测试系统

4.2.5.1 示踪气体测试系统(见图1和图2)包括:气体质量流量控制器、示踪气体均匀释放管和多通道示踪气体浓度测量仪。

4.2.5.2 宜采用浓度不低于99.9%的六氟化硫(SF_6)作为示踪气体。

4.2.5.3 在热通道出风口内侧100 mm处设置示踪气体浓度测点,且气体浓度测点不宜少于5个。

4.2.5.4 采用多孔管作为示踪气体均匀释放管,释放位置设在热通道下部进风口处。示踪气体释放率应保证热通道出口处的平均浓度不低于50×10^{-6}。

4.2.5.5 自动控制系统应能实现示踪气体释放率的设定要求,并稳定控制在规定的精度范围内。

4.2.5.6 气体质量流量控制器和多通道示踪气体浓度测量仪的性能应符合附录A的相关规定。

4.2.6 阳光镜面反射系统

阳光镜面反射系统应能够根据实验地点的经度、纬度和试验时间,计算太阳高度角与方位角,并能够调整镜面的方向和角度,使反射后投射在幕墙立面上的光束符合试验条件中对太阳高度角、方位角及太阳辐射照度的要求。

4.2.7 数据采集系统

4.2.7.1 数据采集系统包括示踪气体释放率、出风口处示踪气体浓度、辐射照度和温度测量等。

4.2.7.2 数据采集系统应具有自动采集数据、存储历史数据的功能。

4.3 试件要求

4.3.1 试件应为一个完整的通风单元。其尺寸(宽度×高度)不宜大于1 800 mm×4 200 mm,厚度不宜大于800 mm。

4.3.2 试件组成材料、表面光热特性及构造应与幕墙设计相符合。

4.4 试验条件

4.4.1 热通道通风量和双层玻璃幕墙室内侧玻璃内表面温度测试,应在室外空气温度不低于10 ℃,且晴朗的天气条件下进行。

4.4.2 投射到双层玻璃幕墙外表面上的太阳辐射照度不应低于500 W/m², 辐射高度角应为45°±5°,方位角应为0°±10°。当太阳高度角、方位角不能满足要求时,应通过调整阳光镜面反射系统的镜面方向和角度,达到上述要求。

4.4.3 测试应在室外平均风速不大于3 m/s的天气条件下进行。为确保测试期间距室外地坪1.5 m高、距双层玻璃幕墙外表面1.5 m处的风速小于0.5 m/s,可采取挡风或稳定风场的措施,挡风构件不得对阳光镜面反射系统的光束产生遮挡。

4.4.4 测试期间，室内环境模拟箱内空气温度应控制在与室外空气温度相差 1.0 K 范围内。

4.4.5 试件安装时，应保证其周边有可靠的保温、密封等封堵措施。

4.5 检测程序

4.5.1 双层玻璃幕墙的遮阳装置及通风口的开启状态，应调节至设计工况。

4.5.2 检测前 3 h 启动空调系统和自动控制系统，使室内环境模拟箱内空气温度、风速达到测试要求。

4.5.3 检查气体质量流量控制器、示踪气体均匀释放管、多通道示踪气体浓度测量仪是否符合示踪气体恒定流量法的测量要求。

4.5.4 检查双层幕墙进风口处的示踪气体释放源是否满足测试要求。

4.5.5 监测太阳辐射照度、室外空气温度和风速是否满足测试要求。

4.5.6 控制示踪气体流量，释放恒定流量的示踪气体，检测出口处的示踪气体浓度。

4.5.7 当测试条件均满足要求时，开始记录示踪气体释放量、测点浓度、空气温度、表面温度和太阳辐射照度等相关数据。测量时间间隔宜为 10 s，连续检测时间不应小于 15 min。

5 数据处理

5.1 通风量计算

根据示踪气体的释放流量和出口处的检测浓度，按式(1)计算热通道通风量。

$$G = 3\,600 \times \frac{M}{\frac{1}{n}\sum_{i=1}^{n} C_i} \quad \cdots\cdots (1)$$

式中：

G ——热通道通风量，单位为立方米每小时(m^3/h)；

M ——恒定的示踪气体释放量，单位为毫克每秒(mg/s)；

C_i ——第 i 次测试测点浓度，单位为毫克每立方米(mg/m^3)；

n ——测量次数。

5.2 通风量与温度分布的修正

太阳辐射照度不同，将影响双层玻璃幕墙的通风量和温度分布。应采用参照太阳辐射照度，将试验时段内平均太阳辐射照度对应的通风量和温度分布折算为参考太阳辐射照度下的修正结果，以进行对比和分析。通风量与温度分布的修正见附录 B。

6 检测报告

检测报告应包括以下内容：

a) 委托和生产单位；

b) 试件名称、编号、规格、玻璃品种、双层玻璃幕墙构造信息；

c) 检测依据、检测设备、检测项目、检测类别和检测时间，以及报告日期；

d) 检测条件，包括太阳辐射照度，室内、外空气温度；

e) 检测结果，包括通风量、热通道的温度场、双层玻璃幕墙内层玻璃内侧表面及中间百叶表面温度分布；

f) 测试人、审核人及负责人签名；

g) 检测单位。

附 录 A
（规范性附录）
仪器仪表的性能要求

A.1 数据采集器

数据采集器应具有自动采集和存储数据功能，并可以和计算机接口。精度和量程应符合表A.1的要求。

表 A.1 仪器仪表的精度和量程

序号	仪表名称	检测参数	量 程	精 度
1	温度传感器	空气温度	0 ℃～70 ℃	±0.3 ℃
2	温度传感器	表面温度	0 ℃～80 ℃	±0.3 ℃
3	风速仪	风速	0 m/s～3.0 m/s	±10%
4	总辐射表	太阳辐射照度	0 W～1 200 W	±2%
5	气体质量流量控制器	气体质量流量	不低于 5 L/min	±1%
6	多通道示踪气体浓度测量仪	示踪气体浓度	不低于 500×10^{-6}	±1%

A.2 感温元件

A.2.1 空气温度和表面温度感温元件采用铜-康铜热电偶，其测量不确定度不应大于0.25 K。

A.2.2 铜-康铜热电偶应采用同批生产、丝径为0.2 mm～0.4 mm的铜丝和康铜丝制作。铜丝和康铜丝应有绝缘包皮，铜-康铜热电偶感应头应作绝缘处理。

A.2.3 铜-康铜热电偶应定期进行校验。校验方法符合GB/T 8484—2008中附录B的规定。

附 录 B
（规范性附录）
参照太阳辐射照度下的通风量与温差的计算

B.1 通风量和温差修正

根据实测辐射照度下的通风量和温度分布，可进行基准参照辐射照度修正，得到参照太阳辐射照度下的通风量和温差。参照太阳辐射照度下的通风量和温差计算见式(B.1)和式(B.2)：

$$G_r = G_m \times \delta_G = G_m \times \sqrt[3]{\frac{Q_0}{Q_m}} \quad \cdots\cdots\cdots\cdots (B.1)$$

$$\Delta T_r = G_m \times \delta_{\Delta T} = \Delta T_m \times \sqrt[3]{\frac{Q_0^2}{Q_m^2}} \quad \cdots\cdots\cdots\cdots (B.2)$$

式中：

G_r ——按参照辐射照度折算修正后的幕墙通风量，单位为立方米每小时(m^3/h)；
G_m ——测试辐射照度下的实测幕墙通风量，单位为立方米每小时(m^3/h)；
δ_G ——测试辐射照度下幕墙通风量的修正系数；
Q_0 ——基准参照辐射照度，单位为瓦每平方米(W/m^2)，可取 500 W/m^2；
Q_m ——测试时实际投射在双层幕墙立面上的辐射照度，单位为瓦每平方米(W/m^2)；
ΔT_r ——按参照辐射照度折算修正后的该测点温度与室外温度的差值，单位为开尔文(K)；
$\delta_{\Delta T}$ ——测试辐射照度下该测点温差的修正系数；
ΔT_m ——测试辐射照度下的某测点温度与室外温度的差值，单位为开尔文(K)。

B.2 通风量与温差修正系数曲线

当实测辐射照度下的通风量折算为基准参照辐射照度(500 W/m^2)的通风量时，其对应的通风量修正系数曲线和温差修正系数曲线分别见图 B.1 和图 B.2。

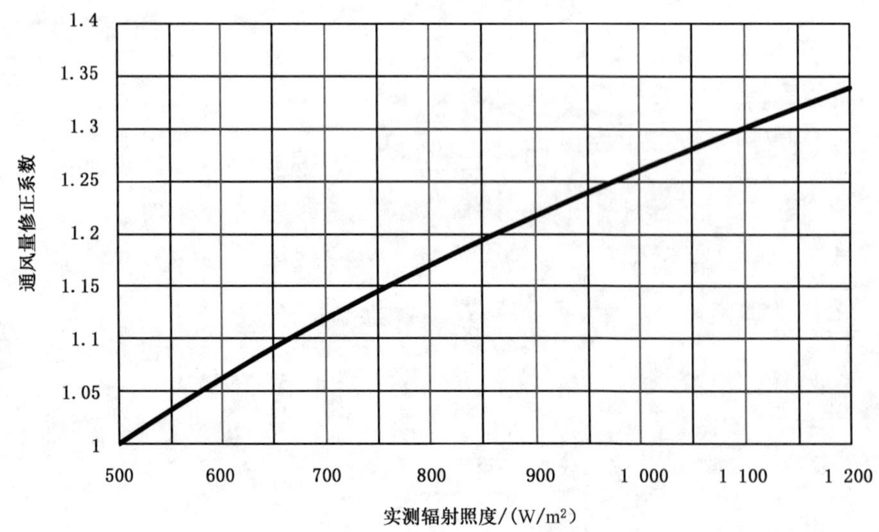

图 B.1 通风量修正系数曲线

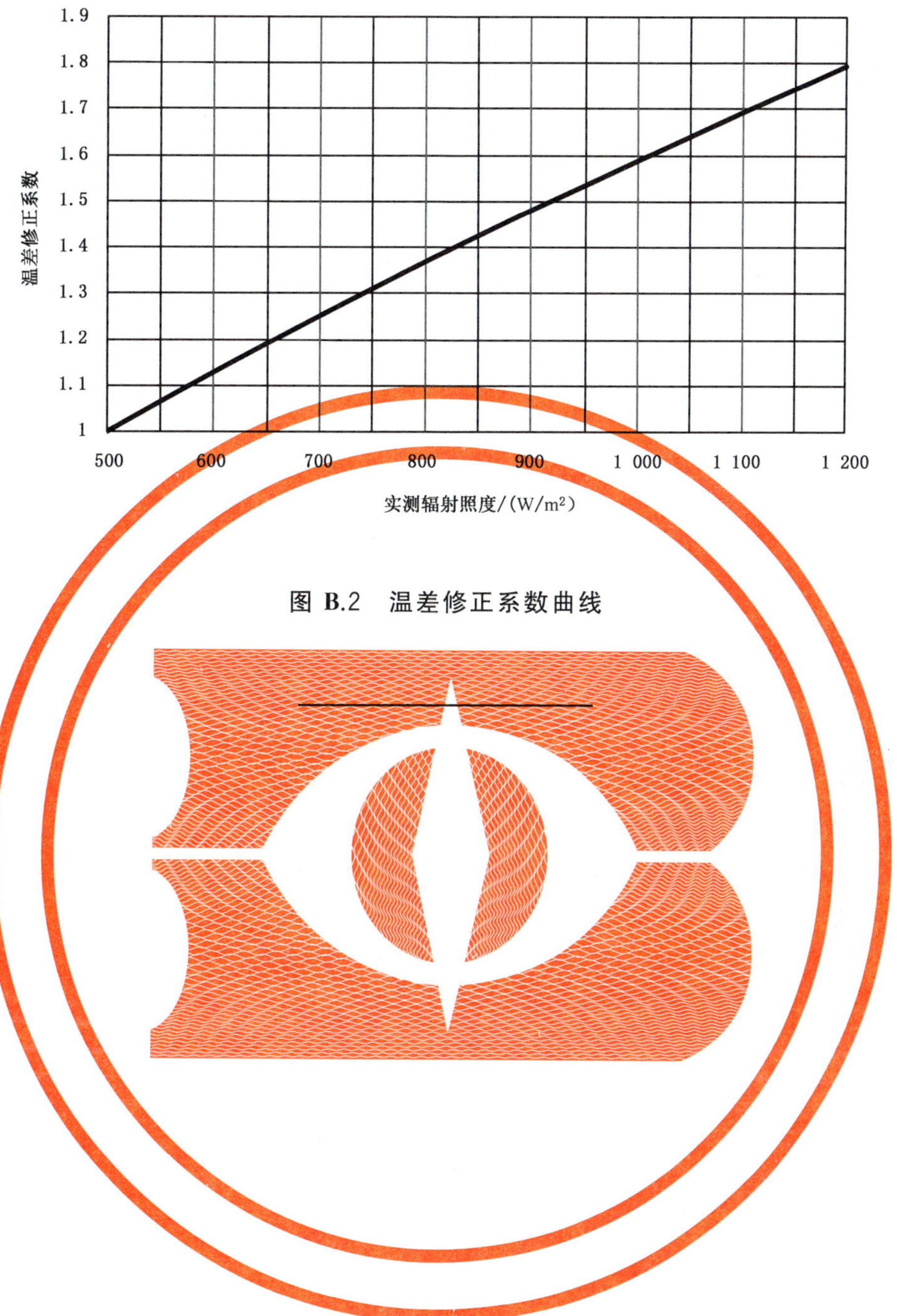

图 B.2 温差修正系数曲线

ICS 91.100.60
P 32

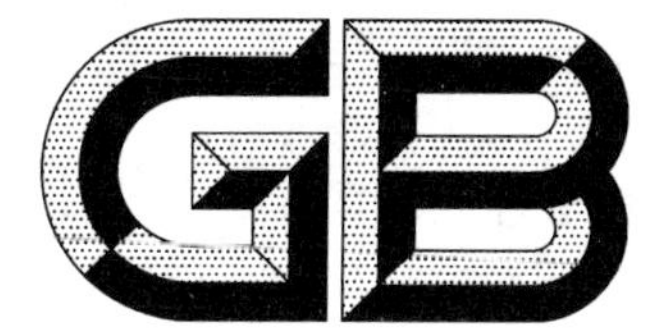

中华人民共和国国家标准

GB/T 30595—2014

挤塑聚苯板(XPS)薄抹灰外墙外保温系统材料

External thermal insulation composite systems based on extruded polystyrene

2014-06-09 发布 2014-12-01 实施

中华人民共和国国家质量监督检验检疫总局
中国国家标准化管理委员会 发布

前　言

本标准按照 GB/T 1.1—2009 给出的规则起草。

本标准由中华人民共和国住房和城乡建设部提出。

本标准由全国建筑构配件标准化技术委员会(SAC/TC 454)归口。

本标准负责起草单位:上海市建筑科学研究院(集团)有限公司、中国建筑标准设计研究院。

本标准参加起草单位:上海广顺涂料科技有限公司、同济大学材料科学与工程学院、中国建筑材料检验认证中心、南京玻璃纤维研究设计院质检中心、陶氏化学(中国)有限公司、欧文斯科宁(中国)投资有限公司、上海上福塑料制品有限公司、可耐福保温材料(中国)有限公司、北京北鹏新型建材有限公司、甘肃省建筑节能与绿色住宅工程技术研究中心、上海曹杨建筑粘合剂厂、德高(广州)建材有限公司、汉高粘合剂有限公司、常州福瑞斯特新型建材有限公司、常熟江南玻璃纤维有限公司、宁波卫山多宝建材有限公司、浙江远大玻纤网有限公司、襄樊汇尔杰玻璃纤维有限责任公司、慧鱼(太仓)建筑锚栓有限公司、上海丰慧节能环保科技有限公司。

本标准主要起草人:杨星虎、李晓明、樊钧、顾泰昌、王伟宏、王新民、钱选青、张永明、彭京龙、王玉梅、施钟毅、於林锋、汪晓明、王聪慧、赖昭忻、张超、杜占辉、俞海勇、赵立群、王琼、时志洋、郁佳胤、李德荣、任飞、牟峻、吴国梁、李翔、邵建中、张志刚、林波挺、魏建伟、杨兴明、陈惠俊、贾铭林。

挤塑聚苯板(XPS)薄抹灰外墙外保温系统材料

1 范围

本标准规定了挤塑聚苯板(XPS)薄抹灰外墙外保温系统材料的术语和定义、一般规定、要求、试验方法、检验规则、产品合格证和使用说明书、包装、运输和贮存。

本标准适用于民用建筑采用的挤塑聚苯板(XPS)薄抹灰外墙外保温系统材料。

2 规范性引用文件

下列文件对于本文件的应用是必不可少的。凡是注日期的引用文件,仅注日期的版本适用于本文件。凡是不注日期的引用文件,其最新版本(包括所有的修改单)适用于本文件。

GB/T 308 滚动轴承 钢球

GB/T 2406.2 塑料 用氧指数法测定燃烧行为 第2部分:室温试验

GB/T 6342 泡沫塑料与橡胶 线性尺寸的测定

GB/T 6343 泡沫塑料及橡胶 表观密度的测定

GB/T 7689.5—2001 增强材料 机织物试验方法 第5部分:玻璃纤维拉伸断裂强力和断裂伸长的测定

GB/T 8170 数值修约规则与极限数值的表示和判定

GB 8624 建筑材料及制品燃烧性能分级

GB/T 8811 硬质泡沫塑料 尺寸稳定性检验方法

GB/T 8812.1 硬质泡沫塑料 弯曲性能的测定 第1部分:基本弯曲试验

GB/T 9267 涂料用乳液和涂料、塑料用聚合物分散体 白点温度和最低成膜温度的测定

GB/T 9914.3 增强制品试验方法 第3部分:单位面积质量的测定

GB/T 10801.2 绝热用挤塑聚苯乙烯泡沫塑料(XPS)

GB/T 13475 绝热 稳态传热性质的测定 标定和防护热箱法

GB/T 17146—1997 建筑材料水蒸气透过性能试验方法

GB/T 17671 水泥胶砂强度检验方法(ISO法)

GB/T 20102 玻璃纤维网布耐碱性试验方法 氢氧化钠溶液浸泡法

GB/T 20623—2006 建筑涂料用乳液

JGJ 110 建筑工程饰面砖粘结强度检验标准

JG/T 366 外墙保温用锚栓

3 术语和定义

下列术语和定义适用于本文件。

3.1

挤塑聚苯板(XPS)薄抹灰外墙外保温系统 external thermal insulation composite systems based on extruded polystyrene

以经表面处理的挤塑聚苯板(XPS)为保温层材料,通过粘结并辅以锚固方式固定在基层墙体外侧,

采用复合有玻纤网布的抹面胶浆为薄抹灰面层，以涂装材料为饰面层，并具有防火构造措施的一种建筑物的非承重保温构造。简称挤塑板外保温系统。

3.2

基层墙体　substrate wall

建筑物中起承重或围护作用的外墙墙体，可以是混凝土墙体或各种砌体墙体。

3.3

抹面层　rendering

抹在挤塑板外表面，中间夹有增强用玻纤网布，保护挤塑板并起防裂、防火、防水和抗冲击等作用的抹面胶浆薄抹灰构造层。

3.4

饰面层　finish coat

挤塑板外保温系统的外装饰构造层，对挤塑板外保温系统起到装饰和保护作用。

3.5

防护层　rendering system

由抹面层和饰面层共同组成的对挤塑板起保护作用的面层，用以保证挤塑板外保温系统的机械强度和耐久性。

3.6

挤塑聚苯板　extruded polystyrene panel；XPS

以聚苯乙烯树脂或其共聚物为主要成分，添加少量添加剂，通过加热挤塑成型而制得的具有闭孔结构的硬质泡沫塑料制品。简称挤塑板。

3.7

挤塑板界面处理剂　Surface treatment agent for XPS Panel

专用于挤塑板界面处理的乳液，用以改善挤塑板与胶粘剂以及与抹面胶浆的粘结性。简称界面处理剂。

3.8

胶粘剂　adhesive

由水泥基胶凝材料、高分子聚合物材料以及填料和添加剂等组成的，用于挤塑板与基层墙体的粘结材料。

3.9

抹面胶浆　base coat

由高分子聚合物、添加剂和填料、硅酸盐水泥或其他无机胶凝材料组成的具有一定柔性的水泥基聚合物砂浆。薄抹在经表面处理的挤塑板外表面，与玻纤网布共同组成抹面层的材料。

3.10

玻纤网布　glassfiber mesh

表面经高分子材料涂覆处理的具有耐碱功能的玻璃纤维网格布，内置于抹面层中的增强抗裂材料。

3.11

塑料锚栓　plastic anchor

由尾端带圆盘的塑料膨胀套管和塑料钉（敲击式）或具有防腐性能的金属螺钉组成，用于把挤塑板固定于基层墙体的辅助固定件。简称锚栓。

3.12

配件　fitting

与挤塑板外墙外保温系统配套使用的附件，如密封膏、密封条、包角条、包边条、盖口条、护角、托架等。

4 一般规定

4.1 挤塑板外保温系统应由粘结层、保温层、抹面层和饰面层构成，其基本构造应符合表1的要求。基层墙体的耐火极限应符合现行防火设计规范的有关规定。

表1 挤塑板外保温系统基本构造

基层墙体	系统基本构造				构造示意图
	粘结层 ①	保温层 ②	防护层		
			抹面层 ③	饰面层 ④	
混凝土墙体及各种砌体墙体	胶粘剂	界面处理剂 + 挤塑板 + 界面处理剂 + 锚栓	抹面胶浆 + 玻纤网布	涂装材料	① ② ③ ④ 锚栓

4.2 挤塑板出厂前应在自然条件下陈化不少于28 d。

4.3 挤塑板的粘贴面和抹面胶浆抹灰面应在施工前满涂界面处理剂。

4.4 挤塑板与基层墙体的有效粘结面积不应小于挤塑板面积的40%，并应采用锚栓作挤塑板与基层墙体的辅助固定，每平方米墙面的锚固点数不应少于4个。

4.5 应根据基层墙体的类别选用不同类型的锚栓，锚栓应符合JG/T 366的要求。

4.6 用于建筑首层的抹面层厚度不应小于6 mm，用于其他层的抹面层厚度不应小于3 mm。

4.7 饰面层应采用涂装饰面。涂装饰面材料应采用水性外墙涂料、饰面砂浆和柔性面砖等，其性能应与挤塑板外保温系统相容，并符合国家相关标准要求。

4.8 挤塑板外保温系统的各种组成材料应由系统供应商配套提供。所采用的配件，应与挤塑板外保温系统相容，并应符合国家相关标准的要求。

4.9 挤塑板外保温系统的防火构造措施应符合国家现行相关标准或规定的要求。

5 要求

5.1 挤塑板外保温系统

挤塑板外保温系统性能应符合表2的要求。

表2 挤塑板外保温系统性能指标

项　目		性能指标
耐候性	外观	无可见裂缝，无粉化、空鼓、剥落现象
	抹面层与挤塑板拉伸粘结强度/MPa	≥0.15
吸水量/(g/m²)		≤500

表 2（续）

项目		性能指标
抗冲击性	二层及以上	3 J 级
	首层	10J 级
水蒸气透过湿流密度/[g/(m^2·h)]		≥0.85
耐冻融性	外观	无可见裂缝，无粉化、空鼓、剥落现象
	抹面层与挤塑板拉伸粘结强度/MPa	≥0.15
抹面层不透水性		试样内侧无水渗透
热阻		符合设计要求

5.2 挤塑板

挤塑板应为阻燃型，且应为不掺加非本厂挤塑板产品回收料的不带表皮的毛面板或带表皮的开槽板。其性能和尺寸允许偏差应符合表 3 和表 4 的要求。

表 3 挤塑板性能要求

项目	性能指标
表观密度/[kg/m^3]	22～35
导热系数(25℃)/[W/(m·K)]	不带表皮的毛面板，≤0.032；带表皮的开槽板，≤0.030
垂直于板面方向的抗拉强度/MPa	≥0.20
压缩强度/MPa	≥0.20
弯曲变形[a]/mm	≥20
尺寸稳定性/%	≤1.2
吸水率(V/V)/%	≤1.5
水蒸气透湿系数/[ng/(Pa·m·s)]	3.5～1.5
氧指数/%	≥26
燃烧性能等级	不低于 B_2 级
[a] 对带表皮的开槽板，弯曲试验的方向应与开槽方向平行。	

表 4 挤塑板尺寸允许偏差

项目	尺寸允许偏差/mm
厚度	+2.0 −0.0
长度	±2
宽度	±1
对角线差	3
板边平直	2
板面平整度	2
注：本表的尺寸(长×宽)允许偏差值以 1 200 mm×600 mm 的挤塑板为基准。	

5.3 界面处理剂

使用界面处理剂的挤塑板与胶粘剂、抹面胶浆的拉伸粘结强度应符合表 6 和表 7 的要求，界面处理剂的其他性能应符合表 5 的要求。

表 5 界面处理剂性能指标

项目	性能指标
容器中状态	色泽均匀，无杂质，无沉淀，不分层
冻融稳定性(3 次)	无异常
储存稳定性	无硬块，无絮凝，无明显分层和结皮
最低成膜温度/℃	≤0
不挥发物含量/%	用于不带表皮的毛面板，≥18；用于带表皮的开槽板，≥22

5.4 胶粘剂

胶粘剂性能应符合表 6 的要求。

表 6 胶粘剂性能指标

项目			性能指标
拉伸粘结强度/MPa(与水泥砂浆)	原强度		≥0.6
	耐水强度	浸水 48 h，干燥 2 h	≥0.3
		浸水 48 h，干燥 7 d	≥0.6
拉伸粘结强度/MPa(与挤塑板)	原强度		≥0.20
	耐水强度	浸水 48 h，干燥 2 h	≥0.10
		浸水 48 h，干燥 7 d	≥0.20
可操作时间/h			1.5～4.0

5.5 抹面胶浆

抹面胶浆性能应符合表 7 的要求。

表 7 抹面胶浆性能指标

项目			性能指标
拉伸粘结强度/MPa(与挤塑板)	原强度		≥0.20
	耐水强度	浸水 48 h，干燥 2 h	≥0.10
		浸水 48 h，干燥 7 d	≥0.20
	耐冻融强度		≥0.20
压折比			≤3.0
抗冲击性			3 J 级
吸水量/(g/m²)			≤500
可操作时间/h			1.5～4.0

5.6 玻纤网布

玻纤网布的主要性能应符合表8的要求。

表8 玻纤网布主要性能指标

项　　目	性 能 指 标
单位面积质量/(g/m^2)	≥160
耐碱断裂强力(经、纬向)/(N/50 mm)	≥1000
耐碱断裂强力保留率(经、纬向)/%	≥50
断裂伸长率(经、纬向)/%	≤5.0

6 试验方法

6.1 养护条件及试验环境

标准养护条件为空气温度(23±2)℃,相对湿度(50±5)%;标准试验环境为空气温度(23±5)℃,相对湿度(50±10)%。

6.2 数值修约

在判定测定值或其计算值是否符合标准要求时,应将测试所得的测定值或其计算值与标准规定的极限数值作比较,比较的方法采用GB/T 8170规定的修约值比较法。

6.3 挤塑板外保温系统

6.3.1 试样制备

按受检方提供的挤塑板外保温系统构造和施工方法制作系统试样,所有试验用挤塑板应涂刷界面处理剂后使用。

耐候性试样在试验墙上制作,试样由试验墙、挤塑板、粘结层和防护层构成,具体方法见附录A。

其他试样在挤塑板上统一制作,按规定尺寸切取,试样由挤塑板和防护层构成。如果不止使用一种饰面材料(如果仅颗粒大小不同,可视为同种类材料),应按不同种类的饰面材料分别制样。

6.3.2 耐候性

见附录A。

6.3.3 吸水量

6.3.3.1 试样

试样尺寸200 mm×200 mm,数量3个。

试样在标准养护条件下养护7 d后,将试样四周(包括保温材料)做密封防水处理,然后按以下规定进行处理:

a) 将试样按下列步骤进行3次循环:
   1) 在试验环境条件下的水槽中浸泡24 h,试样防护层朝下浸在水中,浸入深度为3 mm~10 mm;

2） 在(50±5) ℃的条件下干燥 24 h。

b） 完成循环后，试样至少在试验环境下再放置 24 h。

6.3.3.2 试验过程

将试样防护层朝下，平稳地浸入室温水中，浸入水中的深度为 3 mm～10 mm，浸泡 3 min 后取出，用湿毛巾迅速擦去试样表面明水，用天平秤取试样浸水前的质量 m_0，然后再浸水 24 h 后测定浸水后试样质量 m_1。

6.3.3.3 试验结果

吸水量应按式(1)计算，试验结果为 3 个试验数据的算术平均值，精确至 1 g/m^2。

$$M=\frac{m_1-m_0}{A} \qquad \cdots\cdots(1)$$

式中：

M ——吸水量，单位为克每平方米(g/m^2)；

m_1 ——浸水后试样质量，单位为克(g)；

m_0 ——浸水前试样质量，单位为克(g)；

A ——试样表面浸水部分的面积，单位为平方米(m^2)。

6.3.4 抗冲击性

6.3.4.1 试验仪器

——钢球：符合 GB/T 308 的规格要求，分别为：

1） 公称直径 50.8 mm 的高碳铬轴承钢钢球；

2） 公称直径 63.5 mm 的高碳铬轴承钢钢球。

——抗冲击仪：由落球装置和带有刻度尺的支架组成，分度值为 0.01 m。

6.3.4.2 试样

试样尺寸宜在 600 mm×400 mm 以上，每一抗冲击级别试样数量为 1 个。

试样在标准养护条件下养护 14 d，然后在室温水中浸泡 7 d，饰面层向下，浸入水中的深度为 3 mm～10 mm。试样从水中取出后，在试验环境下状态调节 7 d。

6.3.4.3 试验过程

将试样饰面层向上，水平放置在抗冲击仪的基底上，试样紧贴基底。

分别用公称直径为 50.8 mm(其计算质量为 535 g)的钢球在球的最低点距被冲击表面的垂直高度为 0.57 m 上自由落体冲击试样(3J 级)和公称直径为 63.5 mm(其计算质量为 1 045 g)的钢球在球的最低点距被冲击表面的垂直高度为 0.98 m 上自由落体冲击试样(10J 级)。

每一级别冲击 10 处，冲击点间距及冲击点与边缘的距离应不小于 100 mm，试样表面冲击点及周围出现环形或放射形裂缝视为冲击点破坏。

6.3.4.4 试验结果

3J 级试验，10 个冲击点中破坏点小于 4 个时，判定为 3J 级。10J 级试验，10 个冲击点中破坏点小于 4 个时，判定为 10J 级。

6.3.5 水蒸气透过湿流密度

6.3.5.1 仪器设备

仪器设备应符合下列要求：

a) 试验容器：试验容器应以坚硬的、不易腐蚀的、重量较轻的材料制作，且不能透过水或水蒸气，容器内上部口直径 d_1 宜大于 100 mm，下部口直径 d_2 宜大于 80 mm，上部高度 h_1 宜大于试样厚度，下部高度 h_2 宜为 18 mm，试验容器示意见图 1。

b) 天平：最大称量不小于 1 000 g，分度值不大于 0.01 g。

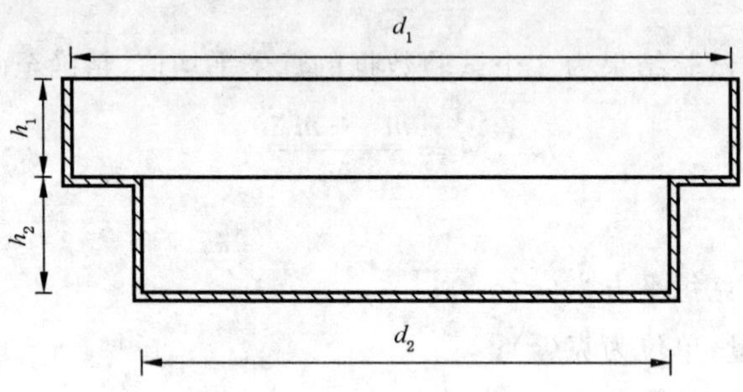

图 1 试验容器示意图

6.3.5.2 试样制备

试样为外保温系统的防护层。按 6.3.1 规定制样并在标准养护条件下养护 28 d 后去除挤塑板，试样直径宜小于容器上部口径 2 mm～5 mm，以方便安装，试样数量 3 个。

6.3.5.3 试验过程及试验结果

按 GB/T 17146—1997 中水法进行试验。试验结果以 3 个试样试验数据的算术平均值表示，精确至 0.01 g/(m²·h)。

6.3.6 耐冻融性

6.3.6.1 试样

试样尺寸为 600 mm×400 mm 或 500 mm×500 mm，数量 3 个。

制样后，在标准养护条件下养护 28 d，然后将试样四周(包括保温材料)做密封防水处理。

6.3.6.2 试验过程

试验按以下规定进行：

a) 试样按下述条件进行 30 次冻融循环，当试验过程需中断时，试样应在(−20±2) ℃条件下存放。循环制度以每 24 h 为一次循环：
   1) 在室温水中浸泡 8 h，试样防护层朝下，浸入水中的深度为 3 mm～10 mm；
   2) 在(−20±2) ℃的条件下冷冻 16 h。

b) 检查、记录：每次浸泡结束后，取出试样，用湿毛巾擦去表面明水，观察试样是否出现裂缝、粉化、空鼓、剥落等情况并做记录。有裂缝、粉化、空鼓、剥落等情况时，记录其数量、尺寸和位置，并说明其发生时的循环次数。

c) 冻融循环结束后，在标准养护条件下状态调节 7 d。

d) 拉伸粘结强度测试

1) 按6.6.1规定检验拉伸粘结强度，在每个试样上距边缘不小于100 mm处各切割2个试件，试件尺寸为50 mm×50 mm或直径50 mm，每组数量6个；

2) 抹面层与挤塑板拉伸粘结强度试样断缝切割至挤塑板表层。如饰面层与抹面层脱开，且拉伸粘结强度小于0.15 MPa，应继续测定抹面层与挤塑板的拉伸粘结强度，并应在记录中注明。

6.3.6.3 试验结果

外观试验结果为有无可见裂缝、粉化、空鼓、剥落等现象。3个试样中一个出现上述现象即视为外观不合格。

拉伸粘结强度试验结果为6个试验数据中4个中间值的算术平均值，抹面层与挤塑板拉伸粘结强度精确到0.01 MPa。

6.3.7 抹面层不透水性

6.3.7.1 试样制备

试样由保温层和抹面层构成，试样尺寸、数量及处理应符合以下要求：

a) 试样成型用挤塑板厚度应不小于60 mm。

b) 尺寸与数量：尺寸200 mm×200 mm，数量3个。

c) 试样在标准养护条件下养护28 d后，去除试样中心部位的挤塑板，去除部分的尺寸为100 mm×100 mm。

6.3.7.2 试验过程

将试样周边防水密封，使抹面层朝下浸入水槽中，通过施加一定的压力，控制抹面层进入水中的深度为(50±2) mm(相当于压强500 Pa)。浸水时间达到2 h时，观察是否有水透过抹面层(为便于观察，可在水中添加颜色指示剂)。

6.3.7.3 试验结果

3个试样均不透水时，试验结果为合格。

6.3.8 热阻

按照GB/T 13475进行测定。制样时，XPS板拼缝缝隙宽度、单位面积内辅有塑料锚栓的数量应符合系统的构造规定。

6.3.9 试验报告

6.3.9.1 耐候性

试验报告中应至少包括下列内容：

a) 系统组成材料说明，应说明名称、规格型号、主要性能参数；

b) 耐候性试样制作过程简要说明，应说明砂浆类材料拌合配比、各层制样间隔时间、抹面层厚度以及养护时间和养护条件等；

c) 试样尺寸及饰面层分布情况说明，试样图像；

d) 试验结果，包括判断结果以及对破坏模式的描述和相关异常观察结果的照片。

6.3.9.2 其他性能

试验报告中应包括抹面层厚度、抹面胶浆产品形式、饰面材料类型及必要的相关参数说明。

6.4 挤塑板

6.4.1 表观密度

按 GB/T 6343 的规定进行。

6.4.2 垂直于板面方向的抗拉强度

6.4.2.1 试样

试样尺寸为 100 mm×100 mm,数量 5 个。

试样在挤塑板上切割制成,其基面应与受力方向垂直,切割时需离挤塑板边缘 15 mm 以上。试样在试验环境下放置 24 h 以上。

6.4.2.2 试验过程

用合适的胶粘剂将试样两面粘贴在刚性平板或金属板上,胶粘剂应与产品相容。将试样装入拉力机上,以(5±1) mm/min 的恒定速度加荷,直至试样破坏。破坏面在刚性平板或金属板胶结面时,测试数据无效。

6.4.2.3 试验结果

垂直于板面方向的抗拉强度按式(2)计算,试验结果为 5 个试验数据的算术平均值,精确至0.01 MPa。

$$\sigma = \frac{F}{A} \qquad \cdots\cdots(2)$$

式中:

σ ——垂直于板面方向的抗拉强度,单位为兆帕(MPa);

F ——试样破坏拉力,单位为牛顿(N);

A ——试样的横截面积,单位为平方毫米(mm^2)。

6.4.3 弯曲变形

按 GB/T 8812.1 的规定进行。对有表皮的开槽板,弯曲变形试验的方向应与开槽方向平行。

6.4.4 尺寸稳定性

按 GB/T 8811 的规定进行。

6.4.5 氧指数

按 GB/T 2406.2 的规定进行。

6.4.6 燃烧性能等级

按 GB 8624 的规定进行。

6.4.7 其他性能

其他性能按 GB/T 10801.2 规定的方法进行。其中压缩强度的 5 个试件应沿生产机械的横断面方向等距离截取,即从大块试样的宽度方向距样品边缘 20 mm 处开始截取 5 个试件。

6.4.8 尺寸允许偏差

尺寸测量按 GB/T 6342 的规定进行。厚度、长度、宽度尺寸允许偏差为测量值与规定值之差；对角线尺寸允许偏差为两对角线差值；板面平整度、板边平直度使用长度为 1 m 的靠尺进行测量，板材尺寸小于 1 m 的按实际尺寸测量，以板面或板边凹处最大数值为板面平整度、板边平直度。

6.5 界面处理剂

6.5.1 容器中状态

按 GB/T 20623—2006 中 4.2 规定的方法进行。

6.5.2 冻融稳定性

按 GB/T 20623—2006 中 4.7 规定的方法进行。

6.5.3 贮存稳定性

按 GB/T 20623—2006 中 4.8 规定的方法进行。

6.5.4 最低成膜温度

按 GB/T 9267 的规定进行。

6.5.5 不挥发物含量

按 GB/T 20623—2006 中 4.3 规定的方法进行。

6.6 胶粘剂

6.6.1 拉伸粘结强度

6.6.1.1 试样

试样尺寸为 50 mm×50 mm 或直径为 50 mm，与水泥砂浆粘结和与挤塑板粘结试样数量各 6 个。

按生产商使用说明配制胶粘剂，将胶粘剂涂抹于水泥砂浆板(厚度不宜小于 20 mm)或挤塑板(厚度不宜小于 40 mm 并且成型面已经涂刷界面处理剂)基材上，涂抹厚度为 3 mm～5 mm，可操作时间结束时用挤塑板覆盖。

试样在标准养护条件下养护 28 d。

6.6.1.2 试验过程

在养护到规定龄期前 1 d，取出试样，用合适的高强粘合剂将试样粘贴在刚性平板或金属板上，高强粘合剂应与产品相容，固化后将试样按下述条件进行处理：

——原强度：无附加条件；

——耐水强度：浸水 48 h，到期试样从水中取出并擦拭表面水分，在标准养护条件下干燥 2 h；

——耐水强度：浸水 48 h，到期试样从水中取出并擦拭表面水分，在标准养护条件下干燥 7 d。

将试样安装到适宜的拉力机上，进行拉伸粘结强度测定，拉伸速度为(5±1) mm/min。记录每个试样破坏时的拉力值。破坏面在刚性平板或金属板胶结面时，测试数据无效。

6.6.1.3 试验结果

拉伸粘结强度试验结果为 6 个试验数据中 4 个中间值的算术平均值，精确至 0.01 MPa。

6.6.2 可操作时间

6.6.2.1 试验过程

胶粘剂配制后，按生产商提供的可操作时间放置在搅拌锅中，表面用湿布覆盖，生产商未提供可操作时间时，按 1.5 h 放置，到规定时间后略加搅拌，然后按 6.6.1 的规定进行成型和养护，测定拉伸粘结强度原强度。

6.6.2.2 试验结果

拉伸粘结强度原强度符合表 6 的要求时，放置时间即为可操作时间。

6.7 抹面胶浆

6.7.1 拉伸粘结强度

试样由挤塑板和抹面胶浆组成，抹面胶浆厚度为 3 mm，制备方法参照 6.6.1.1，但是养护时不需用挤塑板覆盖。原强度、耐水强度按 6.6.1 的规定进行测定，耐冻融强度按 6.3.6 的规定进行测定。挤塑板与抹面胶浆的接触面应事先涂刷界面处理剂并经过晾干后使用。

6.7.2 压折比

按生产商使用说明配制抹面胶浆，按 GB/T 17671 规定制样，试样在标准养护条件下养护 28 d 后，按 GB/T 17671 的规定测定抗压强度、抗折强度，并按式(3)计算压折比，精确至 0.1。

$$T=\frac{R_c}{R_f} \qquad \cdots\cdots(3)$$

式中：

T ——压折比；

R_c ——抗压强度，单位为兆帕(MPa)；

R_f ——抗折强度，单位为兆帕(MPa)。

6.7.3 抗冲击性

试样由挤塑板和抹面层组成，抹面层厚度 3 mm，按 6.3.4 的规定测定 3J 级抗冲击性。

6.7.4 吸水量

试样由挤塑板和抹面层组成，按 6.3.3 的规定进行测定，并应注明抹面层厚度。

6.7.5 可操作时间

试样由系统用挤塑板和抹面胶浆组成，抹面胶浆厚度为 3 mm。按 6.6.2 的规定进行测定，养护时不覆盖挤塑板。拉伸粘结强度原强度符合表 7 的要求时，放置时间即为可操作时间。

6.8 玻纤网布

6.8.1 单位面积质量

按 GB/T 9914.3 的规定进行。

6.8.2 耐碱断裂强力及耐碱断裂强力保留率

按 GB/T 20102 规定的方法进行。当需要进行快速测定时，按附录 B 的规定。GB/T 20102 规定的方法为仲裁试验方法。

6.8.3 断裂伸长率

按 GB/T 7689.5 的规定进行。

7 检验规则

7.1 检验项目

产品检验分出厂检验和型式检验。

7.2 出厂检验

7.2.1 出厂检验项目

出厂检验项目见下列规定。正常生产时，出厂检验应每批进行一次。

a) 挤塑板：表观密度、垂直于板面方向的抗拉强度、弯曲变形、尺寸稳定性、氧指数以及尺寸允许偏差。
b) 界面处理剂：容器中状态、不挥发物含量。
c) 胶粘剂：拉伸粘结强度原强度、可操作时间。
d) 抹面胶浆：拉伸粘结强度原强度、可操作时间。
e) 玻纤网布：单位面积质量、耐碱断裂强力。

7.2.2 判定规则

经检验，全部检验项目符合本标准要求，则判定该产品的检验项目合格；若有检验项目不符合要求时，则判定该检验项目不合格。

7.3 型式检验

7.3.1 型式检验项目

挤塑板外保温系统及其组成材料的型式检验项目为第5章规定的全部项目。

有下列情况之一时，应进行型式检验：

a) 正常生产时，挤塑板外保温系统应每2年进行一次型式检验，挤塑板外保温系统组成材料应每年进行一次型式检验；
b) 新产品定型鉴定时；
c) 当产品主要原材料及用量或生产工艺有重大变更时；
d) 停产一年以上恢复生产时。

7.3.2 判定规则

经检验，若全部检验项目符合要求，则判定该产品合格。若有2项及2项以上检验项目或耐候性不符合要求时，则判定该产品不合格。若一项检验项目（不含耐候性）不符合要求时，应对同一批产品进行加倍取样复检。如符合要求，则判定该产品合格；如不符合要求，则判定该产品不合格。

7.4 组批与抽样

7.4.1 检验批

系统组成材料检验批如下：

a) 挤塑板：同一材料、同一工艺、同一规格每500 m^3 为一批，不足500 m^3 时也为一批。

b) 界面处理剂：同一材料、同一工艺、同一规格每 30 t 为一批，不足 30 t 时也为一批。

c) 胶粘剂：同一材料、同一工艺、同一规格每 100 t 为一批，不足 100 t 时也为一批。

d) 抹面胶浆：同一材料、同一工艺、同一规格每 100 t 为一批，不足 100 t 时也为一批。

e) 玻纤网布：同一材料、同一工艺、同一规格每 20 000 m^2 为一批，不足 20 000 m^2 时也为一批。

7.4.2 抽样

在检验批中随机抽取，抽样数量应满足检验项目所需样品数量。

8 产品合格证和使用说明书

8.1 产品合格证

系统及组成材料应有产品合格证，产品合格证应于产品交付时提供。产品合格证应包括下列内容：

a) 产品名称、标准编号、商标；

b) 生产企业名称、地址；

c) 产品规格、类型；

d) 生产日期、质量保证期；

e) 检验部门印章、检验人员代号。

8.2 使用说明书

使用说明书是交付产品的组成部分，生产厂家可根据产品特点编制施工技术规程，若施工技术规程能满足用户对使用说明书的需要时，可用其替代使用说明书。

使用说明书应包括下列主要内容：

a) 产品用途及使用范围；

b) 产品特点及选用方法；

c) 系统构造及组成材料；

d) 使用环境条件；

e) 使用方法；

f) 材料贮存方式；

g) 成品保护措施；

h) 执行标准；

i) 安全及其他注意事项；

j) 出版日期。

9 包装、运输和贮存

9.1 包装

系统组成材料应按相关产品标准的规定包装，材料包装应防水、防潮、防晒和防冻等。

9.2 运输

系统组成材料运输应符合相关产品标准的规定，材料运输中应避免材料的挤压、碰撞、雨淋、日晒，并注意防冻。挤塑板应侧立搬运，在运输过程中应侧立贴实，并与运输设备固定好，严禁烟火，不应重压猛摔或与锋利物品碰撞，以避免破坏和变形。

9.3 贮存

系统组成材料贮存应符合相关产品标准的规定，并应避免材料被雨淋、日晒和注意防冻等，所有材料应按型号、规格分类贮存，贮存期限不应超过材料保质期。挤塑板应远离火源，防止与腐蚀性介质接触，不应露天长期暴晒。

附 录 A
(规范性附录)
耐候性试验方法

A.1 试验仪器与设备

试验仪器与试验墙应符合以下要求:

a) 耐候性试验箱:控制范围符合试验要求,每件试样的测温点不应少于 4 个,每个测温点的温度与平均温度偏差不应大于 5 ℃,试验箱壁厚 0.10 m~0.15 m,试验机能够自动控制和记录挤塑板外保温系统表面温度、箱内空气相对湿度、喷淋水温度和流量。

b) 试验墙:混凝土或砌体墙,试验墙应足够牢固,并可安装到耐候性试验箱上。试验墙上角处应预留一个宽 0.4 m、高 0.6 m 的洞口,洞口距离边缘应为 0.4 m。试验墙尺寸应满足:

   1) 面积不小于 6.0 m^2;

   2) 宽度不小于 2.5 m;

   3) 高度不小于 2.0 m。

A.2 试样

试样应符合以下要求:

a) 试样由试验墙和受测保温系统组成,试样数量 1 个。

b) 挤塑板厚度不宜小于 30mm(或按设计要求),洞口四角挤塑板的安装应符合相关规定。

c) 在试验墙的两侧面和洞口四边也应安装相同的外保温系统,挤塑板的厚度宜为 20 mm。

d) 整个试样应使用同种抹面胶浆和玻纤网布,并应连续,不得设置分割缝。

e) 饰面层应符合以下规定,试样如图 A.1 所示。

   1) 试样底部 0.4 m 高度以下不做饰面层,在此高度范围内应包含一条挤塑板水平拼缝;

   2) 涂装饰面系统最多可做 3 种类型饰面层,并按竖直方向分布。

f) 制样完成后,应在空气温度 10 ℃~30 ℃、相对湿度不低于 50%条件下至少养护 28 d。

单位为米

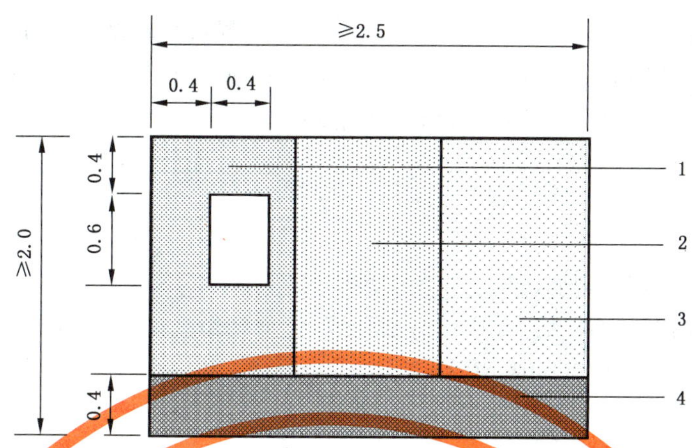

说明：

1——饰面一；

2——饰面二；

3——饰面三；

4——抹面层。

图 A.1　耐候性试样

A.3　试验过程

试验按以下规定进行：

a）按以下规定组装试样：

　1）试样应与耐候性试验箱开口紧密接触，试样外沿应与耐候性试验箱外沿齐平；

　2）在试样表面按面积均布粘贴表面温度传感器。

b）进行热雨循环 80 次，每 20 个热雨循环后，对抹面层和饰面层的外观进行检查并做记录。热雨循环条件如下：

　1）加热 3 h，在 1 h 内将试样表面温度升至 70 ℃，并恒温在(70±5) ℃，试验箱内空气相对湿度保持在 10%～20%范围内；

　2）喷淋水 1 h，水温(15±5) ℃，喷水量 1.0 L/(m^2·min)～1.5 L/(m^2·min)；

　3）静置 2 h。

c）试样完成热雨循环后，在空气温度 10 ℃～30 ℃、相对湿度不低于 50%条件下放置 2 d，然后进行热冷循环。

d）进行热冷循环 5 次。热冷循环条件如下：

　1）加热 8 h，在 1 h 内将试样表面温度升至 50 ℃，并恒温在(50±5) ℃，试验箱内空气相对湿度保持在 10%～20%范围内；

　2）制冷 16 h，在 2 h 内将试样表面温度降至−20 ℃，并恒温在(−20±5) ℃。

e）完成热冷循环后，试样在空气温度 10 ℃～30 ℃、相对湿度不低于 50%条件下放置 7 d，然后进行外观检查和拉伸粘结强度测定。

f）外观检查：目测检查试样有无可见裂缝、粉化、空鼓、剥落等现象。有裂缝、粉化、空鼓、剥落等情况时，记录其数量、尺寸和位置。

g）按以下规定进行拉伸粘结强度测定：

1) 按 JGJ 110 规定的方法进行，按不同饰面分别进行测定，每组测点 6 个；

2) 拉伸粘结强度测点尺寸为 100 mm×100 mm，测点应在试样表面均布，断缝切割至挤塑板表层。如饰面层与抹面层脱开，且拉伸粘结强度小于 0.15 MPa，应继续测定抹面层与挤塑板的拉伸粘结强度，并应在记录中注明。

A.4 试验结果

外观试验结果为有无可见裂缝、粉化、空鼓、剥落等现象。

每种饰面及无饰面部位拉伸粘结强度应分别计算，拉伸粘结强度试验结果为各自 6 个试验数据中 4 个中间值的算术平均值，精确到 0.01 MPa。

附 录 B
（规范性附录）
玻纤网布耐碱性快速试验方法

B.1 设备和材料

设备和材料应符合以下要求：

——拉伸试验机：符合 GB/T 7689.5—2001 的规定；

——恒温烘箱：温度能控制在(60±2) ℃；

——恒温水浴：温度能控制在(60±2) ℃，内壁及加热管均应由不与碱性溶液发生反应的材料制成(例如不锈钢材料)，尺寸大小应使玻纤网布试样能够平直地放入，保证所有的试样都浸没于碱溶液中，并有密封的盖子；

——化学试剂：氢氧化钠，氢氧化钙，氢氧化钾，盐酸。

B.2 试样

试样制备过程如下：

a) 从卷装上裁取 20 个宽度为(50±3) mm、长度为(600±13) mm 的试样条。其中 10 个试样条的长边平行于玻纤网布的经向(称为经向试样)，10 个试样条的长边平行于玻纤网布的纬向(称为纬向试样)。每种试样条中纱线的根数应相等。

b) 经向试样应在玻纤网布整个宽度裁取，确保代表了所有的经纱，纬向试样应从尽可能宽的长度范围内裁取。

c) 给每个试样条编号，在试样条的两端分别作上标记。应确保标记清晰，不被碱溶液破坏。将试样沿横向从中间一分为二，一半用于测定干态拉伸断裂强力，另一半用于测定耐碱断裂强力，保证干态试样与碱溶液处理试样的一一对应关系。

B.3 试样处理

B.3.1 干态试样的处理

将用于测定干态拉伸断裂强力的试样置于(60±2) ℃的烘箱内干燥 55 min～65 min，取出后在温度为(23±2) ℃、相对湿度为(50±5)%的环境中放置 24 h 以上。

B.3.2 碱溶液浸泡试样的处理

碱溶液浸泡试样的处理过程如下：

——碱溶液配制：每升蒸馏水中含有 $Ca(OH)_2$ 0.5 g、NaOH 1 g，KOH 4 g，1 L 碱溶液浸泡 30 g～35 g 的玻纤网布试样，根据试样的质量，配制适量的碱溶液；

——将配制好的碱溶液置于恒温水浴中，碱溶液的温度控制在(60±2) ℃；

——将试样平整地放入碱溶液中，加盖密封，确保试验过程中碱溶液浓度不发生变化；

——试样在(60±2) ℃的碱溶液中浸泡 24 h±10 min。取出试样，用流动水反复清洗后，放置于 0.5%的盐酸溶液中 1 h，再用流动的清水反复清洗。置于(60±2)℃的烘箱内干燥 60 min±

5 min，取出后在温度(23±2) ℃、相对湿度(50±5)%的环境中放置 24 h 以上。

B.4 试验过程

按 GB/T 7689.5—2001 第 9 章的规定分别测定经向和纬向试样的干态和耐碱拉伸断裂强力，每种试样至少得到 5 个有效的试验数据。

B.5 试验结果

分别计算经向、纬向试样耐碱和干态断裂强力，断裂强力为 5 个试验数据的算术平均值，精确至 1 N/50 mm。

经向、纬向拉伸断裂强力保留率分别按式(B.1)计算，精确至 1%。

$$R=\frac{F_1}{F_0}\times 100\% \qquad \text{(B.1)}$$

式中：

R ——耐碱断裂强力保留率，%；

F_1——试样耐碱断裂强力，单位为牛顿(N)；

F_0——试样干态断裂强力，单位为牛顿(N)。

ICS 93.080.20
Q 20

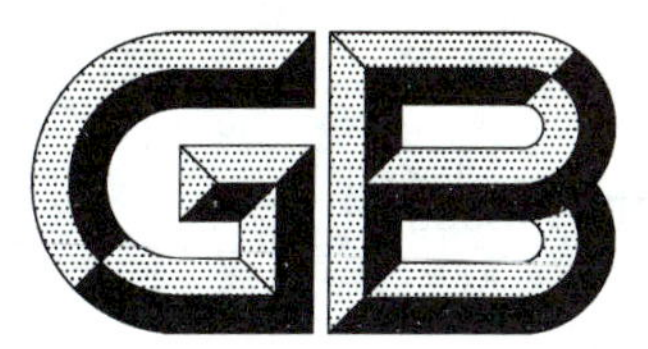

中华人民共和国国家标准

GB/T 30596—2014

温拌沥青混凝土

Warm mix asphalt concrete

2014-06-09 发布　　　　2014-12-01 实施

中华人民共和国国家质量监督检验检疫总局
中国国家标准化管理委员会　发布

前言

本标准按照GB/T 1.1—2009给出的规则起草。

本标准由中华人民共和国住房和城乡建设部提出。

本标准由全国混凝土标准化技术委员会(SAC/TC 458)归口。

本标准负责起草单位:深圳市海川实业股份有限公司。

本标准参加起草单位:云南省公路开发投资有限责任公司、云南省公路科学技术研究院、青海省交通科学研究所、上海启鹏工程材料科技有限公司、广东海川科技有限公司、长沙理工大学、云南云岭高速公路桥梁工程有限公司。

本标准主要起草人:何唯平、徐世国、王高、杨强、张贤康、田卫群、房建宏、张杰、郑炜、梁忠善、李明、董江峰、周志刚、马赟、陈宙翔、李荣盛、高云龙、李太河、李志英、潘鑫。

温拌沥青混凝土

1 范围

本标准规定了温拌沥青混凝土的术语和定义、要求、试验方法、检验规则和运输。

本标准适用于温拌沥青混凝土的生产、检验和使用。

2 规范性引用文件

下列文件对于本文件的应用是必不可少的。凡是注日期的引用文件，仅注日期的版本适用于本文件。凡是不注日期的引用文件，其最新版本(包括所有的修改单)适用于本文件。

GB/T 617 化学试剂 熔点范围测定通用方法

GB/T 1033.1 塑料 非泡沫塑料密度的测定 第1部分：浸渍法、液体比重瓶法和滴定法

GB/T 6365 表面活性剂 游离碱度或游离酸度的测定 滴定法

GB/T 6368 表面活性剂 水溶液pH值的测定 电位法

GB/T 13173 表面活性剂 洗涤剂试验方法

GB/T 21775 闪点的测定 闭杯平衡法

JTG E20 公路工程沥青及沥青混合料试验规程

JTG F40—2004 公路沥青路面施工技术规范

QB/T 1768 洗涤剂用4A沸石

3 术语和定义

下列术语和定义适用于本文件。

3.1

温拌沥青混凝土 warm mix asphalt concrete

通过掺入温拌添加剂，使沥青混合料的拌和、碾压温度比同类热拌沥青混合料相应降低30 ℃以上，在基本不改变沥青混合料配合比和施工工艺的前提下，路用性能符合本标准要求的沥青混合料。

3.2

温拌添加剂 warm mix additive

通过物理和/或化学作用，能显著降低沥青高温粘度，改善混合料施工和易性的添加材料。

3.3

表面活性型温拌添加剂 warm mix surfactant additive

能显著降低沥青高温粘度的表面活性添加材料。

3.4

有机降粘型温拌添加剂 warm mix organic visbreaking additive

能显著降低沥青高温粘度的低熔点有机添加材料。

3.5

矿物发泡型温拌添加剂 warm mix mineral foaming additive

通过释放水分，使沥青微发泡，显著降低沥青高温粘度的一种多孔含水矿物或多孔含水矿物的混合

物添加材料。

4 要求

4.1 温拌添加剂

按照温拌添加剂作用机理，主要分为表面活性型温拌添加剂、有机降粘型温拌添加剂和矿物发泡型温拌添加剂。

4.1.1 表面活性型温拌添加剂

表面活性型温拌添加剂的技术要求应符合表1的规定。

表1 表面活性型温拌添加剂基本性能指标

项目	单位	技术要求
pH值,25 ℃	—	9.5±1.0
胺值	mg/g	400～560

4.1.2 有机降粘型温拌添加剂

有机降粘型温拌添加剂的技术要求应符合表2的规定。

表2 有机降粘型温拌添加剂基本性能指标

项目	单位	技术要求
闪点	℃	≥250
熔点	℃	90～110
密度	g/cm^3	0.85～1.05

4.1.3 矿物发泡型温拌添加剂

矿物发泡型温拌添加剂的技术要求应符合表3的规定。

表3 矿物发泡型温拌添加剂基本性能指标

项目	单位	技术要求
含水量	%	≥18
pH值	—	7～12
密度	g/mL	≤0.8

4.2 温拌沥青混凝土

4.2.1 一般规定

4.2.1.1 温拌沥青混凝土可采用马歇尔方法、旋转压实(SGC)方法设计。条件具备时宜采用旋转压实方法设计，应符合JTG E20中T 0736的规定。

4.2.1.2 马歇尔试验的稳定度和流值，可作为配合比设计的参考性指标。

4.2.2 性能要求

4.2.2.1 高速公路、一级公路和城市快速路、主干路温拌沥青混凝土的性能要求应符合表 4 的规定。

表 4 温拌沥青混凝土性能要求

项目	气候分区	混凝土类型	技术要求
车辙试验动稳定度/(次/mm)	夏炎热区	普通沥青混凝土	≥1 200
	夏热区		≥1 000
	夏凉区		≥800
		改性沥青混凝土	≥3 000
浸水马歇尔试验残留稳定度/%	潮湿区 湿润区	普通沥青混凝土	≥80
		改性沥青混凝土	≥85
	半干区 干旱区	普通沥青混凝土	≥75
		改性沥青混凝土	≥80
冻融劈裂试验强度比/%	潮湿区 湿润区	普通沥青混凝土	≥75
		改性沥青混凝土	≥80
	半干区 干旱区	普通沥青混凝土	≥70
		改性沥青混凝土	≥75
低温弯曲试验破坏应变/με	冬严寒区	普通沥青混凝土	≥2 600
		改性沥青混凝土	≥3 000
	冬寒区	普通沥青混凝土	≥2 300
		改性沥青混凝土	≥2 800
	冬冷区及冬温区	普通沥青混凝土	≥2 000
		改性沥青混凝土	≥2 500

4.2.2.2 其他等级公路和城市道路温拌沥青混凝土和其他类型温拌沥青混凝土技术要求可参照 JTG F40中热拌沥青混合料的规定执行。

5 试验方法

5.1 温拌添加剂的性能

5.1.1 表面活性型温拌添加剂 pH 值应按照 GB/T 6368 的方法测定。

5.1.2 表面活性型温拌添加剂胺值应按照 GB/T 6365 的方法测定。

5.1.3 有机降粘型温拌添加剂闪点应按照 GB/T 21775 的方法测定。

5.1.4 有机降粘型温拌添加剂熔点应按照 GB/T 617 的方法测定。

5.1.5 有机降粘型温拌添加剂密度应按照 GB/T 1033.1 的方法测定。

5.1.6 矿物发泡型温拌添加剂含水量应按照 QB/T 1768 的方法测定。

5.1.7 矿物发泡型温拌添加剂 pH 值应按照 GB/T 6368 的方法测定。

5.1.8 矿物发泡型温拌添加剂密度应按照 GB/T 13173 的方法测定。

5.2 温拌沥青混凝土的性能

5.2.1 车辙试验动稳定度应按照 JTG E20 中 T 0719 的方法测定。
5.2.2 浸水马歇尔试验残留稳定度应按照 JTG E20 中 T 0709 的方法测定。
5.2.3 冻融劈裂试验强度比应按照 JTG E20 中 T 0729 的方法测定。
5.2.4 低温弯曲试验破坏应变应按照 JTG E20 中 T 0715 的方法测定。

6 检验规则

6.1 一般规定

6.1.1 应对每批次的温拌添加剂性能指标进行检验，检验合格后方可进行温拌沥青混凝土的生产。
6.1.2 温拌添加剂和温拌沥青混凝土的取样试验工作应由生产单位和使用单位分别独立进行；当供需单方或双方不具备试验条件时，供需双方可协商确定委托第三方检验。受委托的第三方应为供需双方均认可且具有试验资质的单位。

6.2 检验分类

温拌沥青混凝土检验分为出厂检验和型式检验。

6.2.1 出厂检验

温拌沥青混凝土生产单位（拌和厂/站）或使用单位应按照表 4 试验项目的规定，对每批温拌沥青混凝土产品进行出厂检验。

6.2.2 型式检验

首次进行温拌沥青混凝土生产，以及在生产过程中出现下列情形之一时，应按照表 1～表 4 的全部试验项目的规定进行型式检验：

a） 生产温拌沥青混凝土所用的原材料（温拌添加剂、集料、填料和沥青等）来源、种类或者规格发生变化，可能影响温拌沥青混凝土产品性能时；
b） 拌和设备出现故障或重新校准后；
c） 温拌沥青混凝土路面质量出现明显差异时。

6.3 组批和取样

6.3.1 组批

6.3.1.1 温拌沥青混凝土产品按批进行抽样和检测。
6.3.1.2 同一工程，相同原材料、相同配合比和生产工艺生产的温拌沥青混凝土，每 3 000 t/台班为一批，不足 3 000 t/台班时仍视为一批，按表 4 项目进行混凝土性能的检验。

6.3.2 取样

应在拌和厂/站取样。取样过程应符合 JTG E20 中 T 0701 的规定。

6.4 判定规则

温拌沥青混凝土产品经检验，各项性能指标均符合表 4 中规定的要求时，则判定该批次温拌沥青混凝土为合格产品；检验结果有一项不符合表 4 中规定的要求时，则判定该批次温拌沥青混凝土为不合格产品。

7 运输

温拌沥青混凝土的运输应符合 JTG F40—2004 中 5.5 的规定。

ICS 91.140
P 45

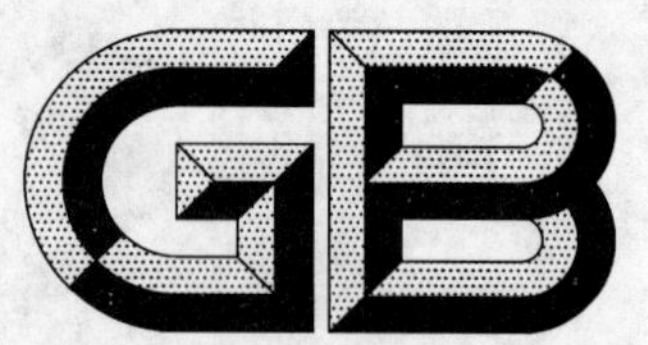

中华人民共和国国家标准

GB/T 30597—2014

燃气燃烧器和燃烧器具用安全和控制装置通用要求

General requirements of safety and control devices for gas burners and gas-burning appliances

(ISO 23550:2011,Safety and control devices for gas burners and gas-burning appliances—General requirements,MOD)

2014-06-09 发布　　2014-12-01 实施

中华人民共和国国家质量监督检验检疫总局
中国国家标准化管理委员会　发布

前　　言

本标准按照 GB/T 1.1—2009 给出的规则起草。

本标准使用重新起草法修改采用 ISO 23550:2011《燃气燃烧器和燃烧器具用安全和控制装置　一般要求》。

本标准与 ISO 23550:2011 相比在结构上有较多调整，附录 A 中列出了本标准与 ISO 23550:2011 的章条编号对照一览表。

本标准与 ISO 23550:2011 相比存在技术性差异。这些差异涉及的条款已通过在其外侧页面空白位置的垂直单线（|）进行了标示。附录 B 中给出了相应技术性差异及其原因的一览表。

本标准为与 GB 16914—2012《燃气燃烧器具安全技术条件》保持一致，在附录 C 中给出了本标准支持 GB 16914—2012 基本要求的条款对应表。

本标准还做了下列编辑性修改：

——删除了 ISO 23550:2011 的前言和引言；

——删除了 ISO 23550:2011 的参考文献。

本标准由中华人民共和国住房和城乡建设部提出。

本标准由住房和城乡建设部燃气标准化技术委员会归口。

本标准起草单位：中国市政工程华北设计研究总院、太原煤炭气化（集团）有限责任公司、广州迪森家用锅炉制造有限公司、广东美的厨卫电器制造有限公司、宁波方太厨具有限公司、青岛经济技术开发区海尔热水器有限公司、广州市精鼎电器科技有限公司、西特（上海）贸易有限公司、浙江新涛电子机械股份有限公司、湛江中信电磁阀有限公司、诸暨凯姆热能设备有限公司、广东万家乐燃气具有限公司、广东万和新电气股份有限公司、艾欧史密斯（中国）热水器有限公司、博西华电器（江苏）有限公司、浙江侨亨实业有限公司、广东长青（集团）股份有限公司、能率（中国）投资有限公司、华帝股份有限公司、霍尼韦尔（中国）有限公司、绍兴市威可多电器有限公司、国家燃气用具质量监督检验中心。

本标准主要起草人：王启、苏毅、渠艳红、楼英、梁国荣、徐德明、张伟、庞智勇、张劢、何明辉、叶杨海、蔡顺德、仇明贵、陈必华、毕大岩、刘松辉、张熙、游锦堂、张坤东、易洪斌、莫云清、朱良军、刘文博。

引　言

在燃气用具和燃气设备中，安全控制装置作为核心部件，对实现整机的功能、保证安全等方面起着至关重要的作用。随着燃气燃烧器具的大量普及应用，本标准的制定对确保安全控制装置产品质量、提高整机安全性、保障人身安全有着极为重要的意义。

本标准为各个燃具零配件标准的通用要求，修改采用 ISO 23550 标准体系的首标，与专用控制装置标准配合使用。

本标准的制定，为今后开展采用同一系列的 ISO 产品标准工作奠定基础，也有利于推进我国燃气具行业重要零配件产品标准的系列化工作，实现标准技术进一步与国际接轨。

燃气燃烧器和燃烧器具用安全和控制装置通用要求

1 范围

本标准规定了使用GB/T 13611规定的城镇燃气的燃气燃烧器和燃烧器具用安全和控制装置及其组件(以下简称"控制装置")的术语和定义、分类和分组、结构和材料、要求、试验方法、标识、安装和操作说明书、包装、运输和贮存。

本标准适用于以下控制装置:

——自动和半自动阀;

——燃烧控制装置;

——熄火保护装置;

——燃气和空气比例调节装置;

——压力调节装置;

——旋塞阀总成;

——温度控制装置;

——多功能控制装置;

——压力传感装置;

——阀门检验系统。

2 规范性引用文件

下列文件对于本文件的应用是必不可少的。凡是注日期的引用文件,仅注日期的版本适用于本文件。凡是不注日期的引用文件,其最新版本(包括所有的修改单)适用于本文件。

GB/T 191 包装储运图示标志(GB/T 191—2008,ISO 780:1997,MOD)

GB/T 1690—2010 硫化橡胶或热塑性橡胶耐液体试验方法(ISO 1817:2005,MOD)

GB/T 2423.10 电工电子产品环境试验 第2部分:试验方法 试验Fc:振动(正弦)(GB/T 2423.10—2008,IEC 60068-2-6:1995, IDT)

GB/T 3091 低压流体输送用焊接钢管(GB/T 3091—2008,ISO 559:1991,NEQ)

GB 4208 外壳防护等级(IP代码)(GB 4208—2008,IEC 60529:2001,IDT)

GB/T 5013.1 额定电压450/750 V及以下橡皮绝缘电缆 第1部分:一般要求(GB/T 5013.1—2008,IEC 60245-1:2003,IDT)

GB/T 5023.1 额定电压450/750 V及以下聚氯乙烯绝缘电缆 第1部分:一般要求(GB/T 5023.1—2008 , IEC 60227-1:2007,IDT)

GB/T 7306(所有部分) 55°密封管螺纹(eqv ISO 7-1:1994)

GB/T 7307 55°非密封管螺纹(GB/T 7307—2001,eqv ISO 228-1:1994)

GB/T 9114 带颈螺纹钢制管法兰

GB/T 9144 普通螺纹 优先系列(GB/T 9144—2003,ISO 262:1998,MOD)

GB/T 12716 60°密封管螺纹

GB/T 13611 城镇燃气分类和基本特性

GB 14536.1—2008　家用和类似用途电自动控制器　第1部分:通用要求［IEC 60730-1:2003(Ed3.1),IDT］

GB 14536.6—2008　家用和类似用途电自动控制器　燃烧器电自动控制系统的特殊要求(IEC 60730-2-5:2004,IDT)

GB 15092.1　器具开关　第1部分:通用要求［GB 15092.1—2010,IEC 61058-1:2008,IDT］

GB/T 15530(所有部分)　铜合金法兰

GB/T 16411—2008　家用燃气用具通用试验方法

GB/T 17241(所有部分)　铸铁管法兰

GB/T 17626.2　电磁兼容　试验和测量技术　静电放电抗扰度试验(GB/T 17626.2—2006,IEC 61000-4-2:2001,IDT)

GB/T 17626.3　电磁兼容　试验和测量技术　射频电磁场辐射抗扰度试验(GB/T 17626.3—2006,IEC 61000-4-3:2002,IDT)

GB/T 17626.4　电磁兼容　试验和测量技术　电快速瞬变脉冲群抗扰度试验(GB/T 17626.4—2008, IEC 61000-4-4:2004,IDT)

GB/T 17626.5　电磁兼容　试验和测量技术　浪涌(冲击)抗扰度试验(GB/T 17626.5—2008, IEC 61000-4-5:2005,IDT)

GB/T 17626.6　电磁兼容　试验和测量技术　射频场感应的传导骚扰抗扰度(GB/T 17626.6—2008, IEC 61000-4-6:2006,IDT)

GB/T 17626.8　电磁兼容　试验和测量技术　工频磁场抗扰度试验(GB/T 17626.8—2006, IEC 61000-4-8:2001,IDT)

GB/T 17626.11　电磁兼容　试验和测量技术　电压暂降、短时中断和电压变化的抗扰度试验(GB/T 17626.11—2008, IEC 61000-4-11:2004 ,IDT)

GB 18802.1—2011　低压电涌保护器(SPD)　第1部分:低压配电系统的电涌保护器　性能要求和试验方法(IEC 61643-1:2005,MOD)

3　术语和定义

下列术语和定义适用于本文件。

3.1

控制功能　control function

控制燃气燃烧器或燃烧器具安全操作和运行的功能。

3.2

控制装置　control devices

在燃气燃烧器或燃烧器具系统中完成控制功能的装置。

3.3

呼吸孔　breather hole

可变容积(腔体)内与外界相通的孔。

3.4

闭合元件　closure member

控制装置关断燃气流量的可动部件。

3.5

外部气密性　external leak-tightness

有燃气流经过的隔室相对于大气压的气密性。

3.6

内部气密性　internal leak-tightness

控制装置的闭合元件处于关闭位置，其有燃气流经过的隔室相对于另一隔室或控制装置出口的气密性。

3.7

最大工作压力　maximum working pressure

由制造商声明的，控制装置可以工作的最高进口压力值。

3.8

最小工作压力　minimum working pressure

由制造商声明的，控制装置可以工作的最低进口压力值。

3.9

流量　flow rate

单位时间内流经控制装置的气体体积。

3.10

额定流量　rated flow rate

在制造商声明的压差下的空气流量(校正到基准状态下：15 ℃，101.325 kPa)。

3.11

最高环境温度　maximum ambient temperature

由制造商声明的，控制装置可以工作的最高的环境空气温度。

3.12

最低环境温度　minimum ambient temperature

由制造商声明的，控制装置可以工作的最低的环境空气温度。

3.13

安装位置　mounting position

制造商声明的控制装置安装位置。

注：安装位置举例如下：

——直立位：在与制造商声明的进口连接保持水平的轴上的惟一位置上；

——水平位：在与制造商声明的进口连接保持水平的轴上任意位置；

——垂直位：在与制造商声明的进口连接保持垂直的轴上任意位置；

——限定水平位：在与制造商声明的进口连接保持水平的轴上，从直立位到离直立位 90°间(1.57 弧度)的任意位置；

——多点位：在与制造商声明的进口连接保持水平、垂直或其中间的轴上的任意位置。

3.14

公称尺寸　nominal size

DN：用于管路系统元件尺寸的字母和数字组合的尺寸标识，它由字母 DN 和后跟无因次的整数数字组成。这个数字与端部连接件的孔径或外径(用 mm 表示)等特征尺寸直接相关。

注 1：除在相关标准中另有规定，字母 DN 后面的数字不代表测量值，也不能用于计算目的。

注 2：采用 DN 标识系统的那些标准，应给出 DN 和管道元件的尺寸的关系，例如 DN/OD 或 DN/ID。

[GB/T 1047—2005，定义]

3.15

定义状态　defined state

具有以下安全特性的状态：

a）控制装置被动地进入一种状态，在该状态下燃气处于切断状态，当引起进入该安全状态的原因不再存在时，再次启动只能按特定的要求进行；

b）控制装置在规定的时间内主动执行保护动作，执行安全关闭或进入锁定状态；

c）控制装置运行符合所有与安全相关的功能规定。

3.16

故障反应时间　fault reaction time

在故障容许时间内，控制装置从发生故障到处于定义状态的时间。

3.17

重置　reset

允许系统从锁定状态重启的动作。

3.18

失效　failure

功能单元执行一个要求功能的能力的终止。

[GB/T 20438.4—2006，定义 3.6.4]

3.19

故障　fault

使功能单元执行要求的功能的能力降低或失去其能力的异常状况。

[GB/T 20438.4—2006，定义 3.6.1]

3.20

伤害　harm

由于对财产或环境的破坏而导致的直接或间接地对人体健康的损害或对人身的损伤。

[GB/T 20438.4—2006，定义 3.1.1]

3.21

危险　hazard

伤害的潜在根源。

注：该术语包括短时间内发生的对人员的威胁（如着火或爆炸），以及对人体健康长时间有影响的那些威胁（如有毒物质的释放）。

[GB/T 20438.4—2006，定义 3.1.2]

3.22

功能安全　functional safety

指取决于安全控制装置正确运行的应用程序的相关安全性。

3.23

程序　program

控制装置运行次序（可能包括接通电源、启动、监控和断电、安全关闭和锁定等）。

4　分类和分组

4.1　分类

4.1.1　按应用分类

根据适用情况，控制装置可按应用（如气密力、性能特点、耐久性等）进行分类，具体见专用控制装置标准。

4.1.2 按控制功能分类

控制装置按其控制功能的安全性分为 3 类：A 类、B 类和 C 类：

A 类——控制功能与安全性无关；

B 类——控制功能用来防止器具处于不安全状态，控制功能失效将不会直接导致燃气器具处于危险情况；

C 类——控制功能用来防止器具特定的危险(如爆炸)，控制功能失效会直接导致燃气器具处于危险情况。

4.2 分组

4.2.1 按控制装置按其所能承受的弯矩分为 1 组和 2 组：

——1 组控制装置，安装在燃具内或者安装在不受设备管道安装造成的弯曲应力影响处(例如：使用刚性支架支撑)的控制装置；

——2 组控制装置，安装在燃具内部或者外部任何场合的控制装置，通常不带安装支架。

4.2.2 符合第 2 组规定的控制装置也应符合第 1 组控制装置的规定。

5 结构和材料

5.1 一般要求

当按照说明书安装和使用时，控制装置的设计、制造和组装应保证所有功能可正常使用，且控制装置的所有承压部件应能承受机械和热应力而没有任何影响安全的变形。

5.2 结构

5.2.1 外观

控制装置的外观应无锐边和尖角，且所有部件的内部和外部均应是清洁的。

5.2.2 孔

5.2.2.1 用于控制装置部件组装或安装螺钉、销钉等的孔，不应穿透燃气通路，且孔和燃气通路之间的壁厚不应小于 1 mm。

5.2.2.2 燃气通路上的工艺孔，应用金属密封方式永久密封，连接用化合物可作补充使用。

5.2.3 呼吸孔

5.2.3.1 呼吸孔的设计应保证，当与之相连的工作膜片损坏时，呼吸孔应符合下列规定之一：

a) 符合 6.2.1 的规定；

b) 呼吸孔应与通气管相连接，且安装和操作说明书应说明呼吸孔可安全地排气。

5.2.3.2 呼吸孔应防止被堵塞或应设置在不易堵塞的位置，且其位置应保证膜片不会被插入的尖锐器械损伤。

5.2.4 紧固螺钉

控制装置上的紧固螺钉应符合以下规定：

a) 维修和调节时可被拆下的紧固螺钉应采用符合 GB/T 9144 规定的公制螺纹，控制装置正常操作或调节需要不同的螺纹除外；

b) 能形成螺纹并产生金属屑的自攻螺钉不应用于连接燃气通路部件或在维修时可被拆卸的部件；

c) 能形成螺纹但不产生金属屑的自攻螺钉，当可被符合 GB/T 9144 规定的公制机械螺钉所代替时，才可使用。

5.2.5 可动部件

控制装置可动部件(如膜片、传动轴)的运行不应能被其他部件损伤，且可动部件不应外露。

5.2.6 保护盖

保护盖应能用通用工具拆下和重装，并应有漆封标记，且不应影响制造商声明的整个调节范围内的调节功能。

5.2.7 维修和/或调节时的拆卸和重装

5.2.7.1 需要拆装的部件应能使用通用工具拆下和重装，且该类部件的结构或标记应保证在按照制造商声明的方法组装时不易装错。

5.2.7.2 可被拆卸的各种闭合元件(包括用作测量和测试的元件)，应保证其结构可由机械方式达到气密性(如用金属与金属连接、O 形圈等)，不应使用密封液、密封膏或密封带之类的密封材料。

5.2.7.3 不允许被拆卸的闭合元件，应采用可显示出干扰痕迹的方法标记(如漆封)，或用专用工具固定。

5.2.8 辅助通道

当有辅助通道，应进行保护，其一旦造成堵塞，不应影响控制装置的正常操作。

5.3 材料

5.3.1 一般要求

5.3.1.1 材料的质量、尺寸和组装各部件的方法应保证其结构和性能安全。

5.3.1.2 按制造商的说明安装和使用时，在其使用期限内，性能应无明显改变，且所有元件应能承受在此期间可承受的机械、化学和热等各种应力。

5.3.2 外壳

直接或间接将燃气与大气隔离的外壳的各部件应符合以下规定之一：

a) 由金属材料制成；

b) 由非金属材料制成，应符合 6.2.2 的规定。

5.3.3 弹簧

5.3.3.1 闭合弹簧

为控制装置的闭合元件提供气密力的弹簧应由耐腐蚀的材料制成，并应设计为耐疲劳。

5.3.3.2 提供关闭力和气密力的弹簧

提供关闭力和气密力的弹簧应设计为耐振动和耐疲劳，并应符合以下规定：

a) 金属丝直径小于或等于 2.5 mm 的弹簧应由耐腐蚀材料制成；

b) 金属丝直径大于 2.5 mm 的弹簧可由耐腐蚀材料制成,也可采用具有防腐蚀保护的其他材料制成。

5.3.4 耐腐蚀和表面保护

与燃气或大气接触的部件和弹簧,应由耐腐蚀材料制成或被适当的保护,且对弹簧和其他活动部件的防腐蚀保护不应因任何移动而受损坏。

5.3.5 连接材料

5.3.5.1 在制造商声明的操作条件下,永久性连接用材料应确保有效。

5.3.5.2 熔点 450 ℃以下的连接材料不应用于燃气通路部件的焊接或其他工艺,除非用作附加密封。

5.3.6 浸渍

制造过程中有浸渍时,应进行适当处理。

5.3.7 活动部件的密封

5.3.7.1 燃气通路中的活动部件和闭合元件的密封应采用固体的、机械性能稳定的、不会永久变形的材料,不应使用密封脂。

5.3.7.2 手动可调式压盖不应用来密封活动部件。

5.3.7.3 由制造商设定的并设有防止进一步调节的可调式压盖可作为不可调式压盖考虑。

5.3.7.4 波纹管不应作为惟一的对大气密封的元件使用。

5.4 燃气连接

5.4.1 连接方法

控制装置的燃气连接应设计为使用通用工具就可完成的方式。

5.4.2 连接尺寸

连接尺寸应符合表 1 的规定。

表 1 连接尺寸

螺纹或法兰公称尺寸 DN/mm	螺纹或法兰英制尺寸/in	压缩连接管外径范围/mm
6	1/8	2～5
8	1/4	6～8
10	3/8	10～12
15	1/2	14～16
20	3/4	18～22
25	1	25～28
32	1 1/4	30～32
40	1 1/2	35～40
50	2	42～50
65	2 1/2	—

表 1（续）

螺纹或法兰公称尺寸 DN/mm	螺纹或法兰英制尺寸/in	压缩连接管外径范围/mm
80	3	—
100	4	—
125	5	—
150	6	—
200	8	—
250	10	—

5.4.3 螺纹

5.4.3.1 进出口螺纹应符合 GB/T 7306（所有部分）、GB/T 7307 或 GB/T 12716 的规定，并按表 1 进行选择。

5.4.3.2 把超过有效连接长度 2 个螺距的管子拧入主体螺纹段时，进出口螺纹连接设计应保证不对控制装置的运行带来不利影响，且螺纹止档也应符合规定。

5.4.4 管接头

使用管接头进行连接，当接头螺纹不符合 GB/T 7306（所有部分）、GB/T 7307 或 GB/T 12716 的规定，应提供与之匹配的管接头配件或接头螺纹的全部尺寸细节。

5.4.5 法兰

控制装置使用法兰连接时应符合以下规定：

a） 公称尺寸大于 DN50 的控制装置使用法兰连接时，应采用符合 GB/T 9114 规定的 PN6 或 PN16 的法兰连接；

b） 公称尺寸不大于 DN50 的控制装置使用法兰连接时，应采用与标准法兰连接的适配接头，或提供配件的全部尺寸细节；

c） 公称尺寸大于 DN80 的控制装置应使用法兰连接。

5.4.6 压缩连接

采用压缩连接时，连接前管子不应变形，如使用橄榄形垫，则应与管子相匹配，当能保证正确安装，也可采用不对称的橄榄形垫。

5.4.7 测压口

测压口外径为 $9.0_{-0.5}^{\ 0}$ mm，有效长度不应小于 10 mm，测压口内径不应超过 1 mm，且测压口不应影响控制装置气密性。

5.4.8 过滤网

5.4.8.1 安装有进口过滤网时，过滤网孔最大尺寸不应超过 1.5 mm，并应防止直径为 1 mm 的销规通过。

5.4.8.2 未安装进口过滤网时，安装说明应包括使用和安装符合 5.4.8.1 规定的过滤网的相关资料，以防异物进入。

5.5 使用电子元器件的控制装置

使用电子元器件的控制装置还应符合附录 D 中 D.1 的规定。

6 要求

6.1 一般要求

在下列条件下，控制装置应能正常工作：

a) 全部工作压力范围内；

b) 0 ℃～60 ℃的环境温度或制造商声明的更宽的环境温度范围；

c) 电动式的控制装置，电压或电流范围从额定值的 85%到 110%，或从最小额定值的 85%到最大额定值的 110%范围内。

6.2 部件要求

6.2.1 呼吸孔泄漏要求

当与呼吸孔相连的工作膜片被损坏时，按 7.2.1 规定的试验方法进行试验，试验结果应符合以下规定：

a) 在最大进口压力下，呼吸孔的空气流量不应超过 70 L/h；

b) 当最大工作压力不大于 3 kPa，且呼吸孔直径不大于 0.7 mm 时，即认为符合 a)项规定；

c) 当使用泄漏限制器符合 a)项规定时，该限制器应能承受 3 倍最大工作压力，且当使用安全膜片作为泄漏限制器时，在发生故障时，安全膜片不应代替该工作膜片。

6.2.2 非金属部件拆下后控制装置的泄漏要求

当非金属部件(O 形圈、垫片、密封件和膜片的密封部件除外)拆下或破裂时，在最大工作压力下按 7.2.2 规定的试验方法进行试验，空气泄漏量不应超过 30 L/h。

6.3 性能要求

6.3.1 气密性

6.3.1.1 按 7.3.1 规定的试验方法进行试验，控制装置的空气泄漏量不应超过表 2 的规定值。

表 2 最大泄漏量

进口公称尺寸 DN/mm	最大泄漏量/(L/h)	
	内部气密性	外部气密性
DN<10	0.02	0.02
10≤DN≤25	0.04	0.04
25<DN≤80	0.06	0.06
80<DN≤150	0.10	0.06
150<DN≤250	0.15	0.06

6.3.1.2 在拆下和重新组装闭合元件 5 次后再次进行外部气密性试验，控制装置的空气泄漏量不应超过表 2 的规定值。

6.3.2 扭转和弯曲

6.3.2.1 一般要求

控制装置的结构应有足够的强度，应能承受其在安装和维修期间可能经受的机械应力；按 7.3.2 规定的方法试验后，应无永久变形，且空气泄漏量不应超过表 2 的规定值。

6.3.2.2 扭转

按 7.3.2.2 规定的试验方法进行试验，控制装置应能承受表 3 规定的扭矩。

表 3 扭矩和弯矩

公称尺寸 DN[a] /mm	扭矩[b]/N·m	弯矩/(N·m)		
	1 组和 2 组	1 组		2 组
	10 s 测试	10 s 测试	900 s 测试	10 s 测试
6	15 (7)	15	7	25
8	20 (10)	20	10	35
10	35 (15)	35	20	70
15	50 (15)	70	40	105
20	85	90	50	225
25	125	160	80	340
32	160	260	130	475
40	200	350	175	610
50	250	520	260	1 100
65	325	630	315	1 600
80	400	780	390	2 400
100	—	950	475	5 000
125	—	1 000	500	6 000
≥150	—	1 100	550	7 600

[a] 相应连接尺寸见表 1。

[b] 括弧中的扭矩值专门针对烹饪燃气具上，带法兰或鞍形夹紧进口连接的控制装置。

6.3.2.3 弯曲

6.3.2.3.1 按 7.3.2.3.1 规定的试验方法进行试验，控制装置应能承受表 3 规定的弯矩。

6.3.2.3.2 1 组控制装置应按 7.3.2.3.2 的规定做 900 s 弯曲补充试验，并应能承受表 3 规定的弯矩。

6.3.3 额定流量

按 7.3.3 规定的试验方法进行试验时，最大流量至少应是额定流量的 0.95 倍。

6.3.4 耐用性

6.3.4.1 一般要求

与燃气接触的弹性材料(如阀垫、O形圈、膜片和密封圈等)用肉眼观察时应是均匀的,无气孔、夹杂物、细渣、气泡和其他表面缺陷。

6.3.4.2 耐燃气性

6.3.4.2.1 弹性材料

按7.3.4.1.1规定的试验方法进行弹性材料的耐燃气性试验,试验前后,其质量变化率应符合表4的规定值。

表4 弹性材料耐燃气质量变化要求表

用途	国际橡胶硬度(IRHD)等级	干燥后质量变化率
密封件	H1、H2、H3	−8%～+5%
膜片	H1	−15%～+5%
	H2	−10%～+5%
	H3	−8%～+5%

注:IRHD由制造商予以声明,其分级为:
——H1,IRHD<45;
——H2,45≤IRHD≤60;
——H3,60<IRHD≤90。

6.3.4.2.2 浆状、油脂类密封材料

按7.3.4.1.2规定的试验方法进行浆状、油脂类密封材料的耐燃气性试验,试验前后,其质量率变化不应超过±10%。

6.3.4.3 耐油性

按7.3.4.2规定的试验方法进行弹性材料的耐油性试验,试验前后,其质量变化率不应超过±10%。

6.3.4.4 标识耐用性

6.3.4.4.1 粘贴的商标和所有标识应能承受7.3.4.3规定的标识耐用性试验,试验结束后不应脱落和变色,应始终保持清晰易读。

6.3.4.4.2 按钮上的标识应能够经受因手动操作引起的连续触摸和摩擦,并保持完好。

6.3.4.5 耐划痕性

7.3.4.5规定的耐潮湿试验前和试验后,用漆等保护的表面应能承受7.3.4.4规定的耐划痕试验,并不应被钢球划穿表面上的保护涂层而裸露金属。

6.3.4.6 耐潮湿性

6.3.4.6.1 所有部件(包括表面有保护涂层的部件)应能承受7.3.4.5规定的耐潮湿试验,而没有肉眼可

见的过度腐蚀、脱落和起泡痕迹。

6.3.4.6.2 某些部件存在轻微腐蚀迹象时,应确保控制装置有足够的安全系数。

6.3.4.6.3 当某些部件的腐蚀可能会对控制装置的连续安全运行产生影响时,则这类部件不应有任何腐蚀痕迹。

6.3.5 功能要求

见其专用控制装置标准,并应符合该专用控制装置标准的规定。

6.3.6 耐久性

见其专用控制装置标准,并应符合该专用控制装置标准的规定。

6.3.7 使用电子元器件的控制装置

使用电子元器件的控制装置还应符合附录 D 中 D.2 和 D.3 的规定。

6.3.8 电气安全

控制装置的电气安全应符合附录 E 的规定。

6.3.9 电磁兼容安全性(EMC)

使用电子元器件的控制装置的电磁兼容安全性(EMC)应符合附录 F 的规定。

7 试验方法

7.1 试验条件

除非另有规定,所有试验应在以下条件下进行:

a) 试验用空气温度为(20±5)℃,环境温度为(20±5)℃;

b) 所有测量值应被校正到基准状态,15 ℃、101.325 kPa 的干空气;

c) 通过更换元件可以实现燃气气源转换的控制装置,应用转换的各元件做补充测试;

d) 试验应在制造商声明的安装位置进行,有多个安装位置时,应在最不利的安装位置进行。

7.2 部件试验

7.2.1 呼吸孔泄漏试验

破坏与呼吸孔相连的工作膜片可动部分,打开控制装置的所有闭合元件,加压到最大工作压力,测量泄漏量。

7.2.2 非金属部件拆下后控制装置泄漏试验

拆下控制装置中燃气与大气隔离的所有非金属部件(不包括 O 形圈、密封件、密封垫和膜片的密封部件),堵塞所有通气孔,加压控制装置进口和出口到最大工作压力并测试泄漏量。

7.3 性能试验

7.3.1 气密性试验

7.3.1.1 一般要求

7.3.1.1.1 所用装置的误差极限应是±1 mL(容积法)和±10 Pa(压降法),泄漏量测试的精度应在

±5 mL/h以内。

7.3.1.1.2 内部泄漏用 0.6 kPa 初始测试压力进行测试,然后分别对内部和外部泄漏用 1.5 倍最大工作压力或 15 kPa(取其较大值)重复试验。

7.3.1.1.3 应使用可得到再现结果的方法,如下所示:

a) 附录 G(容积法)——适用测试压力不大于 15 kPa 的控制装置;

b) 附录 H(压降法)——适用测试压力大于 15 kPa 的控制装置,压差换算见附录 H 中的式(H.1)。

7.3.1.2 外部气密性

给控制装置进口和出口同时供给 7.3.1.1.2 规定的试验压力,打开所有闭合元件,测量泄漏量,然后再根据制造商的说明拆下和重装闭合元件 5 次,然后再一次进行该试验。

7.3.1.3 内部气密性

逐个检测闭合元件,使被测的闭合元件处于关闭位置,打开其他闭合元件,在控制装置进口供给 7.3.1.1.2规定的试验压力,测量泄漏量。

7.3.2 扭转和弯曲试验

7.3.2.1 一般要求

控制装置的扭转和弯曲试验应符合以下规定:

a) 测试用管应符合 GB/T 3091 的规定,管长度的确定:
  ——控制装置公称尺寸不大于 DN50 时,管长度至少为 40 倍 DN;
  ——控制装置公称尺寸大于 DN50 时,管长度至少为 300 mm,连接时,应使用不会硬化的密封胶。

b) 对采用符合 GB/T 9114、GB/T 17241(所有部分)、GB/T 15530(所有部分)的法兰,从表 5 所给数据中确定合适的法兰螺栓拧紧扭矩。

c) 在进行扭转和弯曲试验之前,分别按 7.3.1 规定的试验方法测试控制装置的外部和内部气密性试验。

d) 如进口和出口连接不在同一轴线上,应调换进口和出口位置分别测试。

e) 如进口和出口的公称尺寸不同,应夹紧控制装置,分别对进口和出口采用合适的扭矩和弯矩进行测试。

f) 采用压缩连接的控制装置,应使用带螺纹的转接头来做弯曲试验。

g) 扭转试验结果应符合 6.3.2.2 的规定,弯曲试验结果应符合 6.3.2.3 的规定。

h) 当控制装置只能使用法兰连接时,可不做扭转试验。

i) 对于采用法兰连接或鞍形夹紧进口连接的烹饪燃气用具上的控制装置,可不做弯曲试验。

表 5 法兰螺栓拧紧扭矩

公称尺寸 DN/mm	6	8	10	15	20	25	32	40	50	65	80	100	125	≥150
扭矩/N·m	20	20	30	30	30	30	50	50	50	50	50	80	160	160

7.3.2.2　扭转试验

7.3.2.2.1　10 s 扭转试验——用螺纹连接的 1 组和 2 组控制装置

按如下步骤进行试验：

a)　用不超过表 3 所给的扭矩值，把管 1 和管 2 分别拧入控制装置的进口和出口，在距其至少 2D 的距离上固定管 1(见图 1)，并保证所有的连接是气密的；

b)　支撑起管 2，保证控制装置不承受弯曲力矩；

c)　逐渐的对管 2 匀速施加扭矩至表 3 规定的值，保持时间为 10 s，并保证最后 10% 的扭矩在 1 min内施加完毕；

d)　移除扭矩，目测控制装置有无任何变形，并按 7.3.1 规定的试验方法分别做外部和内部气密性试验。

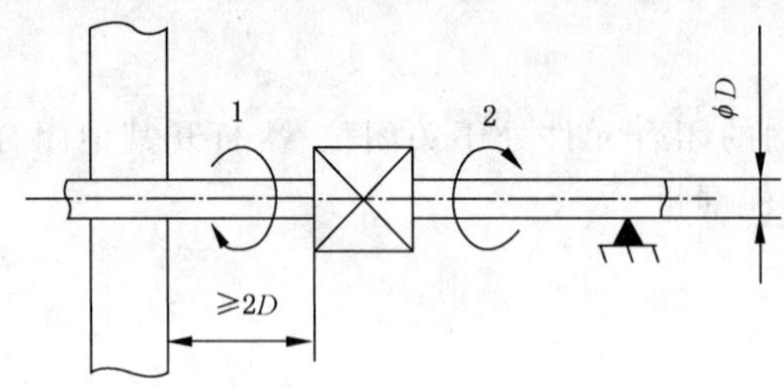

说明：
1——管 1；
2——管 2；
D——外径。

图 1　扭矩试验示意图

7.3.2.2.2　10 s 扭转试验——用压缩连接的 1 组和 2 组控制装置

7.3.2.2.2.1　橄榄形压缩连接

按如下步骤进行试验：

a)　使用两根带有匹配尺寸的新黄铜制的橄榄形密封垫密封的钢管，分别连接控制装置两端接口；

b)　夹紧控制装置主体，并依次对每个钢管接口施加表 3 所给的扭矩值，保持时间分别为 10 s；

c)　目测 2 次试验控制装置有无任何变形，一直受力的橄榄形密封垫和控制装置与其配合表面的任何变形可被忽略；

d)　移除扭矩后，按 7.3.1 规定的试验方法分别进行外部和内部气密性试验。

7.3.2.2.2.2　扩口式压缩连接

使用两根一头带扩口的短钢管，分别连接控制装置两端接口，按 7.3.2.2.2.1 规定的试验方法进行试验，一直受力的锥形面和控制装置与其配合表面的任何变形可被忽略。

7.3.2.2.2.3　法兰连接或鞍形夹紧进口连接(烹饪燃气具用控制装置)

按如下步骤进行试验：

a)　按制造商推荐的方法将控制装置与进气管相连，并施加表 5 规定的扭矩，固定紧固螺钉；

b)　将带橄榄形密封垫或扩口压缩管接头连接到控制装置出口，施加表 3 第 2 列括号中规定的扭矩值；

c） 按 7.3.2.2.2.1 或 7.3.2.2.2.2(按适用情况)规定的试验方法进行试验。

7.3.2.3 弯曲试验

7.3.2.3.1 10 s 弯曲试验——1 组和 2 组控制装置

按如下步骤进行试验：

a） 使用进行扭转试验的同一件控制装置，将其按图 2 所示进行组合组装。

b） 按如下位置施加表 3 规定的弯矩(将测试用管的重量考虑在内)，保持时间为 10 s。

——公称尺寸不大于 DN 50 的控制装置，在距离样品中心 40 倍 DN 处；

——公称尺寸大于 DN 50 的控制装置，在距离控制装置接头至少 300 mm 处。

c） 卸除弯矩后，目测控制装置有无任何变形。

d） 然后按 7.3.1 规定的试验方法分别进行外部和内部气密性试验。

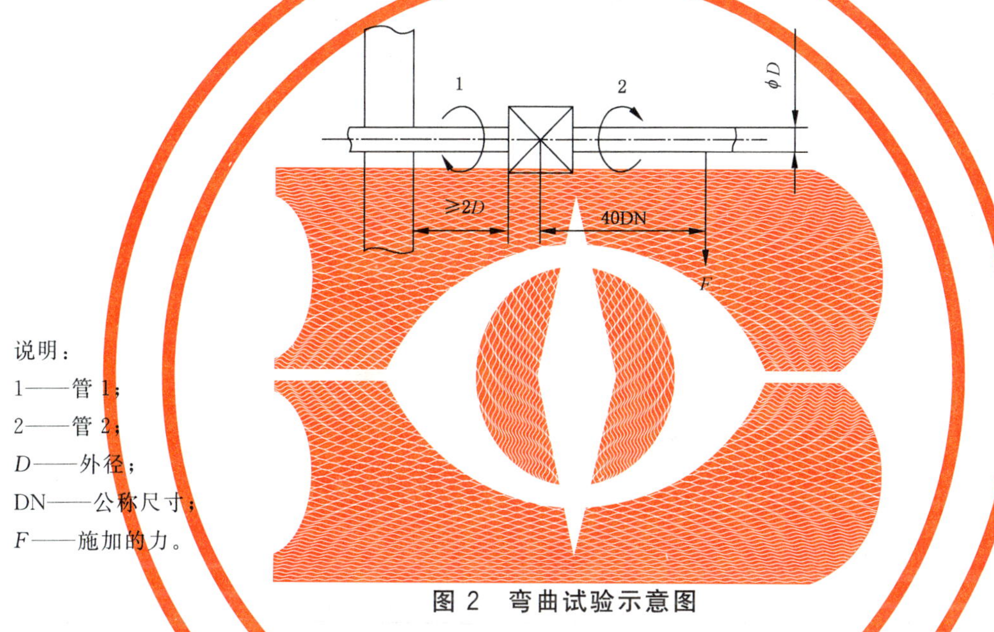

说明：

1——管 1；

2——管 2；

D——外径；

DN——公称尺寸；

F——施加的力。

图 2 弯曲试验示意图

7.3.2.3.2 900 s 弯曲试验——只适用于 1 组控制装置

按如下步骤进行试验：

a） 使用进行扭转试验的同一将控制装置，将其按图 2 所示组装；

b） 按 7.3.2.3.1 b)所示位置施加表 3 规定的弯矩(将测试用管的重量考虑在内)，保持时间为 900 s；

c） 在施加弯曲力矩的同时，按 7.3.1 规定的试验方法分别进行外部和内部气密性试验。

7.3.3 额定流量试验

7.3.3.1 一般要求

按图 3 所示连接试验装置，试验仪器最大误差不应超过 2%。

单位为毫米

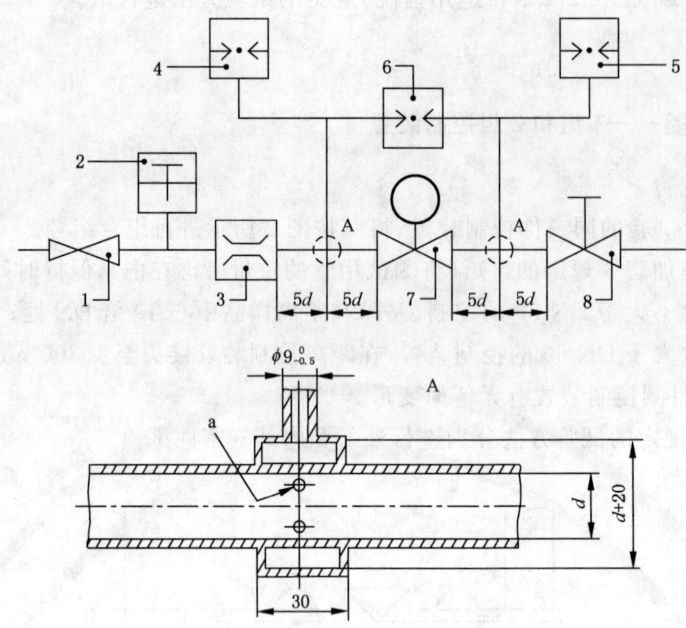

说明：

1——调压器；

2——温度计；

3——流量计；

4——进口压力表；

5——出口压力表；

6——差压表；

7——测试件；

8——手动阀；

a——直径 1.5 mm 的 4 个孔；

d——内径。

公称尺寸 DN/mm	6	8	10	15	20	25	32	40	50	65	≥80
内径 d/mm	6	9	13	16	22	28	35	41	52	67	对应公称尺寸

图 3　流量试验连接图

7.3.3.2　试验步骤

按如下步骤进行试验：

a）　按制造商的说明操作和调节控制装置，保持进口压力不变；

b）　调节阀门 8，将压差调到制造商声明的进出口压差，并保持该压差不变；

c）　然后在各专用控制装置标准规定的不同情况下测量空气流量。

7.3.3.3　空气流量换算

用式(1)将 7.3.3.2 测量的空气流量换算到基准状态：

$$q_n = q\sqrt{\frac{p_a + p}{101.325} \times \frac{288.15}{273.15 + t}} \qquad \cdots\cdots(1)$$

式中：

q_n —— 校正到基准状态下的空气流量，单位为立方米每小时(m^3/h)；

q ——测量的空气流量，单位为立方米每小时(m^3/h)；

p_a——大气压力，单位为千帕(kPa)；

p ——进口测试压力，单位为千帕(kPa)；

t ——空气温度，单位为摄氏度(℃)。

7.3.4 耐用性试验

7.3.4.1 耐燃气性试验

7.3.4.1.1 弹性材料

按如下步骤进行试验：

a) 使用 50 mm×20 mm×2 mm 的弹性材料，在(23±2)℃下保持 3 h 以上；

b) 将其浸泡在 98%的正戊烷中(适用于人工煤气的，要使用 GB/T 1690—2010 附录 A 规定的 B 溶液)，持续(72±2)h；

c) 拿出擦拭干净；

d) 放置于大气压下(40±2)℃干燥箱内干燥(168±2)h；

e) 拿出放置于干燥器皿中 3 h 后称重；

f) 测定质量的相对变化值，并用式(2)进行计算：

$$\Delta m_1 = \frac{m_1 - m}{m} \times 100\% \qquad \cdots\cdots(2)$$

式中：

Δm_1——质量的相对变化值，以百分数表示(%)；

m ——测试件在空气中的初始质量，单位为毫克(mg)；

m_1 ——干燥后测试件在空气中的质量，单位为毫克(mg)。

7.3.4.1.2 浆状、油脂类密封材料

按 GB/T 16411—2008 中 16.3.2 的规定进行试验。

7.3.4.2 耐油性试验

按如下步骤进行试验：

a) 使用 50 mm×20 mm×2 mm 的弹性材料，在控制装置声明的最高环境温度下保持 3 h 以上；

b) 将其浸泡在 GB/T 1690—2010 附录 B 规定的 2 号油中，持续(168±2)h；

c) 拿出放置于干燥器皿中 3 h 后称重；

d) 测定质量的相对变化值，并用式(3)进行计算：

$$\Delta m_2 = \frac{m_2 - m}{m} \times 100\% \qquad \cdots\cdots(3)$$

式中：

Δm_2——质量的相对变化值，以百分数表示(%)；

m ——测试件在空气中的初始质量，单位为毫克(mg)；

m_2 ——浸渍后测试件在空气中的质量，单位为毫克(mg)。

7.3.4.3 标识耐用性试验

按 GB 14536.1—2008 中附录 A 的规定进行试验。

7.3.4.4 耐划痕试验

按如下步骤进行试验：

a) 使用图 4 所示手动划痕装置或 GB/T 9279 规定的自动划痕仪；

b) 将一个直径为 1 mm 的固定钢球，带有 10 N 的接触力，以 30 mm/s～40 mm/s 的速度，在控制装置的涂层表面划痕；

c) 目测检查，试验结果应符合 6.3.4.5 的规定；

d) 7.3.4.5 耐潮湿测试后重复耐划痕测试，然后进行 c)步骤。

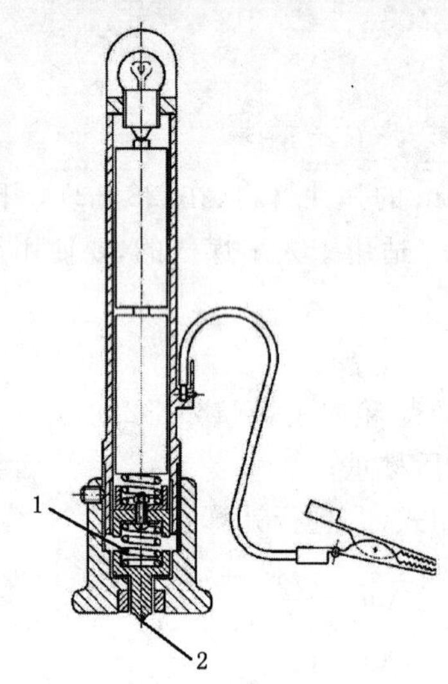

说明：

1——弹簧负载(10 N)；

2——划痕点（钢球，直径 1 mm）。

图 4 耐划痕测试手动装置示意图

7.3.4.5 耐潮湿试验

按如下步骤进行试验：

a) 把控制装置放入温度为(40±2)℃、相对湿度大于 95％的恒温箱内，保持 48 h；

b) 从箱内取出，目测涂层表面，试验结果应符合 6.3.4.6 的规定；

c) 将控制装置在(20±5)℃室温下放置 24 h 后，再按 7.3.4.4 进行耐划痕试验。

8 标识、安装和操作说明书

8.1 标识

具体标识要求见专用控制装置标准，如没有特殊说明，应用清楚耐磨的字符牢固地标识至少以下内容：

a) 制造商和/或商标；

b) 型号；
c) 生产日期或序列号。

8.2 安装和操作说明书

8.2.1 每批控制装置交运货中应有一套使用规范汉字说明的说明书。
8.2.2 说明书应包括使用、安装、操作和维修的相关资料，其专门要求见各控制装置的专用控制装置标准。

8.3 警告提示

每批交付使用的控制装置应贴有“使用之前请仔细阅读说明书”的警告提示。

9 包装、运输和贮存

9.1 包装

9.1.1 一般要求

9.1.1.1 控制装置应包装牢固、安全、可靠、便于装卸；在正常的装卸、运输条件下和储存期间，应确保产品的安全和使用性能不应因包装原因发生损坏。
9.1.1.2 包装作业应在产品检验合格后，按照产品的包装技术文件要求进行。

9.1.2 包装材料

产品所用的包装材料，应符合以下规定：
a) 包装材料宜采用无害、易降解、可再生、满足环境保护要求的材料；
b) 包装设计在满足保护产品基本要求的同时，应考虑采用可循环利用的结构。

9.1.3 包装箱

9.1.3.1 包装箱外表面应按 GB/T 191 的规定标示以下内容：
a) 制造商和/或商标；
b) 产品名称/型号；
c) 生产日期或序列号；
d) 生产地址及联系方式；
e) 包装储运“向上、怕湿、轻拿轻放、严禁翻滚、禁用手钩、堆码层数极限”等必要的图示标志。
9.1.3.2 包装箱应附有产品合格证明以及装箱清单等。

9.2 运输

运输过程中应防止剧烈振动、挤压、雨淋及化学物品浸蚀，且搬运过程中应严禁滚动、抛掷和手钩作业。

9.3 贮存

控制装置应存放在干燥、通风、周围无腐蚀性气体的仓库内，并分类存放，堆码不应超过规定极限，防止挤压和倒垛损坏。

附 录 A
（资料性附录）
本标准与 ISO 23550:2011 相比的结构变化情况

本标准与 ISO 23550:2011 相比，在结构上有较多调整，具体章条编号对照情况见表 A.1。

表 A.1 本标准与 ISO 23550:2011 章条编号对照情况

本标准章条编号	对应的 ISO 23550:2011 章条编号
第 1 章	第 1 章
第 2 章	第 2 章
3.1～3.14	第 3 章
3.15～3.23	—
第 4 章	第 4 章
5.1～5.4	第 6 章（6.2.3.1、6.3.2.1 除外）
5.5	—
6.1～6.3.6	6.2.3.1、6.3.2.1、第 7 章中各性能要求条款
6.3.7	—
6.3.8、附录 E	8.11
6.3.9、附录 F	8.1～8.10、附录 D
第 7 章	第 5 章、6.2.3.2、6.3.2.2、第 7 章中各试验方法条款
7.1	第 5 章
7.2	6.2.3.2、6.3.2.2
7.3	第 7 章中各试验方法条款
第 8 章	第 9 章
附录 A	—
附录 B	—
附录 C	—
附录 D	—
附录 G	附录 A
附录 H	附录 B、附录 C
—	附录 E～附录 G

附 录 B
（资料性附录）
本标准与 ISO 23550:2011 的技术性差异及其原因

表 B.1 给出了本标准与 ISO 23550:2011 的技术性差异及其原因。

表 B.1 本标准与 ISO 23550:2011 的技术性差异及其原因

本标准的章条编号	技术性差异	原 因
1	• 删除 ISO 23550:2004 第 1 章中规定适用燃油的内容； • 明确使用符合 GB/T 13611 规定的燃气； • 增加了包装、运输和贮存	• 以适合我国国情； • 与我国燃气相关标准相一致； • GB/T 1.1—2009 要求
2	• 引用采用国际标准的我国标准，而非直接引用国际标准； • 增加引用我国相关标准	• GB/T 20000.2—2001，6.2 条规定 • 强调本标准与我国相关标准的一致性
3	参考 EN 13611 增加某些术语和定义	根据 5.5、6.3.7、附录 D 相关技术条款的需要
5.5、6.3.7、附录 D	参考 EN 13611，增加了使用电子元器件的控制装置的特殊要求	适合行业产品发展趋势，符合我国国情
6.3.4、7.3.4	• 弹性材料耐燃气性参考 EN 549 按密封件和膜片并考虑硬度等级分别进行规定； • 增加“浆状、油脂类密封材料耐燃气性”要求，按照 GB/T 16411 的 16.3.2 进行试验； • 弹性材料耐油性试验方法参考 EN 549 规定的更为详细	• ISO 23550 的规定不甚明确，引用的ISO 1817 的条款不准确，而 EN 549 的规定相比更合理和更具有可操作性，并通过了相关试验验证； • 与我国相关标准相一致； • 适合行业产品发展情况，符合我国国情
附录 C	增加了本标准支持 GB 16914—2012 基本要求的条款对应表	强调与我国强制性技术法规类标准的对应情况

附 录 C
（资料性附录）
本标准支持 GB 16914—2012 基本要求的条款对应表

表 C.1 给出了本标准支持 GB 16914—2012 基本要求的条款对应表。

表 C.1 本标准支持 GB 16914—2012 基本要求的条款对应表

GB 16914—2012 条款	基本要求内容	本标准对应条款
3.1.1	操作安全性	第 5 章、第 6 章
3.1.2.1	安装技术说明书	8.2
3.1.2.2	用户使用和维护说明书	8.2
3.1.2.3	安全警示(燃具和包装上)	8.3
3.1.3	器具配件	8.2.2
3.2.1	材料特性	5.3.1
3.2.2	材料保证	5.3.1
3.3.1.1	可靠性、安全性和耐久性	第 5 章、第 6 章
3.3.1.2	排烟冷凝	不适用
3.3.1.3	爆炸的危险性	不适用
3.3.1.4	水和空气渗入	不适用
3.3.1.5	辅助能源正常波动	不适用
3.3.1.6	辅助能源异常波动	不适用
3.3.1.7	电气安全	6.3.8、6.3.9
3.3.1.8	承压部件	5.1、5.3.1.2
3.3.1.9	控制和调节装置故障	D.1.5、D.2.3、D.2.4、D.3.3、D.3.4
3.3.1.10	安全装置功能	同上
3.3.1.11	不允许操作部件的保护	5.2.7.3
3.3.1.12	用户可调节装置的设计	不适用
3.3.1.13	进气口连接	不适用
3.3.2.1	燃气泄漏危险	5.2.3、5.3.2、6.2
3.3.2.2	燃具内燃气积聚的危险	不适用
3.3.2.3	防止房间内的燃气积聚	不适用
3.3.3	点火	不适用
3.3.4.1	火焰的稳定性和烟气排放	不适用
3.3.4.2	燃烧产物意外排放	不适用
3.3.4.3	防倒烟功能	不适用
3.3.4.4	无烟道家用采暖器 CO 排放	不适用

表 C.1（续）

GB 16914—2012 条款	基本要求内容	本标准对应条款
3.3.5	能源的合理利用	不适用
3.3.6.1	安装位置及附近表面温升	不适用
3.3.6.2	操作部件表面温升	不适用
3.3.6.3	燃具其他部位表面温升	不适用
3.3.7	食品和生活用水	不适用

附 录 D
（规范性附录）
使用电子元器件的控制装置的特殊要求

D.1 结构和材料

D.1.1 一般要求

D.1.1.1 控制装置电子控制部分(以下简称“电子控制部分”)的结构、材料和设计以及元器件的质量应保证在其使用期限内系统的安全性。

D.1.1.2 在正常的机械、化学、热以及环境条件下的正常使用过程中，当发生操作失误时，应保证其安全性。

D.1.1.3 电子控制部分的结构设计应确保当电子元器件在制造商声明的最不利情况下其运行的安全性。

D.1.2 防护等级

D.1.2.1 当电子控制部分内置于燃具时，由燃具提供防护。

D.1.2.2 当电子控制部分未内置于燃具且用于户内时，外壳提供的防护等级不应低于 GB 4208 规定的 IP40。

D.1.2.3 当电子控制部分用于室外裸露的大气环境中时，外壳提供的防护等级不应低于 GB 4208 规定的 IP54。

D.1.3 电子元器件

D.1.3.1 电子元器件的设计应保证在其可能出现的最不利条件下正常运行，且其功能应与制造商的声明相一致。

D.1.3.2 传感元件在其使用期限内应可靠，并应符合专用控制装置标准和制造商的声明。

D.1.4 重置装置

如设有重置装置，重置装置应符合专用控制装置标准的规定，且如被乱动或误操作时，控制装置不应有不安全的情况发生。

D.1.5 内部故障保护的电路结构

D.1.5.1 A 类电子控制部分的电路结构

A 类电子控制部分无内部故障保护的电路结构要求。

D.1.5.2 B 类电子控制部分的电路结构

B 类电子控制部分的电路结构至少应符合下列结构之一：

a） 带有功能检测的单通道结构；

b） 带有周期自检的单通道结构；

c） 无比较的双通道结构。

D.1.5.3 C类电子控制部分的电路结构

C类电子控制部分的电路结构至少应符合下列结构之一：

a) 带有周期自检和监测的单通道结构；

b) 带有比较的双通道结构(同一的)；

c) 带有比较的双通道结构(不同的)。

双通道结构之间的比较可以通过下列方式实现：

——通过使用比较器；

——通过相互比较。

D.2 要求

D.2.1 功能要求

电子控制部分分别在(20±5)℃、0℃(或制造商声明的最低温度)、60℃(或制造商声明的最高温度)下，按D.3.1的规定进行相关安全功能试验，试验结果应符合专用控制装置标准的规定。

D.2.2 耐久性

D.2.2.1 一般要求

D.2.2.1.1 电子控制部分的所有部件应能承受D.3.2的试验，如果控制功能系统为器具的组成部分，可结合器具一同进行连续运行性能试验，但不应在同一样品上进行D.3.2.1和D.3.2.2试验。

D.2.2.1.2 如控制装置未有明确的操作周期，则连续运行性能试验应按规定的最短时间进行。

D.2.2.2 耐应力要求

D.2.2.2.1 耐热应力

D.2.2.2.1.1 在正常使用条件下，电子控制部分的电子元器件应能适应在最高温度和最低温度之间的循环变化。

注：温度变化可能是因为环境温度变化、安装表面温度变化、电源电压变化、或从一种运行状态转到另一种非运行状态、或从一种非运行状态转到另一种运行状态的变化产生。

D.2.2.2.1.2 在D.3.2.1.1规定的条件下运行14 d，然后在额定电压下重复进行D.3.1.1.1 a)的试验。

D.2.2.2.1.3 试验结果应符合专用控制装置标准的规定。

D.2.2.2.2 耐振动

D.2.2.2.2.1 如果制造商声明产品有耐振性能，则应按D.3.2.1.2的规定进行耐振动试验。

D.2.2.2.2.2 试验完成后，目视检验试验样品应无机械损坏，并应符合D.1和专用控制装置标准的规定。

D.2.2.2.2.3 然后在额定电压下重复进行D.3.1.1.1 a)的试验，试验结果应符合专用控制装置标准的规定。

D.2.2.3 连续运行性能(由制造商负责测试)

D.2.2.3.1 在制造商声明的负载下，电子控制部分按D.3.2.2规定的试验方法进行连续运行性能试验，试验结果应无故障发生。

D.2.2.3.2 对于运行周期不确定的部件，选择最短运行周期进行连续运行性能试验。

D.2.2.3.3 试验完成后，试验样品应符合专用控制装置标准规定，若无专用控制装置标准，则应符合 GB 14536.1—2008 中 13.2.2～13.2.4 的规定。

D.2.3 内部故障保护要求

D.2.3.1 一般要求

D.2.3.1.1 内部故障的影响通过模拟和/或检查电路设计来进行评定。

D.2.3.1.2 故障应包括在控制程序顺序中的任何一个阶段中可能发生的故障。

D.2.3.1.3 按 D.2.4 的规定进行检查。

D.2.3.2 内部故障保护

具有内部故障保护功能的电子控制部分应按以下安全等级要求进行内部故障保护试验：

a) B 类电子控制部分

在单个独立故障条件下应具有自我保护功能，按 D.3.3.1 的试验方法进行试验，不考虑第二故障。

b) C 类电子控制部分

在第一和第二故障条件下应具有自我保护功能，按 D.3.3.2 的试验方法进行试验，不考虑第三故障。

D.2.4 电路和结构设计检查

D.2.4.1 一般要求

电子控制部分的电子控制版按 D.3.4 的规定进行试验，试验结果应符合以下规定：

a) 控制装置运行至稳定状态或者运行 1 h(两者取较短时间)，电子控制板不应放射火苗、热金属或热塑性，不应点燃薄绵纸，不应因释放易燃性气体而引起爆炸，产生的火苗不应在切断火花发生器后继续燃烧超过 10 s；
b) 当控制装置与其他器具组合试验时，应考虑到器具所带所有附件不应受到影响；
c) 若控制装置保持运作，其应符合 E.2 和 E.6 的规定；
d) 若控制装置停止运作，其应符合 E.2 的规定；
e) 按 E.7 的规定，试验完成后，电子控制部分的各部件不应出现将导致错误的任何破坏。

D.2.4.2 检查要求

D.2.4.2.1 B 类电子控制部分

D.2.4.2.1.1 B 类电子控制部分的功能应设计为在出现第一故障情况下能处于定义状态。

D.2.4.2.1.2 与安全有关的软件应符合 GB 14536.1 中 B 类软件规定。

D.2.4.2.1.3 依据 D.2.4.3、D.2.4.4 和 D.3.3.1 的规定进行检查。

D.2.4.2.2 C 类电子控制部分

D.2.4.2.2.1 C 类电子控制部分的功能应设计为在出现第一和第二故障情况下能处于定义状态。

D.2.4.2.2.2 与安全有关的软件应符合 GB 14536.1 中 C 类软件的规定。

D.2.4.2.2.3 依据 D.2.4.3、D.2.4.4 和 D.3.3.2 的规定进行检查。

D.2.4.3 检查方法

D.2.4.3.1 以元件故障模拟试验对电子控制部分进行全面检查，以确定其在特定故障状态下的性能安全。

D.2.4.3.2 应按 D.1.5 规定的 B 类和 C 类电子控制部分进行电路结构内部故障检查。

D.2.4.4 检查文档

制造商提供的检查文档至少应包括以下内容，这些文档协助检测机构以故障模式和效果分析进行试验和检查：

a) 描述系统基本原理、控制流程、数据流程和安全时间的详细说明；

b) 系统硬件相关的安全原理和安全功能等级，以及检查安全功能的设计资料，包括硬件的结构设计、系统设计、操作规程等；

c) 与安全相关的数据和与安全相关的软件信息，包括软件的结构设计、系统设计等；

d) 文件各部分之间应有一个清楚的相互关系，例如各过程的相互连接，硬件和软件文件中所有标记之间的关系；

e) 制造商的测试计划和相关的测试文档；

f) 硬件故障分析说明，包括所有重要元件特有的故障模式和这些故障对其他元件和系统运行有影响的检查文档。

D.3 试验

D.3.1 功能试验

D.3.1.1 常温下

D.3.1.1.1 根据制造商的说明，在 7.1 和以下规定的电压条件下，分别按专用控制装置标准的规定完成功能试验：

a) 在制造商声明的额定电压下，如果电压是一个范围，分别在最低电压与最高电压下进行试验；

b) 在声明电压的 85％或最低电压(取最低值)；

c) 在声明电压的 110％或最高电压(取最高值)。

D.3.1.1.2 试验结果应符合专用控制装置标准的规定。

D.3.1.2 低温下

在 0 ℃或制造商声明的最低环境温度(取较低值)的条件下，重复进行 D.3.1.1 试验，试验结果应符合专用控制装置标准的规定。

D.3.1.3 高温下

在 60℃或制造商声明的最高环境温度(取较高值)的条件下，重复进行 D.3.1.1 试验，试验结果应符合专用控制装置标准的规定。

D.3.2 耐久性试验

D.3.2.1 耐应力试验

D.3.2.1.1 耐热应力试验

D.3.2.1.1.1 对输出端施加制造商声明的负载和额定功率，并按以下规定进行热应力试验：

a) 在下列条件下连续运行 14 d：

——在电气条件下：按制造商声明的额定值加上负载，然后将电压增加至制造商声明电压的

110%或最高电压(取最高值),在每 24 h 的试验周期内,将电压降低至制造商声明电压的 90%或最低电压(取最低值),并在此电压下持续 30 min。电压变化不应与温度变化同步。在每 24 h 的试验周期中至少应包括 1 个 30 s 的电源电压中断时间。

——在温度条件下:环境温度在制造商声明的最高环境温度或 60 ℃(取较高值)和最低环境温度或 0 ℃(取较低值)范围内变化,电子元器件的工作温度在这两个极限温度之间循环。环境温度的变化速率应为 1 ℃/min,在极限温度点维持约 1 h。试验过程中应避免发生冷凝。

——在循环速率下:控制装置按正常操作模式(待机、启动、运行)进行循环,且操作一遍为一次循环,循环速率不超过 6 次/min,总共运行 45 000 次。

b) 在制造商声明的最高环境温度或 60 ℃(取较高值),以及制造商声明电压的 110%或最高电压(取最高值)条件下,按正常操作模式(待机、启动、运行)进行循环,且操作一遍为一次循环,循环操作 2 500 次,并至少应持续 24 h。

c) 在制造商声明的最低环境温度或 0℃(取较低值),以及制造商声明电压的 85%或最低电压(取最低值)条件下,按正常操作模式(待机、启动、运行)进行循环,且操作一遍为一次循环,循环操作 2 500 次,并至少应持续 24 h。

d) 如果与安全相关的功能是通过传感元件或开关来实现安全动作,则应在环境温度和额定电压条件下,通过模拟传感器或开关来启动此类安全动作,每个与安全相关的功能应单独进行 5 000次动作试验或按我国现行专用控制装置标准中规定的次数进行试验。

D.3.2.1.1.2 在进行 D.3.2.1.1.1 中 a)、b)、c)和 d)试验时,按正常操作模式(待机、启动、运行)进行循环,控制装置保持在运行状态的时间和重复循环前控制回路的中断时间应由制造商和测试机构协商决定。

注:通过制造商和测试机构的协商,尽量选择使用所有安全相关时间中最短的时间进行测试,以避免不必要的延长热应力测试时间。

D.3.2.1.1.3 耐热应力试验完成后,在额定电压下重复进行 D.3.1 试验,控制装置应能正常工作,并应满足专用控制装置标准的规定。

D.3.2.1.2 耐振动试验

若制造商对耐振动性有特别规定,则应按如下规定进行正弦振动试验:

a) 试验目的为检验控制装置承受长期不同级别振动效应的能力,具体级别由制造商声明。

b) 将控制装置安装在振动设备上。

c) 按 GB/T 2423.10 的规定进行试验。

d) 测试级别条件应至少达到以下规定:

——加速度幅值:1.0 g_n 或更高,若制造商声明了更高值(取较高值);

——频率范围:10 Hz~150 Hz;

——扫描频率:1 倍频程/min;

——扫频循环数:10;

——轴数量:3,相互垂直。

e) 振动结束后进行目测,不应出现任何机械损伤,且控制装置应满足专用控制装置标准中规定的结构要求。

f) 然后在额定电压条件下重复 D.3.1 试验。

D.3.2.2 连续运行性能试验(由制造商负责测试)

D.3.2.2.1 对输出端施加制造商声明的负载和额定功率,控制装置按正常操作模式(待机、启动、运行)

至少应进行 250 000 次循环，并按以下规定进行连续运行性能试验：

a） 在声明的额定电压和环境温度下运行 225 000 次；

b） 在声明的最高环境温度或 60 ℃（取较高值）和声明的额定电压的 110%（最高值）下运行 12 500次；

c） 在声明的最低环境温度或 0 ℃（取较低值）和声明的额定电压的 85%（最低值）下运行 12 500次。

D.3.2.2.2 连续运行性能试验完成后，在额定电压条件下重复进行 D.3.1 的试验，控制装置应能正常工作，试验结果应符合 D.2.1 的规定。

D.3.3 内部故障保护试验

D.3.3.1 B 类电子控制部分的内部故障保护

D.3.3.1.1 第一故障试验

按 GB 14536.1—2008 中表 H.27.1 的规定导入故障进行试验。任何一个元件发生的第一故障，或由第一故障引发的任何其他故障，应进入以下的 4 种状态之一：

a） 控制装置不能运行，所有与安全相关的输出端断电或切换到定义状态；

b） 控制装置在故障反应时间内执行安全关闭或进入锁定状态。如果从该锁定状态重启，控制装置仍存在相同的故障情况下重新回到锁定状态；

c） 控制装置继续运行，但重启时能检测到故障，并进入 a）或 b）的状态；

d） 控制装置正常运行，各功能安全应符合专用控制装置标准的规定。

注 1：第一故障直接引起其他故障的发生，这些故障被认为是第一故障。

注 2：故障可以发生在操作和程序运行的任意阶段。

注 3：在最不利的条件下进行检验。

注 4：安全相关的输出端，指的是能够执行安全关闭或锁定的控制输出端，比如燃气阀驱动电路。

D.3.3.1.2 锁定或安全关闭期间的故障试验

在无内部故障条件下，使控制装置处于安全关闭或锁定状态，按 GB 14536.1—2008 中表 H.27.1 的规定导入内部故障进行试验。任何一个元件发生的第一故障，或由第一故障引发的任何其他故障，应进入以下的 4 种状态之一：

a） 控制装置保持在安全关闭或锁定状态，所有与安全相关的输出端保持断电状态；

b） 控制装置不能运行，所有与安全相关的输出端断电；

c） 控制装置重新启动运行，再进入 a）或 b）的状态，在此期间与安全相关的输出端的通电时间应不超过故障反应时间；

d） 如取消原来的引起安全关闭或锁定状态的原因，控制装置重新启动运行，各功能安全应符合专用控制装置标准的规定。

D.3.3.2 C 类电子控制部分的内部故障保护

D.3.3.2.1 第一故障试验

按 GB 14536.1—2008 中表 H.27.1 的规定导入故障进行试验。任何一个元件发生的第一故障，或由第一故障引发的任何其他故障，应符合 D.3.3.1.1 的规定。

D.3.3.2.2 第二故障试验

如果第一故障试验时控制装置为 D.3.3.1.1 条中 d）的状态，按 GB 14536.1—2008 中表 H.27.1 的规定再导入第二故障进行试验,通常第二故障是与第一故障有关的任何其他独立故障。试验时,在第一故障已导入,且控制装置已经启动运行的情况下导入第二故障,第二故障试验时控制装置应进入D.3.3.1.1中 a)、b)、c)或 d)的 4 种状态之一。

D.3.3.2.3 锁定或安全关闭期间的故障试验

D.3.3.2.3.1 锁定或安全关闭期间引入的第一故障

在无内部故障条件下,使控制装置处于安全关闭或锁定状态,按 GB 14536.1—2008 中表 H.27.1 的规定导入内部故障进行试验。任何一个元件发生的第一故障,或由第一故障引发的任何其他故障,应符合 D.3.3.1.2 的规定。

D.3.3.2.3.2 锁定或安全关闭期间引入的第二故障

如果第一故障试验时控制装置为 D.3.3.1.2 中 d)的状态,使控制装置再次进入安全关闭或锁定状态后,按 GB 14536.1—2008 中表 H.27.1 的规定导入第二故障,第二故障试验时控制装置仍应进入D.3.3.1.1中 a)、b)、c)或 d)的 4 种状态之一。

D.3.4 电路和结构设计检查试验

电子控制部分应按以下步骤进行电路和结构设计检查试验:

a) 在室温 (20 ± 5)℃下,于密闭透明的装置内,将控制装置放置在最不利位置;
b) 在额定电压的 85%～110%范围内的最不利电压下,施加制造商声明的最不利负载;
c) 除非有重要原因需在制造商声明的范围内的其他温度进行试验;
d) 如果电子控制板有支撑面,应在其支承面下垫薄绵纸;

注:薄绵纸,一般为绢纸,有些用高级包装纸代替。

e) 在易于释放易燃性气体的部件上附加长度约为 3 mm 的火花和不小于 0.5 J 的能量;试验结果应符合 D.2.4.1 的规定。

附 录 E
(规范性附录)
电气安全

E.1 防护等级

控制装置应按照 GB 4208 的规定标明外壳防护等级。

E.2 防触电保护

E.2.1 控制装置的结构应有足够的保护,避免意外接触带电部件,且在易拆除的部件被拆除后,控制装置应保证能够防止人与正常使用中可能处于不利位置的危险的带电部件发生意外接触,并应保证不发生意外触电的危险。

E.2.2 对于Ⅱ类控制装置和Ⅱ类设备用的控制装置,上述规定也适用于仅用基本绝缘与危险的带电部件隔离的金属部件的意外接触。

E.2.3 不应依靠清漆、瓷漆、纸、棉花、金属部件的氧化膜、垫圈和密封胶(自固性密封胶除外)的绝缘性,来防止与危险带电部件的意外接触。

E.2.4 对于那些正常使用时接在燃气管道或者供水管道上的Ⅱ类控制装置,或Ⅱ类设备用的控制装置,任何金属部件与燃气管有导体性连接或与供水系统有任何电气接触时,都应采用双重绝缘或加强绝缘与危险的带电部件分离。

E.2.5 通过观察和 GB 14536.1—2008 中 8.1.9 试验来检查是否符合上述规定。

E.3 结构要求

E.3.1 材料

E.3.1.1 浸渍过的绝缘材料

木材、棉布、丝绸、普通纸和类似的纤维或吸水材料,如果未经浸渍过,不能用作绝缘材料,且通过观察检查是否合格。

注:如果材料的纤维间的空隙基本上充满了适当的绝缘物质,则被认为是浸渍过的绝缘材料。

E.3.1.2 载流部件

如果用黄铜作载流部件而不是端子的螺纹部件时,该部件是铸造件或由棒料制成的,则其含铜量至少应为 50%;如果由滚轧板制成,则含铜量至少应为 58%,通过观察和材料分析检查是否合格。

E.3.1.3 不易拆软线

Ⅰ类控制装置上的不易拆电源软线应有一根为绿/黄双色绝缘导线,该导线用于连接控制装置的接地端子或端头,且不应连接非接地端子或端头,通过观察检查是否符合规定。

E.3.2 防触电保护

E.3.2.1 双重绝缘

E.3.2.1.1 当采用双重绝缘时，应设计成基本绝缘和附加绝缘并分别试验，用其他方式提供的这两种绝缘性能能够证明满足要求时除外。

E.3.2.1.2 如果基本绝缘和附加绝缘不能单独试验或者用其他的方法也不能获得两种绝缘的性能，则该绝缘被认为是加强绝缘，通过观察和试验检查是否符合规定。

注：特殊制备的试样，或者绝缘部件试样，可认为是能够满意地提供两种绝缘性能的方式。

E.3.2.2 双重绝缘或加强绝缘

E.3.2.2.1 Ⅱ类控制装置和Ⅱ类设备用的控制装置，应设计成附加绝缘或加强绝缘的爬电距离和电气间隙不能由于磨损而减少到 GB 14536.1—2008 中第 20 章规定的值以下，其结构还应保证，如果任何导线、螺钉、螺母、垫圈、弹簧、平推接套或类似部件变松或脱离其位置时，也不会造成附加绝缘或加强绝缘爬电距离或电气间隙低于 GB 14536.1—2008 中第 20 章规定值的 50%以下。

E.3.2.2.2 通过观察、测量和/或人工试验检查是否合格，同时检查是否有以下情况并据此判定：

a) 不发生两个独立的紧固件同时变松；

b) 用螺钉或螺母并带有锁定垫圈紧固的部件，如果这些螺钉或螺母在用户保养或维修时不需要取下，则这些部件被认为是不易变松的；

c) 在 GB 14536.1—2008 中第 17 章和第 18 章规定的试验过程中未发生变松或脱离位置的弹簧和弹性部件被认为是满足要求的；

d) 用锡焊连接的导线，如果导线没有用锡焊之外的另一种措施使其保持在端头上，则看作是未足够固定；

e) 连接到端子上的导线，除非在端子附近另有附加固定部件，否则认为是不足够牢固；对于绞合线，作为附加紧固件应夹紧导线，并夹紧其绝缘部件；

f) 短实心导线，当任一端子螺钉或螺母松动时仍保持在位，则被认为是不易脱离端子的。

E.3.2.3 整装导线

E.3.2.3.1 整装导线的刚性、固定或绝缘应保证在正常使用中其爬电距离和电气间隙不会减小到 GB 14536.1—2008 中第 20 章规定的值以下，若有绝缘，在安装和使用过程中绝缘不应损坏。

E.3.2.3.2 通过观察、测量和人工试验来检查是否符合规定。

注：如果导线的绝缘至少在电气上不能相当于符合有关国家标准的电缆和软线绝缘，或不符合 GB 14536.1—2008 中第 13 章规定条件下的导线与绝缘周围包着的金属箔之间的电气强度试验，则认为这种导线是裸线。

E.3.2.4 软线护套

在控制装置的内部，软缆或软线的护套(护罩)在不经受过分的机械应力或热应力，且其绝缘性能不低于 GB/T 5013.1 或 GB/T 5023.1 中的规定时才可用作附加绝缘，通过观察检查是否合格，必要时按 GB/T 5013.1 或 GB/T 5023.1 的护套试验检查。

E.3.3 导线入口

E.3.3.1 外部软线入口的设计和形状应保证或提供入口护套使得软线在引入时没有损坏其外皮的危险，且通过观察检查是否合格。

E.3.3.2 如没有入口护套，则入口应为绝缘材料。

E.3.3.3 如有入口护套，则护套应为绝缘材料，并应符合以下规定：

a） 其形状不会损坏软线；

b） 应可靠固定；

c） 唯借助工具方能将其拆下；

d） 如使用 X 型接法，则不应与软线形成一体。

E.3.3.4 一般情况下，入口护套不应为橡胶材料，但对于Ⅰ类控制装置的 M 型、Y 型和 Z 型接法，如果入口护套是与橡胶的软线外皮结合为一体的，则入口护套允许为橡胶材料。

E.3.3.5 通过观察和人工试验，检查是否符合上述规定。

E.4 接地保护措施

E.4.1 Ⅰ类控制装置，在绝缘失效时有可能带电的易触及金属部件，除了起动元件，应有接地措施，且接地端子、接地端头和接地触头不应与任何中性端子进行电气连接，通过观察来检查是否符合规定。

E.4.2 接地端子、接地端头或接地触头与需要同其连接的部件之间的连接应是低电阻的，通过 GB 14536.1—2008 中 9.3.1 的规定来检查是否合格，并应符合 GB 14536.1—2008 中 9.3.2～9.3.6 的规定。

E.4.3 接地端子的所有部件，应能耐受因与铜接地导线或任何其他金属的接触而引起的腐蚀。

E.5 端子和端头

E.5.1 外接铜导线的端子和端头应符合 GB 14536.1—2008 中 10.1 的规定。

E.5.2 连接内部导线的端子和端头应符合 GB 14536.1—2008 中 10.2.1～10.2.3 的规定。

E.6 电气强度和绝缘电阻

E.6.1 绝缘电阻

控制装置应有足够的绝缘电阻，并应通过 GB 14536.1—2008 中 13.1.2～13.1.4 规定的试验检查是否合格。

E.6.2 电气强度

控制装置应有足够的电气强度，并应通过 GB 14536.1—2008 中 13.2.2～13.2.4 规定的试验检查是否合格。

E.7 爬电距离、电气间隙和固体绝缘

E.7.1 一般要求

控制装置的结构应能保证其爬电距离、电气间隙和穿通固体绝缘的距离足以承受预期的电气应力，通过 E.7.2～E.7.4 来检查是否合格。

E.7.2 电气间隙

控制装置应符合 GB 14536.1—2008 中 20.1 的规定。

E.7.3 爬电距离

控制装置应符合 GB 14536.1—2008 中 20.2 的规定。

E.7.4 固体绝缘

固体绝缘应能够可靠地承受在设备的预期使用寿命中可能会出现的电气和机械应力以及热冲击和环境条件影响，且控制装置应符合 GB 14536.1—2008 中 20.3 的规定。

E.8 发热

E.8.1 控制装置在正常使用中不应出现过高的温度。通过 GB 14536.1—2008 中 14.2～14.7 来检查是否符合规定。

E.8.2 试验期间，温度不应超过 GB 14536.1—2008 中表 14.1 的规定，且控制装置不应出现影响符合 E.2、E.6 和 E.8 规定的任何变化。

E.9 开关

开关应符合 GB 15092.1 的规定。

附 录 F
（规范性附录）
电磁兼容安全性(EMC)

F.1 评定准则

F.1.1 评定准则Ⅰ

按F.2～F.10的规定进行严酷等级测试时，控制装置应符合专用控制装置标准中功能要求的相关规定。

F.1.2 评定准则Ⅱ

按F.2～F.10的规定进行严酷等级测试时，控制装置应符合专用控制装置标准规定的定义状态。

F.2 电源电压低于额定电压的85%

F.2.1 使用GB/T 17626.11规定的试验仪器和试验条件，供给控制装置额定电压，并按表F.1规定的供电电压波动时间进行试验，试验过程中应符合以下规定：

a) 控制装置运行约1 min后，降低电源电压至控制装置停止工作，记录此时的电压值。

b) 确保在任何电压下存在与电源电压无关的传感器和安全开关信号，为了防止与安全相关的输出端断电，这些信号可以采用模拟信号。

表F.1 短时供电电压波动的时间

电压测试等级	电压下降的时间/s	电压下降后的维持时间/s	电压上升的时间/s
记录电压－10%	60±12	10±2	60±12
0 V	60±12	10±2	60±12

F.2.2 试验结果应符合以下规定：

a) 电源电压从额定电压降低到记录电压的过程中，控制装置应符合F.1.1的规定。

b) 电源电压低于记录的电压时，以及电源电压从0 V逐渐上升直到控制装置启动前，控制装置应符合F.1.2的规定。

F.3 电压暂降、短时中断和电压变化的抗扰度

F.3.1 使用GB/T 17626.11规定的试验仪器，并按表F.2规定的幅度和持续时间供给控制装置电压，可按需要选择，取持续时间以及更长持续时间，并在专用控制装置标准规定的试验条件下进行试验，按表F.2的规定中断或降落电源电压至少3次，每次中断或降落的时间间隔至少为10 s。

表 F.2 电压暂降和短时中断

持续时间(周期)	额定电压或额定电压范围平均值		
	暂降 30%	暂降 60%	暂降 100%(中断)
0.5	—	√	—
1	√	√	—
2.5	√	—	—
25	√	—	—
50	√	—	—

F.3.2 试验结果应符合以下规定：

a) 对中断时间不大于一个周期，控制装置应符合 F.1.1 的规定。

b) 对中断或降落时间大于一个周期，控制装置应符合 F.1.2 的规定。

F.4 工频频率变化抗扰度

具体试验应符合以下规定：

a) 采用符合 GB/T 17626.8 规定的试验条件和试验仪器；

b) 在采用与电源频率同步或进行比较时钟的控制装置上进行试验；

c) 供给控制装置额定电压，电源频率变化为额定电源频率的+2%～−2%，控制装置应按照可能发生的操作顺序操作 3 次；

d) 测试期间控制装置应符合 F.1.1 的规定；

e) 控制程序中与安全有关的时间变化(如果适用)不应超过电源频率变化的百分数；

f) 在额定电源频率变化+5%～−5%的情况下重复测试，试验结果应符合 F.1.2 的规定。

F.5 浪涌(冲击)抗扰度

F.5.1 按 GB/T 17626.5 规定的试验仪器和试验顺序与表 F.3 规定的严酷等级，供给控制装置额定电压，并在专用控制装置标准规定的试验条件下进行试验，按 GB/T 17626.5 的规定在正、负两极和每个角发出 5 个脉冲。

表 F.3 浪涌测试级别(开路测试电压)

—	直流或交流电源端口/kV		没有连接到直流电源端口和过程测量与控制线[a](传感器和驱动器)互联端口/kV	
安装情形	安装等级 3	安装等级 3	电源线及互联电缆良好隔离，短期运行[b]	电源线及互联电缆平行运行[c]
耦合模式				
严酷等级	线对线	线对地	线对地	线对地
2	0.5	1.0	0.5	1.0
3	1.0	2.0	1.0	2.0

表 F.3（续）

—	直流或交流电源端口/kV		没有连接到直流电源端口和过程测量与控制线[a]（传感器和驱动器）互联端口/kV	
安装情形	安装等级 3	安装等级 3	电源线及互联电缆良好隔离，短期运行[b]	电源线及互联电缆平行运行[c]
耦合模式				
严酷等级	线对线	线对地	线对地	线对地
4	—	4.0	—	—
[a] 若制造商声明电缆长度不应超过 10 m，则将不再针对直流电源端口及互联电缆进行测试； [b] 安装等级 2 应符合 GB/T 17626.5 的规定； [c] 安装等级 3 应符合 GB/T 17626.5 的规定。				

F.5.2 试验结果应符合以下规定：

a) 按严酷等级 2 试验时，控制装置应符合 F.1.1 的规定。

b) 按严酷等级 3 和等级 4 试验时，控制装置应符合 F.1.2 的规定。

F.5.3 如采用浪涌保护器，则浪涌保护器应符合 GB 18802.1 的规定，并应能承受安装等级 3 产生的脉冲。

F.5.4 对于配有火花间隙浪涌保护器的控制装置，在进行严酷等级 3 和等级 4 的测试时，应在开路电压 95%条件下作补充测试。

F.6 电快速瞬变脉冲群抗扰度

F.6.1 按 GB/T 17626.4 规定的试验条件、试验仪器和试验顺序和表 F.4 规定的严酷等级，供给控制装置额定电压，并在专用控制装置标准规定的试验条件下进行试验。

表 F.4 电气快速瞬变/脉冲群测试等级

严酷等级	供电电源端口，保护接地		在输入/输出信号、数据和控制端口[a]	
	电压峰值/kV	重复频率/kHz	电压峰值/kV	重复频率/kHz
2	1.0	5	0.5	5
3	2.0	5	1.0	5
4	4.0	5	—	—
[a] 如制造商声明连接电缆长度不超过 3 m，则可不进行连接电缆的测试。				

F.6.2 试验结果应符合以下规定：

a) 按严酷等级 2 试验时，控制装置应符合 F.1.1 的规定。

b) 按严酷等级 3 试验时，控制装置应符合 F.1.2 的规定。

F.7 射频场感应的传导骚扰抗扰度

F.7.1 按 GB/T 17626.6 规定的试验条件、试验仪器和试验顺序和表 F.5 规定的严酷等级，供给控制装置额定电压，并在专用控制装置标准规定的试验条件下进行试验，以规定的扫描频率对控制装置进行

1 次全频率范围的扫描。

F.7.2 全频率范围扫频期间，每个频率停止时间不应小于控制装置被运用和能响应所需的时间，且敏感的频率或主要影响的频率可以单独进行分析。

表 F.5 在电源线和输入/输出线上传导抗扰度测试电压

严酷等级	电压等级[a] (emf) U_0	
	频率范围(150 kHz～80 MHz)	ISM 和 CB 频段[b]
2	3	6
3	10	20

[a] 如制造商声明连接电缆长度不超过 1 m，则可不进行连接电缆测试；

[b] ISM：工业、科研和医疗无线电设备(13.56±0.007)MHz，(40.68±0.02)MHz；

CB：民用频段，(27.125±1.5)MHz。

F.7.3 试验结果应符合以下规定：

a) 按严酷等级 2 试验时，控制装置应符合 F.1.1 的规定。

b) 按严酷等级 3 试验时，控制装置应符合 F.1.2 的规定。

F.8 射频电磁场辐射抗扰度

F.8.1 按 GB/T 17626.3 规定的试验条件、试验仪器和试验顺序和表 F.6 规定的严酷等级，供给控制装置额定电压，并在专用控制装置标准规定的试验条件下进行试验，以规定的扫描频率对控制装置进行 1 次全频率范围的扫描。

F.8.2 全频率范围扫频期间，每个频率停止时间不应小于控制装置被运用和能响应所需的时间，且敏感的频率或主要影响的频率可以单独进行分析。

表 F.6 辐射场抗扰度测试电压

严酷等级	场 强/(V/m)	
	频率范围(80 MHz～1 000 MHz，1.7 GHz～2.0 GHz)	ISM 和 GSM 频段[a]
2	3	6
3	10	20

[a] ISM：工业、科研和医疗无线电设备，(433.92±0.87)MHz；

GSM：移动通信，(900±5.0)MHz。

F.8.3 试验结果应符合以下要求：

a) 按严酷等级 2 试验时，控制装置应符合 F.1.1 的规定。

b) 按严酷等级 3 试验时，控制装置应符合 F.1.2 的规定。

F.9 静电放电抗扰度

F.9.1 按 GB/T 17626.2 规定的试验条件、试验仪器和试验顺序与表 F.7 规定的严酷等级，供给控制装置额定电压，并在专用控制装置标准规定的试验条件下进行试验。

F.9.2 本试验适用于本身具有外壳保护的控制装置，如果控制装置本身没有外壳保护，应在制造商声明的接触点进行测试,静电放电测试点按 GB/T 17626.2 的规定进行选择。

表 F.7 静电放电试验电压

严酷等级	接触放电/kV	空气放电/kV
2	4	4
3	6	8
4	8	15

F.9.3 试验结果应符合以下规定:

a) 按严酷等级 2 试验时,控制装置应符合 F.1.1 的规定。

b) 按严酷等级 3 和等级 4 试验时,控制装置应符合 F.1.2 的规定。

F.10 工频磁场抗扰度

F.10.1 如控制装置可能受到工频磁场的干扰,应进行该试验。

F.10.2 按 GB/T 17626.8 规定的试验条件、试验仪器和试验顺序与表 F.8 规定的严酷等级,供给控制装置额定电压,并在专用控制装置标准规定的试验条件下进行试验。

表 F.8 连续磁场的试验等级

严酷等级	连续场强/(A/m)
2	3
3	10

F.10.3 试验结果应符合以下规定:

a) 按严酷等级 2 试验时,控制装置应符合 F.1.1 的规定。

b) 按严酷等级 3 试验时,控制装置应符合 F.1.2 的规定。

附 录 G
（资料性附录）
气密性试验——容积法

G.1 装置

所用装置和装置调整应符合以下规定：

a) 所用装置见图 G.1 所示；

b) 装置和手动旋塞阀 1～5 用玻璃制成，每个装有一根弹簧；

c) 所用液体为水；

d) 调整恒定的水准瓶的水平面和管 G 顶端之间的距离 l，使水柱高度与测试压力一致，调整时应将管中的气泡驱赶干净；

e) 装置应安装在恒温室内。

G.2 试验步骤

当选用本试验方法，应按以下步骤进行：

a) 打开旋塞阀 1 和 N，关闭旋塞阀 2～5 以及出口旋塞阀 L；

b) C 水槽充满水，然后打开旋塞阀 2 使水充满水准瓶 D，当恒定的水准瓶 D 溢流流入溢流瓶 E 时，关闭旋塞阀 2；

c) 打开旋塞阀 5，调节 H 中水平面到零位再关闭旋塞阀 5；

d) 打开旋塞阀 1 和 4，由调节器 F 将旋塞阀 4 进口处的压缩空气压力从大气压力调节到测试压力；

e) 关闭旋塞阀 4 并把测试件 B 连接到装置；

f) 如果必要，打开旋塞阀 3 和 4，通过操作旋塞阀 L 和 2，用 G 管顶部水平面重新调节 1 处压力；

g) 当测量管 H 和测试件已经确定了 1 处的压力时，关闭旋塞阀 1；

h) 为使试验装置中空气和测试件达到热平衡，测试前应有 15 min 平衡时间；

i) 通过从管 G 溢流水流进测量管 H 来显示泄漏量，并通过在 5 min 时间内 H 中水平面的上升高度折算小时泄漏量；

j) 关闭旋塞阀 3 和 4，拆卸测试件；

k) 打开旋塞阀 1 和 4，降低调节器出口压力到零。

单位为毫米

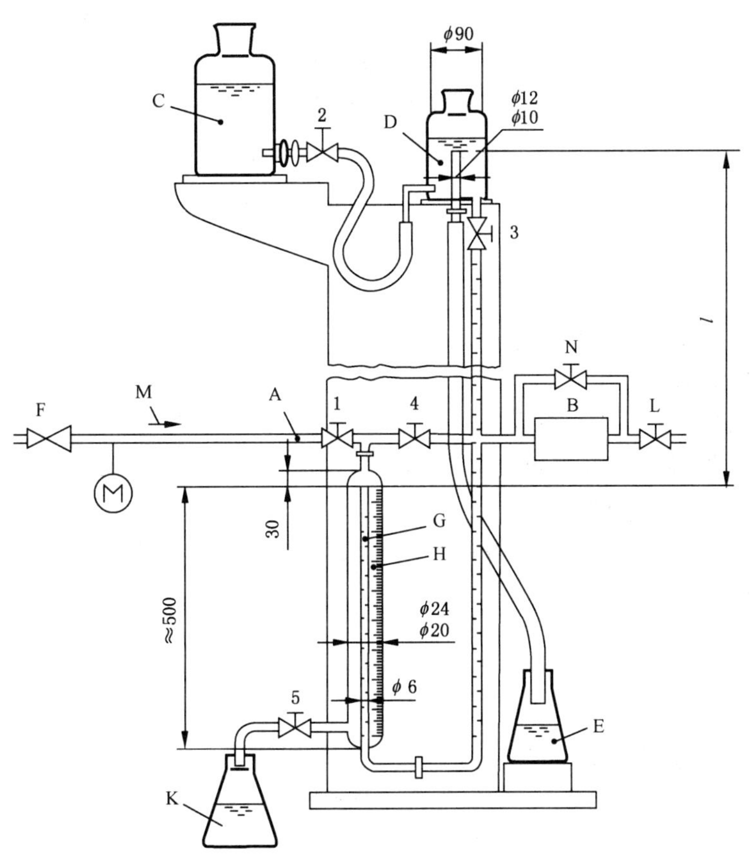

说明：

A ——进口；

B ——测试件；

C ——水槽；

D ——水准瓶；

E ——溢流瓶；

F ——调节器；

G ——管；

H ——测量量管；

K ——排液瓶；

L ——出口旋塞阀；

M ——压缩空气流量；

1～5,N ——手动旋塞阀。

图 G.1 气密性试验装置——容积法

附 录 H
(资料性附录)
气密性试验——压降法

H.1 装置

所用装置和装置链接应符合以下规定:

a) 所用装置见图 H.1;

b) 装置由热绝缘压力容器 B 组成;

c) 所用液体为水,水上空气容积为 1 dm^3,连接一根内径为 5 mm 的测量压力降的玻璃管 A,上端开口,底端插入 B 的水中;

d) 施加试验压力的管 C 插入压力容器 A 的空气空间内,通过一根长 1 m、内径为 5 mm 的软管 D 与测试件连接。

H.2 试验步骤

当选用本试验方法,应按以下步骤进行:

a) 用调压器通过三通旋塞阀 3 将空气压力调节到试验压力(测量玻璃管 A 中水柱增高值即相当于试验压力);

b) 打开三通旋塞阀 3,使测试件通过 D 与 B 连接相通;

c) 为使试验装置中空气和测试件达到热平衡,测试前应有 15 min 平衡时间;

d) 从测量玻璃管 A 上读取压降;

e) 以 5 min 为周期测量压力差,泄漏量以 1 h 为基础;

f) 将 e)测得的压降用式(H.1)换算成泄漏量:

$$q_L = 11.85 \times 10^{-2} V_g (p'_{abs} - p''_{abs}) \qquad \cdots\cdots\cdots\cdots(H.1)$$

式中:

q_L ——泄漏量,单位为毫升每小时(mL/h);

V_g ——测试件和测试装置总体积,单位为毫升(mL);

p'_{abs} ——试验开始时的绝对压力,单位为千帕(kPa);

p''_{abs} ——试验结束时的绝对压力,单位为千帕(kPa)。

单位为毫米

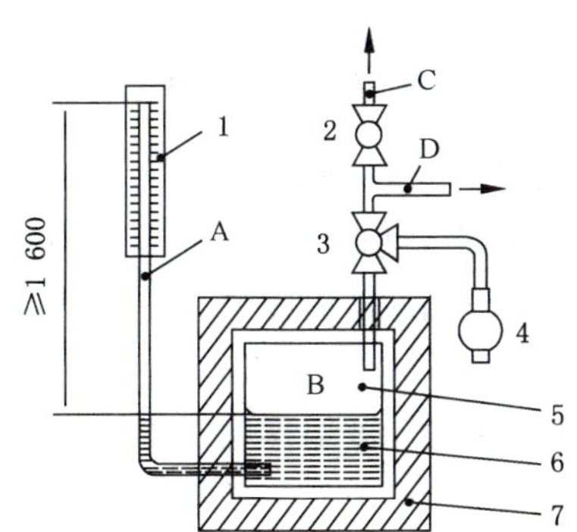

说明：

1 ——标尺；

2 ——旋塞阀；

3 ——三通旋塞阀；

4 ——气泵；

5 ——1 dm^3 气体容积；

6 ——水；

7 ——热绝缘。

A——测量玻璃管；

B——热绝缘压力容器；

C——排气管；

D——与测试件相连的软管。

图 H.1 气密性试验装置——压降法

参 考 文 献

[1] GB/T 1047—2005 管道元件 DN(公称尺寸)的定义和选用

[2] GB/T 9279 色漆和清漆 划痕试验(GB/T 9279—2007,ISO 1518:1992,IDT)

[3] GB/T 20438.1—2006 电气/电子/可编程电子安全相关系统的功能安全 第1部分:一般要求

[4] GB/T 20438.3—2006 电气/电子/可编程电子安全相关系统的功能安全 第3部分:软件要求

[5] GB/T 20438.4—2006 电气/电子/可编程电子安全相关系统的功能安全 第4部分:定义和缩略语

[6] GB/T 20438.5—2006 电气/电子/可编程电子安全相关系统的功能安全 第5部分:确定安全完整性等级的方法示例

[7] BS EN 298:2003 Automatic gas burner control systems for gas burners and gas burning appliances with or without fans

[8] BS EN 549:1995 Rubber materials for seals and diaphragms for gas appliances and gas equipment

[9] BS EN 13611:2007 Safety and control devices for gas burners and gas burning appl-iances—General requirements

[10] BS EN 14459:2007 Control function in electronic systems for gas burners and gas burning appliances—methods for classification and assessment

ICS 75.140
E 43

中华人民共和国国家标准

GB/T 30598—2014

道路与桥梁铺装用环氧沥青材料通用技术条件

General specifications of epoxy asphalt materials for paving roads and bridges

2014-06-09 发布 2014-12-01 实施

中华人民共和国国家质量监督检验检疫总局
中国国家标准化管理委员会 发布

前　言

本标准按照 GB/T 1.1—2009 给出的规则起草。

本标准由全国工程材料标准化工作组(SAC/SWG 3)提出并归口。

本标准起草单位:句容宁武科技开发有限公司、国家工程复合材料产品质量监督检验中心、江苏省产品质量监督检验研究院、江苏省交通规划设计院股份有限公司、东南大学、广东省长大公路工程有限公司。

本标准主要起草人:应军、朱宇宏、姚强、翟洪金、王燕、明图章、胡光伟、陈志明、朱建设、王中文、曾利文、张健康、朱义铭。

道路与桥梁铺装用环氧沥青材料 通用技术条件

1 范围

本标准规定了道路与桥梁铺装用环氧沥青材料的术语和定义、分类与标记、技术要求、试验方法、检验规则、标志、包装、运输及贮存。

本标准适用于道路与桥梁铺装用多组分环氧树脂改性沥青材料产品。

2 规范性引用文件

下列文件对于本文件的应用是必不可少的。凡是注日期的引用文件，仅注日期的版本适用于本文件。凡是不注日期的引用文件，其最新版本(包括所有的修改单)适用于本文件。

GB/T 328.10—2007 建筑防水卷材试验方法 第10部分：沥青和高分子防水卷材 不透水性

GB/T 528—2009 硫化橡胶或热塑性橡胶拉伸应力应变性能的测定(ISO 37:2005,IDT)

GB/T 1034—2008 塑料 吸水性的测定(ISO 62:2008,IDT)

GB/T 1634.2—2004 塑料 负荷变形温度的测定 第2部分：塑料、硬橡胶和长纤维增强复合材料(ISO 75-2:2003,IDT)

GB/T 2941—2006 橡胶物理试验方法试样制备和调节通用程序(ISO 23529:2004,IDT)

GB/T 16777—2008 建筑防水涂料试验方法

JTG E20—2011 公路工程沥青及沥青混合料试验规程

JGJ 55—2011 普通混凝土配合比设计规程

JT/T 535—2004 路桥用水性沥青基防水涂料

3 术语和定义

下列术语和定义适用于本文件。

3.1

环氧沥青材料 epoxy asphalt material

由环氧树脂、沥青及固化剂按一定比例混合，经固化后形成的不可逆的热固性材料。

3.2

环氧沥青结合料 epoxy asphalt binder

在环氧沥青混合料中起结合作用的环氧沥青材料。

3.3

环氧沥青粘结料 epoxy asphalt tack coat

为加强沥青层之间、沥青层与水泥混凝土桥(钢桥)面之间的粘结而洒布的环氧沥青材料。

3.4

环氧沥青混合料 epoxy asphalt mixtures

环氧沥青与集料和矿粉按一定比例拌和而成的混合料。

4 分类与标记

4.1 分类

4.1.1 产品按使用场合分为钢桥面用环氧沥青材料(G)、水泥混凝土桥面用环氧沥青材料(S)和路面用环氧沥青材料(L)。

4.1.2 产品按使用用途分为防水粘结层用环氧沥青材料(FZ)和铺装层混合料用环氧沥青材料(PH)。

注 1：路面用环氧沥青材料的性能参见附录 A。

注 2：路面用环氧沥青铺装层混合料的性能参见附录 B。

4.2 标记

产品按使用场合、使用用途和本标准号顺序标记。

示例：钢桥面防水粘结层用环氧沥青材料标记为：环氧沥青 G FZ GB/T 30598—2014。

5 技术要求

5.1 钢桥面防水粘结层用环氧沥青材料性能

钢桥面防水粘结层用环氧沥青材料的性能应符合表 1 的要求。

表 1 钢桥面防水粘结层用环氧沥青材料性能

项　目	技术指标
拉伸强度/MPa	≥6.0
断裂延伸率/%	≥190
热固性	300 ℃不熔化
吸水率/%	≤0.3
热挠曲温度/℃	≤−10
容留时间/min	≥10
耐柴油性/%	≤5
耐饱和盐水性/%	≤1
不透水性	0.3 MPa，30min 不渗水
钢板间粘结强度/MPa	≥4.5
钢板间剪切强度/MPa	≥3.5
抗硌破性	暴露轮碾试验(0.7 MPa，100 次)后，0.3 MPa 水压下不渗水

5.2 钢桥面铺装层混合料用环氧沥青材料性能

钢桥面铺装层混合料用环氧沥青材料的性能应符合表 2 的要求。

注：钢桥面用环氧沥青铺装层混合料性能参见附录 B。

表 2 钢桥面铺装层混合料用环氧沥青材料性能

项 目	技术指标
拉伸强度/MPa	≥1.5
断裂延伸率/%	≥200
热固性	300 ℃不熔化
吸水率/%	≤0.3
热挠曲温度/℃	≤−12
容留时间/min	≥40
耐柴油性/%	≤5
耐饱和盐水性/%	≤1

5.3 水泥混凝土桥面防水粘结层用环氧沥青材料性能

水泥混凝土桥面防水粘结层用环氧沥青材料的性能应符合表 3 的要求。

表 3 水泥混凝土桥面防水粘结层用环氧沥青材料性能

项 目	技术指标
热固性	150 ℃不熔化
吸水率/%	≤0.3
热挠曲温度/℃	≤−10
容留时间/min	≥10
耐柴油性/%	≤5
耐饱和盐水性/%	≤1
不透水性	0.3 MPa,30 min 不渗水
水泥混凝土板间剪切强度/MPa	≥1.2
抗辂破性	暴露轮碾试验(0.7 MPa,100 次)后,0.3 MPa 水压下不渗水

5.4 水泥混凝土桥面铺装层混合料用环氧沥青材料性能

水泥混凝土桥面铺装层混合料用环氧沥青材料的性能应符合表 4 的要求。

注:水泥混凝土桥面用环氧沥青铺装层混合料性能参见附录 B。

表 4 水泥混凝土桥面铺装层混合料用环氧沥青材料性能

项 目	技术指标
拉伸强度/MPa	≥1.0
断裂延伸率/%	≥100
热固性	150 ℃不熔化
吸水率/%	≤0.3
热挠曲温度/℃	≤−12
容留时间/min	≥30
耐柴油性/%	≤5
耐饱和盐水性/%	≤1

6 试验方法

6.1 标准试验条件

标准试验温度：23 ℃±2 ℃；相对湿度：45%～70%。

6.2 试验仪器

6.2.1 电热鼓风干燥箱：控温精度±2 ℃。

6.2.2 拉伸试验机：示值精度不低于 0.2 N，拉伸范围大于 500 mm，拉伸速度 0 mm/min～500 mm/min可调。

6.2.3 压力试验机：测量值在量程的 15%～85%之间，示值精度不低于 2%。

6.2.4 切片机：符合 GB/T 528—2009 规定的哑铃状 1 型裁刀。

6.2.5 测厚计：符合 GB/T 2941—2006 方法 A 的规定。

6.2.6 游标卡尺：量程(0～300)mm，精度±0.02 mm。

6.2.7 天平：感量 0.000 1 g。

6.2.8 圆钢棒：直径 50 mm，长度 200 mm。

6.2.9 秒表：分度为 0.2 s。

6.2.10 不透水仪：符合 GB/T 328.10—2007 中 5.2 要求。

6.2.11 布氏旋转粘度计：测量范围(10～100 000)cP。

注：1 cP=10^{-3} Pa·s。

6.3 环氧沥青材料性能试件制备

6.3.1 将环氧沥青 A、B 组分按照生产商配比要求混合均匀，称取所需的试验样品量，在不混入气泡的情况下倒入模框中涂覆。为方便脱膜，涂覆前可用脱膜剂处理或采用易脱膜的模板。样品按生产厂的要求涂覆，涂覆厚度按试验要求选取，偏差为±0.2 mm。置于 120 ℃的鼓风干燥箱中固化养护 4 h(可根据生产厂家要求调整养护条件)，在标准试验条件下冷却后脱模。脱模后继续在标准试验条件下养护 2 h。

6.3.2 检查涂膜外观，从表面光滑平整、无明显气泡的涂膜上按表 5 规定裁取试件。

表 5 环氧沥青材料性能试件形状和数量

序号	试验项目	试件形状/(长×宽×厚/mm)	数量/个
1	拉伸强度	符合 GB/T 528—2009 规定的哑铃 1 型	5
2	断裂延伸率	符合 GB/T 528—2009 规定的哑铃 1 型	5
3	热固性	150×150×1.5	3
4	吸水率	100×100×1.0	3
5	热挠曲温度	80×10×4	3
6	耐柴油性	100×100×1.5	3
7	耐饱和盐水性	100×100×1.5	3
8	不透水性	150×150×1.5	3
9	抗碎破性	150×150×1.5	3

6.4 拉伸性能

按 GB/T 16777—2008 中 9.2.1 的规定进行，拉伸速率为 500 mm/min±50 mm/min。

6.5 热固性

6.5.1 试验步骤

按 6.3 的规定制备试件，然后将试件平放于恒温在规定温度(150 ℃或 300 ℃)的钢板上，15 min 后观察试件是否发生熔化、流淌。

6.5.2 结果评定

试验后所有试件都不应熔化、流淌。

6.6 吸水率

按 GB/T 1034—2008 的规定进行，试验温度为(23±2)℃，试验时间为 7 天。

6.7 热挠曲温度

按 GB/T 1634.2—2004 规定的平放试验 A 法进行，加热起始温度应比预估热挠曲温度低 20 ℃。

6.8 容留时间

以粘度值达到 5 000 cP 的时间作为环氧沥青材料的容留时间。按 JTG E20—2011 中 T0625—2011 的规定进行，试验温度为(120±2)℃。

6.9 耐柴油性

6.9.1 试验步骤

按 6.3 的规定制备试件，将试件放入(50±2)℃干燥箱内干燥至少 24 h，然后在干燥器内冷却至室温，称量每个试件，精确至 0.1 mg(质量 m_1)。重复本步骤至试件的质量变化在±0.1 mg 内。将试件完全浸泡于(23±2)℃的 0＃柴油中 48 h 后，取出试件，用清洁干布擦去试件表面所有的柴油，将试件放入(105±2)℃干燥箱中，干燥 48 h，然后在干燥器内冷却至室温，再次称量每个试样，精确至 0.1 mg(质量 m_2)。重复本步骤至试件的质量变化在±0.1 mg 内。

6.9.2 结果计算

计算每个试件相对于初始质量的质量变化，用式(1)计算：

$$C = \left| \frac{m_2 - m_1}{m_1} \right| \times 100 \qquad \cdots\cdots(1)$$

式中：

C —— 试件的质量变化，数值以%表示；

m_1——浸泡前干燥后试件的质量，单位为毫克(mg)；

m_2——浸泡干燥后试件的质量，单位为毫克(mg)。

试验结果取三个试件的算术平均值，精确到 0.1%。

6.10 耐饱和盐水性

6.10.1 试验步骤

按 6.3 的规定制备试件，将试件放入(50±2)℃干燥箱内干燥至少 24 h，然后在干燥器内冷却至室温，称量每个试件，精确至0.1 mg(质量 m_1)。重复本步骤至试件的质量变化在±0.1 mg内。将试件完全浸泡于(23±2)℃的饱和NaCl溶液中7天后，取出试样，用清洁干布擦去试样表面所有的水，将试件放入(105±2)℃干燥箱中，干燥48 h，然后在干燥器内冷却至室温，再次称量每个试样，精确至0.1 mg(质量 m_2)。重复本步骤至试件的质量变化在±0.1 mg内。

6.10.2 结果计算

计算每个试件相对于初始质量的质量变化，用式(2)计算：

$$C=\left|\frac{m_2-m_1}{m_1}\right|\times 100 \qquad \cdots\cdots(2)$$

式中：

C ——试件的质量变化，数值以%表示；

m_1——浸泡前干燥后试件的质量，单位为毫克(mg)；

m_2——浸泡干燥后试件的质量，单位为毫克(mg)。

试验结果取三个试件的算术平均值，精确到0.1%。

6.11 不透水性

按GB/T 16777—2008中第15章的规定进行，试验温度为(23±2)℃。

6.12 钢板间粘结强度

6.12.1 试验步骤

取5块厚度大于10 mm的钢板，用2号砂纸清除表面铁锈，在标准试验条件下放置24 h。将环氧沥青A、B组分按规定比例混合均匀后涂刷于洁净的钢板表面，然后将直径为50 mm的钢制拉拔头与钢板对接，压紧，钢板间涂膜的厚度不超过0.5 mm。试件成型后，将其放入60 ℃的电热鼓风干燥箱中预固化24 h，然后将温度升至120 ℃继续养护12 h。取出试件在标准试验条件下养护4 h，养护结束后，沿拉拔头一周，用尖锐刀具刻穿粘接层至钢板基体，然后将试件置于拉力机上，以50 mm/min±5 mm/min的速率拉伸至试件破坏，记录试件的最大拉力。

6.12.2 结果计算

粘结强度按式(3)计算：

$$P=\frac{F}{A} \qquad \cdots\cdots(3)$$

式中：

P ——粘结强度，单位为兆帕(MPa)；

F ——试件的最大拉力，单位为牛顿(N)；

A ——粘结面积，单位为平方毫米(mm^2)。

取五个试件粘结强度的算术平均值，精确到0.1 MPa。

6.13 剪切强度

6.13.1 试验步骤

6.13.1.1 钢板间剪切强度试验步骤

将环氧沥青A、B组分按规定比例混合均匀后涂刷于70 mm×50 mm×20 mm的钢板试块一侧清洁表面，然后将两个试块进行叠压，重合面积为50 mm×50 mm。试件成型后，将其放入60 ℃的电热鼓风干燥箱中预固化 24 h，然后将温度升至 120 ℃继续养护 12 h。取试件四个，在标准试验条件下放置 4 h，然后将试件置于压力试验机上进行 45°剪切试验，试验机速度为 10 mm/min±1 mm/min，记录试验过程的最大力。

6.13.1.2 水泥混凝土板间剪切强度试验步骤

按 JGJ 55—2011 制备强度等级 C40 的水泥混凝土块，切割成 70 mm×50 mm×20 mm 的试块，将环氧沥青 A、B 组分按规定比例混合均匀后涂刷于试块一侧表面，施工表面应清洁、无浮浆。将两个试块进行叠压，重合面积为 50 mm×50 mm。试件成型后，将其放入 60 ℃的电热鼓风干燥箱中预固化 24 h，然后将温度升至 120 ℃继续养护 12 h。取试件四个，在标准试验条件下放置 4 h，然后将试件置于压力试验机上进行 45°剪切试验，试验机速度为 10 mm/min±1 mm/min，记录试验过程的最大力。

6.13.2 结果计算

剪切强度按式(4)计算：

$$P = \frac{F}{A} \times \sin 45^\circ \qquad (4)$$

式中：

P ——剪切强度，单位为兆帕(MPa)；

F ——最大压力，单位为牛顿(N)；

A ——粘结面积，单位为平方毫米(mm^2)。

去除四个数据中与平均值比较偏离最大的值，取三个试件的平均值，精确到 0.1 MPa。

6.14 抗碦破性

按 JT/T 535—2004 中 6.14 的规定进行。

7 检验规则

7.1 检验分类

按检验类型分为出厂检验和型式检验。

7.1.1 出厂检验

出厂检验项目包括：拉伸强度，断裂延伸率，热固性，容留时间。

7.1.2 型式检验

型式检验项目包括本标准第 5 章规定的所有项目，在下列情况下应进行型式检验：

a) 新产品投产或产品定型鉴定时；
b) 原材料、配方或生产工艺发生较大改变，可能影响产品质量时；
c) 正常生产时，每年进行一次；
d) 产品停产 6 个月以上恢复生产时；
e) 出厂检验结果与上次型式检验结果有较大差异时；
f) 国家质量监督机构提出型式检验要求时。

7.2 组批

以每班次的生产量为一批进行出厂检验。

7.3 抽样

在每批产品中随机抽取两组样品，一组样品用于检验，另一组样品封存备用，将样品放入不与环氧沥青材料发生反应的干燥密闭容器中，每组样品至少 5 kg(产品按配比抽取)。

7.4 判定规则

各项试验结果均符合标准规定，则判该批产品合格。若有两项或两项以上不符合标准规定，则判该批产品不合格。若仅有一项不符合标准规定，应双倍抽样对不合格项进行单项复验，达到标准规定时，则判该批产品合格，否则判为不合格。

8 标志、包装、运输及贮存

8.1 标志

产品外包装上应包括：

a) 产品名称；
b) 产品标记；
c) 商标；
d) 生产厂名和厂址；
e) 各组分配比与净重；
f) 生产日期或批号；
g) 贮存期。

8.2 包装

产品可用铁桶密封包装，产品需按各组分分别包装，不同组分应有明显区别。产品可按供需双方商定的形式包装。

8.3 运输

运输时，不同类型和组分的产品应分别堆放，防止雨淋、曝晒及碰撞。

8.4 贮存

贮存时应防止日晒、雨淋，注意通风，远离火源，贮存温度为(5～40)℃。

附 录 A
（资料性附录）
路面用环氧沥青材料性能

A.1 路面防水粘结层用环氧沥青材料的性能参见表 A.1。

表 A.1 路面防水粘结层用环氧沥青材料性能

项 目	技术指标
热固性	150 ℃不熔化
吸水率/%	≤0.3
热挠曲温度/℃	≤−10
容留时间/min	≥10
耐柴油性/%	≤5
耐饱和盐水性/%	≤1
不透水性	0.3 MPa,30 min 不渗水
水泥混凝土板间剪切强度/MPa	≥1.2
抗硌破性	暴露轮碾试验(0.7 MPa,100 次)后,0.3 MPa 水压下不渗水

A.2 路面铺装层混合料用环氧沥青材料的性能参见表 A.2。

表 A.2 路面铺装层混合料用环氧沥青材料性能

项 目	技术指标
热固性	150 ℃不熔化
吸水率/%	≤0.3
热挠曲温度/℃	≤−12
容留时间/min	≥30
耐柴油性/%	≤5
耐饱和盐水性/%	≤1

附 录 B
（资料性附录）
环氧沥青铺装层混合料性能及试验方法

B.1 环氧沥青铺装层混合料性能

B.1.1 钢桥面用环氧沥青铺装层混合料的性能参见表B.1。

表 B.1 钢桥面用环氧沥青铺装层混合料性能

项目		技术指标
马歇尔试验	未固化试件马歇尔稳定度/kN	≥5.5
	固化试件马歇尔稳定度/kN	≥40
	流值/0.1 mm	20～50
	空隙率/%	≤3.0
	沥青饱和度/%	≥75
	残留稳定度/%	≥90
小梁弯曲试验	弯拉应变	$\geq 2.0\times10^{-3}$
车辙试验	动稳定度/(60 ℃,次·mm^{-1})	≥8 000
	动稳定度/(70 ℃,次·mm^{-1})	≥5 000
冻融劈裂试验	冻融劈裂试验强度比 TSR/%	≥70

B.1.2 水泥混凝土桥面用环氧沥青铺装层混合料的性能参见表B.2。

表 B.2 水泥混凝土桥面用环氧沥青铺装层混合料性能

项目		技术指标
马歇尔试验	未固化试件马歇尔稳定度/kN	≥7.5
	固化试件马歇尔稳定度/kN	≥30
	流值/0.1 mm	20～50
	空隙率/%	≤4.0
	沥青饱和度/%	≥75
	残留稳定度/%	≥90
小梁弯曲试验	弯拉应变	$\geq 2.0\times10^{-3}$
车辙试验	动稳定度/(60 ℃,次·mm^{-1})	≥8 000
	动稳定度/(70 ℃,次·mm^{-1})	≥5 000
冻融劈裂试验	冻融劈裂试验强度比 TSR/%	≥80

B.1.3 路面用环氧沥青铺装层混合料的性能参见表B.3。

表 B.3 路面用环氧沥青铺装层混合料性能

项 目		技术指标
马歇尔试验	未固化试件马歇尔稳定度/kN	≥7.5
	固化试件马歇尔稳定度/kN	≥20
	流值/0.1 mm	20～50
	空隙率/%	≤5.0
	沥青饱和度/%	≥75
	残留稳定度/%	≥90
小梁弯曲试验	弯拉应变	$\geq 2.0\times 10^{-3}$
车辙试验	动稳定度/(60 ℃,次· mm^{-1})	≥8 000
	动稳定度/(70 ℃,次· mm^{-1})	≥5 000
冻融劈裂试验	冻融劈裂试验强度比 TSR/%	≥80

B.2 试验方法

环氧沥青 A 组分和 B 组分按规定的比例混匀后与矿料混拌,恒温一定时间后按 JTG E20—2011 成型试件并进行测定。

B.2.1 空隙率和沥青饱和度试验

空隙率和沥青饱和度试验按 JTG E20—2011 中 T0705—2011 的规定进行。

B.2.2 马歇尔试验

除空隙率和沥青饱和度试验外,其他马歇尔试验按 JTG E20—2011 中 T0709—2011 的规定进行。

B.2.3 小梁弯曲试验

小梁弯曲试验按 JTG E20—2011 中 T0715—2011 的规定进行,试验温度为(−15±0.5)℃,加载速率为 1 mm/min。

B.2.4 车辙试验

车辙试验按 JTG E20—2011 中 T0719—2011 的规定进行,试验温度分为 60 ℃和 70 ℃两种,对于夏炎地区进行 70 ℃车辙试验。

B.2.5 冻融劈裂试验

冻融劈裂试验按 JTG E20—2011 中 T0729—2000 的规定进行。

ICS 77.150.10
H 61

中华人民共和国国家标准

GB/T 30599—2014

原位颗粒增强ZL101A合金基复合材料

In situ particulate reinforced ZL101A alloy matrix composites

2014-06-09发布　　2014-12-01实施

中华人民共和国国家质量监督检验检疫总局
中国国家标准化管理委员会　发布

前言

本标准按照 GB/T 1.1—2009 给出的规则起草。

本标准由全国工程材料标准化工作组(SAC/SWG 3)提出并归口。

本标准起草单位:江苏大学、江苏中联铝业有限公司、江苏省产品质量监督检验研究院、大亚科技股份有限公司、江苏中欧材料研究院有限公司、江苏省铝基复合材料工程技术研究中心。

本标准主要起草人:赵玉涛、陈刚、谢建林、朱宇宏、姚强、王燕 、陈诚、颜金华、张钊、蒋宇梅、张振亚、张松利、贾志宏、李桂荣、王宏明、焦雷。

原位颗粒增强 ZL101A 合金基复合材料

1 范围

本标准规定以 ZL101A 合金为基体材料的复合材料的术语和定义、标记、技术要求、检验方法、检验规则及标志、包装、运输、贮存。

本标准适用于采用熔体反应合成方法制备的以 ZL101A 合金为基体，以原位生成的 Al_2O_3、ZrB_2、Al_3Zr、TiB_2、Al_3Ti 等颗粒中的一种或几种为增强体的原位颗粒增强铝基复合材料。

2 规范性引用文件

下列文件对于本文件的应用是必不可少的。凡是注日期的引用文件，仅注日期的版本适用于本文件。凡是不注日期的引用文件，其最新版本(包括所有的修改单)适用于本文件。

GB/T 228.1—2010 金属材料 拉伸试验 第1部分：室温试验方法(ISO 6892-1:2009，MOD)

GB/T 229—2007 金属材料 夏比摆锤冲击试验方法(ISO 148-1:2006，MOD)

GB/T 231.1—2009 金属材料 布氏硬度试验 第1部分：试验方法(ISO 6506-1:2005，MOD)

GB/T 2828.1—2012 计数抽样检验程序 第1部分：按接收质量限(AQL)检索的逐批检验抽样计划(ISO 2859-1:1999，IDT)

GB/T 2975—1998 钢及钢产品 力学性能试验取样位置及试样制备(eqv ISO 377:1997)

GB/T 13298—1991 金属显微组织检验方法

GB/T 22315—2008 金属材料 弹性模量和泊松比试验方法

3 术语和定义

下列术语和定义适用于本文件。

3.1

原位颗粒增强 ZL101A 合金基复合材料 in situ particulate reinforced ZL101A alloy matrix composites

采用原位颗粒增强的以 ZL101A 合金为基体的铝基复合材料。

3.2

原位颗粒增强 in situ particulate reinforced

通过从复合材料基体中原位生成或者生长的颗粒实现材料的增强。

3.3

颗粒平均尺寸 average particulate size

增强颗粒的粒径平均值，采用金相分析软件通过平均截线法获得，其范围是微米(1 μm～10 μm)、亚微米(100 nm～1 μm)和纳米(10 nm～100 nm)。

3.4

颗粒类型 particulate type

原位增强颗粒的种类，包括金属氧化物、金属硼化物、金属碳化物以及金属间化合物等。

4 标记

产品按增强颗粒平均尺寸、颗粒类型标记，标记为$□_{△}$/ZL101A-Y。

其中,□为 Al_2O_3、ZrB_2、Al_3Zr、TiB_2、Al_3Ti 等增强颗粒中的一种或几种;△为 mp、sp、np 之一,分别表示颗粒平均尺寸在微米、亚微米和纳米范围;Y 表示原位颗粒增强。

示例 1:

原位微米 Al_2O_3 颗粒增强 ZL101A 合金基复合材料标记为 $Al_2O_{3\,mp}$/ZL101A-Y。

示例 2:

原位纳米(ZrB_2+Al_3Zr) 颗粒增强 ZL101A 合金基复合材料标记为(ZrB_2+Al_3Zr)$_{np}$/ZL101A-Y。

5 技术要求

5.1 外观

铸态或者热处理态(T6 态)的原位颗粒增强 ZL101A 合金基复合材料表面色泽均匀一致,无肉眼可见针孔、夹杂物。表面颜色由供需双方协商确定。

5.2 显微组织

在光学显微镜或扫描电镜下观察原位颗粒增强 ZL101A 合金基复合材料中的增强颗粒在基体上应分布均匀、无明显团聚。

5.3 室温性能

原位颗粒增强 ZL101A 合金基复合材料(T6 态)的室温性能应符合表 1 规定的技术指标要求。

表 1 原位颗粒增强 ZL101A 合金基复合材料技术指标要求

布氏硬度 HB	室温抗拉强度 R_m/MPa	室温断后伸长率 A/%	拉伸杨氏模量 E_t/GPa	夏比 U 型冲击 吸收能量(20 ℃) KU_2/J
≥110	≥320	≥4.0	≥80	≥5.0

6 检验方法

6.1 外观

在自然条件下进行,如在灯光下进行检验,可采用 2 支 40 W 加罩日光灯做光源,光源距检验台面 150 cm~180 cm,目视检验。

6.2 显微组织

在光学显微镜或扫描电镜下对复合材料中增强颗粒在基体上的分布进行观察。其中,试样制备、试样研磨、试样的浸蚀、显微组织检验、显微照相及试验记录等按 GB/T 13298—1991 规定进行。

6.3 布氏硬度

按 GB/T 231.1—2009 规定进行。

6.4 室温拉伸性能

随炉浇注的试棒按 GB/T 2975—1998 制备成圆截面拉伸试样,室温拉伸试验按 GB/T 228.1—

2010 规定进行。拉伸杨氏模量按 GB/T 22315—2008 中规定的拉伸杨氏模量的图解法计算获得。

6.5 室温冲击性能

按 GB/T 229—2007 规定进行。

7 检验规则

7.1 检验分类

按检验类型分为出厂检验和型式检验。

7.2 出厂检验

7.2.1 出厂检验项目为 5.1 规定的外观和 5.3 规定的布氏硬度。

7.2.2 外观和布氏硬度检验按 GB/T 2828.1—2012 采用正常检验一次抽样方案，取特殊检查水平 S-1，接收质量限 AQL=1.5，抽样方案应符合表 2 的规定。

7.3 型式检验

7.3.1 型式检验为第 5 章要求项目的全部内容。按 7.2.2 规定对外观和布氏硬度进行检验，在检验合格的样品中随机抽取足够的样品，进行显微组织、室温抗拉强度、室温断后伸长率、拉伸杨氏模量和冲击性能项目的检验。

7.3.2 一般情况下，每 3 个月至少 1 次，若有以下情况，应进行型式检验：

a) 新产品或老产品转厂生产的试制定型鉴定；

b) 正式生产后，若原料、配方、工艺有重大改变，可能影响产品性能时；

c) 因任何原因停产半年以上恢复生产时；

d) 出厂检验结果与上次型式检验结果有较大差异时；

e) 质量监督机构提出进行型式检验时。

7.4 判定规则

7.4.1 外观和布氏硬度项目分别符合 5.1 和 5.3 规定时判该批产品外观、布氏硬度合格，否则判定该批产品不合格。

7.4.2 各项试验结果均符合 5.1～5.3 规定，则判定该批产品合格。

7.4.3 显微组织、室温抗拉强度、室温断后伸长率、拉伸杨氏模量和冲击性能项目中，若有两项或两项以上不符合 5.2 和 5.3 规定，则判定该批产品不合格。若仅一项不符合规定，允许重新抽样对单项复检，结果符合相应规定时判定该批产品合格，否则判定为不合格。

表 2 抽样方案

单位：件

批量 N	样本量 n	接收数 Ac	拒收数 Re
2～50	2	2	0
51～500	3	3	1
501～3 500	5	5	2
>3 500	8	8	3

8 标志、包装、运输、贮存

8.1 标志

产品或其包装上应包括：

a） 产品标记；

b） 商标或生产厂家标志；

c） 生产日期。

8.2 包装

产品可按供需双方商定的形式包装。

8.3 运输

运输时，不同标记产品应分别堆放，防止日晒、雨淋及碰撞。

8.4 贮存

贮存时应防止日晒、雨淋，避免接触腐蚀性物质。

ICS 07.040
A 76

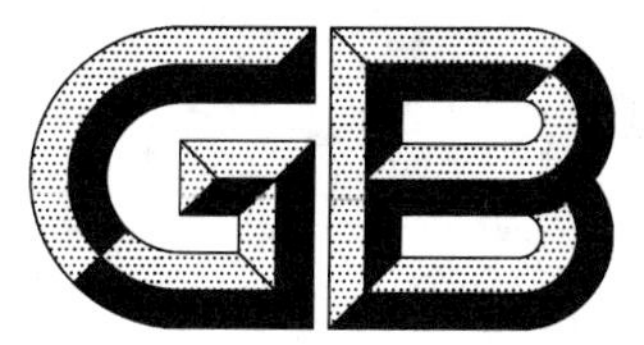

中华人民共和国国家标准

GB/T 30600—2014

高标准农田建设　通则

Well-facilitated farmland construction—General rules

2014-05-06 发布　　2014-06-25 实施

中华人民共和国国家质量监督检验检疫总局
中国国家标准化管理委员会　发布

前　言

本标准按照 GB/T 1.1—2009 给出的规则起草。

本标准由中华人民共和国国土资源部、农业部提出。

本标准由全国国土资源标准化技术委员会(SAC/TC 93)归口并解释。

本标准起草单位:国土资源部土地整治中心、全国农业技术推广服务中心、中国灌溉排水发展中心、国家林业局林业调查规划院、国家农业综合开发评审中心。

本标准主要起草人:严之尧、吴海洋、范树印、闫刚、巴特尔、郑伟元、陈原、李仁、田玉福、吕婧、马怡、陈子雄、李红举、杨晓艳、邱国军、张秋平、彭世琪、李荣、王晓玲、韩振中、刘道平、赵江红、杜原、马梅、刘爱民、杨剑、金晓斌、陈艳林、赵庆利、李少帅、李晨。

引　言

为规范高标准农田建设，统一建设要求，优化土地利用结构与布局，促进耕地集中连片，完善农田基础设施，提高耕地质量，改善农业生产条件和生态环境，提升粮食综合生产能力，严格保护耕地，奠定农业现代化物质基础，保障国家粮食安全，特制定本标准。

高标准农田建设　通则

1　范围

本标准规定了高标准农田建设的基本原则、建设区域、建设内容与技术要求、管理要求、监测与评价、建后管护与利用。

本标准适用于高标准农田建设活动。

2　规范性引用文件

下列文件对于本文件的应用是必不可少的。凡是注日期的引用文件，仅注日期的版本适用于本文件。凡是不注日期的引用文件，其最新版本(包括所有的修改单)适用于本文件。

GB 5084　农田灌溉水质标准

GB 15618　土壤环境质量标准

GB/T 21010　土地利用现状分类

GB/T 28405　农用地定级规程

GB/T 28407　农用地质量分等规程

GB 50265　泵站设计规范

GB 50288　灌溉与排水工程设计规范

GB/T 50363 节水灌溉工程技术规范

3　术语和定义

下列术语和定义适用于本文件。

3.1

高标准农田　well-facilitated farmland

土地平整、集中连片、设施完善、农电配套、土壤肥沃、生态良好、抗灾能力强，与现代农业生产和经营方式相适应的旱涝保收、高产稳产，划定为基本农田实行永久保护的耕地。

3.2

高标准农田建设　well-facilitated farmland construction

为建设高标准农田，改善或消除主要限制性因素、全面提升农田质量而开展的土地平整、土壤改良、灌溉与排水、田间道路、农田防护与生态环境保持、农田输配电以及其他工程建设，并保障其高效利用的建设活动。

3.3

基本农田　capital farmland

按照一定时期人口和社会经济发展对农产品的需求，依据土地利用总体规划确定的不得占用的耕地。

3.4

高标准农田建设工程体系　engineering system for the well-facilitated farmland construction

按照高标准农田建设的工程类型、特征及内部联系构建的工程体系。

4 基本原则

4.1 规划引导原则。应符合土地利用总体规划、土地整治规划、《全国新增 1 000 亿斤粮食生产能力规划(2009—2020 年)》《全国高标准农田建设总体规划》《国家农业综合开发高标准农田建设规划》等，统筹安排高标准农田建设。

4.2 因地制宜原则。应根据不同区域自然资源特点、社会经济发展水平、土地利用状况，采取相应的建设方式和工程措施。

4.3 数量、质量、生态并重原则。应坚持数量、质量、生态相统一，促进耕地节约集约利用，提升耕地质量，改善生态环境。

4.4 维护权益原则。应充分尊重农民意愿，维护土地权利人合法权益，切实保障农民的知情权、参与权和收益权。

4.5 可持续利用原则。落实管护责任，健全管护机制，实现长期高效利用。

5 建设区域

5.1 建设区域应相对集中、土壤适合农作物生长、无潜在土壤污染和地质灾害，建设区域外有相对完善的、能直接为建设区提供保障的基础设施。

5.2 高标准农田建设的重点区域包括：土地利用总体规划确定的基本农田保护区和基本农田整备区，《全国新增 1 000 亿斤粮食生产能力规划(2009—2020 年)》确定的粮食主产区、产粮大县，土地整治规划确定的土地整治重点区域、重大工程建设区域和高标准基本农田建设示范县，水利、农业、林业、农业综合开发等部门规划确定的重点区域，依据 GB/T 28407 评定成果确定的县域内等别较高耕地的集中分布区域。

5.3 高标准农田建设限制区域包括：水资源贫乏区域，水土流失易发区、沙化区等生态脆弱区域，历史遗留的挖损、塌陷、压占等造成土地严重损毁且难以恢复的区域，土壤轻度污染的区域，易受自然灾害损毁的区域，沿海滩涂、内陆滩涂等区域。在前述区域开展高标准农田建设需提供国土、水利、环保等部门论证同意的证明材料。

5.4 高标准农田建设禁止区域包括：地面坡度大于 25°的区域，土壤污染严重的区域，自然保护区的核心区和缓冲区，退耕还林区、退耕还草区，河流、湖泊、水库水面及其保护范围等区域。

6 建设内容与技术要求

6.1 一般规定

6.1.1 应结合各地实际，按照区域特点，采取针对性措施，开展高标准农田建设。

6.1.2 通过高标准农田建设，促进耕地集中连片，增加有效耕地面积，提升耕地质量；优化土地利用结构与布局，实现节约集约利用和规模效益；完善基础设施，改善农业生产条件，增强防灾减灾能力；加强农田生态建设和环境保护，发挥生产、生态、景观的综合功能；建立监测、评价和管护体系，实现持续高效利用。

6.1.3 高标准农田建设内容包括土地平整、土壤改良、灌溉与排水、田间道路、农田防护与生态环境保持、农田输配电以及其他工程。工程建设内容按附录 A 规定执行，工程技术要求结合各地实际参考附录 B。

6.1.4 田间基础设施占地率指灌溉与排水、田间道路、农田防护与生态环境保持、农田输配电等设施占地面积与建设区面积的比例，田间基础设施占地率一般应不高于 8%。田间基础设施涉及的地类按照 GB/T 21010 规定执行。

6.1.5 田间基础设施使用年限指高标准农田建设完成后各项基础设施正常发挥效益的时间，一般应不低于15年。

6.1.6 建成后耕地质量等别应达到所在县同等自然条件下耕地的较高等别，粮食综合生产能力应有显著提高。耕地质量等别评定应按照GB/T 28407规定执行。实施了改良与培肥措施的耕地地力等级应达到所在区域的中高等水平。耕地地力等级评定应参照有关标准和国家相关规定执行。

6.2 土地平整

6.2.1 土地平整工程指为满足农田耕作、灌溉与排水的需要而采取的田块修筑和地力保持措施，包括耕作田块修筑工程和耕作层地力保持工程。

6.2.2 耕作田块指由田间末级固定沟、渠、路等围成的基本单元。应合理规划、提高田块归并程度，实现耕作田块相对集中。耕作田块的长度和宽度应根据气候条件、地形地貌、作物种类、机械作业和灌溉与排水效率等因素确定。

6.2.3 耕作田块应实现田面平整，根据土壤条件和灌溉方式合理确定田块横、纵向坡度。

6.2.4 农田土体厚度应达到50 cm以上，水浇地和旱地耕作层厚度应在25 cm以上，水田耕作层厚度应在20 cm左右。土体中无明显粘盘层、砂砾层等障碍因素。

6.2.5 土地平整时应尽量避免打乱表土层与心土层，确需打乱应先将肥沃的表土层进行剥离，单独堆放，待土地平整完成后，再将表土均匀摊铺到田面上。

6.2.6 地面坡度为5°～25°的坡耕地，应改造成水平梯田；土层较薄时，宜先修筑成坡式梯田，再经逐年向下方翻土耕作，减缓田面坡度，逐步建成水平梯田。丘陵区梯田化率应不低于90%。

6.2.7 梯田修筑应与沟道治理、坡面防护等工程相结合，提高防御暴雨冲刷能力。梯田田坎宜采用土坎、石坎、土石混合坎或植物坎等。

6.3 土壤改良

6.3.1 土壤改良工程指为改善土壤质地、减少或消除影响作物生长的障碍因素而采取的措施。包括沙(黏)质土壤治理、酸化和盐碱土壤治理、污染土壤修复等。

6.3.2 过沙或过黏的土壤应通过掺黏或掺沙等措施，改良土壤质地，使其符合耕种要求。

6.3.3 酸化土壤应通过施用生石灰或土壤调理剂等措施，使土壤pH值达到该区域正常水平；盐碱土壤应通过工程和土壤调理剂等措施，使耕作层土壤满足农业种植要求。

6.3.4 污染土壤应通过工程、生物、化学等方法进行修复，修复后土壤应符合GB 15618的规定。

6.3.5 地力培肥是指通过深耕深松、施有机肥、种植绿肥、秸秆还田等工程、农艺和生物措施，使耕地基础地力贡献率和生产能力提高。

6.4 灌溉与排水

6.4.1 灌溉与排水工程指为防治农田旱、涝、渍和盐碱等灾害所修建的各种设施与建筑物。包括水源工程、输水工程、喷微灌工程、排水工程、渠系建筑物工程等。

6.4.2 灌溉与排水工程应遵循水土资源合理利用的原则，根据旱、涝、渍和盐碱综合治理的要求，结合田、路、林、电、村进行统一规划和综合布置。水源利用应以地表水为主，地下水为辅，严格控制开采深层地下水。灌溉水质应符合GB 5084。

6.4.3 水源配置应考虑地形条件、水源特点等因素，宜采用蓄、引、提相结合的方式。

6.4.4 灌溉设计保证率应根据水文气象、水土资源、作物种类、灌溉规模、灌水方式及经济效益等因素综合确定，应参考附录B中表B.1的要求，有条件的地区应取较大值。

6.4.5 发展节水灌溉，提高水资源利用效率，因地制宜采取渠道防渗、管道输水、喷微灌等节水灌溉措施，灌溉水利用系数应不低于GB/T 50363的规定。

6.4.6 排水标准应满足农田积水不超过作物最大耐淹水深和耐淹时间，应由设计暴雨重现期、设计暴雨历时和排除时间确定。旱作区农田排水设计暴雨重现期宜采用 5 年～10 年一遇，1 d～3 d 暴雨从作物受淹起 1 d～3 d 排至田面无积水；水稻区农田排水设计暴雨重现期宜采用 10 年一遇，1 d～3 d 暴雨 3 d～5 d 排至作物耐淹水深。

6.4.7 改良盐碱土应在返盐季节前将地下水位控制在临界深度以下，排水标准应按照 GB 50288 规定执行。

6.4.8 排水沟布置应与田间渠、路、林相协调，在平原地区一般与灌溉渠系相分离，在丘陵山区可选用灌排兼用或灌排分离的形式。

6.4.9 泵站建设应按照 GB 50265 规定执行。

6.4.10 渠系建筑物应配套完整，满足灌溉与排水系统水位、流量、泥沙处理、施工、运行、管理的要求，满足生产、生活的需要，其使用年限应与灌溉与排水系统主体工程相一致。

6.4.11 灌溉与排水设施外观应整洁美观。渠道及渠系建筑物外观轮廓线顺直，表面平整、光洁；设备应布置紧凑，表面整洁，仪器仪表配备齐全。

6.5 田间道路

6.5.1 田间道路工程指为农田耕作、农业物资运输等农业生产活动所修建的交通设施。包括田间道（机耕路）和生产路。

6.5.2 田间道路布置应适应农业现代化的需要，与田、水、林、电、村规划相衔接，统筹兼顾，合理确定田间道路的密度。

6.5.3 田间道（机耕路）的路面宽度宜为 3m～6m，生产路的路面宽度不宜超过 3m。在大型机械化作业区，路面宽度可适当放宽。

6.5.4 田间道路通达度指在集中连片的耕作田块中，田间道路直接通达的耕作田块数占耕作田块总数的比例。平原区应达到 100%，丘陵区应不低于 90%。

6.6 农田防护与生态环境保持

6.6.1 农田防护与生态环境保持工程指为保障土地利用活动安全、保持和改善生态条件、防止或减少污染和自然灾害等所采取的各种措施。包括农田林网工程、岸坡防护工程、沟道治理工程和坡面防护工程等。

6.6.2 根据因害设防原则，农田防护与生态环境保持工程应进行全面规划、综合治理，与田块、沟渠、道路等工程相结合，与农村居民点景观建设相协调。

6.6.3 农田防洪标准按重现期 10 年～20 年一遇确定。

6.6.4 农田防护面积比例指通过各类农田防护与生态环境保持工程建设，受防护的农田面积占建设区面积的比例，一般应不低于 90%。

6.7 农田输配电

6.7.1 农田输配电工程指为泵站、机井以及信息化工程等提供电力保障所需的强电、弱电等各种措施，包括输电线路工程和变配电装置。

6.7.2 农田输配电工程布设应与田间道路、灌溉与排水等工程相结合，符合电力系统安装与运行相关标准，保证用电质量和安全。

6.7.3 高压输电线路宜采用钢芯铝绞线等高压电缆，一般输送 220 kV 以下的输电电压；低压输电线路宜采用低压电缆，一般输送 380 V 及以下的输电电压，采用三相五线制接法，并应设立相应标识。

6.7.4 变配电装置应采用适合的变台、变压器、配电箱（屏）、断路器、互感器、起动器、避雷器、接地装置等相关设施。

6.7.5 根据高标准农田现代化、信息化的建设和管理要求，可合理布设弱电设施。

6.8 其他

除土地平整、土壤改良、灌溉与排水、田间道路、农田防护与生态环境保持、农田输配电以外的田间监测等工程，其技术要求参照有关规定执行。

7 管理要求

7.1 土地权属调整

7.1.1 高标准农田建设前，应查清土地权属现状，做到四至界址清楚、地类面积准确、权属手续合法；调查了解土地权利人权属调整意愿，及时解决土地权属纠纷。

7.1.2 高标准农田建设中，涉及土地权属调整的，要在尊重权利人意愿的前提下，及时编制、公告和报批土地权属调整方案，组织签订权属调整协议。

7.1.3 高标准农田建成后，应根据权属调整方案和调整协议，依法进行土地确权，办理土地变更登记手续，发放土地权利证书，及时更新地籍档案资料。

7.2 地类变更管理

7.2.1 高标准农田建设前，应依据年度土地利用变更调查结果，确定建设区域内各类土地利用现状。

7.2.2 高标准农田建成后，应按照 GB/T 21010 规定以实际现状进行地类认定与变更。

7.3 验收与考核

7.3.1 高标准农田建设项目竣工后，应由项目主管部门按照相关项目现行管理规定组织验收。

7.3.2 应在各单项工程项目竣工验收的基础上，开展年度和规划期内的整体考核。

7.4 统计

7.4.1 应建立高标准农田建设统计制度，定期上报高标准农田建设情况，跟踪监测已建成高标准农田的使用情况与效益。高标准农田建设统计表见附录 C。

7.4.2 高标准农田建设情况应适时向社会发布。社会发布宜采用报告、公告、蓝皮书等形式。

7.5 信息化建设与档案管理

7.5.1 应采用信息化手段对高标准农田建设和利用的全过程进行管理，实现集中统一、全程全面、实时动态的管理目标。

7.5.2 应利用国土资源综合信息监管平台，定期全面报备建设信息，实现信息“上图入库”管理和部门信息共享。

7.5.3 应及时将与高标准农田建设相关的管理、技术等资料立卷归档，归档资料应真实、完整。

8 监测与评价

8.1 高标准农田建成后，应开展耕地质量和地力等级评定及动态监测评价，监测的内容包括农田基础设施、耕作便利条件、土地利用状况、生产管理水平、土壤有机质含量、土壤酸碱度等。耕地质量评定按照 GB/T 28407、GB/T 28405 规定执行，地力等级评定按照有关标准和国家相关规定执行。

8.2 应开展高标准农田建设绩效评价，对建设情况进行全面调查、分析和评价。

9 建后管护与利用

9.1 基本农田划定与保护

9.1.1 建成的高标准农田应划定为基本农田。

9.1.2 编制、更新基本农田相关图、表、册，完善基本农田数据库，设立统一标识，落实保护责任，实行永久保护。

9.2 土壤培肥

9.2.1 建成后的高标准农田应通过施有机肥、秸秆还田、种植绿肥等措施，实现土壤肥力保持或持续提高，使土壤有机质含量达到当地中值以上水平。禁止将利用有害垃圾、污泥及各种工矿废弃物制作的有机肥投入到农田中。

9.2.2 建成后的高标准农田应持续实施测土配方施肥，覆盖率应达到95%以上，保持土壤养分平衡，各项养分含量指标应达到并保持在当地土壤养分丰缺指标体系的中值水平左右。

9.3 农业科技配套与应用

9.3.1 高标准农田建成后，应加强农业科技配套与应用。机械化耕、种、收综合作业水平应达到50%以上。

9.3.2 优良品种覆盖率应达到95%以上。病虫害统防统治覆盖率应达到50%以上，有条件的地方应推广保护性耕作技术和节水农业技术。

9.4 工程管护

9.4.1 建立政府主导，农村集体经济组织管理，农户、专业管护人员以及专业协会等共同参与的管护体系。

9.4.2 按照谁受益、谁管护的原则，明确管护主体、管护责任和管护义务，办理移交手续，签订后期管护合同。管护主体应对各项工程设施进行经常性检查维护，确保长期有效稳定利用。

9.4.3 加强地质灾害、土壤污染、地表沉陷等灾害防治的新技术应用，提高高标准农田的防灾减灾水平。

附　录　A
（规范性附录）
高标准农田建设工程体系

按照高标准农田建设的工程建设类型、特征及内部联系构建高标准农田建设工程体系，形成工程体系表，见表A.1。

表A.1　高标准农田建设工程体系表

一级		二级		三级		说明
编号	名称	编号	名称	编号	名称	
1	土地平整工程					
		1.1	耕作田块修筑工程			按照一定的田块设计标准所开展的土方挖填和埂坎修筑等措施
				1.1.1	条田	在地形相对较缓地区，依据灌排水方向所进行的几何形状为长方形或近似长方形的水平田块修筑工程。水田区条田可细分为格田
				1.1.2	梯田	在地面坡度相对较陡地区，依据地形和等高线所进行的阶梯状田块修筑工程。按照断面形式不同，梯田分水平梯田和坡式梯田等类型
				1.1.3	其他田块	除上述条田、梯田之外的其他田块修筑工程
		1.2	耕作层地力保持工程			为充分保护及利用原有耕地的熟化土层和建设新增耕地的宜耕土层而采取的各种措施
				1.2.1	客土回填	当项目区内土层厚度和耕作土壤质量不能满足作物生长、农田灌溉排水和耕作需要时，从区外运土填筑到回填部位的土方搬移活动
				1.2.2	表土保护	在田面平整之前，对原有可利用的表层土进行剥离收集，待田面平整后再将剥离表土还原铺平的一种措施
2	土壤改良工程					
		2.1	沙（黏）质土壤治理			为解决土壤过沙或过黏的状况，调节土壤结构，改良土壤质地，而采取掺黏或掺沙等措施
		2.2	酸化和盐碱土壤治理			为调整土壤酸化和盐碱程度，使其达到正常水平，满足农业种植需求而采取的措施
		2.3	污染土壤修复			为减少土壤有害物质所采取的物理、化学和生物等措施
		2.4	地力培肥			为提高耕地基础地力贡献率，保持土壤肥力水平所采取的工程、农学和生物等措施

表 A.1（续）

一级		二级		三级		说明
编号	名称	编号	名称	编号	名称	
3	灌溉与排水工程					
		3.1	水源工程			为农业灌溉所修建的拦蓄、引提和储存地表水、地下水等工程的总称
				3.1.1	塘堰(坝)	用于拦截和集蓄当地地表径流的挡水建筑物。包括堰、塘、坝等
				3.1.2	小型拦河坝(闸)	以拦蓄河道径流或潜层地下水为主,用以壅高水位的挡水建筑物。包括小型拦河坝、小型拦河闸等
				3.1.3	农用井	在地面以下凿井、利用动力机械提取地下水的取水工程。包括大口井、管井和辐射井等
				3.1.4	小型集雨设施	在坡面上修建的拦蓄地表径流的蓄水池、水窖、水柜等蓄水建筑物
		3.2	输水工程			修筑在地表附近用于输送水至用水部位的工程
				3.2.1	明渠	在地表开挖和填筑的具有自由水流面的地上输水工程
				3.2.2	管道	在地面或地下修建的具有压力水面的输水工程
				3.2.3	地面灌溉	灌溉水由明渠或管道送达田间后,在田间修筑的临时输水工程。包括沟灌、畦灌、淹灌三种类型
		3.3	喷微灌工程			节水灌溉措施的一种,包括喷灌、微灌
				3.3.1	喷灌	利用专门设备将水加压并通过喷头以喷洒方式进行灌水的工程措施
				3.3.2	微灌	利用专门设备将水加压并以微小水量喷洒、滴入等方式进行灌水的工程措施。包括滴灌、微喷灌、渗灌等
		3.4	排水工程			将农田中过多的地表水、土壤水和地下水排除,改善土壤中水、肥、气、热关系,以利于作物生长的工程措施
				3.4.1	明沟	在地表开挖或填筑的具有自由水面的地上排水工程
				3.4.2	暗渠(管)	在地表以下修筑的地下排水工程

表 A.1（续）

一级		二级		三级		说明
编号	名称	编号	名称	编号	名称	
		3.5	渠系建筑物工程			渠道或沟道互为交叉、渠道或沟道与道路交叉或跨越(穿过)低地、高地时修建的控制或输水建筑物
				3.5.1	水闸	修建在渠道或河道处控制水量和调节水位的控制建筑物。包括节制闸、进水闸、冲沙闸、退水闸、分水闸等
				3.5.2	渡槽	输水工程跨越低地、排水沟及交通道路时修建的桥式输水建筑物
				3.5.3	倒虹吸	输水工程穿过低地、排水沟或交通道路时以虹吸形式敷设于地下的压力管道式输水建筑物
				3.5.4	农桥	田间道路跨越河流、洼地、渠道、排水沟等障碍物而修建的过载建筑物
				3.5.5	涵洞	田间道路跨越渠道、排水沟时埋设在填土面以下的输水建筑物
				3.5.6	跌水、陡坡	连接两段不同高程的渠道或排洪沟，使水流直接跌落形成阶梯式或陡槽式落差的输水建筑物
				3.5.7	量水设施	修建在渠道或渠系建筑物上用以测算通过水量的建筑物
		3.6	泵站			由抽水装置、辅助设备及配套建筑物组成的工程设施，亦称抽水站、扬水站
4	田间道路工程					
		4.1	田间道(机耕路)			连接田块与田块、田块与附近村庄，供农业机械、农用物资和农产品运输通行修建的道路
		4.2	生产路			项目区内连接田块与田间道、田块之间，供小型农机行走和人员通行的道路
5	农田防护与生态环境保持工程					

表 A.1（续）

一级		二级		三级		说明
编号	名称	编号	名称	编号	名称	
		5.1	农田林网工程			用于农田防风、改善农田气候条件、防止水土流失、促进作物生长和提供休憩庇荫场所的农田植树工程
				5.1.1	农田防风林	在田块周围营造的以防治风沙或台风灾害、改善农作物生长条件为主要目的的人工林
				5.1.2	梯田埂坎防护林	在梯田埂坎处营造的以防止水土流失、保护梯田埂坎安全为主要目的的人工林
				5.1.3	护路护沟林	在田间道路、排水沟、渠道两侧营造的以防止水土流失、保护岸坡安全、提供休憩庇荫场所为主要目的的人工林
				5.1.4	护岸林	在河流、水库、湖库的岸坡处营造的以防止水土流失、保护岸坡安全为主要目的的人工林
		5.2	岸坡防护工程			为稳定农田周边岸坡和土堤的安全、保护坡面免受冲刷而采取的工程措施
				5.2.1	护堤	为保护现有堤防免受水流、风浪侵袭和冲刷所建的小型堤防工程
				5.2.2	护岸	为保护农田免受水流、风浪侵袭和冲刷，在河湖海库的岸坡上修建的工程设施
		5.3	沟道治理工程			为固定沟床、防治沟蚀、减轻山洪及泥沙危害，合理开发利用水土资源而采取的工程措施
				5.3.1	谷坊	横筑于易受地表径流冲刷侵蚀的小沟道的小型固沟、拦泥、滞洪建筑物
				5.3.2	沟头防护	为防止径流冲刷引起沟头延伸和坡面侵蚀而采取的工程措施
				5.3.3	拦沙坝	在河道上修建的以拦蓄山洪、泥石流等固体物质为主要目的的拦挡建筑物
		5.4	坡面防护工程			为防治坡面水土流失，防止坡下农田冲刷损毁，保护和合理利用坡面水土资源而采取的工程措施

表 A.1（续）

一级		二级		三级		说明
编号	名称	编号	名称	编号	名称	
				5.4.1	截水沟	在坡地上沿等高线开挖，用于拦截坡面雨水径流，并导引雨水径流的沟槽工程
				5.4.2	排洪沟	在坡面上修建的用以拦蓄、疏导坡地径流，并导引雨水、防治洪水灾害的沟槽工程
6	农田输配电工程	6.1	输电线路工程			通过导线将电能由某一处输送到目的地的工程
				6.1.1	高压输电线路	输送高压电能的线路。一般分为电缆输电线路和架空输电线路
				6.1.2	低压输电线路	输送低压电能的线路。一般分为电缆输电线路和架空输电线路
				6.1.3	弱电输电线路	输送弱电所需的线路，一般为信号线，主要包括网络线、电话线、监控线、射频电缆、电视线等
		6.2	变配电装置			承担降压或使用配电设备，通过配电网络进行电能重新分配的装置
				6.2.1	变压器	电能输送过程中改变电流电压的设施
				6.2.2	配电箱(屏)	按电气接线要求将开关设备、测量仪表、保护电器和辅助设备组装在封闭或半封闭的金属柜中或屏幅上所构成的低压配电装置
				6.2.3	其他变配电装置	其他变配电的相关设施，包括断路器、互感器、起动器、避雷器、接地装置、弱电井等相关设施
7	其他工程					
		7.1	田间监测工程			为动态监测耕地质量而修建的监测小区和监测设施
				7.1.1	耕地质量监测	在田间修建的监测小区、监测设施和标识

附 录 B
（资料性附录）
高标准农田建设工程技术要求

B.1 土地平整工程

B.1.1 应因地制宜地进行耕作田块布置，田块长边方向以南北方向为宜；在水蚀较强的地区，田块长边宜与等高线平行布置；在风蚀地区，田块长边与主害风向交角应大于60°。

B.1.2 应实现田面平整，水田格田内田面高差应不超过±3 cm，水浇地畦田内田面高差应不超过±5 cm；采用喷、微灌时，田面高差不宜大于15 cm。

B.1.3 平原区以修筑条田（方田）为主，平原区条田长度宜为200 m～1 000 m，南方平原区宜为100 m～600 m；条田宽度取决于机械作业宽度的倍数，宜为50 m～300 m。

B.1.4 丘陵区以修筑梯田为主，并配套坡面防护设施，梯田田面长边宜平行等高线布置，长度宜为100 m～200 m。田面宽度应便于机械作业和田间管理。

B.1.5 水田区耕作田块内部宜布置格田。格田长度宜为30 m～120 m，宽度宜为20 m～40 m；格田之间宜以田埂为界。

B.1.6 梯田土坎高度不宜超过2 m，石坎高度不宜超过3 m。在易造成冲刷的土石山区，应结合石块、砾石的清理，就地取材修筑石坎；在土质黏性较好的区域，宜采用土坎；在土质稳定较差、易造成水土流失的地区，宜采用石坎、土石混合坎或植物坎。

B.2 土壤改良工程

B.2.1 土壤质地改良时，掺沙、掺黏一般应就地取材。改良后的土壤宜达到三泥七沙或四泥六沙的壤土范围。

B.2.2 酸化和盐碱土壤治理时，应根据土壤酸化程度，利用生石灰或土壤调理剂改良酸化土壤，生石灰用量控制在1 000 kg/hm^2～3 000 kg/hm^2，施用有机肥不小于30 000 kg/hm^2，改良后南方土壤pH应保持在5.5以上，北方土壤pH应保持在6.0～7.5。盐碱土壤治理通过工程排盐和生物、化学措施，施有机肥量应不少于15 000 kg/hm^2，使土壤pH不高于8.5。

B.2.3 土壤培肥时，低肥力土壤施用有机肥应不少于3 000 kg/hm^2，种植绿肥生物量应不小于22 500 kg/hm^2，秸秆还田量应不小于9 000 kg/hm^2，使土壤肥力水平达到当地中等水平。中高肥力土壤应保持常规有机肥料使用量。

B.3 灌溉与排水工程

B.3.1 按照灌溉规模、地形条件、交通与耕作要求，合理布置各级输配水渠道。各级渠道应有配套完善的渠系建筑物，实现引水有门、分水有闸、过路有桥（涵），管理方便，运行良好。

B.3.2 灌溉设计保证率应参照表B.1及地方用水定额标准确定。南方水稻区的灌溉设计保证率可按抗旱天数表示，单季稻区可取30 d～50 d，双季稻区可取50 d～70 d，经济较发达地区可按上述标准提高10 d～20 d。

表 B.1 灌溉设计保证率表

<table>
<tr><th>灌水方法</th><th>地区</th><th>作物种类</th><th>灌溉设计保证率/%</th></tr>
<tr><td rowspan="6">地面灌溉</td><td rowspan="2">干旱地区或水资源紧缺地区</td><td>以旱作为主</td><td>50～75</td></tr>
<tr><td>以水稻为主</td><td>70～80</td></tr>
<tr><td rowspan="2">半干旱、半湿润地区或水资源不稳定地区</td><td>以旱作为主</td><td>70～80</td></tr>
<tr><td>以水稻为主</td><td>75～85</td></tr>
<tr><td rowspan="2">湿润地区或水资源丰富地区</td><td>以旱作为主</td><td>75～85</td></tr>
<tr><td>以水稻为主</td><td>80～95</td></tr>
<tr><td>喷灌、微灌</td><td>各类地区</td><td>各类作物</td><td>85～95</td></tr>
<tr><td colspan="4">注 1：作物经济价值较高的地区，宜选用表中较大值，作物经济价值不高的地区，可选用表中较小值。
注 2：引洪淤灌系统的灌溉设计保证率可取 30%～50%。</td></tr>
</table>

B.3.3 应采取多种节水措施减少输配水损失，渗漏严重地区的渠道宜进行防渗衬砌，提高渠系水利用系数，防渗衬砌宜采取生态型结构型式。

B.3.4 排水沟应满足农田排涝、防渍和防治土壤盐碱化等的要求，有防治盐碱要求的农田地下水埋深应满足区域返盐季节地下水临界深度。

B.3.5 在水源地势低无自流灌溉条件或采用自流灌溉不经济时，可修建灌溉泵站、机井；在排水区水位低于排水沟水位无自流排除条件时，可修建排水泵站。

B.3.6 季节性冻土深度大于 10 cm 的衬砌渠道以及标准冻深大于 30 cm 的建筑物工程应进行抗冻胀设计。固定暗渠、管道埋深应在冻土层以下，且不小于 60 cm，管道系统末端需布置泄水井。

B.4 田间道路工程

B.4.1 田间道路工程应尽量减少占地面积，宜与沟渠、林带结合布置，提高土地节约集约利用率。宜设置必要的下田坡道、错车点和末端掉头点。

B.4.2 田间道路面宜采用混凝土、沥青、碎石等材质，可设置路肩，路肩宽宜为 30 cm。在暴雨冲刷严重的区域，田间道路面应采用硬化措施。

B.4.3 生产路路面宜采用碎石、素土等材质。在南方暴雨集中地区，生产路路面可采用泥结石、混凝土等材质。

B.5 农田防护与生态环境保持工程

B.5.1 农田林网工程布设应与田块、沟渠、道路有机衔接。在有显著主害风的地区，宜采取长方形网格配置，应尽可能与生态林、环村林等相结合。

B.5.2 在建设农田林网工程时，应选择表现良好的乡土树种和适合当地条件的配置方式。一般宽林带可采用不同树种混交配置，窄林带可为纯林。

B.5.3 林木成活率宜达到 90%以上，三年后保存率宜达到 85%以上，林相整齐，结构合理，平原区农田林网控制率宜不低于 80%。

B.5.4 应合理布置截水沟、排洪沟等工程，系统拦蓄和排泄坡面径流，形成配套完善的坡面和沟道防护体系。

B.6 农田输配电工程

B.6.1 应根据输送容量、供电半径选择输配电线路导线截面和输送方式，合理布设变电站，确定主变电容量、电压等级、馈线分布、负荷分配及保护方式。设计标准应满足电力系统安装与运行有关规定，提高输电效率，保证运行安全。

B.6.2 高压线的线间距应在保障安全的前提下，结合运行经验确定；塔杆宜采用拉线塔杆或钢筋混凝土杆，应在塔杆上标明线路的名称、代号、塔杆号和警示标识等；塔基宜选用钢筋混凝土基础或混凝土基础。

B.6.3 低压线路宜采用低压电缆，设置警示标识。采用埋地敷设时，在电缆上应铺砖或者类似的保护层，地埋线应敷设在冻土层以下，且深度应大于 0.7 m；采用室外明敷时，应尽量避免日光直射。

B.6.4 变配电设施宜采用地上变台或杆上变台，设置警示标识。变压器外壳距地面建筑物的净距离应大于 0.8 m；变压器装设在杆上时，无遮拦导电部分距地面应大于 3.5 m。变压器的绝缘子最低瓷裙距地面高度小于 2.5 m 时，应设置固定围栏，其高度应大于 1.5 m。

附 录 C
（规范性附录）
高标准农田建设统计表

高标准农田建设统计表包括高标准农田建设项目基本信息表、高标准农田建设完成情况表和高标准农田使用情况与效益表。高标准农田建设统计表根据管理要求实行逐级、定期报送。基本表式见表 C.1、表 C.2 和表 C.3。

表 C.1 高标准农田建设项目基本信息表

名 称	单位	数值	备注
一、项目概况			
1.建设地点			
2.项目区拐点坐标			
3.建设规模	hm^2		
4.建成高标准农田面积	hm^2		
5.建成高标准农田平均等别			
6.新增耕地面积	hm^2		
7.新增有效灌溉面积	hm^2		
8.新增排涝面积	hm^2		
9.土壤改良面积	hm^2		
10.新增粮食产能	t		
二、建设资金			
1.国土	万元		
2.水利	万元		
3.农业	万元		
4.林业	万元		
5.财政农业综合开发	万元		
6.其他	万元		
三、主要工程内容			
1.渠(沟)道	km		
其中衬砌渠(沟)道	km		
2.输水管道	km		
3.塘坝(堰)	座		
4.蓄水池	座		
5.泵站	座		
6.农用井	口		
7.渠系建筑物	座		

表 C.1（续）

名　称	单位	数值	备注
8.田间道(机耕路)	km		
9.生产路	km		
10.高压输配电线路	km		
11.低压输电线路	km		
12.农田林网	株		
13.耕地质量监测点	个		
……			

注1：建设地点：指高标准农田建设所在的县级、乡级和村级单位名称。

注2：项目区拐点坐标：指项目区各个拐点的 X 坐标和 Y 坐标，采用1980年国家大地坐标系，精确到毫米，即小数点后三位。

注3：建设规模：指开展高标准农田建设的面积。

注4：建成高标准农田平均等别：年度内建成的不同质量等别高标准农田的等别面积加权平均值，介于1～15之间，保留一位小数。

注5：土壤改良面积：指沙(黏)质土壤治理、酸化和盐碱土壤治理、污染土壤修复的面积。

单位负责人：　　　　填报人：　　　　报送时间：××××年××月××日

统计时间：××××年××月～××××年××月

表 C.2　高标准农田建设完成情况表

行政区域	高标准农田建设任务/hm^2	不同建设方式建成高标准农田面积/hm^2			不同部门建成高标准农田面积/hm^2							资金来源/万元						
		合计	项目方式	其他方式	合计	国土	水利	农业	林业	财政农发	其他	合计	国土	水利	农业	林业	财政农发	其他

注：建设方式：包括项目方式和其他方式，其中项目方式指各级各类资金投入按照立项、设计、实施、验收等完整程序而开展的高标准农田建设的方式；其他方式指非项目形式开展高标准农田建设的方式。

单位负责人：　　　　填报人：　　　　报送时间：××××年××月××日

统计时间：××××年××月～××××年××月

表 C.3　高标准农田使用情况与效益表

名　称	单位	数值	备注
1.经营者数量	个		
2.粮食作物播种面积	hm^2		
3.粮食作物单位面积产量	t/hm^2		
4.粮食作物销售收入	万元		

表 C.3（续）

名　称	单位	数值	备注
5.经济作物播种面积	hm^2		
6.经济作物销售收入	万元		
7.当年工程损毁面积	hm^2		
8.当年工程损毁折价	万元		
9.当年工程修复投入	万元		
注 1：经营者包括集体、企业、农场或农户。 **注 2**：本表由县级人民政府统计。			

单位负责人：　　　　填报人：　　　　报送时间：××××年××月××日

统计时间：××××年××月～××××年××月

参 考 文 献

[1] GB/T 15776—2006 造林技术规程
[2] GB/T 16453.1—2008 水土保持综合治理 技术规范 坡耕地治理技术
[3] GB/T 18337.3—2001 生态公益林建设 技术规程
[4] GB/T 24689.7—2009 植物保护机械 农林作物病虫观测场
[5] LY/T 1607—2003 造林作业设计规程
[6] NY/T 2148—2012 高标准农田建设标准
[7] NY/T 1782—2009 农田土壤墒情监测技术规范
[8] NY/T 1634—2008 耕地地力调查与质量评价技术规程
[9] NY/T 1120—2006 耕地质量验收技术规范
[10] NY/T 1119—2012 耕地质量监测技术规程
[11] NY 525—2012 有机肥料
[12] NY/T 309—1996 全国耕地类型区、耕地地力等级划分
[13] TD/T 1033—2012 高标准基本农田建设标准
[14] TD/T 1032—2011 基本农田划定技术规程
[15] 国家农业综合开发高标准农田建设示范工程建设标准(试行)(国农办〔2009〕163号)
[16] 平原绿化工程建设技术规定(林造发〔2013〕31号)

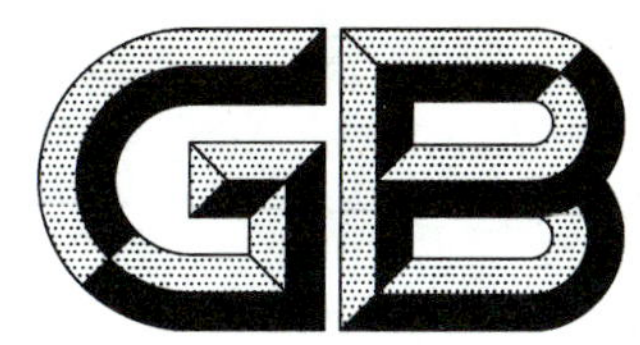

中华人民共和国国家标准

GB 30601—2014

食品安全国家标准
食品添加剂　对羟基苯甲酸甲酯钠

2014-04-29 发布　　2014-11-01 实施

中华人民共和国
国家卫生和计划生育委员会　发布

食品安全国家标准
食品添加剂　对羟基苯甲酸甲酯钠

1　范围

本标准适用于在氢氧化钠水溶液中加入对羟基苯甲酸甲酯反应后精制而成的食品添加剂对羟基苯甲酸甲酯钠。

2　化学名称、分子式、结构式和相对分子质量

2.1　化学名称

对羟基苯甲酸甲酯钠。

2.2　分子式

$C_8H_7NaO_3$。

2.3　结构式

2.4　相对分子质量

174.15(按2007年国际相对原子质量)。

3　技术要求

3.1　感官要求

感官要求应符合表1的规定。

表1　感官要求

项　目	要　求	检验方法
色泽	白色或近白色	取适量试样，置于清洁、干燥的白瓷盘中，在自然光线下观察
状态	粉末	

3.2　理化指标

理化指标应符合表2的规定。

表 2 理化指标

<table>
<tr><th colspan="2">项 目</th><th></th><th>指 标</th><th>检验方法</th></tr>
<tr><td colspan="2">对羟基苯甲酸甲酯钠(以干基计)(质量分数)/%</td><td></td><td>98.5～101.5</td><td>附录 A 中 A.3</td></tr>
<tr><td colspan="2">水分(质量分数)/%</td><td>≤</td><td>5.0</td><td>GB 5009.3 卡尔·费休法</td></tr>
<tr><td colspan="2">pH(1 g/L 水溶液)</td><td></td><td>9.5～10.5</td><td>GB/T 9724(0.10 g 试样,溶于 100 mL 水)</td></tr>
<tr><td colspan="2">氯化物(以 Cl^- 计)(质量分数)/%</td><td>≤</td><td>0.035</td><td>A.4</td></tr>
<tr><td colspan="2">硫酸盐(以 SO_4^{2-} 计)(质量分数)/%</td><td>≤</td><td>0.030</td><td>A.5</td></tr>
<tr><td rowspan="3">杂质</td><td>对羟基苯甲酸(质量分数)/%</td><td>≤</td><td>4.0</td><td rowspan="3">A.6</td></tr>
<tr><td>其他单一杂质(质量分数)/%</td><td>≤</td><td>0.5</td></tr>
<tr><td>其他单一杂质之和(质量分数)/%</td><td>≤</td><td>1.0</td></tr>
<tr><td colspan="2">溶液的澄清度与颜色</td><td></td><td>通过试验</td><td>A.7</td></tr>
<tr><td colspan="2">铅(Pb)/(mg/kg)</td><td>≤</td><td>2</td><td>A.8</td></tr>
</table>

附 录 A

检验方法

A.1 一般规定

除非另有说明,在分析中仅使用确认为分析纯的试剂和 GB/T 6682 中规定的三级水。

分析中所用标准滴定溶液、杂质标准溶液、制剂及制品,在没有注明其他要求时,均按 GB/T 601、GB/T 602 和GB/T 603 之规定制备。试验中所用溶液在未注明用何种溶剂配制时,均指水溶液。

A.2 鉴别试验

A.2.1 试剂和材料

A.2.1.1 盐酸。

A.2.1.2 盐酸溶液:1+1。

A.2.1.3 碳酸钠溶液:106 g/L。

A.2.1.4 铁氰化钾溶液:53 g/L。

A.2.1.5 4-氨基安替比林-硼酸盐缓冲溶液:0.1%。

量取含 0.618%硼酸的 0.1 mol/L 氯化钾溶液 1 000 mL 与 0.1 mol/L 氢氧化钠溶液 420 mL 混合,得到 pH9.0 的硼酸盐缓冲溶液。

取 1 g 4-氨基安替比林溶于 1 000 mL 硼酸盐缓冲溶液中。

A.2.1.6 乙酸氧铀锌溶液。

称取 10 g 乙酸双氧铀,加 5 mL 冰乙酸和 50 mL 水,微热使溶解;称取 30 g 乙酸锌,加 3 mL 冰乙酸和 30 mL 水,微热使溶解;将两溶液混合,放冷,过滤,即得。

A.2.2 鉴别步骤

A.2.2.1 对羟基苯甲酸甲酯的熔点

称取 0.5 g 试样,精确至 0.01 g,加入 50 mL 水使溶解,立即加 5 mL 盐酸,振摇,过滤,用水充分洗涤沉淀,在 80 ℃下减压干燥 2 h。按 GB/T 617 测定试样熔点,熔点为 125 ℃~128 ℃。

A.2.2.2 显色反应

取 0.01 g 试样,置于试管中,加 1 mL 碳酸钠溶液,加热煮沸 30 s,冷却,加入 5 mL 4-氨基安替比林-硼酸盐缓冲溶液和 1 mL 铁氰化钾溶液,混匀,溶液变为红色。

A.2.2.3 钠盐试验

铂丝用盐酸湿润后,蘸取样品,在无色火焰中燃烧,火焰应显鲜黄色。

称取 1 g 试样,精确至 0.01 g,用适量的水溶解,加 1 mL 盐酸溶液,用水稀释至 20 mL。取 1 mL 该试样溶液,加 5 mL 乙酸氧铀锌溶液,摇匀,有黄色沉淀产生。

A.3 对羟基苯甲酸甲酯钠含量的测定

A.3.1 试剂和材料

A.3.1.1 冰乙酸。

A.3.1.2 高氯酸标准滴定溶液：$c(HClO_4)=0.1\ mol/L$。

A.3.2 分析步骤

称取约 0.15 g 样品，精确至 0.000 1 g，加 50 mL 冰乙酸溶解，用高氯酸标准滴定溶液滴定，电位滴定法指示终点。同时进行空白试验。

A.3.3 结果计算

对羟基苯甲酸甲酯钠（干基计）的质量分数 w_1 按式（A.1）计算：

$$w_1=\frac{(V_1-V_2)\times c\times M}{m\times 1\ 000}\times 100\% \qquad \cdots\cdots\cdots\cdots(A.1)$$

式中：

V_1 ——空白消耗高氯酸标准滴定溶液体积的数值，单位为毫升（mL）；

V_2 ——样品消耗高氯酸标准滴定溶液体积的数值，单位为毫升（mL）；

c ——高氯酸标准滴定溶液浓度的准确数值，单位为摩尔每升（mol/L）；

M ——对羟基苯甲酸甲酯钠（$C_8H_7NaO_3$）的摩尔质量的数值，单位为克每摩尔（g/mol）（$M=174.1$）；

m ——换算为干基后样品的质量的数值，单位为克（g）；

1 000 ——换算因子。

取两次平行测定结果的算术平均值为报告结果。两次平行测定结果的绝对差值不大于 1.0%。

A.4 氯化物的测定

A.4.1 试剂和材料

A.4.1.1 硝酸溶液：1+9。

A.4.1.2 硝酸银溶液：17 g/L。

A.4.1.3 氯化物（Cl^-）标准溶液：0.01 mg/mL。

A.4.2 分析步骤

称取 2.0 g 样品，加 40 mL 水溶解，用硝酸溶液调节溶液至中性，用水稀释至 50 mL，振摇，过滤，保留滤液。取滤液 5.0 mL，作为试验溶液，置于 50 mL 纳氏比色管中，加 10 mL 硝酸溶液，加水至体积约 40 mL，加 1.0 mL 硝酸银溶液，用水稀释至 50 mL，摇匀，暗处放置 5 min，在黑色背景下，轴向观察，试验溶液所呈浊度不得大于标准。

标准是量取 7.0 mL 氯化物（Cl^-）标准溶液，与试验溶液同时同样处理。

A.5 硫酸盐的测定

A.5.1 试剂和材料

A.5.1.1 盐酸溶液：1+3。

A.5.1.2 氯化钡溶液:250 g/L。

A.5.1.3 硫酸钾标准溶液:0.1 mg/mL。

A.5.2 分析步骤

量取 A.4.2 的滤液 25 mL,作为试验溶液,置于 50 mL 纳氏比色管中,加 2 mL 盐酸溶液,加水至体积约 40 mL,加 5 mL 氯化钡溶液,用水稀释至 50 mL,摇匀,放置 10 min,在黑色背景下,轴向观察,试验溶液所呈浊度不得大于标准。

标准是量取 2.4 mL 硫酸钾标准溶液,与试验溶液同时同样处理。

A.6 杂质的测定

A.6.1 方法提要

用高效液相色谱法,在选定的工作条件下,通过色谱柱使样品溶液中各组分分离,用紫外吸收检测器检测,外标法定量,得到样品中各杂质的含量。

A.6.2 试剂和材料

A.6.2.1 对羟基苯甲酸甲酯钠:色谱纯,质量分数≥95%。

A.6.2.2 对羟基苯甲酸:质量分数≥99%。

A.6.2.3 甲醇。

A.6.2.4 冰乙酸溶液:1→100。

A.6.3 仪器和设备

A.6.3.1 高效液相色谱仪(HPLC):配有紫外光检测器。

A.6.3.2 进样器:自动进样器或 50 μL 微量进样器。

A.6.3.3 数据处理系统:色谱工作站或数据处理机。

A.6.4 色谱分析条件

推荐的色谱柱及典型操作条件见表 A.1,其他能达到同等分离程度的色谱柱和色谱操作条件均可使用。

表 A.1 色谱柱和典型色谱操作条件

项目	操作条件
色谱柱	250 mm×4.6 mm(柱长×柱内径)不锈钢柱,十八烷基硅烷键合硅胶为固定相,粒径 3 μm~10 μm
流动相	甲醇:乙酸溶液=60:40
流动速度/(mL/min)	0.8
柱温/℃	室温,不超过 40 ℃
检测器检测波长/nm	254
进样量/μL	20

A.6.5 分析步骤

A.6.5.1 对羟基苯甲酸甲酯钠和对羟基苯甲酸混合溶液的制备

分别称取适量对羟基苯甲酸甲酯钠、对羟基苯甲酸，用流动相溶解、摇匀并稀释，制成各含对羟基苯甲酸甲酯钠、对羟基苯甲酸 0.1 mg/mL 的混合溶液。

A.6.5.2 样品溶液的制备

称取适量样品，用流动相溶解并稀释，制成 1.0 mg/mL 的样品溶液。

A.6.5.3 对照溶液的制备

准确量取样品溶液适量，用流动相稀释，制成 10 μg/mL 的对照溶液。

A.6.5.4 测定

按高效液相色谱操作规程调节仪器，使基线平稳，进样 20 μL 对羟基苯甲酸甲酯钠和对羟基苯甲酸混合溶液，记录色谱图，理论板数按对羟基苯甲酸甲酯钠峰计算不低于 8 000，对羟基苯甲酸甲酯钠峰与对羟基苯甲酸峰的分离度大于 1.5。进样 20 μL 对照溶液，调节检测灵敏度，使羟基苯甲酸甲酯钠峰峰高约为满量程的 20%。分别准确进样 20 μL 对照溶液和样品溶液，记录色谱图至对羟基苯甲酸甲酯钠峰保留时间的 4 倍。

A.6.6 结果计算

样品溶液色谱图中如有对羟基苯甲酸峰，其峰面积不得大于对照溶液中对羟基苯甲酸甲酯钠峰面积的 4 倍。其他单个杂质峰面积不得大于对照溶液中对羟基苯甲酸甲酯钠峰面积的 0.5 倍。其他各杂质峰面积的和不得大于对照溶液中对羟基苯甲酸甲酯钠峰面积。

A.7 溶液的澄清度与颜色

A.7.1 试剂和材料

A.7.1.1 比色用重铬酸钾溶液的制备

称取 0.400 0 g 在 120 ℃干燥至恒量的基准重铬酸钾，置于 500 mL 容量瓶中，加适量水溶解并稀释至刻度，摇匀。该溶液含重铬酸钾($K_2Cr_2O_7$)0.800 mg/mL。

A.7.1.2 比色用硫酸铜溶液的制备

称取约 32.5 g 五水合硫酸铜，精确至 0.01 g，加适量盐酸溶液(1→40)溶解，转入 500 mL 容量瓶中，用盐酸溶液(1→40)稀释至刻度。准确量取 10.0 mL 该溶液于碘量瓶中，加 50 mL 水和 4 mL 乙酸、2 g 碘化钾，用硫代硫酸钠标准滴定溶液[$c(Na_2S_2O_3)=0.1$ mol/L]滴定，近终点时，加 2 mL 淀粉指示液，继续滴定至蓝色消失，记录消耗硫代硫酸钠标准滴定溶液的体积数。每 1 mL 硫代硫酸钠标准滴定溶液相当于 24.97 mg 的五水合硫酸铜($CuSO_4 \cdot 5H_2O$)。根据上述滴定结果，在剩余的硫酸铜溶液中加入适量盐酸溶液(1→40)，配制成含五水合硫酸铜($CuSO_4 \cdot 5H_2O$)62.4 mg/mL 溶液。

A.7.1.3 比色用氯化钴溶液的制备

称取约 32.5 g 六水合氯化钴，精确至 0.01 g，加适量盐酸溶液(1→40)溶解，转入 500 mL 容量瓶中，用盐酸溶液(1→40)稀释至刻度。准确量取 2.0 mL 该溶液于锥形瓶中，加 200 mL 水摇匀，加氨水溶液至氯化钴溶液由浅红色变为绿色，加 10 mL 乙酸-乙酸钠缓冲溶液(pH6.0)，加热至 60 ℃，加 5 滴二甲酚橙指示液，用乙二胺四乙酸二钠标准滴定溶液[c(EDTA)=0.05 mol/L]滴定至溶液显黄色，记录消耗硫代硫酸钠标准滴定溶液的体积数。每 1 mL 乙二胺四乙酸二钠标准滴定溶液相当于 11.90 mg 的六水合氯化钴($CoCl_2 \cdot 6H_2O$)。根据上述滴定结果，在剩余的氯化钴溶液中加入适量盐酸溶液(1→40)，配制成含六水合氯化钴($CoCl_2 \cdot 6H_2O$)59.5 mg/mL 溶液。

A.7.1.4 标准比色液的制备

准确量取 22.5 mL 比色用氯化钴溶液、12.5 mL 比色用重铬酸钾液、20.0 mL 比色用硫酸铜溶液和 45.0 mL 水，混合摇匀，作为标准比色液的贮备液。准确量取 1.5 mL 标准比色液贮备液，加 8.5 mL 水，混合摇匀，得标准比色液。

A.7.2 分析步骤

称取 1.0 g 试样，置于 25 mL 纳氏比色管中，加 10 mL 水溶解，溶液应澄清。另取标准比色液 10 mL，置于另一 25 mL 纳氏比色管中，两管同置白色背景下，自上向下透视，或同置白色背景前，平视观察，试样溶液呈现的颜色不得深于标准比色液颜色。

A.8 铅的测定

按 GB 5009.12—2010 中“石墨炉原子吸收光谱法”或“火焰原子吸收光谱法”进行。其中，试样不需预处理，试样消解可根据实验室条件选用“干法灰化”或“湿式消解法”进行，并视样品情况将试样溶液进行适当的稀释。

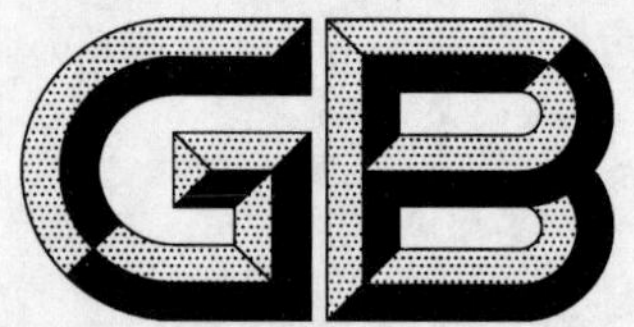

中华人民共和国国家标准

GB 30602—2014

食品安全国家标准

食品添加剂　对羟基苯甲酸乙酯钠

2014-04-29 发布　　2014-11-01 实施

中华人民共和国国家卫生和计划生育委员会　发布

食品安全国家标准

食品添加剂　对羟基苯甲酸乙酯钠

1　范围

本标准适用于在氢氧化钠水溶液中加入对羟基苯甲酸乙酯反应后精制而成的食品添加剂对羟基苯甲酸乙酯钠。

2　化学名称、分子式、结构式和相对分子质量

2.1　化学名称

对羟基苯甲酸乙酯钠。

2.2　分子式

$C_9H_9NaO_3$。

2.3　结构式

NaO—C6H4—C(=O)—O—CH2—CH3

2.4　相对分子质量。

188.2(按 2007 年国际相对原子质量)

3　技术要求

3.1　感官要求

感官要求应符合表 1 的规定。

表 1　感官要求

项　目	要　求	检验方法
色泽	白色或近白色	取适量试样,置于清洁、干燥的白瓷盘中,在自然光线下,观察其色泽和状态
状态	粉末	

3.2　理化指标

理化指标应符合表 2 的规定。

表 2 理化指标

项 目			指 标	检 验 方 法
对羟基苯甲酸乙酯钠含量(以干基计)(质量分数)/%			99.0～103.0	附录 A 中 A.3
水分(质量分数)/%		≤	5.0	GB 5009.3 卡尔・费休法
pH(1 g/L 水溶液)			9.5～10.5	GB/T 9724(0.10 g 试样,溶于 100 mL 水)
氯化物(以 Cl^- 计)(质量分数)/%		≤	0.035	A.4
硫酸盐(以 SO_4^{2-} 计)(质量分数)/%		≤	0.030	A.5
杂质	对羟基苯甲酸(质量分数)/%	≤	4.0	A.6
	其他单一杂质(质量分数)/%	≤	0.5	
	其他单一杂质之和(质量分数)/%	≤	1.0	
溶液的澄清度与颜色		≤	通过试验	A.7
铅(Pb)/(mg/kg)		≤	2	A.8

附　录　A

检验方法

A.1　一般规定

除非另有说明，在分析中仅使用确认为分析纯的试剂和GB/T 6682中规定的三级水。

分析中所用标准滴定溶液、杂质标准溶液、制剂及制品，在没有注明其他要求时，均按GB/T 601、GB/T 602和GB/T 603之规定制备。试验中所用溶液在未注明用何种溶剂配制时，均指水溶液。

A.2　鉴别试验

A.2.1　试剂和材料

A.2.1.1　盐酸。

A.2.1.2　盐酸溶液：1+1。

A.2.1.3　碳酸钠溶液：106 g/L。

A.2.1.4　铁氰化钾溶液：53 g/L。

A.2.1.5　4-氨基安替比林-硼酸盐缓冲溶液：0.1%。

量取含0.618%硼酸的0.1 mol/L氯化钾溶液1 000 mL与0.1 mol/L氢氧化钠溶液420 mL混合，得到pH 9.0的硼酸盐缓冲溶液。

取1 g 4-氨基安替比林溶于1 000 mL硼酸盐缓冲溶液中。

A.2.1.6　乙酸氧铀锌溶液。

称取10 g乙酸双氧铀，加5 mL冰乙酸和50 mL水，微热使溶解；称取30 g乙酸锌，加3 mL冰乙酸和30 mL水，微热使溶解；将两溶液混合，放冷，过滤，即得。

A.2.2　鉴别步骤

A.2.2.1　对羟基苯甲酸乙酯的熔点

称取0.5 g试样，精确至0.01 g，加入50 mL水使溶解，立即加5 mL盐酸，振摇，过滤，用水充分洗涤沉淀，在80 ℃下减压干燥2 h。按GB/T 617测定试样熔点，熔点为115 ℃～118 ℃。

A.2.2.2　显色反应

取0.01 g试样，置于试管中，加1 mL碳酸钠溶液，加热煮沸30 s，冷却，加入5 mL 4-氨基安替比林-硼酸盐缓冲溶液和1 mL铁氰化钾溶液，混匀，溶液变为红色。

A.2.2.3　钠盐试验

铂丝用盐酸湿润后，蘸取样品，在无色火焰中燃烧，火焰应显鲜黄色。

称取1 g试样，精确至0.01 g，用适量的水溶解，加1 mL盐酸溶液，用水稀释至20 mL。取1 mL该试样溶液，加5 mL乙酸氧铀锌溶液，摇匀，有黄色沉淀产生。

A.3 对羟基苯甲酸乙酯钠含量的测定

A.3.1 试剂和材料

A.3.1.1 冰乙酸。

A.3.1.2 高氯酸标准滴定溶液：$c(HClO_4)=0.1$ mol/L。

A.3.2 分析步骤

称取约0.15 g样品，精确至0.000 1 g，加50 mL冰乙酸溶解，用高氯酸标准滴定溶液滴定，电位滴定法指示终点。同时进行空白试验。

A.3.3 结果计算

对羟基苯甲酸乙酯钠（干基计）的质量分数 w_1（%）按式（A.1）计算：

$$w_1=\frac{(V_1-V_2)\times c\times M}{m\times 1\ 000}\times 100\% \qquad \text{(A.1)}$$

式中：

V_1 ——空白消耗高氯酸标准滴定溶液体积的数值，单位为毫升（mL）；

V_2 ——样品消耗高氯酸标准滴定溶液体积的数值，单位为毫升（mL）；

c ——高氯酸标准滴定溶液浓度的准确数值，单位为摩尔每升（mol/L）；

m ——换算为干基后样品的质量的数值，单位为克（g）；

M ——对羟基苯甲酸乙酯钠的摩尔质量的数值，单位为克每摩尔（g/mol）[$M(C_9H_9NaO_3)=188.2$]；

1 000——换算系数。

试验结果以平行测定结果的算术平均值为准（保留一位小数）。在重复性条件下获得的两次独立测定结果的绝对差值不大于1.0%。

A.4 氯化物的测定

A.4.1 试剂和材料

A.4.1.1 硝酸溶液：1+9。

A.4.1.2 硝酸银溶液：17 g/L。

A.4.1.3 氯化物（Cl^-）标准溶液：0.01 mg/mL。

A.4.2 分析步骤

称取2.0 g样品，加40 mL水溶解，用硝酸溶液调节溶液至中性，用水稀释至50 mL，振摇，过滤，保留滤液。取滤液5.0 mL，作为试验溶液，置于50 mL纳氏比色管中，加10 mL硝酸溶液，加水至体积约40 mL，加1.0 mL硝酸银溶液，用水稀释至50 mL，摇匀，暗处放置5 min，在黑色背景下，轴向观察，试验溶液所呈浊度不得大于标准。

标准是量取7.0 mL氯化物（Cl^-）标准溶液，与试验溶液同时同样处理。

A.5 硫酸盐的测定

A.5.1 试剂和材料

A.5.1.1 盐酸溶液：1+3。

A.5.1.2　氯化钡溶液：250 g/L。

A.5.1.3　硫酸钾标准溶液：0.1 mg/mL。

A.5.2　分析步骤

量取 A.4.2 的滤液 25 mL，作为试验溶液，置于 50 mL 纳氏比色管中，加 2 mL 盐酸溶液，加水至体积约 40 mL，加 5 mL 氯化钡溶液，用水稀释至 50 mL，摇匀，放置 10 min，在黑色背景下，轴向观察，试验溶液所呈浊度不得大于标准。

标准是量取 2.4 mL 硫酸钾标准溶液，与试验溶液同时同样处理。

A.6　杂质的测定

A.6.1　方法提要

用高效液相色谱法，在选定的工作条件下，通过色谱柱使样品溶液中各组分分离，用紫外吸收检测器检测，外标法定量，得到样品中各杂质的含量。

A.6.2　试剂和材料

A.6.2.1　对羟基苯甲酸乙酯钠标准品：质量分数≥95％。

A.6.2.2　对羟基苯甲酸标准品：质量分数≥99％。

A.6.2.3　甲醇。

A.6.2.4　冰乙酸溶液：1→100。

A.6.3　仪器和设备

A.6.3.1　高效液相色谱仪（HPLC）：配有紫外光检测器。

A.6.3.2　进样器：自动进样器或微量进样器，50 μL。

A.6.3.3　数据处理系统：色谱工作站或数据处理机。

A.6.4　色谱分析条件

推荐的色谱柱及典型操作条件见表 A.1，其他能达到同等分离程度的色谱柱和色谱操作条件均可使用。

表 A.1　色谱柱和典型色谱操作条件

项 目	操 作 条 件
色谱柱	十八烷基硅烷键合硅胶为固定相
流动相	甲醇∶乙酸溶液＝60∶40
检测器检测波长/nm	254
进样量/μL	20
柱温/℃	室温，不超过 40 ℃

A.6.5　分析步骤

A.6.5.1　对羟基苯甲酸乙酯钠和对羟基苯甲酸混合溶液的制备

分别称取适量对羟基苯甲酸乙酯钠和对羟基苯甲酸，混合，用流动相溶解并稀释，制成含对羟基苯甲酸乙酯钠、对羟基苯甲酸各 0.1 mg/mL 的混合溶液。

A.6.5.2 样品溶液的制备

称取适量样品,用流动相溶解并稀释,制成 1.0 mg/mL 的样品溶液。

A.6.5.3 对照溶液的制备

准确量取样品溶液适量,用流动相稀释,制成 10 μg/mL 的对照溶液。

A.6.5.4 测定

按高效液相色谱操作规程调节仪器,使基线平稳。取 20 μL 对羟基苯甲酸乙酯钠和对羟基苯甲酸混合溶液注入色谱仪,记录色谱图,理论板数按对羟基苯甲酸乙酯钠峰计算不低于 8 000,对羟基苯甲酸乙酯钠峰与对羟基苯甲酸峰的分离度应大于 1.5。进样 20 μL 对照溶液,调节检测灵敏度,使羟基苯甲酸乙酯钠峰峰高约为满量程的 20%。分别准确进样 20 μL 对照溶液和样品溶液,记录色谱图至对羟基苯甲酸乙酯钠峰保留时间的 4 倍。

A.6.6 结果计算

样品溶液色谱图中如有对羟基苯甲酸峰,其峰面积不得大于对照溶液中对羟基苯甲酸乙酯钠峰面积的 4 倍。其他单个杂质峰面积不得大于对照溶液中对羟基苯甲酸乙酯钠峰面积的 0.5 倍。其他各杂质峰面积的和不得大于对照溶液中对羟基苯甲酸乙酯钠峰面积。

A.7 溶液的澄清度与颜色

A.7.1 试剂和材料

A.7.1.1 比色用重铬酸钾溶液的制备

称取 0.400 0 g 在 120 ℃干燥至恒量的基准重铬酸钾,置于 500 mL 容量瓶中,加适量水溶解并稀释至刻度,摇匀。该溶液含重铬酸钾($K_2Cr_2O_7$)0.800 mg/mL。

A.7.1.2 比色用氯化钴溶液的制备

称取约 32.5 g 六水合氯化钴,精确至 0.01 g,加适量盐酸溶液(1→40)溶解,转入 500 mL 容量瓶中,用盐酸溶液(1→40)稀释至刻度。准确量取 2.0 mL 该溶液于锥形瓶中,加 200 mL 水摇匀,加氨水溶液至氯化钴溶液由浅红色变为绿色,加 10 mL 乙酸-乙酸钠缓冲溶液(pH 6.0),加热至 60℃,加 5 滴二甲酚橙指示液,用乙二胺四乙酸二钠标准滴定溶液[c(EDTA)=0.05 mol/L]滴定至溶液显黄色,记录消耗硫代硫酸钠标准滴定溶液的体积数。每 1 mL 乙二胺四乙酸二钠标准滴定溶液相当于 11.90 mg 的六水合氯化钴($CoCl_2 \cdot 6H_2O$)。根据上述滴定结果,在剩余的氯化钴溶液中加入适量盐酸溶液(1→40),配制成含六水合氯化钴($CoCl_2 \cdot 6H_2O$)59.5 mg/mL 溶液。

A.7.1.3 标准比色液的制备

准确量取 12.0 mL 比色用氯化钴溶液、20.0 mL 比色用重铬酸钾液和 68.0 mL 水,混合摇匀,作为标准贮备液。准确量取 2.5 mL 标准贮备液,加 7.5 mL 水,混合摇匀,得标准比色液。

A.7.2 分析步骤

称取 1.0 g 试样置于 25 mL 纳氏比色管中,加 10 mL 水溶解,溶液应澄清;另取标准比色液 10 mL,

置于另一 25 mL 纳氏比色管中，两管同置白色背景上，自上向下透视，或同置白色背景前，平视观察，试样管呈现的颜色与对照管比较，不得更深。

A.8 铅的测定

按 GB 5009.12—2010 中“石墨炉原子吸收光谱法”或“火焰原子吸收光谱法”进行。其中，试样不需预处理，试样消解可根据实验室条件选用“干法灰化”或“湿式消解法”进行，并视样品情况将试样溶液进行适当的稀释。

中华人民共和国国家标准

GB 30603—2014

食品安全国家标准
食品添加剂　乙酸钠

2014-04-29 发布　　2014-11-01 实施

中华人民共和国
国家卫生和计划生育委员会　发布

食品安全国家标准
食品添加剂　乙酸钠

1　范围

本标准适用于由乙酸和氢氧化钠(或碳酸钠)为原料制得的食品添加剂乙酸钠。

2　分子式、结构式和相对分子质量

2.1　分子式

$C_2H_3NaO_2 \cdot nH_2O$(n=3 或 0)。

2.2　结构式

$CH_3COONa \cdot nH_2O$(n=3 或 0)。

2.3　相对分子质量

136.08(结晶品)。
82.03(无水品)。

3　技术要求

3.1　感官要求

感官要求应符合表 1 的规定。

表 1　感官要求

项　目	要　求	检 验 方 法
色泽	结晶品:无色透明或白色 无水品:白色	取适量试样,置于清洁、干燥的白瓷盘中,在自然光线下,观察色泽和状态,嗅其味
性状	结晶品:结晶或结晶粉末,无臭 无水品:结晶粉末或块状,无臭	

3.2　理化指标

理化指标应符合表 2 的规定。

表 2 理化指标

项 目	指 标		检验方法
	结晶品	无水品	
乙酸钠($C_2H_3NaO_2$)含量(以干基计)(质量分数)/% ≥	98.5		附录 A 中 A.3
酸度和碱度	通过试验		A.4
铅(Pb)/(mg/kg) ≤	2		GB 5009.12
干燥减量(质量分数)/% ≤	36.0～42.0	2.0	GB 5009.3 直接干燥法,120 ℃,干燥 4 h
钾试验	通过试验		A.5

附 录 A

检验方法

A.1 一般规定

除非另有说明，在分析中仅使用确认为分析纯的试剂和GB/T 6682中规定的三级水。

试验方法中所用标准滴定溶液、杂质测定用标准溶液、制剂及制品，在没有注明其他要求时，均按GB/T 601、GB/T 602和GB/T 603之规定制备。所用溶液在未注明用何种溶剂配制时，均指水溶液。

A.2 鉴别试验

A.2.1 试剂和材料

A.2.1.1 硫酸。
A.2.1.2 乙醇。
A.2.1.3 盐酸溶液：1+1。
A.2.1.4 乙酸氧铀锌溶液：称取10 g乙酸双氧铀，加5 mL冰乙酸和50 mL水，微热使溶解；称取30 g乙酸锌，加3 mL冰乙酸和30 mL水，微热使溶解；将两溶液混合，放冷，过滤，即得。
A.2.1.5 氯化铁溶液：90 g/L。

A.2.2 pH试验

称取1 g样品，精确至0.01 g，用适量的水溶解并稀释至100 mL，测定溶液的pH应为8.0～9.5。

A.2.3 钠盐试验

铂丝用盐酸溶液湿润后，蘸取样品，在无色火焰中燃烧，火焰应显亮黄色。

称取1 g样品，精确至0.01 g，用适量的水溶解，加1 mL盐酸溶液，用水稀释至20 mL。取1 mL该溶液，加5 mL乙酸氧铀锌溶液，振摇，有黄色沉淀产生。

A.2.4 乙酸盐试验

样品与硫酸和乙醇共热时，产生乙酸乙酯的特殊香气。样品的中性水溶液加氯化铁溶液(90 g/L)产生深红色，加无机酸红色消失。

A.3 乙酸钠含量的测定

A.3.1 试剂和材料

A.3.1.1 冰乙酸。
A.3.1.2 高氯酸标准滴定溶液：$c(HClO_4)=0.1$ mol/L。
A.3.1.3 结晶紫指示液：2 g/L。

A.3.2 分析步骤

称取0.2 g干燥后的样品，精确至0.000 1 g，加40 mL冰乙酸溶解，用高氯酸标准滴定溶液滴定。

用电位计指示终点。当用指示剂判断终点时，加几滴结晶紫指示液，溶液由紫色变为亮蓝绿色即为终点。

在测定的同时，按与测定相同的步骤，对不加样品而使用相同数量的试剂溶液做空白试验。

A.3.3 结果计算

乙酸钠($C_2H_3NaO_2$)的质量分数 w，数值以%表示，按式(A.1)计算：

$$w=\frac{(V_1-V_0)\times c\times M}{m\times 1\ 000}\times 100\% \qquad \cdots\cdots(A.1)$$

式中：

V_1 ——样品消耗高氯酸标准滴溶液的体积，单位为毫升(mL)；

V_0 ——空白试验消耗高氯酸标准滴定溶液的体积，单位为毫升(mL)；

c ——高氯酸标准滴溶液浓度的准确数值，单位为摩尔每升(mol/L)；

M ——乙酸钠的摩尔质量的数值，单位为克每摩尔(g/mol)(M=82.03)；

m ——样品的质量，单位为克(g)；

1 000 ——换算因子。

A.4 酸度和碱度的测定

A.4.1 试剂和材料

A.4.1.1 氢氧化钠标准溶液：c(NaOH)=0.1 mol/L。

A.4.1.2 盐酸标准溶液：c(HCl)=0.1 mol/L。

A.4.1.3 酚酞指示液：10 g/L。

A.4.2 分析步骤

称取结晶品样品约 2.0 g，或无水品样品约 1.2 g，精确至 0.001 g。加 20 mL 煮沸后冷却的水溶解，加 2 滴酚酞指示液，保持此样品溶液在约 10 ℃的温度下进行下述试验：

a) 如果样品溶液无色，加 0.10 mL 氢氧化钠标准溶液时，应显粉红色。

b) 如果样品溶液显粉红色，加 0.10 mL 盐酸标准溶液时，粉红色应消失。

A.5 钾试验

A.5.1 试剂和材料

酒石酸氢钠溶液，10 g/L：取酒石酸氢钠($NaHC_4H_4O\cdot H_2O$)1 g，溶于 100 mL 水，此溶液用时现配。

A.5.2 分析步骤

取适量样品，制成 10 g/L 的样品溶液，在澄清的样品溶液中，缓慢滴加几滴酒石酸氢钠溶液，在 5 min 内不产生浑浊即为通过试验。

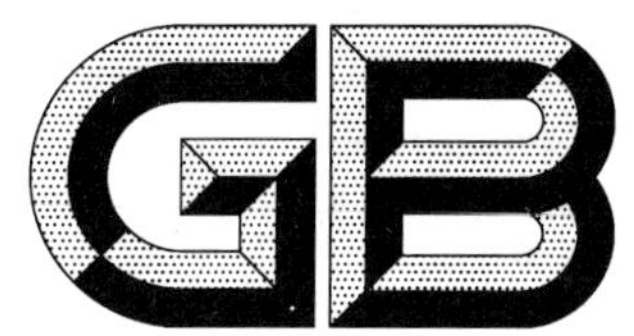

中华人民共和国国家标准

GB 30605—2014

食品安全国家标准
食品添加剂　甘氨酸钙

2014-04-29 发布　　　　2014-11-01 实施

中华人民共和国
国家卫生和计划生育委员会　发布

食品安全国家标准

食品添加剂 甘氨酸钙

1 范围

本标准适用于由甘氨酸和氢氧化钙反应，经降温结晶制得的食品添加剂甘氨酸钙。

2 分子式、结构式和相对分子质量

2.1 分子式

$Ca(OOCCH_2NH_2)_2 \cdot H_2O$。

2.2 结构式

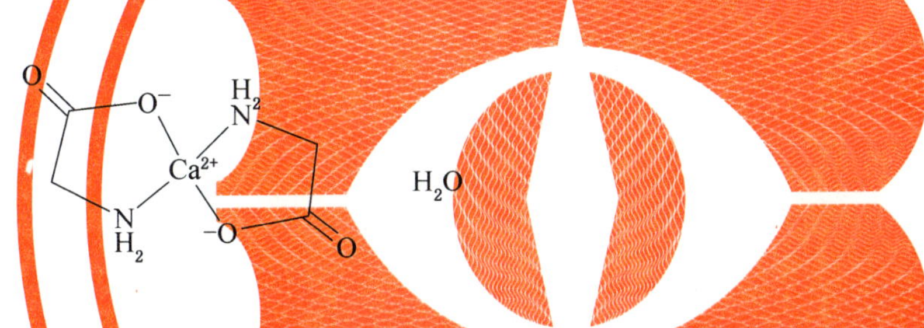

2.3 相对分子质量

206.21(按 2011 年国际相对原子质量)。

3 技术要求

3.1 感官要求

感官要求应符合表 1 的规定。

表 1 感官要求

项 目	要 求	检验方法
色泽	白色	取适量试样置于清洁、干燥的白瓷盘中，在自然光线下，观察其色泽和状态
状态	结晶性粉末	

3.2 理化指标

理化指标应符合表 2 的规定。

表 2　理化指标

项　　目		指　　标	检验方法
甘氨酸钙含量[以 $Ca(OOCCH_2NH_2)_2 \cdot H_2O$ 计](质量分数)/%	≥	98.0	附录 A 中 A.3
氮(质量分数)/%		13.0～14.5	A.4
pH(10 g/L 水溶液)		10.0～12.0	GB/T 9724
干燥减量(质量分数)/%	≤	9.0	GB 5009.3 直接干燥法[a]
铅 (Pb)/(mg/kg)	≤	2	GB 5009.12
[a] 105 ℃,3 h。			

附 录 A

检验方法

A.1 一般规定

本标准所用试剂和水,在没有注明其他要求时,均指分析纯试剂和 GB/T 6682 中规定的三级水。

试验中所用标准溶液、杂质标准溶液、制剂及制品,在没有注明其他要求时,均按 GB/T 601、GB/T 602、GB/T 603 的规定制备。试验中所用溶液在未注明用何种溶剂配制时,均指水溶液。

A.2 鉴别试验

A.2.1 试剂和材料

A.2.1.1 乙酸。

A.2.1.2 盐酸。

A.2.1.3 草酸铵溶液:35 g/L。

A.2.1.4 亚硝酸钠溶液:100 g/L。

A.2.1.5 盐酸溶液:1+3。

A.2.1.6 甲基红指示液:1 g/L。

A.2.2 鉴别方法

A.2.2.1 钙的鉴别

称取约 0.5 g 试样,精确至 0.01 g,溶于 10 mL 水中,加入 2 滴甲基红指示液,用盐酸溶液中和并滴加至溶液呈酸性,滴加草酸铵溶液即产生白色沉淀。该沉淀不溶于乙酸,但溶于盐酸。

A.2.2.2 氨基的鉴别

称取约 0.1 g 试样,精确至 0.01 g,加入盐酸溶液 1 mL 和新配制的亚硝酸钠溶液 1 mL 产生无色气体。

A.2.2.3 红外光谱鉴别

用红外吸收分光光度法,采用溴化钾压片法制备试样,将试样谱图与对照谱图(见附录 B)比较,两者应基本一致。

A.3 甘氨酸钙含量的测定

A.3.1 方法提要

试样以钙羧酸为指示剂,用乙二胺四乙酸二钠标准滴定溶液滴定,计算样品中的甘氨酸钙含量。

A.3.2 试剂和材料

A.3.2.1 氢氧化钠溶液:1 mol/L。

A.3.2.2　乙二胺四乙酸二钠(EDTA)标准滴定溶液：c(EDTA)=0.1 mol/L。

A.3.2.3　钙羧酸指示剂：称取 1 g 钙羧酸指示剂和 100 g 氯化钠混合研细。

A.3.3　分析步骤

称取约 0.5 g 试样，精确至 0.000 1 g，置于 250 mL 锥形瓶中，加入 100 mL 水，溶解，加入 15 mL 氢氧化钠溶液，加入 0.1 g 钙羧酸指示剂，用乙二胺四乙酸二钠标准滴定溶液滴定至蓝色为终点。

在测定的同时，按与测定相同的步骤，对不加试样而使用相同数量的试剂溶液做空白试验。

A.3.4　结果计算

甘氨酸钙含量的质量分数 w_1 按式(A.1)计算：

$$w_1=\frac{(V_1-V_0)\times c\times M}{m\times 1\,000}\times 100\% \qquad \text{(A.1)}$$

式中：

V_1 ——试样消耗 EDTA 标准滴定溶液体积的数值，单位为毫升(mL)；

V_0 ——空白试验消耗 EDTA 标准滴定溶液体积的数值，单位为毫升(mL)；

c ——EDTA 标准滴定溶液浓度的准确数值，单位为摩尔每升(mol/L)；

M ——甘氨酸钙的摩尔质量数值，单位为克每摩尔(g/mol){M [$Ca(OOCCH_2NH_2)_2\cdot H_2O$]=206.21}；

m ——试样质量的数值，单位为克(g)；

1 000——换算因子。

试验结果以平行测定结果的算术平均值为准。在重复性条件下获得的两次独立测定结果的绝对差值不大于 0.3%。

A.4　氮的测定

A.4.1　方法提要

用凯氏定氮法测定样品中的氮含量。

A.4.2　试剂和材料

A.4.2.1　硫酸钾。

A.4.2.2　五水硫酸铜。

A.4.2.3　硫酸。

A.4.2.4　氢氧化钠溶液：300 g/L。

A.4.2.5　硼酸溶液：20 g/L。

A.4.2.6　盐酸标准滴定溶液：c(HCl)=0.1 mol/L。

A.4.2.7　甲基红-次甲基蓝混合指示液。

A.4.3　分析步骤

A.4.3.1　自动定氮仪定氮法(仲裁法)

称取约 0.25 g 试样，精确至 0.000 1 g，置于自动定氮仪消化管中，加入 3.0 g 硫酸钾，0.15 g 五水硫酸铜，沿瓶壁缓缓加入 10 mL 硫酸。置于消化装置上，于 400 ℃消化 40 min，冷却。置于自动定氮仪装置上，消化管中加入 60 mL 氢氧化钠溶液，吸收瓶中加入 50 mL 硼酸溶液和 8 滴甲基红-次甲基蓝混合指示液,蒸馏至馏出液中性。用盐酸标准滴定溶液滴定至灰紫色为终点。

在测定的同时,按与测定相同的步骤,对不加试样而使用相同数量的试剂溶液做空白试验。

A.4.3.2 直接蒸馏法

按 HG/T 4103 中直接蒸馏法进行测定。测定时称取 0.3 g 试样。

A.4.4 结果计算

氮含量(以干基计)的质量分数 w_2 按式(A.2)计算:

$$w_2 = \frac{(V_1 - V_0) \times c \times M}{m \times 1\,000} \times 100\% \quad \cdots\cdots\cdots\cdots (\text{A.2})$$

式中:

V_1 ——试样消耗盐酸标准滴定溶液体积的数值,单位为毫升(mL);

V_0 ——空白试验消耗盐酸标准滴定溶液体积的数值,单位为毫升(mL);

c ——EDTA 标准滴定溶液浓度的准确数值,单位为摩尔每升(mol/L);

M ——氮的摩尔质量数值,单位为克每摩尔(g/mol)[M(N)=14.01];

m ——试样质量的数值,单位为克(g);

1 000——换算因子。

试验结果以平行测定结果的算术平均值为准。在重复性条件下获得的两次独立测定结果的绝对差值不大于 0.2%。

附 录 B

甘氨酸钙红外光谱图

甘氨酸钙红外光谱图见图 B.1。

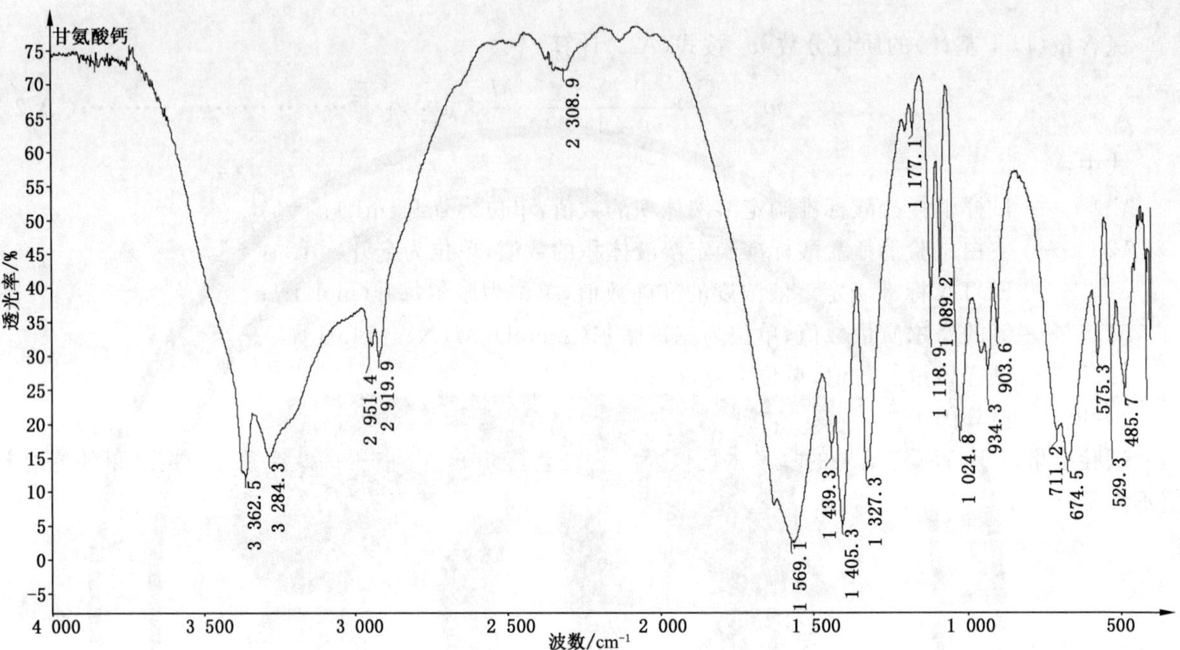

图 B.1 甘氨酸钙红外光谱图

中华人民共和国国家标准

GB 30606—2014

食品安全国家标准
食品添加剂 甘氨酸亚铁

2014-04-29 发布　　2014-11-01 实施

中华人民共和国
国家卫生和计划生育委员会　发布

食品安全国家标准
食品添加剂　甘氨酸亚铁

1　范围

本标准适用于由甘氨酸和还原铁粉反应，经喷雾干燥制得的食品添加剂甘氨酸亚铁。

2　分子式、结构式和相对分子质量

2.1　分子式

$Fe(OOCCH_2NH_2)_2 \cdot 2H_2O$。

2.2　结构式

2.3　相对分子质量

239.99(按 2011 年国际相对原子质量)。

3　技术要求

3.1　感官要求

感官要求应符合表 1 的规定。

表 1　感官要求

项　目	要　　求	检验方法
色泽	黑褐色或灰绿色	取适量试样置于清洁、干燥的白瓷盘中，在自然光线下，观察其色泽和状态
状态	粉末状	

3.2　理化指标

理化指标应符合表 2 的规定。

表 2 理化指标

项 目		指 标	检验方法
二价铁(Fe^{2+})含量(以干基计)(质量分数)/%		20.0～23.7	附录 A 中 A.3
氮(以干基计)(质量分数)/%		10.0～12.0	A.4
三价铁(Fe^{3+})(以干基计)(质量分数)/%	≤	2.0	A.5
干燥减量(质量分数)/%	≤	7.0	GB 5009.3 直接干燥法[a]
总铁(以干基计)(质量分数)/%	≤	19.0～24.0	A.6
铅(Pb)/(mg/kg)	≤	1	GB 5009.12
[a] 105 ℃,3 h。			

附 录 A

检验方法

A.1 一般规定

本标准所用试剂和水,在没有注明其他要求时,均指分析纯试剂和 GB/T 6682 中规定的三级水。

试验中所用标准溶液、杂质标准溶液、制剂及制品,在没有注明其他要求时,均按 GB/T 601、GB/T 602、GB/T 603 的规定制备。试验中所用溶液在未注明用何种溶剂配制时,均指水溶液。

A.2 鉴别试验

A.2.1 试剂和材料

A.2.1.1 盐酸溶液:1+3。

A.2.1.2 铁氰化钾溶液:100 g/L,临用前配制。

A.2.1.3 氢氧化钠溶液:43 g/L。

A.2.1.4 亚硝酸钠溶液:100 g/L。

A.2.2 鉴别方法

A.2.2.1 二价铁的鉴别

称取约 0.1 g 试样,精确至 0.01 g,溶于 10 mL 水中,向此溶液中滴加铁氰化钾溶液,即产生深蓝色的沉淀。该沉淀不溶于盐酸溶液中,但溶于氢氧化钠溶液中。另称取约 0.1 g 试样,精确至 0.01 g,溶于 20 mL 水中,滴加氢氧化钠溶液即产生青白色沉淀,摇动后颜色变为青绿色,然后变为棕褐色。

A.2.2.2 氨基的鉴别

称取约 0.1 g 试样,精确至 0.01 g,加入 5 滴盐酸溶液和新配制的亚硝酸钠溶液 1 mL 产生无色气体。

A.2.2.3 红外光谱鉴别

用红外吸收分光光度法,用溴化钾压片法制备试样,将试样谱图与对照谱图(见附录 B)比较,两者应基本一致。

A.3 二价铁含量的测定

A.3.1 方法提要

在酸性介质中,试样以 1,10-菲啰啉-亚铁为指示剂,用硫酸铈标准滴定溶液滴定,计算样品中的二价铁含量。

A.3.2 试剂和材料

A.3.2.1 硫酸。

A.3.2.2 硫酸铈标准滴定溶液:$c[Ce(SO_4)_2]=0.1$ mol/L。

A.3.2.3 1,10-菲啰啉-亚铁指示液。

A.3.3 分析步骤

称取约 1 g 于干燥减量测定条件下干燥后的试样，精确至 0.000 1 g，置于已加有 150 mL 水和 10 mL硫酸的 300 mL 锥形瓶中，溶解。加入 1 滴 1,10-菲啰啉-亚铁指示液，立即用硫酸铈标准滴定溶液滴定至浅黄色为终点。

在测定的同时，按与测定相同的步骤，对不加试样而使用相同数量的试剂溶液做空白试验。

A.3.4 结果计算

二价铁含量(以干基计)的质量分数 w_1(%)按式(A.1)计算：

$$w_1=\frac{(V_1-V_0)\times c\times M}{m\times 1\,000}\times 100\% \quad \cdots\cdots(\text{A.1})$$

式中：

V_1 ——试样消耗硫酸铈标准滴定溶液体积的数值，单位为毫升(mL)；

V_0 ——空白试验消耗硫酸铈标准滴定溶液体积的数值，单位为毫升(mL)；

c ——硫酸铈标准滴定溶液浓度的准确数值，单位为摩尔每升(mol/L)；

M ——铁的摩尔质量数值，单位为克每摩尔(g/mol)[M(Fe)=55.85]；

m ——试样质量的数值，单位为克(g)；

1 000——换算因子。

试验结果以平行测定结果的算术平均值为准。在重复性条件下获得的两次独立测定结果的绝对差值不大于 0.2%。

A.4 氮的测定

A.4.1 方法提要

用凯氏定氮法测定样品中的氮含量。

A.4.2 试剂和材料

A.4.2.1 硫酸钾。

A.4.2.2 五水硫酸铜。

A.4.2.3 硫酸。

A.4.2.4 氢氧化钠溶液：300 g/L。

A.4.2.5 硼酸溶液：20 g/L。

A.4.2.6 盐酸标准滴定溶液：c(HCl)=0.1 mol/L。

A.4.2.7 甲基红-次甲基蓝混合指示液。

A.4.3 分析步骤

A.4.3.1 自动定氮仪定氮法(仲裁法)

称取约 0.3 g 于干燥减量测定条件下干燥后的试样，精确至 0.000 1 g，置于自动定氮仪消化管中，加入 3.0 g 硫酸钾，0.15 g 五水硫酸铜，沿瓶壁缓缓加入 10 mL 硫酸。置于消化装置上，于 400 ℃消化 40 min，冷却。置于自动定氮仪装置上，消化管中加入 60 mL 氢氧化钠溶液，吸收瓶中加入 50 mL 硼酸溶液和 8 滴甲基红-次甲基蓝混合指示液，蒸馏至馏出液呈中性。用盐酸标准滴定溶液滴定至灰紫色为终点。

在测定的同时,按与测定相同的步骤,对不加试样而使用相同数量的试剂溶液做空白试验。

A.4.3.2 直接蒸馏法

按 HG/T 4103 中的直接蒸馏法进行测定。测定时称取 0.4 g 于干燥减量测定条件下干燥后的试样。

A.4.4 结果计算

氮含量(以干基计)的质量分数 w_2(%)按式(A.2)计算:

$$w_2=\frac{(V_1-V_0)\times c\times M}{m\times 1\ 000}\times 100\% \qquad \cdots\cdots(A.2)$$

式中:

V_1 ——试样消耗盐酸标准滴定溶液体积的数值,单位为毫升(mL);

V_0 ——空白试验消耗盐酸标准滴定溶液体积的数值,单位为毫升(mL);

c ——EDTA 标准滴定溶液浓度的准确数值,单位为摩尔每升(mol/L);

M ——氮的摩尔质量数值,单位为克每摩尔(g/mol)[M(N)=14.01];

m ——试样质量的数值,单位为克(g);

1 000——换算因子。

试验结果以平行测定结果的算术平均值为准(保留一位小数)。在重复性条件下获得的两次独立测定结果的绝对差值不大于 0.2%。

A.5 三价铁的测定

A.5.1 方法提要

在酸性介质中,试样以淀粉为指示剂,用硫代硫酸钠标准滴定溶液滴定,计算试样中的三价铁含量。

A.5.2 试剂和材料

A.5.2.1 盐酸。

A.5.2.2 碘化钾。

A.5.2.3 硫代硫酸钠标准滴定溶液:$c(Na_2S_2O_3)$=0.1 mol/L。

A.5.2.4 淀粉指示液:10 g/L。

A.5.3 分析步骤

称取约 5 g 于干燥减量测定条件下干燥后的试样,精确至 0.0001 g,放入已加有 100 mL 水和 10 mL盐酸的 250 mL 碘量瓶中,溶解。加入 3 g 碘化钾,盖上瓶塞,轻轻摇动,于暗处放置 5 min,加入 2 mL 淀粉指示液,用硫代硫酸钠标准滴定溶液滴定至蓝色消失为终点。

在测定的同时,按与测定相同的步骤,对不加试样而使用相同数量的试剂溶液做空白试验。

A.5.4 结果计算

三价铁含量的质量分数 w_3(%)按式(A.3)计算:

$$w_3=\frac{(V_1-V_0)\times c\times M}{m\times 1\ 000}\times 100\% \qquad \cdots\cdots(A.3)$$

式中：

V_1 ——试样消耗硫代硫酸钠标准滴定溶液体积的数值，单位为毫升（mL）；

V_0 ——空白试验消耗硫代硫酸钠标准滴定溶液体积的数值，单位为毫升（mL）；

c ——硫代硫酸钠标准滴定溶液浓度的准确数值，单位为摩尔每升（mol/L）；

M ——铁的摩尔质量数值，单位为克每摩尔（g/mol）[M(Fe)=55.85]；

m ——试样质量的数值，单位为克（g）；

1 000——换算因子。

试验结果以平行测定结果的算术平均值为准。在重复性条件下获得的两次独立测定结果的绝对差值不大于 0.1%。

A.6 总铁的测定

A.6.1 方法提要

试样经过消化处理后，以淀粉作指示剂，用硫代硫酸钠标准滴定溶液滴定，计算试样中的总铁含量。

A.6.2 试剂和材料

A.6.2.1 硝酸。

A.6.2.2 盐酸。

A.6.2.3 碘化钾。

A.6.2.4 硫代硫酸钠标准滴定溶液：$c(Na_2S_2O_3)=0.1$ mol/L。

A.6.2.5 淀粉指示液：10 g/L。

A.6.3 分析步骤

称取约 0.5 g 于干燥减量测定条件下干燥后的试样，精确至 0.000 1 g，置于消化器皿中，加入 5 mL 硝酸，混合均匀，盖上表面皿，或者使用蒸汽回收装置，在 95 ℃±5 ℃保持不沸腾的情况下加热 30 min～40 min，如果在规定时间内还有棕色烟气溢出，则表明硝酸没有将样品完全消化，再重新加入 2 mL 硝酸，继续在上述条件下加热15 min～20 min，直至没有棕色烟气溢出，继续加热消化样品直到体积减少至大约 3 mL，确保在整个过程中器皿底部都被样品消化液覆盖，取下消化器皿，将其完全冷却，加入 2 mL 盐酸，继续 在 95 ℃±5 ℃保持不沸腾的情况下加热 15 min～20 min，加入 2 mL 水使其沸腾。冷却至室温后，加入 50 mL 水，3 g 碘化钾，摇匀，于暗处放置 5 min，用硫代硫酸钠标准滴定溶液滴定，近终点时加入 2 mL 淀粉指示液，继续滴定至蓝色消失为终点。

A.6.4 结果计算

总铁含量的质量分数 w_4（%）按式（A.4）计算：

$$w_4=\frac{V\times c\times M}{m\times 1\ 000}\times 100\% \qquad \cdots\cdots\text{(A.4)}$$

式中：

V ——试样消耗硫代硫酸钠标准滴定溶液体积的数值，单位为毫升（mL）；

c ——硫代硫酸钠标准滴定溶液浓度的准确数值，单位为摩尔每升（mol/L）；

M ——铁的摩尔质量数值，单位为克每摩尔（g/mol）[M(Fe)=55.85]；

m ——试样质量的数值，单位为克（g）；

1 000——换算因子。

试验结果以平行测定结果的算术平均值为准。在重复性条件下获得的两次独立测定结果的绝对差值不大于 0.5%。

附 录 B
甘氨酸亚铁的红外光谱图

甘氨酸亚铁的红外光谱图见图 B.1。

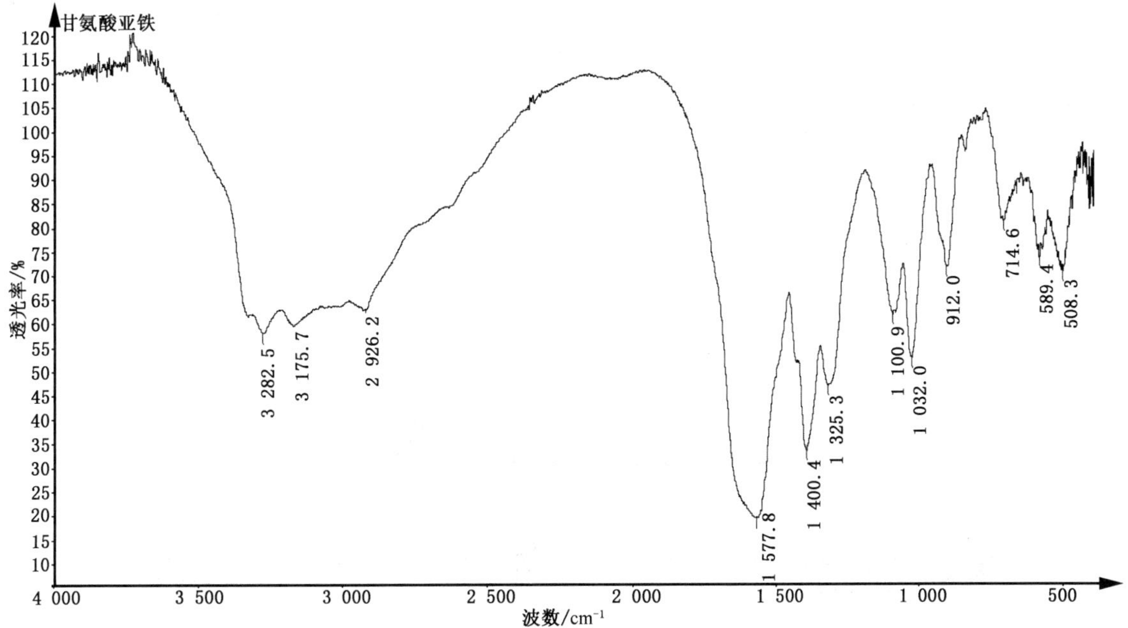

图 B.1 甘氨酸亚铁的红外光谱图

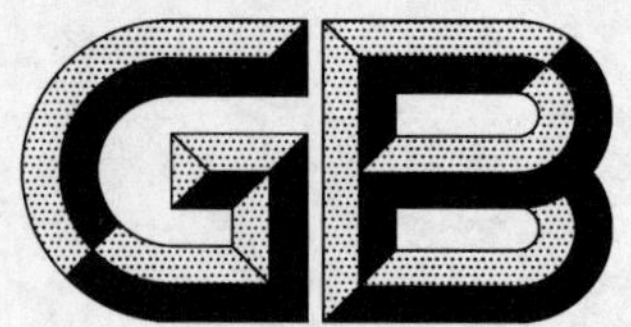

中华人民共和国国家标准

GB 30607—2014

食品安全国家标准
食品添加剂　酶解大豆磷脂

2014-04-29 发布　　　　2014-11-01 实施

中华人民共和国
国家卫生和计划生育委员会　发布

食品安全国家标准
食品添加剂 酶解大豆磷脂

1 范围

本标准适用于食用大豆油精炼过程中分离出来的油脚或食用大豆磷脂经过脂肪酶或磷脂酶降解、精制等工艺制取的食品添加剂酶解大豆磷脂。

2 技术要求

2.1 感官要求

感官要求应符合表1的规定。

表1 感官要求

项目	要求	检验方法
色泽	白色或淡黄色至褐色	取适量试样置于洁净透明的玻璃器皿中，在自然光线下，观察其色泽和状态，并嗅其味
气味	具有大豆磷脂特有的气味，无异味	
状态	黏稠状流体至半固态、粉状或粒状	

2.2 理化指标

理化指标应符合表2的规定。

表2 理化指标

项目		指标	检验方法
酸值(以 KOH 计)/(mg/g)	≤	65	GB 28401—2012 附录 A 中 A.4
丙酮不溶物(质量分数)/%	≥	50	SN/T 0802.2[a]
1-和 2-溶血磷脂酰胆碱含量,(质量分数)/%	≥	3.0	GB/T 22506
干燥减量,(质量分数)/%	≤	2.0	GB 5009.3 直接干燥法[b]
铅(Pb)/(mg/kg)	≤	2	GB 5009.12
总砷(以 As 计)/(mg/kg)	≤	3.0	GB/T 5009.11 或 GB/T 5009.76
过氧化值/(meq/kg)	≤	10	GB 28401—2012 附录 A 中 A.5

[a] 结果计算中“乙醚不溶物含量”用“正己烷不溶物含量”替代计算，方法参考 GB 28401－2012 附录 A 中 A.3。
[b] 105 ℃,1 h。

附 录 A
检验方法

A.1 一般规定

本标准所用试剂和水,在没有注明其他要求时,均指分析纯试剂和 GB/T 6682—2008 中规定的三级水。

A.2 鉴别试验

量取 500 mL(30 ℃～35 ℃)水于烧杯中,在缓慢连续搅拌下加入 50 g 试样,应形成乳浊液,无团状物。

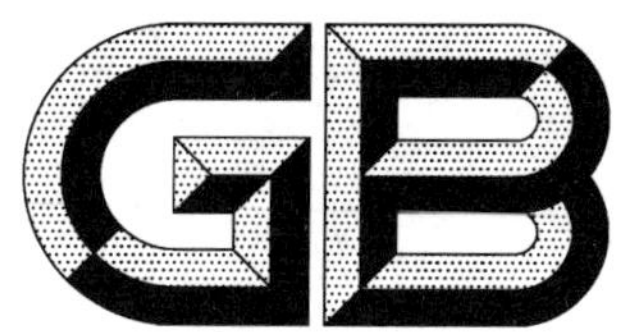

中华人民共和国国家标准

GB 30608—2014

食品安全国家标准
食品添加剂　DL-苹果酸钠

2014-04-29 发布　　　　2014-11-01 实施

中华人民共和国
国家卫生和计划生育委员会　发布

食品安全国家标准
食品添加剂 DL-苹果酸钠

1 范围

本标准适用于以苹果酸和氢氧化钠反应，经结晶、干燥制得的食品添加剂 DL-苹果酸钠。

2 分子式、结构式和相对分子质量

2.1 分子式

$C_4H_4Na_2O_5 \cdot nH_2O$（$n=3$ 或 $n=1/2$）。

2.2 结构式

$$\begin{array}{l} HO-CH-COONa \\ \quad\quad\ | \quad\quad\quad\quad\quad\quad \cdot nH_2O \\ \quad\ \ CH_2-COONa \end{array}$$

2.3 相对分子质量

三水结晶品 232.10（按 2011 年国际相对原子质量）。

半水结晶品 187.06（按 2011 年国际相对原子质量）。

3 要求

3.1 感官要求

感官要求应符合表 1 的规定。

表 1 感官要求

项　　目	要　　求	检验方法
色泽	白色	取适量试样，置于清洁、干燥的白瓷盘中，在自然光线下，观察色泽和状态
状态	结晶性粉末或块状	

3.2 理化指标

理化指标应符合表 2 的规定。

表 2 理化指标

项　　目	指　　标		检验方法
	三水结晶品	半水结晶品	
DL-苹果酸钠（以 $C_4H_4Na_2O_5$ 计）含量（质量分数）/%	98.0～102.0		附录 A 中 A.3

表 2（续）

项　目		指　标		检验方法
		三水结晶品	半水结晶品	
碱度(以 Na_2CO_3 计)(质量分数)/%	≤	0.2		GB/T 9736
干燥减量(质量分数)/%		20.5～23.5	≤7.0	A.4
铅(Pb)/(mg/kg)	≤	2.0		GB 5009.12
富马酸(质量分数)/%	≤	1.0		A.5
马来酸(质量分数)/%	≤	0.05		A.5

附 录 A

检验方法

A.1 一般规定

除非另有说明，在分析中仅使用确认为分析纯的试剂和 GB/T 6682 中规定的三级水。

试验方法中所用标准滴定溶液、杂质测定用标准溶液、制剂及制品，在没有注明其他要求时，均按 GB/T 601、GB/T 602 和 GB/T 603 之规定制备。所用溶液在未注明用何种溶剂配制时，均指水溶液。

A.2 鉴别试验

A.2.1 试剂和材料

A.2.1.1 对氨基苯磺酸。

A.2.1.2 盐酸溶液：1＋1。

A.2.1.3 乙酸钴-双氧铀溶液：

称取 4 g 乙酸双氧铀，置于 50 mL 乙酸溶液(60 g/L)中，加热使溶解；称取 20 g 乙酸钴，同样置于 50 mL 乙酸溶液(60 g/L)中；在温热状态下将两溶液混合，冷却至约 20 ℃并保持 2 h，过滤，即得。

A.2.1.4 亚硝酸钠溶液：200 g/L。

A.2.1.5 氢氧化钠溶液：40 g/L。

A.2.2 溶解性试验

称取 1 g 试样，精确至 0.01 g，用水溶解并稀释至 10 mL，溶液应澄清。

A.2.3 钠盐试验

铂丝用盐酸溶液湿润后，蘸取试样，在无色火焰中燃烧，火焰应显亮黄色。

称取 1 g 试样，精确至 0.01 g，用适量的水溶解，加 1 mL 盐酸溶液，用水稀释至 20 mL。取 1 mL 该溶液，加 5 mL 乙酸钴-双氧铀溶液，振摇，有黄色沉淀产生。

A.2.4 苹果酸盐试验

称取 1 g 试样，精确至 0.01 g，加适量的水溶解并稀释至 20 mL。取试样溶液 5mL 放入瓷蒸发皿中，加对氨基苯磺酸 10 mg，在水浴上加热数分钟，加亚硝酸钠溶液 5 mL，略加热，滴加氢氧化钠溶液使成碱性，应显红色。

A.3 DL-苹果酸钠(以 $C_4H_4Na_2O_5$ 计)含量的测定

A.3.1 试剂和材料

A.3.1.1 冰乙酸。

A.3.1.2 高氯酸标准滴定溶液：$c(HClO_4)=0.1$ mol/L。

A.3.1.3 结晶紫指示液：2 g/L。

A.3.2 分析步骤

称取 0.15 g 干燥后的试样，精确至 0.000 1 g，加 30 mL 冰乙酸溶解，用高氯酸标准滴定溶液滴定。用电位计指示终点。当用指示剂判断终点时，加几滴结晶紫指示液，溶液由紫色经过蓝色变为绿色即为终点。

在测定的同时，按与测定相同的步骤，对不加试样而使用相同数量的试剂溶液做空白试验。

A.3.3 结果计算

DL-苹果酸钠(以 $C_4H_4Na_2O_5$ 计)的质量分数 w_1(%)按式(A.1)计算：

$$w_1=\frac{(V_1-V_0)\times c\times M}{m\times 1\,000}\times 100\% \quad\cdots\cdots(A.1)$$

式中：

V_1 ——试样消耗高氯酸标准滴溶液的体积，单位为毫升(mL)；

V_0 ——空白试验消耗高氯酸标准滴定溶液的体积，单位为毫升(mL)；

c ——高氯酸标准滴溶液浓度的准确数值，单位为摩尔每升(mol/L)；

M ——苹果酸钠的摩尔质量的数值，单位为克每摩尔(g/mol)[$M(C_4H_4Na_2O_5)=89.03$]；

m ——试样的质量，单位为克(g)；

1 000——换算因子。

A.4 干燥减量的测定

A.4.1 分析步骤

称取 4 g 试样，精确至 0.000 2 g，置于已烘至质量恒定的称量瓶中，在 120 ℃±2 ℃的恒温干燥箱中干燥 2 h，调整温度至 160 ℃±2 ℃，再干燥 2 h，取出，置于干燥器中冷却至室温，称量。

A.4.2 结果计算

干燥减量的质量分数 w_2(%)按式(A.2)计算：

$$w_2=\frac{m-m_1}{m}\times 100\% \quad\cdots\cdots(A.2)$$

式中：

m ——干燥前试样的质量，单位为克(g)；

m_1 ——干燥后试样的质量，单位为克(g)。

A.5 富马酸和马来酸含量的测定

A.5.1 方法提要

用高效液相色谱法，在选定的工作条件下，以磷酸氢二铵溶液为流动相，用高压输液泵将流动相泵入 C_{18} 色谱柱使试样溶液中各组分进行分离，用紫外检测器进行检测，由数据处理系统记录和处理色谱信号。

A.5.2 试剂和材料

A.5.2.1 水：符合 GB/T 6682—2008 的一级水。

A.5.2.2 富马酸:色谱纯。
A.5.2.3 马来酸:色谱纯。

A.5.3 仪器和设备

高效液相色谱仪,带脱气装置,配备紫外检测器。

A.5.4 参考色谱条件

A.5.4.1 流动相:取磷酸氢二铵 20 g,加入约 900 mL 水溶解后,用磷酸调节溶液的 pH 为 2,然后用 0.45 μm 的滤膜过滤,再定容至 1 000 mL。
A.5.4.2 色谱柱:C_{18},填料孔径 12 nm,填料粒径 5 μm,柱长 250 mm,柱内径 4.6 mm,或其他等效色谱柱。
A.5.4.3 流速:0.8 mL/min。
A.5.4.4 柱温:40 ℃。
A.5.4.5 波长:210 nm。
A.5.4.6 进样量:20 μL。

A.5.5 分析步骤

A.5.5.1 工作曲线的绘制

按表 A.1 中 DL-苹果酸、马来酸和富马酸浓度标准系列,配制出两种不同浓度的混合标准溶液,按照浓度和峰面积绘制工作曲线,各物质的保留时间参照表 A.2。

表 A.1 各物质浓度标准系列

名　　称	DL-苹果酸	马来酸	富马酸
标准浓度 1/(mg/L)	约 50	约 0.5	约 1.5
标准浓度 2/(mg/L)	约 100	约 1	约 3
标准浓度 3/(mg/L)	约 250	约 2.5	约 7.5
标准浓度 4/(mg/L)	约 500	约 5	约 15
标准浓度 5/(mg/L)	约 1 000	约 10	约 30
标准浓度 6/(mg/L)	约 2 000	约 20	约 60

表 A.2 各物质的保留时间

名　　称	DL-苹果酸	马来酸	富马酸
保留时间/min	3.06	4.50	5.32

A.5.5.2 试样溶液的制备

称取 0.5 g 试样,精确至 0.000 2 g,于 100 mL 容量瓶,加少量水溶解并稀释至刻度,混匀。色谱分析前用 0.45 μm 微孔滤膜过滤。

A.5.5.3 测定

在规定的色谱条件下,取标准溶液和试样溶液各 20 μL 分别注入液相色谱仪,在工作曲线上查得试液中富马酸或马来酸的浓度。

A.5.6 结果计算

富马酸或马来酸含量的质量分数以 w_3(%)计,按式(A.3)计算:

$$w_3 = \frac{c \times 100/1\,000}{1\,000 \times m} \times 100\% \quad \cdots\cdots\cdots\cdots (\text{A.3})$$

式中:

c ——测定得到的试样中富马酸或马来酸的浓度,单位为毫克每升(mg/L);

m ——试样的质量,单位为克(g);

100 ——试样的定容体积,单位为毫升(mL);

1 000——换算因子。

试验结果以平行测定结果的算术平均值为准。在重复性条件下获得的两次独立测定结果的绝对差值不大于其算术平均值的10%。

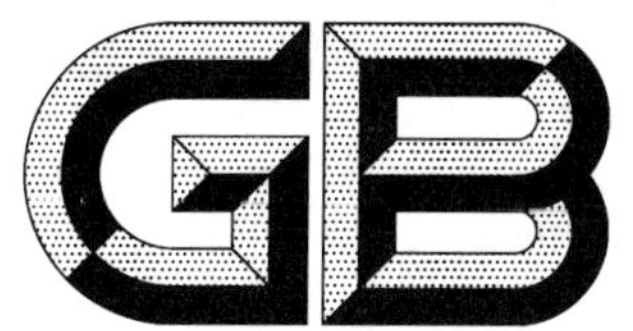

中华人民共和国国家标准

GB 30609—2014

食品安全国家标准
食品添加剂　聚氧乙烯聚氧丙烯季戊四醇醚

2014-04-29 发布　　2014-11-01 实施

中华人民共和国
国家卫生和计划生育委员会 发布

食品安全国家标准
食品添加剂 聚氧乙烯聚氧丙烯季戊四醇醚

1 范围

本标准适用于以环氧丙烷、环氧乙烷、季戊四醇等多元醇为主原料，在催化剂存在下聚合而成的食品添加剂聚氧乙烯聚氧丙烯季戊四醇醚(PPE)。

2 结构式和平均相对分子质量

2.1 结构式

$C[CH_2O(C_3H_6O)_m(C_2H_4O)_nH]_4$

其中，氧化丙烯聚合度 m 为 10～20；氧化乙烯聚合度 n 为 0～5。

2.2 平均相对分子质量

3 000～5 000(按 2007 年国际相对原子质量)。

3 技术要求

3.1 感官要求

感官要求应符合表 1 的规定。

表 1 感官要求

项目	要求	检验方法
色泽	无色或微黄色	取适量样品置于清洁、干燥的比色管中，在 20 ℃～30 ℃下，观察其色泽和状态
状态	透明液体	

3.2 理化指标

理化指标应符合表 2 的规定。

表 2 理化指标

项目		指标	检验方法
羟值(以 KOH 计)/(mg/g)	≤	45～56	GB/T 7383 邻苯二甲酸酐法
酸值(以 KOH 计)/(mg/g)	≤	0.3	GB/T 6365
浊点(10 g/L 1 mol/L 盐酸溶液)/℃	≤	17～25	GB/T 5559
水分(质量分数)/%	≤	1.0	GB 5009.3 卡尔·费休法
铅(Pb)/(mg/kg)	≤	2	GB 5009.12

中华人民共和国国家标准

GB 30610—2014

食品安全国家标准
食品添加剂　乙醇

2014-04-29 发布　　2014-11-01 实施

中华人民共和国国家卫生和计划生育委员会　发布

食品安全国家标准
食品添加剂　乙醇

1　范围

本标准适用于以乙烯直接催化水合法制得的食品添加剂乙醇。

2　分子式、结构式和相对分子质量

2.1　分子式

C_2H_6O。

2.2　结构式

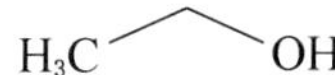

2.3　相对分子质量

46.07(按2007年国际相对原子质量)。

3　技术要求

3.1　感官要求

感官要求应符合表1的规定。

表1　感官要求

项　　目	要　　求	检验方法
色泽	无色	取适量试样，置于清洁、干燥的比色管中，在自然光线下，目视观察其色泽和状态
状态	透明液体	

3.2　理化指标

理化指标应符合表2的规定。

表2　理化指标

项　　目		指　　标	检验方法
乙醇含量(体积分数)/%	≥	94.9	附录A中A.4
酸度(以乙酸计)/(g/L)	≤	0.05	A.5

表 2(续)

<table>
<tr><th colspan="2">项　目</th><th></th><th>指　标</th><th>检验方法</th></tr>
<tr><td colspan="2">碱度(以氨计)(质量分数)/%</td><td>≤</td><td>0.003</td><td>A.6</td></tr>
<tr><td colspan="2">蒸发残渣/(mg/100 mL)</td><td>≤</td><td>2</td><td>GB/T 6324.2</td></tr>
<tr><td colspan="2">铅(Pb)/(mg/kg)</td><td>≤</td><td>0.5</td><td>GB 5009.12</td></tr>
<tr><td rowspan="3">酮和其他醇</td><td>总量(质量分数)/%</td><td>≤</td><td>0.5</td><td rowspan="3">A.7</td></tr>
<tr><td>甲醇(质量分数)/%</td><td>≤</td><td>0.02</td></tr>
<tr><td>其他任一杂质(质量分数)/%</td><td>≤</td><td>0.1</td></tr>
<tr><td colspan="2">杂醇油试验</td><td colspan="2">通过试验</td><td>A.8</td></tr>
<tr><td colspan="2">易碳化物试验</td><td colspan="2">通过试验</td><td>A.9</td></tr>
<tr><td colspan="2">易氧化物试验</td><td colspan="2">通过试验</td><td>A.10</td></tr>
</table>

附 录 A

检验方法

A.1 警示

试验方法规定的一些试验过程可能导致危险情况。操作者应采取适当的安全和防护措施。

A.2 一般规定

除非另有说明，在分析中仅使用确认为分析纯的试剂和 GB/T 6682 中规定的三级水。试验方法中所用标准滴定溶液、杂质测定用标准溶液、制剂及制品，在没有注明其他要求时，均按 GB/T 601、GB/T 602 和 GB/T 603 之规定制备；所用溶液除另有说明外，均为水溶液。

A.3 鉴别试验

A.3.1 溶解性

易溶于水。移取 50 mL 试样，置于 100 mL 比色管中，用水稀释至 100 mL，混匀，在约 10 ℃水浴中静置 30 min，应无薄雾或浑浊出现。

A.3.2 折光率

按 GB/T 614 的规定进行测定。折光率 $n(20,D)$应为 1.364。

A.3.3 沸点

按照 GB/T 7534 中规定的方法进行测定。沸点应为 78 ℃。

A.3.4 红外光谱

试样的红外光谱图应与乙醇红外标准谱图基本一致。乙醇红外标准谱图见附录 B 图 B.1。

A.4 乙醇含量的测定

A.4.1 方法一（仲裁法）

乙醇含量的测定以乙醇的相对密度值判定，按 GB/T 5009.2 中的规定进行测定。相对密度应为：$d_{25}^{25}\leqslant 0.809\ 6$ 或 $d_{15.56}^{15.56}\leqslant 0.816\ 1$。相当于乙醇含量（体积分数）不小于 94.9%。

A.4.2 方法二

按 GB 394.2—2008 中第 5 章酒精度的规定进行测定。

A.5 酸度的测定

A.5.1 试剂和材料

A.5.1.1 氢氧化钠标准滴定溶液：$c(\text{NaOH})=0.02$ mol/L。

A.5.1.2 酚酞指示液：10 g/L。

A.5.2 分析步骤

向装有 25 mL 水的带玻璃塞的烧瓶中加 10 mL 试样，加 0.5 mL 酚酞指示液，用氢氧化钠标准滴定溶液滴定至粉红色刚出现，并保持 30 s 不变，然后加 25 mL(约 20 g)试样，混匀。再用氢氧化钠标准滴定溶液滴定至粉红色，消耗氢氧化钠标准滴定溶液的体积不应大于 1.0 mL。相当于酸度不大于 0.05 g/L。

A.6 碱度的测定

A.6.1 试剂和材料

A.6.1.1 硫酸溶液：$c(H_2SO_4)=0.02$ mol/L；

A.6.1.2 甲基红指示液：1 g/L。

A.6.2 分析步骤

在 25 mL 水中加入 2 滴甲基红指示液，滴加 0.02 mol/L 的硫酸溶液，直到刚出现红色，然后加入 25 mL 试样(约 20 g)，混匀。使红色恢复，加入 0.02 mol/L 的硫酸溶液的体积不大于 2.0 mL。相当于乙醇的碱度不大于 0.003%。

A.7 酮和其他醇的含量

A.7.1 方法提要

采用气相色谱法，在选定的色谱条件下，使试样经色谱柱分离，用氢火焰离子化检测器检测，用面积归一化法定量。

A.7.2 仪器和设备

A.7.2.1 气相色谱仪：配有氢火焰离子化检测器。整机灵敏度和稳定性符合 GB/T 9722 中的有关规定。

A.7.2.2 微量注射器：10 μL。

A.7.3 色谱柱及操作条件

本标准推荐的色谱柱和色谱操作条件见表 A.1。其他能达到同等分离程度的色谱柱及色谱操作条件也可使用。

表 A.1 推荐的色谱柱及色谱操作条件

项　目	参　数
色谱柱	10%的聚乙二醇 400 的填充柱，载体为 0.18 mm～0.25 mm 的红色硅藻土
柱长×柱内径	1.8 m×6.4 mm 的不锈钢柱
柱温度/℃	90
进样口温度/℃	150
检测器温度/℃	150

表 A.1（续）

项　　目	参　　数
载气	氦气
载气流量/(mL/min)	45
进样量/μL	5

A.7.4 分析步骤

根据仪器说明书，调节仪器至表 A.1 所示的操作条件，待仪器稳定后即可开始进样分析。用色谱工作站处理计算结果。

A.7.5 结果计算

某一被测组分的质量分数 w_i 按式(A.1)计算：

$$w_i = \frac{A_i}{\sum A_i} \times 100\% \qquad \cdots\cdots(A.1)$$

式中：

A_i ——某一被测组分的峰面积；

$\sum A_i$——所有组分的峰面积之和。

A.8 杂醇油试验

量取 10 mL 试样，加入 1 mL 甘油和 1 mL 水，混匀，逐滴滴在清洁、无味的滤纸上，自然挥发至干，应始终无异臭发生。

A.9 易碳化物试验

移取 10 mL 硫酸置于锥形瓶中，冷却至约 10 ℃，逐滴加入 10 mL 试样，并持续搅动。溶液的颜色为无色或不深于混合前试剂或试样的颜色，即为通过试验。

A.10 易氧化物试验

A.10.1 试剂和材料

高锰酸钾溶液：0.1 mol/L。

A.10.2 分析步骤

移取 20 mL 试样置于预先冷却至 15 ℃的比色管中，加 0.1 mL 高锰酸钾溶液，混匀，静止 5 min，粉色没有完全消失，即为通过试验。

附　录　B

乙醇红外标准谱图

乙醇红外标准谱图见图 B.1。

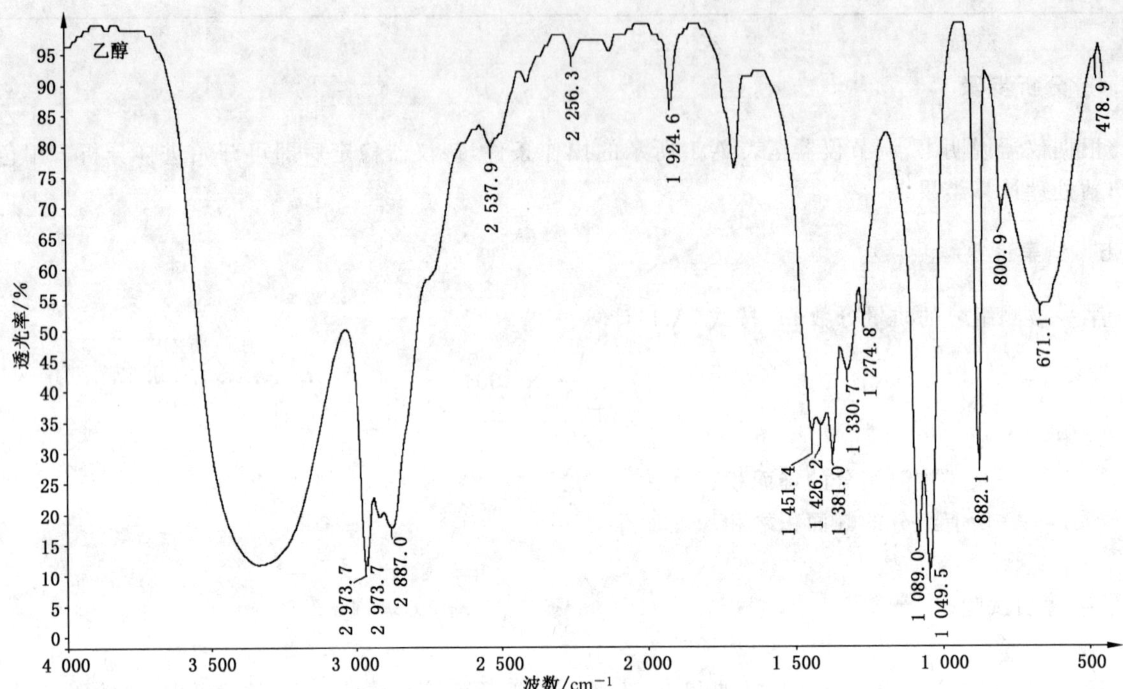

图 B.1　乙醇红外标准谱图

中华人民共和国国家标准

GB 30611—2014

食品安全国家标准
食品添加剂 异丙醇

2014-04-29 发布　　　　2014-11-01 实施

中华人民共和国
国家卫生和计划生育委员会　发布

食品安全国家标准
食品添加剂　异丙醇

1　范围

本标准适用于以丙烯或丙酮为原料制得的食品添加剂异丙醇。

2　分子式、结构式和相对分子质量

2.1　分子式

C_3H_8O。

2.2　结构式

OH

H_3C　CH_3

2.3　相对分子质量

60.10(按 2011 年国际相对原子质量)。

3　技术要求

3.1　感官要求

感官要求应符合表 1 的规定。

表 1　感官要求

项　　目	要　　求	检验方法
色泽	无色	取适量试样,置于清洁、干燥的比色管中,在自然光线下,目视观察其色泽和状态
状态	透明液体	

3.2　理化指标

理化指标应符合表 2 的规定。

表 2 理化指标

项　目		指　标	检验方法
异丙醇含量(质量分数)/%	≥	99.5	GB/T 7814—2008 中 4.4
其他醇、醚及挥发性杂质的总量(质量分数)/%	≤	0.5	GB/T 7814—2008 中 4.4
单一挥发性杂质的含量(质量分数)/%	≤	0.1	
水分(质量分数)/%	≤	0.2	GB 5009.3 中卡尔·费休容量法
酸度(以乙酸计)(质量分数)/%	≤	0.002	附录 A 中 A.4
沸程/℃		1.0(包含 82.3)	GB/T 7534
蒸发残渣/(mg/100 mL)	≤	2	GB/T 6324.2
铅(Pb)/(mg/kg)	≤	1	GB 5009.12

附 录 A

检验方法

A.1 警示

试验方法规定的一些试验过程可能导致危险情况。操作者应采取适当的安全和防护措施。

A.2 一般规定

除非另有说明,在分析中仅使用确认为分析纯的试剂和GB/T 6682中规定的三级水。试验方法中所用标准滴定溶液、杂质测定用标准溶液、制剂及制品,在没有注明其他要求时,均按GB/T 601、GB/T 602和GB/T 603之规定制备;所用溶液除另有说明外,均为水溶液。

A.3 鉴别试验

A.3.1 溶解性

易溶于水、乙醇、乙醚和其他有机溶剂。

A.3.2 折光率

按GB/T 614的规定进行测定。折光率 $n(20,D)$ 应为:1.377～1.380。

A.3.3 相对密度

按GB/T 5009.2的规定进行测定。相对密度 d_{20}^{20} 应为0.784～0.788。

A.4 酸度的测定

A.4.1 试剂和材料

A.4.1.1 氢氧化钠标准滴定溶液:$c(NaOH)=0.01$ mol/L。

A.4.1.2 酚酞指示液:10 g/L。

A.4.2 分析步骤

向100 mL水中加2滴酚酞指示液,用氢氧化钠标准滴定溶液滴定至粉红色刚出现,并保持30 s不变,然后加50 mL(约39 g)试样,混合。再用氢氧化钠标准滴定溶液滴定至恢复粉红色,氢氧化钠标准滴定溶液的耗用量不应大于0.7 mL。相当于酸度不大于0.002%。

中华人民共和国国家标准

GB 30612—2014

食品安全国家标准

食品添加剂 聚二甲基硅氧烷及其乳液

2014-04-29 发布　　　　2014-11-01 实施

中华人民共和国
国家卫生和计划生育委员会 发布

食品安全国家标准
食品添加剂　聚二甲基硅氧烷及其乳液

1　范围

本标准适用于食品添加剂聚二甲基硅氧烷及其乳液。

注：聚二甲基硅氧烷是以二甲基二氯硅烷和少量三甲基氯硅烷的混合物水解制成的全甲基化线性硅氧烷聚合物。聚二甲基硅氧烷乳液是以食品添加剂聚二甲基硅氧烷为原料，加去离子水、辅料（见附录 A），经乳化加工而成。

2　聚二甲基硅氧烷的结构式、分子式、相对分子质量

2.1　结构式

$$(CH_3)_3Si-O-\left[Si(CH_3)_2-O\right]_n-Si(CH_3)_3$$

其中 n 值为 90～410。

2.2　分子式

$C_3H_9Si(C_2H_6OSi)_nSiOC_3H_9$。

2.3　相对分子质量

6 832.356～30 548.196（按 2011 年国际相对原子质量）。

3　技术要求

3.1　感官要求

感官要求应符合表 1 的规定。

表 1　感官要求

项目	指　　标		检验方法
	聚二甲基硅氧烷	聚二甲基硅氧烷乳液	
色泽	无色透明	乳白色	取适量试样置于清洁、干燥透明的容器中，在自然光下，观察其色泽和性状
性状	黏稠液体	黏稠液体	

3.2　理化指标

理化指标应符合表 2 的规定。

表 2 理化指标

项目	指标		检验方法
	聚二甲基硅氧烷	聚二甲基硅氧烷乳液	
溶解性	通过试验	通过试验	附录 B 中 B.3.1
稳定性	—	通过试验	B.6
折光率(25 ℃)	1.400～1.405	—	B.3.2
相对密度(25 ℃/25 ℃)	0.964～0.977	—	GB/T 5009.2
干燥减量(质量分数)/% ≤	0.5	—	B.4
黏度(25 ℃)/cSt	100～1 500	—	B.5
不挥发物(质量分数)/% ≥	—	10	B.7
铅(Pb)/(mg/kg) ≤	1	5	GB 5009.12[a]
总砷(以 As 计)/(mg/kg) ≤	—	2	GB/T 5009.11[a]
[a] 样品处理为干法灰化。			

附 录 A

辅 料

聚二甲基硅氧烷乳液所用的乳化剂、稳定剂、增稠剂以及防腐剂具体如下：

单、双甘油脂肪酸酯(油酸、亚油酸、亚麻酸、棕榈酸、山嵛酸、硬脂酸、月桂酸)，聚氧乙烯山梨醇酐单硬脂酸酯(又名吐温 60)，山梨醇酐单月桂酸酯(又名司盘 20)，山梨醇酐单硬脂酸酯(又名司盘 60)，海藻酸丙二醇酯，丙二醇，二氧化硅，聚氧乙烯山梨醇酐三硬脂酸酯，聚氧乙烯硬脂酸酯，蔗糖脂肪酸酯，黄原胶(又名汉生胶)，甲基纤维素，聚丙烯酸钠，聚乙二醇，羧甲基纤维素钠，苯甲酸及其钠盐，山梨酸及其钾盐。

附 录 B

检验方法

B.1 警示

本标准试验方法中的部分试剂具有毒性、腐蚀性,操作者应小心谨慎!如溅到皮肤上应立即用水冲洗,严重者应立即治疗。

B.2 一般规定

本标准所用试剂和水,在没有注明其他要求时,均指分析纯试剂和 GB/T 6682 中规定的二级水。

B.3 鉴别试验

注:聚二甲基硅氧烷的商业制剂通常含硅凝胶,纯聚合物可以通过 20 000 r/min 离心分离出制剂中硅凝胶而得到。在测试聚二甲基硅氧烷的性能(折光率、相对密度、黏度)之前,应通过离心去除其中含有的硅凝胶。

B.3.1 溶解性

分别取 10 mL 待测溶剂(水/乙醇或脂肪族溶剂/芳香烃溶剂)置于 25 mL 的比色管中,加入 1 mL 的待测试样(聚二甲基硅氧烷或聚二甲基硅氧烷乳液),振摇 30 s,于 3 min 后观察结果。聚二甲基硅氧烷应不溶于乙醇和水,溶于大部分的脂肪族溶剂(如石油醚、正己烷等)和芳香烃溶剂(如苯、甲苯等)。聚二甲基硅氧烷乳液可溶解于水和乙醇。

B.3.2 折光率的测定

B.3.2.1 仪器和设备

阿贝氏折光仪。

B.3.2.2 试剂和材料

B.3.2.2.1 乙醇。

B.3.2.2.2 乙醚。

B.3.2.3 分析步骤

在测定前,折光仪应以二级纯水加以校正,二级纯水的折光率如表 B.1。调节通过阿贝氏折光仪的水流,使其温度为 25 ℃±0.5 ℃。开启折光仪的两面棱镜,以脱脂棉蘸取乙醇或乙醚揩洗。滴 1 滴~2 滴试样(必要时过滤)于下面的棱镜上迅速闭合两棱镜,不能有气泡。调节反射镜对准光源,于 25 ℃ 固定 15 min 后,由目镜观察,转动螺旋至视野分成明暗两部分,轻动补偿器旋钮,使两分界限明晰,其分界线恰在接物镜的十字交点上。检读并记录温度和标尺上的刻度,读取折光率的数值。测量后再重复读数 2 次,3 次读数的平均值即为试样的折光率。

表 B.1 二级纯水的折光率

温度 ℃	折光率
10	1.333 5
15	1.333 2
20	1.332 9
25	1.332 5
30	1.332 0
40	1.330 5

B.4 干燥减量的测定

将扁型称量瓶(Φ65 mm×30 mm)置于烘箱中，于 150 ℃烘至恒重后，用乳胶滴头吸管吸入样品，滴加 4 g～5 g(准确至 0.000 2 g)于已恒重的称量瓶中。并将其置于 100 ℃±2 ℃烘箱中 3 h，然后逐渐升高烘箱温度至 150 ℃维持 4 h，取出置于干燥器中冷却至室温后称量。

干燥减量的质量分数 w_1(%)按式(B.1)计算：

$$w_1 = \frac{m_3 - m_1}{m_2 - m_1} \times 100\% \qquad \cdots\cdots(\text{B.1})$$

式中：

m_3——扁型称量瓶恒重后的质量的数值和试样烘干后质量的数值，单位为克(g)；

m_1——扁型称量瓶恒重后的质量的数值，单位为克(g)；

m_2——扁型称量瓶恒重后的质量的数值和试样质量的数值，单位为克(g)。

B.5 黏度的测定

B.5.1 仪器和设备

乌氏黏度仪，选用毛细管直径为 2.00 mm+0.04 mm 的 3 号黏度计。黏度仪需固定在支架上，以保证黏度仪垂直且各管的位置如图 B.1 所示。

单位为毫米

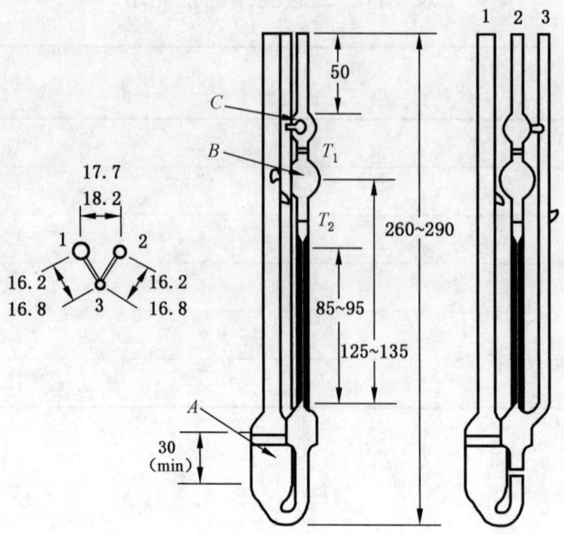

说明：

A ——球体 A；

B ——球体 B；

C ——球体 C；

1 ——管 1；

2 ——管 2；

3 ——管 3；

T_1——刻度线 T_1；

T_2——刻度线 T_2。

图 B.1 乌氏黏度仪

B.5.2 试剂和材料

黏度标准油。

B.5.3 分析步骤

B.5.3.1 黏度仪的校正

用已知黏度 v 的标准油(尽可能选择黏度和测试样品接近的标准油，二级或一级标准物质)确定黏度仪的黏度系数 k。倾斜黏度仪(见图 B.1)使之与垂直线成 30°，将球体 B 置于毛细管下方，从管 1 处导入测试样品使之超过最低的刻度线，同时保证样品在黏度仪垂直放置时不会超过最高的刻度线，确保 U 型管底部没有空气。将黏度仪置于恒温槽中足够的时间使测试样品达到一个平衡温度，用手指堵住管 3，从管 2 吸样品至球体 C 中部。从管 2 移开吸球，将手指从管 3 移至管 2 直至样品下降到毛细管的最下端。将手指从管 2 移开，记录液面从刻度线 T_1 下降到刻度线 T_2 的时间，精确至 0.1 s。整体时间应控制在 80 s～100 s。

黏度系数 k 按式(B.2)计算：

$$k = \frac{v}{t_1} \qquad \text{(B.2)}$$

式中：

v ——标准油的黏度，单位为厘斯(cSt)；

t_1 ——标准油消耗的时间，单位为秒(s)。

B.5.3.2 聚二甲基硅氧烷的黏度测定

将测试样品放入黏度仪中，然后用与校正阶段相同的方式，得出测试样品消耗时间 t_2。

黏度以 v_s 计，数值以厘斯(cSt)表示，按式(B.3)计算：

$$v_s = k \times t_2 \qquad \text{(B.3)}$$

式中：

k ——黏度系数，单位为厘斯每秒(cSt/s)；

t_2 ——是测试样品消耗的时间，单位为秒(s)。

B.6 稳定性的测定

取两支刻度的离心试管，分别加入 5 mL 聚二甲基硅氧烷乳液试样，对称地放入离心机中，以 3 000 r/min±50 r/min 速度离心 30 min 后，目测观察离心试管中的试样，乳液应无破乳现象，液体应无油水分离。

B.7 不挥发物含量的测定

将扁型称量瓶(Φ65×30 mm)置于烘箱中，于 120 ℃烘至恒重后，用乳胶滴头吸管吸入试样，滴加 4 g～5 g(准确至 0.000 2 g)于已恒重的称量瓶中。并将其置于 100 ℃±2 ℃烘箱中 3 h，然后在 30 min 内逐渐升高烘箱温度至 120 ℃维持 2 h，取出置于干燥器中冷却至室温后称量。

不挥发物含量以质量分数 w_2 计，按式(B.4)计算：

$$w_2 = \frac{m_3 - m_1}{m_2 - m_1} \times 100\% \qquad \text{(B.4)}$$

式中：

m_3——扁型称量瓶恒重后的质量数值和试样量烘干后的质量数值，单位为克(g)；

m_1——扁型称量瓶恒重后的质量数值，单位为克(g)；

m_2——扁型称量瓶恒重后的质量数值和试样量的质量数值，单位为克(g)。

中华人民共和国国家标准

GB 30613—2014

食品安全国家标准

食品添加剂　磷酸氢二铵

2014-04-29 发布　　　　2014-11-01 实施

中华人民共和国
国家卫生和计划生育委员会　发布

食品安全国家标准
食品添加剂　磷酸氢二铵

1　范围

本标准适用于以食品添加剂磷酸和液氨为原料生产的食品添加剂磷酸氢二铵。

2　分子式和相对原子量

2.1　分子式

$(NH_4)_2HPO_4$。

2.2　相对分子质量

132.03(按 2011 年国际相对原子质量)。

3　技术要求

3.1　感官要求

感官要求应符合表 1 的规定。

表 1　感官要求

项　　目	要　求	检验方法
色泽	白色	取适量试样置于 50 mL 烧杯中,在自然光下观察色泽和状态
状态	晶体、晶体粉末或颗粒	

3.2　理化指标

理化指标应符合表 2 的规定。

表 2　理化指标

项　　目		指　　标	检验方法
磷酸氢二铵[$(NH_4)_2HPO_4$]含量(质量分数)/%		96.0～102.0	附录 A 中 A.4
pH(10 g/L 水溶液)		7.6～8.2	A.5
铅(Pb)/(mg/kg)	≤	4	A.6
氟(F)/(mg/kg)	≤	10	GB/T 5009.18
重金属(以 Pb 计)/(mg/kg)	≤	10	GB/T 5009.74
无机砷(以 As 计)/(mg/kg)	≤	3	GB/T 5009.11

附 录 A

检验方法

A.1 警示

本标准的检验方法中使用的部分试剂具有毒性或腐蚀性,操作时应采取适当的安全和防护措施。必要时,需在通风橱中进行。如溅到皮肤上应立即用水冲洗,严重者应立即治疗。使用剧毒品时,应严格按照有关规定管理;使用时应避免吸入或与皮肤接触,必要时应在通风橱中进行。对于暴露部位有伤口的人员不能接触。

A.2 一般规定

本标准所用试剂和水在没有注明其他要求时,均指分析纯试剂和GB/T 6682中规定的三级水。试验中所用杂质测定用标准溶液、制剂及制品,在没有注明其他要求时,均按GB/T 602、GB/T 603之规定制备。所用溶液在未注明用何种溶剂配制时,均指水溶液。

A.3 鉴别试验

A.3.1 试剂和材料

A.3.1.1 硝酸溶液:1+8。

A.3.1.2 氨水溶液:1+1。

A.3.1.3 氢氧化钠溶液:40 g/L。

A.3.1.4 硝酸银溶液:17 g/L。

A.3.1.5 红色石蕊试纸。

A.3.2 鉴别方法

A.3.2.1 磷酸根离子的鉴别

称取约1.0 g试样,溶于20 mL水中,用硝酸溶液调节至中性。加入硝酸银溶液,可生成黄色沉淀,此沉淀溶于氨水溶液或硝酸溶液。

A.3.2.2 铵根离子鉴别

称取约1.0 g试样,溶于20 mL水中,加入氢氧化钠溶液,释放出的氨气可使湿润的红色石蕊试纸变蓝。加热可促进分解。

A.4 磷酸氢二铵[$(NH_4)_2HPO_4$]含量的测定

A.4.1 方法提要

在酸性条件下,以喹钼柠酮做沉淀剂使试样溶液中的磷酸根全部形成磷钼酸喹啉沉淀,沉淀经过滤、烘干、称重后确定试样中磷酸氢二铵含量。

A.4.2 试剂和材料

A.4.2.1 硝酸溶液:1+1。

A.4.2.2 喹钼柠酮溶液:称取 70 g 钼酸钠,溶于 150 mL 水中,为溶液 1。称取 60 g 柠檬酸,溶于 150 mL水和 85 mL 硝酸的混合液中,为溶液 2。边搅拌边将溶液 1 缓慢加入溶液 2 中,为溶液 3。在 35 mL硝酸和 100 mL 水的混合液中加入 5 mL 喹啉,为溶液 4。将溶液 4 加入溶液 3 中,搅拌均匀,放置 24 h,过滤,滤液中加入 280 mL 丙酮,用水稀释至 1 000 mL,混匀。

警告:此溶液应保存于聚乙烯瓶中。此溶液中含丙酮,不应靠近火焰使用。操作中如要加热或煮沸应在通风橱中进行。

A.4.3 仪器和设备

A.4.3.1 玻璃砂芯坩埚:孔径 5 μm~15 μm。

A.4.3.2 电热恒温干燥箱:温度能控制为 180 ℃±2 ℃。

A.4.4 分析步骤

A.4.4.1 试样溶液的制备

称取约 1 g 试样,精确至 0.000 2 g。置于 100 mL 烧杯中,加少量水溶解。移入 250 mL 容量瓶中,用水稀释至刻度,摇匀。干过滤,弃去初始 20 mL 滤液,保留滤液作为试样溶液。

A.4.4.2 测定

用移液管移取 10 mL 试样溶液,置于 300 mL 烧杯中。加 10 mL 硝酸溶液,加水至总体积约为 100 mL,盖上表面皿,在水浴中加热至烧杯内的物质达到 75 ℃±5 ℃,加入 50 mL 喹钼柠酮溶液(在通风橱中进行),保温 30 s(在加入试剂和加热过程中,不得使用明火,不得搅拌,以免凝结成块)。冷却,在冷却过程中搅拌 3 次~4 次。将沉淀抽滤于预先在 180 ℃±2 ℃下干燥至质量恒定的玻璃砂芯坩埚中。先将上层清液过滤,以倾析法用洗瓶冲洗沉淀 6 次,每次用水约 30 mL,最后将沉淀移入玻璃砂芯坩埚中过滤,再用水洗涤沉淀 4 次。将玻璃砂芯坩埚连同沉淀置于电热恒温干燥箱中,从温度稳定开始计时,在 180 ℃±2 ℃下干燥 45 min。取出稍冷后,置于干燥器中冷却至室温,称重。

同时做空白试验,空白试验除不加试样外,其他加入的试剂种类和量与试样溶液完全相同,并与试样溶液同样处理。

A.4.5 结果计算

磷酸氢二铵[$(NH_4)_2HPO_4$]含量的质量分数 w_1 按式(A.1)计算:

$$w_1 = \frac{(m_1 - m_2) \times 0.059\ 66 \times 250}{m \times 10} \times 100\% \qquad \text{(A.1)}$$

式中:

m_1 ——试样溶液中生成磷钼酸喹啉沉淀的质量,单位为克(g);

m_2 ——空白试样溶液中生成磷钼酸喹啉沉淀的质量,单位为克(g);

0.059 66——磷钼酸喹啉换算成磷酸氢二铵的系数;

250 ——容量瓶的容积的数值,单位为毫升(mL);

m ——试样的质量,单位为克(g);

10 ——移取试样溶液的体积,单位为毫升(mL)。

试验结果以平行测定结果的算术平均值为准。在重复性条件下获得的两次独立测定结果的绝对差值不大于0.3%。

A.5 pH(10 g/L水溶液)的测定

A.5.1 试剂和材料

无二氧化碳的水。

A.5.2 仪器和设备

酸度计:精度0.02 pH。

A.5.3 分析步骤

称取1.00 g±0.01 g试样,置于150 mL烧杯中,加100 mL无二氧化碳的水溶解试样。用已经校对好的酸度计进行测定。

试验结果以平行测定结果的算术平均值为准。在重复性条件下获得的两次独立测定结果的绝对差值不大于0.1。

A.6 铅(Pb)的测定

A.6.1 试剂和材料

A.6.1.1 盐酸。

A.6.1.2 硝酸。

A.6.1.3 三氯甲烷。

A.6.1.4 氢氧化钠溶液:250 g/L。

A.6.1.5 吡咯烷二硫代氨基甲酸铵(APDC)溶液:20 g/L,溶解2 g吡咯烷二硫代氨基甲酸铵(APDC)于100 mL水中。使用前过滤。该溶液现用现配。

A.6.1.6 铅(Pb)标准溶液:0.005 mg/mL,用移液管移取5 mL按GB/T 602配制的铅标准溶液,置于100 mL容量瓶中,用水稀释至刻度,摇匀。该溶液现用现配。

A.6.1.7 精密pH试纸:0.5~5.0。

A.6.1.8 水:符合GB/T 6682—2008中二级水的规定。

A.6.2 仪器和设备

A.6.2.1 分液漏斗:250 mL。

A.6.2.2 原子吸收分光光度计:配有铅空心阴极灯。

A.6.3 分析步骤

A.6.3.1 试样溶液的制备

称取5.00 g±0.01 g试样,置于150 mL烧杯中,加30 mL水溶解,加1 mL盐酸。加热煮沸几分钟,冷却,用水稀释至约100 mL,用氢氧化钠溶液调整溶液pH为1.0~1.5(用精密pH试纸检验)。将此溶液转移至250 mL分液漏斗中,用水稀释至约200 mL。加2 mL吡咯烷二硫代氨基甲酸铵(APDC)溶液,混匀。分别用20 mL三氯甲烷萃取两次,收集萃取物于50 mL烧杯中,汽浴蒸发至干(此操作应在通风橱中进行),加入3 mL硝酸,于汽浴中蒸发至近干。加入0.5 mL硝酸和10 mL水,蒸发至溶液体积约为3 mL~5 mL。转移至10 mL容量瓶,用水稀释至刻度,摇匀。

A.6.3.2　标准溶液的制备

移取 4.00 mL 铅标准溶液置于 150 mL 烧杯中。以下操作同 A.6.3.1 中从“加 30 mL 水溶解……”开始，至“……转移至 10 mL 容量瓶，用水稀释至刻度，摇匀”为止。

A.6.3.3　测定

在 283.3 nm 处，使用空气-乙炔火焰，以水调零，测定吸光度，试样溶液的吸光度不应高于标准溶液的吸光度。

中华人民共和国国家标准

GB 30614—2014

食品安全国家标准
食品添加剂　氧化钙

2014-04-29 发布　　　　2014-11-01 实施

中华人民共和国
国家卫生和计划生育委员会　发布

食品安全国家标准
食品添加剂　氧化钙

1　范围

本标准适用于用碳酸钙灼烧后制得的食品添加剂氧化钙。

2　分子式和相对分子质量

2.1　分子式

CaO。

2.2　相对分子质量

56.08(按 2011 年国际相对原子质量)。

3　技术要求

3.1　感官要求

感官要求应符合表 1 的规定。

表 1　感官要求

项　　目	要　　求	检验方法
色泽	白色或灰白色	取适量试样置于 50 mL 烧杯中，在自然光下观察色泽和状态
状态	颗粒或粉末	

3.2　理化指标

理化指标应符合表 2 的规定。

表 2　理化指标

项　　目		指　　标	检验方法
氧化钙(CaO)含量(以干基计，质量分数)/%		95.0～100.5	附录 A 中 A.4
镁和碱金属(质量分数)/%	≤	3.6	A.5
无机砷(以 As 计)/(mg/kg)	≤	3	A.6
氟(F)/(mg/kg)	≤	150	A.7
铅(Pb)/(mg/kg)	≤	2	A.8
酸不溶物(质量分数)/%	≤	1	A.9
灼烧减量(质量分数)/%	≤	10	A.10

附 录 A

检验方法

A.1 警示

本标准的检验方法中使用的部分试剂具有毒性或腐蚀性,操作时应采取适当的安全和防护措施。

A.2 一般规定

本标准所用试剂和水,在没有注明其他要求时,均指分析纯试剂和 GB/T 6682 中规定的三级水。本标准试验中所需标准溶液、杂质测定用标准溶液、制剂和制品,在没有注明其他要求时均按 GB/T 601、GB/T 602、GB/T 603 之规定制备。所用溶液在未注明用何种溶剂配制时,均指水溶液。

A.3 鉴别试验

A.3.1 试剂和材料

A.3.1.1 冰乙酸。

A.3.1.2 草酸铵溶液:35 g/L。

A.3.1.3 氨水溶液:2+3。

A.3.1.4 盐酸溶液:1+4。

A.3.1.5 甲基红指示液。

A.3.2 鉴别方法

称取 1 g 试样,加入 20 mL 水,加入冰乙酸至试样完全溶解,再加入 2 滴甲基红指示液,用氨水溶液调至黄色,再逐滴加入盐酸溶液使溶液呈酸性后加入草酸铵溶液,即产生白色沉淀。此沉淀溶于盐酸,而不溶于冰乙酸。用铂丝蘸取用盐酸浸湿的钙盐溶液,透过无光火焰燃烧后呈现砖红色。

A.4 氧化钙(CaO)含量(以干基计)的测定

A.4.1 试剂和材料

A.4.1.1 盐酸溶液:1+4。

A.4.1.2 氢氧化钠溶液:40 g/L。

A.4.1.3 乙二胺四乙酸二钠标准滴定溶液:c(EDTA)=0.02 mol/L。

A.4.1.4 钙羧酸钠盐指示剂。

A.4.2 分析步骤

称取约 0.4 g 按照 A.10 灼烧后的试样,精确至 0.000 2 g。加入 20 mL 盐酸溶液使其完全溶解,全部转移至 250 mL 容量瓶中,加水至刻度,摇匀。用移液管移取 25 mL 试样溶液,置于 250 mL 锥形瓶中,加入 30 mL 水,用 50 mL 滴定管准确加入 20 mL 的乙二胺四乙酸二钠标准滴定溶液,摇匀后再加入 15mL 的氢氧化钠溶液、0.3 g 钙羧酸钠盐指示剂，继续用乙二胺四乙酸二钠标准滴定溶液滴定至溶液由酒红色变为纯蓝色。同时作空白试验。

空白试验除不加试样外，其他操作及加入试剂的种类和量(标准滴定溶液除外)与测定试验相同。

A.4.3 结果计算

氧化钙(CaO)含量的质量分数 w_1 按式(A.1)计算：

$$w_1=\frac{(V_1-V_0)\times c\times M\times 250}{m\times 25\times 1\,000}\times 100\% \qquad \text{(A.1)}$$

式中：

V_1 ——滴定试样溶液所消耗的乙二胺四乙酸二钠标准滴定溶液的体积，单位为毫升(mL)；

V_0 ——滴定空白溶液所消耗的乙二胺四乙酸二钠标准滴定溶液的体积，单位为毫升(mL)；

c ——乙二胺四乙酸二钠标准滴定溶液的浓度，单位为摩尔每升(mol/L)；

M ——氧化钙的摩尔质量，单位为克每摩尔(g/mol)[M (CaO)=56.08]；

250 ——容量瓶的容积，单位为毫升(mL)；

m ——试样的质量，单位为克(g)；

25 ——移取试样溶液的体积，单位为毫升(mL)；

1 000 ——换算因子。

试验结果以平行测定结果的算术平均值为准。在重复性条件下获得的两次独立测定结果的绝对差值不大于 0.2%。

A.5 镁和碱金属的测定

A.5.1 试剂和材料

A.5.1.1 硫酸。

A.5.1.2 盐酸溶液：1+4。

A.5.1.3 氨水溶液：1+1。

A.5.1.4 草酸溶液：63 g/L。

A.5.1.5 甲基红指示液。

A.5.2 仪器和设备

铂坩埚：100 mL。

A.5.3 分析步骤

称取约 0.5 g 试样，精确至 0.000 2 g。置于 250 mL 的烧杯中，缓慢加入 15 mL 盐酸溶液至试样溶解，加热煮沸 1 min，迅速加入 40 mL 草酸溶液并搅拌，加入 2 滴甲基红指示液后用氨水溶液调节 pH 至中性，于恒温水浴中加热 1 h，冷却后转移至 100 mL 容量瓶中，加水至刻度，摇匀。用慢速滤纸干过滤，弃去初滤液 20 mL，用移液管移取 50 mL 滤液，置于已于 800 ℃±25 ℃干燥至质量恒定的铂坩埚中，加入 0.5 mL 硫酸，于电炉上蒸发至干，再于 800 ℃±25 ℃下灼烧至质量恒定。

A.5.4 结果计算

镁和碱金属含量的质量分数 w_2 按式(A.2)计算：

$$w_2=\frac{(m_1-m_2)\times 100}{m\times 50}\times 100\% \qquad \text{(A.2)}$$

式中：

m_1 ——铂坩埚和残渣的质量，单位为克(g)；

m_2 ——空铂坩埚的质量，单位为克(g)；

100——容量瓶的容积，单位为毫升(mL)；

m ——试样的质量，单位为克(g)；

50 ——移取试样溶液的体积，单位为毫升(mL)。

实验结果以平行测定结果的算术平均值为准。在重复性条件下获得的两次独立测定结果的绝对差值不大于0.2%。

A.6 无机砷(以As计)的测定

称取1.00 g±0.01 g试样，加水使试样完全润湿，滴加盐酸溶液(1+1)至试样完全溶解并过量2 mL，加热至微沸，冷却后作为被测定试样溶液，按照GB/T 5009.11中的规定进行测定。

A.7 氟(F)的测定

称取1.00 g±0.01 g试样，加水使试样完全润湿，滴加盐酸溶液(1+1)至试样完全溶解并过量2 mL，加热至微沸，冷却后完全转移至100 mL容量瓶中，用水稀释至刻度，摇匀。移取5.00 mL上述溶液置于50 mL容量瓶中，以下按照GB/T 5009.18中规定的进行测定。

A.8 铅(Pb)的测定

称取1.00 g±0.01 g试样，加水使试样完全润湿，滴加盐酸溶液(1+1)至试样完全溶解并过量2 mL，加热至微沸，冷却后完全转移至100 mL容量瓶中，用水稀释至刻度，摇匀。按照GB 5009.12中规定的进行测定。

A.9 酸不溶物的测定

A.9.1 方法提要

用盐酸溶液将试样溶解后过滤，将不溶物烘干，称量。

A.9.2 试剂和材料

A.9.2.1 盐酸溶液：1+1。

A.9.2.2 硝酸银溶液：17 g/L。

A.9.3 仪器和设备

A.9.3.1 玻璃砂坩埚：孔径5 μm～15 μm。

A.9.3.2 电热恒温干燥箱：温度能控制为105 ℃±2 ℃。

A.9.4 分析步骤

称取约5 g试样，精确至0.000 2 g，用水湿润，滴加盐酸溶液使试样完全溶解，加热微沸2 min。趁热用预先于105 ℃±2 ℃干燥至质量恒定的玻璃砂坩埚过滤，用热水洗涤至滤液无氯离子(用硝酸银溶液检验)。将玻璃砂坩埚连同不溶物置于电热恒温干燥箱中，于105 ℃±2 ℃干燥1 h至质量恒定。

A.9.5 结果计算

酸不溶物含量的质量分数 w_3 按式(A.3)计算：

$$w_3=\frac{m_1-m_2}{m}\times 100\% \qquad \cdots\cdots(A.3)$$

式中：

m_1——玻璃砂坩埚和不溶物的质量，单位为克(g)；

m_2——玻璃砂坩埚的质量，单位为克(g)；

m ——试样质量，单位为克(g)。

试验结果以平行测定结果的算术平均值为准。在重复性条件下获得的两次独立测定结果的绝对差值不大于0.03%。

A.10 灼烧减量的测定

A.10.1 仪器和设备

A.10.1.1 铂坩埚：50 mL；

A.10.1.2 高温炉：温度能控制为1 100 ℃±50 ℃。

A.10.2 分析步骤

在预先于1 100 ℃±50 ℃下灼烧至质量恒定的铂坩埚中称取约1 g试样，精确到0.000 2 g，在1 100 ℃±50 ℃下灼烧2 h，冷却30 min，称量。

A.10.3 结果计算

灼烧减量的质量分数 w_4 按式(A.4)计算：

$$w_4=\frac{m_1-m_2}{m}\times 100\% \qquad \cdots\cdots(A.4)$$

式中：

m_1——试样和铂坩埚的质量，单位为克(g)；

m_2——灼烧后试样和铂坩埚质量，单位为克(g)；

m ——试样的质量，单位为克(g)。

试验结果以平行测定结果的算术平均值为准。在重复性条件下获得的两次独立测定结果的绝对差值不大于0.5%。

中华人民共和国国家标准

GB 30615—2014

食品安全国家标准
食品添加剂　竹叶抗氧化物

2014-04-29 发布　　　　2014-11-01 实施

中华人民共和国
国家卫生和计划生育委员会　发布

食品安全国家标准

食品添加剂　竹叶抗氧化物

1　范围

本标准适用于以刚竹属(*Phyllostachys* Siet.Et Zucc)竹种的叶为原料，经提取、精制而成的食品添加剂竹叶抗氧化物。

注：用于生产食品添加剂竹叶抗氧化物的竹叶原料为被子植物门(Angiospermae)、单子叶植物纲(Monocotyledonae)、禾本目(Graminales)、禾本科(Graminae)、竹亚科(Bambusoideae)、刚竹属(*Phyllostachys*)品种1年～2年生的叶子。

2　分类

竹叶抗氧化物根据其溶解性分为水溶性产品和脂溶性产品。其水溶性产品的主要有效成分为竹叶碳苷黄酮(异荭草苷、荭草苷、牡荆苷、异牡荆苷)和对香豆酸、绿原酸等；脂溶性产品的主要有效成分为对香豆酸、阿魏酸、苜蓿素以及竹叶黄酮的酯化产物等。

3　主要成分的化学名称、结构式、分子式和相对分子质量

3.1　异荭草苷

3.1.1　化学名称

5,7,3′,4′-四羟基黄酮-6-C-葡萄糖苷。

3.1.2　分子式

$C_{21}H_{20}O_{11}$。

3.1.3　结构式

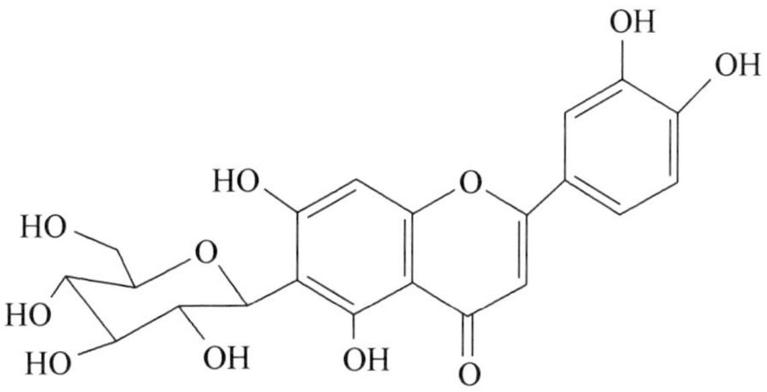

OH OH HO O HO O HO HO OH OH O

3.1.4　相对分子质量

448.38(按2007年国际相对原子质量)。

3.2 对香豆酸

3.2.1 化学名称

3-(4-羟基苯基)-2 丙烯酸。

3.2.2 分子式

$C_9H_8O_3$。

3.2.3 结构式

3.2.4 相对分子质量

164.16(按 2007 年国际相对原子质量)。

4 技术要求

4.1 感官要求

感官要求应符合表 1 的规定。

表 1 感官要求

项目	要　　求	检验方法
色泽	黄色至黄棕色或黄褐色,吸湿时色渐变深	取适量试样置于 50 mL 烧杯中,在自然光下观察色泽和状态,嗅其气味
气味	水溶性产品具有典型的竹叶清香;脂溶性产品清香淡、略带酯味	
状态	粉末状,允许有少量颗粒	

4.2 理化指标

理化指标应符合表 2 的规定。

表 2 理化指标

项　　目		指　　标		检验方法
		水溶性	脂溶性	
总酚(质量分数)/%	≥	40.0	20.0	附录 A 中 A.4
异荭草苷(质量分数)/%	≥	2.0	—	A.5
对香豆酸(质量分数)/%	≥	—	0.5	A.6
水溶解度(25 ℃)/(g/100 g)	≥	6.0	—	A.7

表 2（续）

项　　目		指　　标		检验方法
		水溶性	脂溶性	
乙酸乙酯溶解度(25 ℃)/(g/100 g)	≥	—	3.0	A.8
灼烧残渣(质量分数)/%	≤	5.0	3.0	A.9
干燥减量(质量分数)/%	≤	8.0		GB 5009.3
总砷(以 As 计)/(mg/kg)	≤	3.0		GB/T 5009.11 或 GB/T 5009.76
铅(Pb)/(mg/kg)	≤	2.0		GB 5009.12 或 GB/T 5009.75
注：水溶性产品可用糊精稀释。				

附 录 A

检 验 方 法

A.1 安全提示

本标准试验方法中使用的部分试剂具有毒性或腐蚀性，按相关规定操作，操作时应小心谨慎。若溅到皮肤上应立即用水冲洗，严重者应立即治疗。在使用挥发性酸时，要在通风柜中进行。

A.2 一般规定

本标准所用试剂和水，在没有注明其他要求时，均指分析纯试剂和GB/T 6682规定的三级水。试验中所用标准溶液、杂质标准溶液、制剂及制品，在没有注明其他要求时，均按GB/T 601、GB/T 602、GB/T 603的规定制备。试验中所用溶液在未注明用何种溶剂配制时，均指水溶液。

A.3 鉴别试验

A.3.1 化学试剂鉴别

A.3.1.1 试剂和材料

A.3.1.1.1 乙醇水溶液(95+5)。
A.3.1.1.2 三氯化铁乙醇溶液:10 g/L。
A.3.1.1.3 三氯化铝乙醇溶液:10 g/L。

A.3.1.2 鉴别方法

A.3.1.2.1 称取约0.5 g试样溶于100 mL乙醇中，取此溶液1 mL滴加2滴～3滴三氯化铁乙醇溶液，溶液显深蓝色或蓝紫色。
A.3.1.2.2 称取约0.5 g试样溶于100 mL乙醇中，取此溶液1 mL滴加2滴～3滴三氯化铝乙醇溶液，溶液显鲜黄色。

A.3.2 光谱学鉴别

A.3.2.1 红外透射光谱鉴别

采用溴化钾压片法，按照GB/T 6040的规定进行试验，试样的红外光谱应与对照图谱一致(对照图谱见附录B)。

A.3.2.2 紫外吸收光谱鉴别

称取约15 mg试样溶于100 mL色谱纯甲醇中，在200 nm～600 nm波长范围内进行紫外扫描，试样的紫外光谱应与对照图谱一致(对照图谱见附录C)。

A.3.3 有效成分分析及其指纹图谱

A.3.3.1 方法提要

试样用色谱纯甲醇溶解，以乙腈-乙酸水溶液(1+99)为流动相，用以C_{18}为填料的液相色谱柱和紫外检测器或二级管阵列检测器，用含异荭草苷、荭草苷、异牡荆苷、牡荆苷、对香豆酸、绿原酸、咖啡酸、阿魏酸等8个对照品的标准图谱和试样图谱进行对照，确定竹叶抗氧化物产品的有效成分及类别差异。

A.3.3.2 试剂和材料

A.3.3.2.1 乙腈（色谱纯）。
A.3.3.2.2 甲醇（色谱纯）。
A.3.3.2.3 冰乙酸（优级纯）。
A.3.3.2.4 水（超纯水）。
A.3.3.2.5 异荭草苷、荭草苷、异牡荆苷、牡荆苷、对香豆酸、绿原酸、咖啡酸、阿魏酸标准品：纯度≥98.0%。
A.3.3.2.6 混标溶液：分别称取上述8个对照品（A.3.3.2.5）各5 mg（精确至0.000 1 g），用甲醇溶解并定容至10 mL，混匀，置冰箱中保存，此溶液为8个对照品的混标溶液。

A.3.3.3 仪器和设备

A.3.3.3.1 高效液相色谱仪。
A.3.3.3.2 紫外光检测器：可变波长。
A.3.3.3.3 数据处理系统：色谱工作站或数据处理机。

A.3.3.4 参考色谱条件

推荐的色谱柱及典型操作条件见表A.1，竹叶抗氧化物指纹图谱测定典型高效液相色谱图见附录D中D.1和D.2。其他能达到同等分离程度的色谱柱和色谱操作条件均可使用。

表A.1 色谱柱和典型色谱操作条件

项 目	操 作 条 件
色谱柱	C_{18} ODS柱，柱长250 mm，内径4.6 mm，内装C_{18}填充物，粒径5 μm或是相当者
柱温/℃	40
流动相	A. 乙腈；B. 乙酸水溶液（1+99）
梯度洗脱条件	0 min～15 min，A 15%，B 85%；15 min～25 min，A 15%～40%，B 85%～60%；25 min～34 min，A 40%，B 60%；34 min～40 min，A 40%～15%，B 60%～85%
流动速度/（mL/min）	1
检测器检测波长/nm	330
进样量/μL	10

A.3.3.5 分析步骤

A.3.3.5.1 试样处理

准确称取试样100 mg（精确至0.000 1 g），用甲醇溶解并定容至100 mL，经微孔滤膜（0.45 μm）过滤，即得试样溶液。

A.3.3.5.2 试样测定

准确吸取试样溶液10 μL，在规定色谱条件下，进行色谱分析，以保留时间定性。试样的高效液相色谱图应与对照图谱一致(对照图谱见附录 D)。

A.4 总酚测定

A.4.1 方法提要

福林(Folin)试剂在碱性条件下极不稳定,可使酚类化合物还原而呈蓝色反应。在对羟基苯甲酸浓度 0.000 5 mg/mL~0.016 mg/mL 范围内,其浓度与吸光度符合比尔定律,可用对羟基苯甲酸为对照品进行定量比色测定得试样的总酚含量。

A.4.2 试剂和材料

A.4.2.1 乙醇水溶液(3+7)。

A.4.2.2 乙醇水溶液(9+1)。

A.4.2.3 碳酸钠溶液:200 g/L。

A.4.2.4 对羟基苯甲酸标准品:纯度≥98.0%。

A.4.2.5 对羟基苯甲酸标准溶液:0.250 mg/mL,称取干燥至恒重的对羟基苯甲酸标准品 25.0 mg,用乙醇水溶液(A.4.2.1)溶解并定容至 100 mL。

A.4.2.6 福林试剂(自行配制或外购):于 2 000 mL 磨口烧瓶中放入 100 g 钨酸钠($Na_2WO_4 \cdot 2H_2O$)、25 g 钼酸钠($Na_2MoO_4 \cdot 2H_2O$)、700 mL 水、50 mL 85%磷酸(H_3PO_4)、100 mL 盐酸,小火沸腾回流 10 h,去除冷凝器后,加入 50 g 硫酸锂(Li_2SO_4)、50 mL 水和数滴溴水(99%),摇匀,在通风柜内进行,再煮沸 15 min 以去除过量的溴,冷却后加水定容至 1 000 mL,混合均匀,过滤。试剂呈金黄色,储存于棕色瓶内,使用时以 1 份原液于 2 份水稀释均匀。

A.4.3 仪器和设备

A.4.3.1 分光光度计。

A.4.3.2 万分之一电子天平:感量 0.000 1 g。

A.4.3.3 移液枪(或移液管)。

A.4.3.4 容量瓶。

A.4.4 测定步骤

A.4.4.1 试样处理

准确称取竹叶抗氧化物试样 100 mg(精确至 0.000 1 g),水溶性产品用乙醇水溶液(A.4.2.1)溶解并定容至 100 mL,脂溶性产品用少量乙醇水溶液(A.4.2.2)溶解后、再用乙醇水溶液(A.4.2.1)定容至 100 mL;用定性滤纸过滤,即得试样溶液。

A.4.4.2 标准曲线的绘制

准确吸取对羟基苯甲酸标准溶液 0 mL、0.05 mL、0.10 mL、0.20 mL、0.40 mL、0.80 mL、1.20 mL,相当于对羟基苯甲酸 0 mg、0.012 5 mg、0.025 mg、0.050 mg、0.10 mg、0.20 mg、0.30 mg 移入 25 mL 具塞试管中,分别用水稀释至 10.0 mL;各加入 1.0 mL 福林试剂和 2.0 mL 20%碳酸钠溶液,试管在 50 ℃±1 ℃的恒温水浴中加热 30 min,然后用水冷却并稀释至 25 mL。室温放置 30 min,用 1 cm 比色杯测定 745 nm 的吸光度。以吸收度为纵坐标、浓度为横坐标绘制标准曲线或求取线性回归方程。

A.4.4.3 试样测定

准确吸取试样溶液 1 mL,按上述标准曲线制作中的操作步骤(A.4.4.2)于 745 nm 处进行吸光度测定。根据标准工作曲线,求出相当于试样吸光度的对羟基苯甲酸含量。

A.4.5 结果计算

总酚(以对羟基苯甲酸计)的质量分数 w_1(%)按式(A.1)计算:

$$w_1 = \frac{m_1 \times V_2}{m_2 \times V_1} \times 100\% \qquad \text{(A.1)}$$

式中:

m_1——依据标准曲线计算出的待测液中总酚含量的数值,单位为毫克(mg);

V_2——待测液总体积的数值,单位为毫升(mL);

m_2——供试样取样质量的数值,单位为毫克(mg);

V_1——待测液分取体积的数值,单位为毫升(mL)。

试验结果以平行测定结果的算术平均值为准(保留一位小数)。在重复性条件下获得的两次独立测定结果的相对差值不超过 5.0%。

A.5 异荭草苷测定

A.5.1 方法提要

试样经甲醇溶解,以乙腈-乙酸水溶液(1+99)为流动相,用以 C_{18} 为填料的液相色谱柱和紫外检测器或二极管阵列检测器,对试样中的异荭草苷进行反相高效液相色谱分离和测定,与标准品保留时间比较定性,峰面积外标法定量。

A.5.2 试剂和材料

A.5.2.1 乙腈(色谱纯)。

A.5.2.2 甲醇(色谱纯)。

A.5.2.3 冰乙酸(优级纯)。

A.5.2.4 水(超纯水)。

A.5.2.5 异荭草苷标准品:纯度≥98.0%。

A.5.2.6 异荭草苷标准溶液:准确称取异荭草苷标准品 5 mg(精确至 0.000 1 g),用甲醇溶解并定容至 10 mL,混匀,置冰箱中保存。此溶液 1 mL 含异荭草苷 0.5 mg。

A.5.3 仪器和设备

A.5.3.1 高效液相色谱仪。

A.5.3.2 紫外光检测器:可变波长。

A.5.3.3 数据处理系统:色谱工作站或数据处理机。

A.5.4 参考色谱条件

推荐的色谱柱及典型操作条件见表 A.2,其他能达到同等分离程度的色谱柱和色谱操作条件均可使用。

表 A.2 色谱柱和典型色谱操作条件

项目	操作条件
色谱柱	C_{18} ODS 柱，柱长 250 mm，内径 4.6 mm，内装 C_{18} 填充物，粒径 5 μm 或是相当者
柱温/℃	40
流动相	A. 乙腈；B. 乙酸水溶液(1+99)
梯度洗脱条件	0 min～15 min，A 15%，B 85%；15 min～25 min，A 15%～40%，B 85%～60%；25 min～34 min，A 40%，B 60%；34 min～40 min，A 40%～15%，B 60%～85%
流动速度/(mL/min)	1
检测器检测波长/nm	330
进样量/μL	10

A.5.5 分析步骤

A.5.5.1 试样处理

准确称取竹叶抗氧化物试样 100 mg(精确至 0.000 1 g)，用甲醇溶解并定容至 100 mL，经微孔滤膜(0.45 μm)过滤，即得试样溶液。

A.5.5.2 标准曲线的绘制

准确吸取一定量的异荭草苷标准溶液，分别稀释 4、8、10、16、20 倍和 40 倍，进样 10 μL，在规定色谱条件下，进行色谱分析。根据异荭草苷标准溶液的不同进样量及相应谱峰面积，以色谱峰面积为纵坐标、异荭草苷浓度为横坐标，绘制标准曲线。

A.5.5.3 试样测定

准确吸取试样溶液 10 μL，在规定色谱条件下，进行色谱分析，以保留时间定性，峰面积外标法定量。

A.5.6 结果计算

异荭草苷的质量分数 w_2(%)按式(A.2)计算：

$$w_2 = \frac{c_1 \times V_3}{m_3} \times 100\% \qquad \cdots\cdots(A.2)$$

式中：

c_1 ——依据标准曲线计算出的待测液中的异荭草苷浓度的数值，单位为毫克每毫升(mg/mL)；

V_3 ——供试样定容体积的数值，单位为毫升(mL)；

m_3 ——供试样取样质量的数值，单位为毫克(mg)。

试验结果以平行测定结果的算术平均值为准(保留一位小数)。在重复性条件下获得的两次独立测定结果的相对差值不超过 2.5%。

A.6 对香豆酸测定

A.6.1 方法提要

试样经甲醇溶解，以乙腈-乙酸水溶液(1+99)为流动相，用以 C_{18} 为填料的液相色谱柱和紫外检测器或二极管阵列检测器，对试样中的对香豆酸进行反相高效液相色谱分离和测定，与标准品保留时间比较定性，峰面积外标法定量。

A.6.2 试剂和材料

A.6.2.1 乙腈(色谱纯)。

A.6.2.2 甲醇(色谱纯)。

A.6.2.3 冰乙酸(优级纯)。

A.6.2.4 水(超纯水)。

A.6.2.5 对香豆酸标准品：纯度≥98.0%。

A.6.2.6 对香豆酸标准溶液：准确称取对香豆酸标准品 10 mg(精确至 0.000 1 g)，用甲醇溶解并定容至 10 mL，混匀，置冰箱中保存。此溶液 1 mL 含对香豆酸 1.0 mg。

A.6.3 仪器和设备

A.6.3.1 高效液相色谱仪。

A.6.3.2 紫外光检测器：可变波长。

A.6.3.3 数据处理系统：色谱工作站或数据处理机。

A.6.4 参考色谱条件

推荐的色谱柱及典型操作条件见表 A.3，其他能达到同等分离程度的色谱柱和色谱操作条件均可使用。

表 A.3 色谱柱和典型色谱操作条件

项 目	操 作 条 件
色谱柱	C_{18} ODS 柱，柱长 250 mm，内径 4.6 mm，内装 C_{18} 填充物，粒径 5 μm 或是相当者
柱温/℃	40
流动相	A. 乙腈；B. 乙酸水溶液(1+99)
梯度洗脱条件	0 min～15 min，A 15%，B 85%；15 min～25 min，A 15%～40%，B 85%～60%；25 min～34 min，A 40%，B 60%；34 min～40 min，A 40%～15%，B 60%～85%
流动速度/(mL/min)	1
检测器检测波长/nm	310
进样量/μL	10

A.6.5 分析步骤

A.6.5.1 试样处理

准确称取竹叶抗氧化物试样 100 mg(精确至 0.000 1 g)，用甲醇溶解并定容至 100 mL，经微孔滤膜(0.45 μm)过滤，即得试样溶液。

A.6.5.2 标准曲线的绘制

准确吸取一定量的对香豆酸标准溶液，分别稀释 8、10、16、32、64、128 倍和 256 倍，进样 10 μL，在规定色谱条件下，进行色谱分析，根据对香豆酸标准溶液的不同进样量及相应谱峰面积，以色谱峰面积为纵坐标、对香豆酸浓度为横坐标，绘制标准曲线。

A.6.5.3 试样测定

准确吸取试样溶液 10 μL，在规定色谱条件下，进行色谱分析，以保留时间定性，峰面积外标法定量。

A.6.6 结果计算

对香豆酸的质量分数 w_3(%)按式(A.3)计算：

$$w_3 = \frac{c_2 \times V_4}{m_4} \times 100\% \qquad \cdots\cdots(A.3)$$

式中：

c_2 ——依据标准曲线计算出的待测液中对香豆酸浓度的数值，单位为毫克每毫升(mg/mL)；

V_4 ——供试样定容体积的数值，单位为毫升(mL)；

m_4 ——供试样取样质量的数值，单位为毫克(mg)。

试验结果以平行测定结果的算术平均值为准(保留一位小数)。在重复性条件下获得的两次独立测定结果的相对差值不超过 2.5%。

A.7 水溶解度测定

A.7.1 仪器和设备

A.7.1.1 电热恒温干燥箱。

A.7.1.2 百分之一电子天平：感量 0.01 g。

A.7.2 分析步骤

取 200 mL 的具塞锥形瓶，干燥至恒重(m_5)后，准确称取 100 g 蒸馏水(精确至 0.01 g)，然后加入 6 g～10 g 水溶性竹叶抗氧化物(精确至 0.01 g)，在 25 ℃条件下边加边搅拌，在 5 min 内使其充分溶解，静置 10 min，倒出上清液，瓶及残渣干燥至恒重(m_7)，根据减轻的质量计算水溶解度。

A.7.3 结果计算

水溶解度以 w_4(%)表示，其数值以克每百克(g/100 g)表示，按式(A.4)计算：

$$w_4 = m_5 + m_6 - m_7 \qquad \cdots\cdots(A.4)$$

式中：

m_5——干燥后锥形瓶质量的数值，单位为克(g)；

m_6——供试样取样量的数值，单位为克(g)；

m_7——干燥后锥形瓶和残渣质量的数值，单位为克(g)。

试验结果以平行测定结果的算术平均值为准(保留一位小数)。在重复性条件下获得的两次独立测定结果的相对差值不超过 5.0%。

A.8 乙酸乙酯溶解度测定

A.8.1 试剂和材料

乙酸乙酯。

A.8.2 仪器和设备

A.8.2.1 电热恒温干燥箱。

A.8.2.2 百分之一电子天平:感量 0.01 g。

A.8.3 分析步骤

取 200 mL 的具塞锥形瓶,干燥至恒重(m_8)后,准确称取 100 g 乙酸乙酯(精确至 0.01 g),然后加入 5 g~10 g 脂溶性竹叶抗氧化物(精确至 0.01 g),在 25 ℃条件下边加边搅拌,在 5 min 内使其充分溶解,静置 10 min,倒出上清液,瓶及残渣干燥至恒重(m_{10}),根据减轻的质量计算乙酸乙酯溶解度。

A.8.4 结果计算

乙酸乙酯溶解度以 w_5(%)表示,其数值以克每百克(g/100 g)表示,按式(A.5)计算:

$$w_5 = m_8 + m_9 - m_{10} \qquad \cdots\cdots(A.5)$$

式中:

m_8 ——干燥后锥形瓶质量的数值,单位为克(g);

m_9 ——供试样取样量的数值,单位为克(g);

m_{10}——干燥后锥形瓶和残渣质量的数值,单位为克(g)。

试验结果以平行测定结果的算术平均值为准(保留一位小数)。在重复性条件下获得的两次独立测定结果的相对差值不超过 5.0%。

A.9 灼烧残渣测定

A.9.1 分析步骤

称取约 2 g 试样(精确至 0.000 1 g),置于预先恒重的坩埚内,先用小火缓缓加热至完全炭化,然后小心移入高温炉内于 600 ℃±25 ℃灼烧至恒重。

A.9.2 结果计算

灼烧残渣的质量分数 w_6(%)按式(A.6)计算:

$$w_6 = \frac{m_{11} - m_{12}}{m_{13} - m_{12}} \times 100\% \qquad \cdots\cdots(A.6)$$

式中:

m_{11}——坩埚和灼烧残渣质量的数值,单位为克(g);

m_{12}——坩埚质量的数值,单位为克(g);

m_{13}——坩埚和供试样质量的数值,单位为克(g)。

试验结果以平行测定结果的算术平均值为准(保留一位小数)。在重复性条件下获得的两次独立测定结果的相对差值不超过 5.0%。

附 录 B

竹叶抗氧化物红外透射光谱图

B.1 水溶性竹叶抗氧化物红外透射光谱示意图

水溶性竹叶抗氧化物红外透射光谱示意图见图 B.1。

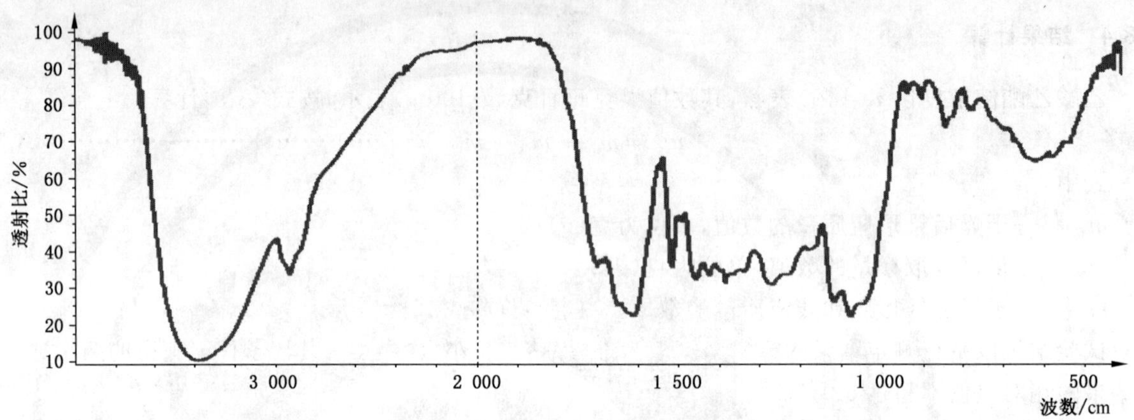

注：水溶性竹叶抗氧化物在 3 400 cm^{-1}、2 930 cm^{-1}、1 610 cm^{-1}、1 075 cm^{-1} 等附近有特征性吸收，分别是酚羟基、苯环上碳氢键、苯环骨架及羰基的伸缩振动。

图 B.1 水溶性竹叶抗氧化物红外透射光谱示意图

B.2 脂溶性竹叶抗氧化物红外透射光谱示意图

脂溶性竹叶抗氧化物红外透射光谱示意图见图 B.2。

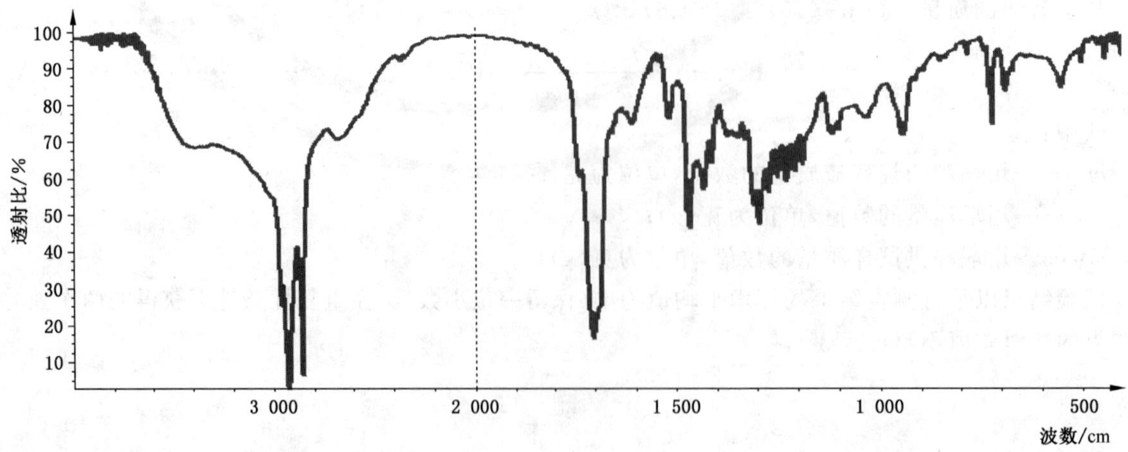

注：脂溶性竹叶抗氧化物在 3 400 cm^{-1} 左右的酚羟基峰大大减弱，1 700 cm^{-1} 附近出现强的羰基吸收峰。

图 B.2 脂溶性竹叶抗氧化物红外透射光谱示意图

附 录 C

竹叶抗氧化物紫外吸收光谱图

竹叶抗氧化物紫外吸收光谱示意图见图 C.1。

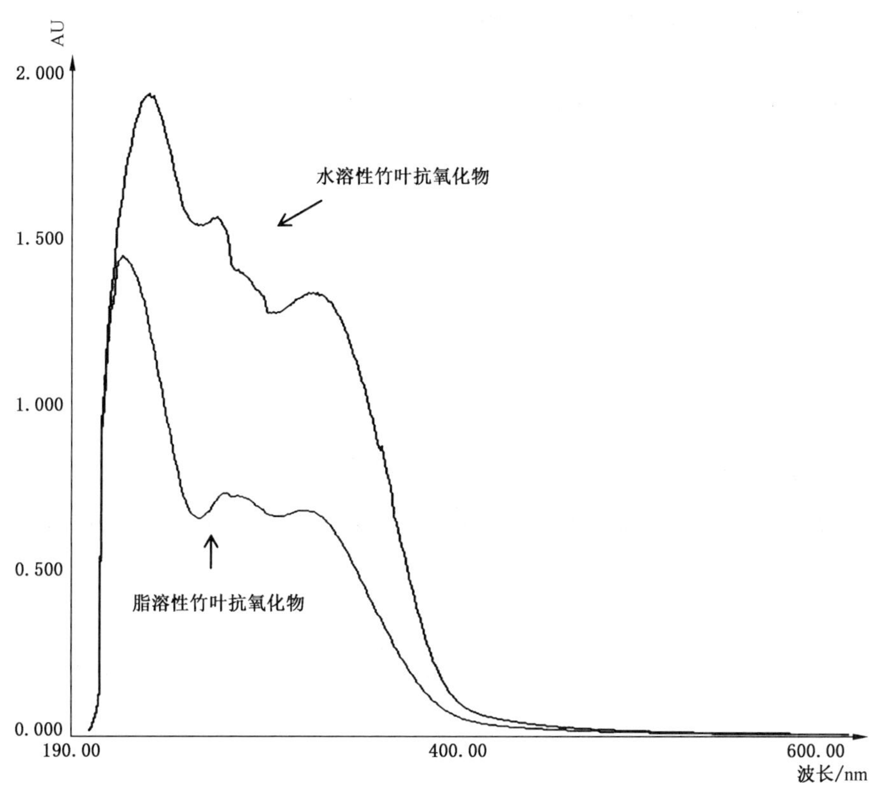

注：竹叶抗氧化物的紫外光谱图在 240 nm～280 nm 之间有一强吸收峰，在 300 nm～350 nm 之间有一强吸收峰。同浓度下水溶性产品的紫外吸收强度大于脂溶性产品。

图 C.1 竹叶抗氧化物紫外吸收光谱示意图

附 录 D

竹叶抗氧化物高效液相色谱示意图

D.1 水溶性竹叶抗氧化物高效液相色谱示意图

水溶性竹叶抗氧化物高效液相色谱示意图见图 D.1。

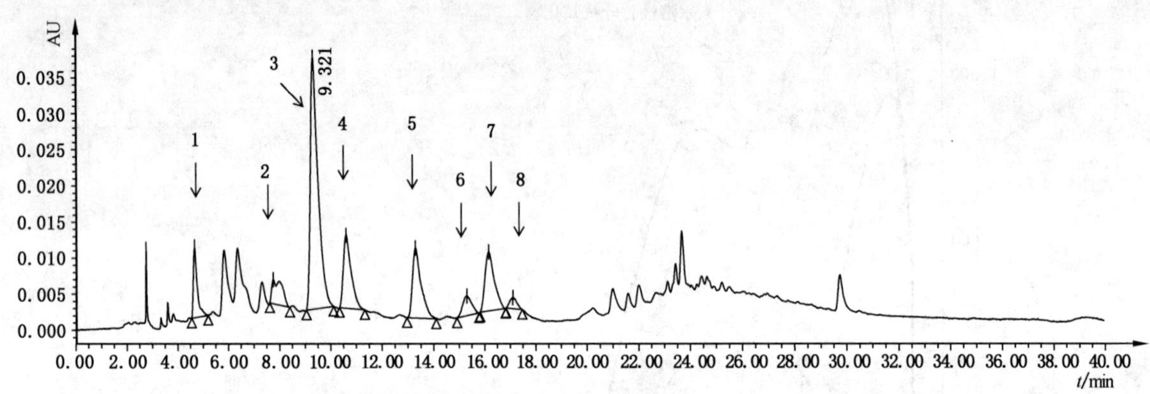

说明：

1——绿原酸；
2——咖啡酸；
3——异荭草苷；
4——荭草苷；
5——对香豆酸；
6——牡荆苷；
7——异牡荆苷；
8——阿魏酸。

图 D.1 水溶性竹叶抗氧化物高效液相色谱示意图

D.2　脂溶性竹叶抗氧化物高效液相色谱示意图

脂溶性竹叶抗氧化物高效液相色谱示意图见图 D.2。

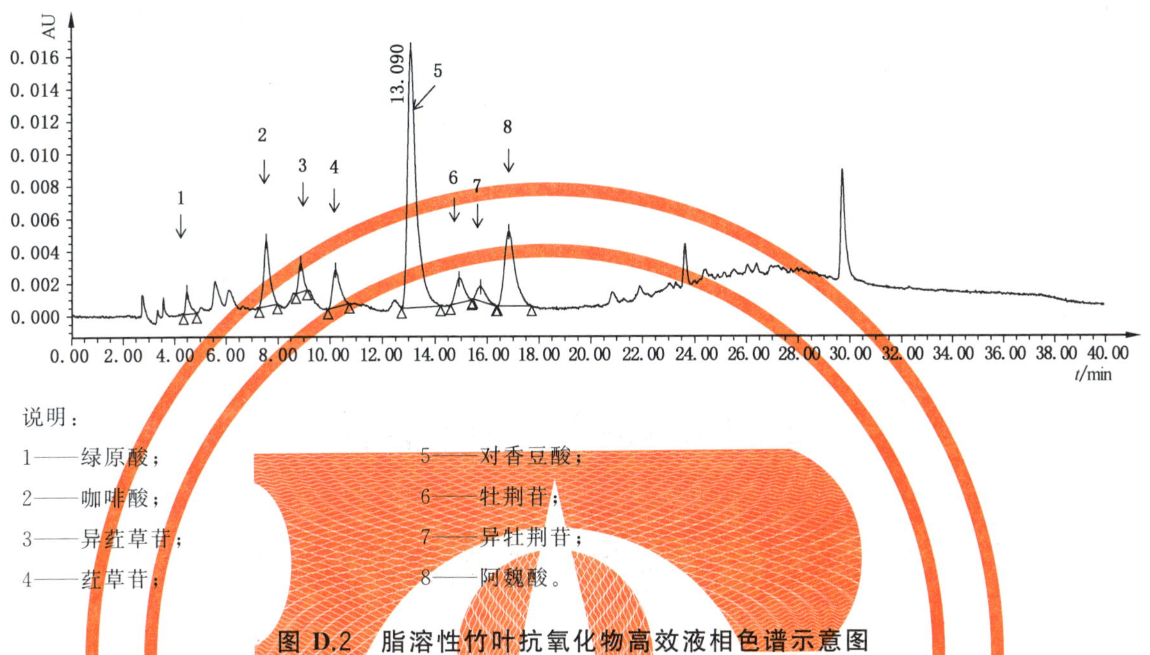

说明：

1——绿原酸；
2——咖啡酸；
3——异荭草苷；
4——荭草苷；
5——对香豆酸；
6——牡荆苷；
7——异牡荆苷；
8——阿魏酸。

图 D.2　脂溶性竹叶抗氧化物高效液相色谱示意图

注：不同仪器、不同分离柱、甚至不同时间进样，各组分的保留时间均会有所不同，但各组分的洗脱顺序是不变的。

中华人民共和国国家标准

GB 30616—2014

食品安全国家标准
食品用香精

2014-04-29 发布 2014-11-01 实施

中华人民共和国
国家卫生和计划生育委员会 发布

食品安全国家标准
食品用香精

1 范围

本标准适用于食品用香精。

2 术语和定义

下列术语和定义适用于本文件。

2.1 食品用香精

由食品用香料和(或)食品用热加工香味料与食品用香精辅料组成的用来起香味作用的浓缩调配混合物(只产生咸味、甜味或酸味的配制品除外),它含有或不含有食品用香精辅料。通常它们不直接用于消费,而是用于食品加工。

注 1:应严格区分食品用香精和调味品,调味品是食品中的一类,一般可直接食用。食品用香精可以是调味品很小的组成部分。

注 2:食品用香精按生产需要适量使用。

2.2 食品用香精辅料

对食品用香精生产、储存和应用所必需的食品添加剂和食品配料。所加的食品添加剂(增味剂、酸度调节剂除外)在最终加香产品中无功能。

2.3 食品用热加工香味料

为食品香味特性而制备的一种产品或混合物。它是以食材或食材组分经过类似于烹调的食品制备工艺制得的产品。

2.4 试样

从所抽取的样品中取出供检测用的样品。

2.5 标准样品

企业技术部门会同有关部门/人员对样品进行检定和评香,确定为检验用标准样品。

2.6 液体香精

以油类或油溶性物质为溶剂、以水或水溶性物质为溶剂的香精。常温下一般为液体。

2.7 乳化香精

经乳化均质得到的水包油的香精。

2.8 浆(膏)状香精

以浆(膏)状形态出现的各类香精。

2.9 拌和型粉末香精

香气和(或)香味成分与固体粉末载体拌合在一起的粉末状香精。

2.10 胶囊型粉末香精

香气和(或)香味成分以芯材的形式被包裹于固体壁材之内的颗粒型香精。

3 技术要求

3.1 原料要求

食品用香精使用的各种香料应符合 GB 2760《食品安全国家标准　食品添加剂使用标准》的规定，食用酒精应符合 GB 10343《食用酒精》的规定，植物油应符合 GB 2716《食品安全国家标准　食用植物油卫生标准》的规定。允许使用的食品用香精辅料名单见附录 A。

3.2 感官要求

感官要求应符合表 1 的规定。

表 1　感官要求

项　目	要　　求	检验方法
色状[a]	符合同一型号的标准样品	附录 B 中 B.1
香气	符合同一型号的标准样品	GB/T 14454.2
香味[b]	符合同一型号的标准样品	B.2

[a] 在贮存期中，部分产品会呈轻度浑浊、沉淀或变色现象，应不影响使用效果。

[b] 香味的测定不适用于以动植物油为溶剂的产品。

3.3 理化指标

理化指标应符合表 2 的规定。

表 2　理化指标

项　目	液体香精	乳化香精	浆(膏)状香精	粉末香精		检验方法
				拌和型	胶囊型	
相对密度(25 ℃/25 ℃或20 ℃/20 ℃或20 ℃/4 ℃)	$D_{标样}$ ±0.010	—				GB/T 11540
折光指数(25 ℃或20 ℃)	$n_{标样}$ ±0.010	—				GB/T 14454.4
水分/%　≤	—			20.0	15.0	GB 5009.3 及 B.3
过氧化值[a]/(g/100 g)　≤	0.5	—				GB/T 5009.37—2003 中 4.2.1
粒度(规定范围)	—	≤2 μm并均匀分布[c]	—		≥90.0%	B.4

表 2（续）

项　　目	液体香精	乳化香精	浆(膏)状香精	粉末香精		检验方法
				拌和型	胶囊型	
原液稳定性	—	不分层	—			B.5
千倍稀释液稳定性[d]	—	无浮油、无沉淀	—			B.6
重金属(以 Pb 计)含量/(mg/kg)　≤	10					GB/T 5009.74
砷(以 As 计)含量	≤3 mg/kg(对含有来自海产品成分的食品用香精只测定无机砷含量，无机砷含量应≤1.5 mg/kg)					GB/T 5009.11 或 GB/T 5009.76
甲醇含量[b]/%　≤	0.2	—				GB/T 7917.4

注：相对密度、折光指数、水分、粒度、原液稳定性、千倍稀释液稳定性为出厂检验项目，型式检验为全项目检验项目，每年进行一次。

[a] 过氧化值的测定只适用于动植物油含量≥20%的产品。

[b] 甲醇含量的测定只适用于食用酒精含量≥20%的产品。

[c] 乳化香精的粒度只适合于饮料用乳化香精。

[d] 千倍稀释液稳定性只适合于饮料用乳化香精。

3.4　微生物指标

微生物指标应符合表 3 的规定。

表 3　微生物指标

项　　目	液体香精	乳化香精	浆(膏)状香精	粉末香精		检验方法
				拌和型	胶囊型	
菌落总数/(CFU/g 或 CFU/mL)	—	≤5 000	≤30 000			GB 4789.2
大肠菌群/(MPN/g 或 MPN/mL)	—	≤3.6	≤15			GB 4789.3

4　标签

按照 GB 29924《食品安全国家标准　食品添加剂标识通则》进行标示，凡含有食品用热加工香味料的产品不测相对密度和折光指数，其产品标签的配料清单中应标示“食品用热加工香味料”。对含有来自海产品成分的食品用香精应在产品标签上注明本产品含有海产品成分。

5　其他

根据工艺需要，食品用香精中可以使用 GB 2760 中允许使用的着色剂、甜味剂和咖啡因，但加入的品种和添加量应与最终食品的要求相一致。

附 录 A

食品用香精中允许使用的辅料名单

A.1 溶剂及载体见表 A.1。

表 A.1 溶剂及载体

序号	溶剂及载体中文名称	溶剂及载体英文名称	CNS 编码	INS 编码
1	微晶纤维素	microcrystalline cellulose	02.005	460i
2	磷脂	phospholipid	04.010	322
3	蔗糖脂肪酸酯	sucrose esters of fatty acid	10.001	473
4	单,双甘油脂肪酸酯(油酸、亚油酸、亚麻酸、棕榈酸、山嵛酸、硬脂酸、月桂酸)	mono-and diglycerides of fatty acids	10.006	471
5	辛,癸酸甘油酯	octyl and decyl glycerate	10.018	—
6	辛烯基琥珀酸淀粉钠	sodium starch octenyl succinate	10.030	1450
7	甘油(又名丙三醇)	glycerine(glycerol)	15.014	422
8	丙二醇	propylene glycol	18.004	1520
9	山梨糖醇和山梨糖醇液	sorbitol and sorbitol syrup	19.006	420i 420ii
10	D-甘露糖醇	D-mannitol	19.017	421
11	琼脂	agar	20.001	406
12	明胶	gelatin	20.002	—
13	羧甲基纤维素钠	sodium carboxy methyl cellulose	20.003	466
14	海藻酸钠(又名褐藻酸钠) 海藻酸钾	sodium alginate potassium alginate	20.004 20.005	401 402
15	果胶	pectins	20.006	440
16	卡拉胶	carrageenan	20.007	407
17	阿拉伯胶	gum arabic	20.008	414
18	黄原胶(又名汉生胶)	xanthan gum	20.009	415
19	海藻酸丙二醇酯	propylene glycol alginate	20.010	405
20	羟丙基淀粉	hydroxypropyl starch	20.014	1440
21	聚葡萄糖	polydextrose	20.022	1200
22	槐豆胶(又名刺槐豆胶)	carob bean gum	20.023	410
23	β-环状糊精	beta-cyclodextrin	20.024	459
24	瓜尔胶	guar gum	20.025	412
25	氧化淀粉	oxidized starch	20.030	1404
26	甲基纤维素	methyl cellulose	20.043	461
注:合适的各种食品原料可用作食品用香精溶剂或载体,不在此表列出。				

A.2 其他辅料见表 A.2。

表 A.2 其他辅料

序号	其他辅料中文名称	其他辅料英文名称	CNS 编码	INS 编码
1	乙酸异丁酸蔗糖酯	sucrose acetate isobutyrate(SAIB)	—	444
2	黄蜀葵胶	ablmoschus manihot gum	—	—
3	葫芦巴胶	fenugreek gum	—	—
4	氢氧化钠	sodium hydroxide	—	524
5	DL-苹果酸	DL-malic acid	—	—
6	氯化钾	potassium chloride	00.008	508
7	半乳甘露聚糖	galactomannan	00.014	—
8	硫酸锌	zinc sulfate	00.018	—
9	柠檬酸	citric acid	01.101	330
10	乳酸	lactic acid	01.102	270
11	L-苹果酸	L-malic acid	01.104	—
12	偏酒石酸	metatartaric acid	01.105	353
13	磷酸 焦磷酸二氢二钠 焦磷酸钠 磷酸二氢钙 磷酸二氢钾 磷酸氢二钾 磷酸氢钙 磷酸三钙 磷酸三钾 磷酸三钠 六偏磷酸钠 三聚磷酸钠 磷酸二氢钠 磷酸氢二钠	phosphoric acid disodium dihydrogen pyrophosphate tetrasodium pyrophosphate calcium dihydrogen phosphate potassium dihydrogen phosphate dipotassium hydrogen phosphate calcium hydrogen phosphate(dicalcium orthophosphate) tricalcium orthophosphate(calcium phosphate) tripotassium orthophosphate trisodium orthophosphate sodium polyphosphate sodium tripolyphosphate sodium dihydrogen phosphate sodium phosphatedibasic	01.106 15.008 15.004 15.007 15.010 15.009 06.006 02.003 01.308 15.001 15.002 15.003 15.005 15.006	338 450i 450iii 341i 340i 340ii 341ii 341iii 340iii 339iii 452i 451i 339i 339ii
14	冰乙酸(又名冰醋酸)	acetic acid	01.107	260
15	盐酸	hydrochloric acid	01.108	507
16	冰乙酸(低压羰基化法)	acetic acid	01.112	—
17	氢氧化钙	calcium hydroxide	01.202	526
18	氢氧化钾	potassium hydroxide	01.203	525
19	碳酸钾	potassium carbonate	01.301	501i
20	碳酸钠	sodium carbonate	01.302	500i
21	柠檬酸钠	trisodium citrate	01.303	331iii

表 A.2（续）

序号	其他辅料中文名称	其他辅料英文名称	CNS 编码	INS 编码
22	柠檬酸钾	tripotassium citrate	01.304	332ii
23	碳酸氢三钠(又名倍半碳酸钠)	sodium sesquicarbonate	01.305	500 iii
24	柠檬酸一钠	sodium dihydrogen citrate	01.306	331i
25	碳酸氢钾	potassium hydrogen carbonate	01.307	501ii
26	DL-苹果酸钠	DL-disodium malate	01.309	—
27	乳酸钙	calcium lactate	01.310	327
28	葡萄糖酸钠	sodium gluconate	01.312	576
29	亚铁氰化钾	potassium ferrocyanide	02.001	536
30	二氧化硅	silicon dioxide	02.004	551
31	硅酸钙	calcium silicate	02.009	552
32	聚二甲基硅氧烷	polydimethyl siloxane	03.007	900a
33	丁基羟基茴香醚(BHA)	butylated hydroxyanisole	04.001	320
34	二丁基羟基甲苯(BHT)	butylated hydroxytoluene	04.002	321
35	没食子酸丙酯(PG)	propyl gallate	04.003	310
36	D-异抗坏血酸及其钠盐	D-isoascorbic acid (erythorbic acid), sodium D-isoascorbate	04.004 04.018	315 316
37	茶多酚(又名维多酚)	tea polyphenol(TP)	04.005	—
38	植酸(又名肌醇六磷酸)	phytic acid(inositol hexaphosphoric acid)	04.006	—
39	特丁基对苯二酚	tertiary butylhydroquinone(TBHQ)	04.007	319
40	甘草抗氧物	antioxidant of glycyrrhiza	04.008	—
41	抗坏血酸钙	calcium ascorbate	04.009	302
42	抗坏血酸棕榈酸酯	ascorbyl palmitate	04.011	304
43	4-己基间苯二酚	4-hexylresorcinol	04.013	586
44	抗坏血酸(又名维生素 C)	ascorbic acid	04.014	300
45	抗坏血酸钠	sodium ascorbate	04.015	301
46	维生素 E(dl-α-生育酚,d-α-生育酚,混合生育酚浓缩物)	vitamin E(dl-α-tocopherol,d-α-tocopherol,mixed tocopherol concentrate)	04.016	307
47	迷迭香提取物	rosemary extract	04.017	—
48	二氧化硫 焦亚硫酸钾 焦亚硫酸钠 亚硫酸钠 亚硫酸氢钠 低亚硫酸钠	sulfur dioxide potassium metabisulphite sodium metabisulphite sodium sulfite sodium hydrogen sulfite sodium hyposulfite	05.001 05.002 05.003 05.004 05.005 05.006	220 224 223 221 222 —
49	碳酸氢钠	sodium hydrogen carbonate	06.001	500ii

表 A.2（续）

序号	其他辅料中文名称	其他辅料英文名称	CNS 编码	INS 编码
50	碳酸氢铵	ammonium hydrogen carbonate	06.002	503ii
51	硫酸铝钾(又名钾明矾)	aluminium potassium sulfate	06.004	522
52	酒石酸氢钾	potassium bitartarate	06.007	336
53	甜菜红	beet red	08.101	162
54	高粱红	sorghum red	08.115	—
55	柑橘黄	orange yellow	08.143	—
56	天然胡萝卜素	natural carotene	08.147	—
57	酪蛋白酸钠(又名酪朊酸钠)	sodium caseinate	10.002	—
58	木糖醇酐单硬脂酸酯	xylitan monostearate	10.007	—
59	硬脂酰乳酸钠 硬脂酰乳酸钙	sodium stearoyl lactylate calcium stearoyl lactylate	10.011 10.009	481i 482i
60	氢化松香甘油酯	glycerol ester of hydrogenated rosin	10.013	—
61	聚氧乙烯木糖醇酐单硬脂酸酯	polyoxyethylene xylitan monostearate	10.017	—
62	改性大豆磷脂	modified soybean phospholipid	10.019	—
63	丙二醇脂肪酸酯	propylene glycol esters of fatty acids	10.020	477
64	聚甘油脂肪酸酯	polyglycerol esters of fatty acids	10.022	475
65	山梨醇酐单月桂酸酯(又名司盘 20) 山梨醇酐单棕榈酸酯(又名司盘 40) 山梨醇酐单硬脂酸酯(又名司盘 60) 山梨醇酐三硬脂酸酯(又名司盘 65) 山梨醇酐单油酸酯(又名司盘 80)	sorbitan monolaurate sorbitan monopalmitate sorbitan monostearate sorbitan tristearate sorbitan monooleate	10.024 10.008 10.003 10.004 10.005	493 495 491 492 494
66	聚氧乙烯山梨醇酐单月桂酸酯(又名吐温 20) 聚氧乙烯山梨醇酐单棕榈酸酯(又名吐温 40) 聚氧乙烯山梨醇酐单硬脂酸酯(又名吐温 60) 聚氧乙烯山梨醇酐单油酸酯(又名吐温 80)	polyoxyethylene(20) sorbitan monolaurate polyoxyethylene(20) sorbitan monopalmitate polyoxyethylene(20) sorbitan monostearate polyoxyethylene(20) sorbitan monooleat	10.025 10.026 10.015 10.016	432 434 435 433
67	乙酰化单、双甘油脂肪酸酯	acetylated mono-and diglyceride (acetic and fatty acid esters of glycerol)	10.027	472a
68	硬脂酸酸钾 硬脂酸酸钙 硬脂酸酸镁	potassium stearate calcium stearate magnesium stearate	10.028 10.039 02.006	470
69	聚甘油蓖麻醇酯(PGPR)	polyglycerol polyricinoleate (polyglycerol esters of interesterified ricinoleic acid)	10.029	476
70	乳酸脂肪酸甘油酯	lactic and fatty acid esters of glycerol	10.031	472b

表 A.2（续）

序号	其他辅料中文名称	其他辅料英文名称	CNS 编码	INS 编码
71	柠檬酸脂肪酸甘油酯	citric and fatty acid esters of glycerol	10.032	472c
72	酶解大豆磷脂	enzymatically decomposed soybean phospholipid	10.040	—
73	谷氨酸钠	monosodium glutamate	12.001	621
74	5′-鸟苷酸二钠	disodium 5′-guanylate	12.002	627
75	5′-肌苷酸二钠	disodium 5′-inosinate	12.003	631
76	5′-呈味核苷酸二钠(又名呈味核苷酸二钠)	disodium 5′-ribonucleotide	12.004	635
77	碳酸镁	magnesium carbonate	13.005	504 i
78	碳酸钙(包括轻质和重质碳酸钙)	calcium carbonate(light and heavy)	13.006	170i
79	紫胶(又名虫胶)	shellac	14.001	904
80	乳酸钾	potassium lactate	15.011	326
81	乳酸钠	sodium lactate	15.012	325
82	苯甲酸及其钠盐	benzoic acid, sodium benzoate	17.001 17.002	210 211
83	山梨酸及其钾盐	sorbic acid, potassium sorbate	17.003 17.004	200 202
84	脱氢乙酸及其钠盐	dehydroacetic acid, sodium dehydroacetate	17.009(i) 17.009 (ii)	265 266
85	乳酸链球菌素	nisin	17.019	234
86	丙酸及其钠盐、钙盐	propionic acid, sodium propionate, calcium propionate	17.029 17.006 17.005	280 281 282
87	纳他霉素	natamysin	17.030	235
88	对羟基苯甲酸酯类及其钠盐(对羟基苯甲酸甲酯钠，对羟基苯甲酸乙酯及其钠盐)	methyl *p*-hydroxy benzoate and its salts (sodium methyl *p*-hydroxy benzoate, ethyl *p*-hydroxy benzoate, sodium ethyl *p*-hydroxy benzoate)	17.032 17.007	219 214 215
89	硫酸钙(又名石膏)	calcium sulphate	18.001	516
90	氯化钙	calcium chloride	18.002	509
91	氯化镁	magnesium chloride	18.003	511
92	乙二胺四乙酸二钠	disodium ethylene-diamine-tetra-acetate	18.005	386
93	柠檬酸亚锡二钠	disodium stannous citrate	18.006	—
94	葡萄糖酸-δ-内酯	glucono delta-lactone	18.007	575
95	α-环状糊精	alpha-cyclodextrin	18.011	457
96	γ-环状糊精	gamma-cyclodextrin	18.012	458

表 A.2（续）

序号	其他辅料中文名称	其他辅料英文名称	CNS 编码	INS 编码
97	麦芽糖醇和麦芽糖醇液	maltitol and maltitol syrup	19.005	965i 965ii
98	木糖醇	xylitol	19.007	967
99	乳糖醇(4-β-D 吡喃半乳糖-D-山梨醇)	lactitol	19.014	966
100	罗汉果甜苷	lo-han-kuo extract	19.015	—
101	赤藓糖醇[a]	erythritol	19.018	968
102	罗望子多糖胶	tamarind polysaccharide gum	20.011	—
103	羧甲基淀粉钠	sodium carboxy methyl starch	20.012	—
104	淀粉磷酸酯钠	sodium starch phosphate	20.013	—
105	乙酰化二淀粉磷酸酯	acetylated distarch phosphate	20.015	1414
106	羟丙基二淀粉磷酸酯	hydroxypropyl distarch phosphate	20.016	1442
107	磷酸化二淀粉磷酸酯	phosphated distarch phosphate	20.017	1413
108	甲壳素(又名几丁质)	chitin	20.018	—
109	亚麻籽胶(又名富兰克胶)	linseed gum	20.020	—
110	田菁胶	sesbania gum	20.021	—
111	结冷胶	gellan gum	20.027	418
112	羟丙基甲基纤维素(HPMC)	hydroxypropyl methyl cellulose	20.028	464
113	皂荚糖胶	gleditsia sinenis lam gum	20.029	—
114	乙酰化双淀粉己二酸酯	acetylated distarch adipate	20.031	1422
115	酸处理淀粉	acid treated starch	20.032	1401
116	氧化羟丙基淀粉	oxidized hydroxypropyl starch	20.033	—
117	磷酸酯双淀粉	distarch phosphate	20.034	1412
118	聚丙烯酸钠	sodium polyacrylate	20.036	—
119	醋酸酯淀粉	starch acetate	20.039	1420
注：食品用香精中允许加入各种食品原料。				
[a] 生产菌株分别为 *Moniliella pollinis*、*Trichosporonides megachiliensis* 和解脂假丝酵母 *Candida lipolytica*。				

附 录 B

检验方法

B.1 色状的检定

B.1.1 液体香精和浆(膏)状香精

将试样和标准样品分别置于带刻度的同体积小烧杯中至同刻度处,用目测法观察有无差异。

B.1.2 粉末香精

将试样和标准样品分别置于一洁净白纸上,用目测法观察有无差异。

B.2 香味的评定

B.2.1 试液的配制

按加香产品的类别,选择下列一种方法配制:

a) 分别称取 0.1 g(精确至 0.01 g)试样和标准样品置于各自小烧杯中,分别加入糖水溶液(蔗糖 8 g～12 g,柠檬酸 0.10 g～0.16 g,加蒸馏水至 100 mL 配成),配制成含 0.1%香精糖水溶液,搅拌均匀即为试液;

b) 分别称取 0.2 g～0.5 g(精确至 0.01 g)试样和标准样品置于各自小烧杯中,分别加入盐水溶液(0.5 g 食盐,加开水至 100 mL 配成,冷却),配制成含 0.2%～0.5%香精的盐水溶液,搅拌均匀即为试液;

c) 分别称取 0.1 g(精确至 0.01 g)试样和标准样品置于各自小烧杯中,分别加入 100 mL 蒸馏水,配制成含 0.1%香精的水溶液,搅拌均匀即为试液。

B.2.2 评定的方法

分别小口品尝试液,辨其香味特征、强度、口感有无差异,试样应符合同一型号的标准样品。每次品尝前,均应漱口。

B.3 水分的测定

按 GB 5009.3—2010 的规定。仲裁法为第三法　蒸馏法。

B.4 粒度的测定

B.4.1 乳化香精

B.4.1.1 仪器和设备

大于 600 倍的生物显微镜。

B.4.1.2　测定方法

取少量经搅拌均匀的试样放在载玻片上，滴入适量的水，用盖玻片轻压试样使成薄层。用显微镜观察。

B.4.2　胶囊型粉末香精

用标准筛过筛的方法测定。

方法一：除另有规定外，称取 10 g 试样（精确至 0.1 g），置于规定号的标准筛中，筛上加盖并在筛下配备有密合的接受容器，按水平方向旋转振摇 3 min 以上，并不时在垂直方向轻叩筛网。取接受容器内的颗粒及粉末，称重，计算其所占的百分比（%）。

方法二：除另有规定外，称取 30 g 试样（精确至 0.1 g），置于规定号的大号标准筛中，筛上加盖并在筛下配备有密合的接受容器，按水平方向旋转振摇至少 3 min，并不时在垂直的方向轻叩筛网。然后将容器内试样全部移入规定号的小号标准筛中，重复以上操作。称取小号标准筛内的颗粒及粉末重量（即能通过大号标准筛而不能通过小号标准筛的颗粒及粉末），计算其所占的百分比（%）。

B.5　原液稳定性的测定

B.5.1　仪器和设置

离心沉淀器。

B.5.2　测定方法

将经搅拌均匀的试样装于三支离心试管中至同刻度处，一支留作对照，二支放入离心沉淀器中，以 2 500 r/min～3 000 r/min 转速离心 15 min，取出。与对照管比较，应不分层。

B.6　千倍稀释液稳定性的测定

注：选择下列两种方法中的一种方法进行测定。

B.6.1　72 h 试验（仲裁法）

B.6.1.1　仪器和设备

B.6.1.1.1　1 000 mL 容量瓶。

B.6.1.1.2　汽水瓶。

B.6.1.1.3　封盖机。

B.6.1.1.4　天平：精度 0.01 g。

B.6.1.2　测定方法

称取经搅拌均匀的试样 1.0 g，白砂糖 80 g～120 g，柠檬酸 1.0 g～1.6 g，蒸馏水 100 mL，加热使之全部溶解。冷却后移入容量瓶中，再用蒸馏水稀释至刻度，即为千倍稀释液。

取约 300 mL 的千倍稀释液于玻璃汽水瓶中，封盖。在室温下横放静置 72 h，观察溶液表面应无浮油，底部无沉淀。

B.6.2 离心试验

B.6.2.1 仪器和设备

离心沉淀器。

B.6.2.2 测定方法

将 B.6.1.2 中的千倍稀释液装于 3 支离心试管中至同刻度处，1 支留作对照，2 支放入离心沉淀器中，以 3 000 r/min 转速离心 15 min，取出。与对照管比较，溶液表面应无浮油，底部无沉淀。

ICS 67.050
X 04

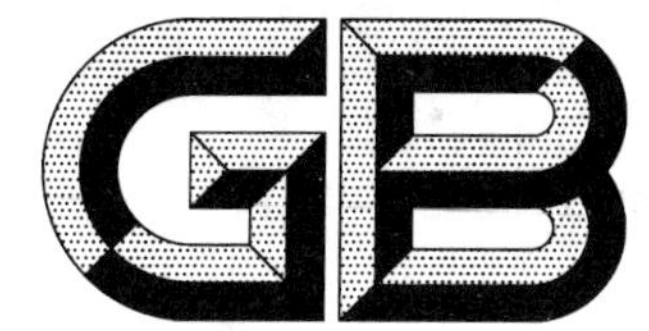

中华人民共和国国家标准

GB/T 30636—2014

燕窝及其制品中唾液酸的测定 液相色谱法

Determination of sialic acid in swiflets nest and swiflets nest products—Liquid chromatographic method

2014-12-31 发布　　2015-05-01 实施

中华人民共和国国家质量监督检验检疫总局
中国国家标准化管理委员会　发布

前　言

本标准按照 GB/T 1.1—2009 给出的规则起草。

本标准由全国食品工业标准化技术委员会(SAC/TC 64)提出。

本标准由全国食品工业标准化技术委员会食品通用检测技术分技术委员会(SAC/TC 64/SC 8)归口。

本标准起草单位:国家农业深加工产品质量监督检验中心、吉林省产品质量监督检验院。

本标准主要起草人:李刚、刘俊会、李界一、华蕾、李媛媛、王伟、王莹、史艳宇、安伟、王庆蜂、李丹、李宁。

燕窝及其制品中唾液酸的测定 液相色谱法

1 范围

本标准规定了液相色谱法测定燕窝及其制品中唾液酸的方法。

本标准适用于燕窝及其制品中唾液酸的测定。

本标准的方法检出限：燕窝为 0.3 g/kg，燕窝制品为 0.003 g/kg。

2 规范性引用文件

下列文件对于本文件的应用是必不可少的。凡是注日期的引用文件，仅注日期的版本适用于本文件。凡是不注日期的引用文件，其最新版本（包括所有的修改单）适用于本文件。

GB/T 6379.2 测量方法与结果的准确度（正确度与精密度） 第 2 部分：确定标准测量方法重复性与再现性的基本方法

GB/T 6682 分析实验室用水规格和试验方法

3 方法提要

燕窝及燕窝制品在乙酸溶液中加热水解，释放出唾液酸，水解液用强阳离子交换柱分离，液相色谱-紫外检测器检测，外标法定量。

4 试剂及材料

4.1 水：符合 GB/T 6682 规定的一级水要求。

4.2 乙腈：色谱纯。

4.3 冰乙酸：分析纯。

4.4 磷酸：分析纯。

4.5 唾液酸（N-乙酰神经氨酸，$C_{11}H_{19}NO_9$）：纯度大于 99%。

4.6 聚乙二醇：平均相对分子质量不低于 17 000。

4.7 0.1%磷酸溶液：取 1 mL 磷酸，加水定容至 1 000 mL，混匀后用 0.45 μm 微孔滤膜过滤。

4.8 50%乙酸溶液：取 100 mL 冰乙酸，加水 100 mL 混匀。

4.9 10%聚乙二醇溶液：称取 50 g 聚乙二醇，加水 500 mL 搅拌溶解。

4.10 唾液酸标准储备溶液（1.00 mg/mL）：称取唾液酸 100.0 mg，加水 20 mL 溶解后，加乙腈定容至 100 mL。4 ℃条件下避光保存，保存期一个月。

4.11 透析袋：可透过相对分子质量 10 000 以下的化合物，临用前用水浸泡 1 h。

4.12 0.45 μm 微孔滤膜：有机相。

4.13 0.45 μm 针筒式过滤器：有机相。

4.14 流动相:取 0.1%磷酸溶液 100 mL,加乙腈定容至 1 000 mL,混匀后用 0.45 μm 有机相微孔滤膜过滤。

5 仪器

5.1 液相色谱仪:带紫外检测器。

5.2 恒温水浴锅。

5.3 研钵。

5.4 匀浆机:转速 10 000 r/min。

5.5 烘箱。

5.6 分析天平:感量 0.1 mg。

5.7 具塞比色管:25 mL,带刻度。

6 分析步骤

6.1 试样处理

6.1.1 干燕窝

取适量试样于 105 ℃烘干 60 min,干燥器中冷却,用研钵研成细粉,混匀。准确称取试样 0.1 g(精确至 0.000 1 g),置于 25 mL 比色管中,加入 50%乙酸溶液 10 mL,盖上玻璃塞,置于 100 ℃水浴中水解 10 min,取出比色管,冷却至室温。将水解液转移至 100 mL 容量瓶中,用流动相定容至刻度,混匀,取上清液用 0.45 μm 针筒式过滤器过滤,待测。

6.1.2 冰糖燕窝制品

取适量试样于烧杯中,以转速 10 000 r/min 匀浆 3 min,静置至泡沫消除,准确称取试样 10 g(精确至 0.01 g),置于透析袋中(试样体积不超过透析袋容积的 20%),扎紧透析袋两端,置于 1 000 mL 烧杯中在流水下透析 24 h。透析后,将此透析袋浸泡于 10%聚乙二醇溶液中使水分渗出,至袋中试液体积小于 5 mL,将试液转移至 25 mL 比色管中,加少量水冲洗透析袋,合并至比色管中,加等体积冰乙酸,使水解液中乙酸浓度为 50%。用玻璃塞塞好比色管,置于 100 ℃水浴中水解 10 min,取出比色管冷却至室温。将水解液转移至 100 mL 容量瓶中,用流动相定容至刻度,混匀,取上清液用 0.45 μm 针筒式过滤器过滤,待测。

6.2 唾液酸系列标准工作溶液配制

分别量取唾液酸标准储备液 1.00 mL、2.00 mL、4.00 mL、6.00 mL、8.00 mL、10.0 mL,置于100 mL 容量瓶中,加流动相定容至刻度,配制成唾液酸浓度为 10.0 μg/mL、20.0 μg/mL、40.0 μg/mL、60.0 μg/mL、80.0 μg/mL、100.0 μg/mL 的唾液酸标准溶液,待测。

7 测定

7.1 色谱参考条件

7.1.1 色谱柱:300SCX 阳离子交换色谱柱,4.6 mm×250 mm,粒径 5 μm,或相当者。

7.1.2 流动相：乙腈-0.1%磷酸水溶液(90+10，体积比)。

7.1.3 柱温：30 ℃。

7.1.4 流速：1.0 mL/min。

7.1.5 进样量：10 μL。

7.1.6 检测波长：205 nm。

7.2 液相色谱测定

取唾液酸系列标准溶液和试液分别进样，以标准系列溶液峰面积为纵坐标、浓度为横坐标作图，绘制标准曲线。以保留时间定性，峰面积外标法定量。唾液酸标准溶液及燕窝试样水解液色谱图参见附录A。

8 结果计算

测定结果可由仪器工作站自动计算，也可按式(1)计算：

$$X = \frac{c \times V \times 10^3}{m \times 10^6} \quad \cdots\cdots(1)$$

式中：

X ——试液中唾液酸的含量，单位为克每千克(g/kg)；

c ——由标准曲线查得试液中唾液酸的浓度，单位为微克每毫升(μg/mL)；

V ——试液定容体积，单位为毫升(mL)；

m ——试样取样质量，单位为克(g)。

计算结果保留两位有效数字。

9 精密度

9.1 一般规定

本标准的精密度按照GB/T 6379.2的规定确定，重复性和再现性的值以95%的可信度来计算。

9.2 重复性

在重复性条件下，获得两次独立测试结果的绝对差值不超过重复性限(r)。不同试样的含量范围及重复性方程见表1。

表1 燕窝及其制品唾液酸含量范围及重复性和再现性方程

试样名称	含量范围/(g/kg)	重复性限(r)	再现性限(R)
干燕窝	0.6～60.4	r=0.006 7+0.035 7m	R=0.018 4+0.035 6m
燕窝制品	0.006～0.560	r=0.038 7m	r=0.038 7m
注：m 表示两次测定结果的算术平均值，单位为克每千克(g/kg)。			

如果差值超过重复性限,应舍弃试验结果并重新完成两次单个试验的测定。

9.3 再现性

在再现性条件下,获得两次独立测试结果的绝对差值不超过再现性限(R)。不同试样的含量范围及再现性方程见表1。

附 录 A
（资料性附录）
唾液酸标准溶液及燕窝试样水解液色谱图

A.1 唾液酸标准溶液色谱图(见图 A.1)。

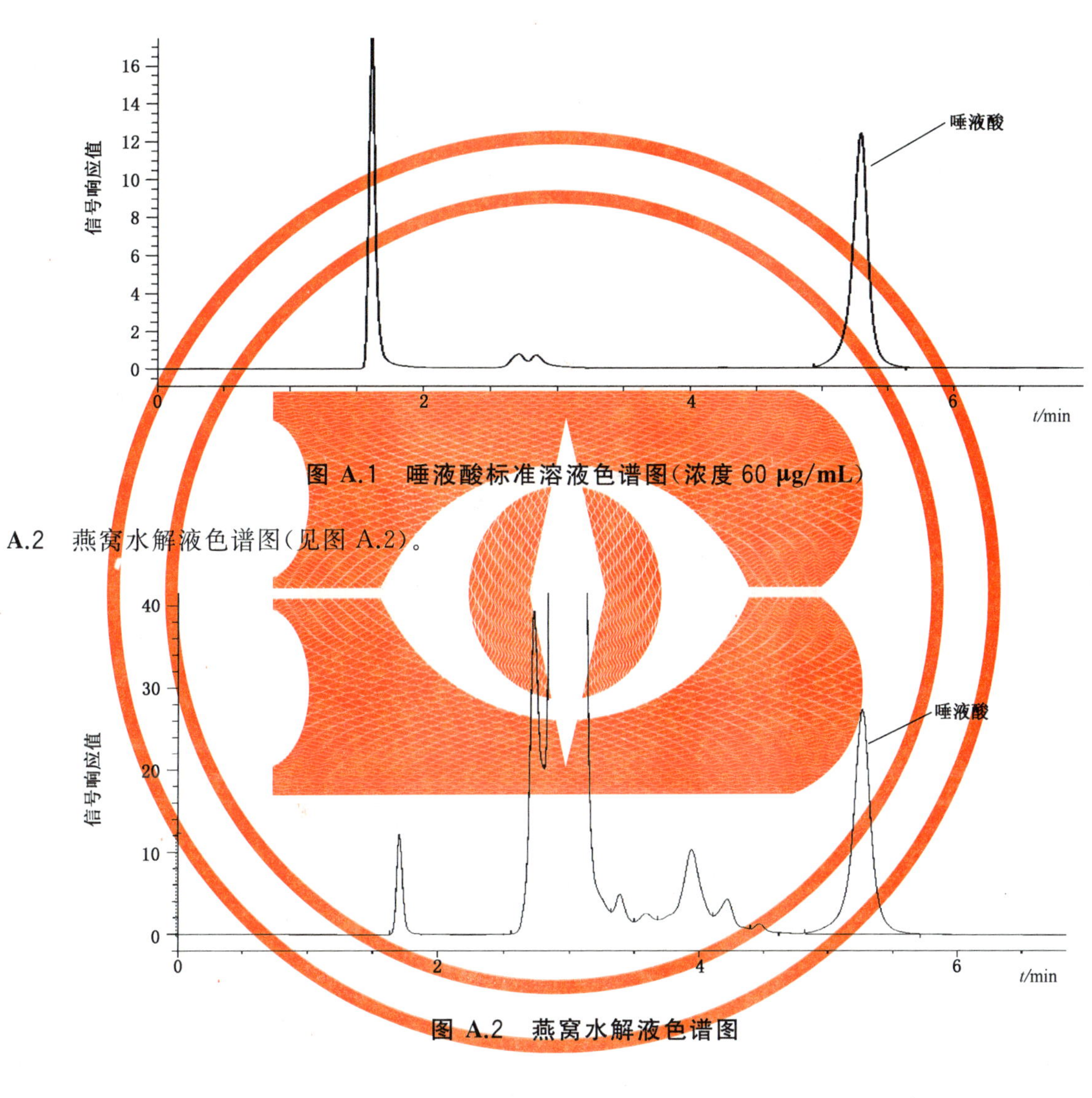

图 A.1 唾液酸标准溶液色谱图(浓度 60 μg/mL)

A.2 燕窝水解液色谱图(见图 A.2)。

图 A.2 燕窝水解液色谱图

ICS 67.180.20
X 11

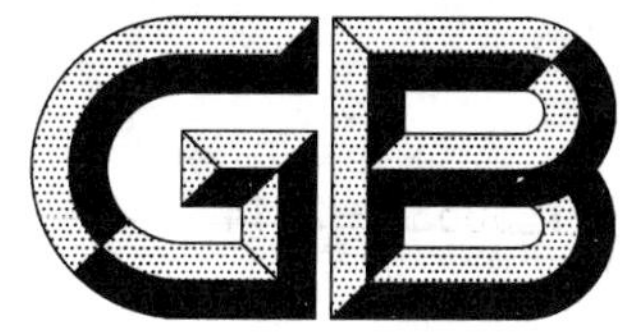

中华人民共和国国家标准

GB/T 30637—2014

食用葛根粉

Edible kudzu root powder

2014-12-31 发布　　2015-07-01 实施

中华人民共和国国家质量监督检验检疫总局
中国国家标准化管理委员会　发布

前言

本标准按照 GB/T 1.1—2009 给出的规则起草。

本标准由全国食品工业标准化技术委员会(SAC/TC 64)提出并归口。

本标准起草单位:安徽省标准化研究院、安徽徽王食品有限公司、芜湖市红枫园艺有限公司、淳安县千岛湖农特产品行业协会、杭州建德天堂食品有限公司、上饶新田园科贸有限公司、安徽绿力生态农业有限公司、安徽跃飞天然食品有限公司、繁昌县农业技术推广中心、湖南省食品质量监督检测所、安徽农业大学、安徽省大别山葛业有限公司、六安市质量技术监督局、张家界茅岩河绿色食品有限公司。

本标准主要起草人:丁昌东、吴倩、唐晓兰、马海华、杜先锋、戴继勇、樊基胜、李永才、程俊生、任志灿、张春龙、仇源旺、王进、何飞翔、徐跃飞、姚皖湘、张宏富。

食用葛根粉

1 范围

本标准规定了食用葛根粉的术语和定义、技术要求、试验方法、检验规则及标签、包装、运输和贮存。

本标准适用于以葛根为原料而生产的食用葛根粉。

2 规范性引用文件

下列文件对于本文件的应用是必不可少的。凡是注日期的引用文件，仅注日期的版本适用于本文件。凡是不注日期的引用文件，其最新版本(包括所有的修改单)适用于本文件。

GB/T 191 包装储运图示标志

GB 2713 淀粉制品卫生标准

GB 7718 食品安全国家标准 预包装食品标签通则

GB/T 12087 淀粉水分测定 烘箱法

GB/T 22251 保健食品中葛根素的测定

GB/T 22427.1 淀粉灰分测定

GB/T 22427.7—2008 淀粉粘度测定

GB/T 22427.9 淀粉及其衍生物酸度测定

3 术语和定义

下列术语和定义适用于本文件。

3.1

食用葛根粉 edible kudzu root powder

从粉葛(属种)的葛根中提取的，经过粉碎、分离、过滤、干燥而成的粉状产品，拉丁文：*Radix puerariae starch*。

4 技术要求

4.1 原料要求

无发霉、腐烂、变味和病虫害的鲜葛根。

4.2 感官要求

感官要求符合表1要求。

表 1　感官要求

项目	要求
色泽	暗白、略带微黄
杂质	无正常视力可视杂质
形态	粉状或者颗粒状，热水(70 ℃～90 ℃)溶后呈均匀透明胶质状

4.3　理化指标

理化指标符合表 2 的要求。

表 2　理化指标

指标名称		要求		
		优级品	一级品	合格品
水分/%	≤	14.00		
灰分(干基)/%	≤	0.25	0.30	0.40
粘度(6%淀粉糊化液 30 ℃)/mPa·s	≥	1 800		800
葛根素/(mg/kg)	≥	40	30	20
酸度/°T	≤	20.00		

4.4　卫生指标

卫生指标应符合 GB 2713 的规定。

5　试验方法

5.1　感官检验

取 50 g 样品于明亮处，观察色泽、形态；另取 50 g 样品溶于 300 mL 冷水，玻璃棒搅匀后，加热至 70 ℃～90 ℃，观察样品形态和透明度。

5.2　理化指标检验

5.2.1　水分

按 GB/T 12087 规定的方法测定。

5.2.2　灰分

按 GB/T 22427.1 规定的方法测定。

5.2.3　粘度

按 GB/T 22427.7—2008 中的第一方法测定。

5.2.4 葛根素

按 GB/T 22251 规定的方法测定。

5.2.5 酸度

按 GB/T 22427.9 规定的方法测定。

5.3 卫生指标检验

按照 GB 2713 规定的方法测定。

6 检验规则

6.1 组批

同批原料、同班次生产、同规格、同类别和同包装的产品为一组批。

6.2 抽样方法与数量

按批抽样检验，总件数不足 5 件的，逐件取样；5 件～99 件的，随机抽 5 件取样；100 件～1 000 件的，按 5％比例取样；超过 1 000 件的，超过部分按 1％比例取样，每件抽取 25 g～50 g。总取样量不得少于 300 g。

6.3 检验分类

6.3.1 出厂检验

6.3.1.1 每批次产品出厂前，应由生产企业质量检验部门按照本标准进行检验，检验合格方可出厂。

6.3.1.2 出厂检验项目包括：感官指标、水分、灰分、酸度、卫生指标。

6.3.2 型式检验

6.3.2.1 正常生产每 6 个月进行一次型式检验。有下列情况之一时，应及时进行型式检验：

a) 新产品投产时；

b) 季节性生产或较长时间停产的，应在恢复生产时；

c) 工艺、设备有较大变化，可能影响产品质量时；

d) 出厂检验结果与上次型式检验结果有较大差异时；

e) 国家质量监督机构或主管部门提出检验要求时。

6.3.2.2 型式检验项目包括本标准要求中的全部项目。

6.4 判定规则

6.4.1 检验结果全部符合本标准规定，判该批产品为合格。

6.4.2 若感官指标、净含量、理化指标不符合本标准时，可在原批次产品中重新抽取双倍样品，对不合格项进行复检。复检结果全部符合本标准规定，判该批产品为合格；如仍有一项不符合规定时，则判该批产品为不合格。

6.4.3 卫生指标有一项不合格，该批次产品为不合格。

7 标签、包装、运输和贮存

7.1 产品标签

预包装产品的标签应符合 GB 7718 的规定,并标明产品质量等级。

7.2 包装

7.2.1 应符合 GB/T 191 的要求。

7.2.2 包装应严密结实,防潮湿。

7.3 运输

运输设备应清洁卫生,无其他强烈刺激味;运输时,不得受潮。在整个运输过程中要保持干燥、清洁,不得与有毒、有害、有腐蚀性物品混装、混运,避免日晒和雨淋。装卸时应轻拿轻放,不应直接钩、扎包装袋。

7.4 贮存

7.4.1 贮存环境应阴凉、干燥、清洁、卫生,有防鼠、防潮设施。不应与对产品有污染的货物在一起贮存。

7.4.2 贮存产品应分类存放,标识清楚,货堆不宜过大,防止损坏产品包装。

ICS 55.200
J 83

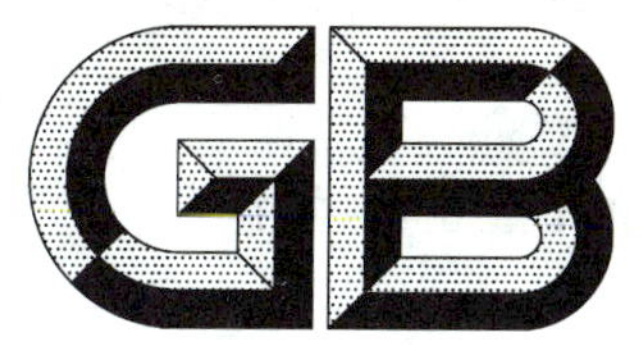

中华人民共和国国家标准

GB/T 30638—2014

杯装果冻包装机

Jelly cup filling and sealing machine

2014-12-31 发布　　　　2015-04-30 实施

中华人民共和国国家质量监督检验检疫总局
中国国家标准化管理委员会　发布

前　言

本标准按照 GB/T 1.1—2009 给出的规则起草。

本标准由中国机械工业联合会提出。

本标准由全国食品包装机械标准化技术委员会(SAC/TC 494)归口。

本标准负责起草单位:广东粤东机械实业有限公司、合肥通用机电产品检测院。

本标准参加起草单位:旺旺集团、蜡笔小新休闲食品集团、广东宝达食品有限公司、华南理工大学、汕头大学。

本标准主要起草人:李岳云、陈润洁、黄凯标、江利良、辛安见。

本标准参加起草人:余明达、庄文伟、王春明、唐伟强、包能胜。

杯装果冻包装机

1 范围

本标准规定了杯装果冻包装机的术语和定义、型号、型式、基本参数及工作条件、技术要求、试验方法、检验规则、标志、包装、运输与贮存等要求。

本标准适用于将果冻调配液,按预定量充填到塑料容器(简称"杯")中,并对杯口用盖膜封合、裁切的果冻包装机械(以下简称"包装机")。

2 规范性引用文件

下列文件对于本文件的应用是必不可少的。凡是注日期的引用文件,仅注日期的版本适用于本文件。凡是不注日期的引用文件,其最新版本(包括所有的修改单)适用于本文件。

GB/T 191 包装储运图示标志

GB 2894 安全标志及其使用导则

GB/T 3766 液压系统通用技术条件

GB 5226.1—2008 机械电气安全 机械电气设备 第1部分:通用技术条件

GB/T 7311 包装机械分类与型号编制方法

GB/T 7932 气动系统通用技术条件

GB/T 9969 工业产品使用说明书 总则

GB/T 13306 标牌

GB/T 13384 机电产品包装通用技术条件

GB 16798 食品机械安全卫生

GB/T 16855.1 机械安全 控制系统有关安全部件 第1部分:设计通则

GB 19883 果冻

GB 19891 机械安全 机械设计的卫生要求

JB/T 7232 包装机械 噪声声功率级的测定 简易法

JB 7233 包装机械安全要求

JJF 1070 定量包装商品净含量计量检验规则

3 术语和定义

下列术语和定义适用于本文件。

3.1

生产能力 production capacity

单位时间内按预定量完成充填封口的果冻成品数量。

3.2

净含量 net quantity

除去包装容器和其他包装材料后内容物的量。

注:不论产品的包装材料,还是任何与该产品包装在一起的其他材料,均不应记为净含量。

3.3

成品合格率　qualified ratio of finished product

在净含量偏差合格的条件下，外观质量、跌落、静压及封口强度试验均合格的果冻成品数量与所检查的果冻成品总数量的百分比。

4　型号、型式、基本参数及工作条件

4.1　型号

包装机的型号编制按 GB/T 7311 的规定执行。

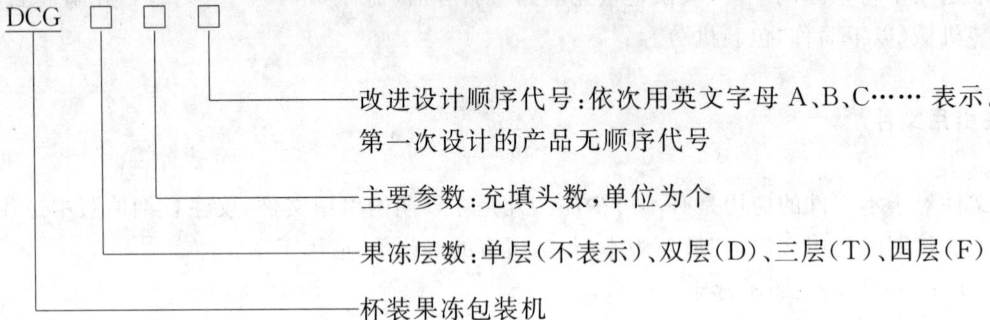

示例：

DCGD20A 表示果冻层数为双层，充填头数为 20 个的杯装果冻包装机，第一次改进设计。

4.2　型式

包装机型式按果冻层数分为：

a)　单层（不表示）；
b)　双层（D）；
c)　三层（T）；
d)　四层（F）。

4.3　基本参数

包装机基本参数的名称和单位：

a)　额定生产能力：杯/h；
b)　充填量：g；
c)　充填头数，个；
d)　额定电压（V）、频率（Hz）；
e)　气源压力：MPa；
f)　耗气量：m^3/min；
g)　功率：kW；
h)　外形尺寸：长(mm)×宽(mm)×高(mm)；
i)　质量：kg。

4.4　工作条件

4.4.1　包装机电源电压与额定电压的偏差应保持在±5%的范围内。

4.4.2　包装机应有独立灌装间，工作环境温度范围为 5 ℃～40 ℃，相对湿度应不大于 85%。

4.4.3　气源压力应不小于 0.6 MPa，其波动不超过±0.1 MPa。

5 要求

5.1 一般要求

5.1.1 包装机应按经规定程序批准的图样及技术文件制造。

5.1.2 包装机运转应平稳，运动零部件动作应灵敏、协调、准确，无卡阻和异常声响。

5.1.3 包装机的气路、输送管路、润滑系统等应畅通，无渗油、漏气及阻塞现象。

5.1.4 包装机模具杯腔内径应不小于 36 mm。

5.2 性能要求

5.2.1 包装机的生产能力应达到额定生产能力。

5.2.2 净含量偏差应符合表 1 的规定，平均实际含量应符合 JJF 1070 的规定。

表 1 净含量偏差

标注净含量 Q_n g	净含量偏差	
	Q_n 的百分比	g
0～50	±3	—
50～100	—	±1.5
100～200	±1.5	—
200～300	—	±3
300～500	±1	—

5.2.3 包装机封合部位应有定位纠偏装置，且便于调节。热封部位有效热封周长上的温度差值应不超过±8 ℃。热封装置封口压力应均匀，并应能自动修正。

5.2.4 果冻成品的外观质量应符合下列规定：

a） 果冻成品封口应平整，无明显皱褶、灼化和压穿现象。杯体应无明显变形。

b） 果冻成品的生产日期、生产批号等打印应正确、清晰、牢固。

c） 杯内果冻应充满，无气泡。

d） 果冻成品模切周边切口的锯齿高低点之差应不大于 1 mm。

e） 果冻成品的盖膜图案与要求位置的偏差量应符合以下规定：

1） 当杯口外径不大于 50 mm 时偏差量应不大于 1 mm；

2） 当杯口外径大于 50 mm 时偏差量应不大于 1.5 mm。

5.2.5 果冻成品经跌落试验，封口处应完好，无渗漏。

5.2.6 果冻成品经静压和封口强度试验，封口处有泄漏时的静压压力值和封口强度应符合表 2 的规定。

表 2 静压压力和封口强度

果冻类型	压力值 F N	封口强度 R N
杯口外径≤50 mm	$F≥70$	$R≥15$
杯口外径>50 mm	$F≥140$	$R≥25$

5.2.7 成品合格率应不小于99.5%。

5.2.8 包装机正常运行时，噪声声压级(A计权)应不大于75 dB。

5.3 电气安全要求

5.3.1 包装机的电路控制系统应符合GB 5226.1—2008的要求，安全可靠、控制准确，各电器接头应联接牢固并加以编号；操作按钮应灵活；指示灯显示应正常；应有急停装置，急停操动器的有效操作中止了后续命令，该操作命令在其复位前一直有效。复位应只能在引发紧急操作命令的位置用手动操作。命令的复位不应重新起动机械，而只是允许再起动。

5.3.2 动力电路导线和保护联结电路间施加直流(d.c)500 V电压时测得的绝缘电阻应不小于1 MΩ。

5.3.3 包装机所有外露可导电部分应按GB 5226.1—2008中8.2.1要求连接到保护联结电路上。接地端子或接地触点与接地金属部件之间的连接，应具有低电阻值，其电阻值应不超过0.1 Ω。

5.3.4 电气设备的动力电路导线和保护联结电路之间应经受至少1 s时间的耐压试验。

5.4 机械安全要求

5.4.1 包装机的安全防护应符合JB 7233的规定，应设有安全防护装置，安全等级应符合GB/T 16855.1的规定。

5.4.2 包装机应设有联锁保护，当缺少物料、包材、误操作时，应报警并停机。当打开包装机的防护装置有可能造成危险时，该装置应与包装机的机械传动机构联锁。

5.4.3 包装机上应有清晰醒目的操纵、润滑、高温等安全警示标志。安全标志应符合GB 2894的规定。

5.4.4 包装机的齿轮、皮带、链条、摩擦轮等运动部件裸露时应设置防护罩。往复运动机构应有极限位置的保护装置。

5.4.5 包装机的热封装置以及有卷入、陷入、夹住、压伤等潜在危险或可能造成人员受伤处，应加防护罩加以隔离。

5.4.6 气动系统和液压系统的安全性能应符合GB/T 7932和GB/T 3766的规定。

5.4.7 压缩空气系统应有安全装置。

5.5 卫生安全要求

5.5.1 包装机的材料选用、设计、制造、配置原则的安全卫生要求应符合GB 16798的规定。

5.5.2 包装机所用的原材料、外购配套零部件应有生产厂的质量合格证明书。

5.5.3 包装机的机械设计卫生安全应符合GB 19891的规定。

5.5.4 与包装材料、果冻接触的部位，如料斗、导料管等，应耐腐蚀，不与果冻发生化学变化或吸附果冻；表面应光洁、平整，无死角，易清洗或消毒；焊间处应打磨抛光。充填装置不应对果冻产生污染。

5.5.5 不与包装材料、果冻接触的包装机表面应由耐腐蚀材料制成，或采用表面涂覆过能耐腐蚀的材料，如经表面涂覆，其涂层应粘附牢固。

5.5.6 与具有氧化、腐蚀介质接触的橡胶件、密封件材料应选用耐氧化腐蚀型。

5.5.7 在可能造成果冻污染的润滑部位所用的润滑剂应为食品级，并不得流入果冻中；冷却剂、洗涤剂、消毒剂、压缩空气、喷码墨水等不应与果冻、杯内壁接触造成污染。

5.5.8 需要清洗的部分所用材料的表面和涂层应耐用，易清洗，必要时可消毒；无裂纹，抗开裂，抗碎裂，抗剥落，耐侵蚀，抗锈蚀和耐磨损，且能在预定使用中防止污物侵入。

5.5.9 为了设备易于清洗，果冻接触表面粗糙度要求为：如果是不锈钢板和不锈钢管其粗糙度 Ra 值不得大于1.6 μm，如果是塑料制品和橡胶制品其粗糙度 Ra 值不得大于0.8 μm；飞溅果冻接触表面粗糙

度 Ra 值不得大于 3.2 μm,且无疵点、无裂缝。

5.6 外观质量和说明书要求

5.6.1 包装机的涂漆和喷塑层及经表面处理的零件应平整光滑、色泽均匀,无明显的划痕、污浊、流痕、起泡、起层、锈蚀等缺陷。

5.6.2 包装机使用说明书编写应符合 GB/T 9969 的规定。

6 试验方法

6.1 试验条件

6.1.1 试验环境温度为 5 ℃～40 ℃。

6.1.2 试验时采用的塑料杯和盖膜应符合相关国家或行业标准的规定。

6.1.3 试验用的果冻应符合 GB 19883 的规定。

6.2 一般要求检查

6.2.1 空运转试验

每台包装机装配完成后,均应做空运转试验,连续空运转时间应不小于 8 h,低速和高速各 4 h,检查机器性能,应符合 5.1.2 和 5.3.1 的规定。

6.2.2 气路、输送管路及润滑系统密封性检查

采用下列方法进行密封性检查:

a) 将肥皂水或洗涤液涂抹在气动元件的密封处,观察是否漏气;

b) 用脱脂棉在输送管路和润滑系统的密封件周围轻轻擦拭,观察脱脂棉上有无物料或油渍。

6.3 性能试验

6.3.1 生产能力试验

包装机正常工作后,连续包装 0.5 h,统计完成充填封口的果冻成品数量,按式(1)计算生产能力。

$$V=\frac{M}{0.5} \qquad \cdots\cdots(1)$$

式中:

V ——生产能力,单位为杯每小时(杯/h);

M——完成充填封口的果冻成品数量,单位为杯。

6.3.2 净含量偏差试验

该试验充填物料可采用水或果冻调配液,校验秤精度按最大允许误差小于或等于被检测的成品净含量允许偏差的三分之一进行选取,按表 3 的规定核称净含量,实测净含量与标注净含量之差应符合 5.2.2 的规定。

表 3 计量检验抽样方案

成品批量 N	抽样件数 n	平均实际含量修正值($\lambda \cdot s$)		允许单件超出净含量偏差 1 倍小于或者等于 2 倍的件数	允许单件超出净含量偏差 2 倍的件数
		修正因子 λ	实际含量标准偏差 s		
1～10	N	—	—	0	0
11～50	10	1.028	s	0	0
51～99	13	0.848	s	1	0
100～500	50	0.379	s	3	0
501～3 200	80	0.295	s	5	0
大于 3 200	125	0.234	s	7	0

注 1：本抽样方案的置信度为 99.5%。

注 2：一个检验批的批量小于或等于 10 件时，只对每个单件定量包装商品的实际含量进行检验和评定，不作平均实际含量的计算。

按式(2)计算平均实际含量：

$$\bar{q}=\frac{1}{n}\sum_{i=1}^{n}q_i \qquad \cdots\cdots(2)$$

式中：

$\bar{q}$ ——抽样果冻成品的平均实际含量；

q_i ——实测净含量；

n ——抽样件数。

平均实际含量应符合式(3)要求：

$$\bar{q}\geqslant(Q_n-\lambda\cdot s) \qquad \cdots\cdots(3)$$

式中：

Q_n ——标注净含量；

λ ——修正因子 $\lambda=t_{0.995}\times\frac{1}{\sqrt{n}}$；

s ——实际含量标准偏差，$s=\sqrt{\frac{1}{n-1}\sum_{i=1}^{n}(q_i-\bar{q})^2}$。

注：平均实际含量应大于或等于标注净含量减去平均实际含量修正值 λs。

6.3.3 温控试验

将包装机热封装置调至热封温度，用精度为±1.5 ℃、分辨率为 0.1 ℃的测温仪在有效热封部位均匀取四点进行测量，所测的温度差值应符合 5.2.3 的规定。

6.3.4 封口压力均匀性试验

两张 70 g/m² 白纸中间夹一张复写纸放在待检验的封口机构(常温状态)下面的模板上，手动操作，使封口机构作一次上下动作，然后目测印在白纸上的压痕，应均匀不得有中断现象。

6.3.5 成品合格率试验

6.3.5.1 外观质量

包装机以额定速度连续正常工作后，每次抽取一次循环充填完成的所有果冻成品，抽样次数不少于6次，中间间隔时间不小于1 min，抽样总数不少于200杯。检测样品的外观质量，统计不合格品数 a_1。

6.3.5.2 跌落试验

取外观质量合格的样品80杯，杯口朝上和朝下各40杯，从1 m高度处做自由落体跌落于坚硬、平整的水平面上，检查封口，应符合5.2.5的规定，统计不合格品数 a_2。

6.3.5.3 静压试验

取外观质量合格的样品60杯，杯口朝侧面垂直放置，调整样品受力点与杯沿的距离：杯口外径不大于50 mm时为1 cm，杯口外径大于50 mm时为2 cm。用压力试验机对样品杯肩处施加压力，直至样品封口裂开，记录静压压力值，应符合表2的规定，统计不合格品数 a_3。

6.3.5.4 封口强度试验

余下外观质量合格的样品进行封口强度试验，用拉力试验机（夹具的空载移动速度为100 mm/min ±10 mm/min）匀速对封口处的盖膜拉舌进行撕拉，记录撕开盖膜时的封口强度，统计不合格品数 a_4。

按式（4）计算成品合格率：

$$K=\frac{n-(a_1+a_2+a_3+a_4)}{n}\times 100\% \qquad \cdots\cdots(4)$$

式中：

K ——成品合格率，%；

n ——抽取样品总数量，单位为杯；

a_1 ——外观质量不合格品数，单位为杯；

a_2 ——跌落试验不合格品数，单位为杯；

a_3 ——静压试验不合格品数，单位为杯；

a_4 ——撕力试验不合格品数，单位为杯。

计算结果应符合5.2.7的规定。

6.3.6 噪声测试

在连续工作过程中，包装机的噪声按JB/T 7232规定的方法进行测量。

6.4 电气安全试验

6.4.1 用绝缘电阻表按GB 5226.1—2008中18.3的规定测量其绝缘电阻，应符合5.3.2的规定。

6.4.2 在切断电气装置电源，从空载电压不超过12 V（交流或直流）的电源取得电流，且该电流等于额定电流的1.5倍或25 A（取二者中较大者）的情况下，让该电流轮流在接地端子与每个易触及金属部件之间通过。测量接地端子与每个易触及金属部件之间的电压降，由电流和电压降计算出电阻值，应符合5.3.3的规定。

6.4.3 用耐压测试仪按GB 5226.1—2008中18.4的规定做耐压试验，最大试验电压取两倍的额定电源电压值或1 000 V中较大者，应符合5.3.4的规定。

6.5 其他安全检查

6.5.1 检查包装机机械安全,应符合5.4的规定。

6.5.2 检查包装机材质报告和质量合格证明书,应符合5.5的规定。

6.6 外观质量检查

目测检查包装机外观质量,并应符合5.6.1的规定。

7 检验规则

7.1 检验分类

包装机的检验分为出厂检验和型式检验,检验项目、要求、试验方法按表4中的规定。

表4 检验项目

<table>
<tr><th rowspan="2">序号</th><th rowspan="2">检验项目</th><th colspan="2">检验类别</th><th rowspan="2">要求</th><th rowspan="2">试验方法</th></tr>
<tr><th>型式检验</th><th>出厂检验</th></tr>
<tr><td>1</td><td>电气安全试验</td><td rowspan="13">√</td><td rowspan="7">√</td><td>5.3</td><td>6.4</td></tr>
<tr><td>2</td><td>空运转试验</td><td>5.1.2、5.3.1</td><td>6.2.1</td></tr>
<tr><td>3</td><td>气路、输送管路及润滑系统密封性检查</td><td>5.1.3</td><td>6.2.2</td></tr>
<tr><td>4</td><td>生产能力试验</td><td>5.2.1</td><td>6.3.1</td></tr>
<tr><td>5</td><td>净含量偏差试验</td><td>5.2.2</td><td>6.3.2</td></tr>
<tr><td>6</td><td>温控试验</td><td>5.2.3</td><td>6.3.3</td></tr>
<tr><td>7</td><td>封口压力均匀性试验</td><td>5.2.3</td><td>6.3.4</td></tr>
<tr><td>8</td><td>成品合格率试验</td><td>—</td><td>5.2.7</td><td>6.3.5</td></tr>
<tr><td>9</td><td>噪声测试</td><td rowspan="5">√</td><td>5.2.8</td><td>6.3.6</td></tr>
<tr><td>10</td><td>机械安全检查</td><td>5.4</td><td>6.5.1</td></tr>
<tr><td>11</td><td>材质检查</td><td>5.5</td><td>6.5.2</td></tr>
<tr><td>12</td><td>外观质量检查</td><td>5.6.1</td><td>6.6</td></tr>
<tr><td>13</td><td>产品标牌及技术文件</td><td>5.6.2</td><td>8.1、8.2.6</td></tr>
</table>

7.2 出厂检验

每台包装机均应做出厂检验,检验合格后方可出厂。

7.3 型式检验

7.3.1 有下列情况之一时,应进行型式检验:

——老产品转厂生产或新产品试制定型鉴定;

——正式生产后,如材料、结构、工艺有较大改变,可能影响包装机性能;

——正常生产时,积累一定产量后或每年定期进行一次检验;

——包装机长期停产后恢复生产；
——出厂检验结果与上次型式检验有较大差异；
——国家质量监督机构提出型式检验要求。

7.3.2 型式检验应按表4进行。检验项目全部合格为型式检验合格。在型式检验中，若电气系统的保护联结电路的连续性、绝缘电阻、耐压试验有一项不合格，即判定为型式检验不合格。其他项目有一项不合格，应加倍复测不合格项目，仍不合格的，则判定该产品型式检验不合格。

8 标志、包装、运输与贮存

8.1 标志

包装机应在明显的部位固定标牌，标牌尺寸和技术要求按GB/T 13306的规定执行。标牌上至少应标出下列内容：

——产品型号；
——产品名称；
——产品主要技术参数；
——产品执行标准(本标准编号)；
——制造日期和出厂编号；
——制造厂名称。

8.2 包装

8.2.1 包装机的运输包装应符合GB/T 13384的规定。
8.2.2 包装机包装前，外露加工表面应进行防锈处理。
8.2.3 包装机包装箱应牢固可靠，适应运输装卸的要求。
8.2.4 包装箱应有可靠的防潮措施。
8.2.5 包装机随机专用工具及易损件应包装并固定在包装箱中。
8.2.6 技术文件应妥善包装放在包装箱内，内容包括：
——产品合格证；
——产品使用说明书；
——装箱单。
8.2.7 包装箱外表面应清晰标出发货及运输作业标志，并应符合GB/T 191的有关规定。

8.3 运输与贮存

8.3.1 包装机的运输应符合下列规定：
——装运包装机的车厢、船舱、集装箱等应保持清洁、干燥，无污染物；
——不得将包装机同污染物、有毒有害物、腐蚀性化学物品及潮湿性材料装在同一车厢、船舱、集装箱等内运输；
——包装机运输过程中应小心轻放，不允许倒置和碰撞。
8.3.2 包装机应贮存于干燥通风、无腐蚀性气体的场所。

ICS 55.200
J 83

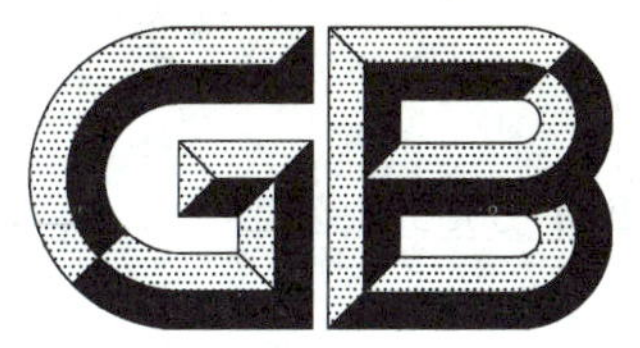

中华人民共和国国家标准

GB/T 30639—2014

全自动金属罐浓酱(浆)灌装封罐机通用技术条件

General technical specification of automatic metal canned sauce (syrup) filling and sealing machine

2014-12-31 发布　　2015-04-30 实施

中华人民共和国国家质量监督检验检疫总局
中国国家标准化管理委员会　发布

前　言

本标准按照 GB/T 1.1—2009 给出的规则起草。

请注意本文件的某些内容可能涉及专利。本文件的发布机构不承担识别这些专利的责任。

本标准由中国机械工业联合会提出。

本标准由全国食品包装机械标准化技术委员会(SAC/TC 494)归口。

本标准负责起草单位:广州南联实业有限公司、浙江炜驰轻工机械有限公司、汕头新益机械厂有限公司、西门子(中国)有限公司、华南理工大学、合肥通用机电产品检测院。

本标准参加起草单位:中国罐头工业协会、中国食品发酵工业研究院、可口可乐(饮料)上海有限公司、厦门银鹭食品集团有限公司、旺旺集团、奥瑞金包装股份有限公司、广州鹰金钱企业集团公司、天津中辰番茄制品有限公司、新疆冠农番茄制品有限公司、天津三和果蔬有限公司、广东省轻工业协会、广州市质量监督检测研究院、广东工业大学。

本标准主要起草人:吴柏毅、俞汉勇、李阳、沈建华、谢作周、谢志宏、吴首佟、仇华伟、黄佐鸿、韩明、张聪、苏继辉、李佳、唐伟强、陈润洁。

本标准参加起草人:梁仲康、蔡林昌、叶晖、杨宁、蔡志淇、薛平、胡自勇、马德军、崔正涛、邓纯琪、欧阳瑞文、朱丽萍、李克天、马建高、张作全、高江、卢明。

全自动金属罐浓酱(浆)灌装封罐机 通用技术条件

1 范围

本标准规定了全自动金属罐浓酱(浆)灌装封罐机(以下简称“灌装封罐机”)的术语和定义、型号、型式、基本参数及工作条件、要求、试验方法、检验规则、标志、包装、运输与贮存等要求。

本标准适用于以金属罐为包装容器,能自动对食品酱、果蔬浆等有一定黏稠度的液体物料进行计量、灌装、封罐等过程的包装机械。

2 规范性引用文件

下列文件对于本文件的应用是必不可少的。凡是注日期的引用文件,仅注日期的版本适用于本文件。凡是不注日期的引用文件,其最新版本(包括所有的修改单)适用于本文件。

GB/T 191 包装储运图示标志

GB 2894 安全标志及其使用导则

GB/T 3766 液压系统通用技术条件

GB 5226.1—2008 机械电气安全 机械电气设备 第1部分:通用技术条件

GB/T 7311 包装机械分类与型号编制方法

GB/T 7932 气动系统通用技术条件

GB/T 9969 工业产品使用说明书 总则

GB/T 13277.1 压缩空气 第1部分:污染物净化等级

GB/T 13306 标牌

GB/T 13384 机电产品包装通用技术条件

GB/T 14251—1993 镀锡薄钢板圆形罐头容器技术条件

GB 14881 食品安全国家标准 食品企业通用卫生规范

GB 16798 食品机械安全卫生

GB/T 16855.1 机械安全 控制系统有关安全部件 第1部分:设计通则

GB 19891 机械安全 机械设计的卫生要求

GB/T 20438.1 电气/电子/可编程电子安全相关系统的功能安全 第1部分:一般要求

JB/T 7232 包装机械 噪声声功率级的测定 简易法

JB 7233 包装机械安全要求

JJF 1070 定量包装商品净含量计量检验规则

3 术语和定义

下列术语和定义适用于本文件。

3.1

全自动金属罐浓酱(浆)灌装封罐机 automatic metal canned sauce(syrup) filling and sealing machine

以金属罐为包装容器,能自动对食品酱、果蔬浆等有一定黏稠度的液体物料进行计量、灌装、封罐等过程的包装机械。

3.2

生产能力　production capacity

灌装封罐机稳定运行时,单位时间内灌装封罐的成品罐数量,用罐/min 表示。

3.3

灌装温度　filling temperature

灌装时灌装物料的温度。单位为℃。

3.4

灌装精度　filling accuracy

灌装物料在成品罐中的净含量与标准值偏离程度的量化指标。

3.5

物料损耗率　materiel losing ratio

灌装封罐机在正常工作过程中,灌装物料的损耗量与灌装物料总用量的百分比。

3.6

罐损率　can damaged ratio

灌装封罐机在正常工作过程中,损坏的罐数量与用罐总数量的百分比。

3.7

盖损率　cap damaged ratio

灌装封罐机在正常工作过程中,损坏的盖数量与用盖总数量的百分比。

3.8

二重卷封　double seam

罐身与盖的组合,以五层卷边咬合联接在一起的卷封形式。

4　型号、型式、基本参数及工作条件

4.1　型号

灌装封罐机的型号编制按 GB/T 7311 的规定执行。

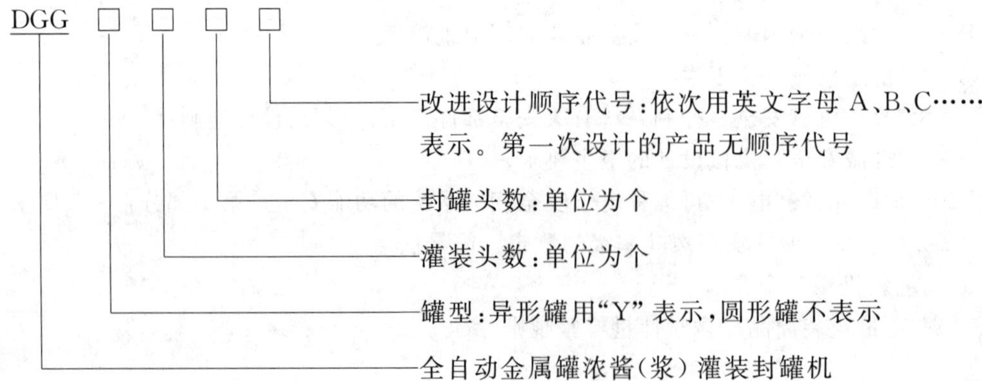

示例:

DGGY2406:表示适用于异形罐,灌装头数为 24 个、封罐头数为 6 个的全自动金属罐浓酱(浆)灌装封罐机,第一次设计。

4.2　型式

灌装封罐机分类按适用罐型分为:异形罐用"Y"表示,圆形罐不表示。

4.3 基本参数

灌装封罐机基本参数的名称和单位：

a) 额定生产能力：罐/min；

b) 灌装头数：个；

c) 封罐头数：个；

d) 适用罐型；

e) 耗气量：m^3/min；

f) 功率：kW；

g) 额定电压(V)、频率(Hz)；

h) 外形尺寸：长(mm)×宽(mm)×高(mm)；

i) 质量：kg。

4.4 工作条件

4.4.1 压缩空气质量应符合 GB/T 13277.1 的规定，气源压力应不小于 0.7 MPa。

4.4.2 电源电压与额定电压的偏差应保持在±7%的范围内。

4.4.3 产品所使用的罐和盖应符合国家及行业相关标准的规定。金属罐内径为 ϕ52.3 mm～153.4 mm；罐高为 39 mm～278 mm。

4.4.4 灌装温度范围为 20 ℃～95 ℃。

4.4.5 产品工作区域应符合 GB 14881 的规定。

5 要求

5.1 一般要求

5.1.1 灌装封罐机应按经规定程序批准的图样及技术文件制造。

5.1.2 灌装封罐机运转应平稳，运动零部件动作应灵敏、协调、准确，无卡阻和异常声响。

5.1.3 灌装封罐机的气路、润滑系统、输送管路等应通畅、控制灵活、无泄漏。

5.1.4 灌装封罐机的灌装系统应保证无罐不灌装，进盖系统应保证无罐不进盖。

5.2 性能要求

5.2.1 灌装封罐机的生产能力应达到额定生产能力要求，生产效率应达到额定生产能力的 95%。

5.2.2 灌装封罐机的灌装精度应符合表 1 的规定，平均实际含量应符合 JJF 1070 的规定。

表 1 灌装精度

标注净含量 Q_n g	灌装精度	
	Q_n 的百分比	g
0～50	±6	—
50～100	—	±3
100～200	±3	—
200～300	—	±6
300～500	±2	—
500～1 000	—	±10
1 000～5 000	±1	—

5.2.3 灌装物料损耗率应不大于0.5%。

5.2.4 罐损率应不大于0.2%。

5.2.5 盖损率应不大于0.3%。

5.2.6 成品罐的外观质量应符合下列规定：

a) 罐体表面光洁，外壳表面及边缝应无灌装过程造成的擦伤；

b) 卷边部位不得有快口、假卷和大塌边；

c) 卷边部位不应有卷边不完全、卷边牙齿、铁舌、跳封、卷边碎裂、填料挤出、锐边、垂唇、双线等以及因压头和卷边滚轮故障引起的其他缺陷。

5.2.7 成品罐二重卷封封口结构的迭接长度、迭接率、紧密度应符合表2的规定。

表2 二重卷封封口结构要求

罐内径代码	5	6	7	8	9	10	15
迭接长度/mm	≥1.0	≥1.0	≥1.0	≥1.2	≥1.2	≥1.2	≥1.3
迭接率/%	≥50	≥50	≥50	≥50	≥50	≥50	≥50
紧密度/%	≥55	≥55	≥55	≥55	≥60	≥60	≥60
注：5号罐和6号罐采用小卷封结构时，要求迭接长度≥0.9 mm，罐身翻边2.2 mm±0.20 mm，其他指标同常规卷封罐。							

注：罐内径代码与内径尺寸见表3。

表3 罐内径代码与内径尺寸对应表

罐内径代码	5	6	7	8	9	10	15
英制代码	202	211	300	307	401	404	603
内径/mm	52.3	65.3	72.9	83.3	98.9	105.1	153.4

5.2.8 成品罐经密封性试验，封罐应完好无损，无变形、无泄漏。

5.2.9 灌装封罐机的噪声声压级(A计权)应不大于82 dB。

5.2.10 灌装封罐机的封口滚轮和压头的寿命应符合下列规定：

a) 灌装封罐机的封罐滚轮的卷边次数应不小于3 000 000次；

b) 压头寿命应不少于3 000 000次。

5.3 电气安全要求

5.3.1 灌装封罐机的电路控制系统应符合GB 5226.1—2008的要求，安全可靠、控制准确，各电气元器件和电缆应联接牢固并加以编号；操作按钮应灵活；指示灯显示应正常；应有急停装置，急停操动器的有效操作中止了后续命令，该操作命令在其复位前一直有效。复位应只能在引发紧急操作命令的位置用手动操作。命令的复位不应重新起动机械，而只是允许再起动。

5.3.2 使用电气、电子、可编程逻辑控制器构成的电路控制系统的安全应符合GB/T 20438.1的规定。

5.3.3 动力电路导线和保护联结电路间施加500 V直流电压时测得的绝缘电阻应不小于1 MΩ。

5.3.4 灌装封罐机所有外露可导电部分应按GB 5226.1—2008中8.2.1要求连接到保护联结电路上。接地端子或接地触点与接地金属部件之间的连接，应具有低电阻值，其电阻值应不超过0.1 Ω。

5.3.5 电气设备的动力电路导线和保护联结电路之间应经受至少1 s时间的耐压试验。

5.3.6 配电柜的防护等级应达到IP53。

5.4 机械安全要求

5.4.1 灌装封罐机的安全防护应符合JB 7233的规定,应设有安全防护装置,其安全等级应符合GB/T 16855.1的规定。

5.4.2 灌装封罐机上应有清晰醒目的操纵、润滑、防烫等安全警示标志,安全标志应符合GB 2894的规定。

5.4.3 灌装封罐机应有联锁保护装置,当设备发生故障时应报警并停止机器工作。

5.4.4 灌装封罐机应有过载保护装置,当过载时应报警并停止机器工作。

5.4.5 当润滑系统油泵缺油,油路堵塞或压力过大时应报警并停机。

5.4.6 灌装封罐机上的螺栓、螺母等紧固件及各零件应可靠固定,防止松动,不应因震动而脱落。

5.4.7 灌装封罐机齿轮、皮带、链条、摩擦轮等运动部件裸露时应设置防护罩。活动式安全防护罩,应确保安全门打开时立即停机,盘车手轮移到盘车位置时应锁定控制系统。往复运动机构应有极限位置的保护装置。

5.4.8 气动系统和液压系统的安全性能应符合GB/T 7932和GB/T 3766的规定。

5.5 卫生安全要求

5.5.1 灌装封罐机的材料、零部件卫生安全要求

5.5.1.1 灌装封罐机与灌装物料接触的材料应符合GB 16798的规定。灌装封罐机的机械设计卫生安全应符合GB 19891的规定。

5.5.1.2 灌装封罐机所用的原材料、外购配套零部件应有生产厂的质量合格证明书。

5.5.1.3 灌装封罐机中与具有氧化、腐蚀介质接触的橡胶件、密封件材料应选用耐氧化腐蚀型。

5.5.1.4 灌装封罐机在可能造成灌装物料污染的润滑部位所用的润滑剂应为食品级,并不得流入灌装物料;洗涤剂、消毒剂、压缩空气等不应与灌装物料、金属罐相互作用而造成一系列污染。灌装封罐机应易于清洗、消毒并应符合食品卫生要求。

5.5.1.5 灌装封罐机需要清洗的部分所用材料的表面和涂层应耐用,可清洗,必要时可消毒,无裂纹,抗开裂,抗碎裂,抗剥落,耐侵蚀,抗锈蚀和耐磨损,且能在预定使用中防止污物侵入。

5.5.1.6 灌装物料接触区表面应光洁、平整,易清洗或消毒、耐腐蚀,无吸收性,应具有物料灌装需要的耐热性能;不含有害或超过食品卫生标准中规定数量的且有害于人体健康的物质;不应因与灌装物料发生相互作用而产生有害或超过食品卫生标准中规定数量且有害于人体健康的物质及对灌装物料气味、色泽和质量造成影响的物质。

5.5.1.7 灌装物料接触区表面的零部件应具有良好的加工工艺性能(如可弯曲性、切削性、焊接性、表面硬度、可研磨和抛光等),良好的导热性、耐腐蚀性、对液体的抗渗透性等。外部零部件伸入到灌装区域处应设置可靠的密封,以免灌装物料被污染。

5.5.1.8 非灌装物料接触区表面应由耐腐蚀材料制成,或被处理成能抗来自灌装物料和清洗、消毒两方面腐蚀的材料制成,或采用表面涂覆耐腐蚀的材料;如经表面涂覆,其涂层应粘附牢固。非灌装物料接触区表面应具有较好的抗吸收、抗渗透的能力,具有耐久性和可洗净性,并对灌装物料无污染或无其他任何不利影响。

5.5.1.9 灌装物料飞溅区接触表面应由耐腐蚀材料制成,或采用表面涂覆耐腐蚀的材料;如经表面涂

覆，其涂层应粘附牢固。灌装物料飞溅接触表面应具有较好的抗吸收、抗渗透的能力，具有耐久性和可洗净性。

5.5.2 灌装封罐机结构的卫生安全要求

5.5.2.1 与灌装物料接触区表面接触的轴承应为非润滑剂型，如采用润滑剂型轴承，轴承周围应具有可靠的密封装置以防止灌装物料被污染。

5.5.2.2 与灌装物料接触的内壁和灌装物料输送管道及连接部分应光洁、平整、不应有滞留灌装物料的凹陷及死角，焊间处应打磨抛光。

5.5.2.3 与灌装物料接触或需经 CIP 清洗的容器、管道、阀门等充氩保护焊，单面焊接，双面成型，可用酸洗或打磨抛光方式保证内表面光滑、无存料缝隙，灌装物料接触区不应对灌装物料产生污染。不锈钢板、不锈钢管其粗糙度 Ra 值不得大于 1.6 μm，塑料制品和橡胶制品其粗糙度 Ra 值不得大于 0.8 μm；灌装物料飞溅区接触表面粗糙度 Ra 值不得大于 3.2 μm，且无疵点、无裂缝。与灌装物料接触的管道、阀门、仪器仪表在选型、设计和安装时应遵从流程走向，在正常生产过程中无灌装物料滞留区，在 CIP 清洗过程中无清洗死角。

5.5.2.4 灌装封罐机中需要清洗但不能连接自动清洗系统零部件的拆卸和安装应简单、方便；不可拆卸的零部件应连接自动清洗系统且洗净效果良好。

5.6 外观质量要求和说明书要求

5.6.1 灌装封罐机的涂漆和喷塑层及经表面处理的零件应平整光滑、色泽均匀，无明显的划痕、污浊、流痕、起泡、起层、锈蚀等缺陷。

5.6.2 灌装封罐机使用说明书编写应符合 GB/T 9969 的规定。

6 试验方法

6.1 试验条件

6.1.1 试验环境温度为 15 ℃～35 ℃。

6.1.2 试验时采用的金属罐和盖应符合国家和行业相关标准的规定。

6.2 一般要求检查

6.2.1 空运转试验

每台灌装封罐机装配完成后，均应做空运转试验，连续运转时间不少于 4 h，检查机器运行情况，应符合 5.1.2、5.3.1 的规定。

6.2.2 气路、输送管路及润滑系统密封性检查

6.2.2.1 将肥皂水或洗涤液涂抹在气动元件的密封处，观察是否漏气。

6.2.2.2 用脱脂棉在输送管路和润滑系统的密封件周围轻轻擦拭，观察脱脂棉上有无物料或油渍。

6.3 性能试验

6.3.1 生产能力试验

试验在用户现场进行，灌装封罐机正常运行后，连续灌装 30 min，统计灌装完成的成品罐总数量，

按式(1)计算生产能力。

$$V=\frac{M_1}{30} \quad \cdots\cdots(1)$$

式中：

V ——生产能力，单位为罐每分(罐/min)；

M_1——灌装完成的成品罐总数量，单位为罐。

6.3.2 生产效率试验

试验在用户现场进行，灌装封罐机正常运行后，连续灌装 8 h，统计灌装完成的成品罐总数量，按式(2)计算生产效率。

$$\eta=\frac{M_2}{F\times T\times 60}\times 100\% \quad \cdots\cdots(2)$$

式中：

η ——生产效率，%；

F ——额定生产能力，单位为罐每分(罐/min)；

T ——有效时间，单位为小时(h)；

M_2——灌装完成的成品罐总数量，单位为罐。

有效时间 T 为：测试时间 8 h 减去在测试时间内任一机构非因设备本身故障而造成的一切停机时间的总和($\sum t$)，见式(3)：

$$T=8-\sum t \quad \cdots\cdots(3)$$

式中：

$\sum t$——任一机构非因设备本身故障而造成的一切停机时间的总和，单位为小时(h)。

6.3.3 灌装精度试验

校验秤精度按最大允许误差小于或等于被检测的成品罐净含量允许偏差的三分之一进行选取，按表 4 的规定核称灌装物料的净含量，灌装物料的实测净含量与标注净含量之差应符合 5.2.2 的规定。

表 4 计量检验抽样方案

成品批量 N	抽样罐数 n	平均实际含量修正值($\lambda\cdot s$)		允许单罐超出灌装精度 1 倍小于或者等于 2 倍的罐数	允许单罐超出灌装精度 2 倍的罐数
		修正因子 λ	实际含量标准偏差 s		
1～10	N	—	—	0	0
11～50	10	1.028	s	0	0
51～99	13	0.848	s	1	0
100～500	50	0.379	s	3	0
501～3200	80	0.295	s	5	0
大于 3200	125	0.234	s	7	0

注 1：本抽样方案的置信度为 99.5%。

注 2：一个检验批的批量小于或等于 10 罐时，只对各罐的实际含量进行检验和评定，不作平均实际含量的计算。

按式(4)计算平均实际含量。

$$\bar{q}=\frac{1}{n}\sum_{i=1}^{n}q_i \qquad \cdots\cdots(4)$$

式中：

$\bar{q}$ ——抽样成品的平均实际含量；

q_i ——灌装物料实测净含量；

n ——抽样罐数。

平均实际含量应符合式(5)要求：

$$\bar{q}\geqslant(Q_n-\lambda\cdot s) \qquad \cdots\cdots(5)$$

式中：

Q_n ——标注净含量；

λ ——修正因子 $\lambda=t_{0.995}\times\frac{1}{\sqrt{n}}$；

s ——实际含量标准偏差 $s=\sqrt{\frac{1}{n-1}\sum_{i=1}^{n}(q_i-\bar{q})^2}$。

注：样本平均实际含量应当大于或等于标注净含量减去样本平均实际含量修正值 λs。

6.3.4 物料损耗率试验

试验在用户现场进行，灌装封罐机正常运行后，记录连续 8 h 灌装物料总用量(管路和储料罐中残存的灌装物料量不计入)和金属罐内物料总容积(可与 6.3.2 试验同时进行)，按式(6)计算物料损耗率。

$$D=\left(1-\frac{G_1}{G}\right)\times 100\% \qquad \cdots\cdots(6)$$

式中：

D ——物料损耗率，%；

G_1 ——8 h 金属罐内物料总容积，单位为升(L)；

G ——灌装物料总用量，单位为升(L)。

6.3.5 罐损率试验

试验在用户现场进行，灌装封罐机正常运行后(可与 6.3.2 试验同时进行)，统计 8 h 内输入灌装封罐机的罐总数和破损的罐数(因罐子本身质量不良而损坏的不计入)，按式(7)计算罐损率。

$$K=\frac{h_1}{h}\times 100\% \qquad \cdots\cdots(7)$$

式中：

K ——罐损率，%；

h_1 ——罐损数，单位为罐；

h ——总罐数，单位为罐。

6.3.6 盖损率试验

试验在用户现场进行，灌装封罐机正常运行后(可与 6.3.2 试验同时进行)，统计 8 h 内输入灌装封罐机的盖总数和破损的盖数(因盖本身质量不良而损坏的不计入)，按式(8)计算盖损率。

$$R=\frac{f_1}{f}\times 100\% \qquad \cdots\cdots(8)$$

式中：

R ——盖损率，%；

f_1 ——盖损数，单位为个；

f ——总盖数，单位为个。

6.3.7 成品罐外观质量检查

按 GB/T 14251—1993 中 5.2 的规定进行，应符合 5.2.6 的规定。

6.3.8 二重卷封封口结构检测

成品罐二重卷封结构的迭接长度、迭接率、紧密度测量和计算按 GB/T 14251—1993 中 5.4 的规定进行，应符合 5.2.7 的规定。

6.3.9 成品罐密封性试验

按 GB/T 14251—1993 中 5.3 的规定进行，应符合 5.2.8 的规定。

6.3.10 噪声测试

在连续工作过程中，灌装封罐机的噪声按 JB/T 7232 规定的方法进行测量。

6.4 电气安全试验

6.4.1 用绝缘电阻表按 GB 5226.1—2008 中 18.3 的规定测量其绝缘电阻，应符合 5.3.3 的规定。

6.4.2 在切断电气装置电源，从空载电压不超过 12 V(交流或直流)的电源取得恒定电流，且该电流等于额定电流的 1.5 倍或 25 A(取二者中较大者)的情况下，让该电流轮流在接地端子与每个易触及金属部件之间通过。测量接地端子与每个易触及金属部件之间的电压降，由电流和电压降计算出电阻值，应符合 5.3.4 的规定。

6.4.3 用耐压测试仪按 GB 5226.1—2008 中 18.4 的规定做耐压试验，最大试验电压取两倍的额定电源电压值或 1 000 V 中较大者，应符合 5.3.5 的规定。

6.5 其他安全检查

6.5.1 检查灌装封罐机机械安全，应符合 5.4 的规定。

6.5.2 检查灌装封罐机材质报告及质量合格证明书，应符合 5.5 的规定。

6.6 外观质量检查

目测检查灌装封罐机外观质量，并应符合 5.6.1 的规定。

7 检验规则

7.1 检验分类

7.1.1 灌装封罐机的检验分为出厂检验和型式检验，检验项目、要求、试验方法按表 5 中的规定。

表 5　检验项目

<table>
<tr><th rowspan="2">序号</th><th rowspan="2">检验项目</th><th colspan="2">检验类别</th><th rowspan="2">要求</th><th rowspan="2">试验方法</th></tr>
<tr><th>型式检验</th><th>出厂检验</th></tr>
<tr><td>1</td><td>电气安全试验</td><td rowspan="17">√</td><td rowspan="3">√</td><td>5.3.3～5.3.5</td><td>6.4</td></tr>
<tr><td>2</td><td>空运转试验</td><td>5.1.2、5.3.1</td><td>6.2.1</td></tr>
<tr><td>3</td><td>气路、输送管路及润滑系统密封性检查</td><td>5.1.3</td><td>6.2.2</td></tr>
<tr><td>4</td><td>生产能力试验</td><td rowspan="6">—</td><td>5.2.1</td><td>6.3.1</td></tr>
<tr><td>5</td><td>生产效率试验</td><td>5.2.1</td><td>6.3.2</td></tr>
<tr><td>6</td><td>灌装精度试验</td><td>5.2.2</td><td>6.3.3</td></tr>
<tr><td>7</td><td>物料损耗率试验</td><td>5.2.3</td><td>6.3.4</td></tr>
<tr><td>8</td><td>罐损率试验</td><td>5.2.4</td><td>6.3.5</td></tr>
<tr><td>9</td><td>盖损率试验</td><td>5.2.5</td><td>6.3.6</td></tr>
<tr><td>10</td><td>成品罐外观质量检查</td><td rowspan="2">√</td><td>5.2.6</td><td>6.3.7</td></tr>
<tr><td>11</td><td>二重卷封封口结构检测</td><td>5.2.7</td><td>6.3.8</td></tr>
<tr><td>12</td><td>成品罐密封性试验</td><td>—</td><td>5.2.8</td><td>6.3.9</td></tr>
<tr><td>13</td><td>噪声测试</td><td rowspan="5">√</td><td>5.2.9</td><td>6.3.10</td></tr>
<tr><td>14</td><td>机械安全检查</td><td>5.4</td><td>6.5.1</td></tr>
<tr><td>15</td><td>材质检查</td><td>5.5</td><td>6.5.2</td></tr>
<tr><td>16</td><td>外观质量检查</td><td>5.6.1</td><td>6.6</td></tr>
<tr><td>17</td><td>产品标牌及技术文件</td><td>5.6.2</td><td>8.1、8.2.6</td></tr>
</table>

7.2　出厂检验

每台灌装封罐机均应做出厂检验，检验合格后方可出厂。

7.3　型式检验

7.3.1　有下列情况之一时，应进行型式检验：

——老产品转厂生产或新产品试制定型鉴定；

——正式生产后，如材料、结构、工艺有较大差异，可能影响灌装封罐机的性能；

——正常生产时，积累一定产量后或每年定期进行一次检验；

——灌装封罐机长期停产后恢复生产；

——出厂检验结果与上次型式检验有较大差异；

——国家质量监督机构提出型式检验要求。

7.3.2　型式检验应按表 4 进行。检验项目全部合格为型式检验合格。在型式检验中，若电气系统的保护联结电路的连续性、绝缘电阻、耐压试验有一项不合格，即判定为型式检验不合格。其他项目有一项不合格，应加倍复测不合格项目，仍不合格的，则判定该灌装封罐机型式检验不合格。

8 标志、包装、运输及贮存

8.1 标志

灌装封罐机应在明显的部位固定标牌，标牌尺寸和技术要求按 GB/T 13306 的规定执行。标牌上至少应标出下列内容：

——产品型号；

——产品名称；

——产品执行标准(本标准编号)；

——产品主要技术参数；

——制造日期和出厂编号；

——制造厂名称。

8.2 包装

8.2.1 灌装封罐机的运输包装应符合 GB/T 13384 的规定。

8.2.2 灌装封罐机包装前，外露加工表面应进行防锈处理。

8.2.3 灌装封罐机包装箱应牢固可靠，适应运输装卸的要求。

8.2.4 包装箱应有可靠的防潮措施。

8.2.5 灌装封罐机随机专用工具及易损件应包装并固定在包装箱中。

8.2.6 技术文件应妥善包装放在包装箱内，并应包括下列内容：

——产品合格证；

——产品使用说明书；

——装箱单。

8.2.7 包装箱外表面应清晰标出发货及运输作业标志，并应符合 GB/T 191 的有关规定。

8.3 运输与贮存

8.3.1 灌装封罐机运输过程中应小心轻放，不允许倒置和碰撞。

8.3.2 灌装封罐机应贮存于干燥通风的场所。

ICS 55.200
J 83

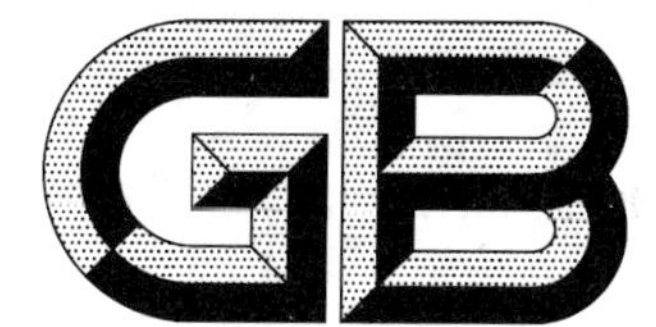

中华人民共和国国家标准

GB/T 30640—2014

全自动电子数粒瓶装线通用技术条件

General specification of automatic counting and packaging line

2014-12-31 发布

2015-04-30 实施

中华人民共和国国家质量监督检验检疫总局
中国国家标准化管理委员会 发布

前 言

本标准按照 GB/T 1.1—2009 给出的规则起草。

请注意本文件的某些内容可能涉及专利。本文件的发布机构不承担识别这些专利的责任。

本标准由中国机械工业联合会提出。

本标准由全国食品包装机械标准化技术委员会(SAC/TC 494)归口。

本标准负责起草单位:珐玛珈(广州)包装设备有限公司、上海恒谊制药设备有限公司、南通恒力医药设备有限公司、北京长征天民高科技有限公司、欧姆龙自动化(中国)有限公司、合肥通用机电产品检测院。

本标准参加起草单位:华南理工大学、中国电子科技集团第七研究所、无限极(中国)有限公司、北京同仁堂科技发展股份有限公司、华润双鹤药业股份有限公司、齐鲁制药(海南)有限公司、华北制药股份有限公司、华润三九医药股份有限公司。

本标准主要起草人:姜德伟、王沪育、李季勇、张斌、齐显军、陈旺平、陈克茂、李晓峰、李立言、李明、缪德林、杨威、罗广、陈润洁、陈雪平、黎业演。

本标准参加起草人:唐伟强、郑绍中、黄生权、贾更、蔡仕国、刘文民、杨士宁、凌宝懿、熊转运、毕连凯、刘荫山。

全自动电子数粒瓶装线通用技术条件

1 范围

本标准规定了全自动电子数粒瓶装线(以下简称“瓶装线”)的术语和定义、型号、型式、组成、基本参数及工作条件、要求、试验方法、检验规则、标志、包装、运输与贮存等要求。

本标准适用于以电子计数的方式将固体颗粒按设定的颗粒数量投入包装容器(瓶、罐等)中,并自动完成封盖、贴标及其他工序(辅料充填、铝箔封口等)的包装生产线,应用于医药、食品、日化、化工、电子及五金等行业。

2 规范性引用文件

下列文件对于本文件的应用是必不可少的。凡是注日期的引用文件,仅注日期的版本适用于本文件。凡是不注日期的引用文件,其最新版本(包括所有的修改单)适用于本文件。

GB/T 191 包装储运图示标志

GB 2894 安全标志及其使用导则

GB 5226.1—2008 机械电气安全 机械电气设备 第1部分:通用技术条件

GB/T 6388 运输包装收发货标志

GB/T 7311 包装机械分类与型号编制方法

GB 7718 食品安全国家标准 预包装食品标签通则

GB/T 7932 气动系统通用技术条件

GB/T 9969 工业产品使用说明书 总则

GB/T 13277.1—2008 压缩空气 第1部分:污染物净化等级

GB/T 13306 标牌

GB/T 13384 机电产品包装通用技术条件

GB 16798 食品机械安全卫生

GB/T 16855.1 机械安全 控制系统有关安全部件 第1部分:设计通则

GB 19891 机械安全 机械设计的卫生要求

JB/T 7232 包装机械 噪声声功率级的测定 简易法

JB 7233 包装机械安全要求

JB/T 10639—2006 不干胶贴标机

YBB 0011—2002 口服固体药用聚丙烯瓶

YBB 0012—2002 口服固体药用高密度聚乙烯瓶

YBB 0015—2002 药品包装用铝箔

YBB 0026—2002 口服固体药用聚酯瓶

3 术语和定义

下列术语和定义适用于本文件。

3.1

全自动电子数粒瓶装线　automatic counting and packaging line

采用电子计数的方式将固体颗粒按设定的颗粒数量投入包装容器(瓶、罐等)中,并自动完成封盖、贴标及其他工序(辅料充填、铝箔封口等)的包装生产线。

3.2

生产能力　production capacity

单位时间内能完成的包装件数量。

3.3

左进式　left type

包装容器从瓶装线左侧给进的布局型式。

3.4

右进式　right type

包装容器从瓶装线右侧给进的布局型式。

3.5

包装件合格率　qualified ratio of package

瓶装线在正常生产过程中,合格的包装件数量与所检查的包装件总数量的百分比。

注:若有贴标质量、封口气密性、封盖质量、颗粒充填质量或包装件内辅料充填质量不合格的包装件均为不合格品。

3.6

颗粒尺寸范围　granulation application

瓶装线能够识别并准确计数的颗粒最大尺寸和最小尺寸。

4　型号、型式、组成、基本参数及工作条件

4.1　型号

瓶装线的型号编制按 GB/T 7311 的规定执行。

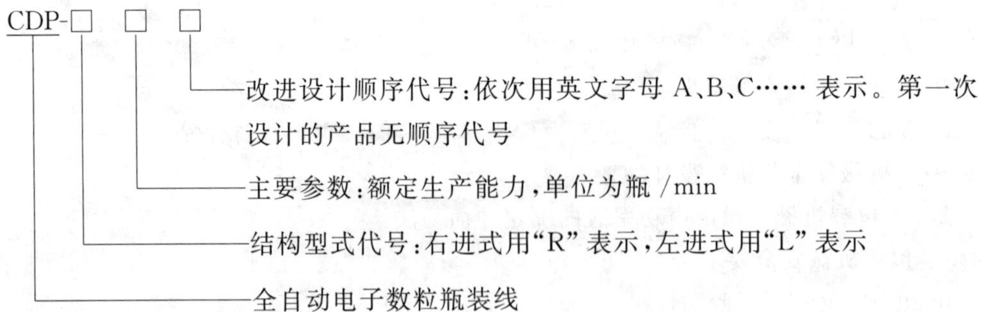

示例:

CDP-R200A 表示生产能力为 200 瓶/min,运行方向为右进式的全自动电子数粒瓶装线,第一次改进设计。

4.2　型式

布局型式按瓶装线运行方向分为:左进式、右进式。

4.3　瓶装线组成

4.3.1　瓶装线应由下列主要设备组成:

a) 理瓶机；
b) 电子颗粒计数机；
c) 压盖机/旋盖机；
d) 贴标机；
e) 其他设备(如:辅料填充设备等)。

4.3.2 瓶装线可选配下列辅助设备：

a) 提升机；
b) 洗瓶机；
c) 筛选机；
d) 称重设备；
e) 喷码机/打码机；
f) 检测设备；
g) 其他辅助设备。

4.4 基本参数

瓶装线基本参数的名称和单位：

a) 额定生产能力:瓶/min；
b) 颗粒尺寸范围:mm；
c) 瓶型尺寸范围：
——长×宽×高(方形瓶)/直径和高度(圆形瓶)/外形尺寸(异形瓶),mm；
——瓶口内径和外径,mm；
d) 瓶盖尺寸范围:长×宽×高(方形盖)/直径和高度(圆形盖)/外形尺寸(异形盖),mm；
e) 标签尺寸范围:mm；
f) 压缩空气压力:MPa；
g) 压缩空气耗气量:m^3/min；
h) 总功率:kW；
i) 额定电压(V)、频率(Hz)；
j) 总质量:kg。

4.5 工作条件

瓶装线工作条件为：

a) 瓶装线的工作电压波动范围为+5%～-10%；
b) 瓶装线的工作环境温度为5℃～40℃；
c) 瓶装线的工作环境相对湿度应不大于85%(无凝露)；
d) 瓶装线使用的塑料瓶应符合YBB 0011—2002、YBB 0012—2002、YBB 0026—2002的规定；
e) 瓶装线使用的标签应符合GB 7718的规定；
f) 瓶装线使用的铝箔应符合YBB 0015—2002的规定；
g) 瓶装线使用的其他包装容器和包装材料应符合国家相关标准的规定；
h) 瓶装线的压缩空气源压力应不小于0.5 MPa;压缩空气质量应符合GB/T 13277.1—2008的相关规定,压缩空气所含的颗粒、水、油应符合表1的规定。

表 1　压缩空气要求

压缩空气所含物质	质量要求
颗粒	不低于 2 级 最大尺寸 5.0 μm
水	不低于 4 级 最高压力下的露点 3 ℃
油	1 级 最大含量 0.01 mg/m^3

5　要求

5.1　一般要求

5.1.1　瓶装线应按经规定程序批准的图样及技术文件制造。

5.1.2　瓶装线各单机运转应平稳，运动零部件动作应灵敏、协调、准确、无卡阻，无异常发热、振动和声响。

5.1.3　瓶装线气路的连接应密封完好，无渗油和漏气现象。瓶装线的气路应有气压报警装置，气动系统安全性能应符合 GB/T 7932 的规定。

5.1.4　对可能产生粉尘的物料，电子颗粒计数机应配置除尘接口和除尘装置。

5.1.5　输送机构可随充填物料品种和容器规格的变化而进行相应的调整。

5.1.6　监控系统灵敏准确，当发生缺瓶、积瓶、缺盖、积盖时应有自动调节控制功能，当发生倒瓶、数粒不准、无盖、反盖、无铝箔、压/旋盖不良时应有自动剔除装置。

5.2　性能要求

5.2.1　瓶装线的生产能力应达到额定生产能力。

5.2.2　包装件贴标质量应符合 JB/T 10639—2006 中 5.5 和 5.8 的规定。

5.2.3　配置喷码、打印设备的瓶装线，包装件的生产日期等信息的喷码位置应正确、一致，喷码应清晰、牢固。

5.2.4　包装件封口应无高盖、歪盖、破盖、无盖等现象。

5.2.5　瓶盖开启力矩应符合下列规定：

a）　有铝箔封口、有二次旋盖的开启力矩范围为 0.6 N·m～2.5 N·m；

b）　有铝箔封口、无二次旋盖的开启力矩应不小于 0.1 N·m；

c）　无铝箔封口、无二次旋盖的开启力矩范围为 0.6 N·m～2.5 N·m。

5.2.6　铝箔封口处应平整，无皱褶、灼化和压穿现象；包装件经密封性试验，封口处应无泄漏。

5.2.7　瓶装线的充填合格率应不小于 99.8%。

5.2.8　瓶装线的包装件合格率应不小于 99.5%。

5.2.9　瓶盖损耗率不大于 0.1%。

5.2.10　瓶损耗率不大于 0.05%。

5.2.11　标签损耗率不大于 0.3%。

5.2.12　瓶装线的空载噪声声压级(A 计权)应不大于 80 dB。

5.3 电气安全要求

5.3.1 瓶装线的电路控制系统应符合 GB 5226.1—2008 的要求，安全可靠、控制准确，各电器接头联接牢固并加以编号；操作按钮应灵活；指示灯显示应正常；应有急停装置，急停操动器的有效操作中止了后续命令，该操作命令在其复位前一直有效。复位应只能在引发紧急操作命令的位置用手动操作。命令的复位不应重新起动机械，而只是允许再起动。

5.3.2 动力电路导线和保护联结电路间施加直流(d.c.)500 V 电压时测得的绝缘电阻应不小于 1 MΩ。

5.3.3 瓶装线所有外露可导电部分都应按 GB 5226.1—2008 中 8.2.1 要求连接到保护联结电路上。接地端子或接地触点与接地金属部件之间的连接，应具有低电阻值，其电阻值应不超过 0.1 Ω。

5.3.4 电气设备的所有电路导线和保护联结电路之间应经受至少 1 s 时间的耐压试验。

5.4 机械安全要求

瓶装线的机械安全应符合下列规定：

a) 瓶装线各单机的安全防护应符合 JB 7233 的规定。

b) 瓶装线各单机上应有清晰醒目的安全警示标志。安全标志应符合 GB 2894 的规定。

c) 瓶装线应设有安全联锁保护装置，其安全等级应符合 GB/T 16855.1 的规定。在生产过程中当对人身安全构成危险时，设备应报警并停止工作。

d) 瓶装线对易脱落的零部件、振动部位的联接应有可靠的防松措施。

e) 瓶装线的齿轮、传动皮带、链条、摩擦轮等运动部件裸露时应设置防护罩。往复运动机构应有极限位置的保护装置。

5.5 卫生安全要求

瓶装线的材质、零部件应符合下列规定：

a) 瓶装线用于食品行业时，其材料选用、设计、制造、配置原则的安全卫生要求应符合 GB 16798 的规定。瓶装线用于医药行业时，瓶装线与充填颗粒相接触的表面材料，应符合国家对医药生产设备的有关规定，并提供相关材质证明。其他行业的瓶装线应符合相应行业的安全卫生要求和管理规范。

b) 凡与包装材料、固体颗粒接触的设备表面应光洁、平整、易清洗或消毒、耐腐蚀，不与固体颗粒发生化学变化或吸附固体颗粒。设备所用的润滑剂、冷却剂等不得对固体颗粒或容器造成污染。

c) 瓶装线所用的原材料、外购配套零部件应有生产厂的质量合格证明书。

d) 料斗、导料管内壁光洁、平整、无死角，焊间处应打磨抛光。充填装置不应对物料造成污染、破损和划伤。

e) 瓶装线外部结构应易清洁、无狭缝和死角。

f) 瓶装线的机械设计卫生安全应符合 GB 19891 的规定。

5.6 外观质量和说明书要求

5.6.1 瓶装线各单机的涂漆和喷塑层及经表面处理的零件应平整光滑、色泽均匀，无明显的划痕、污浊、流痕、起泡、起层、锈蚀等缺陷。

5.6.2 瓶装线各单机外露部分不得存在锐角。

5.6.3 瓶装线各单机的使用说明书编写应符合 GB/T 9969 的规定。

6 试验方法

6.1 试验条件

6.1.1 试验环境温度应在 5 ℃～40 ℃范围内，试验环境的相对湿度应不大于 85%（无凝露）。

6.1.2 试验时应采用直径为 10 mm 的包衣片作为标准颗粒；采用每瓶 100 粒的标准瓶装量；采用螺旋瓶口、内径 38 mm、容积 100 mL 的圆形塑料瓶作为标准包装容器；采用长 60 mm、宽 30 mm 的标签作为标准标签；采用与标准瓶相匹配的瓶盖。

6.2 一般要求试验

6.2.1 空运转试验

每条瓶装线装配完成后，均应做空运转试验，连续空运转时间应不少于 1 h，检查机器运行情况，并在运行过程中模拟缺瓶、积瓶等状况，测试机组的同步协调与控制功能，应符合 5.1.2、5.1.6 及 5.3.1 的规定。

6.2.2 气路密封性检查

采用下列方法进行：

a) 用脱脂棉在气动元件的密封件周围轻轻擦拭，观察脱脂棉上有无油渍；
b) 将肥皂水或洗涤液涂抹在气动元件的密封处，观察是否漏气。

6.2.3 输送机构的可调性

变换充填物料品种和容器规格，调整送料和容器输送机构，观察机器是否可以正常工作。

6.3 性能试验

6.3.1 生产能力试验

6.3.1.1 用于出厂检验的生产能力试验

瓶装线正常运行后，连续包装 10 min，统计包装完成的包装件总数量，按式(1)计算生产能力。

$$V=\frac{M}{10} \quad \cdots\cdots (1)$$

式中：

V ——生产能力，单位为瓶每分(瓶/min)；

M ——完成的包装件总数量，单位为瓶。

6.3.1.2 用于用户验收的生产能力试验

瓶装线正常运行后，连续包装 2 h，统计包装完成的包装件总数量，按式(2)计算生产能力。

$$V=\frac{M}{2\times 60} \quad \cdots\cdots (2)$$

式中：

V ——生产能力，单位为瓶每分(瓶/min)；

M ——完成的包装件总数量，单位为瓶。

6.3.2 包装件合格率试验

6.3.2.1 贴标质量试验

试验在瓶装线连续正常运行后进行，以额定速度工作，每次连续充填200瓶，共进行5次，中间时间间隔不低于10 min，共计取样1 000瓶，检查贴标质量，统计不合格品数 a_1。

6.3.2.2 封口气密性试验

取贴标合格的样瓶做封口气密性试验，检测方法如下：

瓶盖和瓶旋(压)合后，放置于密封性负压测试仪中，用水浸没(水可染色)；抽真空至真空度为27 kPa，保持2 min，瓶内不得有进水或冒泡现象，统计不合格品数 a_2。

6.3.2.3 封盖质量试验

取贴标和封口气密性合格的样瓶进行封盖质量试验，试验方法如下：

a) 压盖：目测其封口质量，应符合5.2.4的规定，统计不合格品数 a_3；
b) 旋盖：目测其封口质量，用动态精度为1%的扭矩仪测试瓶盖开启力矩，应符合5.2.4和5.2.5的规定，统计不合格品数 a_3。

6.3.2.4 颗粒充填质量试验

取贴标、封口气密性及封盖均合格的样瓶做颗粒充填质量试验，检测颗粒充填数量是否符合标称值，统计不合格品数 a_4(若不是由于数粒机本身造成异物、碎粒或碎片的样瓶，不进行统计，同时用同批次的样瓶替换)。

6.3.2.5 辅料充填质量试验

取贴标、封口气密性、封盖及颗粒充填质量均合格的样瓶，检查所充填的辅料情况，若出现破损或缺失，则为不合格品，统计不合格品数 a_5。

按式(3)计算包装件合格率：

$$P=\frac{1\ 000-(a_1+a_2+a_3+a_4+a_5)}{1\ 000}\times 100\% \qquad \cdots\cdots(3)$$

式中：

P ——包装件合格率，%；

a_1——贴标质量试验不合格品数，单位为瓶；

a_2——封口气密封性试验不合格品数，单位为瓶；

a_3——封盖质量试验不合格品数，单位为瓶；

a_4——颗粒充填质量试验不合格品数，单位为瓶；

a_5——辅料充填质量试验不合格品数，单位为瓶。

6.3.3 充填合格率试验

本试验样瓶采用包装件合格率试验抽样的1 000件样瓶，并与包装件合格率试验同步进行。在颗粒充填质量试验完成后，检测颗粒充填数量是否符合标称值，统计1 000件样瓶中所有充填合格的样瓶总数(包括统计贴标质量试验、封口气密性试验及封盖质量试验的不合格样瓶中的充填合格瓶数)，按式(4)计算充填合格率(若不是由于数粒机本身造成异物、碎粒或碎片的样瓶，不进行统计，同时用同批次的样瓶替换)。

$$W = \frac{Y}{1\ 000} \times 100\% \qquad \cdots\cdots (4)$$

式中：

W ——充填合格率，%；

Y ——充填合格的瓶数，单位为瓶。

6.3.4 瓶盖损耗率、瓶损耗率及标签损耗率试验

试验在瓶装线正常运行后进行，选取 2 000 个塑料瓶、1 000 个瓶盖和 1 000 个标签进行充填包装，分别统计损耗的瓶盖、瓶及标签数量，按式(5)～式(7)计算瓶盖损耗率、瓶损耗率及标签损耗率。

$$F = \frac{b}{1\ 000} \times 100\% \qquad \cdots\cdots (5)$$

式中：

F ——瓶盖损耗率，%；

b ——损耗的瓶盖数量，单位为个。

$$L = \frac{c}{2\ 000} \times 100\% \qquad \cdots\cdots (6)$$

式中：

L ——瓶损耗率，%；

c ——损耗的瓶数量，单位为个。

$$K = \frac{d}{1\ 000} \times 100\% \qquad \cdots\cdots (7)$$

式中：

K ——标签损耗率，%；

d ——损耗的标签数量，单位为个。

6.3.5 噪声测试

在空载工作过程中，瓶装线的噪声按 JB/T 7232 规定的方法进行测量。

6.4 电气安全试验

6.4.1 用绝缘电阻表按 GB 5226.1—2008 中 18.3 的规定测量绝缘电阻，应符合 5.3.2 的规定。

6.4.2 在切断电气装置电源，从空载电压不超过 12 V(交流或直流)的电源取得恒定电流，且该电流等于额定电流的 1.5 倍或 25 A(取二者中较大者)的情况下，让该电流轮流在接地端子与每个易触及金属部件之间通过。测量接地端子与每个易触及金属部件之间的电压降，由电流和电压降计算出电阻值，应符合 5.3.3 的规定。

6.4.3 用耐压测试仪按 GB 5226.1—2008 中 18.4 的规定做耐压试验，最大试验电压取两倍的额定电源电压值或 1 000 V 中较大者，应符合 5.3.4 的规定。

6.5 其他安全检查

6.5.1 检查瓶装线机械安全，应符合 5.4 的规定。

6.5.2 检查瓶装线材质报告及质量合格证明书，应符合 5.5 的规定。

6.6 外观质量检查

目测检查瓶装线外观质量，应符合 5.6.1、5.6.2 的规定。

7 检验规则

7.1 检验分类

瓶装线的检验分为出厂检验和型式检验，检验项目、要求、试验方法按表2中的规定。

表2 检验项目

序号	检验项目	检验类别		要求	试验方法
		型式检验	出厂检验		
1	电气安全试验	√	√	5.3.2～5.3.4	6.4
2	空运转试验	√	√	5.1.2、5.1.6、5.3.1	6.2.1
3	气路密封性检查	√	√	5.1.3	6.2.2
4	输送机构的可调性	√	√	5.1.5	6.2.3
5	生产能力试验	√	√	5.2.1	6.3.1.1
		√	—	5.2.1	6.3.1.2(在用户现场进行)
6	包装件合格率试验	√	√	5.2.8	6.3.2
7	充填合格率试验	√	√	5.2.7	6.3.3
8	瓶盖损耗率、瓶损耗率及标签损耗率试验	√	—	5.2.9～5.2.11	6.3.4
9	噪声测试	√	√	5.2.12	6.3.5
10	机械安全检查	√	√	5.4	6.5.1
11	材质检查	√	√	5.5	6.5.2
12	外观质量检查	√	√	5.6.1、5.6.2	6.6
13	产品标牌及技术文件	√	√	5.6.3	8.1、8.2.6

7.2 出厂检验

瓶装线均应做出厂检验，检验合格后方可出厂。

7.3 型式检验

7.3.1 有下列情况之一时，应进行型式检验：

——老产品转厂生产或新产品的试制定型鉴定；

——正式生产后，如材料、结构、工艺有较大变动，可能影响产品性能；

——正常生产时，积累一定产量后或每年定期进行一次检验；

——产品长期停产后，恢复生产；

——出厂检验结果与上次型式检验有较大差异；

——国家质量监督机构提出型式检验要求。

7.3.2 型式检验应按表2进行。检验项目全部合格为型式检验合格。在型式检验中，若电气安全试验中的保护联结电路的连续性、绝缘电阻、耐压试验有一项不合格，即判定为型式检验不合格。其他项目有一项不合格，应加倍复测不合格项目，仍不合格的，则判定该产品型式检验不合格。

8 标志、包装、运输与贮存

8.1 标志

瓶装线应在明显的部位固定标牌，标牌尺寸和技术要求按 GB/T 13306 的规定执行。标牌上至少应标出下列内容：

——产品型号；

——产品名称；

——产品执行标准(本标准编号)；

——产品主要技术参数；

——制造日期和出厂编号；

——制造厂名称。

8.2 包装

8.2.1 瓶装线的运输包装应符合 GB/T 13384 的规定。

8.2.2 瓶装线包装前，外露加工表面应进行防锈处理。

8.2.3 包装箱应牢固可靠，适应运输装卸的要求。

8.2.4 包装箱应有可靠的防潮措施。

8.2.5 瓶装线随机专用工具及易损件应包装并固定在包装箱中。

8.2.6 技术文件应妥善包装放在包装箱内，内容包括：

——产品合格证；

——产品使用说明书；

——装箱单。

8.2.7 包装箱外表面应清晰标出发货及运输作业标志并应符合 GB/T 191 和 GB/T 6388 的有关规定。

8.3 运输与贮存

8.3.1 瓶装线的运输应符合下列要求：

——装运产品的车厢、船舱、集装箱等应保持清洁、干燥，无污染物；

——不得将产品同污染物、有毒有害物、腐蚀性化学物品及潮湿性材料装在同一车厢、船舱、集装箱等内运输；

——产品运输过程中应小心轻放，不允许倒置和碰撞。

8.3.2 瓶装线应贮存于干燥通风、无腐蚀性气体的场所。

ICS 67.260
X 99

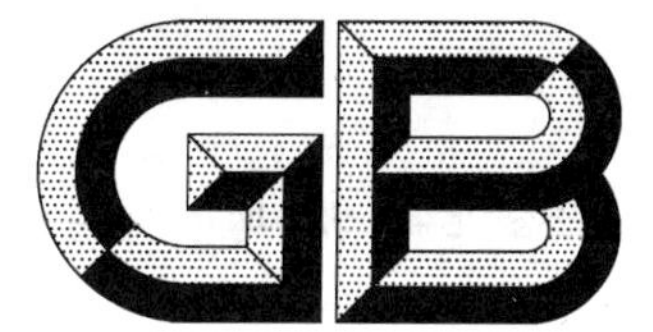

中华人民共和国国家标准

GB/T 30641—2014

食品机械　多功能电动压面机

Food machinery—Multifunctional electric pasta machine

2014-12-31 发布　　2015-05-01 实施

中华人民共和国国家质量监督检验检疫总局
中国国家标准化管理委员会　发布

前　言

本标准按照 GB/T 1.1—2009 给出的规则起草。

请注意本文件的某些内容可能涉及专利。本文件的发布机构不承担识别这些专利的责任。

本标准由中国机械工业联合会提出。

本标准由全国食品包装机械标准化技术委员会(SAC/TC 494)归口。

本标准起草单位:常州市墅乐厨具有限公司、常州市西夏墅企业创新发展中心、南京信息职业技术学院、中国包装和食品机械有限公司、合肥通用机电产品检测院。

本标准主要起草人:白玉明、邹春英、戴相朝、王国扣、陈润洁。

食品机械　多功能电动压面机

1　范围

本标准规定了多功能电动压面机的术语和定义、型号、型式与基本参数、技术要求、试验方法、检验规则、标志、包装、运输和贮存。

本标准适用于生产面条、饺子皮、馄饨皮、面片等制品的多功能电动压面机(以下简称压面机)。

2　规范性引用文件

下列文件对于本文件的应用是必不可少的。凡是注日期的引用文件,仅注日期的版本适用于本文件。凡是不注日期的引用文件,其最新版本(包括所有的修改单)适用于本文件。

GB/T 191　包装储运图示标志

GB 755　旋转电机　定额和性能

GB 2894　安全标志及其使用导则

GB/T 3768　声学　声压法测定噪声源声功率级　反射面上方采用包络测量表面的简易法

GB 4706.1　家用和类似用途电器的安全　第1部分:通用要求

GB 4706.30　家用和类似用途电器的安全　厨房机械的特殊要求

GB/T 4942.1　旋转电机整体结构的防护等级(IP代码)　分级

GB/T 5048　防潮包装

GB/T 7311　包装机械分类与型号编制方法

GB/T 10125　人造气氛腐蚀试验　盐雾试验

GB/T 13306　标牌

GB/T 13384　机电产品包装通用技术条件

GB 15179　食品机械润滑脂

GB 16798　食品机械安全卫生

GB 19891　机械安全　机械设计的卫生要求

SB/T 222　食品机械通用技术条件　基本技术要求

SB/T 224　食品机械通用技术条件　装配技术要求

SB/T 227　食品机械通用技术条件　电气装置技术要求

SB/T 228　食品机械通用技术条件　表面涂漆

SB/T 229　食品机械通用技术条件　产品包装技术要求

SB/T 231　食品机械通用技术条件　产品的标志、运输与贮存

JB 7233　包装机械安全要求

QB/T 3832　轻工产品金属镀层腐蚀试验结果的评价

3　术语和定义

下列术语和定义适用于本文件。

3.1

多功能电动压面机　multifunctional electric pasta machine

以电机为动力生产面条、饺子皮、馄饨皮、面片等制品的机器。

3.2

平均无故障工作时间　mean time between failure;MTBF

压面机相邻两次故障之间的平均工作时间,即压面机在总的使用阶段累计工作时间与故障次数的比值(h)。

3.3

生产能力　production capacity

单位时间内,压面机完成面制品生产的总质量,单位为千克每小时(kg/h)。

3.4

Ⅰ类器具　class Ⅰ appliance

其电击防护不仅依靠基本绝缘而且包括一个附加安全防护措施的器具。其防护措施是将易触及的导电部件连接到设施固定布线中的接地保护导体上,以使得万一基本绝缘失效,易触及的导电部件不会带电。

注:此防护措施包括电源线中的保护性导线。

[GB 4706.1—2005,定义 3.3.9]

3.5

Ⅱ类器具　class Ⅱ appliance

其电击防护不仅依靠基本绝缘,而且提供如双重绝缘或加强绝缘那样的附加安全防护措施的器具。该类器具没有保护接地或依赖安装条件的措施。

注 1:该类器具可以是下述类型之一:

——具有一个耐久的并且基本连续的绝缘材料外壳的器具,除铭牌、螺钉和铆钉等小零件外,其外壳能将所有的金属部件包围起来,该外壳提供了至少相当于加强绝缘的防护措施将这些小金属零件与器具的带电部件隔离。该类型器具被称为带绝缘外壳的Ⅱ类器具。

——具有一个基本连接的金属外壳,其内各处均使用双重绝缘或加强绝缘的器具,该类型器具被称为有金属外壳的Ⅱ类器具。

——由带绝缘外壳的Ⅱ类器具和有金属外壳的Ⅱ类器具组合而成的器具。

注 2:带绝缘外壳的Ⅱ类器具,其壳体可构成附加绝缘或加强绝缘的一部分或全部。

注 3:如果一个各处均具有双重绝缘或加强绝缘的器具又带有接地的防护措施,则此器具被认为是Ⅰ类器具。

[GB 4706.1—2005,定义 3.3.10]

3.6

死区　dead space

清洗介质或清洗物不能达到的区域。在清洁过程中,产品、清洗剂、消毒剂或污物可能陷入、存留其中或不能被完全清除的区域。

[GB 19891—2005,定义 3.9]

4　型号、型式与基本参数

4.1　型号

压面机型号编制形式应考虑结构特征,产品名称代号应符合 GB/T 7311 的规定。其中,产品主要名称代号用压面机“Y”居首表示;产品第一辅助名称代号用电动“D”居第二位表示,产品第二辅助名称代号用多功能“D”居第三位表示。其型号编制形式如下：

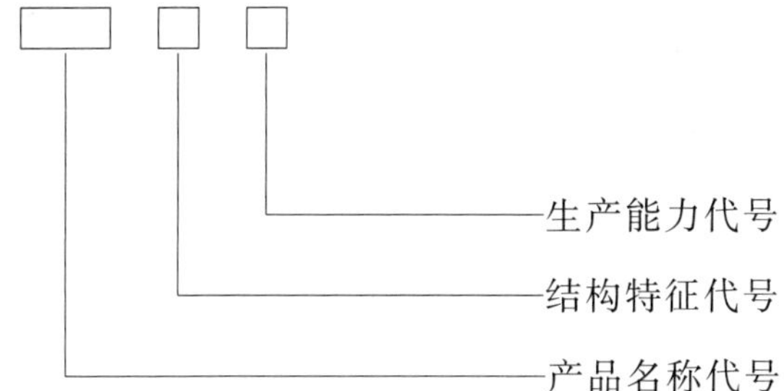

示例：

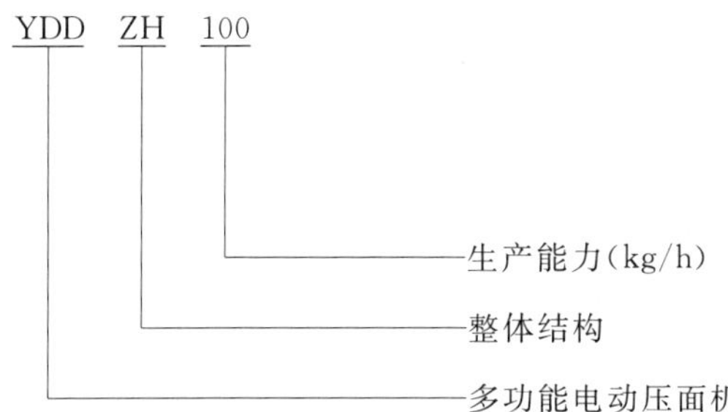

4.2 型式与基本参数

4.2.1 型式

压面机型式按结构特征可分为整体结构(ZH)和组合结构(Z)。其中，整体结构为内装电机，组合结构为外接电机。

4.2.2 基本参数

压面机基本参数见表1。

表1 压面机基本参数

名　称	参　数
生产能力/(kg/h)	≥5
压面宽度/mm	≥100
压面厚度/mm	0.3～3.0
正常工作噪声/dB(A)	≤80
平均无故障工作时间/h	≥600
外壳防护等级	IP31

5 技术要求

5.1 一般要求

5.1.1 压面机应按经规定程序批准的图样及技术文件制造。

5.1.2 压面机起动后应无停滞现象，运转时声音均匀并平稳可靠，无异常噪音。

5.1.3 压面机基本技术要求应符合SB/T 222的规定，具有足够的强度、刚度及使用稳定性。需润滑的部位,润滑脂应无渗漏现象,润滑脂应符合 GB 15179 的规定。

5.1.4 压面机的材料选择和设计结构的安全卫生,应符合 GB 16798 和 GB 19891 的规定。表面涂漆应符合 SB/T 228 的规定。电镀耐腐蚀性应符合 GB/T 10125 的规定。

5.1.5 压面机需要拆卸清理的零部件,其拆卸和安装应简单、方便;不可拆卸的零部件应可直接清理干净。

5.1.6 压面机所用的材料、外购配套零部件应符合使用要求,应有生产厂的质量合格证明书。

5.1.7 压面机压制的面制品应薄厚均匀,无破损。

5.2 装配要求

5.2.1 压面机装配技术要求应符合 SB/T 224 的规定。

5.2.2 压面机各连接部件应牢固可靠,紧固件无松动现象。

5.2.3 压面机整体结构的内装电机输出轴,应能轻松装入对应连接口,并连接牢固。

5.2.4 压面机组合结构的外接电机,应轻松地外接牢固,运转时整体稳定,无剧烈抖动,且不能受到压面、切面类阻力而自行松脱。

5.2.5 压面辊的调节机构应调节灵活,定位可靠。

5.2.6 压面机的转速,可根据使用要求灵活调整。

5.2.7 压面机梳子应能导引面条和面刀分离,且面条与面刀应无粘连现象。

5.2.8 压面机两压面辊轴向平行度应不大于 0.2 mm。

5.2.9 压面机两面刀刀刃相交尺寸应不小于 0.4 mm。

5.3 外观质量要求

5.3.1 压面机外表面应清洁、平整、光滑,边缘无尖角毛刺,无明显的机械损伤。

5.3.2 压面机与食品直接接触的零部件表面,应平整光滑,便于清理。

5.3.3 压面机电镀件的表面抛光丝纹应细密,不应有明显的变形、气泡、脱皮、漏镀、焦斑等缺陷。

5.3.4 压面机涂覆表面应无斑点、流挂、明显色差,无脱皮、划痕和污物。

5.4 电气要求

5.4.1 压面机电气系统应安全可靠、动作准确,各电器接头应联接牢固,操作按钮或开关应灵活,根据需要可安装急停按钮和指示灯,压面机内的导电线不应裸露。

5.4.2 压面机电气性能和电气安全除符合 5.4.1 和 GB 4706.30 及 SB/T 227 的规定外,还应符合表 2 要求。

表 2 电气性能和电气安全

额定电压 V	1.06 倍额定电压 时泄漏电流 mA	接地电阻 Ω	电机绝缘等级	电气强度 试验电压 V
AC110-130(Ⅰ类器具)	≤3.5	≤0.1	B	1 250
AC220-240(Ⅱ类器具)	≤3.5	≤0.1	B	1 750

5.5 安全防护要求

5.5.1 压面机的安全防护应符合 JB 7233 的规定。

5.5.2 压面机应有清晰醒目的操纵和警示标志。

5.5.3 压面机易脱落的零部件应有防松装置,各零件及螺栓、螺母等紧固件应可靠固定,防止松动,不应因振动而脱落。

5.5.4 压面机压面辊应设置防护装置,防护装置应符合有关标准要求。

6 试验方法

6.1 试验条件

6.1.1 海拔应不超过 1 000 m。

6.1.2 最高环境空气温度应不超过 40 ℃。

6.1.3 最低环境空气温度应不低于 −5 ℃。

6.1.4 室内无可燃性气体泄漏,无喷水、淋水现象。

6.1.5 试验物料为小麦粉和水等。

6.1.6 正常工作条件下和面质量应符合压面要求。

6.1.7 正常运行中电源电压和频率的波动范围应符合 GB 755 的规定。

6.2 空运转试验

每台压面机装配完成后均应做空运转试验,连续运转时间应不少于 10 min,压面机的整机性能检查应符合 5.1.2 的规定。

6.3 安全卫生检查

6.3.1 用目测检查压面机与人体接触部分在静止或运行中可能对人体造成的伤害,应符合 5.1.4 的规定。

6.3.2 用目测检查压面机设计、制造结构可能存在积存物料的死区,应符合 5.1.4 的规定。

6.3.3 电镀镀层的耐腐蚀性按 GB/T 10125 进行盐雾试验,并按 QB/T 3832 进行试验结果的评价,应符合 5.1.4 的规定。

6.3.4 对照设计文件(或图纸)检查压面机使用材料、外购配套零部件的正确性,检查其质量合格证明书及材质报告,应符合 5.1.6 的规定。

6.4 装配要求检查

6.4.1 以塞尺、游标卡尺等常规量具测量压面宽度、压面厚度、两压面辊轴向平行度、两面刀刀刃相交尺寸,应符合 5.2 的规定。

6.4.2 以手感和目测检查紧固件的牢固性、电机连接的稳固性、调节机构的灵活性,应符合 5.2 的规定。

6.5 外观质量检查

用手感和目测检查压面机外表面、与食品直接接触的零部件表面、电镀件表面和涂覆表面的外观质量,应符合 5.3 的规定。

6.6 电气安全试验

6.6.1 接地电阻测量

按 GB 4706.1 和 SB/T 227 的规定测量接地电阻,应符合表 2 的规定。

6.6.2 泄漏电流测量

按 GB 4706.1 和 SB/T 227 的规定测量泄漏电流，应符合表 2 的规定。

6.6.3 电气强度试验

按 GB 4706.1 和 SB/T 227 的规定做电气强度试验，在试验期间不应出现击穿，应符合表 2 的规定。

6.7 生产能力测量

在额定工作条件下，单位时间内连续均匀地生产面条，观察并称取面条成品质量(kg)，测定压面所需时间(h)，计算生产能力，计算结果应符合表 1 的规定。

6.8 压面质量试验

在正常生产条件下，随机抽取压制的面制品，目测其薄厚偏差和破损情况，应符合 5.1.7 的规定。

6.9 工作噪声试验

在连续工作过程中，压面机的工作噪声按 GB/T 3768 规定的方法进行测量，其噪声值应不大于表 1 规定。

6.10 外壳防护等级试验

按 GB/T 4942.1 的规定进行外壳防护等级试验，分级结果应符合表 1 规定。

6.11 安全防护检查

检查压面机各安全防护和安全装置，其安全性能应符合 5.5 的规定。

6.12 平均无故障工作时间试验

压面机在总的使用阶段累计工作时间与故障数的比值。即在每两次相邻故障之间的工作时间的平均值，用 MTBF 表示，见式(1)：

$$\mathrm{MTBF} = t / N_{\mathrm{f}}(t) \qquad (1)$$

式中：

t ——压面机的工作时间，单位为小时(h)；

$N_{\mathrm{f}}(t)$ ——压面机在工作时间内的故障数，单位为次。

7 检验规则

7.1 总则

压面机应经过制造企业检验部门检验合格，并签发合格证后方可出厂。

7.2 检验分类

压面机检验分出厂检验和型式检验。

7.3 出厂检验

每台压面机均应进行出厂检验，检验项目见表 3。其中，有一项不合格不能出厂。

表 3 检验项目

序号	检验项目名称	检验类别		检验方法
		型式检验	出厂检验	
1	空运转试验	√	√	6.2
2	安全卫生检查	√	√	6.3
3	装配要求检查	√	√	6.4
4	外观质量检查	√	√	6.5
5	电气安全试验	√	√	6.6
6	生产能力测量	√	—	6.7
7	压面质量试验	√	—	6.8
8	工作噪声试验	√	—	6.9
9	外壳防护等级试验	√	—	6.10
10	安全防护检查	√	√	6.11
11	平均无故障工作时间试验	√	—	6.12
12	标牌检查	√	√	8.1
13	技术文件检查	√	√	8.2.5
注:"√"表示检验项目;"—"表示非检验项目。				

7.4 型式检验

7.4.1 有下列情况之一时,压面机应进行型式检验:

——正式生产后,如结构、材料、工艺有较大改变,可能影响产品性能时;

——停产 1 年以上再投产时;

——新产品或老产品转厂生产的试制定型鉴定时;

——国家质量监督部门提出进行型式试验的要求时;

——出厂检验结果与上次型式检验有较大差异时;

——正常生产时间满 1 年时。

7.4.2 压面机抽样及判定规则:从出厂检验合格的压面机中随机抽样,每次抽样 3 台。检验项目(见表 3)为本标准要求中的全部项目,全部项目合格则判型式检验合格;如有不合格项,应加倍抽样,对不合格项进行复检,复检再不合格,则判定型式检验不合格。其中,安全卫生不允许复检。

8 标志、包装、运输和贮存

8.1 标志

标志标牌应固定在压面机的明显位置,标牌应符合 GB/T 13306 的规定,标志应符合 SB/T 231 的规定,安全标志应符合 GB 2894 的规定。此外,标志还应标示下列内容:

——制造企业名称、地址和商标;

——产品名称和型号规格;

——主要技术参数;

——产品执行标准号(本标准编号);

——制造日期、出厂编号。

8.2 包装

8.2.1 压面机包装应符合 GB/T 13384 和 SB/T 229 的规定。

8.2.2 压面机外包装上除有 8.1 规定的标志外,还应标注有小心轻放、向上、防潮等储运标志,应符合 GB/T 191 的规定。

8.2.3 压面机应罩上塑料薄膜后装入包装箱内,压面机及附件在箱内应牢固固定,适合运输装卸的要求。

8.2.4 压面机包装箱应有可靠的防潮、防雨措施,并符合 GB/T 5048 的规定。

8.2.5 压面机包装箱内应有装箱单、产品合格证、产品使用说明书等技术文件以及必要的随机备件和工具。

8.3 运输

8.3.1 压面机运输时应小心轻放,防止雨淋。

8.3.2 压面机搬运时不允许碰撞,不应损坏产品。

8.3.3 压面机按包装箱上给定方向置于运输工具上。

8.4 贮存

8.4.1 压面机应贮存在通风、清洁、阴凉、干燥的场所,远离热源和污染源,不得与有害物品同仓混放。

8.4.2 在正常储运条件下,自出厂之日起应保证压面机在 12 个月内不致因包装不良引起锈蚀、霉损等。

ICS 67.050
X 04

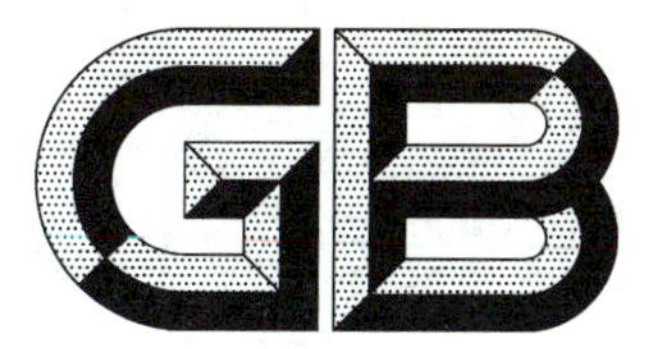

中华人民共和国国家标准

GB/T 30642—2014

食品抽样检验通用导则

General guidelines for food sampling inspection

2014-12-31 发布　　2015-05-01 实施

中华人民共和国国家质量监督检验检疫总局
中国国家标准化管理委员会　发布

前　言

本标准按照 GB/T 1.1—2009 给出的规则起草。

本标准由中国标准化研究院提出并归口。

本标准起草单位：中国标准化研究院、中国科学院数学与系统科学研究院、国家副食品质量监督检验中心、国家肉制品质量监督检验中心、国家粮油质量监督检验中心等。

本标准主要起草人：云振宇、刘文、朱荣、冯士雍、刘稼骏、焦烨、郭健、张瑶、马爱进、宁尚勇、段姗姗、孙昭、刘贞。

食品抽样检验通用导则

1 范围

本标准规定了食品抽样检验的一般原则与程序。

本标准适用于交付批的食品验收抽样检验及食品监督抽样检验。

本标准适用于质量特性均匀产品的控制,包括单位产品(分立个体产品)的不合格百分数、每百单位不合格数或平均值的控制,也包括散料平均值的控制。

本标准不适用于产品生产过程控制,不包括具体食品取样程序以及二次、多次和序贯抽样方案,不考虑与抽样误差相比测量误差不可忽略的同类产品控制和散料定性特性控制。

2 规范性引用文件

下列文件对于本文件的应用是必不可少的。凡是注日期的引用文件,仅注日期的版本适用于本文件。凡是不注日期的引用文件,其最新版本(包括所有的修改单)适用于本文件。

GB/T 2828.1—2012 计数抽样检验程序 第1部分:按接收质量限(AQL)检索的逐批检验抽样计划

GB/T 2828.2—2008 计数抽样检验程序 第2部分:按极限质量(LQ)检索的孤立批检验抽样方案

GB/T 2828.3—2008 计数抽样检验程序 第3部分:跳批抽样程序

GB/T 2828.4—2008 计数抽样检验程序 第4部分:声称质量水平的评定程序

GB/T 2828.11—2008 计数抽样检验程序 第11部分:小总体声称质量水平的评价程序

GB/T 3358.2 统计学词汇及符号 第2部分:应用统计

GB/T 6378.1—2008 计量抽样检验程序 第1部分:按接收质量限(AQL)检索的对单一质量特性和单个AQL的逐批检验的一次抽样方案

GB/T 6378.4—2008 计量抽样检验程序 第4部分:对均值的声称质量水平的评定程序

GB/T 8054—2008 计量标准型一次抽样检验程序及表

GB/T 10111—2008 随机数的产生及其在产品质量抽样检验中的应用程序

GB/T 13393—2008 验收抽样检验导则

GB/T 16306—2008 声称质量水平复检与复验的评定程序

GB/T 22555—2010 散料验收抽样检验程序和抽样方案

GB 29921—2013 食品安全国家标准 食品中致病菌限量

ISO 11648-1:2003 散料抽样的统计表述 第1部分:一般原则(Statistical aspects of sampling from bulk materials—Part 1:General principles)

3 术语和定义

GB/T 2828.1—2012、GB/T 2828.2—2008、GB/T 2828.4—2008、GB/T 3358.2、GB/T 6378.1—2008、GB/T 6378.4—2008 和 GB/T 13393—2008 界定的以及下列术语和定义适用于本文件。

3.1 抽样检验术语

3.1.1

单位产品/个体 item/ entity

能被单独描述和考虑的一个事物。

示例：一个分立的物品、预包装的一定量的散料。

3.1.2

总体 population

所研究单位产品/个体的全体。

3.1.3

批 lot

按抽样目的，在基本相同条件下组成的总体的一个确定部分。

注：例如，抽样目的可以是判定批的可接收性，或是估计某特定特性的均值。

3.1.4

孤立批 isolated lot

从一个批序列中分离出来的，不属于当前序列的批。

3.1.5

单批 unique lot

在特定条件下组成的，不属于常规序列的批。

3.1.6

抽样单元 sampling unit

将总体进行划分后的每一部分。

注1：抽样单元可以包含一个或多个个体/单位产品。但从一个抽样单元中只得到一个测试结果。

注2：抽样单元可由分立的个体组成或由一定量的散料组成。

3.1.7

样本 sample

由一个或多个抽样单元构成的总体的子集。

注：样本既可指构成抽样单元的具体物品、散料等，也可指这些抽样单元（或单位产品/个体）的某个特性值。在限定前一种含义时，样本中的每个抽样单元（或单位产品/个体）也称为“样品”。

3.1.8

样本量 sample size

样本中所包含的抽样单元的数目。

注：对散料抽样，样本量一般指试样或测试单元的总数，有时也指集样中份样的数量，或是每批中集样的数量，或是由每个集样得到的试样的数量。

3.1.9

抽样 sampling

抽取或组成样本的行动。

3.1.10

不合格 nonconformity

不符合规定的要求。

注：根据单位产品质量特性的重要性或质量特性不符合的严重程度，可将不合格分为：A类不合格、B类不合格和C类不合格。

3.1.11

不合格品　nonconforming item

有一项或多项不合格的单位产品。

3.1.12

100%检验　100% inspection

对所考虑的产品集合内每个单位产品被选定的特性都进行的检验。

3.1.13

抽样检验　sampling inspection

从所考虑的产品集合中抽取若干单位产品进行的检验。

3.1.14

验收抽样检验　acceptance sampling inspection

确定批或其他一定数量的产品是否可接收的抽样检验。

3.1.15

正常检验　normal inspection

没有理由认为过程质量水平与规定的质量水平不同时，所采用的检验。

注：仅限于 GB/T 2828.1—2012 和 GB/T 6378.1—2008。

3.1.16

放宽检验　reduced inspection

当预定批数的正常检验结果表明过程质量水平优于规定的质量水平时，所转移到的比正常检验严格度低的检验。

注：仅限于 GB/T 2828.1—2012 和 GB/T 6378.1—2008。

3.1.17

加严检验　tightened inspection

当预定批数的正常检验结果表明过程质量水平劣于规定的质量水平时，所转移到的比正常检验严格度高的检验。

注：仅限于 GB/T 2828.1—2012 和 GB/T 6378.1—2008。

3.1.18

抽样方案　sampling plan

所使用的样本量及相应的接收准则的组合。

3.1.19

抽样计划　sampling scheme

验收抽样方案与从一个抽样方案转为另一个抽样方案的转移规则的组合。

3.1.20

检验水平　inspection level

预先设定的、反映样本量和批量关系的、与验收抽样计划检验量有关的指数。

3.1.21

质量水平　quality level

用不合格品百分数或每百单位不合格数表示的质量状况。

3.1.22

接收概率　probability of acceptance

当使用一个给定的抽样方案时，具有特定质量水平的批或过程被接收的概率。

3.1.23

操作特性曲线　operating characteristic curve

OC 曲线　OC curve

对给定的抽样方案，表示批的接收概率与其质量水平之间关系的曲线。

3.1.24

使用方风险　consumer's risk

当质量水平为不满意值时，被抽样方案接收的概率。

注：质量水平可与不合格(不合格品)率有关，且与极限质量水平(LQL)比较是不满意的。

3.1.25

生产方风险　producer's risk

当质量水平为可接收时，不被抽样方案接收的概率。

注 1：质量水平可与不合格(不合格品)率有关，并且和接收质量限(AQL)比较是可接受的。

注 2：为解释生产方风险需已知所涉及的质量水平。

3.1.26

使用方风险点　consumer's risk point

操作特性曲线上，对应于预定的低接收概率的点。

注：该低接收概率称为"使用方风险"，由使用方风险点确定的相应的批质量称为"使用方风险质量"。

3.1.27

生产方风险点　producer's risk point

操作特性曲线上，对应于预定的高接收概率的点。

注：对生产方风险点的解释需要对所规定质量水平有所了解。

3.1.28

使用方风险质量　consumer's risk quality

对于抽样方案，与规定的使用方风险相对应的批的质量水平。

注：使用方风险一般规定为 10%。

3.1.29

生产方风险质量　producer's risk quality

对于抽样方案，与规定的生产方风险相对应的批的质量水平。

注 1：应规定操作特性曲线的类型。

注 2：生产方风险一般规定为 5%。

3.1.30

极限质量　limiting quality

在对孤立批进行抽样检验时，应将其限制在低接收概率的质量水平。

3.1.31

极限质量水平　limiting quality level

在对一系列连续批进行抽样检验时，应将其限制在低接收概率的不满意的过程平均质量水平。

3.1.32

接收质量限　acceptance quality limit

可容忍的最差质量水平。

注 1：本概念仅适用于如 GB/T 2828.1—2012 和 GB/T 6378.1—2008 带有转移规则和暂停规则的抽样计划。

注 2：虽然具有与接收质量限一样差的某些个别批，能以相当高的概率接收，但指定接收质量限并非暗示它是所需要的质量水平。

3.1.33

核查总体　audit population

被实施核查的单位产品的全体。

3.1.34

核查总体合格　audit population conformity

核查总体中的实际不合格品百分数小于或等于声称质量水平。

3.1.35

核查总体不合格　audit population nonconformity

核查总体中的实际不合格品百分数大于声称质量水平。

3.1.36

抽检合格　sampling inspection passed

样本中包含的不合格品数 d 小于或等于不合格品限定数 L。

3.1.37

抽检不合格　sampling inspection failed

样本中包含的不合格品数 d 大于不合格品限定数 L。

3.1.38

复验　repeat test

对原样品进行重复性或再现性的测试。

3.1.39

复检　repeat inspection

在原核查总体中再次抽取样本进行检验,决定核查总体是否合格。

注:复检和复验统称为复查。

3.1.40

质量比　quality ratio

核查总体的实际质量水平与声称质量水平的比值。

3.1.41

极限质量比　limiting quality ratio

将错误判定核查总体抽检合格的风险限定在某一较小值(本标准中规定为10%)时的质量比的值。

3.1.42

极限质量比水平　limiting quality ratio level

极限质量比的等级。

3.1.43

声称质量水平　declared quality level

核查总体中允许的不合格品百分数的上限值。

3.1.44

声称质量水平上限　upper limit of declared quality level

核查总体质量水平允许的上限值。

3.1.45

声称质量水平下限　lower limit of declared quality level

核查总体质量水平允许的下限值。

3.1.46

限定值　limiting value

基于声称质量水平,质量统计量允许的最小值。

3.2 计数抽样检验术语

3.2.1

计数抽样检验 sampling inspection by attributes

根据观测到的样本中各单位产品是否具有一个或多个规定的质量特征，从统计上判定批可接收性的抽样检验。

3.2.2

（样本）不合格品百分数 percent nonconforming (in a sample)

样本中的不合格品数除以样本量再乘以100，即：$d/n\times100$，式中，d 为样本中的不合格品数，n 为样本量。

3.2.3

（总体或批）不合格品百分数 percent nonconforming (in a population or lot)

总体或批中的不合格品数除以总体量或批量再乘以100，即：$100p=D/N\times100$，式中，p 为不合格品率，D 为总体或批中的不合格品数，N 为总体量或批量。

3.2.4

（样本）每百单位产品不合格数 nonconformities per 100 items (in a sample)

样本中不合格数除以样本量再乘以100，即：$d/n\times100$，式中，d 为样本中的不合格数，n 为样本量。

3.2.5

（总体或批）每百单位产品不合格数 nonconformities per 100 items (in a population or lot)

总体或批中的不合格数除以总体量或批量再乘以100，即：$100p=D/N\times100$，式中，p 为每单位产品不合格数，D 为总体或批中不合格数，N 为总体量或批量。

注：一个单位产品可能包含一个或一个以上的不合格。

3.2.6

拒收数 rejection number

计数抽样检验方案中给定的，不接收该批所要求的样本中不合格或不合格品最小数目。

3.2.7

接收数 acceptance number

计数抽样检验方案中给定的，接收该批所允许的样本中不合格或不合格品的最大数目。

3.3 计量抽样检验术语

3.3.1

计量抽样检验 sampling inspection by variables

根据来自批的样本中的各单位产品的规定质量特性测量值，从统计上判定批可接收性的抽样检验。

3.3.2

σ 法 sigma method

使用过程标准差假定值的计量抽样检验。

3.3.3

s 法 *s* method

使用样本标准差的计量抽样检验。

3.3.4

规范限 specification limit

对质量特性规定的合格界限值。

3.3.5

下规范限 lower specification limit

对单位产品或服务规定的合格下界的规范限。

3.3.6

上规范限 upper specification limit

对单位产品或服务规定的合格上界的规范限。

3.3.7

质量统计量 quality statistic

规范限、样本均值和样本标准差的函数,用于评定批的接收性。

注:对于单侧规范限,批的可接收性通过比较质量特性 Q 与接收常数 k 来判定。

3.3.8

下质量统计量 lower quality statistic

下规范限、样本均值和样本(或过程)标准差的函数。

注:对于单侧下规范限,批的可接收性通过比较下质量统计量 Q_L 与接收常数 k 来判定。

3.3.9

上质量统计量 upper quality statistic

上规范限、样本均值和样本(或过程)标准差的函数。

注:对于单侧上规范限,批的可接收性通过比较上质量统计量 Q_U 与接收常数 k 来判定。

3.3.10

接收常数 acceptability constant

计量抽样方案中,依赖于规定的接收质量限和样本量的用在批接收准则中的常数。

3.3.11

接收值 acceptance value

在计量抽样方案中,样本均值满足接收常数的限定值。

3.4 散料抽样检验术语

3.4.1

散料 bulk materials

其组成部分在宏观水平上难以区分的材料。

注1:散料批指所考察的散料总体中,用以对特定特性进行测定的确定部分。

注2:在商业上,散料一般只涉及一个批,在此情形,批即为总体。

3.4.2

份样 increment

用抽样装置一次抽取的一定量的散料。

注1:份样的采集位置、定界及抽取应使散料批中的所有部分被抽到的概率都相等。

注2:抽样常通过若干相继阶段来完成。此时有必要区分在第一阶段从批中抽取的初级(一级)份样与第二阶段从初级份样中抽取的次级(二级)份样,依次类推。第二阶段及以后各阶段抽样称为样本缩分。

3.4.3

集样 composite sample

从批中按抽样规则抽取的两个或以上份样的集合。

3.4.4

试样 test sample

制备所得的可用于一次或数次测试或分析的样本。

3.4.5

样本制备　sample preparation

将样本转化为试样的一组必要操作。

示例：样本的粉碎、混合及缩分。

注：对颗粒材料，样本缩分的每一操作都是下一样本制备阶段的开始，因此样本制备的阶段数等于缩分的步骤数。

3.4.6

测试份量　test portion

用于一次测试或分析的试样部分。

4　符号与缩略语

下列符号与缩略语适用于本文件。

Ac——接收数。

AQL——接收质量限。

CRQ——使用方风险质量。

d——样本中的不合格品数或不合格数。

d_I——份样间的相对标准差。

d_T——试样相对标准差。

D——鉴别区间长度。

DQL——声称质量水平。

DQL_U——声称质量水平上限。

DQL_L——声称质量水平下限。

L——不合格品限定数，下规范限。

LQ——极限质量。

LQR——极限质量比。

k——接收常数，限定值。

m——批平均值。

m_A——批平均值的接收质量限。

m_R——批平均值的不接收质量限。

N——批量，核查总体量。

n——样本量。

n_I——每个集样中的份样数。

n_M——每个试样中的测量值数。

n_T——每个集样中的试样数。

p——批质量水平，核查总体的实际质量水平。

Pa——接收概率，核查总体判为抽检合格的概率。

PRQ——生产方风险质量。

Q——质量统计量 。

Q_L——下质量统计量。

Q_U——上质量统计量。

QR——质量比。

Re——拒收数。

R_C——费用比率。

$S(s)$——样本标准差。

s_C——集样标准差。

s_M——测量标准差。

s_T——试样标准差。

U——上规范限。

$X_i(x_i)$——第 i 个样本产品的质量特性值。

$\overline{X}(\bar{x})$——样本均值。

α——生产方风险,第一类错误概率(错判风险)。

β——使用方风险,第二类错误概率(漏判风险)。

δ——极限区间常数。

Δ——上、下接收质量限间的距离。

μ——总体均值,过程平均。

σ——总体标准差,过程标准差。

σ_C——集样标准差。

σ_M——测量标准差。

σ_T——试样标准差。

5 食品抽样检验一般原则

5.1 抽样检验基本概念与原理

5.1.1 抽样检验

抽样检验是相对于100%检验而言的,它是从所考虑的产品集合(如批或过程)中抽取若干单位产品(如分立产品)或一定数量的物质和材料(如散料)进行检验,以此来判定所考虑的产品集合的接收与否,即作出接收或不接收的判定。

5.1.2 抽样检验分类

抽样检验可分成许多不同的类型。按照统计抽样检验的目的,可分为预防性抽样检验、验收抽样检验和监督抽样检验。预防性抽样检验用于生产过程质量控制,验收抽样检验用于产品的出厂验收和交付验收,监督抽样检验用于第三方监督核查。

按检验判别中质量特性的使用方式,可划分为计数抽样检验和计量抽样检验。计数抽样检验判别依据是不合格品数和不合格数,计量抽样检验判别依据是质量特性的平均值。

按抽样检验时抽取样本的次数可分为一次抽样检验、二次抽样检验、多次抽样检验以及序贯抽样检验;按连续批抽样检验过程中方案是否可调整,又可将抽样检验分为调整型抽样检验和非调整型抽样检验等。

5.1.3 计数抽样检验与计量抽样检验

计数抽样检验是按照规定的质量标准,把单位产品简单地划分为合格品或不合格品,或者只计算缺陷数,然后根据样本中不合格品的计数值对批进行判定的一种检验方法。计量抽样检验是对单位产品的质量特征,应用某种与之对应的连续量(例如:重量、长度等)实际测量,然后根据统计计算结果(例如:均值、标准差或其他统计量等)是否符合规定的接收判定值或接收准则,从而对批进行判定的抽样检验。

计数抽样检验以批量、检验水平和质量水平作为检索要素,得到样本量和接收数,然后比较不合格品数来判定批的接收性。计量抽样检验以批量、检验水平和质量水平作为检索要素,得到样本量和接收常数，从而得到接收限，然后比较接收限与样本特性均值来判定批的接收性。

5.1.4 抽样方案

对于计数抽样检验，抽样方案一般表示为(n，Ac，Re)。其中 n 为样本量，Ac 为接收数，Re 为拒收数。以一次抽样方案为例：如果样本中的不合格品(或不合格)数 d 小于或等于接收数 Ac 时，接收该批；若 d 大于或等于拒收数 Re 时，则不接收该批。

对于计量抽样检验，抽样方案由样本量 n 和接收常数 k 组成。根据质量特性规范限的不同可分为上规范限情形、下规范限情形以及双侧规范限情形。以双侧规范限且标准差已知为例：当 $Q_U > k$ 且 $Q_L > k$ 时则接收批；当 $Q_U \leqslant k$ 或 $Q_L \leqslant k$ 时，则拒收批；其中 $Q_U = \dfrac{\mu_U - \bar{x}}{\sigma}$，$Q_L = \dfrac{\bar{x} - \mu_L}{\sigma}$，$\bar{x}$ 为质量特性样本平均值，μ_U 为上规范限，μ_L 为下规范限，σ 为已知标准差。当标准差未知时，$Q_U = \dfrac{\mu_U - \bar{x}}{s}$，$Q_L = \dfrac{\bar{x} - \mu_L}{s}$，判定准则与标准差已知时类似。

5.1.5 一次标准型抽样方案

标准型抽样检验方案的生产方风险 α 与使用方风险 β 是固定的，通常取 $\alpha=5\%$，$\beta=10\%$。一次标准型抽样检验是按照确定的规则，基于预先确定的样本量一次抽取单个样本，并根据所得的检验结果即可作出接收性判定的抽样检验。例如计数一次抽样检验方案一般有样本量 n，接收数 Ac，在实施时，从批中随机抽取 n 个单位产品进行检验，如果样本中的不合格品(或不合格)数 d 小于或等于接收数 Ac 时，接收该批；若 d 大于或等于拒收数 Re=Ac+1 时，则不接收该批。

5.1.6 抽样检验方案的特性

5.1.6.1 操作特性曲线(OC 曲线)

采用验收抽样检验会带来生产方风险和使用方风险，但双方风险可以计算。OC 曲线表示批的接收概率与其质量水平之间的关系，其横坐标表示批质量，纵坐标表示使用该抽样检验方案时，相应于给定质量水平批被接收的概率。利用抽样方案的 OC 曲线，当已知批质量时可读出批被接收的概率。对于某一规定的好质量，生产方要求以高概率接收，这个好质量称为生产方风险质量(PRQ)，相应的不接收概率即为生产方风险；另一方面，对于某一规定的劣质量，使用方要求以低概率接收，这个劣质量称为使用方风险质量(CRQ)，相应的接收概率即为使用方风险，见图 1。

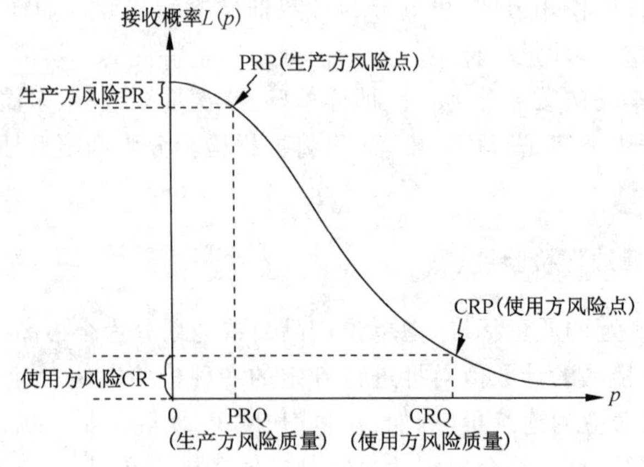

图 1 抽样检验方案操作特性曲线(OC 曲线)

5.1.6.2 PRQ 和 CRQ 值的选取

a) PRQ 的选取

指定 PRQ 时应考虑如下因素：

1) 要求供方的批平均质量(或批质量)不劣于 PRQ，而且此质量是可达到的；对于采购方，PRQ 是一个合理的质量，是满足要求与能够买得起之间的折衷。
2) 如果需要的产品很容易买到，不合格品可用合格品替换，PRQ 值可适当大些，反之，一个不合格品可能引起设备上的某一重要构件失效，又不能用合格品替换时应使用较小的 PRQ。
3) 通过分析以往数据来估计过程平均，将此估计值或略小于它的某个数值定为 PRQ。
4) 当给定 PRQ 时，如果所选抽样方案的 OC 曲线的尾部不能满足使用方的要求，则需指定某个更严格的 PRQ。
5) 不一定总是先选定 PRQ 再做其他选择。必要时可采用"反推"方法，按其他准则选定一个抽样方案，然后通过抽样方案表反推出所需的 PRQ 值。使用反推法时，宜考虑 OC 曲线上某个接收概率低的重要的点，或考虑其他的经济准则。
6) 把类似产品的某个已知的满意质量水平(或质量)定为 PRQ。
7) 暂时指定一个 PRQ，然后根据使用情况和经验进行调整。
8) 建立一个费用模型，选择 PRQ 使总费用最小。

b) CRQ 的选取

CRQ 是为了抽样检验的目的，限制在某一低接收概率的质量水平。指定 CRQ 的方法与指定 PRQ 的方法类似。

5.1.7 调整型抽样检验

调整型抽样检验是利用随机抽样，使用预先确定的改变样本量和抽样频率的规则，可以从统计角度量化的抽样检验，这种抽样往往基于对产品和过程的了解，以及生产方和使用方的要求。

如果产品质量很好时，可依据一组转移规则，从正常抽样检验转移到放宽抽样检验。放宽抽样检验可以减少样本量，但生产方风险减小而使用方风险增加。如果过程平均一致地优于规定的接收质量限(AQL)，则采取放宽抽样检验方案是合理的。当至少有 10 个批的过程平均质量水平远远小于 AQL 时，可以采取跳批抽样程序(见 GB/T 2828.3—2008)，较 GB/T 2828.1—2012 中所述的放宽抽样检验方案更经济。

涉及常规产品非关键质量特性检验时，一些使用方倾向于采用小样本量检验，样本中有零个不合格产品时就接收该批。例如，抽样方案的样本量为 8，接收数为 0 等价于 AQL 为 1.5(%)的正常检验或 AQL 为 0.65(%)放宽检验的抽样方案。

采用正常检验时，连续 5 批或少于 5 批中有两批不被接收，则转移到使用加严抽样检验方案。一旦采用加严检验，直到有连续 5 批被接收时才恢复正常检验。这种严格的要求是有意的，因为一旦发现了不可接收的质量水平，就有理由怀疑生产过程的质量。采用加严检验时，如果不接收批的累计数达到 5 批，抽样检验将被停止，直到有证据证明采取了有效的纠正措施后，才能恢复抽样检验。

5.2 抽样方案选择

5.2.1 抽样方案选择因素

使用者选择适当的抽样方案时，应考虑以下因素：

a) 抽样检验目的；

b） 要控制的质量特性及其类别；

c） 批的特性。

5.2.2 抽样检验目的

在食品抽样中对适用的抽样标准的选用及抽样方案的选择首先取决于抽样的目的。验收抽样检验的目的是检验生产方提交的批质量水平是否处于或优于相互认可的质量水平。通过按一定的抽样方案在提交批中抽取样本，根据样本检验的结果对批接收性，即接收或不接收批作出判定。验收抽样程序仅用作检验交验批的样本后交付产品的实际规则。因此这些程序不明确涉及任何形式上的声称质量水平。当抽样目的是核查产品的实际质量水平是否符合声称质量水平时需要使用核查抽样，即用于评定某一总体（批或过程等）的质量水平是否符合某一声称质量水平。

5.2.3 要控制的质量特性及其类别

5.2.3.1 质量特性

质量特性即为一种有助于识别或区分给定批中产品的性质。特性可以是定量的（某个明确的测量数/被测数量），也可以是定性的。

——定性特性：用合格/不合格或类似基准度量的特性，例如，单位产品的合格与否、某种病原微生物的数量；

——定量特性：可用连续尺度度量的特性，例如，某种成分特性。

5.2.3.2 计量和计数选择

若检验的质量特性是不可测量的，或是可测量的但质量特性不符合正态分布（或近似正态分布），则用计数抽样；若质量特性可测量且符合正态分布（或近似正态分布），则用计量抽样。如，检验水果外表缺陷不可测量，用计数抽样。具体可参见附录 A。

计量抽样检验与计数抽样检验的选择，应考虑如下因素：

a） 费用因素：在相同的 AQL 下，计数抽样检验所需样本量较大，单位产品检验费用更高、更耗时；而相应的计量抽样检验所需样本量较小，费用更低。

b） 信息因素：计数抽样检验不能较充分利用样本所提供的产品质量优劣程度信息，功效不如计量抽样检验。

c） 便利因素：计数抽样检验不需要复杂计算，使用方便，易于理解和接受。

d） 配套因素：计量抽样检验更适合与计量型控制图联合使用。

5.2.4 批的特性

按照批的特性可分为连续批、孤立批以及散料，分别适用于连续批抽样、孤立批抽样以及散料抽样。

5.3 样本抽取及构成

样本抽取的原则是所抽取的样本分布具有能代表总体的分布的特性，为此目的，只要有可能都应该使用随机抽样程序。

对由单位产品组成的总体（批），可根据具体情况按 GB/T 10111—2008 采用简单随机抽样、系统抽样或分层随机抽样。

散料的样本抽取及构成程序见第 8 章。

5.4 抽样报告

每次的抽样行为都要按照要求起草抽样报告，特别是要指出抽样的原因、样本的来源、抽样的方法和抽样的时间和地点，加上任何有助于分析的附加信息（如传送时间或条件）。样本，特别是试验的样本要清楚鉴别。

在违背推荐使用的抽样程序的任何一种情况下（必要的时候，不管由于何种原因违背推荐使用的程序），则抽样报告应附加详细描述实际采取的抽样程序的报告。在此情形下，不应得出任何结果，结果亦由负责部门给出。

5.5 抽样费用

使用者关注抽样方案的功效与样本量的关系。对给定的接收质量限 AQL，越少的样本量意味着越低的抽样费用。但是差的效率就导致批被错误接收的风险增加和更多的贸易损失。同时，样本量给定（样本量可通过费用确定）的情况下，抽样方案功效的提高要求选择低 AQL 值的方案。序贯或多次抽样方案可用更少的样本量，排除质量差的批，减少抽样费用。

6 计数抽样检验程序

6.1 计数抽样检验概述

计数抽样检验适用于由单位产品组成的批的验收抽样，及对批质量水平是否符合某一声称质量水平的评定。每个单位产品在检验时可按其所考察的质量特性评定为合格品或不合格品，或对其存在的不合格数进行记录。批的质量水平由不合格品百分数或每百单位产品不合格数表示。

计数抽样检验程序应用 GB/T 2828 系列标准。其中连续批抽样检验按 GB/T 2828.1—2012，孤立批或单批抽样检验按 GB/T 2828.2—2008，而对声称质量水平评定的计数抽样检验则按 GB/T 2828.4—2008或 GB/T 2828.11—2008。微生物检验中用到的二级或三级计数抽样检验按 6.5 执行。

6.2 计数连续批抽样检验

6.2.1 一般程序

计数连续批抽样检验方案按批量、检验水平和接收质量限（AQL）检索。抽样目的是通过批不接收使生产方将过程平均质量水平至少保持在和规定的接收质量限一样好。

连续批抽样检验应用 GB/T 2828.1—2012，这个系列批的最小批数应至少为 10。

抽样检验的一般程序为：

a） 批的组成

批的组成和批量应根据交验批的实际情况确定并经负责部门批准。

b） 设定接收质量限（AQL）

AQL 应体现生产方与使用方双方认可的质量水平，原则上由双方协商或负责部门指定。可以给不合格组或单个的不合格指定不同的 AQL。

当以不合格品百分数表示质量水平时，AQL 值应不超过 10（%）。当以每百单位产品不合格数表示质量水平时，可使用的 AQL 值每百单位产品不合格数最高可达 1000。

GB/T 2828.1—2012 中的表 A 系列中给出的 AQL 值称为优先的 AQL 系列，原则上应指定 AQL 系列中的值。

c） 给定检验水平

检验水平应用 GB/T 2828.1—2012 中的表 1 中列出的一般检验水平 Ⅰ、Ⅱ 和 Ⅲ 等 3 个检验水平，除非另有规定，应使用一般检验水平 Ⅱ。此外在 GB/T 2828.1—2012 中的表 1 中还给出了另外 4 个特殊检验水平 S-1、S-2、S-3 和 S-4，可用于样本量应相对地小且能容许较大抽样风险的情形。

d) 确定样本量字码

在给定检验水平后,由批量以及检验水平在 GB/T 2828.1—2012 中的表 1 中查得样本量字码。

e) 检索抽样方案

由样本量字码以及给定的 AQL,在 GB/T 2828.1—2012 中的表 2-A 中查得一次正常检验的样本量 n 以及对应相应 AQL 的接受数 Ac,即抽样方案为(n,Ac)。

f) 对批接收性的判定

对每个样本产品进行检验后,若样本不合格品数 $d \leqslant \mathrm{Ac}$,则接收该批;若 $d \geqslant \mathrm{Ac}+1=\mathrm{Re}$,不接收该批,其中 Re 为拒收数。

g) 不同检验严格度的转移

检验的严格度有正常、加严和放宽三种。检验应由正常检验开始。若产品质量满意,符合从正常到放宽检验的转移,经负责部门同意,可从正常转移至放宽。不同检验严格度的具体转移规则参见 GB/T 2828.1—2012 的相关部分。

6.2.2 示例

检验批量是 90 的预包装速冻豌豆的质量,每袋速冻豌豆的不合格标准为袋中不合格豌豆(金色豌豆或有疤痕豌豆)数量多于 15%(质量分数)。采用的 AQL 为 1.0(%),使用一般检验水平Ⅱ。从 GB/T 2828.1—2012 中的表 1 中查得对应的样本量字码为 E,从表 2-A 中查得正常检验的一次抽样方案样本量 $n=13$,对应 AQL 为 1.0(%)的接收数为 Ac=0(样本中可接收的不合格袋的最大数),拒收数为 Re=1(不接收批时样本中不合格袋的最小数)。对样本检验的结果为:

——如果在含有 13 袋的样本中不合格袋的数量等于 0 时接收该批;

——如果在含有 13 袋的样本中不合格袋的数量大于或等于 1 时不接收该批。

6.3 计数孤立批抽样检验

6.3.1 一般程序

计数孤立批或单批抽样检验方案按批量、检验水平和极限质量(LQ)检索,应用 GB/T 2828.2—2008。GB/T 2828.2—2008 提供了模式 A 和模式 B 两种抽样方案。

6.3.2 模式 A

此程序用于生产方和使用方都认为批处于孤立状态。除非有说明要使用模式 B,否则就用模式 A。模式 A 的一般程序:

a) 给定极限质量 LQ

LQ 应体现生产方与使用方双方认可的质量水平,原则上由双方协商决定。与 AQL 不同,极限质量 LQ 不能为使用方提供其接收批真实质量的可靠指导。为此,极限质量实际上宜选为最小 3 倍于所期望的质量。

b) 检索抽样方案

用指定的批量和极限质量作为检索值,查 GB/T 2828.2—2008 中的表 1 查得一次正常检验的抽样方案(n,Ac)。

c) 对批接收性的判定

样本不合格品数 $d \leqslant \mathrm{Ac}$,接收该批;否则不接收该批。

6.3.3 模式 B

此程序用于生产方认为该批是连续系列中的某批,而使用方认为该批处于孤立状态。此模式考虑生产方对许多使用方均保持一致的生产过程而任一使用方都只关系某特定批。

模式B的一般程序：

a) 给定检验水平

与模式A不同，模式B需要检验水平。除非另有规定，应使用检验水平Ⅱ。

b) 确定样本量字码

在给定检验水平后，由批量以及检验水平在GB/T 2828.1—2012中的表1或GB/T 2828.2—2008中的表20查得样本量字码。

c) 给定极限质量LQ

模式B中LQ的确定与模式A相同。

d) 检索抽样方案

用给定的LQ从GB/T 2828.2—2008中的表10～表19中选择合适的表。从每个表中，用规定的批量和检验水平检索出适用的抽样方案（n，Ac）。

e) 对批接收性的判定

样本不合格品数 $d \leqslant \mathrm{Ac}$，接收该批；否则不接收该批。

6.3.4 示例

一家超市欲进一批包装酸奶，20包为一盒，允许1%的盒中酸奶容量不足，但不愿接受过高的不合格率的风险，计划购买5 000盒。

若双方同意使用模式A，规定极限质量为3.15(%)，对于批量为5 000，从GB/T 2828.2—2008中的表1中选取的抽样方案为$n=200$，Ac=3。

若双方同意使用模式B，规定极限质量仍为3.15(%)，一般检验水平Ⅲ，对于批量5 000查GB/T 2828.2—2008中的表20知样本量字码为M，然后由相应的GB/T 2828.2—2008中的表14得到新的抽样方案变为$n=315$，Ac=5。

若不合格品数为4，则使用模式A，批不被接收；使用模式B，批被接收。

6.4 声称质量水平评定的计数抽样检验

6.4.1 一般程序

声称质量水平评定的计数抽样检验用于核查某产品总体是否符合声称的质量水平。

GB/T 2828.4—2008给出了用于评价批或过程质量水平是否符合声称质量水平的抽样方案和程序。其设计的抽样方案当实际质量水平优于声称质量水平时，判抽查不合格的风险小于5%；当实际质量水平劣于声称质量水平，且当实际质量水平为该声称质量水平的LQR倍时，有10%的风险判定抽检合格（相当于判定抽检不合格的概率为90%）。GB/T 2828.4—2008适用于较大总体，总体量应大于250。

对声称质量水平的评定，当总体量小于250时，应用GB/T 2828.11—2008，其程序与GB/T 2828.4—2008相同。

该抽样检验的一般程序为：

a) 确定核查总体和单位产品质量特性的要求

根据核查需要确定核查总体。对单位产品的技术、安全、卫生指标等需核查的质量特性需作出明确的规定。

b) 规定声称质量水平DQL和极限质量比LQR水平

由受检方自行申报声称质量水平或由负责部门根据核查需要规定DQL。当受检方自行申报DQL时，所申报的DQL应有正当的根据，不得故意夸大或低报；由负责部门根据核查需要规定声称质量水平时，若验收抽样时已规定了 AQL 值，则规定的 DQL 值应不小于该 AQL 值。

在 GB/T 2828.4—2008 中的表 1 中给出了四个 LQR 水平，LQR 水平越高，所需的样本量越大，检验的功效越高；负责部门应根据所能承受的样本量和检验的功效两个因素规定 LQR 水平。

c) 检索抽样方案

应根据 DQL 和 LQR 水平从 GB/T 2828.4—2008 中的表 1 抽样方案主表中查取抽样方案。经负责部门指定或批准，对某一指定的 DQL，可使用样本量较大的抽样方案来代替样本量较小的抽样方案。

d) 对核查结果的判定

若在样本中发现的不合格品数 d 小于或等于不合格品限定数 L，即抽检合格时，可认定为通过核查。若在样本中发现的不合格品数 d 大于不合格品限定数 L，即抽检不合格时，可认定为该核查总体不合格。

e) 复查

若受核查方对判定结果有异议可申请复查。复检抽样方案按 GB/T 16306—2008 执行。

6.4.2 示例

政府食品管理部门决定对某类食品进行市场调查以便及时掌握产品质量动态。假定前一年该类食品的抽样不合格率在 1%左右，管理部门认为，如果此次调查的不合格率在 0.65%以下，则此类食品质量状况好转。

管理部门决定使用 GB/T 2828.4—2008 中规定的抽样方案来做此次评价，并选取声称质量水平 DQL 为 0.65(%)，并希望在食品质量未有所好转的情况下，作出肯定评价的概率很小。因此选取了 LQR 水平Ⅲ。检索 GB/T 2828.4—2008 中的表 1 知，应该选取样本量为 200 的样本中不超过 3 个不合格品的抽样方案。

如果随机抽取 200 个该类食品样品，发现了 2 个不合格。则基于这 200 个样品可作出未发现产品不合格品率劣于 0.65%的结论。GB/T 2828.4—2008 中的表 5 表明，此方案当实际不合格率达到 0.65%时，判为抽查不合格的风险为 4.3%，而当实际不合格率达到 5.09%时，判为抽查合格的风险为 10%。

6.5 微生物的二级和三级计数抽样检验

6.5.1 一般原则

用于微生物评定的二级和三级计数抽样是相对简单的抽样检验程序，此程序不以批的质量水平来检索抽样方案，而是考虑微生物的类型及其危害性来选取抽样方案。此程序适用于当可获得的有关该批微生物含量的历史信息非常少的情形，如常规的检验、进出口检验以及一些面向使用方的场合。

6.5.2 二级计数抽样

二级计数抽样方案由样本量 n 和单位产品所容许的最大微生物含量 m 确定。

二级计数抽样程序如下：

a) 设定样本量 n 和最多可允许的不合格品数 c

n 和 c 的设定应考虑微生物的类型以及危害的严重性，可参见表 1。

预包装食品中致病菌检验的二级抽样方案见 GB 29921—2013 中的表 1。

表 1 微生物二级和三级计数抽样方案分类(依据关注度和危害程度变化)

微生物种类	关注度	危害降低	危害不变	危害增加
嗜氧微生物、嗜冷菌、乳酸菌、酵母菌、霉菌(产毒素除外)、大肠菌群等	无直接的健康危害 (货架期内腐败菌)	$n=5$, $c=3$	$n=5$, $c=2$	$n=5$, $c=1$
	低的非直接健康危害 (指示菌)	$n=5$, $c=3$	$n=5$, $c=2$	$n=5$, $c=1$
	中等直接健康危害 (有限扩散)	$n=5$, $c=2$	$n=5$, $c=1$	$n=10$, $c=1$
致病性大肠杆菌、沙门氏菌、志贺氏(杆)菌、肉毒杆菌、单核细胞增生李斯特菌等	中等直接健康危害 (有潜在广泛繁殖可能)	$n=5$, $c=0$	$n=10$, $c=0$	$n=20$, $c=0$
	严重的直接健康危害	$n=15$, $c=0$	$n=30$, $c=0$	$n=60$, $c=0$

b) 设定单位产品所允许的最大微生物含量 m

若任一单位产品的微生物含量超过 m 则被认为不合格。

c) 接收性的判定

不合格品数小于或等于 c,则接收该批;否则不接收。

6.5.3 三级计数抽样

三级计数抽样方案,同时规定任意单位产品都不容许超过的最大微生物含量 M,以及一定程度上可以接受的微生物含量 m,即,微生物含量介于 m 和 M 之间的为临界不合格品。

三级计数抽样程序:

a) 设定样本量 n 和最多可允许的不合格品数 c

n 和 c 的设定应考虑微生物的类型以及危害的严重性,可参见表 1。

预包装食品致病菌检验的三级抽样方案见 GB 29921—2013 中的表 1。

b) 设定单位产品所允许的最大微生物含量 M 和可以接受的微生物含量 m

M 值的选取应该考虑产品可用性、一般的卫生指标、危害健康的程度等因素。

c) 判定

若临界不合格品数小于或等于 c,且没有任一样本产品的微生物含量大于 M,则接收该批;否则,若有任一样本产品的微生物含量大于 M 或临界不合格品数大于 c,则立即不接收该批。

6.5.4 示例

示例 1:二级计数抽样检验示例:鲜鱼中沙门氏菌的检验

鲜鱼中的沙门氏菌被认为具有中等直接危害健康,有潜在扩散的可能,并且危害可能随着食用前的加热处理即降低,参考表 1,设定样本量(n)为 5,样本中容许沙门氏菌含量超标(即检测到沙门氏菌)的单位产品数(c)为 0,每单位产品所容许的最大沙门氏菌的含量(m)为 0 CFU/25g。

样本检测结果如没有发现一个产品含有沙门氏菌则接收该批;否则不接收该批。

样本检测结果如有一个样本监测到沙门氏菌,即其沙门氏菌含量超过 m,则不接收该批。

示例 2:三级计数抽样检验示例:新鲜蔬菜中嗜氧微生物的检验

考虑到新鲜蔬菜上的嗜氧微生物没有直接健康危害且危害程度不变,根据表 1,设定样本中的单位产品数 n 为 5,样本中最多允许嗜氧微生物含量介于 m 和 M 之间的单位产品数 c 为 2。同时设定 $m=1\times10^6$ CFU/g,$M=5\times10^7$ CFU/g。

如果样本中没有发现一个产品嗜氧微生物含量超过 M 且嗜氧微生物含量介于 m 和 M 之间的产品

数不大于 c，则接收该批。

样本检测结果为：$X_1=2\times10^7$，$X_2=2\times10^5$，$X_3=2\times10^7$，$X_4=3\times10^5$，$X_5=2\times10^6$，则样本中 3 个产品的嗜氧微生物含量全部介于 m 和 M 之间，此数大于 c 的值 2，故不接收该批。

7 计量抽样检验程序

7.1 计量抽样检验概述

计量抽样检验包括连续批计量检验验收抽样和声称质量水平评定的计量抽样，前者应用 GB/T 6378.1—2008，后者应用 GB/T 6378.4—2008。计量抽样要求质量特性值服从正态分布，批的质量水平一般用质量特性的平均值表示。计量检验抽样分为 s 法和 σ 法。σ 法适用总体（批）标准差已知的情况，s 法适用总体（批）标准差未知需要从样本标准差估计的情况。

7.2 计量连续批抽样检验

7.2.1 一般程序

连续批计量抽样检验程序按接收质量限 AQL 检索，适用于分立产品的连续批的计量抽样检验。

7.2.2 s 法

对于总体（批）标准差未知需要从样本标准差估计的情形，适用 s 法。s 法检验程序如下：

a） 给定检验水平和接收质量限（AQL）

检验水平和接收质量限的给定与计数检验抽样中相同。

b） 检索样本量字码

根据给定的检验水平（通常为一般检验水平Ⅱ）和批量，从 GB/T 6378.1—2008 中的表 A.1 检索样本量字码。

c） 检索样本量 n 和接收常数 k

对于单侧规范限用字码和 AQL 从 GB/T 6378.1—2008 中的表 B.1、表 B.2 或表 B.3 中查出样本量 n 和接收常数 k；对于联合双侧规范限，当样本量为 5 及以上时，在 GB/T 6378.1—2008 中的图表 s-D 到 s-R 之中查找合适的接收曲线。

d） 抽样并测试样本

随机抽取样本量为 n 的样本，测量每个样本产品的特性值 x，然后计算样本均值 $\bar{x}$，并且计算样本标准差 s。

e） 接收准则

1） 单侧规范限的接收准则

计算质量统计量 $Q_U=\dfrac{U-\bar{x}}{s}$ 或 $Q=\dfrac{\bar{x}-L}{s}$，然后比较计算出的 Q_L 或 Q_U 与接收常数 k。

如果统计量大于或等于接收常数，则接收该批；否则，不接收该批。即：

如果仅规定了上规范限 U，当 $Q_U\geqslant k$ 时，则接收该批，当 $Q_U<k$ 时，则不接收该批。

如果仅规定了下规范限 L，当 $Q_L\geqslant k$ 时，则接收该批，当 $Q_L<k$ 时，则不接收该批。

2） 双侧规范限的接收准则

双侧规范限情形下的程序同时规定了上下侧规范限，其采用超出上侧和下侧规范限的总的 AQL。具体接收准则参见 GB/T 6378.1—2008 的相关内容。

7.2.3 σ 法

总体(批)标准差已知的情形,适用σ法。σ法的检验程序如下:

a) 给定检验水平和接收质量限(AQL)
   同 7.2.2 的 a)。

b) 检索样本量字码
   同 7.2.2 的 b)。

c) 检索样本量 n 和接收常数 k
   依据样本量字码、检验的严格度以及规定的 AQL,从 GB/T 6378.1—2008 中的表 C.1、表 C.2 或表 C.3 中查得相应的样本量 n 和接收常数 k。

d) 抽样并测试样本
   随机抽取样本量为 n 的样本,测量每个样本产品的特性值 x,然后计算样本均值 $\bar{x}$。

e) 接收准则
   1) 单侧规范限的接收准则
      对于上规范限,如果 $\bar{x} \leqslant \bar{x}_U[=U-k\sigma]$,则接收该批;如果 $\bar{x} > \bar{x}_U[=U-k\sigma]$,则不接收该批。
      对于下规范限,如果 $\bar{x} \geqslant \bar{x}_L[=L+k\sigma]$,则接收该批;如果 $\bar{x} < \bar{x}_L[=U+k\sigma]$,则不接收该批。
   2) 双侧规范限的接收准则
      在食品规范中,较少采用双侧规范限,若有必要,参见 GB/T 6378.1—2008 的相关内容。

7.2.4 不同检验严格度的转移

检验的严格度有正常、加严和放宽三种。除非负责部门另有指示,检验原则上由正常检验开始。在检验过程中若需要在不同严格度间进行转移,参见 GB/T 6378.1—2008 的相关部分。

7.2.5 示例

7.2.5.1 s 法示例

某肉制品中淀粉含量最高规定为 100 g/kg ,被检验产品的批量为 100 件。采用一般检验水平Ⅱ,AQL= 2.5 (%)的正常检验。从 GB/T 6378.1—2008 中的表 A.1 查得样本量字码为 F,由 GB/T 6378.1—2008 中的表 B.1 查出所需样本量为 13,接收常数 k 为1.405。假设测量值如下:53,57,49,58,59,54,58,56,50,50,55,54,57。

计算得到样本均值:$\bar{x} = \frac{1}{n}\sum_{j=1}^{n} x_j = 54.615\ 4$,样本标准差:$s = \sqrt{\sum_{j=1}^{n}(x_j - \bar{x})^2/(n-1)} = 3.330$,规范限(上):$U=60$,$Q_U = \frac{U-\bar{x}}{s} = 1.617$。

接收准则:Q_U 大于等于 k($Q_U \geqslant k$)(1.617>1.405),满足接收准则,故接收该批。

7.2.5.2 σ 法示例

某奶制品的最低蛋白质含量规定为 4.00,交验批的批量为 500 包。采用一般检验水平Ⅱ,正常检验,AQL = 1.5(%)。已知 σ 为 0.21。由 GB/T 6378.1—2008 中的表 A.1 查得样本量字码为 H,由GB/T 6378.1—2008 中的表 C.1 查出对应于 AQL 值为 1.5(%)的样本量 n 为 10,接收常数 k 为 1.613。假设样本产品的屈服点如下:4.31,4.17,4.69,4.07,4.52,4.27,4.11, 4.29, 4.20, 4.00,

4.45。

下规范限 L 为 4.0，接收值 $\bar{x}_L = L + k\sigma$ 为 4.34，而样本均值 $\bar{x} = \frac{1}{n}\sum_{j=1}^{n} x_j$ 为 4.30。显然 $\bar{x} < \bar{x}_L$，批的样本均值不满足接收准则，故不接收该批。

7.3 计量孤立批抽样检验

对于计量孤立批抽样检验可采用 GB/T 8054—2008 的方法。

7.4 声称质量水平评定的计量抽样检验

7.4.1 一般程序

声称质量水平评定的计量抽样检验仅适用于质量核查，且被检验产品质量特性应服从或近似服从正态分布。

抽样检验的一般程序：

a) 确定核查总体和单位产品质量特性的要求

同 6.4.1 的 a)。

b) 规定声称质量水平(DQL)和检验水平

根据核查需要规定声称质量水平，声称质量水平应与抽样检验方式相适应。

GB/T 6378.4—2008 中的表 1～表 4 给出 15 个核查检验水平，其中，表 1 和表 2 中核查检验水平对应 σ 法，表 3 和表 4 对应 s 法。

c) 检索核查抽样方案

对于给定声称质量水平上限（DQL_U）或下限（DQL_L）的 σ 法，使用 GB/T 6378.4—2008 中的表 1，由检验水平所在行直接读取样本量 n 和限定值 k 。

对于给定声称质量水平上下限的 σ 法，使用 GB/T 6378.4—2008 中的表 2，先由核查检验水平所在行读取样本量 n；再由 $\dfrac{DQL_U - DQL_L}{\sigma/\sqrt{n}}$ 的值所在列与样本量 n 所在行的相交处，读取限定值 k 。

对于给定声称质量水平上限或下限的 s 法，使用 GB/T 6378.4—2008 中的表 3，由检验水平所在行直接读取样本量 n 和限定值 k 。

对于给定声称质量水平上下限的 s 法，使用 GB/T 6378.4—2008 中的表 4，先由核查检验水平所在行读取样本量 n；再根据以往经验或双方协商一个用于检索抽样方案的总体标准差的估计值 $\hat{\sigma}$，由 $\dfrac{DQL_U - DQL_L}{\hat{\sigma}/\sqrt{n-1.64}}$ 的值所在列与样本量所在行的相交处，读取限定值 k 。

d) 批可接受性的判定

1) σ 法的判定

计算样本均值 $\overline{X}$，以及 $Q_U = \dfrac{DQL_U - \overline{X}}{\sigma}$，$Q_L = \dfrac{\overline{X} - DQL_L}{\sigma}$ 。

——给定声称质量水平的上限的 σ 法时：

若 $Q_U \leqslant k$，即抽检样本不符合要求，判核查总体不合格；

若 $Q_U > k$，即抽检样本符合要求，判核查总体合格。

——给定声称质量水平的下限的 σ 法时：

若 $Q_L \leqslant k$，即抽检样本不符合要求，判核查总体不合格；

若 $Q_L > k$，即抽检样本符合要求，判核查总体合格。

——给定双侧限的 σ 法时：

若 $Q_U \leqslant k$ 或 $Q_L \leqslant k$，即抽检样本不符合要求，判核查总体不合格；

若 $Q_U > k$ 且 $Q_L > k$，即抽检样本符合要求，判核查总体合格。

2） s 法的判定

判定规则与以上 1)下所列 3 种情形类似，只需把 s 替换成 σ 即可。

e） 复查

同 6.4.1 的 e)。

7.4.2 示例

某食品厂生产的食品中总固体指标总体均值的声称质量水平 $DQL_L=45\%$，核查检验水平为 XIII。已知总体标准差 $\sigma=4\%$，试确定核查抽样方案。

查 GB/T 6378.4—2008 中的表 1，由核查检验水平 XIII 所在行查得：$[n,k]=[14,-0.440]$。

从总体中随机抽取 14 个单位产品，检测后计算样本均值 $\overline{X}$ 和下质量统计量：

$$Q_L=\frac{\overline{X}-DQL_L}{\sigma}=\frac{\overline{X}-45}{4}$$

判定规则为：若 $Q_L \leqslant -0.440$，即抽检样本不符合要求，则判核查总体不合格；

若 $Q_L > -0.440$，即抽检样本符合要求，则判核查通过。

8 散料验收抽样检验程序

8.1 散料验收抽样概述

散料是指其组成部分在宏观上难以区分的材料。在食品质量抽检中，粮食、原糖等都属于散料的范畴。GB/T 22555—2010 给出了散料验收抽样检验的程序和抽样方案。

本程序适用于以单一质量特性的批平均值为主要考察指标的验收检验，并分别给出了标准差已知和标准差不确知情形下的验收检验策略。

具体检验程序如下：

a） 设定规范限与接收(不接收)质量限；

b） 评估标准差；

c） 确定样本量；

d） 抽取和制备样本；

e） 标准差重估；

f） 确定接收值；

g） 判定批是否接收。

8.2 散料验收抽样步骤与样本制备

8.2.1 抽样步骤

一般步骤包括：

a） 抽取份样；

b） 合成集样；

c） 制备试样；

d） 测量。

图 2 是上述步骤的示意图。为使图 2 简洁，图中所画出的未使用的试样数及测试份量数可能分别比实际情况少很多。图中每一步抽样均应使用代表性抽样。建议参考 ISO 11648-1:2003 以确定合理

的抽样程序。

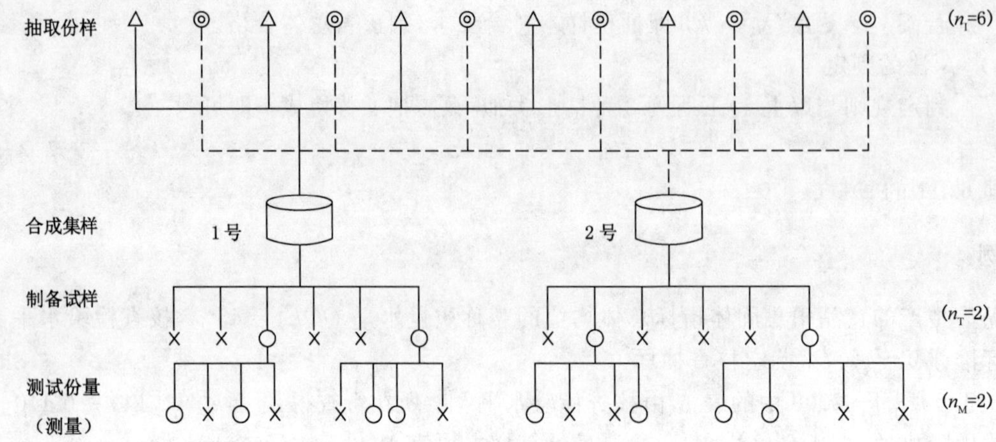

说明：

△——奇数号抽取份样；

◎——偶数号抽取份样；

×——未使用；

○——已使用。

图 2　散料样本抽取与制备程序

8.2.2　抽取份样

从批中抽取 $2n_I$ 个份样(见图 2)。建议尽量采用动态抽样，然而对静态批也允许使用静态抽样。同时建议采用合适的抽样器。当散料中含有大块时，单个份样的体积应足够大，以便获得具有代表性的样本。

8.2.3　合成集样

把每 n_I 个份样混合在一起，形成两个集样(见图 2)。以两个集样为例，每个集样都代表整个批。这一要求可以通过采用系统抽样实现。具体操作如下：

将 $2n_I$ 个份样顺序编号，把奇数编号(1,3,…, $2n_I-1$)的份样混合成集样 1，把偶数编号(2,4,…, $2n_I$)的份样混合成集样 2。

8.2.4　制备试样

从每个集样中制备 n_T 个试样(见图 2)。应结合所要检验散料的性能，预先建立试样制备程序。

8.2.5　测试

分别从每个试样中抽取 n_M 个测试份量并进行测试，每批可得到 $2n_Tn_M$ 个测试值。

8.2.6　抽样费用

每批的总费用 C 是由单位份样抽取费用与份样总数的乘积、单位试样制备费用与试样总数的乘积及单次测量费用与测量总次数的乘积之和构成，计算公式见式(1)：

$$C=C_I+C_T+C_M=2n_Ic_I+2n_Tc_T+2n_Tn_Mc_M \qquad \cdots\cdots(1)$$

式中：

c_{I}，c_{T} 和 c_{M}——抽取单个份样的费用、制备单个试样的费用和单次测量的费用，用于获取经济的抽样方案。

8.3 散料验收抽样一般程序

8.3.1 设定规范限和接收(不接收)质量限

规范限、接受质量限 m_{A} 和不接受质量限 m_{R} 由双方协商规定。建议在规定不接收质量限与规范限之间的间距（$m_{\mathrm{R},L}-L_{SL}$ 或 $U_{SL}-m_{\mathrm{R},U}$）时应考虑已接收批的实际情况。

鉴别区间长度 D 是接收质量限与不接收质量限之间的间距。建议在确定 D 值时，要考虑份样标准差 σ_{I}、试样标准差 σ_{T} 和测量标准差 σ_{M} 的值。这个间距可根据所提供的物料的质量限进行调整。若鉴别区间长度太小，则本标准不能给出任何可行的抽样方案，需重新考虑接收质量限与不接收质量限。如果质量限是令人满意的，可以增加鉴别区间长度，以减少费用。

当双侧规范限 L_{SL} 和 U_{SL} 已规定时，两个鉴别区间长度 $m_{\mathrm{A},L}-m_{\mathrm{R},L}$ 和 $m_{\mathrm{R},U}-m_{\mathrm{A},U}$ 将会相等，且上下接收质量限之间的间隔 Δ 应大于或等于极限间隔 $\delta\times D$，即 $\Delta=m_{\mathrm{A},U}-m_{\mathrm{A},L}\geqslant\delta\times D$。

当标准差已知时，标准程序中 δ 取 0.636，备选程序中 δ 取 0.566。

当标准差未确知时，δ 的值可以在表 2 中通过 υ_{E} 检索查得。ν_{E} 的值将与样本量一同检索给出。在开始阶段，可以暂时假定 $\nu_{\mathrm{E}}=8$，$\delta=0.566$。

表 2 双侧规范限情形下的 δ 值(标准差未确知)

υ_{E}	δ
3.0～3.9	0.929
4.0～4.9	0.758
5.0～5.9	0.670
6.0～6.9	0.617
7.0～7.9	0.582
≥8.0	0.566
注：δ 的值用于判断双侧规范限的适用性。	

8.3.2 标准差评估

在标准差未确知的情形下，份样标准差 σ_{I}、试样标准差 σ_{T} 和测量标准差 σ_{M} 的值应该参照近期可用的相关数据进行设定，且所使用的标准差的值应得到生产方与使用方的共同认可。

份样间方差分量 σ_{I}^2 可由式(2)求出：

$$\sigma_{\mathrm{I}}^2=n_{\mathrm{I}}\left(\sigma_{\mathrm{C}}^2-\frac{\sigma_{\mathrm{T}}^2}{n_{\mathrm{T}}}\right)\qquad\cdots\cdots(2)$$

若用式(2)计算的 $\sigma_{\mathrm{I}}^2<0$，则取 $\sigma_{\mathrm{I}}^2=0$。

试样间方差分量 σ_{P}^2 可由式(3)求出：

$$\sigma_{\mathrm{P}}^2=\sigma_{\mathrm{T}}^2-\frac{\sigma_{\mathrm{M}}^2}{n_{\mathrm{M}}}(n_{\mathrm{M}}>1)\qquad\cdots\cdots(3)$$

若用式(3)计算的 $\sigma_{\mathrm{P}}^2<0$，则取 $\sigma_{\mathrm{P}}^2=0$。若 $n_{\mathrm{M}}=1$，则无法对 σ_{P}^2 与 σ_{M}^2 进行分离。

8.3.3 样本量确定与检索

8.3.3.1 试样测量次数 n_M 的确定

a) 标准差已知的情形

当标准差已知时，计算一个过渡值 b，其公式见式(4)：

$$b=\frac{\sigma_M}{\sigma_P}\sqrt{\frac{c_T}{c_M}} \qquad \cdots\cdots(4)$$

n_M 是将 b 按下面的规则取整得到：

1) 若 $b<1.5$，则 $n_M=1$；

2) 若 $1.5\leqslant b<2.5$，则 $n_M=2$；

3) 若 $b\geqslant 2.5$，则 $n_M=3$。

b) 标准差未确知的情形

当标准差未确知时，每个试样测量次数 n_M 应由下列规则确定：

1) 如果 $\frac{\sigma_M}{\sigma_P}<0.5$，则 $n_M=1$；

2) 如果 $\frac{\sigma_M}{\sigma_P}\geqslant 0.5$，则 $n_M=2$。

注：在上述规则中假定费用因素可忽略不计。

8.3.3.2 n_I 和 n_T 的确定

相对标准差 d_I 和 d_T：$d_I=\frac{\sigma_I}{D}$，$d_T=\frac{\sigma_T}{D}$。

处理单个试样的费用 c_{TM} 可由式(5)计算：

$$c_{TM}=c_T+n_Mc_M \qquad \cdots\cdots(5)$$

费用比率 R_C 可由式(6)得出：

$$R_C=\frac{c_{TM}}{c_I} \qquad \cdots\cdots(6)$$

费用比率水平应根据下列准则选取：

a) 水平1：若 $R_C<<1$(即0～0.17)，则取 $R_C=0.10$；

b) 水平2：若 $R_C<1$(即0.18～0.56)，则取 $R_C=0.32$；

c) 水平3：若 $R_C\approx 1$(即0.57～1.79)，则取 $R_C=1.0$；

d) 水平4：若 $R_C>1$(即1.80～5.69)，则取 $R_C=3.2$；

e) 水平5：若 $R_C>>1$(即5.7以上)，则取 $R_C=10.0$。

GB/T 22555—2010 中的表3～表7给出了不同费用比率水平下的检索表，根据不同的费用比率水平选择相应的表，然后再由相对标准差 d_I 和 d_T 检索出每个集样的份样数 n_I 及试样数 n_T 的值。这些值均可通过费用比率水平进行检索。

GB/T 22555—2010 中的表8～表12给出了使用方风险水平 β 为5%时可选择程序对应的 n_I 和 n_T 值。GB/T 22555—2010 中的表13～表22对标准差未确知且使用方风险水平 β 为5%的情形，分别给出了 $n_M=1$ 和 $n_M=2$ 时 n_I 和 n_T 的值，其检索方法与上面相同。

8.3.4 标准差重估

考虑到标准差可能存在的不稳定性，其值应在所使用的标准差的基础上根据紧接着的 G 批结果进行重估。除非另有规定，一般 G 取为10。建议在以后的序列批中每增加5批后对标准差进行一次重估。

若对所有批样本量均相同，标准差 σ_C 和 σ_T 就应根据标准差 s_C 和 s_T 进行估计。计算公式见式(7)、式(8)：

$$\sigma_C=\sqrt{\frac{\sum_{i=1}^{G}s_{C,i}^2}{G}} \qquad\cdots\cdots(7)$$

$$\sigma_T=\sqrt{\frac{\sum_{i=1}^{G}s_{T,i}^2}{G}} \qquad\cdots\cdots(8)$$

若 $n_M>1$，则测量值标准差 σ_M 可类似估计如下[见式(9)]：

$$\sigma_M=\sqrt{\frac{\sum_{i=1}^{G}s_{M,i}^2}{G}} \qquad\cdots\cdots(9)$$

其中，集样标准差 s_C：$s_C=\sqrt{\frac{(\bar{x}_{1..}-\bar{x}_{2..})^2}{2}}$；试样标准差 s_T：$s_T=\sqrt{\frac{1}{\upsilon_T}\sum_{i=1}^{2}\sum_{j=1}^{n_T}(\bar{x}_{ij.}-\bar{x}_{i..})^2}$，其中 $\nu_T=2(n_T-1)$ [若 $n_T=2$，则 $s_T=\sqrt{\frac{1}{2}\sum_{i=1}^{2}\frac{(\bar{x}_{i1.}-\bar{x}_{i2.})^2}{2}}$]；若 $n_M>1$，类似地可得到测量标准差 s_M：$s_M=\sqrt{\frac{1}{\upsilon_M}\sum_{i=1}^{2}\sum_{j=1}^{n_T}\sum_{k=1}^{n_M}(\bar{x}_{ijk}-\bar{x}_{ij..})^2}$，其中 $\nu_M=2n_T(n_M-1)$，x_{ijk} 是第 i 个集样中第 j 个试样的第 k 个测量值[如果 $n_M=2$，则 $s_M=\sqrt{\frac{1}{\nu_M}\sum_{i=1}^{2}\sum_{j=1}^{n_T}\frac{(x_{ij1}-x_{ij2})^2}{2}}$ 其中 $\nu_M=2n_T$]。

得到重构后的标准差，在下面批检验中用重估后的标准差确定和检索样本量，如此反复。

8.3.5 批接收性判定

8.3.5.1 接收值计算

接收值的计算如下：

a) 单侧规范限情形

当给定了下规范限 L_{SL} 时，使用式(10)来确定下接收值：

$$\bar{x}_L=m_A-\gamma\times D=m_A-0.562\times D \qquad\cdots\cdots(10)$$

当给定了上规范限 U_{SL} 时，使用式(11)来确定上接收值：

$$\bar{x}_U=m_A+\gamma\times D=m_A+0.562\times D \qquad\cdots\cdots(11)$$

b) 双侧规范限情形

当给定了双侧规范限 L_{SL} 和 U_{SL} 时，使用式(12)、式(13)来确定下、上接收值：

$$\bar{x}_L=m_{A,L}-\gamma\times D=m_{A,L}-0.562\times D \qquad\cdots\cdots(12)$$

$$\bar{x}_U=m_{A,U}+\gamma\times D=m_{A,U}+0.562\times D \qquad\cdots\cdots(13)$$

c) 风险值为5%情形下的可供选择程序以及标准差未确知情形下的程序：

1) 设定 γ 和 δ 的值如下：

$\gamma=0.500$，$\delta=0.566$

2) 设定下接收值和(或)上接收值如下[见式(14)、式(15)]：

$$\bar{x}_L=0.5(m_{A,L}+m_{R,L}) \qquad\cdots\cdots(14)$$

$$\bar{x}_U=0.5(m_{A,U}+m_{R,U}) \qquad\cdots\cdots(15)$$

8.3.5.2 样本平均值计算

样本平均值的计算如下：

a) 试样平均值

由每 n_M 个测量值分别得到 $2n_T$ 个试样平均值 $\bar{x}_{ij.}$：$\bar{x}_{ij.}=\frac{1}{n_M}\sum_{k=1}^{n_M}x_{ijk}$。

b) 集样平均值

由每 n_T 个试样平均值分别得到 2 个集样平均值：$\bar{x}_{i..}=\frac{1}{n_T}\sum_{j=1}^{n_T}\bar{x}_{ij.}$

c) 样本总平均值

根据两个集样平均值得到样本总平均值数：$\bar{x}_{...}=\frac{1}{2}\sum_{i=1}^{2}\bar{x}_{i..}$

8.3.5.3 批接收性判定准则

批接收性判定准则如下：

a) 当给定了单侧下规范限 L_{SL} 时：

若 $\bar{x}_{...}\geqslant\bar{x}_L$，则接收该批；若 $\bar{x}_{...}<\bar{x}_L$，则不接收该批。

b) 当给定了单侧上规范限 U_{SL} 时：

若 $\bar{x}_{...}\leqslant\bar{x}_U$，则接收该批；若 $\bar{x}_{...}>\bar{x}_U$，则不接收该批。

c) 当给定了双侧规范限 L_{SL} 和 U_{SL} 时：

若 $\bar{x}_L\leqslant\bar{x}_{...}\leqslant\bar{x}_U$，则接收该批；若 $\bar{x}_{...}<\bar{x}_L$ 或 $\bar{x}_{...}>\bar{x}_U$，则不接收该批。

8.3.6 示例

8.3.6.1 具有单侧规范限且标准差未确知情形

一种细小颗粒的食品将定期作为包装散料交付。用于检验批接收性的特性是一种物理特性。制定一个经济可行的抽样方案，以保证批平均质量的准确推断。

a) 设定规范限和接收(不接收)质量限：规定批平均值的下规范限为 $L_{SL}=90$，给定质量限为：$m_A=96.0$，$m_R=92.0$，则鉴别区间长度 D 为 4，并得到下接收值 $\bar{x}_L$：$\bar{x}_L=96.0-0.562\times4=93.752$。

b) 标准差评估：由于标准差未确知，故根据以往的试验结果，各不同阶段的标准差值可假定为：$\sigma_I=4.4$，$\sigma_P=1.0$，$\sigma_M=3.0$。各阶段单个费用如下：$c_I=25$，$c_T=20$，$c_M=60$；

c) 确定每个试样的测量数 n_M：$\sigma_M/\sigma_P=3.0/1.0=3\rightarrow n_M=2$；

d) 检索样本量 n_I 和 n_T：

试样标准差 σ_T：$\sigma_T=\sqrt{\sigma_P^2+\frac{\sigma_M^2}{n_M}}=\sqrt{1.0^2+\frac{3.0^2}{2}}=\sqrt{5.5}=2.35$；处理单个试样的费用 c_{TM}：$c_{TM}=c_T+n_Mc_M=20+2\times60=140$；则费用比率：$R_C=c_{TM}/c_I=140/25=5.60$；且份样相对标准差 d_I：$d_I=\sigma_I/D=4.40/4.0=1.10$；试样相对标准差 d_T：$d_T=\sigma_T/D=2.35/4.0=0.588$；则取水平 4，$R_C=3.2$，选定 GB/T 22555—2010 中的表 21($n_M=2$，费用比率水平为 4)，根据 $d_I=1.10\rightarrow1.00$；$d_T=0.588\rightarrow0.630$ 检索得到 $n_I=12$，$n_T=5$。

e) 取样并测试，根据 8.3.5 的相应的判定准则进行判定。

8.3.6.2 具有单侧规范限且标准差已确知情形

与 8.3.6.1 不同点仅在于各阶段标准差稳定且已知，其标准差依然为 $\sigma_I=4.4$，$\sigma_P=1.0$，$\sigma_M=3.0$。

a) 同8.3.6.1的a)。

b) 标准差评估:标准差已知且为$\sigma_I=4.4$,$\sigma_P=1.0$,$\sigma_M=3.0$。各阶段单位费用如下:$c_I=25$,$c_T=20$,$c_M=60$。

c) 确定每个试样的测量数n_M:$b=\frac{\sigma_M}{\sigma_P}\sqrt{\frac{c_T}{c_M}}=\frac{3.0}{1.0}\sqrt{\frac{20}{60}}=1.73\rightarrow n_M=2$。

d) 检索样本量n_I和n_T:选定GB/T 22555—2010中的表11(费用比率水平为4),根据$d_I=1.10\rightarrow1.00$;$d_T=0.588\rightarrow0.630$检索GB/T 22555—2010中的表11查得$n_I=12$,$n_T=4$。

e) 同8.3.6.1的e)。

附　录　A
（资料性附录）
计数或计量抽样方案选择决策树

在食品抽样检验时需要选择计数或计量抽样方案，可参考图 A.1 所示决策树进行选择。

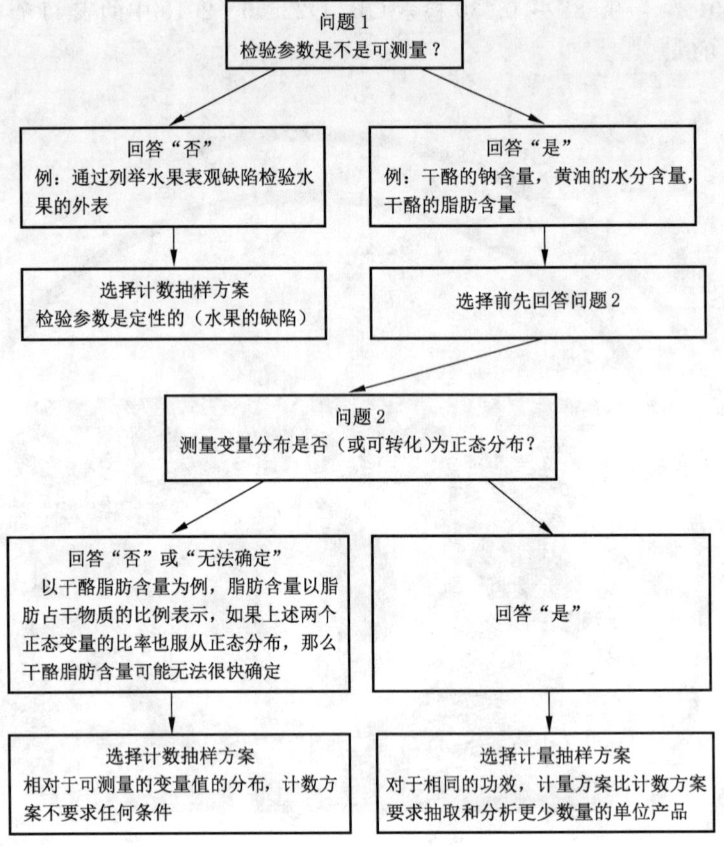

图 A.1　计数或计量抽样方案选择决策树

ICS 67.250
X 04

中华人民共和国国家标准

GB/T 30643—2014

食品接触材料及制品标签通则

General standard for the label of food contact materials and articles

2014-12-31 发布　　　　2015-09-01 实施

中华人民共和国国家质量监督检验检疫总局
中国国家标准化管理委员会　发布

前　言

本标准按照 GB/T 1.1—2009 给出的规则起草。

本标准由中国标准化研究院提出并归口。

本标准起草单位：中国标准化研究院、国家塑料制品质量监督检验中心（北京）、河北省食品检验研究院、河北科技大学。

本标准主要起草人：马爱进、刘文、翁云宣、郭丽敏、王菁、李兴峰、贾英民、李雪梅。

食品接触材料及制品标签通则

1 范围

本标准规定了食品接触材料及制品标签的基本原则、制作要求和标注内容。

本标准适用于直接提供给消费者最终使用的食品接触材料及制品。

2 规范性引用文件

下列文件对于本文件的应用是必不可少的。凡是注日期的引用文件，仅注日期的版本适用于本文件。凡是不注日期的引用文件，其最新版本(包括所有的修改单)适用于本文件。

GB 9685 食品容器、包装材料用添加剂使用卫生标准

3 术语和定义

下列术语和定义适用于本文件。

3.1

食品接触材料及制品 food contact materials and articles

在正常使用条件下，各种已经或预期与食品接触、或其成分可能转移到食物中的材料和制品。包括食品包装材料和容器、食品加工工具和设备、餐饮器具等。

3.2

食品接触材料及制品标签 label of food contact materials and articles

用以表示食品接触材料及制品名称、质量等级、商品量、使用方法、生产者或者销售者等相关信息的文字、符号、数字、图案以及其他说明的总称。

3.3

销售包装 sales packaging

以销售为目的，与盛装食品接触材料及制品一起交付给消费者的包装物。

4 基本原则

4.1 真实

4.1.1 应真实准确，与销售的食品接触材料及制品相符。

4.1.2 不应使用使消费者误解或欺骗性的文字、图形等方式介绍食品接触材料及制品；也不应利用字号大小或色差误导消费者。

4.2 规范

4.2.1 应清晰、醒目、易于辨认和识读。

4.2.2 应科学准确、简明易懂。

4.2.3 应使用规范的汉字(商标除外)。具有装饰作用的各种艺术字应书写正确，易于辨识。可以同时使用少数民族文字或拼音或外文，且不得大于相应的汉字(商标除外)。

4.2.4 不应直接或间接使用暗示性的文字、图形、符号等，导致消费者将购买的产品或产品的某一性质与另一产品混淆。

4.3 完整

应包括便于食品接触材料及制品识别和使用等信息内容。

5 制作要求

5.1 食品接触材料及制品标签应印制、连接或粘贴在食品接触材料及制品本身或其销售包装上，且不应与食品接触材料及制品或其销售包装分离，可以选择以下形式：

a) 直接印制在食品接触材料及制品的销售包装上；

b) 若无销售包装或外包装易于开启识别或透过外包装能够清晰识别应标注的内容，直接印制在食品接触材料及制品本身上；

c) 连接或粘贴在食品接触材料及制品销售包装上的印刷品；

d) 若外包装易于开启识别或透过外包装能够清晰识别应标注的内容，连接或粘贴在食品接触材料及制品上或放置在销售包装内的印刷品。

5.2 标签应有足够的强度，固定在销售包装上的印刷品应保证不易在流通环节中污损或脱落。

5.3 标签的颜色应与食品接触材料及制品或其销售包装物的底色形成明显反差、清晰易辨。

5.4 标签的印刷字体、图案应与标签基底形成明显的反差、清晰易辨。

6 标注内容

6.1 一般要求

应标注食品接触材料及制品名称，规格和(或)数量(件数)，材质，添加剂，生产者和(或)经销者的名称、地址和联系方式，日期，贮存条件，生产许可证编号，产品标准编号，质量等级，产品批号，标志，使用说明及其他。当包装食品接触材料及制品的包装物或包装容器最大表面积小于 10 cm^2 时(计算方法参见附录 A)，可以只标注产品名称和净含量，以及生产者或经销商的名称、地址。

6.2 名称

6.2.1 应标注食品接触材料及制品的专用名称。

6.2.2 食品接触材料及制品的专用名称应反映产品的真实属性，简明易懂。

6.2.3 应采用国家标准、行业标准或地方标准中规定的名称。无国家标准、行业标准或地方标准规定的食品接触材料及制品名称时，应使用不会引起消费者误解或混淆的常用名称或通俗名称。

6.2.4 标注“新创名称”“奇特名称”“音译名称”“牌号名称”“地区俚语名称”或“商标名称”时，应在所示名称的邻近部位使用同一字号及同一字体颜色标注 6.2.2、6.2.3 规定的名称。

6.2.5 当专用名称因字号或字体颜色不同易使消费者误解产品属性时，应在所示名称的邻近部位使用同一字号及同一字体颜色标注 6.2.2、6.2.3 规定的名称。

6.3 规格和(或)数量(件数)

6.3.1 应标注食品接触材料及制品规格。根据需要标注食品接触材料及制品的型号和(或)技术参数。

6.3.2 应标注包装内产品的数量。数量的标注由数量、数字和法定计量单位组成，质量的标注由质量、数字和法定计量单位组成。当同一包装内含有同种类单件包装食品接触材料及制品时，数量标注如：“数量:2 个”;“数量:1 套”;“数量:10 双”;“数量:3 件”。当同一包装内含有不同种类单件包装食品接触材料及制品时,数量标注如:“数量:A 产品 1 个,B 产品 3 双”;“数量:1 套 A 产品,1 件 B 产品”。

6.4 材质

6.4.1 应标注食品接触材料及制品主要材质的通用名称。多个部件构成的食品接触材料及制品应分别标注材质的名称。

6.4.2 应按含量多少的顺序标注直接与食品接触部分和(或)部件材质主要成分的通用名称和含量。各类成分名称应符合相关法规和标准要求。

6.5 添加剂

直接与食品接触部分和(或)部件所含有的添加剂,应标注其在 GB 9685 中规定的中文名称。

6.6 生产者和(或)经销者的名称、地址和联系方式

6.6.1 应标注食品接触材料及制品生产者的名称、地址和联系方式。

6.6.2 生产者的名称和地址应是依法登记注册、能够承担产品安全质量责任的生产者的名称和地址。

6.6.3 依法独立承担法律责任的集团公司、集团公司的子公司,应标注各自的名称和地址。

6.6.4 不能依法独立承担法律责任的集团公司的子公司或生产基地,可同时标注集团公司和分公司(生产基地)的名称和地址;或仅标注集团公司的名称、地址及产地,产地应当按照行政区划标注到地市级地域。

6.6.5 委托加工的产品可标注委托单位和受委托单位的名称和地址;或仅标注委托单位的名称、地址及产地,产地应当按照行政区划标注到地市级地域。

6.6.6 依法承担法律责任的生产者或经销者的联系方式应标注以下至少一项内容:电话、传真、网址等联系方式等。

6.6.7 进口食品接触材料及制品应标注原产国或地区名,以及在中国依法登记注册的代理商、进口商或经销商的名称、地址和联系方式,可不标注生产者的名称、地址和联系方式。

6.7 日期

6.7.1 应标注食品接触材料及制品的生产日期。同一包装内含有不同种类食品接触材料及制品单件和(或)部件时,应分别标注生产日期。

6.7.2 有特殊要求的食品接触材料及制品应标注保质期或限期使用日期。同一包装内含有不同种类食品接触材料及制品单件和(或)部件时,应分别标注保质期或限期使用日期。

6.7.3 日期标注若采用“见包装物某部位”的形式,应标注出所在包装物的具体部位。

6.7.4 日期的年代号一般为 4 位数字,小包装的食品接触材料及制品年代号可为 2 位数字。月和日为 2 位数字。日期中年、月、日可用空格、斜线、连字符、句点等符号分隔,或不用分隔符。

6.7.5 生产日期一般按年、月、日的顺序进行标注,若不按此顺序标注应注明日期标注顺序。如标注:“2011 年 04 月 30 日”;“2011 04 30”;“2011/04/30”;“20110430”;“30 日 04 月 2011 年”;“04 月 30 日 2011 年”;“(月/日/年):04302011”;“(月/日/年):04/30/2011”;“(月/日/年):04 30 2011”。

6.7.6 保质期一般按年、月、日的顺序进行标注,若不按此顺序标注应注明日期标注顺序。如标注:“请在……前使用”;“最好在……之前使用”;“……之前使用最佳”;“……之前最佳”;“此日期前最佳……”;“此日期前使用最佳……”;“保质期(至)……”;“保质期××个月”;“保质期×日”;“保质期××天”;“保质期××周”;“保质期××年”。

6.8 贮存条件

有特定贮存要求的食品接触材料及制品应标注贮存条件。如标注:“常温(或冷冻/冷藏/避光/阴凉

干燥处)保存";"××-××℃保存";"请置于阴凉干燥处";"温度<××℃;湿度<××%"。

6.9 生产许可证编号

实施生产许可证管理的产品应标注食品接触材料及制品生产许可证编号,标注形式按照相关规定执行。

6.10 产品标准编号

国内生产并销售的食品接触材料及制品应标注产品所执行的标准编号。

6.11 质量等级

食品接触材料及制品所执行的产品标准已明确规定质量等级的,应标注质量等级。

6.12 产品批号

根据产品需要,可标注产品批号。

6.13 标志

应标注"食品接触用""食品包装用"或类似用语,或加印、加贴符合要求的图形、符号等。国家法律法规或强制性标准另有规定的从其规定。

6.14 使用说明

6.14.1 有特殊使用要求的产品应标注使用方法、使用条件、使用注意事项和接触食品类型等。

6.14.2 凡国家法律法规和标准明确规定的使用条件或超出使用条件将产生较高安全风险的产品,应标注安全警示语或警示图形标志。安全警示语应以"注意:"或"警告:"或"禁止:"等作为引导语,其字体高度不小于3 mm。

6.15 其他

其他需标注的内容按国家相关规定和标准执行。

附　录　A
（资料性附录）
包装物或包装容器最大表面积计算方法

A.1　长方体形计算方法

长方体形包装物或包装容器的最大一个侧面的高度(cm)乘以宽度(cm)。

A.2　圆柱形或近似圆柱形计算方法

圆柱形或近似圆柱形包装物或包装容器的高度(cm)乘以圆周长(cm)的 40%。

A.3　其他形状

包装物或包装容器的总表面积的 40%。包装袋计算表面积时除去封边所占尺寸。

ICS 67.040
X 00

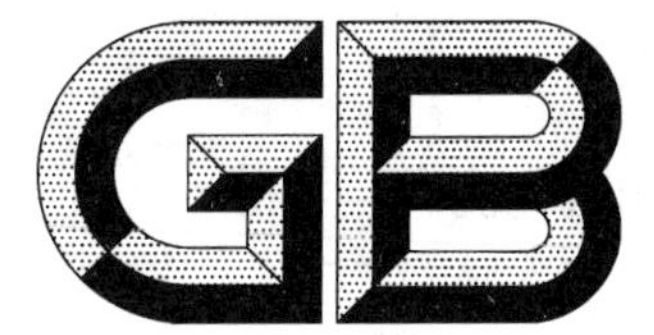

中华人民共和国国家标准

GB/T 30644—2014

食品生产加工企业电子记录通用要求

General requirements for food enterprises' electronic records

2014-12-31 发布　　2015-04-30 实施

中华人民共和国国家质量监督检验检疫总局
中国国家标准化管理委员会　发布

前　言

本标准按照 GB/T 1.1—2009 给出的规则起草。

本标准参考了《美国联邦法规》(Code of Federal Regulations,CFR)第 21 章第 11 条“电子记录和电子签名”(ELECTRONIC RECORDS;ELECTRONIC SIGNATURES)。

本标准由中国标准化研究院提出。

本标准由全国食品安全管理技术标准化技术委员会(SAC/TC 313)归口。

本标准起草单位:中国标准化研究院、黑龙江乳品工业技术开发中心。

本标准主要起草人:刘鹏、刘文、马爱进、李强、孙昭、王芸、孙常雁、段敏。

食品生产加工企业电子记录通用要求

1 范围

本标准规定了食品生产加工企业电子记录内容、管理及控制、电子签名等方面的通用要求。

本标准适用于各类食品生产加工企业生产全过程的电子记录。

2 术语和定义

下列术语和定义适用于本文件。

2.1

电子记录　electronic records

依靠计算机系统进行创建、修改、维护、存档、查阅或发送的以电子形式存在的信息(如文字、图表、声音、图像等)。

2.2

电子签名　electronic signatures

以电子形式所含、所附用于识别签名人身份并表明签名人认可其中内容的数据。

2.3

封闭系统　closed system

一种仅能够被特定的人员所控制的系统。

2.4

开放系统　open system

一种被有权限在系统上进行电子记录操作的人员不能控制的系统。

2.5

生物特征识别　biometrics

通过衡量个人物理、生物特征或者可重复动作验证个人身份,其中这些特征和/或动作对该个人来说都是唯一且可测量的。

3 食品生产加工企业电子记录要求

3.1 食品生产加工企业电子记录内容要求

3.1.1 一般要求

食品生产加工企业应按法律、法规及标准的要求对其产品生产加工全过程进行有效的控制,并对影响产品质量安全的关键工序和过程进行监控并记录,按照记录信息能够确保整个生产加工过程再现。食品生产加工企业电子记录应包括:原辅料及包装材料采购与验收、食品生产加工过程、食品生产加工检验、库房管理、产品运输、设施设备管理等各环节与食品质量安全相关数据的电子文件。

3.1.2 原辅料及包装材料采购与验收的电子记录

原辅料及包装材料采购与验收的电子记录应包括下述内容:

a） 原辅料及包装材料的名称、规格、数量、采购日期、供货单位、合格证、合同名称、采购者名称；
b） 原辅料及包装材料的供货清单、供货日期、供货者名称及其联系方式；
c） 原辅料及包装材料的验收所依据标准或者规范的名称（或编号）、验收情况、验收不合格原辅料及包装材料的处理、验收者名称；
d） 原辅料及包装材料的贮存地点、贮存条件、保质期。

3.1.3 食品生产加工过程的电子记录

食品生产加工过程的电子记录应包括下述内容：

a） 生产开始时间和结束时间、生产负责人名称；
b） 产品配料表、原辅料的领取时间、领取物名称、领取量、计量负责人名称与联系方式、领料人名称；
c） 原辅料的添加时间、添加方法、添加物名称、添加量、食品添加剂的最大使用限量、操作者名称；
d） 包装材料的使用时间、包装材料名称、包装后规格、包装数量、操作者名称；
e） 生产人员的的培训情况、健康档案等；
f） 影响食品质量安全的关键工序名称、关键工艺参数、关键工艺操作记录、操作者名称；
g） 食品加工产品的名称、批次号、生产日期、不合格产品的处置情况；
h） 生产加工过程设施设备、生产环境的卫生、清洗、消毒等措施，负责人及操作者名称；
i） 当控制点实时监测数据发生异常或与设定的标准值不符时，发生异常的日期、批次以及纠正异常的具体方法、操作者名称。

3.1.4 食品生产加工检验的电子记录

食品生产加工检验的电子记录应包括下述内容：

a） 被检验成品、半成品、生产环境样品的名称、批次号、检验负责人名称；
b） 检验时间、检验项目、检验依据、检验方法、检验结论、检验报告号、检验操作者名称；
c） 检验设备仪器的计量、校准时间、操作者名称；
d） 检验人员的上岗培训情况、资质、证书等。

3.1.5 库房管理的电子记录

库房管理的电子记录应包括下述内容：

a） 进库物品的名称、规格、数量、批次号、生产日期、进库日期、保质期、操作人员名称；
b） 库存物品的贮存条件、贮存时间、库房环境、库房负责人；
c） 出库物品的名称、规格、数量、批次号、出库日期、出库用途、操作人员名称。

3.1.6 产品运输的电子记录

产品运输的电子记录应包括下述内容：

a） 运输产品的名称、规格、数量、生产日期、批次号、检验合格证号、购货者单位、地址及其联系方式；
b） 产品的运输方式、工具、条件、操作者名称及其联系方式；
c） 产品出厂日期、始发地、目的地、达到日期、收货人名称及其联系方式。

3.1.7 设施设备管理的电子记录

设施设备维修保养的电子记录应包括下述内容：

a） 生产加工、检验、贮存场所设施设备的名称、生产厂商、维护保养人名称；
b） 生产加工、检验、贮存场所设施设备的状态、使用寿命、维修历史。

3.2 食品生产加工企业封闭系统的电子记录要求

3.2.1 一般要求

使用封闭系统进行电子记录的生成、修改、查阅、存档、维护、管理等，应建立相关要求，以确保其真实性、完整性及保密性（如有需要）。

3.2.2 电子记录生成与修改的要求

电子记录生成与修改的要求应包括下述内容：

a) 系统能自动生成电子记录日志信息，即何人、何时、做了何事；
b) 操作人员定期对电子记录系统进行验证，确保电子记录的精确性、真实性、原始性以及能够识别无效或被改变的电子记录；
c) 电子记录的修改不能够遮盖原始的记录信息。

3.2.3 电子记录查阅与存档的要求

电子记录查阅与存档的要求应包括下述内容：

a) 系统能生成准确、完整的电子记录副本，包括人工可阅读电子形式；
b) 电子记录易于检索，在保存期内可被随时调出查阅；
c) 电子记录具有可再现性，建议定期备份，确保故障灾难发生后能完整恢复相应电子记录；
d) 电子记录建议保存在数据库中，不宜以数据文件形式储存；
e) 电子记录保存期限不得少于两年；
f) 电子记录设施可配备智能不间断电源（UPS），确保外电断电情况下 UPS 能提供保证系统紧急存盘操作时间的电力。

3.2.4 电子记录控制与管理的要求

电子记录控制管理的要求应包括下述内容：

a) 开发、维护或者使用电子记录系统的人员具有相关教育背景和工作经验，并有责任保证电子记录的原始性，防止电子记录被仿造；
b) 对硬件设施（如终端等）的功能定期检查，确保其功能运行正常及源数据输入的有效性；
c) 对电子记录系统文件进行控制，包括文件的发放及使用控制、文件变更控制（软硬件开发版本控制）等，使其具有可追溯性；
d) 系统设有权限分级功能，确保有权限的人才能进入系统、完成权限允许的操作（读写、添加、删除等）；
e) 对部分用户限定登录地点，及时删除不需要的账户；
f) 对机密信息进行加密存储，防止无权限操作者读取信息。

3.3 食品生产加工企业开放系统的电子记录要求

封闭系统中对电子记录的要求完全适合于开放系统，另外还应增加一些措施如数据加密、电子签名等，以确保电子记录信息的真实性、完整性及保密性。

4 食品生产加工企业电子签名要求

4.1 一般要求

电子签名的一般要求应包括下述内容：

a) 每个电子签名对每个人来讲应是独有的,不能被任何其他人再使用或再分配;
b) 在组织成立之前,应先对具有电子签名资格的个人身份进行分配、批准并确认其一致性;
c) 电子签名应具有签名者名称、签名日期和时间、签名的相关含义(如记录、检查、批准等);
d) 签署过电子签名的电子记录被修改后,应由修改人重新进行电子签名;
e) 签名应限制于其相关文件中,以防止未授权的复制、删除或转移;
f) 电子签名应作为电子记录的一部分受到相同控制,并且是人可识别的形式,如电子显示或可被打印出,以便于调阅。

4.2 电子签名的组件和控制

4.2.1 无生物特征识别的电子签名

4.2.1.1 至少采用两个不同的识别技术,如识别码和口令,并进行如下使用:
a) 当个体在控制系统访问的一个单一的、连续周期中进行一系列签名时,第一次签名应执行使用所有的电子签名技术,在随后的签名中应执行使用至少一个个体唯一的电子签名技术;
b) 当个体不在控制系统访问的一个单一的、连续周期中进行一个或多个签名时,每一个签名都应该执行使用所有的电子签名技术。

4.2.1.2 电子签名只能被真正的所有者使用;原则只能一个人使用,应对除了电子签名真正所有者要求的两个或多个合作者之外企图使用此电子签名的任何人进行管理和确认。

4.2.1.3 系统管理者不应知道用户识别码和口令,也不能够将其透露给其他人。

4.2.2 具有生物特征识别的电子签名

基于生物识别技术的电子签名设计应确保不能被电子签名真正所有者之外的任何人使用。

4.3 识别码或口令控制

把识别码与口令相结合进行电子签名的人员,应采取以下措施保证安全性和完整性:
a) 确保每个组合的识别码和口令的独特性,使得没有两个人员具有相同组合的识别码和口令;
b) 确保识别码和口令发布后,定期检查、召回或修订(如口令过期等事件);
c) 当出现诸如权限丢失、被窃或其他具有或能生成识别码或口令信息的令牌、卡以及其他设备有潜在危险时,相关管理程序应能采取适当的、严格的控制措施发布暂时/永久置换的信息;
d) 建立安全防护措施,防止识别码/口令被越权使用,对于那些未被授权企图进入系统安全单元的行为应立即检测和报告,适时组织管理;
e) 初始化并定期检测那些具有或能生成识别码或口令信息的设备(如令牌或卡),确保其运行正常并且不能被未经授权的方式改变。

参 考 文 献

[1] 21CFR Part11 ELECTRONIC RECORDS;ELECTRONIC SIGNATURES
[2] 中国人民共和国食品安全法
[3] 中国人民共和国电子签名法
[4] GB 12693—2010 食品安全国家标准 乳制品良好生产规范